全国高等农林院校“十二五”规划教材

气象学

肖金香　主编
陈景玲　胡　飞　副主编

中国林业出版社

内容提要

本书共10章，吸收了国内外20世纪90年代以来最新研究成果，详细介绍了气象学的发展和应用，辐射、温度、水分、气压、风的概念与形成过程、变化规律和应用案例分析；阐述了气象学基础知识，不同天气系统对应的不同天气特点，天气系统反常引起的各种灾害性天气，形成灾害的机理、危害特征及防御对策；介绍了气候的形成、不同尺度的气候特征、气候资源和林业气候，突出了气候变化、研究方法及应对策略。

本书内容丰富，知识体系完整，可读性强，可作为高等农林院校大农学类、环境资源类、生态和规划设计类本科生教材，也可供水利、环保等相关专业和气象业务部门工作者参考使用。

图书在版编目(CIP)数据

气象学／肖金香主编. —北京：中国林业出版社，2014.2(2020.10重印)
全国高等农林院校"十二五"规划教材
ISBN 978-7-5038-7382-9

Ⅰ.①气… Ⅱ.①肖… Ⅲ.①气象学－高等学校－教材 Ⅳ.①P4

中国版本图书馆CIP数据核字(2014)第023583号

审图号： GS(2020)5679号

中国林业出版社教育分社

策划编辑： 肖基浒　　**责任编辑：** 高兴荣
电话： (010)83143555　　**传真：** (010)83143516

出版发行　中国林业出版社(100009　北京市西城区刘海胡同7号)
E-mail:jaocaipublic@163.com　电话:(010)83143500
http://www.forestry.gov.cn/lycb.html

经　销　新华书店
印　刷　三河市祥达印刷包装有限公司
版　次　2014年2月第1版
印　次　2020年10月第4次印刷
开　本　850mm×1168mm　1/16
印　张　23.25
字　数　540千字
定　价　58.00元

《气象学》编写人员

主　编　肖金香

副主编　陈景玲　胡　飞

编　委　（按姓氏拼音排序）

穆　彪　石晓东　王建勋

杨宏斌　叶　清　杨晓光

前　言

气象学是研究地球大气各种各样物理过程和物理状态及其变化的一门科学，是大气科学的一个分支，在漫长的历史发展进程中，形成了独立完整的科学体系。气象被各个行业广泛应用，与人类活动息息相关，为社会文明进步、国民经济发展和国防建设发挥了巨大作用。

进入21世纪以来，农林高等院校不再限于涉农专业开设农业气象学课程，资源环境类专业、生态类专业、规划类专业也陆续开设气象学课程，使用农业气象学名称不再合适，因此，本教材称为气象学。气象学的基础理论知识在各专业是一致的，对于应用方面的内容不同专业可根据各自特点选择使用。

本书是在笔者2000年编著出版的地方优秀教材《农业气象学》、2009年出版的普通高等教育“十一五”国家级规划教材《农业气象学》的基础上，经过再次修改教材编写大纲，讨论教材编写思想，确定教材编写内容，分工编写，到2011年底第一次统稿和初审，2012年底再次修改形成的，并被列为全国高等农林院校“十二五”规划教材。

由于全球气候变化，导致了极端天气气候频发，本书保留了原有的经典理论，增加了气候变化和应用的案例分析。增改更新，得益于书中所附参考文献，吸收了国内外20世纪90年代以来的研究成果。

各章编写分工为：绪论、第6章、第8章（风能资源）、第10章（森林小气候）、实验五至实验八由肖金香（江西农业大学）编写，第1章由王建勋（塔里木大学）编写，第2章、第3章、实验二和实验三由陈景玲（河南农业大学）编写，第4章由石晓东（山西农业大学）编写，第5章由穆彪（贵州大学）编写，第7章由杨晓光（中国农业大学）编写，第8章和第9章由胡飞（华南农业大学）编写，第10章由杨宏斌（山西农业大学）编写，实验一和实验四由叶清（江西农业大学）编写。全书由肖金香教授统稿和初审，中国农业大学博士生导师郑大玮教授在百忙之中为本书主审，亲自主笔修改有关内容，并提出宝贵意见。

本书的出版得到中国林业出版社和江西农业大学、河南农业大学、华南农业大学、中国农业大学、贵州大学、山西农业大学等院校教务处有关领导的大力支持；得到中国农业大学郑大玮教授的热情鼓励，更赖于高等院校同仁的热情赐稿。在此，向关心、支持本书出版的单位和领导、付出辛勤劳动的主审和撰稿同仁、所有参考文献的著者表示衷心的感谢。

编著者竭尽全力，力求完善，但仍感有不足之处。敬请读者批评指正，有待今后进一步充实完善。

肖金香

2013年6月

目　录

第0章　绪　论

气象与人类生产活动及社会经济发展密切相关。绪论主要介绍气象学与农业气象学的定义、分支学科、研究对象、研究任务、研究内容和方法，以及气象学与农业气象学的发展简史。

0.1　气象学与农业气象学

0.1.1　气象学与农业气象学的定义

人类生活在大气圈、水圈、陆地表面圈、生物圈和冰雪圈组成的物质空间中，其中，大气圈又称地球大气，在地球大气中发生着各种各样的物理过程，如辐射能的收入与支出、热量的传递、水分的蒸发与凝结等。这些物理过程在一定的物理条件下转化为物理现象，如风、云、雨、雪、虹、晕、雷、电以及冷、暖、干、湿等，这些物理现象也称大气现象，简称气象。气象学就是研究发生在大气层中的物理过程和物理现象的本质及其变化规律的一门科学。

农业气象学是应用气象的一门学科，是农业与气象的边缘学科。到目前为止，没有统一的定义。常见的有以下几种描述：

世界气象组织农业气象委员会编写的《农业辞典》提出，农业气象学是指研究气象条件与农业生产相互关系的一门科学。

英国的L·P·史密斯提出，农业气象学是将气象科学技术应用于农业高产的科学。

苏联的B·B·西涅里席柯夫提出，农业气象学是研究对农业有意义的气象、气候和水文条件的一门科学。

日本的内岛善兵卫提出，农业气象学是研究农业生产中气象、水文条件的规律和改造这些条件的一门科学。

日本的太后美保提出，农业气象学是研究农业生产中所有气象问题及其解决途径的一门科学。

我国的农业气象学者认为，农业气象学是研究生产与气象条件的相互关系及规律，根据农业生产的需要，应用气象科学技术，充分合理利用农业气候资源，战胜不利的气象条件，促进农业高产、稳产、优质、低耗、高效的一门科学。

目前在各个高校不同版本的《农业气象学》教材中有不同的定义，但最直观阐明农业气象学研究对象和解决问题的当属日本的太后美保提出的农业气象学定义。

0.1.2 气象学与农业气象学的研究对象和任务

(1)气象学的研究对象和任务

气象学的研究对象是覆盖整个地球的大气圈，以及大气圈与水圈、陆地表面圈、生物圈、冰雪圈之间的相互作用。

气象学主要研究任务：

①观测和研究各种各样的大气现象，大气层与下垫面之间的相互作用及人类活动所产生的气象效应。

②系统地、科学地解释这些现象、作用和效益，阐明它们的发生和演变规律。

③根据所认识的规律分析诊断和预测过去、现在和未来的天气、气候，为国民经济和人们的日常生活服务。

④从理论和实践上探索和模拟人为的天气过程、人为气候环境，为人工影响天气、气候提供科学依据。

(2)农业气象学的研究对象和任务

农业气象学的研究对象是大农业(农、林、牧、副、渔)。具体是：

①农业生物和农业生产过程对农业气象条件的要求与反应。

②农业生产对象和农业技术措施对农业气象条件的反馈作用。

农业气象学是一门独立学科，又是一门边缘学科。既是气象学的分支学科，又是在农学理论基础上发展起来的，因此，既属于气象科学范畴，又属于农业科学范畴，所以是气象科学与农学科学的交叉学科。

农业气象学的研究任务：

①对农业气候资源进行分析、利用和区划。

②确定农业气象指标，根据指标鉴定气象条件对农业生物生长发育和产量的影响。

③研究农业气象灾害发生规律及防御措施。

④开展农业气象测报、预报和情报的服务工作。

⑤农业小气候的调节、利用和改善研究。

0.1.3 气象学的分支学科

气象学是一门和生产、生活密切相关、涉及许多学科的应用科学。气象学在发展的过程中，逐渐分出11个分支学科。

①普通气象学(general meteorology) 主要研究气象学的基本理论和一般气象问题。

②天气学与天气预报(synoptic meteorology and weather forecast) 研究天气学的基本理论与方法、天气诊断技术和不同时间尺度的天气预报等。

③气候学和气候变化(climatology and climatic changes) 研究气候形成和变化的基本理论、影响气候和气候变化的因素、不同时空尺度的气候和气候变化的预测方法、气候和气候变化对人类生境的影响等。

④大气物理学(atmospheric physics) 研究大气热力学、动力学、光学、声学和电学的

基本特征。

⑤大气化学(atmospheric chemistry)　研究酸雨、气溶胶、碳循环、降水化学、大气成分、大气中化学过程等。

⑥动力气象学(dynamical meteorology)　研究天气数值预报、大尺度大气动力学、气候数值模拟、非线性大气动力学等。

⑦边界层气象学(boundary layer meteorology)　研究陆地边界层、海上边界层、冰雪面边界层、大气湍流、边界层数值模拟、大气扩散与空气污染等。

⑧大气探测与遥感(atmospheric probing and remote sensing)　研究各种气象观测方法与观测数据的计算，应用各种气象仪器设备和技术对地球大气层及地表浅层进行观测与探测，研究内容涉及台站基本观测、运载仪器探测、常规观测仪器、地基遥感、空基遥感等。

⑨大气环流(atmospheric circulation)　研究中高纬度环流系统、热带大气环流与季风、海-气相互作用、大气环流与遥感相关等。

⑩应用气象学(applied meteorology)　随着生产的发展，气象学应用日益广泛，相继出现了农业气象学、森林气象学、水文气象学、建筑气象学、航空气象学、海洋气象学、污染气象学、局地气候、小气候和应用气候等，其中农业气象是应用气象最多的领域。现代科学技术在气象学领域的应用，又有新的分支学科出现，如雷达气象学、卫星气象学、宇宙气象学等。

⑪灾害气象学(calamity meteorology)　研究灾害性天气、灾害性气候的机理、损失和评估等。

0.1.4　气象学与农业气象学的研究内容

(1)气象学主要研究内容

①大气本身的物理属性研究。

②太阳辐射对大气的影响研究。

③下垫面与大气过程和现象研究。

④优化大气环境研究。

(2)农业气象学主要研究内容

①农业气象学基本方法和基本理论的研究。

②农业气象观测、情报、预报方法的研究。

③农业气候区划与农业气候资源的研究。

④农业气象灾害及其防御措施的研究。

⑤微气象学(包括农业小气候)的研究。

⑥精准农业气象研究。

⑦作物气象、林业气象、畜牧气象、园艺气象、特产植物气象、水产气象等生物气象研究。

⑧改良农业气象环境的新技术研究。

0.1.5　气象学与农业气象学的研究方法

(1)气象学研究方法

研究的方法主要有4种，分别为观测研究、理论研究、数值模式研究及实验研究。

①观测研究　通过观测研究去了解不同的大气现象。观测方法有很多种，如气象站、高空气球、卫星云图、雷达回波图等。观测研究不只是观测，也有一定程度的归纳和分析，例如一句“明天转冷”，便是一种分析。此外，绘制天气图、整理热带气旋路径、气候区域分类等，也是观测研究所要做的。

②理论研究　有三大部分，除观测外，物理和数学对理论研究也很重要。理论可以从两方面产生，一方面是从观测数据中直接建立出来的，例如，分析热带气旋强度的德沃扎克分析法；另一方面是从物理理论或其他气象理论演化出来的，例如地转方程、气压梯度方程等。物理理论很多时候需要数学的帮助，反过来说，数学语言有时更能使人们明白物理和气象理论。

③数值模式研究　数值模式研究是较少人所认识的，对数值模式的研究需要有相当的理论知识、电脑程序技巧和实验技巧。数值模式研究会把不同的物理和气象方程，以电脑程序的方式放进电脑里，再计算出未来温度、湿度、气压、风向等变化，以协助天气预报或理论研究。

④实验研究　因数值模式研究的出现，实验研究比往日变得甚微，但也有其存在价值，例如要验证某些理论，数值模式研究是做不到的。

(2)农业气象学的研究方法

①平行观测法　即同时观测气象要素和农作物生长发育状况。

②地理播种法　在气候条件不同的地区，选择土壤条件尽可能相同的地段，采用同一农业技术措施，于各地最适宜的播种期播种同一品种，按统一研究方案进行平行观测。这样，在一年里便可得到同一品种在不同气象条件下生长发育和产量的资料。

③分期播种法　在同一地区，每隔5d或10d播种同一作物，根据研究任务，可播5~10期或更多。一年中可以得到5~10期或更多不同天气过程对该作物发育期影响的资料，经统计分析，取得所需的数量指标。

④地理分期播种法　该研究方法是将地理播种和分期播种结合起来，它兼有地理播种法和分期播种法的优点，且弥补了单纯地理播种法很难取得地形、土壤、栽培技术完全一致与分期播种法只在一个点上进行试验的不足，是一种比较完善的田间试验方法。

⑤人工气候实验法　利用人工气候室或人工气候箱群，模拟近似太阳光谱的人工光源，控制到需要的温度、湿度，根据研究的需要，增设人工降雨、CO_2浓度增减及风速变化等附属装置。模拟作物生长发育所需的各种气象条件，从而得到某一作物对光、热、水要求的定量指标；或定量考查几种气象要素对该作物的综合影响。同时，还可以模拟极端气象条件对作物发育和产量品质的影响，研究预防措施的气象效应；进一步探索在自然情况下得不到的最优气象条件，为农业工厂化提供重要的数据资料。

⑥气候分析法　根据栽培作物生长发育资料和气象资料，采用统计学中广泛使用的图解法或分析法来求得作物产量与天气和气候之间的关系。

⑦统计分析法和图解分析法　在对比分析农业对象与气象资料相互关系时，除采用一般的对比分析外，还可以采用统计分析方法，得到我们所需要的结果。常用的统计方法有：相关分析；概率、频率及保证率分析；方差分析；回归分析和其他统计方法等。在农业气候研究中，也可以通过制作农业气候图，反映农业气候要素之间及气候要素与农业对象之间的定量关系，如列线图、相关图、散布图、点聚图以及要素在地域分布规律的等值线图等。

由于计算机的广泛应用，如聚类分析、通径分析、线性规划、模糊数学、系统论、决策论等直接应用到农业气象研究工作中，使农业气象定量化研究更向前推进一步。

⑧遥感与地理信息系统技术的应用　随着卫星遥感技术的发展，利用遥感影像及通过影片信息解译技术，对开展农业气候资源，尤其是为山地农业气候资源、区域分布界限及旱涝等灾害的时空分布规律的研究提供了有利条件，在很大程度上克服了常规站网和山区气候资料不足的缺点，并大大提高了农业气候地域规律研究的准确性。因此，使农业气候资源和灾害分布规律及农业气候区划地域界限研究更加符合自然客观规律。

0.2　气象学与农业气象学发展简史

0.2.1　气象学发展简史

0.2.1.1　萌芽时期(16 世纪中叶以前)

这一时期的特点是由于人类生活和生产的需要，进行一些零星的、局部的气象观测，积累了一些感性认识和经验，对某些天气现象作出一定的解释。

公元前 1217 年，我国殷代的甲骨文中已经有了关于雨、雪、雷、雾、冰雹和降水强弱等的文字记载。

公元前 9~ 前 3 世纪，我国的《逸周书》中记载了从战国到秦朝时代的物候，并将全年分为 72 候，逐候记载着气候变化和生物活动的特点。

公元前 8~ 前 5 世纪，我国最早的诗歌总集《诗经》中已经出现了关于天气谚语和气候谚语的记载。几乎是同一时期出现的《夏小正》中按农历 12 个月的顺序，逐月记述了自然现象和物候知识，它成为最早的物候学著作。

公元前 4 世纪，希腊大哲学家亚里斯多德(Aristotle)所著《气象学》(*Meteorolosis*)一书(约前 350 年)综合论述水、空气和地震等问题，对大气现象也作了适当的解释。

公元前 3 世纪出现的《吕氏春秋》中，已经对空中出现的云进行了简单的分类，按云的形状分为山云、水云、旱云和雨云 4 种。

公元前 3~ 前 2 世纪，我国的秦代到汉代期间确定了每年的 24 个节气，成为农事活动的主要依据，并且一直沿用到今天。

公元前 2 世纪，我国能够用木炭重量的变化和琴弦伸缩的程度来测量空气的湿度。

公元前 2 世纪到公元 1 世纪，我国西汉时期的《淮南子》中已经提到一种叫作“俔”的风向器。

公元前 2 世纪，古希腊的托勒玫(Ptolemy)发现大气折射现象。同一时期，我国东汉的张衡发明了可以被风转动的相风铜乌。

公元前104年(西汉时期),我国已盛行伣、铜凤凰和相风铜乌3种风向器,是世界上最早的测风器。

公元7世纪,我国唐代的李淳风在《乙巳占》中对风力进行了分级,共分为10级。

公元11世纪,我国宋代的沈括在《梦溪笔谈》中提出了海陆风变迁、流水侵蚀地形的原理,揭示了化石的形成,利用化石推断气候的方法,还指出了磁偏角现象。

公元13世纪,我国南宋的秦九韶在《数书九章》卷四中记载有计算雨量器容积的内容“天地测雨”和“圆罂测雨”,这是我国雨量器的前身。同一时期,意大利的维塔罗(Vitaro)指出虹霓是由日光的反射和折射作用所造成的。

公元14世纪,我国元代的娄元礼在《田家五行》中共记载了500多条的看天经验,包括有短期、中期、长期天气预报。

在萌芽时期,我国气象领域的成就处于世界领先地位。但由于封建统治的压抑,生产水平低下,气象学处于长期停顿状态。在这一时期,帝国主义为了侵略中国,纷纷在中国设立气象观测机构,收集气象资料为其军事、经济侵略服务。最早来中国用近代气象仪器进行气象观测的是法国传教士,他于1743年在北京设立测候所。其后从1830年起俄国又断断续续地派人来北京做气象观测。1873年法国天主教会在上海徐家汇创建观象台,1893年德国人在山东青岛建立青岛观象台,此外还有在英国人掌握之下的海关测候所等共43处(都位于沿海、沿江的港口),他们都为各自的军事、航行、商船服务,中国政府无权过问,这时中国的气象事业完全是半殖民地性质的。

0.2.1.2 初建时期(16世纪中叶到19世纪末)

这个时期由于欧洲工业的发展,推动了科学技术的发展,物理学、化学和流体力学等随着当时工业革命的要求,也快速发展起来。又由于航海技术的进步,远距离商业与探险队的活动,扩大了人们的视野,地理学乃蓬勃兴起,这就为介于物理学与地理学之间的边缘科学——气象学的发展奠定了基础。再加上这一段时间内气象观测仪器纷纷发明,地面气象观测台(站)相继建立,形成了地面气象观测网,并因无线电技术的发明,能够开始绘制地面天气图。由于具备了这些条件,气象学与天文学逐渐分离,成为独立的学科。

1593年意大利学者伽利略(Galileo)发明了温度表。

1643年意大利学者托里拆利(Torricelli)发明了气压表,可以定量观测大气压力。

16世纪中叶,意大利的丹蒂(Dante)发明了定量测量风速的摆式风力计。

1644年,英国的虎克(Hooke)发明了风压器。

1653年,在意大利北部建立了世界上第一个气象观测站,开始对气象要素进行统计的、定量的观测。

1686年,英国的哈雷(Halley)利用气压说明了测高公式和季风。

1687年,英国的丹皮尔(Dampier)提出了台风理论。

1695年,我国清代的刘献庭在《广阳杂记》卷三中记载了甘肃等地用火炮消除冰雹的方法。

1709年,德国的华伦海特(Fahrenheit)首次创立了温标,后来确定为华氏温标。

1742年,瑞典的天文学家安德斯·摄尔西斯(Anders Celsius)制定出百分温度指标,后来确定为摄氏温标。

1783 年，瑞士的霍 · 索修尔(Saussure)发明了毛发湿度表。

1805 年，英国的蒲福(Pufu)确定了风级标准。

1806 年，德国的洪堡(Humboldt)发现了气温随高度升高而降低的规律，并在 1817 年提出了等值线的概念，制成了世界范围的年平均气温分布图。

1820 年，正式用于气象观测的精确温度表问世。同年，德国人布德兰(Budelan)绘制了第一张地面天气图，开创了近代天气分析和预报方法。

1825 年，德国 E · F · 奥古斯特(E. F. Auguste)发明了干湿球温度表测温度的方法。

1835 年，法国人科利奥里(Colliori)提出风偏转的概念。

1857 年，荷兰人白贝罗(Baibeiluo)提出风和气压的关系，风偏转和白贝罗风压定律均成为大气动力学和天气分析的基础。

1857 年，德国的克芬修斯(Kevinhuges)提出了理想气体的定义。

1860 年，荷兰的巴罗特(Ballot)创立了风与气压梯度关系的巴罗特定律。

1869 年，英国的布汉(Bujan)首次绘制成全球范围的等压线图。

1874 年，丹麦的霍夫迈尔(Hofmeyr)首次绘制成北半球天气图。

1877 年，美国的费雷尔(Ferrell)提出了大气环流理论。

1879 年，德国的苏潘(Supan)按温度指标首次进行了气候分类。

1880 年，瑞士的布吕肯纳(Bbuluikenna)提出了气候变化的 35 年周期学说。

1883 年，德国学者汉恩(Hann)开始陆续出版了《气候学手册》三大卷，这是气候学最早的巨著。

1884 年，德国的柯本(Cobain)根据气温和降水 2 个气象要素以及重要的指标植物，进行了全球的气候带划分。

1887 年，奥地利的汉恩(Hann)发表了《气象图集》，内容包括全世界等温线图、等压线图和年总雨量图等。同年，瑞典的希尔德勃兰德逊(Hildebolandxun)和英国的阿勃克罗培(Abcrepet)提出了 10 种国际云型。后来希尔德勃兰德逊发表了《国际云图》。

在初建时期，我国的气象事业停滞不前，落后于西方国家。

0.2.1.3 发展时期(20 世纪以来)

这一时期总体特点是：随着生产发展的需要和技术的进步，不仅进行地面气象观测，也进行高空直接观测，从而摆脱了定性描述阶段，进入定量试验阶段，从认识自然、逐步向预测自然、控制和改造自然的方向发展。这一时期又可分为早期和近期 2 个阶段。

(1)早期阶段(20 世纪的前 50 年)

这一时期气象观测开始向高空发展，以风筝、带人气球及火箭等为高空观测工具，其所到达的高度是有限的，但也为高空气象学的发展奠定了基础。在此期间气象学的发展中有三大重要进展。

①锋面学说　在第一次世界大战期间，由于相邻国家气象资料无法获得，挪威建立了比较稠密的气象网。挪威学者贝坚克尼父子(V. Bjerknes 和 J. Bjerknes)等应用物理学和流体力学的理论，通过长期的天气分析实践，创立了气旋形成的锋面学说，从而为进行 1~2d 的天气预报奠定了物理基础。

②长波理论 20世纪三四十年代，由于要求能早期预报出灾害性天气，再加上有了无线电探空和高空测风的普遍发展，能够分析出较好的高空天气图。瑞典学者罗斯贝(Rossby)等研究大气环流，提出了长波理论。它既为进行2~4d的天气预报奠定了理论基础，同时也使气象学由两度空间发展为三度空间的科学。

③降雨学说 20世纪30年代，贝吉龙-芬德生(Bergeron-Findeison)从研究雨的形成中，发现云中有冰晶与过冷却水滴共存最有利于降雨的形成，从而提出了降雨学说。1947年又发现干冰和碘化银落入过冷却水滴中可以产生大量冰晶，这就为人工影响冷云降水提供了途径。进一步研究还发现在热带暖云中由于大、小水滴碰并也可导致降雨，这又为人工影响暖云降水奠定了理论基础。由此人类开始从认识自然进入人工影响局部天气时代。

1902年，法国的德·波尔特(Debort)和德国的阿斯曼(Assmann)发现了大气平流层。

1909年，英国的辛普生(Simpsen)提出雷雨的电荷生成学说。

1913年，德国的埃姆顿(Aimton)提出了大气热辐射平衡理论。同年，我国在北京建立了自己设置的第一个观象台。

1918年，挪威的威廉·皮叶克尼斯(Vihelm Bjerknes)提出了锋面和气旋学说，奠定了预报短期天气的理论基础。

1921年，法国的勃莱(Bly)和布衣生(Buyison)发现了存在于大气层中的臭氧层。

1926年，法国的德马东(Demadong)提出了干燥指数，并绘制出全球干燥指数分布图。同年，我国的竺可桢提出了中国地质历史时期的气候脉动说。他于次年创立了气象研究所，成为我国气象学的奠基人。

1928年，瑞典的贝吉隆(Begiron)提出了气团理论，并于1933年提出降水的冰核说。

1939年，罗斯贝(Rossby)提出了长波动力学，他的理论也对天气预报有莫大的贡献。

1946年，美国的夏弗(Xiafu)和冯乃高(Fengnaigao)发现干冰和碘化银可作为人工冰核。同年，美国的兰格缪尔(Langemuir)进行了人工降水试验。美国的贝斯特(Best)用火箭进行离地面120km高处超高层观测。

1950年，英国的恰普曼(Chapman)发现了存在于大气平流层与电离层之间的中间层。

1960年，美国成功发射世界上第一颗气象卫星。

(2)近期(20世纪50年代以后)

20世纪五六十年代，计算机、天气雷达、卫星和遥感技术的应用，使大气的各种现象，大至大气环流，小至雨滴的形成过程，都可依照物理学和化学的数学形式来表示，从而使大气科学有了突飞猛进的发展。

①开展大规模的观测试验 20世纪50年代以前，国际上曾在1882年和1932年组织过2次对南北极区进行气象考察，称为国际极年，并取得了一些高空气象和太阳与地球关系的资料。50年代后又进行过多次至少有几十个国家参加的大规模大气观测试验，且规模一次比一次大。例如，1977年12月至1979年11月进行的一次大气观测试验，有100多个国家参加，包括中国。这次全球大气试验是以5个同步卫星和2个近极地轨道卫星为骨干，配合气象火箭，并与世界各地常规的地面气象观测站、自动气象站、飞机、船舶、浮标站和定高气球等相结合，组成几个全球性的较完整的立体观测系统。这一全球性观测计划试图解决10~14d之间的天气预报，进一步了解天气现象形成的物理过程和物理原因。

②对大气物理现象进行数值模拟试验　气象学不像物理、化学可以在室内进行实验，而是以地球的大气层作为实验室。有了电子计算机才可能广泛地对各种大气物理现象进行精确的、定量的数值模拟试验，如从全球性环流到云内雨滴的生成过程都进行试验，并把云雾中的微观过程和动力的宏观过程结合起来，使气象学进入试验科学阶段。

③把大气作为一个整体进行研究　把对流层与平流层，高纬地区与低纬地区，南半球与北半球结合起来研究，这在气象学发展上又是一大跃进。人类对大气中的化学现象与化学过程也进行了多年的观测、分析和研究，并已形成了气象学中一个新支派——大气化学。特别是近年来对大气污染的监测，探讨环境保护的措施，更促进了大气化学的进展。

新中国成立后，中国气象事业得到迅速发展。在第一个五年计划期间，中国共建立了各级气象台站1 378个，到1957年底中国各级气象台站已达1 635个，比新中国成立初期增加近22倍。如今天气和气候站网已遍布全国。中国的气象学研究进入了高度发展的时期。在基础理论方面，如大气环流和动力气象的研究；在天气学方面如中国天气、高原气象等研究；在卫星气象方面，如甚高分辨率云图接受器的研制、卫星气象学和探测原理等研究都取得了显著的进展。在人工影响天气方面已开展了云雾物理、人工降水和人工消雹等工作，并已取得较好的效果。

进入80年代后，我国的气象科技更是突飞猛进。

1988年9月7日，我国发射了第一颗实验性气象卫星，进入太阳同步轨道。同年的12月25日，又发射了大气探测火箭。

1990年9月3日，我国成功发射名为“风云一号”的试验气象卫星，进入离地900km高空的太阳同步轨道。

1997年6月10日，我国在四川的西昌用“长征三号”运载火箭成功地将第二代气象卫星“风云二号”发射升空，进入地球同步轨道，该卫星重1 380kg，视野广阔，能覆盖以我国为中心的约$1.0\times10^8 km^2$的地球表面，可以观测和提供我国及邻国的大气云图、温度、水汽、风场等气象动态，对准确地进行中、长期天气预报及灾害预报具有重要作用。

0.2.1.4　未来发展

随着科学技术的发展，气象观测仪器的发明，探测手段、通信装备及计算工具的发展，人类对大气现象探索的扩大及加深，使气象学逐步发展为科学的气象学。20世纪以来，现代科学技术新成果在气象科学领域广泛应用，使气象科学进入崭新时期。如电子技术的引进，使大气探测走向自动化、遥感化、系统化；天气雷达的出现使气象工作者能监测、追踪强风暴的移动和发展；电子计算机的应用，使数值预报变为现实，使天气预报走向客观化、定量化；气象卫星的应用，填补了沙漠、高原、海洋等地区的气象资料；空间技术的发展，使大气的研究向宇宙空间扩展，人类可从外层空间俯瞰地球大气，等等。当前，随着信息科学的发展，世界正面临以微电子技术、新材料、新能源及海洋技术为主要标志的新技术革命，必将促进气象科学的飞速发展。

0.2.2　农业气象学发展简史

农业气象大致经历了古代、近代和现代发展时期。农业与气象条件关系的朴素见解散布于古代的哲学、历史、史诗的丛书与农业传说中，在古代中国、希腊、罗马、埃及、印度诸国，已有相当规模的农业气象经验的积累。中世纪宗教与神学垄断了欧洲学术讲坛，窒息了科学思维；但从公元2~15世纪，发达的中国古代文明孕育着农业气象观念的雏形，在古农书中有大量农业气象知识的汇集。

人类在古代朴素唯物观的引导下，迎来了以牛顿力学为标志的第一次科学综合发展时期；19世纪初叶受自然科学三大发现的“引爆”和工业化大生产的强力推动，导致了第二次科学大综合的壮观发展，为众多的科学奠定了基础，农业气象学也应运而生。

1854年L·布洛森杰(L. Blowsenjay)在美国政府的农业报告中论述了农业气象相似理论，同年俄国学者鲁托维奇出版了世界上第一本《农业气象学》，可视为近代农业气象学理论形成的标志。著名日本气象学家太后美保认为，德国慕尼黑工业大学附设农科教授瓦路耐(E. Wollny)对土壤物理学、农业气象学进行研究，于1879—1898年间写成《农业物理研究》一书，可看作近代农业气象学的开端。在美国，金(F. H. King)于1898年开始在威斯康星大学讲授《农业气象学》，可看作农业综合教育的启蒙。大气科学在物理学基础上的创建时期为17~19世纪初，为农业气象学的重要渊源。

19世纪初以爱因斯坦相对论提出所触发的物理学的革命，标志着第三次科学大综合浪潮的真正到来，农业气象学经过曲折的发展，终于取得了长足的进步，跨入了现代科学行列。早在1912年，我国一些农业试验场开始设立农业测候所，积累气象资料为农业服务，为农业气象学在中国的发展打下了初步基础。之后，在一些农业气象先驱者的倡导下，现代农业气象学在中国得到了发展。但总的说来，1949年以前农业气象科学的发展较为迟缓。

新中国成立后，农业气象事业随着中国农业的复苏而迅速发展，全国成立了专门的农业气象研究、业务和教学机构，农业气象科学技术水平迅速提高。1954年中央气象局成立了农业气象科，1956年改为农业气象处，1957年在全国建立了10个农业气象试验站，1958年成立农业气象研究室，1983年扩充成立农业气象研究所。在专业人才培养方面，1953年在江苏丹阳，1954年在南京、北京先后举办了农业气象讲习班。1956年在北京农业大学创办了农业气象专业，以后沈阳农学院、广西农学院、南京气象学院等相继成立了农业气象系(专业)，开始有计划地培养农业气象人才。1958年10月，在南京召开了第一届全国农业气象工作会议，对推动全国农业气象科学技术的发展起到了积极作用。为了适应中国农业气象学的发展，1962年中国气象学会成立了农业气象专业委员会。1981年，中国农学会成立了农业气象研究会，2006年改为农业气象分会。

在农业气象研究方面，20世纪50年代主要是基础理论研究。如作物生育对温度、光照、水分的要求，农业气象观测和研究方法的探讨，农业措施的农田小气候效应，土壤水分和土壤蒸发，农业气候资源的分析，农业气象灾害和林火气象等。50年代末到60年代初，加强了对农业气象灾害发生规律、预报和防御措施的研究。1964年，竺可桢发表了“论我国气候的几个特点及其与粮食作物生产关系”一文，系统地论述了按各地气候特点进行粮食作物合理布局的问题。同年，中国气象学会召开了全国农业气候区划会议，推动了农业气候资源的调查和分析研究。70年代以来，随着中国农业现代化事业的迅速发展和学科间的相互渗透，农业气象事业也有了新的进展。人工气候箱、人工气候室、电子计算机、遥感技术逐渐在农业气象研究中得到应用，运筹学、系统工程、模糊数学等用来进行农业气象研究，使这门学科从定性分析向定量研究发展，并建立了多种农业气象数学模式，在农业气象预报、气候生产力鉴定等方面得到了应用；开始注意用生态学观点研究天气、气候与农业的相互关系；全国开展了农业气候资源的区划和作物产量的气象预报研究，并开展了对农田小气候、农业地形小气候、作物气候生产潜力、林业气象及畜牧气象等的研究和应用。80年代以来，由于植物生理学研究的深入，微气象测试方法与仪器的改进，以及作物模拟研究的发展和作物各生育期生长发育、产量模型的建立，使作物生长发育、光合、呼吸、氮素吸收、器官构造、产量形成等一系列生理生态过程研究的深度和广度大大超过以往作物气象水平。在农业气候资源的评价、分析、利用方面，利用GIS把地理、环境、气候、土壤等因素结合起来，对各种资源的合理利用提出决策意见。运用信息技术建立农业气象灾害的发生模型和危害模型，将此模型与作物模拟结合，对气象灾害的发生规律进行更透彻全面的了解。不仅能模拟出不同区域历年的受灾面积和受灾作物，完成对农业气象灾害模型的验证、修改和完善，还能对农作物的危害程度进行分析。将经过验证的农业气象灾害模型与决策系统、专家系统相结合，提出正确的综合防御措施，指导大面积农业生产。由于传感器技术和计算机技术的发展，使得测试手段大大加强，丰富与发展了小气候的理论研究。例如湍流运动中，对空气微粒轨迹的跟踪可实现1s采样1 000~1 500个数据，从而搞清湍流微粒运动的规律。在农田小气候研究中，将小气候与作物模拟相结合，利用传感器技术与计算机联接，不仅可以测出植被冠层内温、光、水等气象要素的分布规律，而且能分析出各种气象因素对农作物生长的影响。农业气象情报与计算机网络结合，利用庞大的计算机网络系统，准确及时地提供各地的农业气象情报和农作物生长状况。农业气象情报与决策论结合起来，对栽培、灌溉、施肥、病虫害防治和灾害防御等措施进行优化，既能获得较高的产量，又能获得最佳经济效益。卫星通讯、遥感、摄影等技术的发展加快了图像处理技术的进程。农业气象情报与遥感技术结合，利用图像处理技术获得作物面积、水分蒸腾、森林火灾以及洪涝、干旱等数据，实现监测作物生长，预测作物产量等目的。90年代以来，3S技术在气候区划中的应用，改变了传统的气候区划方法，使气候区划朝综合规划方向发展。2000年以来，加速了数字化农业气象的步伐，使农业气象向着信息化、定量化、数字化、精准化方向发展。

思考题

1. 简述气象学与农业气象学的区别。
2. 叙述气象学与农业气象学的研究对象、任务和方法。
3. 叙述气象学与农业气象学的研究内容。

参考文献

包云轩. 2007. 气象学[M]. 2版. 北京：中国农业出版社.
贺庆棠，陆佩玲. 2010. 气象学[M]. 3版. 北京：中国林业出版社.
姜世中. 2010. 气象学与气候学[M]. 北京：科学出版社.

第1章 大 气

气象学是研究大气的科学，首先对大气的组成成分、垂直结构要有所了解。

1.1 大气的组成和垂直结构

1.1.1 大气的组成

大气是由多种气体混合组成的，按其成分可分为干洁空气、水汽和气溶胶粒子3类。

1.1.1.1 干洁空气

干洁空气是指大气中除了水汽和气溶胶粒子外的整个混合气体。干洁空气平均相对分子质量为28.966左右，其主要成分是氮(N_2)占78.1%，氧(O_2)占20.0%，氩(Ar)占0.93%，三者合计占99.9%。其他还有稀有气体，如氖(Ne)、氙(Xe)、氪(Kr)、氢(H_2)，以及含量不定的二氧化碳(0.033%)和臭氧(O_3)，加在一起仅占0.01%。

从地面至100~120km高度以下，由于存在空气对流、湍流及水平运动，干洁空气成分的比例基本上是不变的。组成干洁空气的各种气体的沸点都极低，在自然条件下永无液化的可能，因此，干洁空气又称永久气体。干洁空气中对人类活动影响比较大，与地球生物圈关系最密切的主要是氮、氧、臭氧和二氧化碳。

(1)氮和氧

氮是大气中含量最多的气体，是地球上生命体的基本成分，主要以蛋白质的形式存在于有机体中。氮是一种不活泼气体，大气中的氮不能被植物直接吸收，但可同土壤中的植物根瘤菌结合，变成能被植物吸收的氮化物。闪电可将大气中的氧和氮结合生成二氧化氮，并随降水进入土壤，被植物吸收利用。大气中氮能冲淡氧，使氧化作用不致过于激烈。

氧是大气中次多的气体，是地球上一切生命所必需的，是维持人类和动植物呼吸极为重要的气体。氧还决定着有机物的燃烧、腐烂和分解过程，以及影响大气中进行的各种化学变化过程。

(2)臭氧

大气中的臭氧主要是氧分子在太阳紫外线辐射作用下形成的。氧气先分解为氧原子，然后又和氧分子化合而成臭氧。

$$O_2 \xrightarrow{\text{紫外线}} O + O$$

$$O_2 + O \longrightarrow O_3$$

另外，有机物的氧化和雷雨闪电作用也能形成臭氧。在近地面空气层中，臭氧含量很少，自5~10km高度，含量开始增加，在平流层的20~25km处达最大浓度，形成明显的臭氧层，再往上则逐渐减少，至55km逐渐消失。其原因是臭氧一般是由氧分子与氧原子结合而成，在大气上层太阳紫外线辐射很强，氧分子解离多，使氧原子很难遇到氧分子，不能形成臭氧，所以高层空间臭氧逐渐消失；相反，在低层大气中太阳紫外线辐射大为减少，氧分子不易被分解，氧原子数量极少，也不能形成臭气。在20~25km高度，既有足够的氧分子，又有足够的氧原子，是形成臭氧的最适宜环境，故这一层又称为臭氧层。

臭氧能大量吸收太阳紫外线，使臭氧层增暖，影响大气温度的垂直分布；同时，臭氧层的存在也使地球上的生物免受过多太阳紫外线的伤害，尤其是吸收了对地面生物杀伤力极大的短波紫外线，对地球上生物有机体生存起到了保护作用。据气象卫星近年探测，南极上空臭氧浓度在逐年减少，南北极上空都出现了"臭氧空洞"，这对地球上的生命是一种威胁，已引起人们极大关注。科学家发现，这是由于使用制冷剂——氯氟烃大量排入大气中，造成高空中臭氧层破坏的结果。如果没有大气臭氧层的保护，这个世界不能存在。

(3)二氧化碳

大气中的二氧化碳主要来源于石油、煤等燃料的燃烧，海洋与陆地上有机物的腐烂、分解及动物和人类的呼吸作用。这些作用集中在大气底层，因此二氧化碳主要分布在大气底层20km的气层内。二氧化碳含量随时间和地点而不同，一般冬季多夏季少；夜间多白天少；城市、工矿区多农村少。某些大工业城市可达0.05%以上，而农村可低至0.02%。随着人口增长、工业化进程加快以及森林面积急剧减少，排放至大气中的二氧化碳越来越多，浓度日趋升高。二氧化碳是植物进行光合作用制造有机物质不可缺少的原料，它的增多也会对提高植物光合效率产生一定影响。二氧化碳是一种温室气体，它能够透过白天的短波太阳辐射，但又能强烈吸收和放射长波辐射，对空气和地面有增温效应，如果没有这种温室效应，地球表面的平均气温将会下降到-23℃，而目前实际的地表平均温度为15℃。但如果大气中二氧化碳含量不断增加，将会导致温度持续上升，使全球气候发生明显的变化，这一问题已引起全世界的关注。

1.1.1.2 大气中的水汽

大气中的水汽来源于江、河、湖、海及潮湿物体表面的蒸发和植物蒸腾。水汽是大气的重要组成部分，主要集中在低层大气，随高度增加快速减少。在1.5~2.0km高度，仅为地面的1/10；在10~15km处，水汽含量就极少了。大气中的水汽含量按容积仅有0.1%~4%，虽然不多，但随时间和地点变化很大。在热带洋面上空水汽含量可达4%，在炎热沙漠上空几乎为0，极地上空平均为0.02%。

大气中水汽含量虽然不多，但它是天气变化的主角，在大气温度变化的范围内发生相变，变为水滴或冰晶，形成各种凝结物如云、雾、雨、雪、雹等。水汽相变过程中要吸收或放出潜热，不仅引起大气湿度变化，同时也引起热量转移；水汽的相变和水分循环流动把大气圈、海洋、陆地和生物圈紧密联系在一起，对大气运动的能量转移和变化，地面及大气温度、海陆之间的水分循环和交换，以及各种大气现象都有着重要影响。没有水汽，天空将永远晴空万里，不会有风、云、雨、雪等气象万千的变化，不会发生以水汽为主角的各种天气现象。

大气中的水汽能强烈吸收长波辐射，参与大气温室效应形成，对地面起保温作用。大气中水汽含量多少，影响云雨及各种降水，对植物生长发育所需水分有着直接影响，最终影响植物及农作物的产量和品质。

1.1.1.3 气溶胶粒子

气溶胶是指大气中处于悬浮状的植物花粉和孢子、盐粒、火山和宇宙尘埃等固体小颗粒及小水滴、冰晶等。固体杂质微粒的数量可达到每立方厘米几十万个。通常在近地面大气中，城市多于乡村，冬季多于夏季，陆地多于海洋。

气溶胶粒子来源可分为人工源和自然源 2 类。人工源为人类活动所产生，像煤、木炭、石油的燃烧和工业活动，产生大量固体烟粒和吸湿性物质。自然源为自然现象所产生，像土壤微粒和岩石的风化，森林火灾与火山爆发所产生的大量烟粒和微粒；海洋上的浪花溅沫进入大气形成的吸湿性盐核；由于凝结或冻结而产生的自然云滴和冰晶；另外还有宇宙尘埃，像陨石进入大气层燃烧所产生的物质等。

大气中的气溶胶粒子浮游空际，会使大气能见度降低，还能减弱太阳辐射和地面辐射，影响地面空气的温度。当固体颗粒沉降在叶片上时，它可以强烈吸收太阳辐射，产生高温，灼伤叶片。这些物质还对叶片造成遮光、堵塞气孔，影响光合作用的正常进行。

有些气溶胶粒子是污染物质，粉尘中有大量的镉、铬、铅等金属，以及许多有机化合物，都对人体有一定的危害。气溶胶粒子还在大气的许多化学过程中起作用，如燃烧排放出的一氧化氮、二氧化氮、二氧化硫等气体，在紫外线的照射下会氧化，遇水滴或在高温下产生硝酸、亚硝酸、硫酸及各种盐类，造成严重的污染。

1.1.2 大气的垂直结构

1.1.2.1 对流层

对流层(troposphere)是靠近地表的大气最底层。它的厚度随纬度和季节的不同而有变化。就纬度而言，低纬度平均为17~18km，中纬度为10~12km，高纬度只有8~9km。就季节而言，夏季厚，冬季薄。

对流层的厚度同整个大气层相比，虽然十分薄，不及整个大气层厚度的1%。但由于地球引力，使大气质量的3/4和几乎全部的水汽都集中在这一层中。云、雾、雨、雪、风等主要大气现象都发生在这一层中，它是天气变化最为复杂的层次，因而也是对人类生产、生活影响最大的一层。对流层的主要特征有以下几点：

①气温随高度增加而降低　由于对流层与地面相接触，空气从地面获得热量，温度随高度的增加而降低。在不同地区、不同季节、不同高度，气温降低的情况是不同的。平均而言，每上升100m，气温约平均下降0.65℃，称为气温直减率(lapse rate of air temperature)，也称气温垂直梯度，通常以γ表示。

$$\gamma = -dT/dZ = 0.65℃/100m \quad (1-1)$$

②空气具有强烈的对流运动　由于地面受热不均匀，产生空气的垂直对流运动，高层和低层的空气能够进行交换和混合，使得近地面的热量、水汽、固体杂质等向上输送，对成云致雨有重要作用。

③气象要素水平分布不均匀　由于对流层受地表影响最大，而地表有海陆、地形起伏

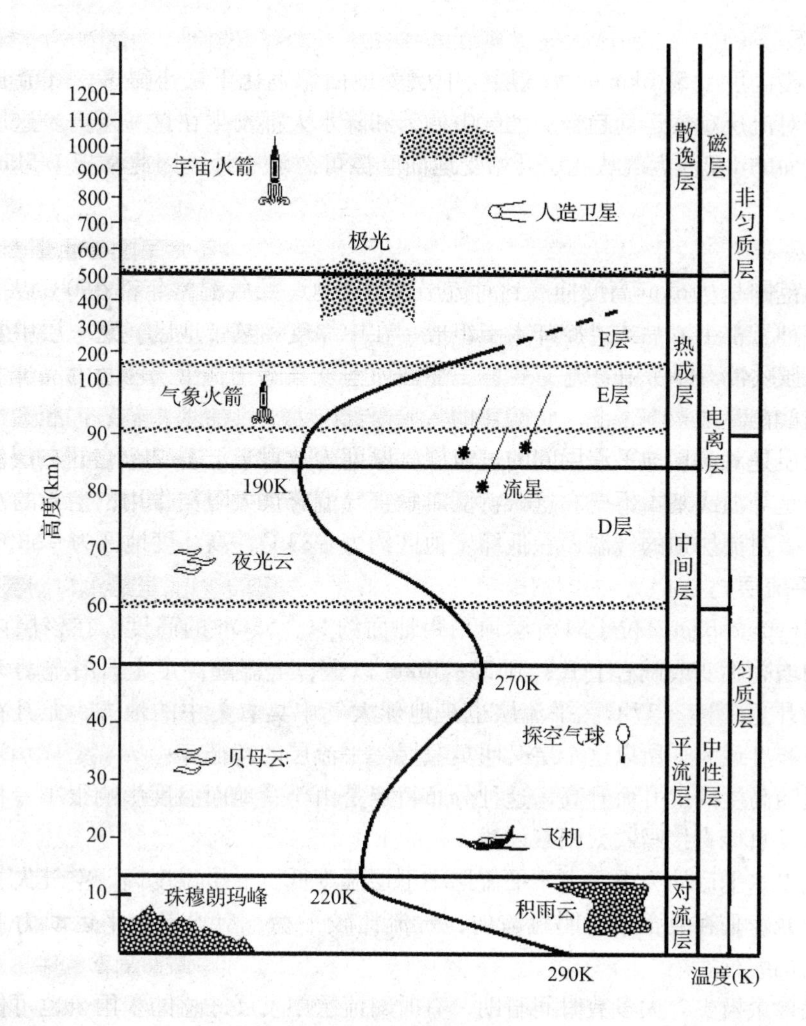

图 1-1 大气的垂直结构

等性质差异，使对流层中温度、湿度、二氧化碳等的水平分布极不均匀。在寒带大陆上空的空气，因受热较少和缺乏水源，就显得寒冷而干燥；在热带海洋上空的空气，因受热多，水汽充沛，就比较温暖而潮湿。温度、湿度等的水平差异，常引起大规模的空气水平运动。

根据对流层内气流和天气现象分布特点，从下而上又可分为下层、中层、上层和对流顶层 4 层。

(1) 下层

下层又称摩擦层或行星边界层。下层的范围指自地面至 1.5km 左右高度，因受地面摩擦和热力的影响，这层空气的对流和不规则的湍流运动都很强，随高度增加，风速增大，气温日变化也很大。由于下层水汽、尘埃含量较多，低云和雾都发生在这里。在下层内还可分出一个贴近地面的副层，称近地面层。近地面层的高度指由地面至 50~100m，其中 0~2m 间的气层又称贴地层。近地面层是受地面强烈影响的气层，也是人类和生物生存的重要环境，对它的研究有着很大实际价值。

(2)中层

中层是指高度1.5~6km的大气层。中层受地面影响比下层小得多，气流状况基本上可表征整个对流层空气运动趋势。大气中的云和降水大都发生在这一层内。这层顶部气压通常只有地面的1/2。大气从此层开始受地面摩擦可忽略不计，因此常把1.5km以上的大气称为自由大气。

(3)上层

上层的范围是从6km高度伸展到对流层顶部，这一层气温常年都在0℃以下，水汽含量较少，各种云都由冰晶或过冷却水滴组成。在中纬度和热带地区，这一层中常出现风速≥30m/s的强风带，即所谓急流。

(4)对流顶层

对流顶层是对流层与平流层间的过渡层，厚度为数百米至1~2km。这一层温度不随高度降低，而是等温或基本不变。这一特征对垂直气流有很大阻挡作用，上升的水汽和尘埃多聚集其下。对流层顶的气温，在低纬度地区约为-83℃，高纬度地区为-53℃。

1.1.2.2 平流层

平流层(stratosphere)位于对流层顶到距地面约50~55km的高度。在该层内，最初气温随高度的增高不变或微有上升；到25~30km以上，气温随高度上升有显著升高；到平流层顶气温升至-3~ -17℃。平流层也是地球大气中臭氧集中的地方，尤其在20~25km高度上臭氧浓度最大，所以这个层又叫臭氧层。平流层的特征有：

①气温随高度的上升而升高　这种分布特点是由于受地面温度影响很小，特别是此层存在的大量臭氧能直接吸收太阳紫外线。

②空气以水平运动为主　由于平流层中下层温度低，上层温度高，空气失去了受热膨胀上升的动力。垂直混合作用明显减弱，气流比较平稳，空气以水平运动为主，天气晴好，适于飞机航行。

③水汽含量极少　大多数时间晴朗，有时对流层中发展旺盛的积雨云也可伸展到平流层下部。在高纬度20km以上高度，有时在早晚可观测到贝母云(又称珍珠云)。另外，此层气溶胶粒子含量极少，但当火山猛烈爆发时，火山尘也可到达此层，影响能见度和气温。

1.1.2.3 中间层

中间层(mesosphere)是从平流层顶到距地面85km左右的高度，这一层的特征是气温随高度增加迅速降低，顶部气温可降至-83~ -113℃。由于上冷下暖，再次出现空气的垂直运动，故又称高空对流层。其原因是这一层中几乎没有臭氧存在。层内的二氧化碳，水汽等更稀少，几乎没有云层出现，仅在75~90km高度有时能见到一种薄而带银白色的夜光云，但出现机会很少。这种夜光云有人认为是由极细微的尘埃组成。

1.1.2.4 热成层

热成层又称电离层(thermosphere)。位于中间层顶至500km左右。热成层内空气稀薄，空气分子在太阳紫外线的作用下变为离子和自由电子，空气处于高度的电离状态，故热成层又称为电离层。热成层的主要特征：

①气温随高度的增加迅速升高　该层气温随高度增加而迅速增高。其增温幅度与太阳

活动有关，当太阳活动加强时，温度随高度增加很快，在300km高度上气温可达到1 000℃以上，500km处的气温可增至1 200℃。这是由于波长大于0.175μm的太阳紫外辐射都被该层的大气(主要是原子氧)吸收的缘故。

②大气处于高度的电离状态　据研究，高层大气由于受到太阳光的强烈辐射，迫使气体原子电离，产生带电离子和自由电子，使高层大气中产生电流和磁场，并可反射无线电波，正是由于高层大气中电离层的存在，短波无线电通讯得以进行，人们才可以收到很远地方的无线电台的广播。

此外，在高纬地区的晴夜，热成层中可以出现彩色的极光。这可能是由于太阳发出高速带电粒子，使高层稀薄的空气分子或原子激发后发出的光。这些高速带电粒子在地球磁场的作用下，向南北两极移动，所以极光常出现在高纬度地区的上空。

1.1.2.5 散逸层

这是大气的最高层，一般指500km以上的大气层，又称外层(the outer layer)，是大气圈与星际空间的过渡带。这一层中气温随高度的增加很少变化。由于温度高，空气粒子运动速度很快，又因距地心很远，受地球引力很小，所以大气粒子常可散逸至星际空间。同时也有宇宙空间的气体分子闯入大气，二者可保持动态平衡。

1.2 大气污染

1.2.1 大气污染的概念

由于人类活动或自然过程，使排放到大气中物质的浓度及持续时间足以对人类及动植物的健康、设施或环境产生不利影响，破坏了生态系统和人类及动植物的生活生存条件的现象，称为大气污染(atmospheric pollution)。据世界观察研究所发布的世界环境状况报告指出：世界环境正在恶化，大气污染已成为全球十大环境问题之一。环境专家已测出有260余种危害人体的挥发性有机物，如果让这种趋势继续发展，自然界将失去供养人类的能力。

引起大气环境污染的物质主要来自2个方面：一是自然界各种自然过程产生的，如火山爆发、森林火灾等，即“自然源”；二是人类生产和生活过程产生的，即“人工源”。引起大气污染广泛而严重的主要是“人工源”，因此人们所指的污染源通常是“人工源”。

1.2.2 大气污染源

1.2.2.1 工业污染源

工业生产过程中产生的大气污染物是大气中污染物的主要来源，这类排放源的特点是大而集中。据统计，我国工业企业的烟尘和SO_2排放量占全国总排放量的84%。表1-1是工业企业生产过程中产生的主要污染物。

表1-1 工业各行业主要大气污染物

行业类别	主要大气污染物	行业类别	主要大气污染物
黑色金属冶炼	SO_2、NO_X、氰化物、硫化物、CO、粉尘、氟化物	橡胶	H_2S、苯、粉尘、甲硫醇等
有色金属冶炼	SO_2、NO_X、汞、氟化物、CO、粉尘(铜、砷、铅、锌、镉)	油脂化工	Cl_2、HCl、HF、SO_2、NO_X、粉尘等
炼焦	SO_2、CO、苯、苯并芘、铵、烟尘、H_2S、酚等	制药品	Cl_2、H_2S、SO_2、苯、HCl、NH_4等
石油化工	SO_2、NO_X、Pb、氟化物、烃、H_2S、酚等	电镀	铬酸雾、氰化氢、NO_X、粉尘等
火力发电	SO_2、NO_X、苯并芘、CO、烟尘、碳氢化合物等	水泥	粉尘等
有机化工	酚、氰化氢、Cl_2、苯、HF、酸雾、粉尘等	砖瓦	氟化物等
氮肥	CO、NH_4、H_2S、酸雾、粉尘等	铸造	CO、SO_2、NO_X、氟化物、铅、粉尘等
磷肥	粉尘、氟化物、SO_2、酸雾等	油漆	苯、酚、铅、粉尘、醛、醇、酮类等
硫酸	SO_2、NO_X、粉尘、氟化物、硫酸雾等	造纸	H_2S、粉尘、甲醛、硫醇等
化纤	H_2S、CS_2、胺、粉尘等	纺织印染	H_2S、粉尘等
染料	Cl_2、HCl、SO_2、氯苯、苯胺类、H_2S、硝基苯类、汞等	皮革及制品	H_2S、粉尘、甲醛等

1.2.2.2 交通运输污染源

汽车、火车、轮船、飞机等交通运输工具与工厂相比，具有小型、分散、流动等特点，但其数量庞大，污染物排放总量也相当可观，特别是对人体危害极大的一氧化碳和氮氧化物，交通运输的排放量占总排放量的一半以上。例如，美国1970年统计全国排放一氧化碳1.47×10^8t，其中交通运输排放量占76%。2013年1月影响我国东部地区各大城市的严重雾霾天气中，一般认为汽车尾气排放是细颗粒污染物(PM2.5)的主要来源之一。

飞机排放的污染物目前虽然还不算很大，但随着航空事业的发展，在平流层飞行的飞机将不断增加，喷射的污染物会在平流层长期滞留，并逐渐进入臭氧层，从而将会对臭氧层产生不利影响。

1.2.2.3 农业污染源

农业生产过程中，因农药、化肥等使用不当，也会对大气产生严重的污染，并对农产品产量和质量产生不良影响。

例如农药一般以粉尘或气溶胶喷洒，喷洒过程中药剂随风飘浮或从土壤、植物表面挥发进入大气。

使用化肥也有类似情况，例如氮肥施入土壤后，由于在土壤中发生的反硝化作用、氨化作用和硝化作用，这些过程导致了分子氮、NH_3、N_2O、NO、NO_2的产生，并从土壤向大气中散发。

家畜饲养时，粪尿本身及其分解物产生的恶臭、H_2S、醇、酚、醛、氨、酰、胺类，吲哚、氨苯类物质及病原微生物等都进入大气中。据观测，国外一个10.8万头的大型养猪场，每小时能释放15亿微生物个体、159kg NH_3(氨气)、14.5kg H_2S。在距养猪场

100m 远的高空中 NH_3 的浓度仍高达 3.4mg/m^3，H_2S 的浓度仍高达 0.112mg/m^3，所以农业作为大气污染源的作用是不可忽视的。

1.2.2.4 生活污染源

生活污染源主要是指家庭炉灶及取暖设备在燃烧过程中向大气排放的污染物质。由于其数量大、分散广、排放高度低，使排放的污染物常弥漫于居住区周围。污染物基本上是燃料（主要是煤）燃烧产生的烟尘、CO_2、SO_2 等。特别是由于工业发展带来的城市人口集中，生活用煤产生的污染物数量相当可观，成为城市低空中大气污染不可忽视的污染源。我国北方城市，冬季取暖用煤是城市大气污染的重要原因。

1.2.3 大气污染物

大气中除水汽在 0%~5% 之间变化外，微小尘埃和微生物在大气中逐年增多，特别是近百年来，大工业的兴起，现代化生产的发展，把大量有害物质排放到大气中，它们可以是气态、液态或固态的微粒。大气污染物通常分为七大类。

1.2.3.1 含硫化合物

大气中含硫化合物有：SO_2、SO_3、H_2SO_4、H_2S、硫醇、亚硫酸盐，硫酸盐和有机硫化合物等。其中危害最大的是 SO_2、H_2SO_4、H_2S。

就大气污染物排放量看，SO_2 仅次于 CO 而居第二位；就危害性看，SO_2 则占首位，是全球大气污染中的一个严重问题。

SO_2 是一种具有强烈辛辣窒息性臭味的无色有毒气体，能溶于水。在干燥的大气中可存在 1~2 周。它能刺激眼睛，损伤器官，引起呼吸道疾病；接触植物后，由气孔、水孔侵入植物体内，与体内有机酸分解产物的醛类发生反应，使光合强度下降；在低浓度（5×10^{-6}）下，能使呼吸作用加快，在高浓度下则抑制呼吸，最终导致花、叶、茎等变色，植物生长受阻；SO_2 在大气中，尤其是在污染的大气中易被氧化并与水分子结合生成腐蚀性很强的硫酸分子，同时发生化学反应生成硫酸盐。硫酸和硫酸盐可形成硫酸烟雾和酸雨，造成更大危害。

SO_2 在自然界中分布广，排放量大，通常以它作为大气污染的重要指标，国家规定大气中 SO_2 的标准为日平均值 0.15mg/m^3，一次最大值为 0.50mg/m^3。

H_2S 进入大气后可被氧原子、氧分子和臭氧氧化成 SO_2，一般认为在大气中的寿命仅为几个小时。

1.2.3.2 含氮化合物

大气中含氮化合物有 NH_3、N_2O、NO、NO_2 等，氮氧化合物是大气中主要污染物之一，通常以 NO、NO_2 危害最大。

大气中产生氮氧化物有 3 个途径：一是由含氮的有机物燃烧生成；二是在燃烧、闪电过程中，温度高达 2 100℃时，空气中有 1% 的氮被氧化成一氧化氮；三是在紫外线的作用下，大气中的游离氮被氧化成氮氧化物。此外，硝酸、氮肥、炸药、硝基苯等工业生产过程及交通工具排放的废气中含有大量的氮氧化物。土壤中的硝化作用是 N_2O 的重要排放源，尤其是在通气良好的农田过量施用氮肥后。

NO 是无色无刺激性和不活泼的气体，毒性不大，但它能与人体血红蛋白结合使血液输氧能力下降。NO若参与光化学烟雾的形成，则其危害程度加重。

NO_2是红棕色有刺激性臭味的气体，毒性很强，约为NO的4~5倍。对呼吸器官有强烈刺激作用，能迅速破坏肺细胞。NO_2还能催化大气中的SO_2氧化成SO_3，并能强烈吸收紫外线，激发光化学反应产生对动植物有害的烟雾。

N_2O即氧化亚氮，为无色气体，无显著臭味，较空气重，是仅次于CO_2和CH_4的温室气体，又是破坏臭氧层的物质之一。

1.2.3.3 碳氧化合物

大气中碳氧化合物主要来源于燃料的燃烧，污染物主要包括CO和CO_2。

CO俗称煤气，是一种无色、无味、无臭的窒息性气体，在常温下化学性质不活泼，但对血红蛋白的亲和力比O_2大200~300倍，所以CO的毒性表现在与O_2争夺血红蛋白，引起窒息。空气中CO浓度达50×10^{-6}时2h就可使人产生头痛，$1\,000 \times 10^{-6}$可使人死亡；植物对CO浓度的变化表现不敏感，但目前发现CO对植物的光合作用也有抑制作用；CO的另一危害在于能参与光化学烟雾的形成。CO在大气中停留时间约为1个月。主要来自燃料的不完全燃烧，其中55.3%来自汽油的燃烧。

CO_2是大气的组成成分，是无毒无色气体。是绿色植物进行光合作用的主要原料之一。大气中CO_2来源有3个：一是火山爆发，动植物呼吸，有机质分解，森林火灾等陆地自然源；二是海洋中溶解的CO_2和碳酸盐分解释放；三是人类活动导致的化石燃料的大量燃烧。CO_2浓度增加可能引起的环境效应包括温室效应、光合作用增强和海洋中沉积物增多等。

1.2.3.4 碳氢化物

由碳元素和氢元素组成的化合物成为碳氢化合物。大气中的碳氢化合物通常是指可挥发的碳氢化合物，又称烃类。主要有烷烃、烯烃，炔烃、芳香烃等，其中CH_4和$C_{20}H_{12}$是主要污染物。

CH_4即甲烷，其来源有2个：一是厌氧细菌发酵产生，如沼泽、泥塘、水稻田底部等；二是汽油燃烧、焚烧、溶剂蒸发、石油蒸发、氮肥的使用和运输工具排放的废气等产生的。CH_4是重要温室气体之一，其温室效应要比CO_2大20倍。全球大气中CH_4的平均浓度已达165×10^{-6}，仅次于CO_2。

$C_{20}H_{12}$即苯并芘，是一种多环芳香烃类化合物的衍生物，简称BaP，是一种非常活跃的强致癌物质。BaP在自然界主要存在于煤、石油、页岩油、焦油和沥青中，也可由一切碳氢化合物燃烧产生。大气中的BaP主要来自各种燃料的燃烧和内燃机排放的尾气中所含的BaP在大气中的沉降积聚，以及食用油煎炸食品产生。

在紫外线作用下，碳氢化合物可参与光化学烟雾的形成。

1.2.3.5 含卤素化合物

大气中以气态存在的含卤素化合物大致可分为3类：卤代烃、其他含氯化合物和氟化物。

卤代烃包括卤代脂肪烃和卤代芳烃。其中有一些高级卤代烃，如有机氯农药DDT、六六六及多氯联苯(PCB)等；低级卤代烃，如三氯甲烷($CHCl_3$)、氯乙烷(CH_3Cl_3)、氟氯甲烷(CFM)等。卤代烃不溶于水，脂溶性强，其毒性较大，具有破坏肝脏、诱发癌症的危害。

在大气污染问题中，特别引起关注的是氟氯甲烷，即人们常提到的氟利昂(CFM)类化合物。其中最重要的是一氟三氯甲烷[$CFCl_3$(F－11)]和二氟二氯甲烷[CF_2Cl_2(F－12)]。它们被广泛用于冰箱制冷剂、喷雾器中的推进剂、塑料起泡剂。近年来，通过系统研究氟氯甲烷在大气中的去向和归宿，发现它们在对流层中，既不能通过化学反应被分解，也不易被降水清除(因不溶于水)。因此，由人类活动排入大气中的氟利昂类化合物，其唯一的去除途径是扩散到平流层，并在平流层光解。光解产生的氯原子将进一步损耗平流层中的臭氧，造成臭氧空洞，从而引起全球性的环境问题。

其他含氯化合物主要是 Cl_2 和 HCl。Cl_2 主要由化工厂、塑料厂、自来水净化厂等产生。由于 Cl_2 在大气中一般情况下浓度较低，对动植物毒性不大。HCl 主要来自盐酸制造、废物焚烧等。HCl 在空气中可形成盐酸雾，也是构成酸雨的主要成分。

氟化物包括氟化氢(HF)、氟化硅(SiF_4)、氟(F_2)等。氟化物是一类对动植物及人类毒性很强的大气污染物。氟化物主要来源于钢铁、电解铝、磷肥、陶瓷等工业，以 HF 为主。HF 是一种无色有刺激性的气体，属于累积性毒物，即使在大气浓度较低，也可通过植物的吸收而富集，然后通过食物链影响动物和人类健康。我国有些城市的氟化物污染较严重，例如包头、兰州、抚顺等。尤其是包头，全城氟化物日平均值超标高达 1.1 倍。

1.2.3.6 光化学氧化剂

光化学氧化剂是由天然源和人工源排放的氮氧化物在阳光照射下，发生光化反应生成的。它主要包括：臭氧(O_3)、过氧乙酰硝酸(PAN)、二氧化氮(NO_2)、醛类、过氧化氢(H_2O_2)等能危害人类和动植物，具有刺激性(如引起眼睛酸、痛、流泪等)、氧化性的物质，其中臭氧和 PAN 是最主要的。

作为光化学烟雾主要成分的 O_3，是衡量光化学烟雾的指标。经长期研究，目前已确认的 O_3 的人工污染源主要包括汽车尾气、石油化工、火力发电、燃煤厂等。天然污染源主要是平流层中的 O_3 在一定的大气条件下被输送至对流层，导致局部地区 O_3 浓度升高；自然界的光化学过程也会生产 O_3，例如在紫外线的照射下，可使许多物质发生光解和氧化作用，如 $O_2 \rightarrow 2O$、$O + O_2 \rightarrow O_3$，另外，植物(包括森林)排放的某些物质经光化学反应也可产生 O_3。一般情况下，臭氧的环境本底浓度平均值为 0.025×10^{-6}，但在城区会高很多。

过氧乙酰硝酸酯(PAN)是除 O_3 外，被视为光化学烟雾的又一特征物质。PAN 没有天然源，全部是人工源，即全部是由污染产生的。PAN 的浓度通常随氧化剂的总浓度变化，一般在 O_3 浓度高时，PAN 的浓度也高。

1.2.3.7 颗粒物

颗粒物是气溶胶、总悬浮颗粒物(TSP)、飘尘、降尘、可吸入颗粒物的统称。

大气中除了包含有各种气体成分外，还悬浮有各种不同尺度的液态和固态的微粒。这种气体和粒子共存的体系称为气溶胶。将大气中的气溶胶称为大气气溶胶粒子，其粒径在 2~100 000nm 之间。

总悬浮颗粒物(TSP)是指用标准大容量采样器在滤膜上收集到的粒子总质量，是我国大气环境质量标准中的质量指标，其粒径绝大多数小于 100 000nm，多数为 10 000nm

以下。

按颗粒物自然沉降特性分为降尘和飘尘，降尘是指粒径大于10 000nm的微粒，飘尘是指粒径小于10 000nm的微粒。

可吸入颗粒物PM10是指粒径小于10 000nm的粒子。粒径越小，在大气中停留的时间越长，被吸入人体的几率越高。粒径大的颗粒易被鼻腔和咽喉所阻挡而沉积于上呼吸道，而粒径小的颗粒可进入呼吸道深部。粒径大于2 500nm的粒子大部分留在了上呼吸道；小于2 500nm的粒子可以一直到达肺部无纤毛区，对人体健康造成极大危害。目前可吸入颗粒物已取代总悬浮颗粒物，成为大气环境质量标准的主要指标之一。近年来，我国各大城市已开始将PM2.5列入大气环境质量检测的主要指标。

1.2.4 气象条件与大气污染

气象条件与大气污染物的扩散有着密切的关系。同一个污染源，气象条件不同，所测得的污染浓度也不相同，可相差几十倍到几百倍。影响大气污染的主要气象因子为风和温度层结，以及不同下垫面条件、风与温度层结的变化。

1.2.4.1 风

排放出来的污染物质进入大气中，随着风向、风速的流动而被带到下风方向，又随着风的乱流而不断向上下左右扩散，使污染物质的浓度变低。大气乱流强，大气的稀释能力就大；大气乱流弱，大气的稀释能力就小。所以，风速大，污染物质就输送得远而稀释得快；风速小，则污染物质输送得近而稀释得慢。

1.2.4.2 温度层结

污染物质的输送和扩散，除了与风和乱流性质有关外，还和大气的稳定度有关。大气的静力稳定度是取决于大气的温度层结，即决定大气温度的铅直分布率γ和干绝热直减率γ_d。大气温度的铅直分布率小于干绝热直减率γ_d，则大气稳定，乱流扩散受到抑制，污染物浓度大；而当大气温度的铅直分布率大于干绝热直减率时，则大气不稳定，乱流扩散得到加强，污染物稀释快，浓度小。

大气稳定度除与温度层结有关外，与风也有密切关系。风速增大，能使大气稳定度显著减弱；风速减少，如静风或微风，则能增加大气的稳定度。然而，影响扩散的还有动力乱流，动力乱流与风及下垫面粗糙度有关。此外，各种大尺度天气系统有着不同的风速结构和温度层结，对污染的影响也不同。

大气污染对气象学要素的影响也很明显。例如火山喷发或森林火灾引起的自然污染可达3~10km的高度，并可在空中停留数年，因而使到达地面的太阳辐射减弱，气温降低，人为的污染特别是固体微粒和气溶胶的污染，常常增加大气的凝结核，烟雾产生率增加，雾日增多，降低了大气的能见度，使大城市和工业地区上空经常是烟雾弥漫，大气浑浊，透明度降低，进入大气的太阳辐射量也减弱。例如，德国柏林市内曾污染严重，在地面测得太阳辐射量仅为郊区波茨坦的79%；短波辐射减弱更大，如市内的紫外线辐射量比乡村小许多。污染对温度的影响尚待进一步研究，因为污染物虽然能减少太阳辐射，但有些污染物又能吸收和反射长波辐射使地面增温。

1.2.5 大气污染的影响

大气污染给人类和自然界带来了极大的危害，其危害除了前面“污染源”和“污染物”中提到的对人类健康等方面的危害外，还涉及许多其他方面。

1.2.5.1 对农业生产的危害

农业生产的正常进行需要一定质量的大气为基本条件。各种来源的污染物输入大气，使大气质量发生相应变化。如果大气污染物浓度超过了农业的允许水平，对农业生产将造成不良影响。如农作物减产，产品品质下降，价值降低等。

常见的危害农业生产的污染物，按其毒副过程的不同，大体可分为氧化类、还原类或酸性类、碱性类或有机类、无机类等几大类。

氧化类：O_3、PAN、NO_2、Cl_2等。

还原类：SO_2、H_2S、CO、甲醛等。

酸性类：HF、HCl、HCN、SO_3、SiF_4。

碱性类：NH_3等。

有机类：C_2H_4、甲醇、苯、酚等。

无机类：重金属及其氧化物、粉尘、尘土等。

各类大气污染物对植物不仅产生毒副作用的过程不同，而且毒性强弱也有很大差别，可分为从强到弱的A、B、C三级。如A级有HF、SiF_4、C_2H_4、PAN等；B级有SO_X、NO_X、硫酸烟雾、硝酸烟雾等；C级有甲醛、H_2S、CO、NH_3、HCN等。一般而言，就全世界范围来看，对植物影响最大的大气污染物主要是SO_2、O_3、PAN、Cl_2、HF、C_2H_4和NO_X等。

大气污染物对植物的危害除了与污染物的浓度和接触时间有关外，还与植物本身对污染物的抗性有关。一般把对某种大气污染物抗性最小的即最敏感的植物作为此种污染物的指标植物。如SO_2的指标植物是紫苜蓿，氟化物和臭氧的指标物分别是唐菖蒲和烟草等。当然，大气污染物对植物是否造成危害及严重程度还与所处环境有关，如与气温、光照、水分、风向、风速、逆温、地形地貌等影响污染物扩散的环境因素有关。

1.2.5.2 对全球气候的影响

人类每年向大气中排放数十亿吨的污染物，在一定程度上改变了低层大气的结构和性质，影响了地球表面对太阳辐射的收支状况，对天气、气候产生影响。

(1)酸雨

酸雨是指pH值<5.6的降水。空中降水本来是中性的，而酸雨含酸量一般超过正常含量几十倍，最低时pH值可达1.5。

酸雨主要由大量的SO_2在潮湿而污浊的空气中，与水膜接触后形成亚硫酸水溶液，进一步被大气中的金属粒子催化氧化成硫酸而形成酸雨。其毒性比SO_2和NO_X大好多倍，被称为“天空中的死神”。NO_X也是形成酸雨的重要物质，而且所占比例不断上升，目前世界各国的酸雨大多已由硫酸型演变成混合型。

酸雨危害概况：欧洲大气化学监测网曾20年连续监测，雨水的酸度每年增加10%，很多西北欧国家的酸雨pH值为4.0~4.5，日本的降雨pH值也已达4.3~4.4。但欧盟经采取有效控制措施已取得显著效果，到2007年硫排放比1980年降低84%，NO_X氮氧化物降低37%，降水pH值由最初的4.8上升到目前的5以上。我国酸雨也日逐渐加重，1982年全国普查，酸雨面积占国土面积的6.8%，酸雨城市主要出现在长江以南。重庆酸雨的pH值达4.04，广州市的酸雨pH值最低为3.69(1984年)，贵阳酸雨的pH值为4.07。北方城市虽然也排放SO_2，但由于扬尘多为碱性，起到了中和作用，酸雨比南方轻，但个别城市仍很严重。

酸雨的危害是多方面的。首先，它使河流，湖泊酸化。挪威南部有$1.3\times10^4 km^2$的湖面无鱼，北欧和北美有2 000个左右湖泊的物种绝迹。其次是危害植物生长，双子叶作物受害大于单子叶作物，尤其是根类作物，pH值在2.0~3.0可引起叶片伤害。1989年欧洲经济委员会和联合国环境规划署联合调查，发现有$0.5\times10^8 km^2$森林由于酸雨的危害出现枯萎。第三，降低土壤肥力，使土壤酸化。瑞典一些森林土壤的pH值降低了0.3~0.7，北欧和北美在半个世纪前已发现土壤酸化。第四，严重腐蚀城市建筑物、机器、桥梁和艺术品。

(2)温室效应

温室效应是指大气吸收地面长波辐射之后也同时向宇宙和地面发射辐射，对地面起保暖增温作用。

大气中能够强烈吸收地面长波辐射，从而引起温室效应的气体称为温室气体，它们主要有二氧化碳、甲烷、氧化亚氮、臭氧、一氧化碳、氟利昂以及水汽等。除水汽以外，其他温室气体在自然大气中含量都极少(氟利昂还是人类制造出来的)，因此，人为释放如不加限制，更容易引起全球大气迅速变暖。其中水汽含量被认为在整个地球大气层是基本保持平衡的，导致全球变暖的主要原因在于人类大量排放导致二氧化碳和其他温室气体浓度的增大。

根据对南极和格陵兰冰盖中密封气泡的CO_2浓度测定，工业革命以前CO_2浓度一直是比较稳定的，大约是280×10^{-6}。如按现在CO_2浓度增长速度(年增长率大于1.0×10^{-6}，有的年甚至增长了1.5×10^{-6})，大约到2100年前后可达到560×10^{-6}，即比工业革命前增加了1倍。气温也上升1.0~3.5℃，高纬度地区增温尤为明显，南北两极的冰将加快融化，促使海平面上升，威胁沿海低地与岛屿的安全。气候变化还导致极端天气、气候事件增加，灾害损失加重。

但是温室效应也并非全是坏事，因为最寒冷的高纬度地区增温最大，因而中纬度农业地区可以向高纬度地区大幅度推进。二氧化碳浓度增加也有利于增加作物的光合作用强度，提高有机物产量。

(3)臭氧层遭破坏

由于人类制造出来的氯氟烃化合物，正在大量破坏臭氧层中的臭氧分子，使两极地区臭氧层明显变薄，南极上空春季甚至出现臭氧空洞(臭氧浓度只有正常值的1/3左右)，使得有害的短波紫外线大量通过大气层，使人患皮肤癌和白内障的机会增大。此外，紫外线还能抑制植物生长甚至严重伤害植物，降低海洋生物的繁殖能力。

目前已知影响臭氧层的化学反应物大约有10 000种。近年来发现，广泛用于各种雾化剂、除臭剂和制冷剂的氟利昂($CFCl_3$和CF_2Cl_2)，对臭氧层的破坏特别严重。N_2O也是破坏臭氧层的重要物质。

1.2.6 大气污染防治

(1)合理布局，促进污染物的扩散和稀释

利用空气易于扩散和运动，对污染物具有自净的功能，建污染较为严重的工厂于远离城市的通风区，工业区和生活区分开。同时应严格执行《工业三废排放试行标准》和1987年国际《蒙特利尔议定书》，逐步禁止有害化合物的使用和生产。

(2)改进燃烧方法和燃料构成，减少污染物的排放

目前，我国燃料以煤为主，煤气和天然气为辅，烟尘污染突出。由于煤烟尘颗粒小，一般除尘设备难以清除，应该进燃烧设备尽可能充分燃烧和排硫。有条件的地区可推广天然气，加快城市燃气化的速度，调整城市燃料构成。

(3)采用区域采暖集中供热

家庭采暖是北方冬季烟尘污染的主要原因。在城郊建设大型热电厂，或回收企业排放的可燃性气体集中起来供居民使用，既能保护环境，又能节约能源。首都钢铁公司回收高炉煤气，每天为北京市提供$30\times10^4 m^3$焦炉气，每年节约原煤逾$10\times10^4 t$，减少烟尘排放量$0.64\times10^4 t$，城市垃圾$3\times10^4 t$，改善了首都环境。

(4)减少交通废气污染

对机动车辆实行严格检控，禁止尾气不合格车辆行驶。

(5)合理使用农药和化肥

掌握好施药有效期，提高防治效果，减少用药剂量，隐蔽施药，尽量避免喷雾。为减少对农业环境的污染，对化肥也必须合理使用，把氨态氮肥与硝化抑制剂配合使用，这样既可提高氨态氮肥利用率，还可以延长作物对其利用的时间。

(6)造林绿化

森林和其他绿色植物在净化大气和防治污染方面有很大的作用，主要有吸碳、制氧、吸尘、吸毒、杀菌和减噪等。

全球绿色植物每年光合作用可吸收大量CO_2，根据测定每公顷阔叶林，生长期一天可吸收1t CO_2，释放730kg O_2，每年吸尘32~64t，$1hm^2$柳杉林每年可吸收720kg SO_2；很多树木能产生杀菌素，起到直接杀菌的作用；林带像一堵墙，能降低声波和噪声。

1.3 大气与农林业生产

在大气中，对农林业生产影响较大的气体成分有二氧化碳、氮、氧、臭氧、水汽等。本节主要介绍CO_2对农林业生产的影响。

CO_2是植物光合作用制造有机物的主要原料。植物在光合作用中吸收CO_2，又通过呼吸作用释放出CO_2。地球上，每年参与光合作用的CO_2大约有$1\ 100\times10^8 t$。科学家很早就发现光合作用在低光强下受光的限制，而在高光强下却受CO_2的限制。如果田间CO_2浓度过低时将对作物的光合作用产生不利影响。在光合作用旺盛时，农田植被群体中常出现CO_2不足的问题。农田中CO_2的来源主要是大气和土壤。作物光合作用所需的CO_2主要靠大气供给。温室由于相对封闭，CO_2经常出现不足，人工补充CO_2的增产效果显著。

1.3.1 CO_2浓度变化对农作物的影响

1.3.1.1 CO_2浓度增高对不同类型植物的影响

光合作用固定碳元素的途径有C_3、C_4和景天科酸代谢型(CAM)。世界上绝大多数为C_3植物，热带、温带、寒带森林中树木和草本植物，除个别植物外都是C_3植物。自然条件下，当大气中CO_2浓度加倍，即增加到约600×10^{-6}时，C_3植物的同化率将增加30%~50%。

C_4植物的CO_2补偿点低，利用CO_2比C_3植物也更完全。C_4植物可从CO_2浓度很低的大气中有效地吸收，所以在有限的CO_2浓度下，C_4植物具有优越性，但在高的CO_2浓度下，它最多能略增加一点CO_2吸收率。在作物中，玉米、高粱、谷子、甘蔗和苋菜属于C_4植物。

综上所述，增加CO_2浓度，C_3类植物无论在弱光还是强光下，光合作用均能得到促进，因此森林底层受荫蔽的植物和群体过密的植物都能增加产量。

1.3.1.2 CO_2浓度增高对光合率与生产力的影响

增加CO_2浓度，从长期来看可以延迟叶片衰老，使叶片有较长的时间维持活跃的光合作用，这对增产是有利的。多数温室实验表明，增加CO_2能使叶片增加42%，果实增产23%，种子增产49%，块茎增加64%。但上述实验没说明CO_2浓度值是多少，故只能说是高CO_2浓度增产效应的一般性概括。增加大气中CO_2浓度后不同作物的增产效果见表1-2。

表1-2 增加CO_2浓度对不同作物的增产效果 $mg(CH_2O)_n/(dm^2 \cdot h)$

作物	CO_2浓度正常	CO_2浓度提高
玉米、高粱、甘蔗	60~75	100
水稻	40~75	135
棉花	40~50	100
小麦、大麦、燕麦	30~35	66
大豆、甜菜	30~40	56
黄瓜、西红柿	20~35	50
葡萄、柑橘	10~20	40

1.3.1.3 CO_2浓度增高对植物水分利用率的影响

植物每获得1个分子的CO_2，叶片将通过同一扩散途径，失去几百个分子的水，光合作用吸收CO_2同蒸腾失去水分的比值称为光合水分利用率。

倍增CO_2浓度可减少小麦蒸腾约80%，玉米、高粱约68%，对14种作物的398次观测表明，平均减少蒸腾36%。一方面减少用水，另一方面增加光合率，结果使水分利用率相应提高。由表1-3可见，在CO_2浓度增加时，C_3植物的光合率增加50%，光合水分利用率比正常空气下增加1倍多。对C_4植物来说，虽然对光合率的促进小得多，但光合水分利用率也增加了1倍。

表 1-3 增加 CO_2浓度后叶片光合率和光合水利用率的变化

植物	CO_2浓度(1×10^{-6})	光合率 [$\mu mol/(m^2\cdot s)$]	光合水分利用率 (m mol CO_2; m mol H_2O)
夹竹桃(C_3)	660	35.9	2.7
	330	24.2	1.4
陆地棉(C_3)	640	51.1	6.4
	330	34.2	3.4
玉米(C_4)	640	65.3	12.5
	330	53.0	6.7

总之，增加 CO_2浓度将大大增加单位用水所产生的生物量，故在缺水的地区，增加 CO_2将起到增产的效果。胡健等人 2007 年利用农田开放式空气 CO_2浓度增高系统，以武香粳 14 为材料，设 CO_2浓度正常和高浓度 2 个水平，在 150kg/hm^{2}低氮条件下，稻穗上、中、下部米粒分别增重 11.1%、10.9% 和 9.4%，全穗平均增重 10.6%。

1.3.2 CO_2增加后对农业计划与措施的调整

1.3.2.1 作物类型的调整

根据专家研究，增加大气中 CO_2浓度，块茎是受益最大的，其次是籽粒。因此，作物类型将要做相应改变。增加 CO_2浓度，C_4植物受益较少，所以 C_4植物如玉米、高粱、甘蔗等的地位将可能相应下降。

1.3.2.2 作物育种的考虑

培育抗倒伏、分蘖不过多的作物和品种，因为增加 CO_2后作物的生物量将增加，易发生倒伏现象。

1.3.2.3 耕作措施的考虑

①旱地作物因增加 CO_2而促进了早期生长，将更早耗尽土壤水分，故在耕作措施上要相应调整。

②由于 CO_2充分，水分利用率高，作物的种植密度可相应提高。

③增加 CO_2后作物对肥料的要求更高，必须增加肥料的供应。

1.3.2.4 作物的分布区域

CO_2浓度的增加，使水分利用率提高，作物生长所需水量将减少，因此在缺水或缺少灌溉的地区，可以种植一些原来不能种植的作物，并能获得高产。

增加 CO_2浓度将增加植物的耐盐性。因为 CO_2浓度高可使作物多固定碳元素，以增加碳水化合物的供应，从而缓解盐害，使某些植物在中等盐渍地区能比原来长得快些，在原来不能生长的盐渍地能够生存下来。换言之，增加 CO_2浓度，可使植物略向多盐的地区扩展。如果某地含盐量逐年增加，则该植物能在该地区多种植几年。

1.3.3 大气与森林

大气对森林来说是极重要的环境条件，大气与森林互相影响、相互作用，二者密不可分。大气中有些气体成分对森林生物体生命活动有着重要的影响和作用。

1.3.3.1 大气成分与森林

(1)二氧化碳与森林

二氧化碳(CO_2)是森林植物进行光合作用积累干物质进行生长发育所不可缺少的原料。植物光合作用反应方程为:

$$6CO_2 + 12H_2O \Longrightarrow C_6H_{12}O_6 + 6O_2 + 6\ H_2O \qquad (1-2)$$

根据方程(1-2),森林植物每生产1g干物质需吸收1.84g CO_2,或每产生1m^3木材,大约需要850kg CO_2或折合为230kg碳。据估计,热带森林固碳速度(按碳重量计)为450~1 600g/(m^2·a),温带森林为270~1 125g/(m^2·a),寒带森林为180~900g/(m^2·a),远远高于耕地45~200g/(m^2·a)和草原130g/(m^2·a)。全球森林每年可固定1 000×10^8~1 200×10^8t碳,占大气总碳量的13%~16%。森林生态系统碳贮量的地上部分有5 000×10^8~8 000×10^8t,森林土壤有15 000×10^8~16 000×10^8t,分别占全球陆地植物和土壤中贮量的86%和73%,因此森林是大气CO_2的贮存库,是大气CO_2的吸收“汇”和缓冲器,能起到遏制现今全球气候变暖的作用。

森林的采伐和利用过程是CO_2的排放过程。当森林破坏后,森林植物和土壤中贮存的大量有机碳将被分解,以CO_2形式向大气排放,这使森林的破坏成了大气中CO_2之“源”。1850—1980年,由于化石燃料的燃烧,总计向大气排放的碳为1 500×10^8~1 900×10^8t,而同期森林破坏排放的碳总量为900×10^8~1 200×10^8t,仅次于化石燃烧,位居第二位。据美国环保署估计,大气中CO_2的上升,有70%~90%是化石燃料燃烧的结果,有10%~30%是森林采伐造成的。如果把全球森林砍光,其排放到大气中CO_2浓度将增加1倍,且因失去森林固碳作用,大气中CO_2将以更大速度增长,由此引起全球气候变化将是灾难性的。据IPCC(政府间气候变化委员)1995年估计,1980—1989年间,由于热带森林的破坏,每年向大气中排放的碳量达16×10^8t±10×10^8t。

在中国如果将2.003×$10^8$$hm^2$林地全部利用好,实行永续利用,总的碳吸收可达99.9×10^8t,相当于1988年工业碳排放量(5.982×10^8t)的16.7倍。

(2)氧气、臭氧与森林

氧气(O_2)是所有生物生命活动所必需的,是森林植物呼吸作用的原料,没有O_2植物就不能生存。光合反应方程(1-2)的逆反应,就是森林植物呼吸作用吸收O_2放出CO_2。光合作用则相反,放出O_2吸收CO_2。白天进行光合作用,夜间主要是呼吸作用,从而起到调节大气中O_2和CO_2量平衡的作用。空气中的O_2的数量对生命包括植物的消耗来说是足够的。森林植物是大气中O_2的主要调节器。据计算,每公顷森林每日能吸收1t CO_2,放出0.73t O_2,白天森林植物光合作用释放O_2比呼吸作用消耗的O_2多20倍。所以,绿化造林不仅能美化环境,更主要是调节环境中CO_2和O_2的平衡,森林是O_2的主要制造者。

臭氧(O_3)在大气中含量很少,特别是在近地面层是极稀少的,由于O_3层阻挡了能够杀灭一切生物的太阳短波紫外线照射到近地面,对森林植物能起到一定保护作用。但近地面人类活动释放的O_3在不断增加,对植物生长发育也有一定抑制作用。

(3)氮与森林

氮(N_2)是地球上生命体内蛋白质的组成成分,尤其是合成叶绿素所必需。森林不能

直接吸收 N_2，只有 N_2 被氧化后形成的氮氧化合物，如随降水进入土壤可被植物吸收利用。有的氮氧化合物如交通工具排放的废气，其中含有大量 NO、NO_2，污染了大气，激发光化学反应，对人及森林植物带来一定危害。

空气中的氮除一小部分在雷雨时，被雨水注入土壤形成硝态氮能被植物利用外，大部分仅被有固氮能力的某些生物种类所利用。例如，豆科植物根瘤菌及某些蓝绿藻。据估计，生态系统所固定的游离氮，60%是由根瘤菌等固氮细菌完成的。

在地球上，固氮细菌首先把空气中的游离氮转为氨和氨盐，再经硝化细菌硝化为亚硝酸和硝酸盐，硝态氮可被植物吸收并合成蛋白质，再在生态系统中通过食物链运转。植物、动物和人类死亡后体内蛋白质被微生物分解，其中铵盐进入土壤，N_2 则返回大气，进入再循环。N_2 通过固氮、氨化、硝化、反硝化和分解过程对森林发生影响。

总之，大气成分是森林生长的直接或间接必需的成分，影响到森林生长和产量，同时森林也能影响到大气成分的数量和变化，在调节大气，保持大气成分的稳定和平衡上起到一定作用。

1.3.3.2 大气污染和森林

森林与环境有着密切的相互关系，环境提供了森林生长发育的条件，森林又制约和影响着环境。经过长期的适应，森林与环境形成一个相对稳定的统一体，这就是森林生态系统的平衡。

随着工业的发展，生产过程中"三废"(废气，废水，废渣)污染环境的现象日趋严重，森林存在的环境恶化，导致生态系统的不平衡。例如，原来生长较好的林木，由于矿山的开发和工厂的建立，经常排放出 SO_2、NO_X、CO、H_2S、氟化物、Cl_2 及氯化物气体等有毒的大气污染物质，使针叶或阔叶林木受到不同程度的损害甚至死亡，严重破坏了这些地区的森林生态系统的平衡，致使环境条件日益恶劣，影响人们的健康。

(1)大气污染对森林的影响

大气污染对森林的影响包括直接和间接 2 个方面。

直接影响是指大气污染物直接作用于森林植物各个不同器官，造成损害，影响树木生长发育。酸雨能使大量营养物质从森林植物体上淋失掉，淋失最多的有 K、Mg、Mn 等无机物和有机物，包括糖类、氨基酸、有机酸、激素、果胶等。大气污染能抑制森林植物光合作用，改变气孔的开张，影响叶绿体浓度，改变 pH 值和影响光合作用中的关键性蛋白质和酶。对光合作用有影响的污染物有 SO_2、O_3、氟化物及重金属等。大气污染物颗粒在叶面积累或通过气孔不断吸收，导致细胞及组织损害，SO_2、NO_2、O_3 等都能使叶片坏死。大气污染还能使花粉发芽率降低，花粉管的伸长受损，从而影响种子或果实的形成，造成整个森林受损害。

间接影响主要是大气污染物通过影响森林土壤、森林昆虫及森林中真菌、细菌和微生物等而间接影响森林。在酸雨作用下，使土壤酸化、养分淋失，影响森林生长。污染物使森林变得衰弱，生长不良，易受病虫害侵袭。大气污染对森林的影响是全方位的。欧洲 40%的森林受到酸雨危害，美国等发达国家的森林受污染威胁也日益严重，已引起全球关注。

(2)森林对大气污染的影响

地球上各种类型的森林和植物，在一定范围和一定浓度条件下，对排放到大气中的各种污染物能起到一定的过滤、吸收与吸附作用，起到了改善环境条件、净化大气、维持生态系统平衡的作用。所以，在采用工业回收等办法的同时，人们常利用森林和其他一些植物的这种特性来净化大气，防止大气污染的危害。林木在保护环境、净化大气方面的作用主要有以下几个方面：

①滤尘作用 森林由于结构复杂、层次多，可使大气污染物层层过滤而减少，从而降低粉尘对大气的污染。林木的滤尘作用表现在2个方面：一方面是由于林木的枝叶茂密，能阻挡气流，减小风速，使空气中的粉尘粒子及早静止沉降而不向远处漂移扩散；另一方面由于各种树木和植物的叶面不平、多绒毛，有的还能分泌黏性油脂及汁液，能吸附大量飘尘及污染物质。据测定，每公顷松林每年可滞尘36.4t，云杉林为32t，绿地减尘率达37.1%～60%。林木如同空气的天然过滤器，使空气净化。不同树种其滞尘作用不同，即使同一树种在不同的生长环境中，其滞尘作用也不一样。

②吸毒作用 各种有害毒气是大气污染物的最主要组成部分。在一定浓度范围内，林木可以吸收并转化大气中的有毒气体，从而起到过滤和净化大气的作用。有些树木和植物具有吸毒作用，减少污染物。据测定，松林每天可从1m^3空气中吸收20mg的SO_2，1hm^2柳杉林每年可吸收720kg SO_2，柑橘叶在含氟138μg/g时仍不受害，泡桐、女贞、大叶黄杨、梧桐等树种的吸氟抗氟能力也较强。

许多森林植物能放出大量杀菌素，负离子芳香化合物使空气消毒、清新、清洁。森林植物放出的杀菌素不仅能杀灭空气中单细胞微生物、细菌、真菌与原生动物，而且对昆虫、壁虱等都有毒害作用。例如0.1g磨碎的稠李树冬芽能在1s内杀死苍蝇。松属、圆柏属、云杉属、桦木、山杨、栎树、桉树等都能分泌杀菌素。有人计算过1hm^2柏树林一昼夜可分泌50kg植物杀菌素，它们可杀死如结核、霍乱、痢疾、白喉等病原菌。也有人统计，森林内1m^3空气中只有300～400个细菌，而林外空气中可达30 000～40 000个，城市中则更多。此外，森林中负离子含量较多，达1 000～2 000个/m^3以上，有益人体健康，而办公室内仅100个/m^3以下。所以，森林净化大气的作用是十分明显的。

③制氧吸碳，维持空气成分 CO_2是大气污染的重要物质之一。19世纪末，大气中CO_2含量为0.029 2%。随着工业的发展和绿色植物空间的减少，CO_2含量逐年增加。2008年全球大气CO_2含量已达0.038 5%。随着CO_2的增加，大气温度将增高，碳氧比例将发生改变，氧供应量将不敷所求，以至破坏地球上的碳氧循环过程。乡村大气中CO_2含量平均略高于0.03%，但在大城市中CO_2含量有时可达0.05%～0.07%，局部地区可高到0.2%。CO_2虽为无毒气体，但当含量达0.05%时，人的呼吸已感不适；当含量达0.20%～0.60%时，对人体就有害了。

植物是CO_2的消耗者和O_2的天然制造厂。每年全球植物所吸收的CO_2为93.6×10^9t，而森林的吸收量为总吸收量的70%，森林是吸收CO_2的主要角色。通常1hm^2阔叶林一天可以吸收1t左右的CO_2，而放出0.73t的O_2。如果以成年人每日需吸收O_2 0.75kg，排出CO_2 0.9kg计，则每个人只要有10㎡面积的森林就可以供给所需的碳氧循环了。不同树种在促进碳氧循环中的作用大小不一。光合作用和呼吸作用强，叶面积指数大，生长旺盛的树种和植株，在吸碳制氧方面的能力较强。一般情况是阔叶树的作用大于针叶树。空气中CO_2的来源，除人和动植物的呼吸作用外，还来自燃料的燃烧，它们所产生的CO_2几乎为呼吸作用所产生的10倍。在考虑碳氧平衡净化大气时，除了绿化造林外，还需考虑综合治理措施，才能达到良好的效果。

④监测大气污染的指示器 各种树木对大气污染的敏感程度是随树种、污染物种类而异。有些树种对于某种污染物质比较敏感，首先出现症状，而抗性强的树种则不出现症状。因此，可以利用植物的敏感性、受害程度、受害症状来判断污染物质的性质和浓度，从而预报或警报其危害情况。所以，植物是大气污染的天然指示器和监测器。例如，大气中SO_2含量为5×10^{-6}，排放1h，柳杉出现受害症状，针叶树很快死亡；SO_2含量为10×10^{-6}时，抗性强的阔叶树叶也变黄脱落，在这种浓度下，人已不能连续工作。因此，在柳杉出现症状时，就发出预报有SO_2污染存在，当阔叶树如加拿大杨、刺槐等出现受害症状时就发布警报。此外，某些地衣、苔藓类对大气污染也极为敏感，常用作大气污染的指示器。农作物如棉花对SO_2很敏感，在SO_2含量为1.2×10^{-6}时棉花即枯死，而人能感觉到的浓度为3.0×10^{-6}，所以可以利用这些特征作为大气污染的指示植物。

思考题

1. 大气是由哪些成分组成的？
2. 什么是干洁大气？
3. 确定大气垂直范围的依据是什么？大气垂直范围大约有多高？
4. 大气垂直分层有哪几层？对流层的主要特征是什么？
5. CO_2浓度变化对作物有哪些影响？如何根据CO_2增加调整农业计划与措施？
6. 大气成分及大气污染对森林有何影响？
7. 森林对大气及大气污染有何作用？
8. 大气成分中的CO_2、O_3和水汽在气象学和生物学上有何意义？

参考文献

包云轩. 2007. 气象学[M]. 2版. 北京：中国农业出版社.
崔学明. 2006. 农业气象学[M]. 北京：高等教育出版社.
段若溪，姜会飞. 2006. 农业气象学[M]. 北京：气象出版社.
贺庆棠，陆佩玲. 2010. 气象学[M]. 3版. 北京：中国林业出版社.
李俊清. 2006. 森林生态学[M]. 北京：高等教育出版社.
刘江，许秀娟. 2002. 气象学[M]. 北京：中国农业出版社.
张嵩午，刘淑明. 2007. 农林气象学[M]. 杨凌：西北农林科技大学出版社.

第2章　辐　射

地球大气中物理现象和物理过程的发生、发展及其变化都需要能量的支持和推动。太阳辐射是这些能量的根本来源。从炽热的太阳表面进入大气的太阳辐射，经大气的选择吸收、散射和反射到达地面，地面和大气也不停地向外放射长波辐射，它们之间构成了动态的辐射平衡，从而决定了天气和气候的基本特征与变化规律，对生物的生长与发育产生重要影响。本章主要讨论太阳辐射、地面辐射和大气辐射的性质、变化规律以及相互间的关系，并论述辐射对生物生长发育的影响。

2.1　辐射的基础知识

2.1.1　辐射的概念

辐射(radiation)指物质以电磁波的形式向外发射能量，这种放射方式称为辐射。辐射能指辐射传递的能量，有时也将它简称为辐射。辐射速度(radiation speed)指辐射能传递的速度，等于光速，在真空中光速为3×10^{10}m/s。

能放出辐射的物质：当物质温度在绝对零度以上时，即－273℃以上时，都会不停地向外放出辐射。自然界中没有发现低于－273℃的物质，因此说自然界中的一切物体都能放射辐射。各种物质放射和吸收辐射的能力与该物质的物理性质有关，因为它们的温度、压力、成分、形状等各有不同，因而其对辐射的发射能力和吸收能力也不相同。

辐射交换(radiation exchange)：物质在通过辐射向外放射能量的同时，也不断吸收四周的物质放射的辐射能，这种物质间的辐射放射和吸收称为辐射交换。辐射交换不必借助于任何介质，它是物质间能量交换的最广泛方式。当放射辐射大于吸收辐射时，物质损失辐射能；反之，当吸收大于放射辐射时，物质就获得辐射能；当吸收等于放射时，物质的辐射过程呈现平衡状态。

2.1.2　辐射的波动性和粒子性

辐射具有波动性、粒子性，称为二象性。

2.1.2.1　辐射的波动性

辐射的波动性一般可用波长(λ)和频率(v)来表示。波长λ为电磁波振动位相相同的2个相邻峰值之间的距离，其单位常采用微米(μm)和纳米(nm)。频率v为单位时间内振动次数，以Hz或s^{-1}为单位。

波长与频率的关系如下：

$$\lambda \cdot v = C \tag{2-1}$$

式中 C——电磁波传播速度。

电磁辐射的波长范围（波谱）很广，从 10^{-10} μm 的宇宙射线到几千米的无线电波，其中包括 X 射线、γ 射线、紫外线、可见光和红外线等（图 2-1）。

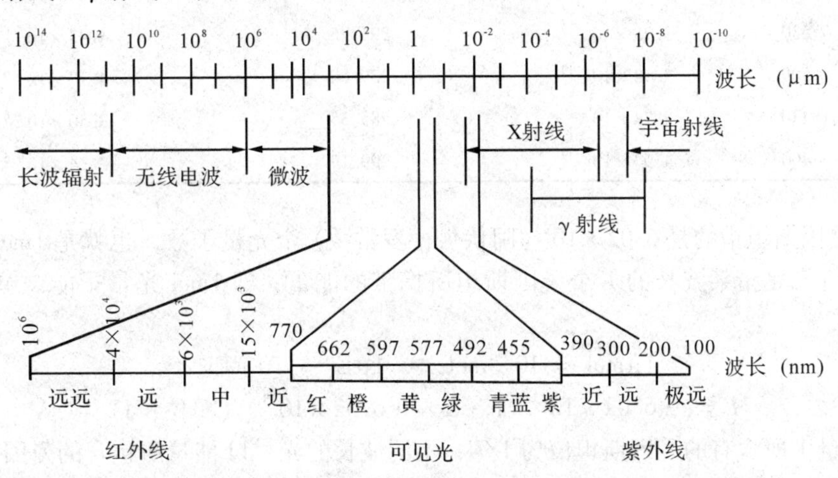

图 2-1 电磁辐射波

人们的视觉仅能看到介于紫外线（ultraviolet 或 UV）和红外线（infrared 或 IR）之间的可见光（visible），其波长为 400~760nm，该波段可通过三棱镜分解成 7 种光色，各光色的波长范围见表 2-1。

表 2-1 可见光中各光色的波长

光色	紫	蓝	青	绿	黄	橙	红
波长（nm）	400~460	460~490	490~510	510~560	560~590	590~620	620~760

太阳辐射波谱的 99% 位于 150~4 700nm，地面和大气辐射的波谱主要集中在 300~1 200nm，故习惯上常把太阳辐射称为短波辐射，而把地面和大气的辐射称为长波辐射。

2.1.2.2 辐射的粒子性

粒子性是爱因斯坦由光电效应证明出来的。电磁辐射由具有一定质量、能量和动量的光量子［或量子（quantum）］所组成。每个量子具有的能量（e）由下式求得：

$$e = h \cdot v \tag{2-2}$$

$$e = h \cdot C / r \tag{2-3}$$

式中 h——普朗克（Planck）常数，其值为 6.63×10^{-34} J·s。

光量子能量的单位为 J。

由式 2-2 可知，电磁波的频率越高（波长越短），每个光量子的能量越大。例如，紫色光的量子比红色光的量子能量要大得多（表 2-2）。

表 2-2 不同颜色波长对应的能量和爱因斯坦值

颜色	波长(nm)	每个量子的能量(J)	1mol 光量子的能量(kJ)	1J 能量含的爱因斯坦值
红	700	2.84×10^{-19}	170.97	5.85×10^{-6}
橙	600	3.32×10^{-19}	199.86	5.00×10^{-6}
黄	580	3.43×10^{-19}	206.49	4.84×10^{-6}
绿	530	3.75×10^{-19}	225.75	4.43×10^{-6}
青	500	3.98×10^{-19}	239.60	4.17×10^{-6}
蓝	420	4.74×10^{-19}	285.35	3.50×10^{-6}
紫	400	4.97×10^{-19}	299.19	3.34×10^{-6}

1 个爱因斯坦指的是 6.02×10^{23}(阿伏伽德罗常数)个光量子数，也就是 1mol 光量子。爱因斯坦值 E 是指某波长的 1 个爱因斯坦所携带的能量，即 1mol 光量子能，单位为 mol 或 Ei。

$$1\mu\text{mol} = 10^{-6}\text{mol}, \quad 1\mu\text{Ei} = 10^{-6}\text{Ei}。$$

$$E = e \cdot 6.02 \times 10^{23} = \text{h} \cdot C / r \cdot 6.02 \times 10^{23} \quad (\text{单位：J})$$

1J 能量中所含有的爱因斯坦值为 $1/E$，不同波长的光，1J 能量所包含的爱因斯坦值也不同。每个紫色光的量子比红色光的量子能量要大得多，所以 1J 紫色光所包含的爱因斯坦值就比红色光的小得多。

在植物光合作用过程中，每个光量子只能固定恒定的能量，即每个量子对物质产生的贡献是相同的。所以，能量较大的短波段量子，在植物光合作用过程中有能量的剩余，其剩余能量转换成热能用于提高植物体温。

2.1.3 辐射的度量单位

各种波长的辐射都具有热效应，可见光除具有热效应之外，还具有光效应。对于这两种不同的效应，需用不同的物理量来度量。

2.1.3.1 辐射热效应的度量和单位

(1)辐射通量

在单位时间内通过或达到任意面积的辐射能称为辐射通量(radiation flux)。辐射通量即为辐射功率，它可以用来表示某表面向外放射的、接受的或通过的辐射功率。单位为 J/s或 W。用光量子能表示则为：μmol/s 或 μEi/s。

(2)辐射通量密度

在单位面积上通过或到达的辐射通量称为辐射通量密度(radiation flux density)。单位为 $J/(m^2 \cdot s)$或 W/m^2。用光量子能表示则为：$\mu mol/(m^2 \cdot s)$或 $\mu Ei/(m^2 \cdot s)$。

在早期的气象文献中单位为 $cal/(cm^2 \cdot min)$(卡/厘米^2 · 分)

$$1\ cal/(cm^2 \cdot min) = 697.8\ W/m^2$$

目前能量单位已废止使用“卡”(cal)，一律改用“焦耳”(J)，1cal = 4.184J。

放射体表面所放出的辐射通量密度称为辐出度(radiation exitance)。被辐射照射的物体表面的辐射通量密度，或者说到达接受面的辐射通量密度称为辐照度(irradiance)。

2.1.3.2　辐射的光度学度量与单位

光度学(photometry)是对人眼睛能看见的光即可见光的能量计量的研究。人眼对各种不同波长的光有不同的灵敏度，称表征此平均相对灵敏度的函数为光见度函数(luminosity function)，它是一条近似对称的圆滑钟型曲线。人眼对黄绿光最灵敏，对红光和紫光较不灵敏，而对红外线和紫外线则无视觉反应。所以，黄绿光(波长555nm)的光见度函数值最大，红光和紫光的光见度函数值较小，红外线和紫外线的光见度函数值为0。或者说，相等的辐射通量的不同波长的光，不能引起相等的视觉强度，而不同波长光的数量不相等的辐射通量则能引起相等的视觉强度。例如，如果使波长700nm的红光与555nm的黄绿光产生同等强度的视觉，也就是说让人眼感觉一样的明亮，则所需要该红光的辐射通量约为该黄绿光的辐射通量的250倍。

(1)光通量

发光强度为1坎德拉(candela)的光源在一个球面度立体角内发出的光量称为1个光通量(luminous flux)，单位为lm(流明)。发光强度越大，立体角越大，则光通量数值越大。

(2)光照度

单位面积上接收的光通量称为光照度(illuminance)。单位为勒克斯(lx)或流明/米^2(lm/m^2)或米烛光。1lx = 1lm/m^2 =1米烛光。即以1支国际烛光的点光源为中心，在1个球面度立体角内以1m为半径的球面上(该面积为1m^2)所得的光通量。

lx与W/m^{2}和μmol/(m^2·s)之间换算时，需要知道光源的光谱成分或所用仪器的感光范围，对于不同的光谱成分，lx与W/m^{2}和μmol/(m^2·s)之间换算值不同。不同的天气条件、不同的太阳高度角，太阳光谱成分是变化的，所以很难准确地给出lx与W/m^{2}和μmol/(m^2·s)之间通用的换算值。陈景玲、王谦根据荆其诚等《色度学》给出的标准照明体D_{55}(相当于阴天)、D_{56}(相当于多云天)、D_{75}(相当于晴天)3种光源的可见光光谱(400~760nm，实践中常用该可见光代替光合有效辐射PAR)计算出的换算关系见表2-3，即D_{55}时，1 W/m^2 = 215.21 lx，1μmol/(m^2·s) =46.35 lx，1μmol/(m^2·s) =0.215 4 W/m^2；由于到达地面的可见光能量随太阳高度角的变化而变化，平均约占48%，所以当需要将lx换算成全部太阳光波段(包括紫外线、红外线和可见光)的W/m^{2}或μmol/(m^2·s)时应当乘以0.48。

表2-3　D_{55}、D_{56}、D_{75} 3种光源的可见光光谱度量单位间换算

光源	lx/(W/m^2)	lx/[μmol/(m^2·s)]	(W/m^2)/[μmol/(m^2·s)]
D_{55}	215.21	46.35	0.2154
D_{56}	212.94	46.05	0.2163
D_{75}	209.26	45.39	0.2169

据美国Lee著《森林小气候学》一书，对于全部太阳光波段，辐射通量密度和光照度的近似关系为：晴天，1 W/m^2 =103.7 lx；多云天，1 W/m^2 =108.3 lx。

2.1.4　物体对辐射的吸收、反射和透射特性

投射到物体上的辐射能(Q)，通常一部分被物体吸收(Q_a)，一部分被物体反射(Q_r)，

还有一部分可能透过物体(Q_t)，四者之间的关系为：

$$Q = Q_a + Q_r + Q_t \tag{2-4}$$

$$a + r + t = 1 \tag{2-5}$$

式中　a, r, t——分别为物体的吸收率、反射率和透射率。

当物体完全不透明时，$t = 0$，则 $a + r = 1$，表明反射率大的物体，其吸收率就小，反之亦然。投射到地球表面的辐射就是这种形式。物体对辐射的吸收、反射和透射能力均随入射波长和物体性质而变化。例如，干洁大气对红外线是近似透明的，而大气中的水汽对红外线却能强烈地吸收；新雪能把太阳辐射的绝大部分反射到天空中去，但对地面和大气辐射则几乎全部吸收。

如果某种物体对所有波长的辐射都能全部吸收(即 $a = 1$)，则这种物体称为绝对黑体；如果某种物体对某一波长 λ 的辐射能全部吸收(即 $a_\lambda = 1$)，则这种物体称为该波长的黑体。例如，干净的雪对地面和大气的辐射几乎全部吸收，因此可以称干净的雪为黑体。目前，绝对黑体和黑体是不存在的，吸收率最大的固体黑烟，虽然吸收率大于90%，但仍不能称为黑体。如果某种物体的吸收率虽然小于1，但它不随波长而改变，则这种物体称为灰体。地球可近似地看成灰体。

2.1.5　辐射的基本定律

2.1.5.1　斯蒂芬-波尔兹曼定律

物体的辐射能力与物体的温度和放射的波长有关，而与物体的其他性质无关，因此通过研究黑体辐射可以了解一般物体的辐射。图 2-2 为根据实验数据绘制的绝对温度为 300K、250K、200K 时，黑体辐射能力随波长的变化曲线。由图看出，随温度的升高，黑体对各波长的辐射能力都相应增大，因而其发射的总能量(即曲线与横坐标之间所围的面积)也显著增大。

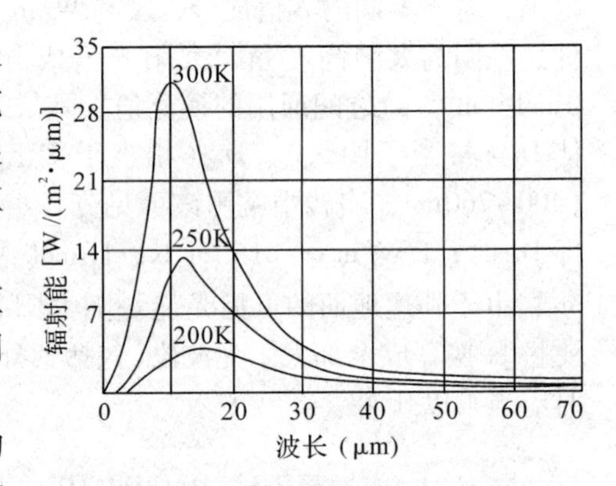

图 2-2　不同温度的黑体辐射能力曲线

根据斯蒂芬-波尔兹曼(Stefan - Boltzmann)的研究，黑体的辐射通量密度(E)与它表面的绝对温度(T)的 4 次方成正比，即：

$$E = \sigma T^4 \tag{2-6}$$

式中　σ——斯蒂芬波尔兹曼常数，其值为 5.669×10^{-8} W/(m^2 · K^4)[瓦/(米^2 · 开^4)]。

斯蒂芬-波尔兹曼定律指出了全波段的辐射通量密度与温度之间的关系。随温度的升高，黑体对各波长的辐射能力都相应增大，因而其辐射通量密度也显著增加。例如，按式(2-6)估算，太阳(近似黑体)表面温度约为 6 000K，其辐射通量密度为 7.35×10^7 W/m^2。

就灰体而言，其辐射通量密度(E')可由式(2-6)乘以 <1 的灰体系数 δ 求得：

$$E' = \delta \sigma T^4 \tag{2-7}$$

例如，土壤表面的平均温度约为 300K，$\delta = 0.95$，它的表面平均辐射通量密度约为 4.36×10^2 W/m^2。

2.1.5.2 维恩位移定律

从图 2-2 中还可以看出，每一个温度的辐射曲线都有一个极大值，并且随温度升高其极值点所对应的波长逐渐变短。1893 年，维恩(Wein)从理论上推导出，黑体辐射通量密度的最大值所对应的波长(λ_{max})与它的表面绝对温度(T)成反比，即：

$$\lambda_{max} T = C \tag{2-8}$$

式中 C——常数，其值等于 2 898μm · K。

式(2-8)表明，黑体的温度越高，辐射能量最大值的波长越短，即黑体辐射具有最大辐射能力的波长随温度升高逐渐向短波方向移动的现象，所以被称作位移定律。根据式(2-8)可以计算黑体表面温度。如太阳辐射能力最大值所对应的波长 $\lambda_{max}=480\text{nm}$，可以计算出太阳表面的温度为 6 000K。若已知黑体的温度，也可计算其辐射能力最大值所对应的波长，如果把地球表面和大气近似看成黑体，地球和大气的温度分别为 300K、250K，可计算出其辐射能力最大值所对应的波长分别为 9 700nm 和 11 600nm。

2.1.5.3 基尔霍夫定律

1859 年，基尔霍夫(Kirchhoff)通过实验得出：当热量平衡时(温度不变)，物体对于某一波长的辐射能力与物体对该波长的吸收率之比为一常数。其比值为绝对黑体在同一温度下对同一波长的辐射能力，即：

$$\frac{e_{\lambda T}}{a_{\lambda T}} = E_{\lambda T} \tag{2-9}$$

式中 $e_{\lambda T}$，$a_{\lambda T}$——物体在温度为 T 时对波长 λ 的放射能力和吸收率；

$E_{\lambda T}$——绝对黑体的辐射能力，它是温度和波长的函数，与物体的性质无关。

基尔霍夫定律把一般物体的辐射、吸收与黑体的辐射联系起来，从而可以通过对黑体辐射的研究来了解一般物体的辐射。

由基尔霍夫定律可得出两点结论：①对于同一物体来说，在温度 T 时，它辐射某一波长的辐射，则它一定吸收该波长的辐射。②辐射能力强的物体，吸收能力也强；反之，辐射能力弱的物体，吸收能力也弱。绝对黑体的吸收能力与温度无关，在任何温度下都完全吸收射入的任何波长的辐射，所以，绝对黑体的辐射能力大于任何其他物体在同一温度下的辐射能力。

2.2 太阳短波辐射

2.2.1 季节形成和日照时间

2.2.1.1 日地关系和二十四节气

地球围绕太阳公转，同时又绕地轴自西向东进行自转。公转轨道为一椭圆，太阳位于椭圆的一个焦点上。近日点约在 1 月 3 日，相距 1.47×10^{8} km；远日点约在 7 月 4 日，相距1.52×10^8km。公转1周需365天5小时48分46秒(一个回归年*)。所以每4年要闰一天，该年即闰年，2月为29天。

地球自转1周需23小时56分4秒。地球在自转过程中，地轴与公转轨道面的交角为66°33′。地球绕太阳公转有2个重要的特点：一是地轴与地球公转轨道面始终保持66°33′的交角(通常粗略地认为是66.5°)，二是地轴在宇宙空间的倾斜方向始终保持不变。

在地球的公转轨道上(相当于天球坐标上太阳的运动轨道即黄道)，自春分点起，分为24等份，每15°为一个节气，6个节气为一季，四季共二十四节气(图2-3)。因此，二十四节气是指地球的公转轨道上24个具有季节意义的位置日期(表2-4)，它属于阳历，所以在阳历中的日期比较固定，上半年在6日、21日，下半年在8日、23日，前后仅差一二日。

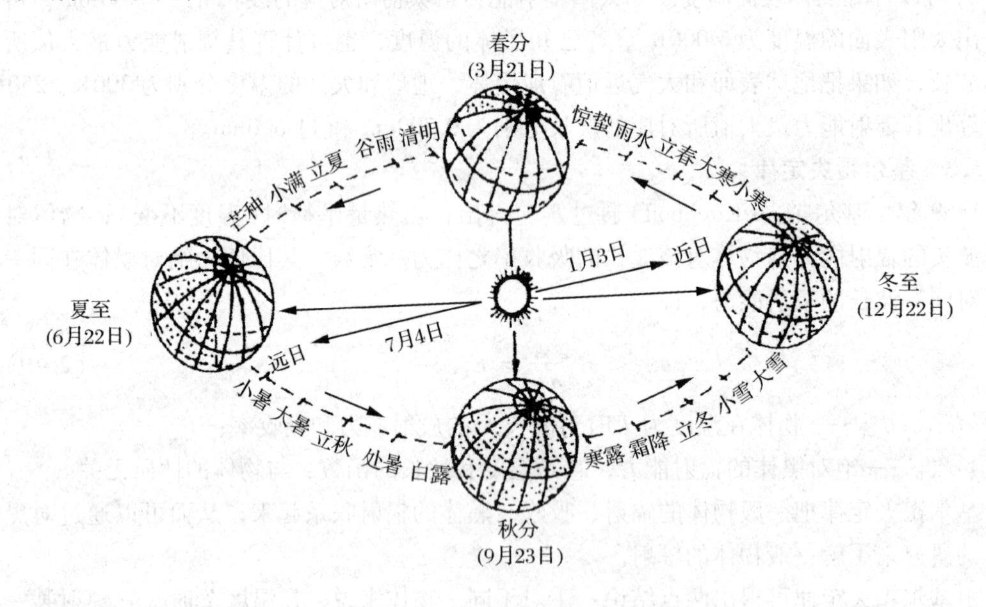

图2-3 地球公转与节气划分

表2-4 二十四节气名称和日期

节气	日期	节气	日期	节气	日期	节气	日期
立春	2月4(5、6)日	立夏	5月6(5、7)日	立秋	8月8(7、9)日	立冬	11月8(7)日
雨水	2月19(20)日	小满	5月21(20、22)日	处暑	8月23(24)日	小雪	11月23(22)日
惊蛰	3月6(5)日	芒种	6月6(5、7)日	白露	9月8(7、9)日	大雪	12月7(8)日
春分	3月21(20、22)日	夏至	6月22(21)日	秋分	9月23(24)日	冬至	12月22(23)日
清明	4月5(4、6)日	小暑	7月7(8)日	寒露	10月8(9)日	小寒	1月6(5)日
谷雨	4月20(21、22)日	大暑	7月23(24)日	霜降	10月23(24)日	大寒	1月20(21)日

* 回归年是太阳连续2次回归到春分点的时间间隔，长度为365天5小时48分46秒；恒星年是太阳连续2次回归到同一恒星的方向上的时间间隔，是地球绕太阳公转360°，所需时间是真正的公转周期，为365天6小时9分9.7秒。因为春分点在黄道上是个不固定点，每年向西移动50″29，致使太阳日比恒星日短了20分24秒。为什么春分点在黄道上是个不固定点？这涉及天文学中更深层次的知识，即地轴的进动。由于地轴进动，天极与天赤道在恒星间位置不停地发生改变，天赤道与黄道的交点(二分点)不停地按顺时针方向沿着黄道向西移动。

二十四节气起源于我国黄河中下游，反映了黄河流域的四季寒暑变化，并具有丰富的内涵：

①表示季节、昼夜变化的有四立二分二至。四立(立春、立夏、立秋、立冬)表示天文四季的开始；二分二至(春分、秋分、夏至、冬至)表示昼夜长短的变化，二分(春分、秋分)为昼夜平分，处于春、秋季的中间，二至(夏至、冬至)表示昼达最长和夜达最短。

②表示温度的有三暑和二寒。三暑(小暑、大暑、处暑)和二寒(小寒、大寒)表示最热、最冷时温度的升降。

③表示降水和凝结的有：雨水，表示降水开始以雨的形态出现；谷雨表示雨量的增加和谷子播种的时机；白露、寒露和霜降，表示气温下降程度，并有露水和霜等水汽凝结物出现；小雪、大雪，表示降水开始以雪的形态出现，以及降水量的变化。

④表示其他物候现象的有：惊蛰，是春雷响动，冬眠蛰虫开始复苏，出土活动；清明，表示南风吹到了黄河流域，天气开始转暖，草木新绿，景象清新；小满，表示夏熟谷物(指小麦)籽粒开始饱满；芒种，是有芒的植物(指小麦)种子成熟了，同时也是忙着种秋收作物，是一年中农事最繁忙时期。

二十四节气是我国古代劳动人民的独特创造，它的创立和发展是与农业生产的发展紧密相联的。我国历代曾以二十四节气作为安排农事活动的依据。例如谚语：“白露早，寒露迟，秋分种麦正当时”用来指导黄河流域冬小麦播种。其他地区应用二十四节气安排农事活动时，也有各自的谚语。可以说，二十四节气是天文、气候与农业生产的最成功的结合。为了便于记忆，按二十四节气的顺序和在阳历中的日期，我国民间流传着以下歌谣：

春雨惊春清谷天，夏满芒夏暑相连，
秋处露秋寒霜降，冬雪雪冬小大寒。
每月两节日期定，前后相差一两天，
上半年在六廿一，下半年在八二三。

2.2.1.2　太阳高度角和方位角

地球各地的太阳辐射状况，受太阳在天空中位置的影响。在地上观察，太阳在天空中位置随时随地在变化，将地球上观测者所看到的太阳相对于地球的运动，称为太阳视运动。太阳在天空中的位置可以用太阳高度角和太阳方位角来确定。

(1)太阳高度角(h)

由于地球距太阳相当遥远，可以认为太阳辐射的能量是以平行光的方式到达地球表面上的，太阳光线与地平面的交角称为太阳高度角，常简称为太阳高度(sun elevation)，该角为垂直方向量度的角。太阳高度角与当地的地理纬度(φ)、赤纬(δ)以及观测当时的时刻有关。依据天文球面三角公式，推导出太阳高度角的求算式为：

$$\sin h=\sin\varphi\cdot\sin\delta+\cos\varphi\cdot\cos\delta\cdot\cos\omega \qquad (2-10)$$

式中　h——太阳高度角，其变化在0°～90°之间，太阳在地平线以下时，在一定范围内可用负值表示。太阳高度角的大小影响到达地面太阳辐射能量的多少，太阳高度角越大，地面单位面积上获得的太阳辐射能量就越多。

φ——当地(求算地)的地理纬度。

δ——求算当日的赤纬(declination，缩写为 Dec)，是天球坐标的纬度，数值等于求算当日太阳光线垂直照射在地球上的地理纬度。赤纬在北半球取正值，在南半球取负值。一年中太阳赤纬在 +23.5° ~ −23.5°之间变动。春分日和秋分日，太阳直射赤道，$\delta = 0$；夏至日，太阳直射北回归线，$\delta = +23.5°$，即北回归线的地理纬度；冬至日，太阳直射南回归线，$\delta = -23.5°$，即南回归线的地理纬度。每日的 δ 值可从当年的天文年历中查得，也可由下式作近似求算：

$$|\delta| \approx 23°27' \sin N \tag{2-11}$$

式中　N——所求日期离春分或秋分日中较短的日数，或从图 2-4 中粗略查出。

ω 为求算时刻的时角，即把时间换算成角度，按地球 24h 转过 1 周 360°，则 1h 等于 15°，即 1°等于 4min，以当地真太阳时正午为 0°(即正午时 $\omega = 0$)，下午为正，上午为负。时角与真太阳时(t)的换算可以用以下公式：

$$\omega = 15° \times (t - 12) \tag{2-13}$$

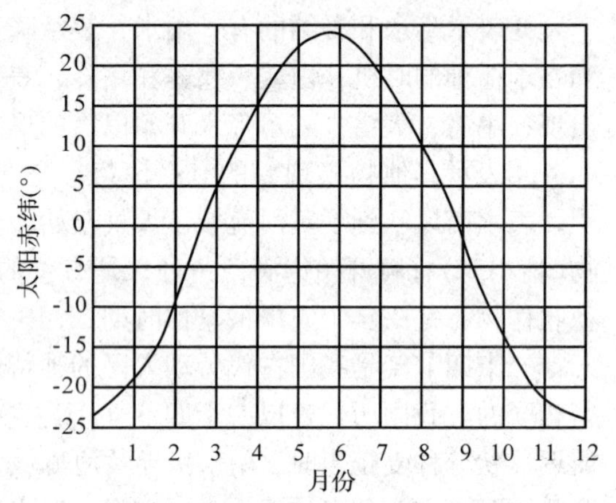

图 2-4　太阳赤纬的周年变化曲线

真太阳时(apparent solar time)：把太阳视圆面中心连续 2 次通过当地经线(也叫子午线)的时间间隔定为一个真太阳日，把真太阳日作 24 等分则每一份为一个真太阳时。地球沿着椭圆形轨道运动，太阳位于该椭圆的一个焦点上，因此，在一年中，日地距离不断改变。根据开普勒第二定律，行星在轨道上运动的方式是，它和太阳所联结的直线在相同时间内所划过的面积相等，可见，地球在轨道上做的是不等速运动，这样一来，一年之内真太阳日的长度便不断改变，一年有 365 天，对应的真太阳时就有 365 个值。这样的真太阳时不易选作计时单位，于是引进了平太阳时的概念。

平太阳时(mean solar time：简称"平时")。把一年中真太阳日的平均称为平太阳日，把 1/24 平太阳日取为 1 平太阳时。真太阳时 = 平时 + 真平太阳时差。北京时间是东经 120°的平时。对于某个测点，常用的是北京时间，那么北京时间与测点的真太阳时应如何换算呢？北京时间与真太阳时的换算为：

测点的平时 = 北京时 +(当地经度 − 120°) × 4min

真太阳时 = 测点的平时 + 真平太阳时差。

例如：2010 年 7 月 5 日的北京时间 9：00 整，对应经度为 113°40′的郑州某地的真太阳时是几点几分？(从天文年历中查出 2010 年 7 月 5 日的真平太阳时差为 −5 分 2 秒)。

郑州某地的平时 = 9 +(113°40′ − 120) × 4 = 8 时 34 分 40 秒

真太阳时 = 8 时 34 分 40 秒 +(−5 分 2 秒) = 8 时 29 分 38 秒

正午时刻的太阳高度角：一天中太阳高度的最大值，它是反映日射状况的一个重要特征值，掌握了某地正午太阳高度角的变化状况就掌握了该地太阳高度角的日、年变化规律。

由式(2 − 10)不难推出正午时($\omega = 0$)的太阳高度角的求算公式为：

$$h = 90° - \varphi + \delta \tag{2-13}$$

利用式(2-13)若计算出 $h > 90°$，则取其补角。

在夏半年，太阳直射北半球，北半球各纬度的正午太阳高度角比较大，夏至日，太阳直射点在北回归线，此时23.5°N以北地区的正午太阳高度角达到一年中的最大值。在冬半年，太阳直射南半球，北半球各纬度的正午太阳高度角都比较小，冬至日，太阳直射点在南回归线，北半球的正午太阳高度角达到一年中的最小值。由于太阳直射点在南北回归线之间移动，所以在一年中南北回归线之间的地区有2次太阳直射(即正午太阳高度角为90°)。回归线上可有1次直射；在南回归线以南和北回归线以北的地区，正午太阳高度角永远小于90°，且随纬度升高正午太阳高度角减小。在低纬度地区，正午太阳高度角终年较大，它的年变化小；在中高纬度地区正午太阳高度角为夏季大、冬季小，年变化较大。例如某地纬度为34.5°，由式(2-13)求出该地夏至日($\delta = +23.5°$)的正午太阳高度角为79°是该地最大值，冬至日($\delta = -23.5°$)的正午太阳高度角为32°是该地最小值，则一年正午太阳高度角的变化在32°~79°之间。

(2)太阳方位角(A)

太阳光线在地平面的投影与当地正南方向的夹角称为太阳方位角(solar azimuth)，该角为在地平面上量度的角，正南为0°，向西为正(正西为+90°)，向东为负(正东为-90°)，取值范围为±180°，正北为±180°。

太阳方位角可由下式确定：

$$\cos A = \frac{\sin h \sin\varphi - \sin\delta}{\cos h \cos\varphi} \tag{2-14}$$

当日出或日落时，$h = 0°$，则式(2-14)可简化为：

$$\cos A_0 = -\frac{\sin\delta}{\cos\varphi} \tag{2-15}$$

式中 A_0——日出或日落时的方位角。

对于北半球来说，由式(2-15)可得出如下结论：

①在春、秋分日，$\delta = 0$，$\cos A_0 = 0$，$A_0 = \pm 90°$。说明：在地球上任何地方，太阳总是正东升起，正西落下。

②在夏半年，指从春分至秋分，$\delta > 0°$，即δ由$0° \to +23.5° \to 0°$，$\cos A_0 < 0°$，$90° |A_0| < 180°$。说明：在地球上任何地方，太阳总是由东偏北方向升起，到西偏北方向落下。纬度越高，越接近夏至日，太阳升落方向越偏北，最北可以从正北(180°)升起和落下。

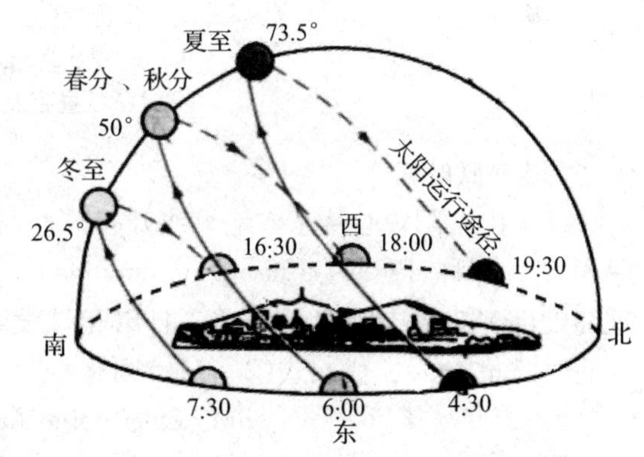

图2-5 北纬40°地区二分二至的太阳运行轨迹

③ 在冬半年，指从秋分至第二年的春分，$\delta < 0°$，即δ由$0° \to -23.5° \to 0°$，$\cos A_0 > 0°$，$A_0 < +90°$，或$A_0 > -90°$。说明：在地球上任何地方，太阳总是由东偏南方向升起，到西偏南方向落下。纬度越高，越接近冬至日，太阳升落方向越偏南，最南可以在正南(0°)升起和落下。

2.2.1.3　昼夜形成与日照长短的变化

在地球自转过程中，总是有半个球面朝向太阳，另半个球面背向太阳。朝向太阳的半球称昼半球(day hemisphere)，背向太阳的半球称夜半球(night hemisphere)，昼半球和夜半球的分界线，叫晨昏线(dawn and dusk line)。晨昏线与纬圈交割把纬圈分成两段圆弧，处于昼半球的弧段称昼弧，处于夜半球的弧段称夜弧。当地球自西向东自转时，昼半球的东侧逐渐进入黑夜，夜半球的东侧逐渐进入白天，由此形成了地球上的昼夜交替现象。

各地的昼夜长短和其所在纬圈的昼弧与夜弧的比例相对应。昼弧长于夜弧，则白天长夜间短，昼弧短于夜弧，则白天短夜间长，昼弧等于夜弧，则昼夜平分。由于地轴与地球公转轨道面有 66°33′ 的倾角，昼半球与夜半球交界面(分光面)不与地轴在一个平面上(春分、秋分日除外)，不同纬圈昼夜弧的比例不同；又由于日地相对位置随季节而异，而地轴方向却始终保持不变，致使地轴与分光面的交角不断地变化，因此同一纬圈的昼夜弧比例随季节而异(赤道除外)。所以，昼夜长短既随纬度不同而变化，又随季节交替而改变(图 2-6)。

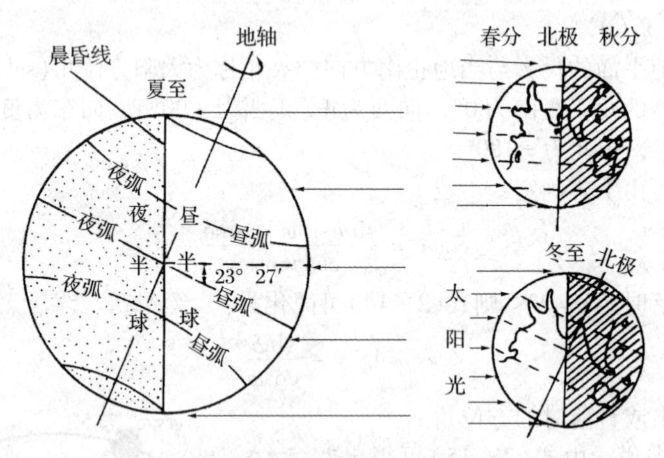

图 2-6　昼夜及其长短的变化

(1) 可照时间

一天内太阳中心从东方地平线升起，直到进入西方地平线之下的间隔时间，称为可照时间 H_k，亦称日照时数(insolation duration)。它完全由该地的纬度和日期决定，即它与地理纬度(φ)和太阳赤纬(δ)有关。日出和日没时刻，太阳正好位于地平线上，此时 $h=0°$，令此时时角为 ω_0，代入式(2－9)，则有：

$$\sin 0 = \sin\varphi \cdot \sin\delta + \cos\varphi \cdot \cos\delta \cdot \cos\omega_0$$

则

$$\cos\omega_0 = -\tan\varphi \cdot \tan\delta \tag{2-16}$$

由式(2－16)计算出的 $+\omega_0$ 和 $-\omega_0$ 分别为日落和日出时的时角。由于日出到正午与正午到日落的时角相等，即 $|-\omega_0| = |+\omega_0|$，故全天的时角为 $2|\omega_0|$，考虑到每 1h 相当于时角 15°，所以，可照时数(H_k)为：

$$H_k = \frac{2|\omega_0|}{15°} \tag{2-17}$$

由式(2－16)和式(2－17)得出如下结论：

① 在赤道上，$\varphi=0°$，$\cos\omega_0=0$，$\omega_0=90°$，$H_k=12$，无论什么季节(δ任意变化)，总是6：00日出，18：00日落(以下的时间均指真太阳时)，可照时数均为12h。终年昼夜平分。

② 在春、秋分日，$\delta=0°$，$\cos\omega_0=0$，$\omega_0=90°$，$H_k=12$，无论北半球的什么地方，均是6：00日出，18：00日落，可照时数均为12h，故有“春分秋分，昼夜平分”之说。

③ 在夏半年，$\delta>0°$，$\cos\omega_0<0$，$|\omega_0|>90°$，$H_k>12$，除赤道外北半球日出在6：00之前，日落在18：00以后，可照时数大于12h，且随纬度增加，可照时数增长。夏至日白昼达一年中的最长。

④ 在冬半年，$\delta<0°$，$\cos\omega_0>0$，$|\omega_0|<90°$，$H_k<12$，除赤道外北半球日出在6：00以后，日落在18：00以前，可照时数小于12h，且随纬度增加，可照时数减少。冬至日白昼达一年中的最短。

⑤ 在北极圈，$\varphi=66°33'$。如果在夏至，$\delta=23°27'$，$\cos\omega_0=-1$，$|\omega_0|=180°$，$H_k=24$，这就是北极圈内所谓的“永昼现象”。同理，如果在冬至日，$\delta=-23°27'$，$\cos\omega_0=1$，$|\omega_0|=0°$，$H_k=0$，这就是北极圈内所谓的“永夜现象”。

上述结论也可以从图2-6得出。用式(2－16)与式(2－17)计算的各纬度的可照时数见图2-7。

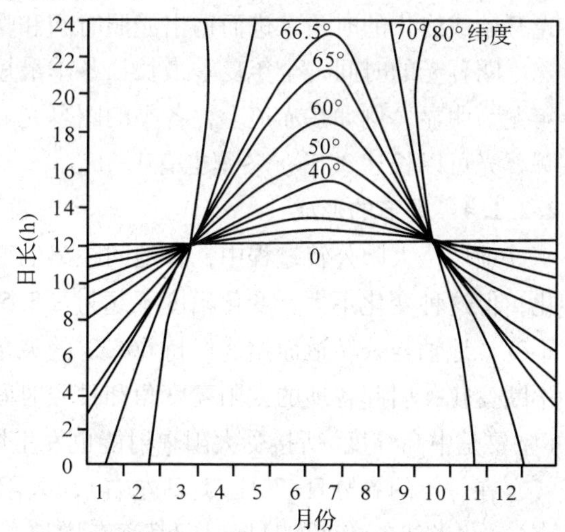

图2-7　地球赤道以北不同纬度一年中日照长度的变化

(2)实照时间

理论计算的可照时数只反映某地最大可能照射的时间。事实上，由于太阳光线受到云、雾等天气现象与地形、地物遮蔽的影响，某地实际接受到的照射时间通常短于可照时间。气象学上，把太阳光实际照射的时间(或时数)称为实照时间，或实照时数(H_s)。实照时数是用日照计观测的，该仪器只能感应能引起化学效应(或热效应)的一定波长的太阳辐射，感应的辐射通量密度大于$(0.2\sim0.3)\times10^3\ W/m^2$。所以，即使在晴空无云的空旷地，实照时数仍会小于可照时数。测定日照的常用仪器为暗筒式和聚焦式日照计，也可用光电日照计来测量。

(3)日照百分率

评价某地农业气象条件，比较不同季节不同纬度的日照情况，为获得时空的可比性，常用日照百分率来分析。日照百分率R_s为实照时数H_s与可照时数H_k的百分比，日照百分率的表达式为：

$$R_s(\%)=\frac{H_s}{H_k}\times100 \qquad (2-18)$$

式(2－18)表明，某地实际照射时间越长，其日照百分率越大。

(4)曙暮光和光照时间

在日出前与日落后的一段时间内，虽然太阳直射光不能直接投射到地面上，但地面仍能得到高空大气的散射光，使昼夜的更替不突然，天文学上称为晨光和昏影，总称为晨昏影，一般习惯上则称之为曙光和暮光。在曙暮光时间(twilight)内也有一定的光强，对动植物的生长发育和人类生活有影响。为了区别于前面讲的可照时间，把包括曙暮光在内的日长时间称为光照时间，即

光照时间 = 可照时间 + 曙暮光时间

曙暮光的时间界限是按需要规定的。天文曙暮光是指太阳在地平线以下0°~18°的一段时间。当太阳高度降至地平线以下18°时，其光照度在晴天条件下约为6.0×10^{-4}lx，这时，最暗的星星也能用肉眼看见。民用曙暮光是指太阳在地平线以下0°~6°的一段时间。当太阳高度降低至地平线以下6°时，晴天条件下的光照度约为3.5lx，光谱成分为可见光中的长波部分以及近红外线，此时肉眼难以看清印刷品中的特大号字体，已不能在室外看书。

曙暮光持续时间长短，因季节和纬度而异，也可以通过太阳高度角计算式求算曙暮光时间。以h =0°、-6°、-18°分别代入太阳高度角计算式，便可计算出各地各季节曙暮光开始或终止的时角，进而得出光照时间和曙暮光时间。

曙暮光的时间，全年夏季最长，冬季最短。就纬度来说，高纬度要长于低纬度，夏半年尤为明显。例如在赤道上，各季的曙暮光时间只有40多分钟，而在60°的高纬度，夏季曙暮光可以长达3.5h。冬季也有1.5h。

2.2.1.4 季节的形成

地球绕太阳公转过程中，日地间距离的变化虽可使大气上界的太阳辐照度产生一些变化，但这种变化不大，变化幅度不超过±3.5%。但是在公转过程中，由于地轴方向保持不变，地轴与公转道面始终保持66°33′的夹角，这使得太阳光线垂直投射到地球上的位置不断变化，引起各地的太阳高度角和日照时间长短发生周期性的改变，造成一年中各纬度(主要是中高纬度)所接受太阳辐射能也发生周期性的变化。

在每年的春分日(3月21日左右)，太阳直射赤道。从春分日到夏至日(6月22日左右)，北半球各纬度的日照时间都逐渐增长，绝大部分地区的正午太阳高度角在逐渐增大，并在夏至日达到最大。所以，在此期间，北半球各纬度上获得的太阳能量越来越多，在夏至日受热量达到最多。此时在中高纬度地区开始进入最温暖的时期。

过了夏至日，太阳直射点逐渐南移，至秋分日(9月23日左右)，太阳直射赤道，这时北半球大部分地区太阳高度角减小，日照时间也变短，因此所接受的太阳能量也减少；当所接受的能量少于散失的能量时，温度开始降低，气候变凉，逐渐进入比较凉爽的时期。

秋分过后，太阳直射点移向南半球，此时北半球太阳高度角继续减小，日照时间继续变短，所接受的太阳能量也在减少，得热少于失热，温度继续降低；到冬至日(12月22日左右)，太阳光线垂直投射南纬23.5°，这一天是北半球太阳高度角最小、日照时间最短、受热量最少的一天，中高纬度地区开始进入最寒冷的时期。

过了冬至日，太阳直射点开始北移，北半球各纬度的太阳高度角增大，日照时间增长，受热量也逐渐增多，当得热多于失热时，温度开始回升，天气渐暖。

次年的春分日，太阳又直射赤道，如此周而复始地变化，就形成了寒来暑往的季节交替现象。

应该注意，夏至日得热最多，并非最热，冬至日得热最少，也并非最冷。这是因为温度高低的变化不能只看得热多少，更关键的是要看得热与失热的关系。

2.2.2 大气上界的太阳辐射

太阳是一个巨大的熔融火球，它的表面向宇宙空间辐射的总功率约为 3.83×10^{23} kW，地球仅截取其中的 $1/(0.21\times10^{11})$，但它却是地球表面及其大气最主要的热量来源，因为地球表面从地球内部获得的能量仅占来自太阳的1/10 000，来自宇宙其他星体的能量更少。

2.2.2.1 太阳常数

当日地处于平均距离时，在大气上界垂直于太阳光线的面上接受的辐射通量密度，称为热量太阳常数(S_0)，常简称为太阳常数。1981 年世界气象组织(WMO)公布的数值 1 367W/m^2。由于太阳黑子活动的周期变化，S_0波动范围为1% ~ 2%。太阳常数中的光照度，称为光量太阳常数(I_0)，其值约为 1.40×10^5 lx。

2.2.2.2 太阳辐射光谱

太阳辐射能随波长的分布称为太阳辐射光谱，大气上界的太阳辐射光谱与 T = 6 000K 的黑体辐射光谱谱线几乎重合(图 2-8)，表明有关黑体辐射的定律可用于太阳辐射。太阳辐射光谱范围比较广，几乎包括了所有电磁波，但其能量的绝大部分波长集中在 150 ~ 4 000nm 之间，占太阳辐射总能量的 99%，其中可见光区(400 ~ 760nm)的能量约占 45.5%，红外线区(>761nm)约占 47.3%，紫外线区(<390nm)约占 7.2%。具有最大辐射能力的波长为480nm，在可见光的青蓝光区内。

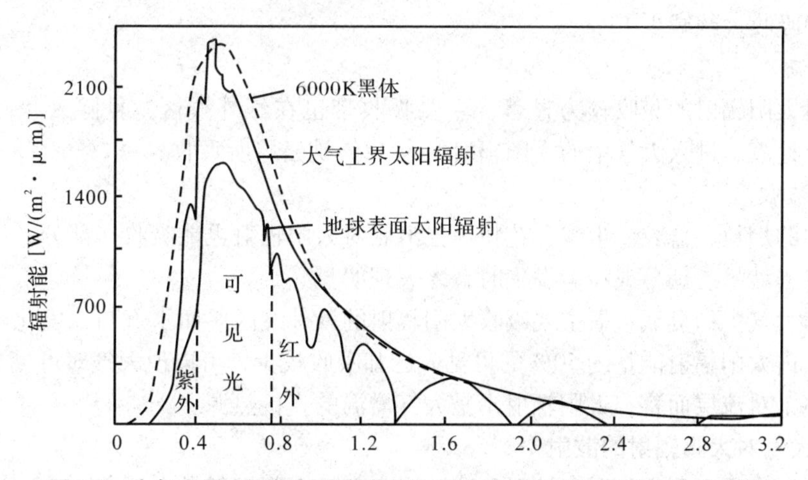

图 2-8 大气上界太阳辐射能量曲线和到达地球表面的典型的能量曲线

2.2.3 大气层对太阳辐射的减弱作用

当太阳辐射进入大气层后，大气中的空气分子、尘埃、云滴等对其具有吸收、散射与反射作用，吸收作用能将辐射转换成大气的能量，而散射与反射只能改变太阳辐射的方向。这些作用不仅使到达地面的太阳辐射通量密度受到明显的减弱，而且，太阳辐射的光谱成分也发生较大的变化。

2.2.3.1 大气对太阳辐射的吸收

大气中吸收太阳辐射的物质主要有臭氧、氧、二氧化碳、水汽、尘埃、云滴等，它们对太阳辐射的吸收大多具有选择性。

(1)臭氧

臭氧的吸收带很多，最主要的有2个：一个在200~320nm的紫外线区，该区为臭氧吸收能力最强的波段。由于这个波段的太阳辐射被臭氧吸收而很少到达地面，从而使地球上的生物免遭紫外线的毁灭性伤害，而透过大气的少量紫外线又可以杀菌防病。从这个角度看，人类保护大气层，避免臭氧层“空洞”具有重要意义。另一个较强吸收带在600nm附近，尽管其强度不大，但位于可见光区，对到达地面的太阳辐射有一些影响。位于高空(平流层)的臭氧层吸收辐射后可以加热高空(平流层)大气的温度。

(2)氧

氧的强烈吸收带位于<200nm的远紫外线区，以致在地面上观测不到这部分紫外线的存在。

(3)二氧化碳

二氧化碳的吸收带主要在红外线区的430nm附近，由于该区的太阳辐射能量很小，对到达地面的太阳辐射影响不大。

(4)水汽

水汽的吸收带共有9个，最强的吸收带为930~285nm的红外线区。据估计，太阳辐射因水汽的吸收大约减少13%。

(5)云滴

云滴对太阳辐射的吸收较为显著，主要吸收带也在红外线区，且随云状与云量而不同，以全年计算，进入大气中的太阳辐射约有12%被云层所吸收。

(6)气溶胶

大气中的烟粒、盐粒、尘埃、花粉等气溶胶对太阳辐射也能吸收一部分，但通常其量甚微，只有当沙暴、烟幕或浮尘发生时，才表现明显。

总之，大气中的臭氧、氧主要吸收太阳辐射的紫外线区，而水汽与二氧化碳主要吸收红外线区，占太阳辐射能量约50%的可见光区却吸收较少，可以说大气对可见光几乎是透明的。就整个对流层而言，太阳辐射不是大气增温的直接热源。

2.2.3.2 大气对太阳辐射的散射

当太阳辐射投射到空气质点上时，这些质点会把太阳辐射散向四面八方，这种现象称为散射。散射的辐射能简称散射辐射。散射的结果使一部分太阳辐射返回到太空，而另一部分投向地面。全年平均，散射辐射可使太阳辐射减弱7%。

（1）分子散射

当空气分子的质点小于入射辐射的波长时，它对太阳辐射的散射和波长有密切关系。雷莱(Rayleigh)分子散射定律指出，分子散射的通量密度与入射波长的4次方成反比，即投射到空气质点上的太阳辐射波长越短，该质点对其散射越强。晴天的天空呈蔚蓝色，而清晨与傍晚太阳呈红色均是空气分子散射的结果。因为在晴朗的天空空气洁净，天空对太阳辐射的散射几乎全部由空气分子引起，而空气分了对可见光中蓝紫光散射最强，使得每个分子都是蓝紫光的散射中心，当我们仰望天空时，这些散射光尽入眼底，天空碧蓝。当太阳初升或将落时，太阳辐射穿过大气的路径很长，来自太阳辐射中的蓝紫光被不断散射而损失殆尽，使到达我们眼中的太阳光中只剩下红橙光，故呈现一轮红日。

（2）粗粒散射

大气中的水滴、冰晶、尘埃、烟粒等质点的直径大于太阳辐射的主要波长，它们对入射波长几乎没有选择性，即所有波长的入射光都可被散射，此种散射现象也叫漫射。由于粗粒散射出的光谱成分与入射光相似，故有云雾或扬沙的天气天空呈乳白色或灰白色。

总之，大气中的各种质点对太阳辐射的散射结果，一方面使到达地面的太阳辐射通量密度减少，另一方面，使到达地面的太阳辐射中蓝紫光比例减少，而红橙光比例增加。

2.2.3.3　大气对太阳辐射的反射

大气中的云层和大颗粒悬浮物能将太阳辐射直接反射到宇宙空间，其中云层的反射作用最为显著。当太阳辐射到达云层时，云能反射一部分或大部分，云层越厚，云高越低，其对太阳辐射的反射越强，且反射对入射波长没有选择性。

相对而言，大气对太阳辐射的吸收作用小于反射和散射作用。据全球平均统计，进入大气的太阳辐射约有24%被大气直接吸收，约有27%被云反射和被大气散射而返回至太空，约有49%的太阳辐射透过云层与大气到达地面，其中直达地面的占28%，经散射投向地面的占21%。

2.2.3.4　影响太阳辐射减弱的因子

太阳辐射受到大气的吸收、散射与反射而减弱的程度主要取决于太阳辐射穿过大气的路径长度与大气本身的透明程度。大气的路径常用大气质量数表示，大气的透明程度常用大气透明系数表示。

（1）大气质量数（m）

当太阳位于天顶时，光线垂直到达海平面（标准大气压）时所穿过的大气路径定为一个大气质量数，简称大气质量，即 $m=1$。当大气斜穿过大气时大气质量数就是太阳辐射穿过大气的路径与大气垂直厚度之比，大气质量 $m>1$。这里所说的“大气质量”不是物理学中质量的概念，它是一个无量纲的量，表示的是太阳倾斜照射时太阳光线在大气中

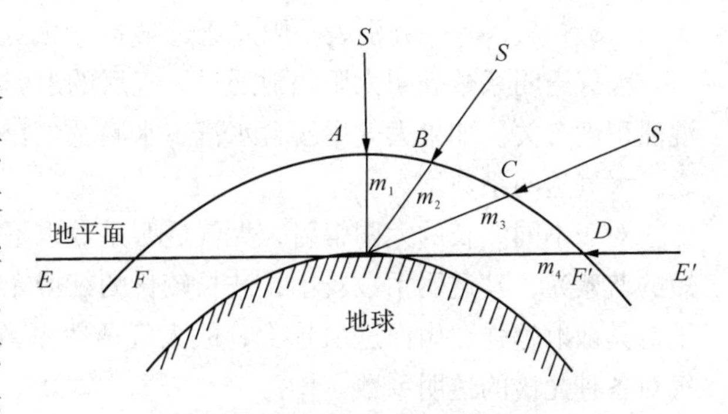

图2-9　太阳高度角与大气质量数的关系

的路程是垂直照射时路程的倍数。由图 2-9 可知，太阳高度角越小，太阳辐射穿过大气的路径越长，大气质量数越大，太阳辐射被大气吸收、散射、反射的越多，其减弱的程度越大。

太阳辐射穿过大气的路程与太阳高度角有关，如果将大气作为均匀介质，且不考虑地球表面和大气曲率的影响，同时略去光线在大气中传播时的折射现象。由图 2-9 可以看出，太阳高度与大气质量 m 的关系为：

$$m = \csc h \tag{2-19}$$

事实上，由于大气上界曲率的存在，用式(2－19)计算出的大气质量数小于实测值，但在 $h>30°$ 时该式计算值等于实测值，对于 $h<30°$ 时由于计算值误差较大，应当采用表中给出的实测值。由表 2-5 可知，太阳高度角越小，计算值误差越大。该表指出，当太阳高度角在 90°～30°时，m 值随太阳高度而增大的变化很慢，m 在 2.00～1.00 之间；当太阳高度角由 0°增加到 10°时，其大气质量数由 35～40 减小到 5.60，即大气路径缩短为原来的 1/6。太阳在地平面时所通过的大气质量比在天顶时大 35～40 倍。由此说明日出后和日落前的短时间内太阳辐射通量密度的急剧变化。

表 2-5　大气质量与太阳高度角的变化

h	90°	60°	30°	20°	15°	10°	7°	5°	3°	1°	0°
$\csc h$	1.00	1.15	2.00	2.92	3.86	5.76	8.21	11.47	19.11	57.30	∞
实测值 m	1.00	1.15	2.00	2.90	3.82	5.60	7.77	10.40	15.36	26.96	35～40

(2) 大气透明系数(P)

在相同的大气质量下，到达地面的太阳辐射也不完全一样，太阳辐射在大气中的减弱程度，还取决于大气的透明程度。大气的透明程度可以用大气透明系数(P)表示，它是以阳光透过一个大气质量后的辐照度与透过前的辐照度之比来表示的，即：

$$P_m = \frac{S_m}{S_{m-1}} \tag{2-20}$$

式中　P_m——第 m 个大气质量的透明系数；

S_m，S_{m-1}——分别表示阳光透过第 m 个大气质量之后和之前的辐照度。

大气透明系数表明太阳辐射通过大气后的削弱程度，为小于 1 的数，其大小与大气的混浊程度有关。如果大气中所含水汽、水滴及尘粒等杂质越多，大气的透明系数越小；反之，大气透明系数增大。

对于不同波长的太阳辐射，大气透明系数也不同。波长越短，其透明系数越小。波长短的蓝紫光，其透明系数较小，波长较长的红橙光，其透明系数较大。波长越短，空气分子对其散射越强，因而透射越少，故大气透明系数越小。表 2-6 是太阳高度为 90°时，大气对各种光谱的透明系数。

表 2-6 干洁大气中不同光谱成分的透明系数($h = 90°$)

光和颜色	紫外线	紫光	绿光	橙光	红光	红外线	红外线	红外线
λ(nm)	300	400	500	600	700	800	1 000	1 200
P	0.295	0.696	0.865	0.933	0.964	0.979	0.991	0.996

2.2.3.5 太阳辐射减弱的一般规律

在均质大气中设波长为单色太阳辐射 λ，通过大气质量 dm 后而减弱的量为 $-dS_\lambda$，则

$$dS_\lambda = -\alpha_\lambda \cdot S_\lambda \cdot dm$$

式中 α_λ——减弱系数。

若求算太阳辐射通过整个大气路程(m 个大气质量)的减弱量，可将上式积分：

$$\int_{S_{0\lambda}}^{S_\lambda} \frac{dS_\lambda}{S_\lambda} = -\alpha_\lambda \int_0^m dm$$

$$\ln \frac{S_\lambda}{S_{0\lambda}} = -\alpha_\lambda m$$

则

$$S_\lambda = S_{0\lambda} \cdot e^{-\alpha_\lambda m} \quad (2-21)$$

式中 $S_{0\lambda}$——大气上界单色光的辐照度；

S_λ——通过 m 个大气量后垂直于辐射方向的辐照度。

式(2-21)称比尔(Beer)定律。

令 $e^{-\alpha_\lambda} = P_\lambda$，$P_\lambda$是波长为 λ 的透明系数，于是

$$S_m = S_{0\lambda} P_\lambda^m \quad (2-22)$$

若考虑大气对太阳辐射所有波长的减弱作用，上式可改为：

$$S_m = S_0 P^m \quad (2-23)$$

式中 S_m——通过 m 个大气量后与光线垂直面上的太阳辐照度；

P——大气平均透明系数；

S_0——大气上界的太阳辐照度(其值近似地等于太阳常数)；

m——大气质量数。

由此可见，垂直于太阳辐射方向的太阳辐照度，随大气透明系数增加而增大，随穿过大气质量增加而变小。若大气透明系数一定，大气质量数以等差级数增加，则透过大气层的辐照度以等比级数减小。

2.2.4 到达地面的太阳辐射

如前所述，到达地面的太阳辐射由两部分组成，一部分是以平行光的形式直接投射到地面，这部分太阳辐射称为直接辐射(direct radiation)；另一部分经空气质点散射后自天空各个方向投向地面，这部分辐射称为散射辐射(diffuse radiation)，也称为天空辐射。

2.2.4.1　直接辐射

(1)到达地面的直接辐射能(S')

到达地面的太阳直接辐射通量密度的大小，除了与穿过的大气质量数与大气透明系数有关外，还与太阳高度角密切相关。太阳高度角的变化，可以引起太阳辐射在水平地面上所散布的面积发生改变。太阳高度角越小，等量的太阳辐射散布的面积就越大，则单位水平地面所获得的太阳辐射就少(图 2-10)。

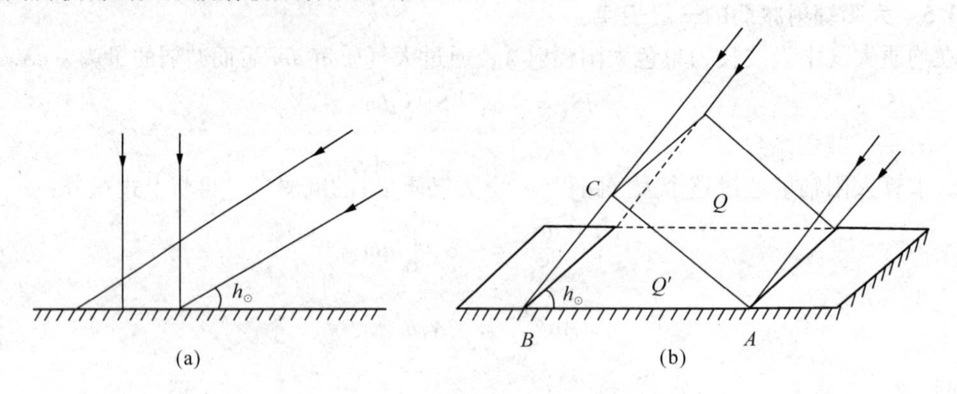

图 2-10　太阳高度角与受热面大小的关系

(a)太阳高度角与水平面的关系　　(b)太阳高度角与水平面和垂直面的关系

设一垂直于太阳光线的平面，其面积为 Q，在此垂直受光面上的太阳直接辐射通量密度为 S，水平地面其面积为 Q'，太阳高度角为 h，水平面上的太阳直接辐射通量密度为 S'。显然，到达这 2 个面上的辐射通量是相等的，即：

$$Q' \cdot S' = Q \cdot S$$

由图 2-10 可看出：

$$Q/Q' = AC/AB = \sin h$$

则有：

$$S' = S \cdot \sin h \tag{2-24}$$

将式(2－24)代入上式，得：

$$S' = S_0 \cdot P^m \cdot \sin h \tag{2-25}$$

式(2－25)即为到达水平地面上的太阳直接辐射通量密度公式。表面上看，影响到达地面的太阳直接辐射的因子为太阳高度角、大气透明系数和大气质量数，但由于大气质量数主要取决于太阳高度角，所以，太阳高度角是影响直接辐射的主要因子，其次是大气透明系数，而在多云天气下，大气透明系数会成为主导因子。

当太阳高度增大时，到达地面的太阳直接辐射增加；当大气中散射质点少时，大气透明系数增大，到达地面的太阳辐射增大。另外，太阳直接辐射随云量有变化，云量少时，直接辐射较强。太阳直接辐射还随地理纬度和海拔高度变化，在相同天气条件下，中高纬度的太阳高度角比低纬度地区小，故到达地面的太阳直接辐射通量密度小；在相同纬度下，海拔越高，空气中的水汽和尘埃含量越少，大气透明系数大，大气质量数小，其地面太阳直接辐射通量密度亦大。

到达地面上的太阳直接辐射有明显的日变化和年变化。在晴朗的天气条件下，大气透明系数变化不大，日、年变化主要由太阳高度角决定。在一天中，正午前后的太阳直接辐射通量密度最大，日出、日落时最小；在一年中，夏季最大，而冬季最小。但在我国大部分地区，由于夏季大气中水分含量高，云量多，大气透明系数的作用较大，所以，太阳直接辐射通量密度的日平均最大值往往出现在春末夏初。表 2-7 列出了北京直接辐射的各月平均值，由表中看出，最大值出现在 5 月，最小值出现在 12 月。

表 2-7 北京太阳直接辐射的月平均值 $\times 10^2 W/m^2$

月份	1	2	3	4	5	6	7	8	9	10	11	12
太阳直接辐射	2.02	2.79	3.14	4.53	4.60	4.19	3.84	3.42	3.49	2.58	1.88	1.67

(2)到达地面的直接辐射光谱

影响到达地面上的太阳直接辐射光谱的因子主要是大气路径和海拔高度。表 2-8 给出穿过不同大气质量数后的太阳直接辐射各光谱的能量分布。不难看出，当 $m=1$ 时($h=90°$)，太阳直接辐射中红外线、可见光和紫外线能量占总辐射能的百分比分别为 50%、45.8% 和 4.2%。随着太阳高度角降低，穿过大气的路径变长，紫外线区的能量所占比例显著减少，而红外线区的能量比例相应增加。当 $m=10$ 时，紫外线区的能量比例减至 0.1%，而红外线区的能量比例却上升至 69.6%。这主要是直接辐射中的短波光被散射的多，而长波光被散射的少的缘故。可见光的比例随大气质量的增加而减小，也是基于这个道理。

表 2-8 穿过不同大气质量后太阳直接辐射各光谱能量分布 %

大气质量(m)	0	1	2	3	4	6	8	10
紫外线	6.7	4.2	2.7	1.8	1.1	0.5	0.2	0.1
可见光	46.8	45.8	43.8	42.0	40.8	36.8	33.2	30.3
红外线	46.5	50.0	53.5	56.2	58.1	63.0	66.6	69.6

到达地面的太阳直接辐射光谱成分随海拔高度增加而发生改变。在高海拔地区，空气稀薄，能引起散射的质点少，导致直接辐射中短波部分因散射而损失的少，因而到达地面的太阳直接辐射中紫外线和蓝紫光比例较高，这是高山植物易矮化的主要原因。

2.2.4.2 散射辐射

(1)到达地面的散射辐射能(D)

影响到达地面的散射辐射通量密度的因子较多。在晴朗的天气条件下，假定进入大气的太阳辐射除了直接到达地面的那部分外，有一半的散射投向地面，则地面上的散射辐射通量密度可近似地表达为：

$$D = 1/2 S_0 (1 - P^m) \sin h \tag{2-26}$$

不难看出，散射辐射通量密度随太阳高度角的增大而增大，随大气透明系数的增加而减小。这是因为太阳高度角越大，投射到空气质点上的入射辐射越多，故散射辐射增大。因此，散射辐射的日、年变化与直接辐射的变化相似，一天中早晨日出前就有散射辐射，中午前后到达最强，日落后仍有散射辐射。一年中最大值在夏季。

大气透明系数较大时，意味着空气中的散射质点减少，因而散射辐射随之减弱。高海拔地区散射辐射小的原因也在于此。

散射辐射的大小与地面反射率有关。一般来说，反射率大的地面，其接受的散射辐射也强。这是因为地面反射到天空的那部分辐射又能被空气质点部分地散射回地面。例如，反射率大的雪面可使当地的天空散射辐射通量密度增加 1 倍。

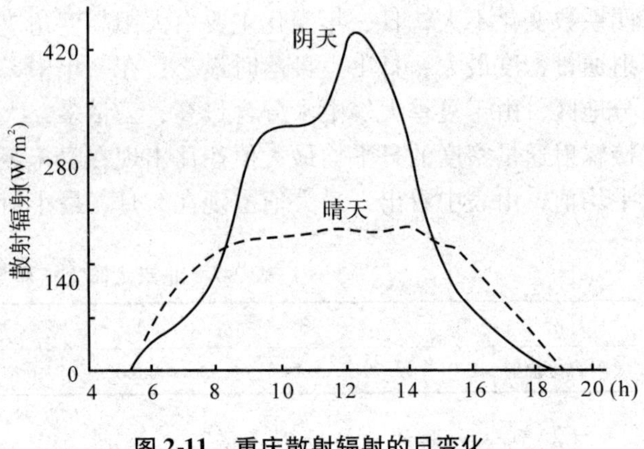

图 2-11　重庆散射辐射的日变化

云对散射辐射的影响较为复杂。一般来说，阴天散射辐射比晴天大得多(图 2-11)，当云层薄而高时，如高云和某些中云，能增加到达地面的散射辐射。但当云层浓密且低时，由于云层的反射，使穿过云层的太阳辐射明显减弱，地面上得到的散射辐射反而比晴天少。当浓密的低云遮蔽全部天空时尤其显著。

(2) 到达地面的散射辐射光谱

晴天天空散射辐射的光谱成分，多为短波光，能量主要集中在波长小于 470nm 的光谱区域，其中蓝紫光较红橙光所占比例更大，光谱能量的最大值出现在 420~440nm 处。当空气中含有较多粗粒或全天有云时，天空散射辐射中长波部分的能量增加，具有最大能量的波长也向长波方向移动。如图 2-12 所示，晴天时位于 450nm 的蓝紫光附近，阴天时移向 800nm 处。

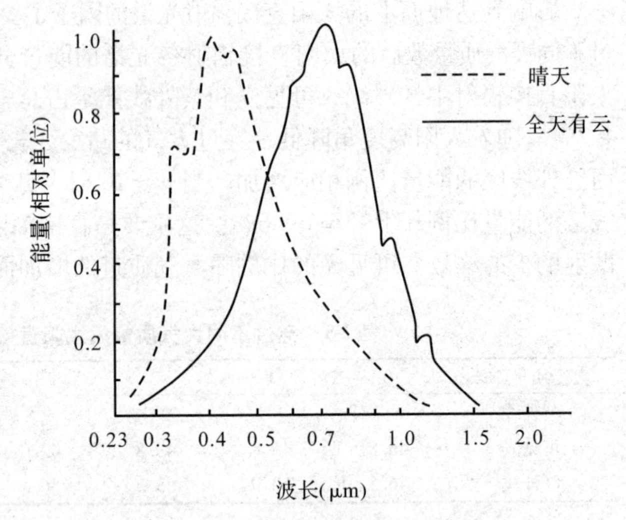

图 2-12　晴天和全天有云的散射辐射光谱

到达地面的散射辐射光谱成分也与穿过大气的路径有关。表 2-9 用太阳高度角表示大气路径来说明与散射辐射光谱成分的关系。当 $h>30°$ 时，各光谱能量的比例变化不大。当 $h<30°$ 时，即穿过的大气路径变长时，400nm 以下的短波光能量迅速减少，600nm 以上的长

表 2-9　太阳高度角与天空辐射各光谱能量分布　　%

太阳高度角(°)	波长范围(nm)		
	400	400~600	600
90	25 800	53 500	20 700
60	24 600	54 200	21 100
45	23 200	54 800	22 000
30	20 400	56 100	23 500
15	14 600	58 200	27 200
3	5 900	53 300	40 800

波光相应增多，而波长在400~600nm范围内的光谱能量随太阳高度角变化较小。由于曙暮光属散射光，它的光谱能量分布与太阳高度角较小时的散射光谱相似。

2.2.4.3　总辐射(Q)

到达地面上的太阳直接辐射通量密度与散射辐射通量密度之和称为太阳总辐射通量密度(Q)，简称总辐射(global radiation)。不言而喻，所有影响太阳直接辐射和散射辐射的因子都会影响总辐射。

在晴朗的天气条件下，大气透明系数等因子较为稳定，因此，总辐射的日变化和年变化与太阳高度角的变化同步，即中午前后和夏季总辐射较大，而早晚和冬季总辐射较小。

大气透明系数对总辐射的影响比太阳高度角小。大气透明系数减小，将使太阳直接辐射减弱，但同时会使散射辐射增强。相比之下，一般增加的散射辐射远没有减少的直接辐射多，所以，在多数情况下，大气透明系数减小，会使总辐射减弱。

云对总辐射的影响应视具体情况而定。如果云量不多，且太阳未被云遮挡，此时到达地面的太阳直接辐射没有因云而减小，而云的存在又增加了散射辐射，故总辐射反比无云时增加。但是，当全天有云，特别是云厚遮日时，直接辐射和散射辐射均明显减少，总辐射大大减弱。

总辐射一般随纬度增加而减少，这是因太阳高度角随纬度增加而减小决定的。但由于赤道地区常年多云，大气透明系数为主要限制因素，故地面上平均总辐射通量密度的最大值不是出现在赤道，而是在20°N或20°S附近的地区。

总辐射中直接和散射2种辐射的比例因太阳高度角和云况等而异。当太阳高度角较小或云量较多时，总辐射中以散射辐射为主；当太阳高度角较大或云量较少时，直接辐射在总辐射中所占比例较大。阴天到达地面的太阳总辐射全部由散射辐射组成。日出前和日落后，总辐射也完全是由散射辐射组成。

2.2.4.4　辐射总量

辐射总量是指某一时段内(1日、1月、1年或任意时段)到达地面的太阳总辐射能之和称为太阳辐射总量(radiation amount)。它可以分别指太阳直接辐射总量、散射辐射总量和总辐射总量。

一天内，水平地表面所获得的太阳总辐射的总和为总辐射日总量，用积分的方法求出。晴天辐射日总量的理论值分布规律如图2-13所示，它的大小与太阳高度角和日照时间有关。在中高纬度及以北地区，夏季太阳高度角大，总辐射强，日照时间长，因而太阳总辐射日总量大；冬季太阳高度角小，总辐射弱，日照时间短，所以太阳总辐射日总量小，变化曲线为一年有一个高值

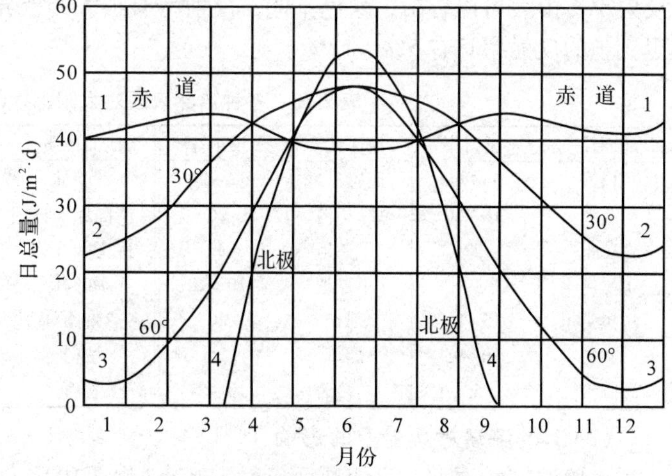

图2-13　太阳总辐射日总量随季节变化

一个低值。高值和低值的差，随着纬度的增加而变大，因为随着纬度的增加，夏季的日照时间增加，所以夏季的总辐射日总量到了60°N以北地区反而逐渐加大，夏季从赤道到北极总辐射日总量都较大，南北差异小；冬季太阳高度角和日照时间都是随着纬度的增加而减小的，所以，从赤道到北极总辐射日总量迅速降低，南北差异大。总辐射日总量的这种分布规律导致气温年较差的分布也呈现随着纬度增加而变大的规律。在低纬度地区，一年中太阳高度角和日照时间变化不大，因此日总量的年变化不大，如赤道地区一年有 2 个最大值和最小值。

实际的总辐射日总量还与云量和大气透明系数等因素有关，由于各地云量和雨量的年分布不同，在中高纬度，有些地区的日总量最大值可能出现在春季或秋季。

一年中，到达地面的太阳总辐射的总和称为太阳辐射年总量。年总量一般随纬度增高而减少，这主要是由于太阳高度角随纬度增高而减小的缘故，但是海拔高度、云量多少、雨季长短等因素也影响年总量，所以年总量的实际分布比较复杂。就全球而言，由于赤道附近云雨天多，对太阳辐射削弱较多，因而总辐射年总量最大值不是出现在赤道，而是在纬度 20°附近的地方。

2.2.4.5 地面反射辐射

到达地面的太阳总辐射，地面不能完全吸收，其中一部分被地面反射到大气中，这部分辐射称为地面反射辐射(Q_r)。

$$Q_r = Q \cdot r \tag{2-27}$$

地面对太阳总辐射反射能力的大小，可用反射率 r 来表示。反射率 r 的大小决定于下垫面的性质和状态，如土壤、植被状况，其中以颜色、湿度、粗糙度等影响较大。另外，太阳光线入射角度和光谱成分发生变化时，反射率也发生改变。

(1) *颜色对反射率的影响*

颜色不同的各种下垫面，对于太阳辐射可见光部分有选择反射的作用。在可见光谱区，各种颜色表面的最强反射光谱带，就是它本身颜色的波长。白色表面具有最强的反射能力，黑色表面的反射能力较小，绿色植物对黄绿光的反射率大。表 2-10 为各种下垫面的反射率。由表可以看出，颜色不同，反射率有很大的差异，白沙的反射率可高达40%，而黑钙土的反射率只有 5% ~12%。

表 2-10 各种自然表面对太阳辐射的反射率 %

地面性质	反射率	地面性质	反射率	地面性质	反射率	太阳高度角	水面反射率
白沙	34 ~ 40	闲置耕地	12 ~ 20	针叶林	10 ~ 15	90°	3.0
灰沙	18 ~ 30	绿草地	26	美国赤松林	10	50°	2.5
黄土	27	干草地	29	混交阔叶林	18	30°	6.0
干黑钙土	12	小麦地	10 ~ 20	阔叶林	15 ~ 20	20°	13.4
湿黑钙土	5 ~ 8	棉花	20	热带雨林	15	10°	34.8
新雪	80 ~ 95	烟草	25	桉树	20	5°	58.4
陈雪	55	马铃薯	19 ~ 27	岩石	5 ~ 20	1°	89.2

(2) *土壤湿度对反射率的影响*

土壤湿度的增加，可使地面反射率减小(表 2-10)。有试验指出，地面反射率与土壤湿度呈负指数关系(图 2-14)。

(3)粗糙度的影响

随着表面粗糙度的增加，反射率很快减小，在起伏不平的粗糙地表面，因对太阳辐射有多次反射，导致反射率变小，新耕地的反射率比未耕地要小。

(4)太阳高度角的影响

当太阳高度角比较小时，光线入射角大，无论何种表面，对于入射角大的光线的反射率也大。另外，当太阳高度较低时，太阳辐射光谱中长波部分所占比例较大，地表对于长波(红外)辐射的反射能力较强。随着太阳高度的增大，入射角减小，太阳辐射中短波部分的比例增大，反射率减小。一日中太阳高度角有规律的日变化，使地面反射率也有明显日变化，以中午前后较小，早、晚较大。

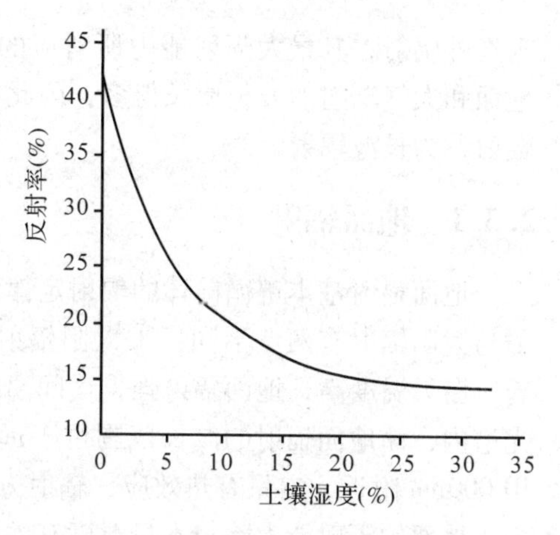

图 2-14 地面反射率与土壤湿度关系

(5)植被的反射率

植被反射率的大小与植被种类、生长发育状况、颜色和郁闭程度有关，植物颜色越深，其反射率越小，绿色植物在20%左右。农田的反射率，苗期与裸地相差不多；生长旺盛期反射率与植株高度、密度有关，多保持在20%左右；成熟期茎叶枯黄，反射率增大。森林的反射率还与叶片的大小有很大关系，针叶林反射率小，阔叶林反射率大。

水面的反射率一般比陆地要小，但在太阳高度角小于10°时，却往往大于陆地。波浪和太阳高度角对水面的反射率有很大的影响。平静水面上反射率随太阳高度角的变化见表2-10，当太阳高度角大于50°时，平静水面的反射率小于2.5%；高度角为30°时，反射率增至6%；高度角1°时反射率可达89.2%。新雪面的反射率可高达95%，故在茫茫雪原上行走感到光线非常刺眼，以致眼睛易患“雪盲”症。脏湿雪面的反射率只有20%~30%，冰面的反射率大致为30%~40%。

2.2.3.6 地面对太阳辐射的吸收

到达地面上的太阳总辐射被反射的越多，地表吸收的辐射越少，反之亦然。把到达地面的太阳直接辐射(S')、天空散射辐射(D)与地面的反射率(r)联系起来，则地面吸收的太阳辐射通量密度(Q_a)为：

$$Q_a = (1-r)Q = (S'+D)(1-r) \tag{2-28}$$

式中 r——地面反射率；

$S'+D$——到达地面的太阳总辐射通量密度。

2.3 地面和大气长波辐射

地球表面的平均温度为300K，对流层大气的平均温度约为250K，地面和大气各按照其本身的温度，昼夜不停地向外辐射能量，分别被称为地面辐射(ground radiation)和大气辐射(atmospheric radiation)。它们辐射能量的95%以上集中在3 000~120 000nm，为红外、远红外辐射，其最大辐射能力所对应的波长在10 000~15 000nm。与太阳辐射波长相比，地面和大气辐射的波长要长得多，因此常把太阳辐射称为短波辐射，而把地面辐射和大气辐射称为长波辐射。

2.3.1 地面辐射

地面辐射基本遵循前述的辐射定律，即地面温度越高，向外辐射的能力越强。地面辐射与太阳辐射有两点不同：①太阳辐射只是发生在白天，而地面辐射是昼夜不停地进行着，白天温度高，地面辐射强，夜间温度低，地面辐射弱；②太阳辐射的主要波长在可见光谱内，而地面辐射的波长范围位于远红外区的3 000~80 000nm，其最大能量的波长在10 000nm附近，它只有热效应，辐射方向是向上的。

地面的辐射能力除与本身温度有关以外，辐射能力还与下垫面的性质有关。若将地面视作黑体，其平均温度按300K算，根据斯蒂芬-波尔兹曼定律计算出地球表面的辐射通量密度为459 W/m^2。由于地球表面并非绝对黑体，在应用斯蒂芬-波尔兹曼定律确定地面的辐射能力时，须加以订正，于是有：

$$E_g = \delta_g \cdot \sigma \cdot T_g^4 \quad (2-29)$$

式中 E_g——地面温度为T_g时的辐射通量密度；

δ_g——地面相对辐射率(ground relative emissivity)，也称比辐射率；

σ——斯蒂芬波尔兹曼常数，其值为5.669×10^{-8}W/(m^2·k^4)。

相对辐射率是指某物体的辐射能力与在同一温度下的黑体辐射能力之比，在数值上等于吸收率。若地面温度在-40~+40℃范围内，地面辐射通量密度为150~500W/m^2。

下垫面性质不同，其向外辐射的能力亦不同，相对辐射率大致变化在0.84~0.99之间。表2-11为不同下垫面的相对辐射率，由表看出，新雪的相对辐射率最大，为0.995，故在红外波段，可把新雪面视为黑体。在一般情况下，地面的相对辐射率取0.90~0.95。

表2-11 不同下垫面的相对辐射率

下垫面	浅草	黄土	黑土	砂土	灰土	腐殖土	砂砾	新雪	海水	针叶林	麦地
δ_g	0.84	0.85	0.87	0.89	0.91	0.99	0.91	0.995	0.96	0.97	0.93

大气对于地面放出的长波辐射有很强的吸收作用，大气成分中水汽、液态水、二氧化碳及臭氧均可吸收地面长波辐射，其中水汽的吸收最强，范围最广。水汽在6 000nm附近和大于24 000nm波段的透过率很小，即吸收率接近于1。水滴对于长波辐射的吸收情况与水汽相仿，只是吸收能力更强些。二氧化碳有2个吸收带，分别位于4 300nm和13 000~17 000nm波段，其中第二个吸收带，位于地面辐射较强的波段，故这一吸收带对地面和大气的辐射热交换也有重要影响。水汽、液态水、二氧化碳及臭氧对地面辐射的大部分能量(约占90%)能强烈吸收，使地面辐射难以通过大气层射向太空。

大气对8 000~12 000nm波段的吸收率最小，也即透过率最大，而地面辐射在此波段的辐射能力最强，使这一波段的地面辐射可以直射到宇宙空间，故称为“大气之窗(atmospheric window)”。位于地球大气层以上的气象卫星，可以遥感大气窗波段内的地面辐射和云体辐射的强弱，从而推算出地面、云体的温度，获得红外云图。

大气主要靠水汽和液态水吸收地面长波辐射能，而水汽和液态水多集中于近地层，故地面长波辐射绝大部分在近地气层被吸收。据测定，地面长波辐射中能被大气吸收的那部分能量，几乎在贴近地面 40~50m 厚的气层中就能吸收殆尽。所以说地面辐射是低层大气能量的主要来源。

2.3.2 大气辐射

大气在吸收地面长波辐射的同时，本身也以长波辐射的形式向外放射能量，这种放射能量的方式称为大气辐射 E_a。

$$E_a = \delta_a \cdot \sigma \cdot T_a^4 \quad (2-30)$$

式中 T_a——大气温度；

δ_a——大气相对辐射率；

σ——斯蒂芬波尔兹曼常数，其值为 5.669×10^{-8} W/(m^2 · k^4)。

由于对流层大气的平均温度约为 250K，与地球表面的平均温度 300K 很接近，所以大气辐射的波长范围与地面辐射相仿，绝大部分能量集中在 4 000~120 000nm 范围内，其最大能量所对应的波长在 15 000nm 处。大气辐射也具有日变化，一般情况下，最低值出现在早晨与傍晚，最高值出现在 13：00~14：00。

大气辐射的方向是四面八方的，有向上的，也有向下的，我们把投向地面(即向下)的大气辐射称为大气逆辐射 E_a'(atmospheric counter radiation)。之所以称作"逆"辐射，是因为大气辐射的能量大部分原本是从地面获得的，投向地面的大气辐射是地面辐射被大气又逆向返回到地面的。通常，大气逆辐射值小于地面辐射值。大气辐射的强弱，除主要决定于大气的温度外，大气中水汽含量及云况等也有重要影响。

由于大气对太阳短波辐射吸收很少，易于让大量的太阳辐射透过而达到地面，同时大气又能强烈吸收地面长波辐射，使地面辐射不易逸出大气，大气还以逆辐射返回地面一部分能量，从而减少地面的失热，大气对地面的这种保暖作用，称为"大气保温效应"，习惯称"温室效应(greenhouse effect)"。据计算，如果地球没有大气，地面的平均温度将是 -23℃，实际上地面平均温度为 15℃，这说明由于大气的存在，使地面温度提高了 38℃。

2.3.3 地面有效辐射

地面辐射和大气逆辐射的方向互为相反，共同决定着地面长波辐射能量的得失结果。我们把地面辐射与地面吸收的大气逆辐射之差称为地面有效辐射(ground effective radiation)。由于地面的辐射波长与大气的辐射很接近，根据基尔霍夫定律得知，地面对大气逆辐射的吸收率很大，接近于 1，所以地面有效辐射的表达式为：

$$F = E_g - E_a' \quad (2-31)$$

式中 F——地面有效辐射(W/m^2)。

通常情况下，地面温度高于大气温度，地面有效辐射为正值，这意味着地面从大气逆辐射所获得的能量并不能完全补偿自身辐射所损失的能量，也可以说，通过长波辐射的放射和吸收，地面失去能量。只有当大气温度高于地面温度时，地面吸收的大气逆辐射值才有可能大于地面辐射值，地面有效辐射为负值，也即通过长波辐射的放射和吸收，地面从大气得到能量。只有当近地面气层有很强的逆温和空气湿度很大的情况下，地面有效辐射才可能为负值。一般情况下，地面有效辐射值变动在70~210 W/m^{2}之间。

晴天，地面有效辐射有明显的日变化，其最大值在午后出现，最小值在日出前后。云往往能破坏其变化规律。年变化以夏季最大，冬季最小。

地面有效辐射的强弱，受多种因子的影响。其主要因子有：

①地面温度、大气温度 地面温度高时，地面辐射增强，地面有效辐射增大；大气温度高时，增强了大气逆辐射，地面有效辐射变小。

②空气湿度 由于大气辐射实质上就是大气中水汽的辐射，因此当大气湿度增大时，地面有效辐射减小，反之，大气湿度减小，地面有效辐射增大。

③云况 云量多、云层厚，大气逆辐射增强，地面有效辐射减小，云层好像是地面的帐幕，能保护地面不因辐射而损失大量的能量，浓厚的低云，甚至可以使地面有效辐射为0。

④CO_2等温室气体 CO_2等温室气体在大气中的增多，可减少地面有效辐射，提高地面温度。据测算，大气中的CO_2浓度到2075年左右将达工业革命前的2倍。根据数值模式计算，全球因此将增温1.5~4.5℃，这可能导致一定的气候灾害。

⑤下垫面性质 土壤表面的性质对地面有效辐射有很大影响，平滑的土表比粗糙表面的地面有效辐射小，这是由于粗糙表面的辐射面积较大所致。潮湿土壤的表面比干燥土表的地面有效辐射大，因为潮湿土表的相对辐射率比干燥土表的大。

⑥夜风 夜间有微风时，能减小地面有效辐射。因为，夜间地面附近的温度是最低的，风能把近地面的冷空气带走，代之以温度较高的空气，地面能从较暖的空气中得到较多的大气逆辐射，使地面有效辐射减小。

⑦海拔高度 随着海拔高度的增加，大气中水汽含量减少，大气逆辐射变小，地面有效辐射增大。所以高海拔地区，夜间温度较低，昼夜温差较大。

夜间地面有效辐射的大小，可决定地温的高低和地温降低的快慢。地面有效辐射强，地面温度降低得剧烈，容易出现露、霜或形成雾，在早春和晚秋能导致霜冻，危害作物。

2.4 地面净辐射

太阳总辐射到达地面后，一部分被地面反射到天空，其余部分全部被地面吸收。地面不停向外放射辐射能量给大气，用以提高大气温度，同时大气也不停地放射辐射给地面，这就使地面既有辐射的收入，又有辐射的支出，形成了动态的辐射平衡。地面辐射能的总收入与总支出之差，被称为地面净辐射(surface net radiation)(又称地面辐射差额)。地面辐射能的收支可用地面辐射平衡方程表示。

$$R = (S' + D)(1 - r) - F \qquad (2-32)$$

式中 R——地面净辐射；

S'——太阳直接辐射；

D——太阳散射辐射；

$(S' + D)$——达到地面的太阳总辐射；

r——地面对总辐射的反射率；

F——地面有效辐射。

地面辐射能的收支，决定于地面的辐射差额。当 $R>0$ 时，即地面吸收的太阳总辐射大于地面的有效辐射，地面将有热量的积累；当 $R<0$ 时，地面因辐射而有热量的亏损，阴天时，直接辐射 S' 为 0，地面辐射平衡方程改写成：

$$R = D(1-r) - F \tag{2-33}$$

式(2-32)表明，地面净辐射受总辐射、地面有效辐射和地面反射辐射率等因子的影响，这些因子又受制于太阳高度角、季节、下垫面特性、大气成分以及天空云况等多因子的影响，使净辐射值在不同的地理环境、不同的气候条件下有所不同。

地面净辐射可以是瞬时值，如辐射通量密度；也可以是某个时段的总值，如日总量或月总量、季总量、年总量。

2.4.1 地面净辐射的日变化

在一天内，白天地面吸收的太阳辐射能大于支出的辐射能，即 $(S'+D)(1-r)>F$。所以 R 为正值，白天太阳短波辐射起主导作用，地面净辐射的日变化受太阳总辐射的影响最大，而太阳总辐射的日变化与太阳高度角的日变化是一致的，因此，地面净辐射的日变化也基本上由太阳高度角决定，一般正午时 R 达最大值。夜间，地面得不到太阳辐射，所以 $R=-F$，即夜间地面净辐射在数值上等于地面有效辐射。R 由正转变为负，或由负转变为正的时间分别出现在日落前和日出后当太阳高度角为 10°~15°时，与日出、日落时间相差 1~1.5h。无论在白天或夜间，有云时净辐射的绝对值减小，这是因为白天云使总辐射的减小值比地面有效辐射的减小值要大，故使 R 的正值减小。夜间云使大气逆辐射增大，有效辐射值变小，则地面净辐射的绝对值也变小(图 2-15)。总之，云可使地面净辐射日变化振幅大大减小。

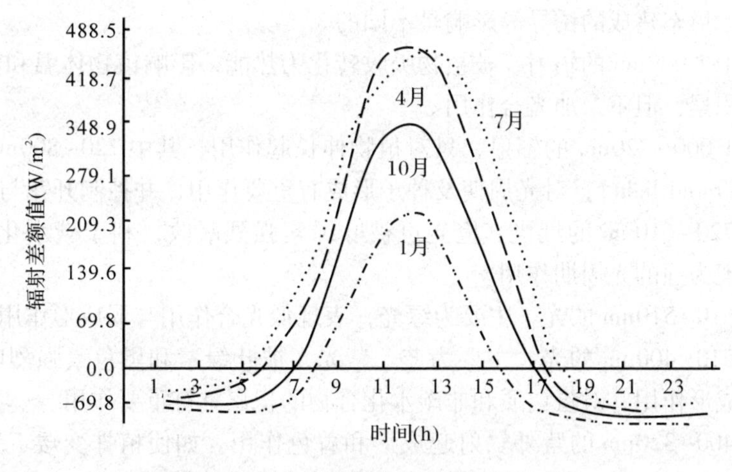

图 2-15 北京不同月份辐射差额的日变化

2.4.2 地面净辐射的年变化

在一年中，净辐射夏季为正值，冬季为负值，最大值出现在 6 月，最小值出现在 12

月，与正午太阳高度角的年变化一致。正负值转换的月份因纬度而不同，纬度越低，净辐射维持正值时间越长，高纬度则短。我国大致在 39°N 以南的地区，各月净辐射值都为正值；39°N 以北的地区，冬季的某些月份净辐射为负值，而且纬度越高，负值时间越长(图 2-16)。

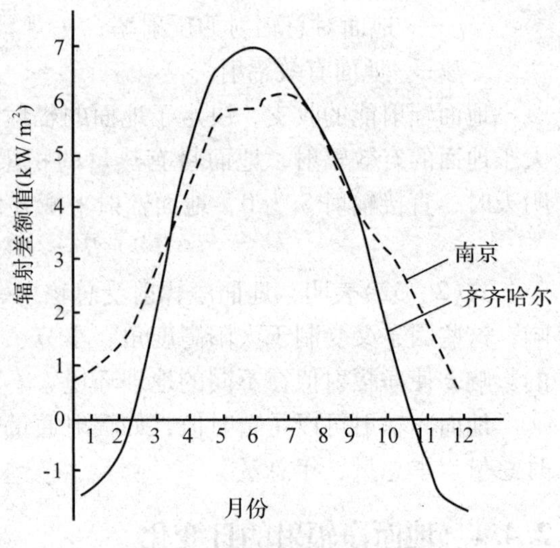

图 2-16 辐射差额的年变化

就全年而言，如果把地面和对流层大气看成是一个整体来研究此系统的辐射差额，能更清楚地看出年净辐射总量随纬度分布的情况。在这个系统中，收入部分是地面和大气所吸收的太阳辐射，而支出部分则是辐射到宇宙空间的地面和大气长波辐射。地—气系统的年净辐射总量在纬度 35°~ 40° 处是一转折点，在 35°S~40°N 间地—气系统年净辐射总量为正，在此范围以外的中、高纬度地区为负值。这种能量收支上的不平衡，势必引起高、低纬度之间全球规模的水平能量交换，使能量收支趋于平衡。这种热量的输送和交换主要由大气环流和洋流来完成。

2.5 太阳辐射与植物

2.5.1 不同光谱成分对植物的影响

植物的生长发育是在日光的全光谱下进行的，不同光谱成分对植物的光合作用、色素形成、向光性、形态建成的诱导等影响是不同的。

①波长大于 1 000nm 的辐射，被植物吸收转化为热能，影响植物体温和蒸腾情况，可促进干物质的积累，但不参加光合作用。

②波长为 1 000~ 720nm 的辐射，只对植物伸长起作用，其中 720~ 800nm 的辐射称近红外光(near-infrared light)，对光周期及种子形成有重要作用，并控制开花与果实的颜色。

③波长为 720~ 610nm 的红光、橙光可被叶绿素强烈吸收，利于碳水化合物的积累，某种情况下表现为强的光周期作用。

④波长为 610~ 510nm 的光，主要为绿光，表现低光合作用与弱成形作用。

⑤波长为 510~ 400nm 的光，主要为蓝、紫光，被叶绿素和黑色素强烈吸收，表现强的光合作用与成形作用，对蛋白质和非碳水化合物的积累具有重要作用。

⑥波长为 400~ 320nm 的紫外辐射起成形和着色作用。如使植株变矮、颜色变深、叶片变厚等。

⑦波长为 320~ 280nm 的紫外线对大多数植物有害。

⑧波长小于 280nm 的远紫外辐射可立即杀死植物。

根据不同光谱成分对植物生长的影响，可人工改变光质以改善作物的生长。通过有色薄膜改变光质以影响作物、蔬菜的生长，一般都能起到增加产量、改善品质的效果。据文献报道，浅蓝色薄膜育秧，秧苗及根系都较粗壮，分蘖早而多，叶色深绿；紫色薄膜对茄子有增产作用；蓝色薄膜对产量有提高，但对洋葱生长不利。紫外线对茶树、纤维植物、生姜、芹菜、雪茄烟等的品质有负面作用。不同波长对植物生理和形态所起的作用如何，是一个值得进一步研究的问题。

2.5.2　光合有效辐射

太阳辐射中能被植物叶绿素吸收用来进行光合作用的那部分辐射称为光合有效辐射(*PAR*)。光合有效辐射是计算作物光合生产潜力的重要依据，对于确定光合作用和产量形成的辐射能利用系数，拟定最适作物群体结构等方面具有重要意义。光合有效辐射的波长范围与可见光接近，不同研究者取值范围略有差异。苏联和东欧国家将380~710nm波段的太阳辐射作为光合有效辐射，也称生理辐射，严格来讲生理辐射的范围比光合有效辐射略宽一些；美国和西欧国家则采用400~700nm波段。从能量所占的比例来看，光合有效辐射占太阳直接辐射的40%~45%，占散射辐射的60%左右。由于光合有效辐射的观测资料相对较少，一般采用经验公式计算。苏联学者提出当$h>20°$计算光合有效辐射的经验公式为：

$$PAR = 0.43S' + 0.57D \tag{2-34}$$

式中　*PAR*——达到地面的光合有效辐射日总量或月总量；

　　S'，D——水平面上太阳直接辐射和散射辐射的日总量或月总量。

在农业气候分析中，为方便起见，常根据太阳总辐射(Q)资料近似计算光合有效辐射总量，我国多采取$PAR=0.45Q\sim0.49Q$，苏联取$PAR=0.50Q\sim0.52Q$，这可能与苏联纬度较高，散射辐射在总辐射中所占比例较大有关。

2.5.3　光照时间对植物的影响

2.5.3.1　植物的光周期

光照和黑暗的交替，作为一个周期信息被植物接受，诱导一系列的发育进程，如昼夜长短对植物开花、结实、落叶、休眠以及地下块根、块茎等器官的形成有明显影响，植物对昼夜长短的这些反应统称为光周期(photoperiod)。在自然条件下，光周期诱导所要求的光照强度是很弱的，远远低于光合作用所需的光强度，一般在50~100 lx。有些植物甚至更低，例如水稻在夜间补充光照时，光强只需8~10 lx，就能明显地刺激光周期反应。说明植物光周期反应对光是极敏感的，所以植物感应的昼长是光照时间。但由于可照时间在不同纬度的地区可以准确的计算出来，所以，在讨论光照时间与植物关系时，往往用可照时间代替光照时间。

起源于不同纬度的植物，由于长期生存于不同昼长条件下，形成了各自对昼长有特殊要求的生态特性。例如一些起源于高纬度地区的植物，常在春季转暖之后，日照由短变长的条件下开花结实，成花要求长日照；低纬度起源的一些植物，具有短日性植物特性，在日长逐渐变短的秋天开花，有利于充分利用低纬度较长的温暖时期。根据光照长短与开花的关系可将植物分为三类：

①长日性植物或长日照植物(long-dayplant, LDP) 只有在光照时间长于某一时数才能开花，如果减少光照时数，就不开花结实。长日性植物大多为原产于高纬度的植物，如小麦、大麦、燕麦、亚麻、油菜、白菜、菠菜、甜菜、洋葱、蒜、萝卜、豌豆等。

②短日性植物或短日照植物(short-dayplant, SDP) 只有在光照时间短于某一时数才开花，如果延长光照时数，就不开花结实。短日性植物大多为原产于低纬度的植物，如水稻、大豆、高粱、玉米、谷子、棉花、向日葵、芝麻、烟草、甘薯等。

③中间性植物(day-neutralplant, DNP) 这类植物开花不受光照时间长短的影响，在长短不同的任何光照下都能正常开花结实。如向日葵、月季、蒲公英、番茄、黄瓜、辣椒、茄子、四季豆等。这些植物原本属短日性或长日性植物，在长期的人工选育和引种驯化等过程中，使它们逐渐对日照时间的长短反应不敏感。

植物分为长日性或短日性，需要有一个客观的光照时数标准，长日性植物开花时要求光长不能短于这个界限长度。短日性植物开花时要求不能长于这个界限长度。将植物能够通过光周期而开花的最长或最短光照长度的临界值，称为临界日长(critical day length)。对于短日性植物是指所需光照长度的上限，对于长日性植物是指所需光照长度的下限。一般认为，临界日长为每日12~14h光照，表2-12给出了几种植物的临界日长，从中可以看出植物的临界日长差异较大，长日照植物的临界日长一般较短，短日照植物的临界日长相对较长。

表2-12 几种植物的临界日长

长日照植物	临界日长(h)	短日照植物	临界日长(h)
菠菜	13	苍耳	15.5
天仙子	11.5	烟草	14
大麦	10~14	大豆(早熟种)	17
小麦	12	大豆(中熟种)	15
甜菜(1年生)	13~14	大豆(晚熟种)	13~14
白芥菜	14	水稻	12~15
燕麦	9	菊花	15

光周期也是某些落叶树种和滞育型昆虫适应即将来临的不利环境而进行落叶、休眠的信息。在中高纬度地区，冬季来临时，日照缩短作为一个信息，诱导树体内进行糖分积累等一系列生理变化，为冬季休眠做准备。落叶也是在短日照诱导下完成的。大多数滞育型昆虫适宜在长日照下生长和发育，在短日照下滞育。

了解植物的光周期现象对植物的引种驯化工作非常重要，引种前必须注意植物开花对光周期的需要。在园艺工作中也常利用光周期现象人为控制开花，以便满足观赏需要。

2.5.3.2 光照时间与植物引种

优良品种的引种是农业生产常用的措施之一。在植物引种中考虑各地气象条件的依据主要是农业气候相似原理，就是要求把植物引种到气候条件与原产地相似的地区或条件下栽培，比较容易成功。由于不同纬度与季节的光照时间不同，原产于不同地区的植物与品种具有不同的光周期性与感光性。所以在不同地区间引种，要注意引入植物品种对光照长度的要求是否与当地生长期的光照长度相适应。因此，植物引种时应注意以下几方面问题。

①纬度相近的地区，因光照时间相近，引种成功的可能性大。

②对短日照植物而言，北方品种引种到南方时，开花期会提前，南方品种引种到北方时，开花期将延迟，因为短日照植物一般在秋季开花，秋季是日长逐渐变短的季节，而且南方地区日长变短的早，比北方较早地达到了植物的临界日长，所以在南方种植时开花会提前，在北方种植时开花会延迟。图 2-17 用 50°N 的日长变化曲线代表北方日长变化规律，用 20°N 的日长变化曲线代表南方日长变化规律，假设某短日照植物的临界日长为 13h，则该植物在北方的开花日期在 *D* 点，在南方开花的日期在 *C* 点，可见该植物北种南引时，开花提前，南种北引时开花推迟。

引种时要注意，北引时如果开花过于推迟，严重的甚至不能抽穗开花结实，将影响产量，所以宜引用较早熟的品种或感光性弱的品种；南引时如果开花过于提前，将过多地影响营养体的生长，降低植物产量，因此宜选用晚熟品种或感光性较弱的品种。如 20 世纪 50 年代，湘、鄂两省从东北引入“青森 5 号”粳稻，因发育速度过快，抽穗开花过早，生育期明显缩短，因植株矮小而减产惨重。

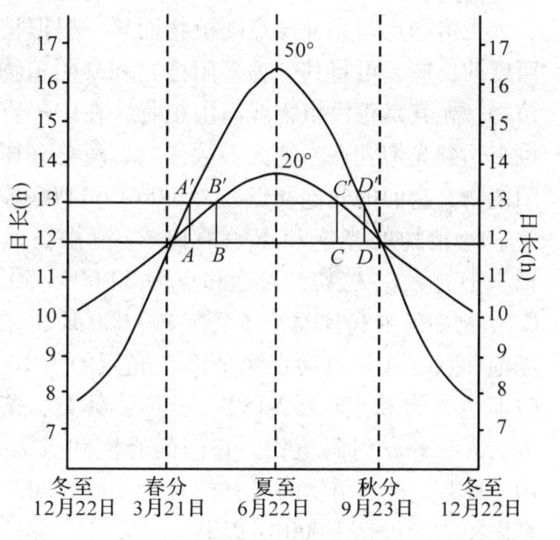

图 2-17 引种与日长关系分析

③对长日照植物而言，北方品种引种到南方时，开花期会推迟，南方品种引种到北方时，开花期将提前。因为长日照植物在春季开花，春季是日长逐渐变长的季节，而且南方地区日长变长的慢，比北方较晚达到植物的临界日长，所以在南方种植时开花会推迟，在北方种植时开花会提前（图 2-17 中 *A* 和 *B* 点）。

对于一些孕蕾时间在冬半年的植物（如梅花等），因冬半年的日照时间是越往北越短，引种的注意事项也就与一般情况相反了。

从实际情况看，长日照植物的引种比短日照植物遇到的困难少。因为如不考虑地势影响，我国一般南方比北方温度高，长日照植物由北向南引，温度高使之加快发育，光照短使之延迟发育，光、温对发育速度的影响有“互相抵偿”的作用，南种北引类似。反之，短日照植物的南北引种，光、温对发育速度的影响有“互相叠加”的作用，因而增加了南北引种的困难。

2.5.4　光照强度对植物的影响

2.5.4.1　光强与光合作用

绿色植物的光合作用是在一定的光照条件下进行的。在一定的光照强度范围内，光照度增加，光合强度也增加，但光照度达到一定程度时，光合强度不再随光照度的增大而增强，这个光的临界点称为光饱和点(light saturation point)。叶片只有处于光饱和点的光照下，才能发挥其最大的制造与积累干物质的能力。在光饱和点以上的光强不再对光合作用起作用。当光照度降低时，光合强度也随之降低，植物的光合强度和呼吸强度达到相等的光强值称为光补偿点(light compensation point)。在这一光强下光合作用制造的有机物质与呼吸作用消耗的物质相等。在光补偿点以下，植物的呼吸作用超过光合作用，将消耗贮存的有机物质。如长期在光补偿点以下，植物将逐渐枯黄以至死亡。

光饱和点与光补偿点随植物而异，根据植物对光照度的反应，可将其分为喜阳植物和喜阴植物。喜阳植物，尤其是荒漠植物或高山植物，在中午直射光下也未达到光饱和点。绝大多数作物、蔬菜和树种属喜阳植物，它们的光饱和点在25 000~ 60 000 lx或更高些，C_4植物的光饱和点一般比C_3植物高，对于水稻、小麦等C_3植物，光饱和点为30 000~50 000 lx，C_4植物如玉米和甘蔗，甚至在100 000 lx也未能达到光饱和点，喜阴植物在海平面全光照的1/10或更低时即达光饱和点(图2-18)。云杉、蕨类、茶树、生姜、人参等属耐阴植物，它们的光饱和点为5 000~10 000 lx，喜阴植物的光补偿点为200~1 000 lx，而喜阳植物的可达1 000 lx以上。

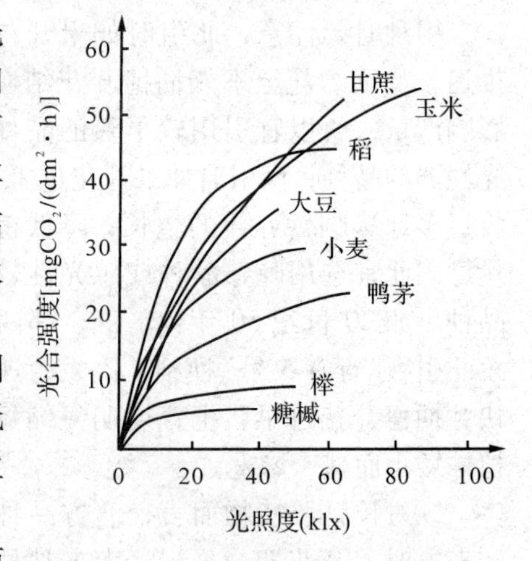

图2-18　各种植物的光合作用曲线(CO_2浓度0.03%)

在自然光照条件下，植物单叶的光饱和点是容易得到的，而群体的光饱和点因过高而有时消失。例如，水稻田初期的光饱和点为30 000 lx，分蘖盛期升至60 000 lx，而在孕穗期光饱和点消失。

植物群体的光饱和点和光补偿点均较单叶高。如小麦单叶光饱和点为20 000~30 000 lx，而群体在100 000 lx下尚未达到饱和。这是因为当光强时，群体上层叶片已饱和，但下层叶片的光合强度仍随光强的增加而增强，群体的总光合强度还在上升。同样，群体内叶片多，相互遮阴，当光照减弱，上层叶片达到光补偿点时，下层叶片光强低于光补偿点，所以光合作用小于呼吸作用。整个群体的光补偿点较高。

2.5.4.2　光照强度与植物发育

强光有利于植物生殖器官的发育，相对的弱光照有利于营养生长。因此，多云的天气条件，对以营养器官为收获对象的植物有利；晴朗的天气条件，对以果实或籽粒为收获物的植物有利。遮光实验证明，在强光下，小麦可分化更多的小花；在弱光下，小花分化减少。强光还有利于黄瓜雌花增加，雄花减少。而弱光则使棉花营养体徒长，落铃严重；果树已形成的花芽可能退化，开花期和幼果期遇到长期光照不足会导致果实发育停滞甚至落果。

植物品质与光照强度关系密切。资料表明，当光照充足时，小麦蛋白质含量、马铃薯淀粉含量、瓜果果实和甜菜块根糖分含量均有不同程度的提高。

2.5.5 光能利用率及其提高途径

2.5.5.1 光能利用率

单位土地面积上作物收获物中所贮存的能量与同期投射到该单位面积的太阳辐射能或光合有效辐射能之比，即：

$$E_u = \frac{\Delta W \cdot H}{\sum Q} \tag{2-35}$$

式中 E_u——光能利用率；

H——单位干物质燃烧时释放的能量，也称折能系数（表 2-13），一般采用 17.79MJ/kg；

ΔW——测定期间单位土地面积上干物质的增量(可以是包括根、茎、叶、花、果实在内的生物学产量，也可以是只具有经济价值的果实、籽粒、块根、块茎等经济学产量)；

$\sum Q$——同期的总辐射或光合有效辐射总量，严格来讲，用前者计算的应称太阳能利用率，用后者计算的才叫光能利用率(utilization ratio of sunlight energy)。

表 2-13 几种农作物产品的折能系数 MJ/kg

作物	大麦	小麦	玉米	青饲玉米	油菜	棉花	单季晚稻	紫云英
籽粒	16.7	16.9	19.3	—	25.9	22.4	17.7	19.6
茎叶	14.5	16.3	16.6	17.7	14.4	17.6	15.2	16.2
根花	13.3	13.2	14.3	16.9	14.4	17.3	11.8	12.1

植物在光合作用过程中，每同化 1mol 分子的 CO_2 必须消耗 2 093.4kJ 的太阳能，但在植物体内仅固定 468.9kJ，因而，光合的能量效率为 22.4%。由于呼吸作用和其他损失的光合产物约占总形成产物的 30%，再考虑农田反射、株间漏光和生育后期叶功能衰退等原因，光能利用率的理论上限一般只有 6%～8%。即便如此，实际的光能利用率与这一理论值也相差甚远。平均而言，植物经济产量的光能利用率在 0.5%～1.0% 之间，高产田的光能利用率仅能达到 2.0% 左右，这表明，提高光能利用率是增加单产的重要途径。据计算，如果光能利用率达到 5.1% 的话，则全国粮食平均单产将达到 18 750kg/hm^2 以上。

目前生产上光能利用率比较低的主要因素有：

①作物生长初期植株矮小，叶面积小，地面覆盖率低，太阳辐射大部分漏射到地面而损失。

②外界环境限制了作物光合能力的提高。农田中 CO_2 供应不足，作物生长初期和后期温度低，水分供应亏缺或过剩，养分供应不足等不利环境因子，可以限制光能利用。

③作物群体结构不合理导致群体内光分布不合理，限制了群体光合强度的提高。叶面

积指数太大时，群体多数下层叶片得不到足够光照，光合积累少，呼吸消耗多；叶面积指数太小时，使群体漏光严重，同时叶片上光强超过饱和点，光能被浪费掉。单纯的光分布不合理可使上层叶片的光强超过饱和点而浪费，下层叶片的光强又严重不足。

④作物遗传特性限制光合能力。小麦、水稻、大豆等 C_3 作物的光合效率通常比玉米、高粱等 C_4 作物低，尤其在高温、强光和干旱的条件下，这一特性表现得尤为明显。此外，直立叶型的矮秆品种、抗逆性强的品种的光能利用率比散叶性、抗逆性弱的品种高。

⑤农业气象灾害和病虫等可导致作物减产而限制光能利用率。

2.5.5.2　提高光能利用率的途径

提高光能利用率可以通过改善栽培措施和培育新品种来实现。常用的途径如下：

(1)充分利用生长季

采取间作套种和轮作制度，合理安排茬口，改善农田群体结构，使田间植物保持有旺盛的群体，提高群体的光能利用率。

(2)选育高光效的作物品种

通过生物和遗传工程等先进手段，选育光合作用强、呼吸消耗低、叶面积适当、株型和叶型合理的品种。

(3)采取合理的栽培技术措施

在不倒伏和不妨碍通风透光的前提下，扩大群体的叶面积指数，并维持较长的功能期，使之有利于植物光合产物的积累和运输。

(4)提高叶片的光合效率

如抑制光呼吸作用、补施 CO_2肥料、人工调节光照时间等，均可增加光合能力，提高光合效率。温室和塑料棚内采用 CO_2气体施肥，能明显地提高光能利用率和植物产量。

(5)加强田间管理

改善植物群体的生态环境，包括水肥管理、及时除草、及时消灭病虫害、有效防御各种农业气象灾害等具体措施，都可以增加产量，提高光能利用率。

2.6　太阳辐射在农林业生产中应用的案例分析

万物生长靠太阳。光作为植物生长的重要气象要素，在农林业生产和研究中被广泛关注。太阳辐射光谱和光强影响着植物的生长、发育、育种、光周期、光合速率和产量等各方面，同时太阳辐射光在植物群体内的分布也受植物状况的很大影响。在农林业生产研究中有关光应用的案例很多，本节选取近十几年来在农林业研究中的 2 个方面加以介绍和分析。

2.6.1　植被下光改变与植物生长应用分析

(1)植物的保育效应

保育(或助长)效应(nursing effect)，是指一种植物的存在有利于其他植物存活、生长和种群繁盛的效应，也称为植物间的正相互作用。先存在的植物被称为保育植物(nurse plant)，依靠先存在的植物存活和生长的植物被称为目标植物(targit plant)。生态学家过去把竞争作为群落演替过程中的关键因素，最近的调查研究揭示了植物群落间有保育效应，竞争与保育在植物种群中共存，在自然界中广泛存在(Cheng *et al*, 2006)。

保育效应在冠层中和土壤中都有作用。保育效应在冠层中的作用包括两个方面，微气候改善和防食草动物。微气候改善主要指，保育植物的遮阴作用降低了太阳辐射和气温，保护目标植物免受强辐射和高温影响，同时也使目标植物的蒸散量减少(Maestre *et al*, 2003)，避免强光损坏光合反应中心并产生氧化损伤。保育效应在土壤中的作用，主要是通过降低太阳辐射而降低了土温和减少土壤蒸发，同时较高的土壤有机质含量还改善了土壤持水能力，引起土壤湿度增加和凋落物分解加速，提高土壤水分和养分(Rebollo *et al*, 2002)。保育植物对种子萌发和幼苗生长的影响最大(Dickie *et al*, 2005)，突出表现在增加目标植物存活率上(Padilla, 2006)。Raf(2006)研究得出：灌木保育可使目标植物成活率提高2倍以上。目标植物距离保育植物的远近也是一个重要因子，强光、高温和干旱等恶劣环境的改善是从保育植物林冠中心向外逐渐减少的。

根据不同生育期助长和竞争的平衡点的不同，目标植物的年龄和大小也要予以考虑。目标植物较小时，保育植物有较强的保育效应，而当目标植物年龄较大或个体较大时，竞争则起主导作用。当保育植物与目标植物的年龄和大小相似时，竞争的负效应开始加强(Armas, 2005)。如果负效应占主导地位，当植物距离较近时，直接竞争有限资源，如光、水、营养和空间。随时间和地点变化，这两种效应会同时发生和变化，这是正负效应平衡的结果(Armas, 2005)。

强光、高温和干旱等恶劣环境下，保育植物的正效应显著增加(Callaway, 2002)。Castro 等(2002)最先将自然的保育植物——本地灌木，应用在西班牙东南部生态恢复中，发现本地灌木不但不限制两种松树种的生长，而且减少其死亡率。

总之：①保育植物的保育效应在退化生态系统生态恢复或群落演替的早期表现更强。②在生态恢复或演替早期保育现象主要是草被保育灌木和灌木保育树木。③保育现象通常发生在本地种之间。④外来豆科种 *Acacia auriculaeformis* 和 *Acacia mangium*，是较好的保育种，可增加土壤氮环境，同时也可给目标植物——树或灌木遮阴。⑤保育植物比目标植物有更好的特性，如喜光、速生、耐瘠薄和干旱等。⑥目标植物早期一般个体比保育植物矮小。(任海, 2007)

(2)植物保育研究展望和启示

尽管目前国内外有关保育效应方面的研究取得了一定的进展，但很多研究工作还处于起步阶段，今后应加强以下几个方面的研究：

①多数研究者集中在目标植物的存活上，对种子萌发、幼苗生长和健康的研究还较少。

②多数研究停留在描述保育现象上，少有针对生态生理和形态学方面的结构和功能机制方面的研究，如保育植物的保育范围的大小、保育下的光强、光谱变化的量、保育下的温度变化、蒸发量的变化的多少、各种因素影响力的大小等。

③大多数研究的目标是阐明具有明显斑块特点的生态系统，如稀疏草原和干旱地区的植物助长现象，只有少数研究先锋灌丛对树木幼苗存活和生长的影响。

(3)森林中的光分布特征应用研究

森林中的光分布特征受很多因素的影响，如林木因素、地理因素、气候因素等。研究森林中各波段光的能量分布和变化特征，对林下植物的生长发育、生态演替、全球气候变化模式研究和卫星遥感预测等都十分重要。

森林中的光分布特征包括林冠对太阳辐射的反射状况，林冠吸收、透射，光谱成分的改变，林内光的强度等方面。一般来说，林冠对太阳辐射有反射、吸收和透射，因此森林中的太阳辐射被减弱，减弱的量随冠层的郁闭度等林木因素增加而增加，林下的阴影和光带处的辐射差别也较大。由于林冠对太阳辐射的选择性吸收，森林中的光谱发生了改变。

金昌杰等(2000)对长白山平均高约26m、郁闭度约为0.8、林分为复层结构的阔叶红松林[主乔为红松(*Pinus koriaensis*)、椴树(*Tilia amurensis*)、蒙古栎(*Quercus mongolica*)、水曲柳(*Fraxinus mandshurica*)、色木(*Acer momo*)]内进行了观察研究，结论见表2-14。结果表明，林冠层的总反射率为14.7%，林冠吸收77.4%，透射7.9%。林冠分光谱特点是，紫外辐射被林冠吸收93.9%，有少量反射；可见光被林冠吸收94.1%，有少量反射和透过；林冠对红外辐射的吸收较大(59.2%)，有一定的反射(26.3%)，透过较少(14.4%)。

表2-14 阔叶红松林太阳辐射状况及光谱组成 %

项目	总辐射	紫外辐射	可见光	红外辐射
林冠上太阳辐射	100	6.6(100)	45.5(100)	47.9(100)
反射率	14.7	0.4(6.1)	1.7(3.7)	12.6(26.3)
吸收率	77.4	6.2(93.9)	42.8(94.1)	28.4(59.2)
透射率	7.9	0.0	1.0(2.2)	6.9(14.4)

注：括号中数据为分光谱辐射占该项辐射的百分数。

王旭等(2007)对广东省肇庆地区境内的鼎湖山自然保护区(23°10 N，112°34 E)针阔混交林进行了林内光合有效辐射(*PAR*)研究，该区主要为丘陵和低山，属南亚热带季风湿润型气候。优势树种为马尾松(*Pinus massoniana*)、山钓樟(*Lindera metcalfiana*)、锥栗(*Castanopsis chinensis*)和黄果厚壳桂(*Cryptocarya concinna*)，均为常绿树种。群落总叶面积指数(*leaf area index*)变动范围为3.73~4.17，年平均值为4.0。乔木层分为3个亚层，其中第1亚层不连续，高度为20~22m，第2亚层高度为14~17m，第3亚层高度为4~9m，由小乔木组成，其下是灌木和草本层，是目前保存得最为典型、完整的南亚热带针阔混交林生态系统。得出林内全年总PAR_1(测点高度36m)、PAR_2(21m)、PAR_3(9 m)、PAR_4(4m)分别为1842.27、1374.37、471.38和288.39MJ/m^2，分别占林冠上的太阳辐射(年总量4597.50 MJ/m^2)的40.07%、29.89%、10.25%和6.27%。

刘建栋等(1997)对人工林林下阴影处、光带处和光斑分波段光能分布特征进行了研究。实验在安徽省安庆市怀宁县南埂村(117 °E，33°N)的"兴林灭螺"实验林场，位于长江外滩。实验区的人工林为1989年栽种的意杨(*Populus nigra* L. var *italica* Dur)林，株行距为3m×10m，呈东北—西南走向，林内间作油菜。实验结果见表2-15。结果表明：中午，在林内的阴影处和光带处，油菜上方总辐射光谱成分有很大差异，光带处总辐射中光合有效辐射可达48.3%，比阴影处高7%左右。阴影处红橙光比例明显比光带处低，红外和紫外辐射所占比例比光带处高。在林内的光带处，反射辐射中光合有效辐射可以达到 10.3%，比阴影处高 2.4% 左右；透射辐射中光合有效辐射为 23.9%，比阴影处低 7% 左右；吸收辐射中，光合有效辐射可达 80.9%，比阴影处高 11.6%。

表 2-15 晴天中午光谱特征分析(观测时间：1993 年 5 月 7 日) %

项目		紫外线 300~400nm	蓝紫光 400~510nm	绿光 510~610nm	红橙光 610~720 nm	红外线 720~1100nm	光合有效辐射 400~700nm
油菜上方总辐射	阴影	1.5	12.5	19.3	12.3	54.4	41.7
	光带	1.2	14.3	13.4	18.7	47.4	48.3
油菜上方反射辐射	阴影	1.6	1.7	4.1	3.7	88.9	7.9
	光带	3.6	4.5	1.5	6.0	84.4	10.3
油菜基部透射辐射	阴影	0.8	6.7	16.9	9.7	65.9	31.2
	光带	0.7	6.8	9.9	9.4	73.2	23.9
油菜吸收辐射	阴影	2.9	23.1	30.1	19.7	24.2	69.3
	光带	2.2	24.5	29.9	30.8	12.6	80.9

一天中油菜上方阴影处辐射各光谱能量占总辐射的比例随时间的变化如表 2-16 所示：其中紫外线百分比变动范围在 1.5%~6.2%，早晚较大，其他时间较小；蓝紫光变动在 12.5%~24.0%，变化基本趋势与紫外线相同；绿光的变化范围是 18.0%~21.6%，相对来讲变幅较小；红橙光变动在 11.4%~18.3% 之间，中午值较小，傍晚值最大；红外线早、晚值较小，中午最大，变幅也最大；光合有效辐射早、晚较大，中午前后较小，变动范围为 41.7%~56.1%。

表 2-16 晴天状况下阴影处光谱成分分析(1993 年 4 月 8 日 ~5 月 23 日晴天平均) %

时间(时：分)	紫外线	蓝紫光	绿光	红橙光	红外线	光合有效辐射
5：00	6.2	24.0	18.0	17.1	34.7	56.1
9：50	2.0	17.3	21.6	14.6	44.5	51.0
11：40	1.5	12.5	19.3	12.3	54.4	41.7
13：50	1.5	14.4	21.3	11.4	51.3	45.0
18：00	5.5	21.5	18.9	18.3	36.0	55.6

不同植物的反射特征不同，同一植物不同生育期反射特征也不同，同一植物同一生育期不同光谱波段的反射也不同，卫星遥感正是以此为基础，对地面上的作物生长发育和产量状况进行监测研究的。对油菜花期、荚期以及杨树苗(油菜荚期时)反射率的测定结果如图 2-19 所示，由图看出：油菜花期、荚期反射率随波长变化曲线差异很大，720nm 附近为一转折点。对 <720nm 的波段，花期反射率比荚期反射率大一些，但对 720~1 100nm 的红外波段，荚期反射率剧增，比花期反射率要高得多，这表明荚期油菜对红外线有很强的反射能力。值得注意的是：杨树苗反射率随波长变化曲线正好夹在前两者曲线之间，在 300~720nm 强于荚期油菜反射率而弱于花期油菜反射率，而 720~1 100nm 则正好相反。

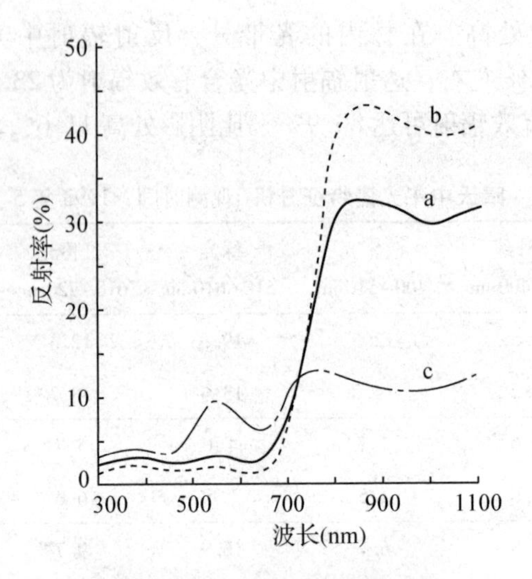

图 2-19　反射率随波长变化曲线

（1993 年 4 月 8 日 ~5 月 20 日观测，晴天）

（a. 油菜荚期杨树苗反射率；b. 油菜荚期反射率；c. 油菜花期反射率）

2.6.2　紫外线 UV－B 辐射对植物的影响应用分析

大气污染物如硫化物、氮氧化物、氯化物、氯氟烃类的排放能破坏生物圈的保护层——臭氧层，使到达地表的具有生物学效应的紫外线辐射(280~320nm 被称为 UV－B)增强，大气中的臭氧量每减少 1%，地球表面的 UV－B 辐射强度就将增加 2%。增强的紫外辐射对人类、动物、植物、大气质量、生物地球化学循环和材料等生物过程和化学过程都产生影响。由于植物是生态系统的生产者，农作物是人类主要食物来源，人们首先关注农作物的生长及产量对紫外辐射增强的反应，之后对一些树木也进行了研究。迄今，科学家对 200 多种植物在过量紫外辐射试验后，发现有 2/3 以上的植物受到不同程度的伤害，紫外辐射强度增加能导致多种植物的生物学或经济学产量的减少。

(1) UV－B 辐射增强对植物形态的影响

在野外和人工生长室中的实验均表明，UV－B 辐射的增强使绝大多数植物表现出植株矮化，叶面积减小，叶片增厚，叶面积指数降低。宋玉芝等(1999)采用光谱为 280~400nm 的紫外辐射，分 2 个强度处理，弱处理(0.32 W/m^2)和强处理(0.61W/m^2)，分别相当于南京地区夏天日平均紫外辐射强度的 3.8% 和 6.9%，每日照射 8h(8：00~16：00)，研究了紫外辐射增强对棉花生长的影响。试验表明：在苗期，各种处理的株高差别不明显，从现蕾期(移栽后 60d)开始，紫外辐射对棉花的株高的抑制作用才开始明显。经强紫外辐射处理的棉花株高只有对照的 65%，而弱紫外辐射处理过的植株为对照的 79%，说明紫外辐射对植株的矮化作用随紫外辐射强度增强而加大。对棉花叶面积的影响表现在棉花长势变差，叶面积减小。强紫外辐射处理后的棉花叶面积下降了近 30%，弱紫外辐射处理后的棉花叶面积下降了近 20%。在花铃期(移栽后 90d)，纵向分层切割叶片结果可以看出，在上、中、下 3 个层次中，随着紫外辐射增强，棉花群体下层叶面积指数降低更多、更显著，表现为叶层分布重心向上偏移，下层叶片少而且早衰。这是由于下层叶片均为早生叶片，紫外线具有加速叶片衰老的特性，同时由于光合产物少，导致叶片早衰。

(2)UV－B 辐射增强对植物生长和光合的影响

植物生物量是衡量 UV－B 辐射增强对植物生长影响的一个很好的指标。UV－B 辐射增强能够降低植物的光合速率和生物产量。一般来说，在 UV－B 辐射增强下，植物如大豆、小麦和水稻等表现出生物量降低，同时伴随有叶绿素含量降低，胡萝卜素、花青素含量增加，抑制了植株叶片的光合速率。张文会等(2009)用紫外辐射(UV－B，波长 280~315nm)对在人工气候室内培养的大豆进行处理，出苗后每天照射 8h，照射强度为 0.15 W/m^2。分别对照射 20d、40d、60d 的大豆取样测定。结果表明：

①抑制了植株鲜重及干重　其变化趋势与对株高的抑制基本相同，处理 20d、40d 和 60d 的大豆鲜重及干重分别减少 17.8%、10.7%、25.5% 和 22.3%、20.9%、25.6%；UV－B 处理使叶片变小，处理 20d、40d、60d 的大豆叶面积分别比对照减小 15.2%、20.4% 和 41.6%。

②对色素含量的影响　使大豆植株叶绿素含量呈降低趋势，不利于叶片的光合作用。处理 20d、40d 和 60d 的大豆叶绿素含量分别比对照降低 3.2%、13.2% 和 29.4%；UV－B 辐射导致类胡萝卜素含量增加，处理 20d、40d 和 60d 的大豆类胡萝卜素含量分别比对照增强 8.2%、17.9% 和 11.5%；UV－B 辐射使花青素增加，处理 20d、40d 和 60d 的大豆花青素含量分别比对照增加 9.3%、20.7% 和 6.1%。类胡萝卜素作为光合作用的辅助色素将所吸收的光能传递给叶绿素，用于推动光化学过程。类胡萝卜素除了有吸收传递光能的作用外，还可逸散能量，具有使叶绿素免遭伤害的光保护作用。因此，类胡萝卜素含量的增加可以减少 UV－B 对叶绿素的伤害，进而使植株的光合作用受到较少的伤害。花青素又称“花色素”，属于黄酮类化合物。花青素在植物中常以糖苷形式存在，称作花青素苷或花色素苷。花青素能够吸收 UV－B，对叶肉细胞内的生物大分子具有保护作用，作为一种保护机制，当植物受到 UV－B 胁迫时会诱导合成花青素，以减轻 UV－B 对植物体的伤害。类胡萝卜素和花青素的增加是植物受 UV－B 胁迫的另一个信号。

③对光合作用相关指标的影响　UV－B 辐射降低了叶片的可溶性蛋白质含量，处理 20d、40d 和 60d 的大豆叶片可溶性蛋白质含量分别比对照降低 25.3%、45.2% 和 19.5%。叶片可溶性蛋白质含量降低不利于光合作用的炭同化。Fv/Fm(叶片的荧光参数)是暗适应下 PSⅡ(光合作用的光系Ⅱ)反应中心完全开放时的最大光化学效率，反映 PSⅡ反应中心最大光能转换效率：UV－B 辐射使大豆叶片的 Fv/Fm 减小。与对照相比，处理 20d、40d 和 60d 的大豆叶片 Fv/Fm 分别降低 3.4%、1.3% 和 3.2%。说明 UV－B 辐射对 PSⅡ反应中心的功能有抑制作用。光合速率反映了植物叶片光合作用的强弱，直接关系到植物体的生物产量和干物质积累：UV－B 辐射抑制了大豆植株叶片的光合速率，与对照相比，处理 20d、40d 和 60d 的大豆光合速率分别降低 10.0%、25.0% 和 16.0%。光合速率的降低与 Fv/Fm 及可溶性蛋白质含量受到明显抑制有关。

(3)UV－B 辐射增强对植物细胞膜系统的影响

有关 UV－B 辐射对植物细胞膜系统影响的研究报道较多，主要集中在研究膜系统组成的变化、脂质过氧化及活性氧代谢等。UB－V 辐射对细胞膜系统造成伤害，主要通过 2

个方面：一方面，直接攻击膜组成中的磷脂和不饱和脂肪酸，导致膜脂过氧化；另一方面，对一些膜结合功能酶造成伤害，影响植物生理代谢过程，进一步加深对细胞膜的伤害。具体表现在 UV－B 辐射可能触发导致不饱和脂肪酸的过氧化反应的链式反应，进而损害膜脂质中的不饱和脂肪酸，另外 UV－B 可增加脂质的过氧化反应，并且改变膜的脂质组成。UV－B 辐射还会使植物体内的酶系统活性发生变化，UV－B 辐射增强对植物的伤害可能与活性氧的产生有关，UV－B 可促进活性氧的产生，使活性氧增加，又启动了相关基因的转录。在 UV－B 辐射增强影响下，超氧化物歧化酶(SOD)、过氧化氢酶(CAT)和过氧化物酶(APX)等酶活性均发生变化，但有增加或下降两种不同的报道。

(4) UV－B 辐射增强对植物开花和结实的影响

UV－B 增强能显著推迟植物的花期、降低开花数、减少穗粒数和单位面积穗数、降低千粒重，最终导致产量的降低。王传海等(2000、2004)研究了在自然紫外光强基础上人工增加紫外线 UV－B 照射对小麦开花和结实的影响，结果表明：UV－B 增强能显著降低小麦的每穗粒数；显著影响小麦的开花过程，表现为开花推迟，每天开花数大幅度下降，可孕小花数下降。而可孕小花数下降并非发育小花退化百分率下降所致，而是发育小花数下降造成。UV－B 增强能显著降低小麦产量，主要原因是每穗粒数和单位面积穗数下降。解备涛等(2006)用 UV－B 增强辐射玉米花粉，授粉后，玉米籽粒的百粒重呈现先小幅上升后迅速下降的变化趋势，并推测：当 UV－B 辐射量较少(小于 2.44kJ/m^2)时，虽然花粉粒的活力(如发芽率和花粉管的生长)受到较大影响，但对花粉粒作为配子体的伤害并不严重，因此单位粒重由于穗粒数的减少而出现一定程度的上升；当 UV－B 辐射量较多(大于 4.32 kJ/m^2)时，不仅花粉活力受到明显的影响，还伤害到了配子体的遗传信息传递，从而影响到了玉米籽粒的正常发育。

表 2-17 UV－B 增强对玉米产量的影响(张荣刚等，2003)

处理	干物重(g)				产量 kg/667m^2	粒重 g/穗	千粒重 g	粒数 个/穗
	拔节期	抽雄期	开花吐丝期	成熟期				
对照	20.9	177	372.3	477.2	416.7	100	205.0	487.8
UV－B 增强	5.5	105.5	270.0	399.0	391.7	94.0	201.0	467.7
0.15 W/m^2	26.3	59.6	72.5	83.6	94.0	94.0	98.0	95.9
UV－B 增强	2.6	70.4	210.2	338.2	385.0	92.5	199.0	464.8
0.35 W/m^2	12.4	39.9	56.5	70.9	92.4	92.5	97.1	95.3

(5) 植物对 UV－B 辐射增强的响应

许多研究表明，植物对 UV－B 辐射增强的重要响应机制之一，是增加叶片内类黄酮和多胺等 UV－B 吸收物质的含量。在 UV－B 的胁迫下，植物体内类黄酮和酚醛类物质的积累，有利于减少 UV－B 进入叶片组织内部。另外，叶面蜡质层增加可增加叶面的反射能力，从而减少 UV －B 的穿透性，同时叶片厚度的增加可降低对叶细胞的伤害，并可补偿 UV－B 辐射增强后引起的光合色素的光降解。高原植物对强 UV－B 辐射的适应方式之一就是改善净光合速率。过氧化物酶活性的增加能减缓植物的 UV－B 辐射胁迫，增加植物对 UV－B 辐射的抗性。

植物对于 UV－B 辐射的敏感性在种间和品种间存在差异，主要受植物基因型、生态型和生活型的控制，与它们的生态特性、分布的地理位置和生长条件有关。而且同一植物个体不同部位和不同生长阶段对 UV－B 增强的效应也不同。

(6) UV－B 与其他环境因子的复合作用

UV－B 辐射增强对植物的影响不仅与植物本身对 UV－B 的敏感性有关，还与其他环境因子有关。已有研究表明，UV－B 的影响与可见光的光照强度有关，低光强下生长的植物对 UV－B 辐射的敏感性较强。植物对 UV－B 的响应与所处的地理位置（如纬度、海拔高度等）、土壤肥力、水分供应状况、温度、CO_2浓度、甚至污染物（包括重金属）的浓度有密切关系。大多数研究表明，UV－B 辐射增强会消除或缓解 CO_2浓度的增加对植物光合作用的促进作用，UV－B 辐射改变了植物对 CO_2作用的敏感性，这可能与不同因子对植物有不同的作用位点和对代谢活动有不同影响有关。

(7)研究展望和启示

尽管目前国内外有关 UV－B 辐射的增强对植物的影响及植物适应机制等方面的研究取得了一定的进展，但很多研究工作还处于起步阶段，今后应加强以下几个方面的研究：

①与作物的研究相比，对树木，特别是高等木本植物的研究相对很少，且研究时间相对较短，这对于不断变化的环境条件和生长周期相对较长、敏感性差的木本植物来说，其精确性受到限制。必须通过不同生长季节的研究，才能得出更具有说服力的结论。因为环境条件是不断变化的，因而 UV－B 对植物的作用也会随之发生变化。

②已有研究，多数是对单个植物种上进行的，虽然这对于研究 UV－B 胁迫效应机理是非常必要的，但在自然生态系统中，植物都是处在群落甚至生态系统之中，由于不同植物在 UV－B 辐射增强下在形态等方面发生不同变化，从而改变种间的相互关系，使生态系统的结构与功能可能产生变化。所以在群落甚至生态系统水平上研究 UV－B 对植物的效应，对于了解植物对 UV－B 胁迫响应的途径尤为重要，或者说更具有实际意义。目前，UV－B 辐射对生态系统影响的研究主要集中在某一环节或个体的影响上，只有少量报道接近对生态系统水平上的研究，包括物种结构、种间竞争和有机物分解等方面的影响，而对整个生态系统的结构与功能，特别是对森林生态系统的能量流动与物质循环的影响研究鲜有报道。

③UV－B 辐射增强对植物影响的研究大多数是在温室控制条件下进行的，而在自然条件下开展的研究相对较少。一般认为，与生长室或温室条件下研究相比，野外生长的植物具有较强的适应性。UV－B 辐射对自然植物群体的长期效应的野外研究应进一步加强。

④不同环境因子之间是相互作用的，它们存在相互制约或者相互补偿效应。虽然不少研究涉及 UV－B 辐射与其他环境因子的复合作用，但对于它们之间相互作用的机理研究较少。UV－B 辐射与其他因子复合作用对植物影响的研究有待于进一步开展。

⑤分子生物学技术是研究 UV－B 辐射对植物作用机理的重要手段。目前对 UV－B 辐射的遗传效应及分子生物学方面的研究较少。随着分子生物学的兴起，在分子水平上研究植物对 UV－B 辐射的抗性机理和 DNA 修复技术将日益受到重视。

思考题

1. 在晴天时，日落之前和中午时分相比，天空的颜色有什么不同？为什么？

2. 何为辐射？辐射基本定律各有什么物理意义？

3. 计算“二分”与“二至”日，在0°N、23.5°N、45°N、66.5°N、90°N上正午的太阳高度角和到达地面的直接辐射通量密度（不计大气影响）。根据计算结果分析直接辐射的年变化规律。

4. 若1月1日与6月21日的太阳赤纬分别为 -23°04′和 +23°30′，试就你校所在的纬度，计算这2天的日出日落时间和相应的太阳方位角。

5. 在夏半年，光照时间随纬度的变化有何规律，为什么？这些规律对南、北之间作物引种有何影响？

6. 太阳辐射光谱对植物的生命活动各有哪些作用？

7. 简述太阳直接辐射和散射辐射的影响因子和变化规律。

8. 简述到达地面的太阳辐射光谱的组成和变化。

9. 分析地面有效辐射的影响因子和变化规律。

10. 地面净辐射的日年变化特征是什么？地面净辐射的各分量对它有何影响？

参考文献

包云轩. 2002. 气象学(南方本)[M]. 北京：中国农业出版社.

陈利军，刘高焕，励惠国. 2002b. 植被净第一性生产力遥感动态监测[J]. 遥感学报，6(2)：130 - 136.

何东进，洪伟，吴承祯，等. 1999. 毛竹种群光能利用率的研究[J]. 福建林学院学报，19(4)：324 - 326.

黄承标，何志远，庞庭颐. 2002. 广西森林气候可能生产力与实际生产力的比较研究[J]. 江西农业大学学报(自然科学版)，24(3)：355 - 359.

金昌杰，关德新，朱廷曜，等. 2000. 长白山阔叶红松林太阳辐射分光谱特征[J]. 应用生态学报，11(1)：19 - 21.

刘建栋，傅抱璞，卢其尧，等. 1997. 林农复合生态系统晴天光谱特征分析[J]. 中国农业气象，18(3)：8 - 10.

刘江. 2002. 气象学(北方本)[M]. 北京：中国农业出版社.

裴保华，袁玉欣，贾玉彬，等. 2000. 杨农间作光能利用的研究[J]. 林业科学，36(3)：13 - 18.

彭少麟，爱敏，周国逸. 2000. 气候变化对陆地生态系统第一性生产力的影响研究综述[J]. 地球科学进展，15(6)：717 - 722.

彭少麟，张祝平. 1994a. 鼎湖山地带性植被生物量、生产力和光能利用效率[J]. 中国科学(B辑)，24(5)：497 - 502.

彭少麟，张祝平. 1994b. 鼎湖山针阔叶混交林的第一性生产力研究[J]. 生态学报，14(3)：300 - 305.

孙睿，朱启疆. 1999a. 陆地植被净第一性生产力的研究[J]. 应用生态学报，10(6)：757 - 760.

孙睿，朱启疆. 1999b. 气候变化对中国陆地植被净第一性生产力影响的初步研究[J]. 遥感学报，5(1)：58 - 61.

宛志沪，刘先银. 1994. 大蜀山马尾松人工林晴天太阳辐射光谱及光能利用研究[J]. 中国农业气象，15(1)：25 - 29.

王得祥，刘淑明，雷瑞德，等. 2003. 秦岭华山松群落能量及光能利用率研究[J]. 西北林学院学报，18(4)：5 - 8.

王启基，王文颖，邓自发. 1998. 青海海北地区高山嵩草草甸植物群落生物量动态及能量分配[J]. 植物生态学报，22(3)：222 - 230.

王谦，陈景玲，孙治强. 2005. Li - cor 仪器太阳辐射测量单位定量变换的应用研究[J]. 农业工程学报，21(4)：140 - 144.

夏明忠. 1989. 浅谈作物的最大生产力和实际生产力[J]. 植物生理学通讯(6)：65 - 68.

许大全，丁焕根，苏丽英，等. 1991. 红豆草和苜蓿的光合效率比较研究[J]. 生态学报，11(1)：89 - 91.

于沪宁，赵丰收. 1982. 光热资源和农作物的光热生产潜力——以河北省栾城县为例[J]. 气象学报，40(3)：327 - 333.

张荣刚，何雨红，郑有飞. 2003. UV - B 增加对玉米生长发育和产量的影响[J]. 中国农业气象，24(2)：24 - 27.

张彦东，卢伯松，丁冰. 1993. 红松人工林能量环境与光能利用率的研究[J]. 东北林业大学学报，21(1)：35 - 42.

赵育民，牛树奎，王军邦，等. 2007. 植被光能利用率研究进展[J]. 生态学杂志，26(9)：1471 - 1477.

朱文泉，陈去浩，徐丹，等. 2005. 陆地植被净初级生产力计算模型研究进展[J]. 生态学杂志，24(3)：296 - 300.

朱志辉，张福春. 1985. 我国陆地生态系统的植物太阳能利用率[J]. 生态学报，5(4)：343 - 355.

LEUNING R. 1995. A critical appraisal of a combined stomatal - photosynthesis model for C_3 plants [J]. Plant Cell and Environment, 18: 339 - 355.

RUIMY A, DEDIEU G, SAUGIER B. 1996. TURC: A diagnostic model of continental gross primary productivity and net primary productivity[J]. Global Biogeochemical Cycles, 10: 269 - 286.

TURNER D P, GOWER S T, COHEN W B, *et al*. 2002. Effects of spatial variability in light use efficiency on satellite - based NPP monitoring[J]. Remote Sensing Environment, 80: 397 - 405.

Xiao Xiangming, Zhang Qingyuan, SCOTT S, *et al*. 2005. Satellite - based modeling of gross primary production in a seasonally moist tropical evergreen forest[J]. Remote Sensing Environment, 94: l05 - 122.

第3章　温　度

地面接受太阳辐射，吸收能量，使地面温度改变，同时又通过各种方式将热能传给大气和土壤上层。土温和气温直接影响着植物的生长、发育、种植制度和病虫害发生等。本章将重点讨论土壤、水、空气中的热量输送、温度的变化规律和温度对生物的影响。

3.1　下垫面和近地气层温度变化的因素

土温和气温的升降，决定于其本身的热特性和热量收支。

3.1.1　物质的热量交换方式

下垫面与土层之间、下垫面与气层之间以及空气上下层之间进行的热量交换方式主要有下列4种：

(1)辐射热交换

辐射是物质间广泛存在的交换方式。土壤与空气之间，空气的各层之间都通过辐射的放射与吸收进行着热量交换(radiant heat exchange)。

(2)分子热传导

以分子运动来传递热量的过程称为分子热传导(molecular heat conduction)。它是土壤层中热量传递的主要方式。

(3)流体流动热交换

空气和水都是流体，它们可以通过对流、平流和乱流来传递和交换热量。

①对流(convection)　是指空气在垂直方向上的流动，有热力对流和动力对流2种。热力对流通常发生在低层空气温度剧烈升高或高层空气冷却时，上下层气温差异加大，低层空气密度小，高层空气密度大，因而产生了对流。动力对流通常在空气水平流动时遇到山脉被迫抬升或其他外力作用强制抬升，或气流越过山脉下沉时发生。对流时上下层空气间热量得到了交换。

②平流(advection)　是指流体在水平方向上的流动。空气和水的平流，可将一地区的热量带到另一地区，缓和了地区间、纬度间温度的差异。

③乱流(turbulence)　又称湍流，是指流体内部的无规则运动。当地面受热不均匀，或空气沿粗糙不平的下垫面移动时，常出现乱流现象。贴地气层的乱流可使热量在各个方向上进行转移，对缓和贴地气层的温度差异起着十分重要的作用，是地面和空气间热量交换的重要方式之一。

(4)潜热转移

水分子从液体表面逸出成为水汽，水分子带着动能进入空气中，因此热量也随之转到空气中。在温度不变的情况下，水由液态变成汽态所吸收的热量称蒸发潜热(latent heat of evaporation)，蒸发1kg水所需的热量约为2.5×10^6J。当地面上水汽出现凝结时，又将蒸发时吸收的潜热释放出来。同理，当水冻结成冰或冰融化为水时，也有潜热转移，冻结潜热为3.34×10^5J/kg。

3.1.2 物质的热特性

物质的热量交换强度和温度分布状况还取决于物质的热特性，如热容量、热导率和导温率。

3.1.2.1 热容量

热容量分为重量热容量[又称比热(specific heat)]和容积热容量(volume heat capacity)2种。单位质量的物质温度升高或降低1℃所吸收或放出的热量，称为重量热容量(C)，其单位是J/(kg·℃)；单位容积的物质温度升高或降低1℃所吸收或放出的热量，称为容积热容量(C_v)，单位是J/(m^3·℃)。

$$C_v = \frac{\Delta Q}{\Delta V \cdot \Delta T} \tag{3-1}$$

两者的关系为：

$$C_v = \rho \cdot C \tag{3-2}$$

式中 ΔQ——物体吸收或放出的热量；

ΔV——物体的体积；

ΔT——温度的变化量；

ρ——物质的密度。

分析土壤温度时，多采用容积热容量。显然，热容量大的土壤在获得或失去相同的热量时，其升温或降温的幅度小。

土壤热容量的大小，主要取决于土壤的组成成分(固体颗粒、水分、空气)及其所占比例。在土壤的主要组成物质中，以水的热容量最大，空气的热容量极小(表3-1)。因此，含水量多的土壤(即土壤湿度大)，热容量大；而干燥土壤含空气多，所以热容量小。人们可以通过改变土壤湿度和孔隙度来改变土壤热容量，如进行灌概、中耕除草、镇压等。

表3-1 土壤固体成分以及空气和水的热特性

土壤成分	重量热容量 [J/(kg·℃)]	容积热容量 [J/(m³·℃)]	热导率 [J/(m·s·℃)]	导温率 (m²/s)
固体成分	754~961	$(2.05\sim2.43)\times10^6$	0.797~2.807	$(0.39\sim1.15)\times10^{-6}$
空气	1 006	0.001×10^6	0.021	16×10^{-6}
水	4 190	4.19×10^6	0.59	0.15×10^{-6}

3.1.2.2 热导率

也称导热率(coefficient of thermal conductivity)或导热系数。当物质局部受热时，热量从受热部分向其他部分输送，反之，局部冷却时，热量将从其他部分向冷却处输送。实验证明，任何物质输送热量的多少(即热通量)都与物质两端的温度梯度和物质的截面积成正比，但热导率的大小是由物质本身的性质决定的，由于各种物质的热导率不同，所以其输送的热量的多少也不相等。

单位时间内通过单位面积的热量，称热通量 B。

$$B = -\lambda \Delta S \frac{\Delta T}{\Delta Z} \tag{3-3}$$

式中　ΔS——物质截面积；

$\Delta T/\Delta Z$——温度梯度；

λ——热导率。

显然，热导率是指单位距离间温度相差 1℃时，在单位时间内通过单位横截面积的热量，单位为 J/(m · s · ℃)。

物质的热导率越大，其传递的热量越快。由表 3-1 可知，在土壤的组成成分中，空气的热导率最小，土壤固体成分的热导率最大，而水的热导率又比空气大近 30 倍。所以，与热容量一样，土壤热导率的变化也主要取决于土壤中水分与空气含量对比的变化。土壤湿度增加，土壤热导率增大；土壤孔隙度增大，土壤热导率则变小。

改变土壤热导率，可以调节土壤温度。如春季中耕除草，可以增大土壤孔隙度，使土壤热导率变小。白天，土壤表层向下层传递热量慢，土壤表层增温幅度大，对越冬作物恢复生长有利。

3.1.2.3　导温率

单位容积的物体因导热而引起温度变化的数值称为导温率(K)或导温系数(thermal conductivity ratio)，也称热扩散率。它是指单位容积的物质，由于流入(或流出)数量为热导率 λ 的热量后，温度升高(或降低)的数值。单位为 m^2/s。由式(3-1)可得：

$$K = \frac{\lambda}{C_v} \tag{3-4}$$

土壤的导温率也随土壤的性质、孔隙度和湿度而变化。土壤的导温率与湿度的关系比较复杂，因为土壤湿度的增加不仅使热导率增加，而且热容量也增加，而两者变化速率又不相同，热容量随土壤湿度的增加呈直线上升，而热导率在湿度小时增加速度大，以后随着湿度增加而变慢。因此，在土壤湿度较小的情况下，随着土壤湿度的增加导温率增加；但当土壤湿度超过一定数值后，因热容量随土壤含水量增加的速率不变，而热导率增加的速率变慢，所以导温率随湿度增大的速率变慢，甚至下降。不同土质其升降变化的转折点不同，黏土约在土壤湿度为 20 %时，石英砂土约在土壤湿度为 8%时，而灰壤土可在土壤湿度为 30%时。

导温率的大小直接影响着土壤温度的垂直分布。在导温率小的土壤中，由于温度传导较慢，因而表层升降温明显，温度变化大，深层土壤升降温较慢，温度变化小；同时，土壤温度变化所及的深度也较浅，各深度最高和最低温度出现的时间较地表落后得就越多(图 3-1)。

3.2 土壤温度及其变化

3.2.1 地面热量收支差额

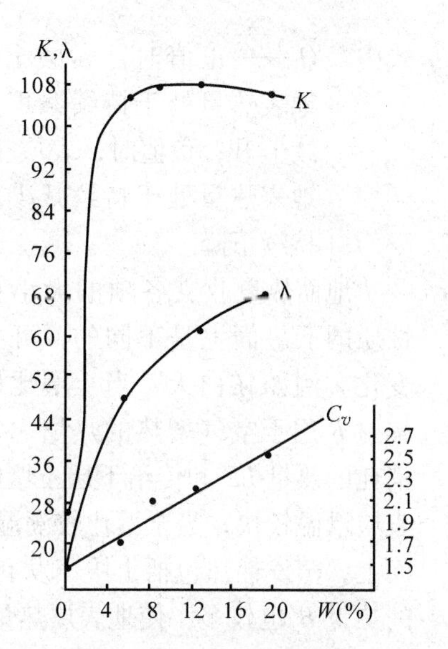

图3-1 砂土的热特性与土壤湿度的关系

导温率 $K(\times 10^{-7}\ m^2/s)$；热导率 $\lambda\ [\times 4.2 \times 10^{-2}\ W/(m \cdot K)]$，容积热容量 $C_v\ [\times 10^{-3}\ J/(L \cdot K)]$；土壤湿度 $W(\%)$。

地表面的温度变化主要是由地表面热量收支不平衡引起的。例如，白天，地面吸收的热量多于放出的热量时，地面就会升温；夜间，当地面放出的热量多于吸收的热量时，地面就会失热降温。地面热量的收入与支出之差，称为地面热量收支差额(surface heat balance)。

白天，地面净辐射为正值，地表面吸收的辐射能转化为热能，使地面温度高于贴地气层和下层土壤，于是热量从温度高的地表面以不同方式向外传递。传递方式主要有：以乱流热交换方式进入空气的热通量 P，以分子热传导方式进入下层土壤的热通量 B，还有一部分热量用于土壤水分蒸发 LE。

夜间，地面净辐射 R 为负值，地表面因辐射消耗能量而不断降温，使地面温度低于临近气层和土层，于是空气及下层土壤以热通量 P 及 B 的方式向地面输送热量，同时，与地面接触的空气如果达到饱和状态，又会释放凝结潜热 LE 给地面(图3-2)。

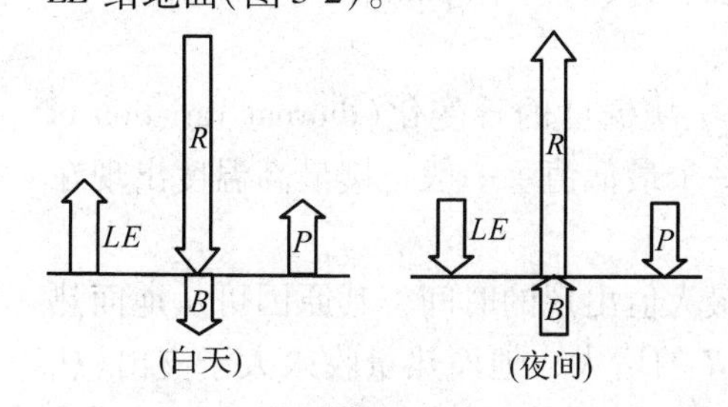

图3-2 地表面热量收支示意图

在图3-2中，箭头指向地面的是收入项，表示地面得到热量，为正值；箭头由地面指向空气及下层土壤的是支出项，表示地面失去热量，为负值。对地面而言，白天 R 为正，P、B、LE 项为负；夜间 R 为负，P、B、LE 项为正。热量收支情况，可用式(3-5)表示。式(3－5)称为地面热量平衡方程。

$$R = P + B + LE \tag{3-5}$$

式中 R——地面净辐射；

P——地表面与大气之间的乱流交换热通量；

B——地表面与下层土壤间的分子传导热通量；

LE——地表面水分蒸发或水汽凝结时消耗或放出的热量，其中 E 为蒸发或凝结量，L 为蒸发潜热。

式中各项单位均为 W/m^2。

式(3－5)是把地表面看成为一个几何面，实际上地表面是有一定厚度的薄层土壤。故可将式(3－5)中 B 项分解为表层土壤的热量收支 Q_s 和下层土壤的热量收支 B'(图3-3)。则式(3－5)可写成：

$$Q_s = R - P - B - LE \tag{3-6}$$

式中 Q_s——正值时，表层土壤得热大于失热，地表热量处于持续累积过程，地面温度持续上升；负值时，表层土壤得热小于失热，地表热量处于持续减少过程，则地面温度持续下降。

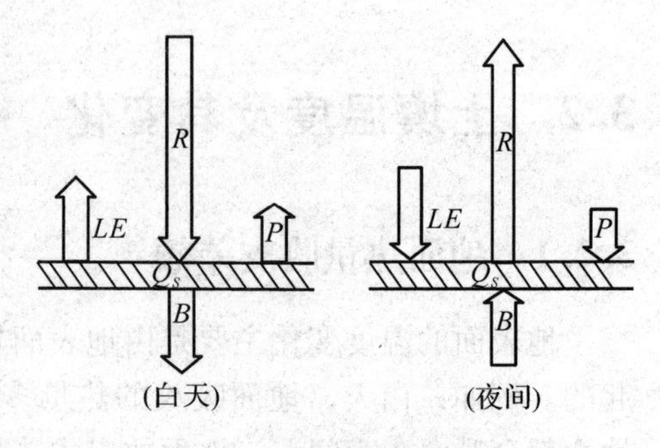

图3-3 地表层热量收支示意图

地面热量收支各项的大小在不同时间和不同性质的下垫面上是不同的，可导致地面温度发生变化。例如在白天，当土壤比较干燥时，地面净辐射 R 用于空气增热的热量 P 较多，而土壤蒸发消耗的热量 LE 和传给下层土壤的热量 B' 都很少，使地表层热量收支差额 Q_s 值较大，土壤表层增温较快；当土壤比较潮湿时，则用于土壤蒸发的热量较多，尤其是在有植被的下垫面上，蒸发耗热包括土壤蒸发和植物蒸腾两部分，LE 项显著增大，同时向下层土壤传递的热量 B' 也较多，使地表层热量收支差额 Q_s 值较小，故温度变化比较缓和。

应该指出，上述地面热量收支讨论中，土壤有机物质和生物体氧化、还原等过程中所吸收或放出的热量以及其他人工热源均未计入。

3.2.2 土壤温度的变化

由于太阳辐射有周期性的日变化和年变化，使土壤温度也具有周期性的日变化和年变化。气象要素的周期性变化特征，通常以较差(或变幅)和位相表示。一日中最高值与最低值之差叫日较差(diurnal range 或日变幅)；一年中月平均最高值与月平均最低值之差叫年较差(annual range 或年变幅)。最高值和最低值出现的时间叫位相(phase)。

3.2.2.1 土壤温度的日变化

土壤温度在一昼夜间随时间的连续变化，称为土壤温度的日变化(diurnal variation of soil temperature)，一日中土壤温度有一个最高值和一个最低值。一般土壤最高温度出现在13：00；最低温度出现在日出前。

地表温度最高值出现的时间落后于辐射差额的最大值出现的时间，其原因可从地面热量收支方程中得到解释。日出以后，随着辐射差额 R 的增大，地面热量收入大于支出(Q_s >0)，表层土壤中热量不断贮存，地面温度上升，到12：00左右辐射差额达到最大，12：00以后辐射差额开始减弱，但仍比地面支出的热量($P+B+LE$)大，地面还在不断贮存热量，地表温度继续升高。到13：00左右，随着辐射差额的减弱，使地面热量支出等于收入($Q_s=0$)，此时，地表温度不再上升，出现了一天中的最高温度。14：00以后，随着地面热量收入的进一步减少，地面热量支出大于收入($Q_s<0$)，地面热贮量开始减少，温度随之下降，一直维持到次日清

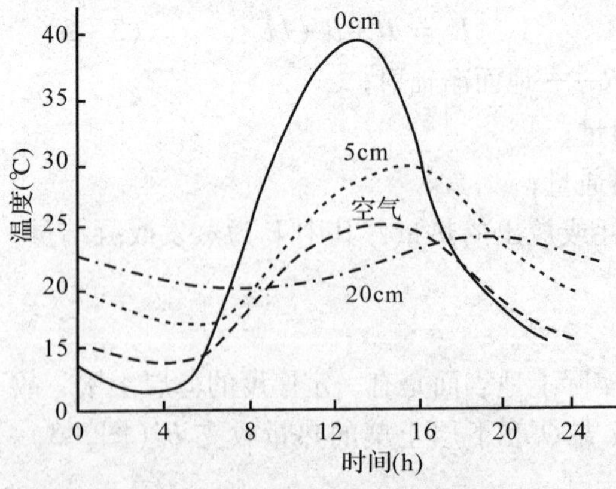

图3-4 气温和浅层土温日变化

晨，地面热量收支再度达到平衡($Q_s = 0$)，出现一天中的最低温度。

0cm 以下的土壤温度也有日变化(图 3-4)。地表温度日较差最大，越向深层，较差越小，到一定深度后，较差为 0，该深度称为土壤日温不变层。土壤日温不变层的深度随季节、纬度和土壤热特性而异。中纬度夏季约在 0.8m，冬季在 0.4m。除此以外，随着深度的加深，最高、最低温度出现的时间逐渐落后，每加深 10cm，落后 2.5~3.5h。

在有云、降水或天气突然变化时，土壤温度的日变化将受到很大影响，尤其是土壤表层的温度变化将不规则。

3.2.2.2 土壤温度的年变化

在北半球中高纬度地区，土壤温度的年变化与日变化相似，土表最热月不出现在夏至日所在的 6 月，而在夏至后的 7 月或 8 月；最冷月也不在冬至日所在的 12 月，而出现在 1 月或 2 月。

土温的年较差与日较差相似，也是随土壤深度的增加而减小，到一定深度时年较差为 0，即在该深度以下的土层中，温度在一年中没有变化，我们称这个深度为年温不变层。不同纬度地区，土壤年温不变层深度不同。在低纬度地区，一年中地面获得的太阳辐射总量变化不大，年较差消失于 5~10m 处，中纬度地区消失于 15~20m，高纬度地区消失于 25m 左右。土壤中最热月与最冷月出现的时间随深度的增加而延迟。在中纬度地区，每加深 1m 推后 20~30d。

从图 3-5 可看出，年较差随深度递减以及位相随深度落后的规律非常明显，在哈尔滨大约在 5 m 深度处温度的位相就与地面相反了，冬季最暖，夏季最冷，年较差在 2.9℃以下，而地面年较差达 48.3℃。说明较深处土壤温度的特征是冬暖夏凉，终年温和。故地道、防空洞、井水等都有冬暖夏凉的特点。昆虫利用了这个特点在土壤中越冬。在我国西北黄土高原，人们借窑洞而居，也是利用了这个特点。

3.2.2.3 土壤温度的垂直变化

一日中土壤温度的铅直分布可归纳为 4 种型式(图 3-6)。

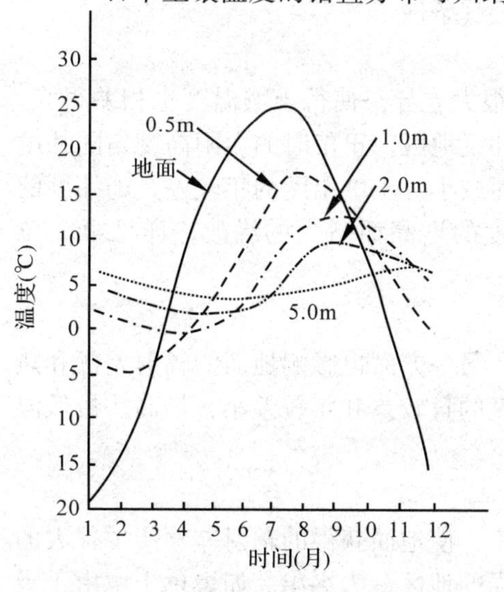

图 3-5 土温年变化曲线(哈尔滨)

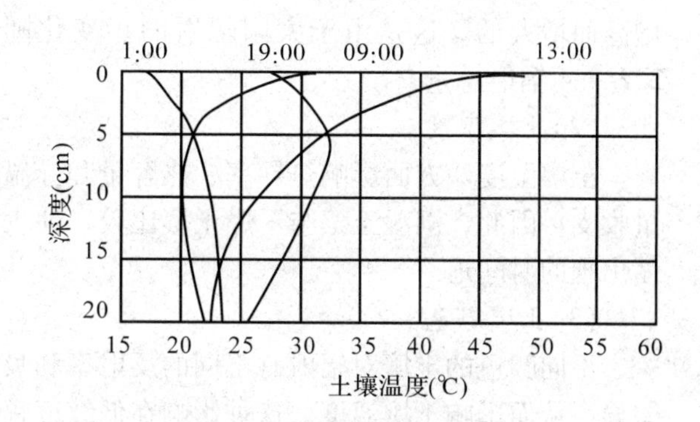

图 3-6 土壤温度的日垂直分布

(1) 日射型（又称受热型）

白天和夏季，地面获得大量辐射能后，地面温度急剧上升，这时温度铅直分布的特点为地面温度最高，温度随深度增加而降低，而且越近地面变化越大。以图3-6中13：00和图3-7中7月为代表。

(2) 辐射型（又称放热型）

夜间和冬季，地面由于辐射冷却而降温，地面温度最低，其温度铅直分布与日射型相反，即温度随深度增加而增加。以图3-6中1：00和图3-7中1月为代表。

(3) 清早过渡型

这是由辐射型向日射型过渡的分布型。日出以后，地面辐射差额很快由负值变为正值，地表温度也开始上升，于是土壤上层的温度分布迅速地转变为日射型，但在下层仍然保持辐射型，此时最低温度出现在土层中部，以图3-6中9：00时和图3-7中4月为代表。

(4) 傍晚过渡型

此型是在傍晚出现的过渡型。傍晚地面因辐射冷却而温度下降，土壤上层开始出现辐射型，但在下层仍然保持日射型，此时土壤最高温度出现在土层中部。以图3-6中19：00和图3-7中10月为代表。

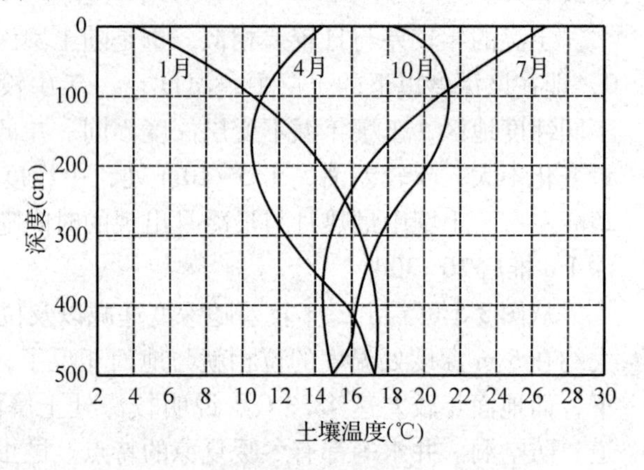

图3-7　土壤温度的年垂直分布

3.2.3 影响土温变化的因素

土壤温度变化的主要能源是太阳辐射，但对于不同的土壤，即使获得相同的辐射能，由于土壤热量收支各分量的变化，土温仍可相差很大，所以影响土温变化的因素很多，但总体来讲，影响土壤温度变化的因素主要有纬度、土壤湿度、土壤颜色、土壤机械组成和腐殖质、地面覆盖物、地形和天气条件。

(1) 纬度

不同纬度的地区，由于接受到的太阳辐射能有很大差异，使得土壤温度也相差很大。土温的日较差随纬度的增高而减小。因为，在中高纬度地区，正午时的太阳高度角随纬度的增高而减小，使太阳辐射的日变化随纬度的增高而减小。土壤温度的年较差是随纬度的增高而增大的。这是由于太阳辐射的年变化随纬度的增高而增大的缘故，详见第2章2.2.4.4辐射总量。

(2) 土壤湿度

土壤湿度一方面影响热导率、热容量和导温率，另一方面也影响地面的辐射差额和热量收支。因此，潮湿土壤与干燥土壤比较，地表温度的日较差和年较差小，最高、最低温度出现的时间迟。

(3) 土壤颜色

不同颜色的土壤对辐射有不同的反射率和吸收率，使地面获得的辐射差额产生很大的差异，从而影响土壤温度，这种影响在低纬度辐射强的地区最为突出。如黑色土壤由于吸收的太阳辐射多，白天温度比较高；浅色土壤，因反射率大，白天吸热少，温度较低。

(4)土壤机械组成和腐殖质

土壤机械组成主要是指土粒大小和土壤孔隙度。孔隙度大的土壤，在干燥时，孔隙被空气占有，热容量和热导率小，土表温度日、年较差大；如果土壤潮湿，孔隙被水占有，则土表温度日、年较差小。就土粒大小来说，黏土粒最细，壤土次之，砂土粒较大。而孔隙度以黏土为最大，壤土次之，砂土最小。

植物根层和腐殖质是热的不良导休，白天不利于热量向深层输送，夜间又阻挡深层热量向上传递，因此，腐殖质和根系残留物多的土壤，上层温度的日变化和年变化都大，土温不变层浅，位相落后多。

(5)地面覆盖物

当土壤表面被各种覆盖物，特别是不透明的物质覆盖时，白天土壤表层获得的太阳辐射能大大减少，同时也起到减弱有效辐射和改变地面热量收支的作用，其总的效果是使地面温度的日较差和年较差变小。

(6)地形和天气条件

坡向、坡度和地面遮蔽情况以及阴、晴、干、湿、风等，使到达地面的辐射量发生改变或者影响地面热量收支，进而影响土温的变化。一般是凹地土温的日较差和年较差大于平地，阳坡大于阴坡，蔽塞地大于通风地，晴天大于阴天。

3.2.4 土壤冻结与解冻

土壤温度达0℃以下时，土壤中水分和潮湿土粒发生凝固或结冰，使土壤变硬的现象称为土壤冻结(soil freezing)，冻结后的土壤称为冻土(frozen soil, tundra)。因土壤水中含有各种盐类，故须在0℃以下才会冻结。土壤大孔隙中的水分在温度稍低于0℃时即可结冰，毛细管中的水因表面张力大存在过冷却现象，需在温度更低时结冰。

影响土壤冻结深度的条件有积雪覆盖、植被状况、冬季天气条件、土壤湿度、土壤结构、地势等。冬季严寒地区土壤冻结深；积雪覆盖和植被可使土壤冻结较浅；湿度大的土壤较湿度小的土壤冻结浅而且晚；砂土较黏土冻结深；疏松的土壤较紧实的土壤冻结深；高地较低地冻结深。

从地理分布看，冬季最大冻土深度自北向南减小。我国东北地区冻土层可达3m以上；华北平原约1m以内；西北地区在1m以上；长江以南和西南部分地区只在冬季强冷空气侵入时表土冻结，一般不超过5cm。

春季随着土温的升高，土壤逐渐解冻，解冻过程是由上而下和由下而上2个方向同时进行的。但在多雪的冬季，土壤冻结不很深，解冻常是靠土壤深层上传的热量，从下而上进行的。

土壤冻结过程往往发生掀耸现象，冻结时，土壤连同作物一同隆起。当解冻时，土壤又重新下沉，极易将浅根拉断，结果使植物的根部暴露，因而造成植物受害，这种现象称为冻拔。黏重土壤在表层板结时冻拔尤为严重。这种掀耸现象也可发生在秋季冻结时。积雪多的地方，由于雪的保温作用，既使气候寒冷也不会发生掀耸。为防止该现象的发生，可采取一些预防措施。如播种分蘖节较深的品种，种子深覆土，播种前镇压土壤，适时耙耱等。

春季从土壤开始解冻到整个冻结层完全融解前的这段时间，由于上层化冻后的水分不能下渗而造成地面泥泞，称为“返浆”。返浆严重时很多田间作业无法进行。

在高纬度地区，夏季冻土层不能完全解冻，仅解冻到一定深度，下层则全年冻结不化，形成永冻层(permafrost)。

土壤冻结时，冰晶体膨胀，能使土块破裂，空隙增大，解冻后，土壤变得疏松，有利于土壤中空气的流通和水分渗透性的提高。在地下水位不深的地区，冻结能使下层水汽向上扩散，增加耕作层的水分贮存量，称为“冻后聚墒”作用，这对春旱地区的农业生产有很大意义。但在春季土壤尚未解冻时，常使降水不能透入土层，而增加了地表的水分流失。土壤冻结时，可使根系发达的乔木抗风性增强。

春季植物地上部分已开始生长，土壤仍处冻结状态，根系得不到足够水分，如果气温猛升，空气干燥多风，植物常因过度蒸腾失水而出现生理干旱乃至枯萎或死亡，以幼龄苗木和嫩枝最为严重，称为“抽条”，是北方林果业常见灾害。

农产品窖藏时，应参考当地最大冻土深度资料，把窖安排在该深度以下，以免农产品被冻坏。在北方，为越冬作物灌水的时间不宜过晚，过晚则易因冻拔而损伤幼苗。

3.3 水体温度及其变化

水体和土壤一样，其温度的变化也受热量收支和热特性的影响。对于同样的热量收支差额，水体温度的变化与土壤温度的变化有很大不同。

3.3.1 水的物理特性对水温的影响

水温的变化与土温、气温有较大差异，这是由水的物理特性决定的。

(1)水的热容量大

水的容积热容量约比土壤大1倍，因此，当吸热或放热量相等时，水温变化幅度只有土壤的一半。

(2)水为半透明体

在陆地上，太阳辐射只可透达表土薄层(约0.1mm)，因而土表增热剧烈。但对于水来说，太阳辐射可透入几十米的水层，使较厚的水体能直接吸收太阳辐射能并贮藏起来，所以水面温度的升高，要比地面小得多。

(3)潜热变化

水面蒸发消耗的热量大于陆地，因而水面的增热缓和。所以，降水稀少的陆地与海洋的温度变化有非常明显的差异。

(4)易流动性

水中的热量传递方式与土壤完全不同。在土壤中热量传递的基本方式是分子传导；在水中，则有对流、平流和乱流等方式，这种传热方式比分子传热快得多，使水温均匀，变化和缓。

3.3.2 水温的变化规律

由于水体具有上述特性，使水面温度与土温相比变化和缓，日较差和年较差都比土温小、涉及层次深。概括起来有以下几个方面：

(1)极端温度落后于土温

一天中，最高值出现在午后15~16h，最低值在日出后2~3h。一年中，最热月在8月，最冷月在2~3月。

(2)较差小

中纬度洋面温度日较差仅0.2~0.3℃，湖面的日较差稍大，约为2.0~5.0℃；中纬度洋面年较差为5.0~8.0℃，深水湖和内陆海表面约为15~20℃，大洋中赤道附近为2~4℃。

(3)温度传递深度深

日变化可深达15~20m，年变化深达100~150m。

(4)水中位相推迟少

在水中每加深60m，最热月和最冷月出现时间只推后1个月，相当于土壤中加深1m落后的时间(图3-8)。

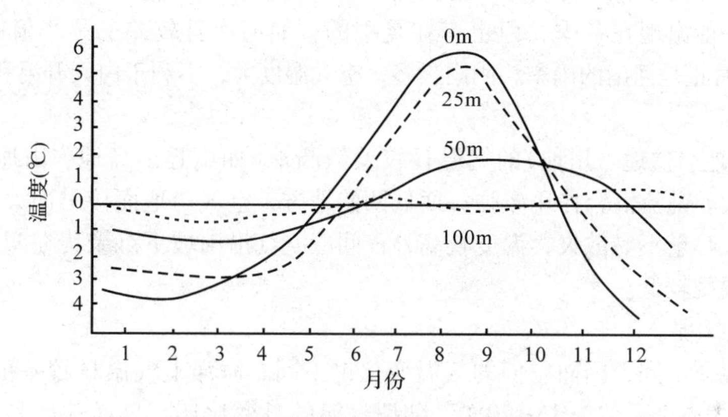

图3-8　不同深度的海水温度年变化

地球表面的水体约占71%，比陆地大2倍多，这样大面积的下垫面，对其上的空气温度和湿度将有很大的影响。海洋与陆地的这些差别，形成了海洋性气候和大陆性气候2个完全不同的气候类型。

3.4　空气温度及其变化

下垫面是大气的主要热源，所以空气温度的变化主要取决于下垫面温度的变化。因此，空气温度也具有日、年变化，且这种变化在50m以下的近地层里表现得最为显著。

3.4.1　空气温度的时间变化

3.4.1.1　气温的日变化

空气温度变化情况与土层中温度变化情况类似，一天中有一个最高值和一个最低值，两者之差为气温日较差(daily range)。空气的最高温度与最低温度出现时间比土表温度落后，通常百叶箱内(离地面1.5m高处)最高温度出现在14：00左右，最低温度出现在日出前后。由于季节和天气的影响，也可能提前或推后。例如，夏季最高温度多出现在14：00~15：00；而冬季出现在13：00~14：00。由于纬度不同，日出的时间也不同，所以最低温度出现的时间随纬度而异。离开地面越远，即随着高度的增加，气温日较差越小，最高温度与最低温度出现的时间也越落后。在 1 500m 以上，温度日较差为 1~2℃或更小些。影响气温日较差的因子有下列几种：

(1)纬度

由于太阳高度角是随纬度的增高而减小的，因此，一日中最高温度随着纬度的增高而减小，从而使得气温的日较差也随着纬度的增高而减小。在热带地区平均日较差为 10~20℃，温带约为 8~9℃，极圈附近只有 3~4℃。

(2)季节

在中高纬地区，由于夏季的太阳高度角较冬季大，白昼时间也较冬季长，所以一般夏季气温日较差大于冬季，但日较差的最大值并不出现在夏季，而是在春季。如郑州月平均日较差最大在 5 月，达 13. 2℃。这是因为气温日较差不仅取决于温度的最高值，还取决于温度的最低值。在夏季，因为夜短，地面冷却时间也短，所以使最低温度较高。一年中日较差的最小值一般出现在冬季，但也有在夏季的，如河南日较差的最小值就出现在 7~8 月，因为 7、8 月正是河南的雨季，阴雨天多，空气湿度大，不利于白天升温和夜间降温。

(3)地形

凹地(如谷地、盆地、川地)的气温日较差较凸地(如山丘、高地、山地)的大。这是因为，凸地风大，乱流混合作用较强；而低凹的地方，空气与地面接触面大，白天得热较多，通风不畅，热量不易散失，温度较高，夜间冷空气沿山坡下沉聚集在凹地，再加上辐射冷却，致使温度较低。

(4)下垫面性质

由于海陆性质不同，因而它们的气温变化也不同。海洋上气温日较差很小，约为 2~3℃，大陆上则大得多，约为 15~20℃。陆地气温的日变化还与地面性质和状况有关。砂土比黏土气温日较差大，深色土壤比浅色土壤的大，干燥土壤比潮湿土壤大，裸露地的气温日较差较植物覆盖地的大。

(5)天气

晴天的气温日较差大于阴天，大风天气温日较差较小。

(6)海拔高度

一般气温日较差随海拔高度增加而减小。但高原上由于空气比平原稀薄，大气透明系数大，白天太阳辐射强，地面温度较高，夜间地面有效辐射也强，地面温度低，所以气温日较差可大于平原。

3. 4. 1. 2　气温的年变化

中高纬度陆地，一年中最热月和最冷月一般分别出现在 7 月和 1 月；沿海地区最热月在 8 月，最冷月在 2 月。赤道地区一年中有 2 次受到阳光直射，所以气温年变化表现为 2 个高值和 2 个低值的双峰型，最热月出现在春、秋分稍后的 4 月和 10 月，最冷月出现在夏至和冬至后的 7 月和 1 月。但在东亚地区，由于季风影响，使赤道附近地区温度年变化曲线的双峰型不显著。极地严寒月份为冬季末的 3 月，温暖月份为 8 月。

一年中最热月和最冷月的月平均气温之差为气温年较差(annual range)。气温的年较差也受纬度、海陆分布、海拔高度、气候干湿和雨季、植被等影响。年较差随纬度的变化与日较差随纬度的变化相反，年较差随纬度的增高而增大，因为随纬度增高太阳辐射能的年变化增大(详见第2章2.2.4.4辐射总量)。我国华南地区气温年较差为10~20℃，长江流域20~30℃，东北北部在40℃以上。

就海陆影响而言，沿海年较差小，越向大陆中心年较差越大，气候越干燥的地区年较差也越大。年较差随海拔高度的增高而变小，一般情况下，海拔每增高100m，年较差约减小0.2℃。另外，降水季节对年较差也有影响，雨季出现在冬夏季节的，年较差小，而且最热月和最冷月出现时间也有相应的改变。有森林覆盖的地方，气温年较差比裸地小。

3.4.2　空气温度的垂直分布

3.4.2.1　气温的垂直梯度

在对流层中，大气温度分布通常是随着高度的增高而降低的，这是由于大气主要靠吸收地面辐射增热的结果。所以，距离地面越远，温度就越低。温度随高度增高而降低的程度，用气温铅直递减率(vertical temperature lapse rate)(或铅直梯度)来表示。气温铅直递减率γ是指高度上升100m气温下降的数值，其单位是℃/100m，即：

$$\gamma = -\frac{\Delta T}{\Delta Z} \tag{3-7}$$

式中　ΔZ——高度差；

ΔT——相应的气温差。

γ反映的是气层中不同高度的温度特征，$\gamma>0$说明气温随高度的增加而降低，$\gamma<0$表明气温随高度的增加而升高。根据观测，对流层气温的铅直递减率平均为0.65 ℃/100m。实际上γ的数值随着时间和高度的不同而变化。

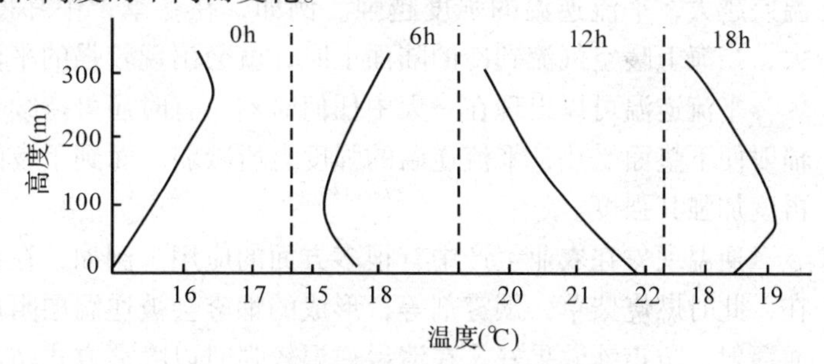

图3-9　不同时间气温垂直分布规律

图3-9表明，近地层大气中温度铅直分布规律受下垫面的影响极大，它和土温的分布规律类似，在一天中可归纳为4种类型：①日射型。主要出现在中午附近，以12：00为代表，气温随高度增加而降低。②辐射型。主要出现在夜间，由于地面辐射冷却，气温随高度增高而升高，以0：00为代表。③上午转变型。日出以后，贴近下垫面的空气随地面的增热而很快升温，而离地较远处仍保持着夜间分布的状态，形成下部为日射型，上部为辐射型的分布。以6：00为代表。④傍晚转变型。日落前后，地面迅速冷却，形成下层辐射型，上层日射型的过渡形式。以18：00为代表。

3.4.2.2　逆温现象

在一定条件下，对流层中可出现气温随高度增高而升高($\gamma<0$)的现象，称为逆温现象(inversion phenomenon)。出现逆温的气层称为逆温层(inversion layer)。当出现逆温时，冷而重的空气在下，暖而轻的空气在上，不易形成对流运动，使气层处于稳定状态，阻碍了空气垂直运动向上发展，因而在逆温层下部常聚集大量的烟尘、水汽凝结物等，使能见度降低。

逆温按其形成的原因，可分为辐射逆温、平流逆温、下沉逆温和锋面逆温等类型。这里主要介绍常见的辐射逆温和平流逆温。

(1)辐射逆温

由于下垫面强烈辐射冷却而形成的逆温称为辐射逆温(radiation inversion)。在晴朗微风或少云的夜间，下垫面辐射冷却迅速，贴近下垫面的气层随之降温。由于越靠近下垫面的空气受其影响越大，降温也越快，而距下垫面较远的空气，降温较小，于是便形成了自地面开始的逆温层。随着下垫面的继续辐射冷却，逆温层逐渐向上扩展增厚，日出前强度最大。日出后，太阳辐射使下垫面很快增温，逆温层便自下而上逐渐消失。

辐射逆温的形成与天气、地形、土壤等条件有密切关系。晴朗微风的天气，有利于辐射逆温的形成。若风速较大，会加强空气的垂直混合作用，使近地气层冷却慢，不利于逆温层的形成；若完全无风，则只能在贴近地面形成很薄的逆温层，不能扩展到较高气层中去。只有在风速适宜时(一般为2~3m/s)，才能使逆温层既有一定厚度，又不被乱流运动所破坏。在山谷或洼地，由于夜间辐射冷却和冷空气汇集的综合作用，常形成地形逆温。在同一天气和地形条件下，热容量小、导热性能差的土壤上易形成辐射逆温。

辐射逆温在大陆上常年可见。在中高纬度地区，尤以秋冬季节出现最多。逆温层厚度可达200~300m。

(2)平流逆温

当暖空气平流到冷的下垫面上，使下层空气冷却而形成的逆温，称为平流逆温(advection temperature inversion)。平流逆温的强度取决于暖空气与冷的下垫面之间的温差大小，温差越大，平流逆温的强度越强。例如，在冬季，中纬度的沿海地区，由于海陆温差较大，当海上暖空气流到冷的陆面上时，就会出现较强的平流逆温。

平流逆温可以出现在一天中任何时刻，有时还可持续几昼夜。只是在白天，由于太阳辐射使下垫面受热，平流逆温的强度有所减弱，而到了夜间，由于地面有效辐射失热又会再度加强其强度。

逆温现象在农业生产中有很多方面的应用。例如，在有霜冻的夜晚，往往有逆温层存在，此时燃烧柴草、烟雾剂等，形成的烟雾会被逆温层阻挡而弥漫在贴地气层，增加大气逆辐射，防霜冻效果好。在清晨逆温较强时以喷雾方式防治病虫害或叶面施肥，可使药剂停留在贴地气层，并向水平方向及下方扩展，均匀地洒落在植株上，效果更好。在寒冷季节晾晒一些农副产品时，为避免地面温度过低受冻，可将晾晒的东西置于一定高度之上，一般2m高度处的气温比地面可高出3~5℃。在果树栽培中，也可利用逆温现象进行高接，使嫁接部位恰好处于气温较高的范围之内，避开了低温层，使果树在冻害严重的年份能够安全越冬。由于逆温现象，在山坡的一定高度范围种植要比在谷地种植更加安全。

3.5　空气的绝热变化与大气稳定度

3.5.1　空气绝热变化

根据热力学第一定律，如果空气块不与外界发生热量交换，仅靠外界气压变化使空气块膨胀或压缩，也会引起温度变化，这种与外界不发生热量交换而引起的空气温度变化，称为空气的绝热变化(adiabatic process)。

严格地讲，大气中所发生的各种温度变化过程，实际上都不是绝热的。但由于空气的导热率很小，在垂直运动中经过各气层的时间很短，致使运动着的空气块与周围空气之间的热量交换远远小于空气块本身内能的变化。因此，可将空气块在垂直运动中的增温和冷却近似地看成是绝热变化。

当气块做上升运动时，因周围气压降低，气块体积膨胀，这时气块对外做功，消耗能量。由于气块上升过程可近似看作绝热的，做功所需要的能量只能靠降低本身的内能来提供，因此气块的温度降低。反之，当气块做绝热下降运动时，周围气压增大，气压体积被压缩，外界空气对气块做功，这种功转化为气块的内能，使气块温度升高。

3.5.1.1 干绝热变化

干空气或未饱和的湿空气在绝热上升过程中，上升单位距离温度降低的数值，称为干绝热递减率(dry adiabatic lapse rate)，用γ_d表示。根据计算，干空气块每上升100m，温度降低约1℃，即$\gamma_d = 1$ ℃/100m。相反，在绝热下降中，每下降100m，温度约升高1℃。

3.5.1.2 湿绝热变化

饱和湿空气，即在上升或下沉时空气块都维持饱和状态的空气，其温度的绝热变化称为湿绝热变化，它的温度变化率称为湿绝热递减率(wet adiabatic lapse rate)，用γ_m表示。γ_m的大小随温度和气压变化，通常约为0.5℃/100m，即饱和湿空气绝热上升(或下降)100m，温度降低(或升高)约0.5℃。γ_m比γ_d小，因为在湿绝热变化中，上升降温时，引起水汽凝结，放出潜热，对气块的降温有补偿作用，从而缓和了气块上升冷却的程度；气块下降增温时，如果气块还保留着上升时凝结的水分，则由于蒸发耗热，下降时的增温也比干绝热少。如果空气下沉时没有携带水汽凝结物，则下沉时按干绝热递减率增加温度，即每下降100m，增温约1℃。

3.5.2 大气稳定度

大气中的对流运动，有时发展得十分强烈，有时又显得十分微弱；有时能持续一段时间，有时却是“昙花一现”。这主要与大气稳定度有密切关系。

大气稳定度(atmospheric stability)是指空气作铅直运动的难易程度。据计算，只有大气层的$\gamma > 3.42$℃/100m 时，上层空气的密度大于下层，才能形成自动对流现象。而在自由大气中，一般没有那么大的气温铅直递减率，所以，不会产生自动对流。但对于已有的铅直方向的空气扰动或对流，不同的气温铅直递减率对其是加强还是减弱主要取决于大气稳定度。

当气块受到铅直方向扰动时，如果大气温度的铅直分布(γ)使气块具有扰动方向的加速度，使垂直运动进一步发展，则这种大气是不稳定的。如果气块受到铅直方向扰动时，大气温度的铅直分布(γ)使气块具有与扰动方向相反的加速度，即抑制扰动的发展，这种大气属于稳定的。当气块受到铅直方向的扰动时，大气给气块的加速度为0。这时的大气是中性的状态。

图3-10中，Ⅰ、Ⅱ、Ⅲ分别为3种不同的气温铅直梯度(γ)的情况。圆圈表示干空气

块或未饱和湿空气块，圈内数字表示气块温度，圆圈外数字表示环境温度。假定 $\gamma=0.7$ ℃/100m，即 $\gamma<\gamma_d$（图 3-10 中 I 的情况），在 200m 处有一气块 A，它与环境温度均为 12.0℃，如果在外力作用下将气块抬升到 300m，那么该气块温度就要按干绝热直减率（$\gamma_d=1$℃/100m）递减，到 300m 处，气块温度应为 11.0℃，而环境温度则按 γ 递减，其温度为 11.3℃，这时气块温度低于环境温度，气块密度大于周围空气的密度，气块的重力大于浮力，其合力向下，气块有返回原来高度的趋势，表明大气层结不利于气块继续上升，所以这种气层是稳定的。同理，如果外力使空气块 A 从 200m 处向下降到 100m 高度，其温度按干绝热直减率升温，气块温度由 12.0℃ 升到 13.0℃，而周围气温只有 12.7℃。这时，气块密度比周围空气的密度小，气块所受的重力小于浮力，所以气块受的合力向上，与原始推动力方向相反，同样会抑制原来的铅直运动。可见当 $\gamma<\gamma_d$ 时，对于干空气或未饱和湿空气而言，大气处于稳定状态。

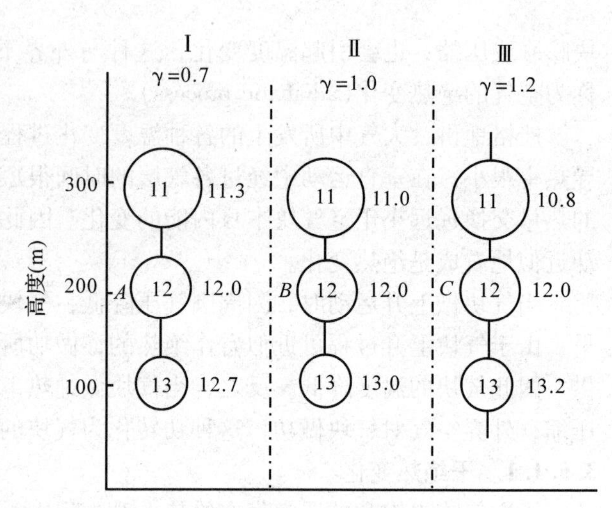

图 3-10　未饱和空气的稳定度

如果 $\gamma=\gamma_d=1.0$ ℃/100m（图 3-10 II），气块 B 不管上升或下降到哪一高度，气块温度与环境温度都相等，作用于气块上的重力与浮力相等，即合力为 0，表明气层给气块的加速度为 0。外力将气块推到哪个高度它就停留在该高度。所以当 $\gamma=\gamma_d$ 时，对干空气或未饱和湿空气而言，大气为中性状态。

如果 $\gamma>\gamma_d$（图 3-10 III），例如 $\gamma=1.2$℃/100m，令 200m 高处的气块 C 在外力作用下上升到 300m，其本身温度按干绝热下降到 11.0℃，而该高度的环境温度只有 10.8℃，气块所受的浮力大于重力，其合力向上，因而气块沿原始推动的方向加速上升。如果气块被外力推到 100m 处，其本身温度增加为 13.0℃，而环境温度为 13.2℃，气块的重力大于浮力，其合力向下，与外力推动方向一致，故气块要加速下降。由此可知 $\gamma>\gamma_d$ 时，大气处于不稳定状态。

可见，γ 越小，大气越稳定。在逆温情况下 $\gamma<0$，大气极为稳定，所以，逆温能阻碍对流和乱流运动，不利于云的形成和发展。γ 越大，则大气越不稳定，当地面强烈受热或高空有冷平流时，可出现不稳定状态，这将有利于对流和乱流运动，能促进云的形成和发展。

同样可以推理，对饱和湿空气而言，若 $\gamma<\gamma_m$，大气是稳定的；若 $\gamma=\gamma_m$，大气是中性的；若 $\gamma>\gamma_m$，则大气是不稳定的。

当 $\gamma<\gamma_m$ 时，必然有 $\gamma<\gamma_d$，在这种情况下，不论空气是否饱和，大气都呈稳定状态，所以，$\gamma<\gamma_m$ 气层为绝对稳定。

当 $\gamma>\gamma_d$ 时必然有 $\gamma>\gamma_m$，对饱和或未饱和的空气来说大气都是不稳定的，这为气层的绝对不稳定条件。

如果 $\gamma_m < \gamma < \gamma_d$，则对于干空气或未饱和湿空气来说大气是稳定的，而对于饱和湿空气来说，则是不稳定的，这种情况称条件性不稳定。由此可见，要判断大气是否稳定，不但要分析温度的铅直分布，还要分析湿度的铅直分布。在条件性不稳定情况下，如果有足够的外力因素，使未饱和湿空气上升到使其达饱和的高度(凝结高度)以上，那么空气就由稳定转化成不稳定了。

3.6 温度与生物

植物的一切生理生化作用都必须在一定的温度下进行。土温的高低直接影响植物对水分和矿质营养的吸收。气温主要影响植物的生长发育和蒸腾作用。此外，温度还影响病虫害的发生、发展等。

3.6.1 植物的三基点温度

3.6.1.1 三基点温度的概念

从维持植物生命活动的最低温度到最高温度，称为植物生命温度范围，超过这个范围植物就将死亡。保证植物生长的温度在生命温度范围之内，而保证植物发育的温度又在生长温度范围之内。对大多数植物来说，维持生命的温度一般在 -10~50℃；生长温度在5~40℃；发育温度在 10~35℃。

温度对于植物的生命、生长和发育的影响，从其生理过程来说都有 3 个基本点，简称三基点温度(three fundamental points temperature)，即维持生长、发育的生物学下限温度(最低温度 lowest temperature)、最适温度(optimum temperature)和生物学上限温度(最高温度 highest temperature)。在最适温度范围内，植物生命活动最盛，生长、发育最快；在下限温度以下和上限温度以上，植物生长、发育停止，但仍能维持生命。如果温度继续升高或降低，植物就受到不同程度的危害，当达到生命的最低和最高温度时，植物开始死亡，即在三基点温度之外，还可以确定最高与最低致死温度，统称为五基点温度。

3.6.1.2 三基点温度的变化

植物的三基本点温度，因植物的种类、品种器官、发育时期以及其他环境条件(如光照、水分等)的差异而不同。几种植物的三基点温度见表 3-2。

表 3-2 几种植物的三基点温度 ℃

植物种类	最低温度	最适温度	最高温度
小麦	3~4.5	20~22	30~32
玉米	8~10	30~32	40~44
水稻	10~12	30~32	36~38
苹果	5	13~25	40
番茄	8~12	25~30	35~38
向日葵	5~10	31~37	37~44

由表 3-2 可以看出：①植物生长发育的最适温度比较接近最高温度；②最高温度大多在 30~40℃之间；③最低温度与最适温度之间差距较大。但在生产实践中，植物的分布和生长受低温的限制比受高温的限制还要多。

就生理过程而论，同一植物的光合作用(photosynthesis)和呼吸作用(respiration)的三基点温度是不一致的。一般来说，光合作用的三基点温度分别为 0~5℃、20~25℃和 40~50℃，而呼吸作用为 -10℃、36~40 ℃和 50℃。

三基点温度是最基本的温度指标，用途很广。在确定温度的有效性、作物的种植季节和分布区域，计算作物生长发育速度，计算生产潜力等方面都必须考虑三基点温度。除此之外，还可根据各种作物三基点的不同，确定其适应的区域，如 C_4 作物由于适应较高的温度和较强的光照，故在中纬度地区可能比 C_3 作物高产，而在高纬度地区 C_3 作物则可能比 C_4 作物高产。

3.6.2 周期性变温对植物的影响

植物种类或品种的特性是在一定生态条件下长期形成的，其中包括温度的日变化和年(季节)变化。为了完成其正常的生育周期，植物要求有与本身特性相符的变温条件，这种现象被称为"温周期现象(thermoperiodism)"。

在适宜范围内，白天温度高，光合作用强，夜间温度低，植物呼吸消耗少，有利于有机物质的积累和植物生育。在分析变温对植物的影响及其利弊程度时，应结合三基点温度来分析。如温度日较差太大，最高温度超过了光合作用的最适温度乃至生物学上限温度或夜间最低温度过低时，则带来不利或导致危害。据研究，小麦在抽穗到成熟期，气温日较差北京(13.5℃)虽然大于拉萨(11.9℃)，但北京一天中超过小麦最适温度的高温持续时间长，相比之下，拉萨的温度变化更有利于小麦同化产物的积累。青藏高原小麦千粒重高达 50~60g，而内地只有 30~40g；新疆棉花品质和一些瓜果的品质明显优于内地，这均与这些地区的变温条件有关。据研究，茄科作物的生长受夜间温度影响较大。如温室栽培的番茄，若夜间温室加温过高，反而减产。

植物的温周期特性和原产地温度日变化有关。大陆性气候区温度日较差大，原产该地区的作物在日较差 10~15℃时生长最好。某些热带作物，如甘蔗在日较差很小的情况下，仍能繁茂生长。

气温年较差也影响着作物的生长发育，而且必要的高温对某些喜热作物是不可缺少的，如某些水稻品种，在湖北长得很好，而在积温相近但四季如春的云南，因其缺少夏季必要的高温而不能成熟。

3.6.3 界限温度与农业生产

3.6.3.1 界限温度

对某些重要物候现象或农事活动的开始、终止或转折有普遍指示意义的温度，叫作农业界限温度(agricultural threshold temperature)，简称界限温度。农业上常用的界限温度有(按日平均温度)0℃、5℃、10℃、15℃、20℃。

0℃表示土壤冻结与解冻，常把0℃以上的持续时期称为农耕期，小麦等耐寒作物在0℃以上即可萌动和缓慢生长。用一年中日平均气温稳定大于0℃的天数来衡量农事季节的长短，以一年中大于0℃的积温反映该地区农耕期中的热量资源。

5℃表示作物和多数果树停止或恢复生长。在5℃以下，副热带和温带作物处于越冬期；高于5℃则表示农作物和果树开始生长。因而把稳定通过5℃的持续时间称为作物生长期。

10℃从春季温度稳定升至10℃以上到秋末冬初稳定降到10℃之间的时段，是喜温的秋熟作物播种与生长期，也是喜凉的夏熟作物的生长期。它的初终日期及其持续时间，常作为鉴定该地区作物生育条件优劣的温度指标，故也将该时期称为生长活跃期。

15℃是喜温作物的活跃生长温度，也是早稻分蘖的起始温度。秋季日平均温度降到15℃以下时，水稻停止灌浆，棉花纤维发育停止，热带作物将停止生长。因此，稳定通过15℃的时段为喜温作物的安全生长期。

20℃是粳稻安全齐穗的温度指标，最热月温度>20℃是能否栽培水稻的温度条件，而秋季该温度出现的迟早又是双季水稻栽培地区收成好坏的关键因素之一。20℃也是热带植物橡胶的正常生长、产胶的界限温度。

各地区常针对当地农事活动或重要物候现象，确定某些补充的界限温度。如3℃代表小麦返青，12℃代表杂交水稻和棉花播种，等等。

3.6.3.2 界限温度的农业意义

界限温度资料在农业上有多方面的意义，例如：

①分析与对比年代间或地区间稳定通过某界限温度日期的早晚及对作物的影响。

②分析与对比年代间与地区间稳定通过相邻或选定的两界限温度日期之间的间隔日数，以比较升温与降温的快慢缓急及其对作物的利弊等。如春季0~10℃的间隔日数较长，对小麦穗分化有利；而秋季5~0℃、0 ~ -5℃的间隔日数太短，是不利于小麦越冬抗寒锻炼的。

③分析对比年代间与地区间春季和秋季稳定通过5℃或10℃之间的持续日数，作为鉴定生长季长短的标准之一，还可以与无霜期日数结合使用，相互补充。

3.6.4 积温与植物

当植物生育所需的其他因子基本满足时，在一定温度范围内，植物生长发育速率与温度成正相关。当适宜温度范围内的时间累积到一定量时，植物才能完成某生育阶段或生育周期。将某一段时间内的逐日平均气温对时间的积分称为积温(accumulated temperature)，其单位为度·日(℃·d)。积温在作物栽培、病虫害测报及农业气象工作中已广泛应用。

3.6.4.1 常用积温的种类

积温有活动积温、有效积温、负积温、地积温、净效积温和危害积温等。下面介绍几种常用的积温。

(1)*活动积温*(Y)

高于生物学下限温度(B)的日平均温度(t_i)称为活动温度。某一生育期或全生育期内活动温度的总和称活动积温(active accumulated temperature)。即：

$$Y = \sum_{i=1}^{n} t_i \quad (t_i > B) \tag{3-8}$$

式中 t_i——第 i 日的日平均温度；

n——某生育期天数。

(2)有效积温(A)

活动温度与生物学下限温度(B)之差称有效温度。某一生育期或全生育期内有效温度的总和称有效积温(effective accumulated temperature)。即：

$$A = \sum_{i=1}^{n} (t_i - B) \quad (t_i > B) \tag{3-9}$$

(3)负积温

负积温(negative accumulated temperature)是指植物某个生育期日平均温度低于生物学下限温度的累积。多数指冬季一段时间内低于0℃的日平均温度的总和。

上述积温中，以活动积温和有效积温应用较多。两种积温相比较，活动积温统计比较方便，常用来估算地区的热量资源；有效积温在用来表示植物生长发育对热量的需求时稳定性较强，比较确切。

3.6.4.2 积温的应用

积温在农业生产中应用较为广泛，其用途主要有以下几个方面：

①积温是作物与品种特性的重要指标之一。分析引进或推广地区的温度条件能否满足作物生育所要求的积温，为作物引种服务，以避免引种或推广的盲目性。

②作为物候期预报、收获期预报、病虫害发生时期预报等的重要依据。也可根据杂交育种、制种工作中父母本花期相遇的要求，或根据商品上市、交货期的要求，利用积温来推算适宜播种期。预报作物发育期公式为：

$$D = D_1 + \frac{A_t}{t - B} \tag{3-10}$$

式中 D——所要预报的发育期；

D_1——前一发育时期出现的日期；

A_t——由 D_1 到 D 期间作物所要求的有效积温指标；

t——D_1 和 D 期间的平均气温；

B——该发育时期所要求的下限温度。

③作为农业气候专题分析与区划的重要依据之一。积温是热量资源的主要标志，根据积温多少，可确定某作物在某地种植能否正常成熟，预计能否高产、优质。例如分析积温多少与某地棉花霜前花比例的关系，既涉及产量又涉及品质。此外，还可以根据积温分析，为确定各地种植制度(如复种指数、前后茬作物的搭配等)提供依据，并可用积温作为指标之一进行区划。

④负积温可用来表示作物越冬的温度条件。

3.6.4.3 积温的稳定性

积温作为热量指标，因其计算简便，在农业生产上得到广泛应用，但在应用中发现，积温学说尚有不完善之处。如同一种作物，完成同一生育阶段所需积温，在不同地区、不同年份、甚至不同播种期是不同的，说明积温的稳定性不够理想。造成积温不稳定的原因是多方面的，其主要原因是：

①影响作物生长发育的外界环境条件，不仅有气象因子还有其他因子。气象因子中除温度外，光照时间、辐照度等对生育速度也都有一定的影响，它们与生育速度的关系，有各自遵循的特定规律。

②积温学说是建立在假定其他因子基本满足的条件下，温度对作物发育起主导作用的这一理论基础上。在自然条件下，这一假定是难以满足的，因而影响积温的稳定性。另外，发育速度与温度的关系也并非呈线性关系。有人提出影响作物发育速度的非线性温度模式，认为在下限温度以上，发育速度随温度的增高加快；在最适温度时，发育速度达最大值；当温度超过最适温度，过高的温度对生长发育有抑制作用，是一种非线性关系。

根据具体情况，积温在应用时，有时要进行一些订正，如水稻对光周期敏感，计算水稻积温值时，须以光温系数加以订正。

3.6.5 空气温度与植物体温

植物体温与周围环境温度不一致，而体温实际影响着植物的生命活动。因此，很多人认为用植物体温表示植物的热量状况较用环境温度为好。植物体各部分温度不尽相同，但光合作用主要在叶片中进行，植物体中的热量得失和温度变化除取决于环境温度以外，也是它本身的辐射收支、热传导以及蒸腾作用等许多因子同周围环境进行热量交换的结果，而且土壤湿度，空气乱流作用等对它也有影响，所以用叶温更能反映植物的热状况。

在确定作物三基点温度、受害致死温度、周期变温、农业界限温度以及积温时，苗期应用叶温更为客观，进入生殖生长期以后，用幼穗或生长点的温度效果更好。

3.6.6 土温对植物的影响

土壤温度高低直接影响植物的生长发育，大多数作物根区温度在20~30℃时生长最快。据研究，土温对植物的影响主要有以下几个方面：

(1)土温影响植物根系对水分和养分的吸收

低温可减少根系的吸水性及对多数矿质营养的吸收作用。据测定，2个月苗龄的棉花，土温在10℃时根系的吸水量只为20℃时的20%。

(2)土温影响植物块根、块茎的形成

不仅影响块茎的产量，还影响块茎的形状和大小及含糖量的多少等。马铃薯苗期土温高生长旺盛，但不减产；中期土温高于28.9℃不能形成块茎，15.6~22.9℃最适于形成块茎，形成的薯块个数少而体积大，土温过低则形成薯块个数多而体积小。土温日较差和垂直梯度大，薯块呈圆形；反之，呈尖形。马铃薯的退化也与栽培期的土温过高有关。

(3)土温影响种子发芽、出苗

土温对种子发芽、出苗的影响比气温更直接，故一般用土温作指标较为确切。

(4)土温影响昆虫的发生

很多昆虫生命过程的某些阶段是在土壤中渡过的，因此，土温对昆虫，特别是对地下害虫的发生发展有很大作用。

3.7 温度在农林业生产中应用的案例分析

温度作为重要的农业气象条件，在农林业生产中很受重视，有关温度对各种农林植物的生长、发育、以及生理生化参数的影响等，很多学者做了大量的研究。前面在讲述空气温度与植物体温的关系时提出，体温实际影响着植物的生命活动，用植物体温表示植物的热量状况比用环境温度更具有代表性，用植物叶温作为植物的受害指标比用环境温度更准确。用叶气温差、冠层温度可以诊断植物的水分亏缺状况，还用于植物优势品种的筛选等。因此选植物体温的应用研究来作为温度在农林业生产中应用的案例分析。

3.7.1 植物体温应用研究

植物体温是指植物的叶、茎、冠层等的温度。植物体温受到众多因素影响，有气象因素也有植物因素。气象因素中有光照、空气相对湿度、风速、环境温度即气温等。植物因素有植物的抗旱性、叶片厚度、倾角、所处高度等。另外，土壤水分、二氧化碳浓度等也影响叶温及冠层温度的大小。

3.7.1.1 叶气温差与气象因素的关系

(1)叶气温差与太阳辐射的关系

光照强弱反映了太阳辐射能的大小，光照条件对叶温的影响很大，太阳光直接照射下的叶温较遮阴处的叶温往往高出许多。因此，在测叶温时，需保持光照的一致性，一般选择阳光可充分照射的水平叶片做代表。当土壤水分不是很大的情况下，叶温随太阳辐射强度的增强而升高。晴天时，上午随着太阳辐射强度的迅速增大，叶温迅速升高，上升速度快于气温，叶气温差的最大值一般出现在10：00~13：00；下午太阳辐射强度下降后，叶温随之下降，下降速度快于气温，叶气温差随之变小。魏丹丹等(2012)实测得5~8月栓皮栎人工林冠层温度与气温在晴天的日变化规律(图3-11)。叶气温差最大一般可以达到8~14℃(彭辉 等，2009；张建光 等，2004)，在青海高原叶气温差最大可以达到25℃(崔连生，1989)。高温可破坏植物原生质的结构，并对酶活性产生抑制作用。夏季过高的叶温可能对植物的生长发育产生诸多不良影响。

阴天时，叶气温差很小，叶温等于或低于气温。李国臣等(2006)研究发现，当作物处

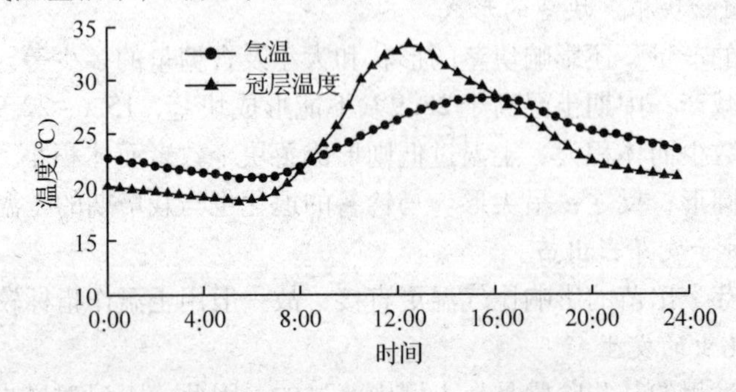

图3-11 5~8月栓皮栎人工林冠层温度与气温在晴天的日变化规律

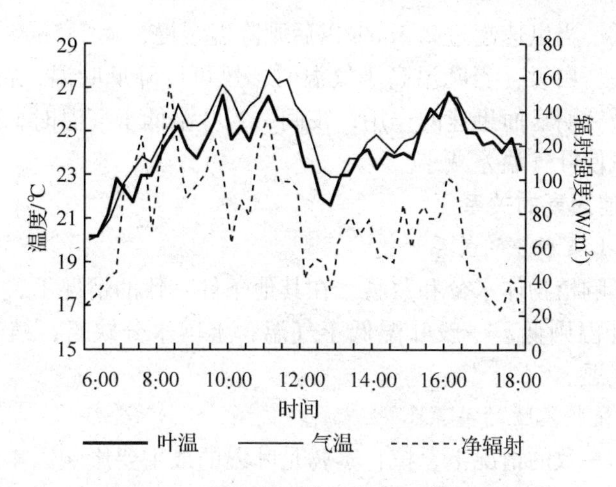

图 3-12 弱辐射下叶温与气温变化对比

于弱辐射条件下，叶温变化曲线始终处于气温曲线的下方，如图 3-12。

(2)叶气温差与环境温度的关系

在太阳辐射、空气及土壤湿度相似的情况下，叶气温差与环境温度存在着显著的线性相关。一般来说，环境温度较低时，白天，叶温升高趋势较大，这是由于在较低环境温度时，植物蒸腾较弱造成的；夜间，叶温一般等于或低于气温，晴朗的夜晚叶温一般低于气温 0.5~2℃，在青海高原可达 -3 ~ -5℃。

(3)叶气温差与空气相对湿度的关系

在太阳总辐射相同、土壤湿度相似的条件下，叶气温差随相对湿度的增加而加大。这主要是因为空气相对湿度大限制了叶片蒸腾降温的缘故。崔连生等(1989)在对青海高原春小麦的研究中得出图 3-13，陈金华等(2011)在对水稻的研究中得出图 3-14。

(4)叶温与风的关系

风速对叶温的影响非常明显而迅速。当风速增大时，叶温随之降低，风停则很快恢复到日射下的叶温最高值，时间尺度以秒计。郭仁卿等(1990)试验得知，受光叶的温度随风

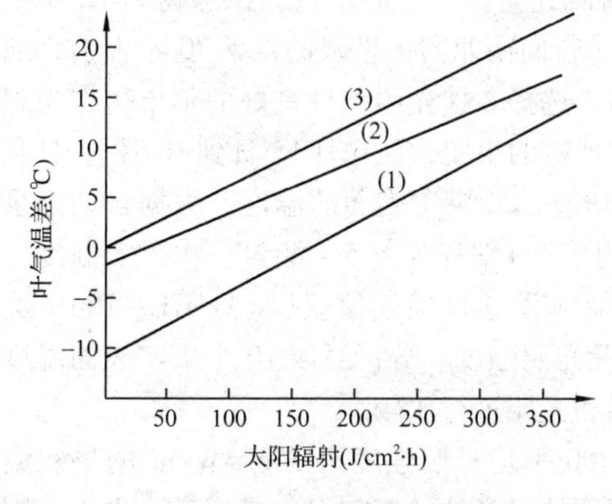

图 3-13 不同相对湿度时叶气温差与太阳辐射的关系

注：图中 3 条线分别表示：(1)空气相对湿度为 20%~40%，(2)相对湿度为 41%~60%，(3)相对湿度为 61%~80%

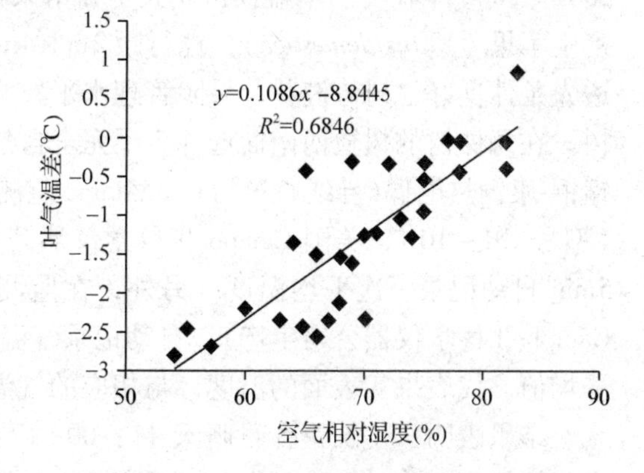

图 3-14 叶气温差与空气相对湿度的关系

速的增大而迅速降低。当风速超过2.5m/s以后则降温缓慢，大于5m/s则接近气温。遮阴叶的温度与风速无关。白天，当叶温高于气温时，风可以降低叶温，特别是2.5m/s以下的风，对叶温的降低有明显而迅速的作用；夜间，当叶温低于气温时，风速的增加又可以提高叶温。总之，风使叶气温差减小。

3.7.1.2 叶温与其他因素的关系

(1)叶气温差与土壤水分的关系

土壤水分直接影响植物体水分和蒸腾，在其他条件一致的情况下，土壤水分充足，植物体含水量就大，叶温则低，一般叶温低于气温；土壤水分缺乏，植物含水量小，叶温高，一般叶温高于气温。

(2)叶气温差与植物蒸腾的关系

在其他条件基本一致的情况下，植物蒸腾是叶温的最主要影响因素。如果水分能维持在一个适当的范围内，随着温度的上升，植物蒸腾的增强可以将叶温控制在一个相对稳定的范围内，叶温一般低于或等于气温，植物正常生长。大多数作物如小麦、玉米、大豆、谷子等在灌溉情况下，冠层温度都低于气温。但当水分降低到一定程度，或者某一个临界值时，蒸腾就会失去对叶温的调控能力，而使叶温偏高，导致植物正常生长代谢受到抑制和破坏，植物叶片受到灼伤，植物根系吸水困难。所以一般植物很难度过旱季，有些植物出现了旱季落叶情况，或停止生长。自Tanner(1963)提出冠层温度可以反映植株水分状况，用植株温度指示植株水分亏缺的设想后，Idso和Jackson(1981)等提出作物水分胁迫指标(crop water stress index，简称CWSI)作为基于冠气温差的水分亏缺诊断指标，李国臣等(2006)提出作物水分亏缺诊断的最佳时间是14：00~15：30。冠层温度的变化可以反映作物受水分胁迫的程度，这已为许多国内外研究所证实，并应用到抗旱、抗热基因型作物的筛选中。国际小麦玉米改良中心(CIMMYT)将冠层温度和冠气温差作为选择小麦抗热性的重要指标。

3.7.1.3 植物体温的其他应用研究

张建光等(2004)研究了光照强度对苹果果实表面温度变化和日灼的影响。试验于2001—2002年在美国华盛顿州立大学乔木果树研究与推广中心进行。试验树为12年生红富士苹果(*Malus domestica*)，株行距2m×4m，行向南北向，果园覆盖率70%左右，通风透光条件良好，树势健壮，果园管理水平较高。选择2株光照条件良好的苹果树作为观测树。在每株树的树冠西南面选择5个完全自然裸露的果实，从6月15日到10月15日利用锰铜-康铜热电偶(导线直径为0.254mm)监测所有试验果实表面的温度。数据自动记录仪(型号CR-10X，美国Campbell科学仪器公司生产)编程为每5 s测量一次果实温度，每5min自动记录一次平均温度。另外，在监测树旁设立自动气象仪(型号ET-106，美国Campbell科学仪器公司生产)，自动记录气温及光照强度。分析时取10个果实表面温度的平均值，代表果实表面的温度，与相应的气温和光照进行比较。

结果表明：生长季8月晴天11：00~17：00平均日照强度为556.3W/m^2的果实温度变化规律为：落日后到日出前，果实阴面和阳面的温度都接近气温。日出后，由于太阳照射果面的增温作用，果实阳面温度迅速上升，果实阴面温度在14：00之前仍然接近气温，只是到了午后一段时间内才略高于气温。果实阴面和阳面最大温差达到9.6℃，阳面和气温最大温差达到12.5℃，而阴面和气温最大温差只有3℃左右。阴天全天果实温度与气温十分接近。11：00~19：00平均日照强度为183.6 W/m²，二者温度相差幅度不大。中午时即使短期内光照强度超过300W/m²，随后果实温度差异仍小于1.1℃。这说明在日照强度较弱的情况下，不能明显改变果实表面的温度。实验中，中午前后超过200W/m²达到5h，但对果实表面温度上升并未产生很大影响，果温与气温变化接近。张建光等通过人工诱导和田间自然监测试验已经证实，苹果果实表面必须达到一定的阈值温度后才能发生日灼现象。不同品种阈值温度有所不同，介于(46~49)℃ ±0.5℃。一般当10：00~16：00平均光照强度达到580W/m²以上，果实达到其日灼阈值温度1 h，就有可能发生日灼。在一定范围内，低温长时间诱导与高温短时间诱导具有同样的效应，如48℃持续1 h与52℃持续10 min均可引起日灼。从试验看，6~10月由于强光导致果气温差都能达到14℃以上，所以，从理论上讲，只要气温能够达到32℃以上，就有可能引起日灼。从近年的调查来看，确实从6~10月都有日灼发生，7、8月出现的机率较高。因此，对于树冠外围裸露的果实而言，光照是引起日灼的必要条件之一。

王谦等(2007)研究了日光温室内番茄植株体的茎-气温差、叶－气温差、果－气温差和茎上、下部温度对比等植物不同部位的体温变化情况。冯玉香等(2000)研究了用最低叶温作为冬小麦拔节后的霜冻害指标。有不少学者研究了冠层温度与玉米、小麦、大豆、棉花、谷子、水稻等作物的生理特性和产量的关系。

3.7.2 植物体温的研究展望和启示

尽管目前国内外有关植物体温的研究取得了一定的进展，但还有一些问题研究得不够充分，有些研究工作还处于起步阶段，今后应加强以下几个方面的研究：

①植物体温受到众多因素的同时影响，如前述的各种气象因素和植物因素。目前对单一因素的研究报道较多，但对于多因素的综合影响研究报道还相对较少。在一定的气候条件下，气象因素是如何共同影响植物体温的、各个气象因素在影响植物体温时所起到的作用的大小等问题还需要深入探讨。

②作为诊断植物生长、发育、受害状况的指标，显然应该用植物体温，而不是气温。但目前植物的生长、发育、受害指标体系多使用的是气温，用植物体温来修订植物的生长、发育、受害指标的研究还十分欠缺。

③目前植物体温的测定仪器主要有红外测温仪、热电偶测温仪、半导体热敏电阻测温仪等。各种仪器的原理不同，探头大小、精度误差也不相同，加上观测使用不当，测量误差则会很大，会影响测定结果。因此，在实验中一定要注意对仪器进行合理筛选和使用，选用适用植物体测量的仪器，观测时要合理布置探头，增加测点数，有足够的重复，尽量减少各种因素导致的误差。

红外测温仪属于非接触测温，热电偶测温仪、半导体热敏电阻测温仪都是接触测温。红外测温仪测温受环境因素(如光、温、布点)等的影响较大。半导体热敏电阻测温仪的精度相对较高，基本能达到常用的玻璃温度表的精度，所以目前的自动气象站多选用半导体热敏电阻测气温，但探头较大，测植物体温有一定的难度。热电偶测温仪探针较小(0.1mm左右)，但精度一般只能达到0.2~0.3℃。目前使用热电偶探针的方法有2种，一种是有损测量，即把探针刺入植物体内，但由于探针很小，对植物的损伤不大；另一种是无损测量，即把探针贴在植物体上，但粘合材料可能会有一定的影响。各种测温仪在植物体温的测定中的对比如何，对此类问题的研究鲜有报道。

思考题

1. 土壤、空气和水的热交换方式有何异同？
2. 灌溉、中耕除草等农事活动将使土壤的热特性如何改变？并导致土壤温度如何变化？
3. 写出土壤热量平衡方程并试述方程中各项的意义。
4. 试述土温、气温和水温变化的规律及其影响因素。
5. 逆温有哪几种？分别是如何形成的？它们对农业生产有何实际意义？
6. 如何判别大气稳定度？
7. 试述积温学说，以及积温在农林业生产上的应用及其局限性。
8. 试述周期性变温在农林业生产中的意义。

参考文献

陈金华，岳伟，杨太明. 2011. 水稻叶温与气象条件的关系研究[J]. 中国农学通报，27(12)：19－23.

崔新菊，赵奇，尤明山，等. 2010. 不同灌溉条件下冬小麦灌浆期冠层温度与产量相关性分析[J]. 作物杂志(6)：51－54.

韩亚东，张文忠，杨梅，等. 2006. 孕穗期水稻叶温与水分状况关系的研究[J]. 中国农学通报，22(2)：214－216.

姜艳丰，王炜，梁存柱，等. 2007. 红外测温仪及其在群落冠层温度测定上的应用[J]. 内蒙古科技与经济，140(10)：119－120.

李东升，郭琳，郭冲冲，等. 2012. 叶温测量仪的研制及其在叶片参数测量中的应用[J]. 农业工程学报，28(5)：139－143.

李永平，王长发，赵丽，等. 2007. 不同基因型大豆冠层冷温现象的研究[J]. 西北农林科技大学学报，35(11)：80－89.

刘建军，肖永贵，祝芳彬，等. 2009. 不同基因型冬小麦冠层温度与产量性状的关系[J]. 麦类作物学报，29(2)：283－288.

刘江. 2002. 气象学(北方本)[M]. 北京：中国农业出版社.

孟平，张劲松，高峻，等. 2007. 苹果树冠层—空气温差变化及其与环境因子的关系[J]. 应用生态学报，18(9)：2030－2034.

彭辉，李昆，孙永玉. 2009. 干热河谷4个树种叶温与蒸腾速率关系的研究[J]. 西北林学院学报，24(4)：1－4.

秦晓威，王长发，任学敏，等. 2008. 谷子冠层温度分异现象及其生理特性研究[J]. 西北农业学报，17(2)：101－105.

闰川，丁艳锋，王强盛，等. 2008. 水稻体温与气温的关系[J]. 生态学报，28(4)：1573－1578.

王谦，李胜利，孙治强，等. 2007. 日光温室番茄植株体温与气温差异研究[J]. 农业工程学报，23

(5): 185 - 198.

王纯枝，宇振荣，孙丹峰，等. 2006. 夏玉米冠气温差及其影响因素关系探析[J]. 土壤通报，37(4): 651 - 657.

王国字，宋尚有，樊延录，等. 2009. 不同基因型玉米冠层温度与产量和水分利用效率的关系[J]. 玉米科学，17(1): 92 - 95.

王谦，李胜利，孙治强，等. 2007. 日光温室番茄植株体温与气温差异研究[J]. 农业工程学报，23(5): 185 - 189.

魏丹丹，张劲松，孟平，等. 2012. 栓皮栎人工林冠层温度变化特征及其与微气象因子的关系[J]. 应用生态学报，23(7): 1767 - 1773.

袁国富，唐登银，罗毅，等. 2001. 基于冠层温度的作物缺水研究进展[J]. 地球科学进展，16(1): 49 - 54.

张建光，刘玉芳，孙建设，等. 2003. 苹果果面日最高温度与主要气象因子的关系[J]. 生态学报，35(5): 850 - 855.

张建光，刘玉芳，孙建设，等. 2004. 光照强度对苹果果实表面温度变化的影响[J]. 生态学报，24(6): 1306 - 1310.

张文忠，韩亚东，札宏娟，等. 2007. 水稻开花期冠层温度与土壤水分及产量结构的关系[J]. 中国水稻科学，21(1): 99 - 102.

赵丽，王长发，李永平，等. 2008. 不同温型大豆与其叶片生理性状的关系研究[J]. 西北农业学报，17(3): 150 - 154.

赵平，饶兴权，马玲，等. 2006. 林冠层气孔导度对环境驱动因子的响应[J]. 应用生态学报，17(7): 1149 - 1156.

LAWLOR D W, CORNIC G. 2002. Photosynthetic carbon assimilation and associated metabolism in relation to water deficits in higher plants[J]. Plant Cell and Environment, 25: 275 - 294.

MORTTA S, YONEMARU J, TAKANASHI J. 2005. Grain growth and endosperm cell size under high night temperatures in rice (Oryza sativa L.) [J]. Annals of Botany, 95: 695 - 701.

TARNOPOLSKY M, SEGINER I. 1999. Leaf temperature error from heat conduction along thermocouple wires [J]. Agricultural and Forest Meteorology, 93: 185 - 194.

PENG S B, HUANG J L, SHEELY J E, *et al*. 2004. Rice yield decline with high temperature from global warming[J]. Proceedings of National Academy of Sciences of USA, 101(27): 9971 - 9975.

PRASD P V V, BOOTE K J, ALEN L H, *et al*. 2005. Species, ecotype and cultivar differences in spikelet fertility and harvest index of rice in response to high temperature stress[J]. Field Crops Research, 95: 398 - 411.

KHABBA S, LEDENT J F, LAHROUNI J. 2001. Development and validation of model for estimating temperature within maize ear[J]. Agricultural and forest meteorology, 106: 131 - 146.

SCHRADER L. Zhang Jiangguang. 2001. Two types of sunburn in apple caused by high fruit surface (peel) temperature [J]. Plant Health Progress (10): 1 - 5.

BOULARD T, MERNIER M, FARGUES J, *et al*. 2002. Tomato leaf boundary layer climate: implications for microbiological whitefly control in greenhouses [J]. Agricultural and forest meteorology, 110: 159 - 176.

第4章　水　分

大气中的水分来源于地球表面的江河湖海和潮湿土壤、含有水分地物表面的蒸发以及植物蒸腾。在大气的组成成分中，水分是最富于变化的部分，它在自然界温度范围内，经常进行着相态变化，放出或吸收大量的热量(潜热)，产生云、雾等天气现象，并以雨、雪等降水形式重新返回到地表面。水在陆地、海洋、大气之间进行着循环，在水分循环的过程中，大气中所含的水分虽然很少，但对大气中能量的转换和输送却起着重要的作用。本章将着重介绍空气湿度的表示方法及其变化规律、大气中水分相变过程中所产生的各种现象和自然界中水的循环过程及其在农林业生产上的意义。

4.1　空气湿度

大气中的水汽含量极不稳定，在湿热地方的暖季能高达大气组成中的4%，而在冬季干燥寒冷的地方则可低至0.01%。表示空气中水汽含量多少或潮湿程度的物理量称为空气湿度(humidity)。空气湿度状况是决定云、雾、降水等天气现象的重要因素，近地层空气的潮湿程度无论对植物的生长发育还是农林业生产活动都有较大的影响。

4.1.1　大气中的水汽含量及其表示方法

4.1.1.1　绝对湿度(a)

单位体积空气中所含的水汽质量，称为绝对湿度(absolute humidity)，又称水汽密度，单位是g/m^3(克/米^3)或g/cm^3(克/厘米^3)。它是直接表示空气中水汽绝对含量的物理量。空气中水汽含量越多，绝对湿度就越大。在一定温度下，单位体积空气能容纳的最大水汽量，称为饱和水汽密度。绝对湿度不易直接测得，常通过测定水汽压、气温再计算出来。

4.1.1.2　水汽压与饱和水汽压

(1)水汽压(e)

大气中水汽所产生的分压强称为水汽压(vapor pressure)，它是大气压强的一部分。它的单位与气压一样，以hPa(百帕)或mmHg(毫米水银柱高)表示。

气体状态方程同样适用于水汽，即：

$$e = \rho_w R_w T \tag{4-1}$$

式中　e——水汽压；

ρ_w——水汽密度；

T——以绝对温度表示的气温；

R_w——水汽的气体常数，等于0.46J/(g·K)。

由式(4－1)看出，当温度一定时，大气中水汽含量越多，水汽压越大；反之，水汽压越小。

由式(4－1)可得出绝对湿度(a)与水汽压(e)的之间关系式，即：

$$a = \frac{e}{R_w T} \tag{4-2}$$

式中，如果绝对湿度单位取g/m³，水汽压单位取hPa，$T=273(1+\alpha \cdot t)$，则有：

$$a = 0.8\frac{e}{1+\alpha \cdot t} \tag{4-3}$$

若水汽压以mmHg表示，因$1\text{mmHg}=\frac{4}{3}\text{hPa}$，则有：

$$a = 1.06\frac{e}{1+\alpha \cdot t} \tag{4-4}$$

式中 t——空气温度(℃)；

α——气体膨胀系数，等于1/273。

计算表明，就数值而言，以g/m³表示的绝对湿度与以mmHg表示的水汽压差别很小，当$t=16.4$℃时，$a=e$，因一般情况下，在长江中下游一带年平均气温的数值与16.4℃相差不大。所以，在实际工作中，常用水汽压代替绝对湿度。

(2)饱和水汽压(E)

在一定温度条件下，单位体积的空气所能容纳的水汽数量有一定的限度，如果水汽含量达到该限度，空气呈饱和状态，此时空气中的水汽压称饱和水汽压(saturation vapor pressure)。如果空气中的水汽含量未达到这个限度，这时的空气叫作未饱和空气；如果空气中的水汽含量超过这个限度，这时的空气叫作过饱和空气。在一般情况下，超过的那一部分水汽就要发生凝结。

实验和理论证明：在温度改变时，饱和水汽压也随着改变，饱和水汽压随温度的升高而迅速增大，温度越低饱和水汽压越小。它与温度的关系可用马格努斯(Magnus)半经验公式表示，即：

$$E = E_0 \times 10^{\frac{at}{b+t}} \tag{4-5}$$

式中 E_0——0℃时的饱和水汽压，等于6.11hPa；

t——蒸发面的温度(℃)；

a，b——经验系数，用于纯水面上，$a=7.63$，$b=241.9$，用于纯冰面上，$a=9.5$，$b=265.5$。

饱和水汽压除与温度有关外，还与物态、蒸发面形状和溶液浓度等因子有关。在同一温度下，水面饱和水汽压大于冰面饱和水汽压。表4-1为按式(4－5)计算的不同温度下的饱和水汽压值。凸面饱和水汽压大于凹面饱和水汽压，且凸面的曲率越大(即水滴越小)，饱和水汽压越大；液体浓度增加，饱和水汽压减小，如含有盐分的溶液表面上的水汽压小于纯净水面上的饱和水汽压。

表4-1 不同温度下的饱和水汽压 hPa

	t(℃)	0	1	2	3	4	5	6	7	8	9
水面	30	42.43	44.93	47.55	50.31	53.20	56.24	59.42	62.67	66.26	69.93
	20	23.37	24.86	26.43	28.09	29.83	31.67	33.61	35.65	37.80	40.06
	10	12.27	13.12	14.02	14.97	15.98	17.04	18.17	19.37	20.63	21.96
	0	6.11	6.57	7.05	7.58	8.13	8.72	9.35	10.01	10.72	11.47
	-0	6.11	5.68	5.28	4.90	4.55	4.21	3.91	3.62	3.35	3.10
	-10	2.86	2.64	2.44	2.25	2.08	1.91	1.76	1.62	1.49	1.37
	-20	1.25	1.15	1.05	0.96	0.88	0.81	0.74	0.67	0.61	0.56
冰面	-0	6.11	5.62	5.17	4.76	4.37	4.02	3.69	3.38	3.10	2.84
	-10	2.60	2.38	2.17	1.98	1.81	1.66	1.51	1.37	1.25	1.14
	-20	1.03	0.94	0.85	0.77	0.70	0.63	0.57	0.52	0.47	0.42
	-30	0.380	0.342	0.308	0.277	0.249	0.223	0.220	0.179	0.161	0.144

4.1.1.3 相对湿度(r)

空气的实际水汽压(e)与同温度下的饱和水汽压(E)的百分比，称为相对湿度(relative humidity)，其表达式为：

$$r = \frac{e}{E} \times 100\% \tag{4-6}$$

相对湿度的大小直接反映空气距饱和的程度。在一定温度条件下，即饱和水汽压 E 不变时，水汽压 e 越大，空气越接近饱和。当 $e = E$ 时，$r = 100\%$，空气呈饱和状态；当 $e < E$ 时，$r < 100\%$，称未饱和状态；当 $e > E$ 时，$r > 100\%$，称过饱和状态。当空气中水汽含量不变(e 一定)时，相对湿度随气温的升高而降低，反之升高。

4.1.1.4 饱和差(d)

某一温度下的饱和水汽压与实际水汽压之差，称为饱和差(saturation deficit)，单位以 hPa 表示，即：

$$d = E - e \tag{4-7}$$

饱和差的大小表示空气中的水汽距离饱和的绝对数值。d 随温度的升高而增大，随温度的降低而减小。在一定温度下，d 值越小，空气越接近饱和，即空气越潮湿；当 $d = 0$ 时，空气达到饱和。

应注意，尽管相对湿度和饱和差都可以表示空气的潮湿程度，但两者之间是有差异的。即当相对湿度相同，而温度不同时，其饱和差不同(表4-2)，对蒸发、蒸腾的影响也就不一样。

表 4-2 相对湿度相同(70%)不同温度下的饱和差

t(℃)	10	20	30
E(hPa)	12.27	23.37	42.43
d(hPa)	3.69	7.01	12.74

4.1.1.5 露点温度(T_d)

当空气中水汽含量不变且气压一定时，通过降低温度，使未饱和空气达到饱和时所具有的温度称为露点温度(dew point temperature)，简称露点。其单位与气温单位相同。当气压一定时，露点的高低只与空气中水汽含量有关，即水汽含量越多，其露点越高；反之，越低。例如，当气温高于露点时($T > T_d$)，空气处于未饱和状态，且两者差异越大，空气越干燥；当气温等于露点时($T = T_d$)，空气达到饱和状态；当气温低于露点时($T < T_d$)，表示空气处于过饱和状态，将有多余的水汽凝结。

空气温度降低到露点温度及其以下，是导致水汽凝结的重要条件之一。

4.1.1.6 比湿(q)

单位质量空气中所含的水汽质量称为比湿(specific humidity)。单位为 g/g 或 g/kg。其表达式为：

$$q = \frac{m_w}{m_d + m_w} \tag{4-8}$$

式中 m_w——单位质量空气中水汽的质量；

m_d——单位质量空气中干空气的质量。

若 e 为水汽压，P 为气压，由状态方程可以导出下列关系：

$$q = 0.622\,\frac{e}{P}(\mathrm{g \cdot g^{-1}}) \tag{4-9}$$

或

$$q = 622\,\frac{e}{P}(\mathrm{g \cdot kg^{-1}}) \tag{4-10}$$

以上两式为比湿公式，式中的水汽压和气压必须用相同的压强单位。

对一团空气而言，在发生膨胀或压缩时，只要气块内没有发生凝结或蒸发，气块总质量和气块中水汽质量不会发生变化，也就是说气块的比湿保持不变。在讨论空气的上升或下降运动时，通常用比湿表示空气湿度；在讨论水汽输送时，比湿梯度是重要的物理量。

4.1.2 空气湿度的变化

从下垫面蒸发出来的水汽，进入近地气层，通过对流、乱流和分子扩散作用向上输送，其中乱流、对流扩散起着重要作用，因此影响空气湿度变化的主要因子是蒸发速度与乱流、对流交换强度，两者都随气温而变化。由于气温、蒸发和乱流交换等影响湿度变化的诸因子均有明显的周期性日变化和年变化，因此空气湿度也有相应的日变化和年变化。在近地气层中以绝对湿度和相对湿度的日、年变化最为显著。

4.1.2.1 绝对湿度的日变化

蒸发速度决定了进入空气中的水汽量的多少，而乱流、对流交换能使地空中的水汽向上输送，使近地气层下层的实际水汽含量减少，上层的实际水汽含量有所增大，两者虽都与温度有关，但它们对实际水汽含量的改变作用是相反的，不同的情况两者所起的作用大小不同，从而出现了不同的绝对湿度日变型。绝对湿度日变化一般有2种类型：

(1)单波型(单峰型)

所谓单波型，即一天中出现一个最高值和一个最低值。在乱流、对流交换不十分旺盛的情况下，或在水分供应充足的地区，一天中随温度的升高，蒸发蒸腾加强，近地层空气中水汽含量增多，绝对湿度变大；反之，绝对湿度变小。这种大致与气温日变化相似的单波型，多发生在温度变化不大、水分比较充足的海洋、海岸、寒冷季节的大陆和暖季的潮湿地区，最大值出现在午后(14：00~15：00)，最小值出现在日出之前(图4-1)。

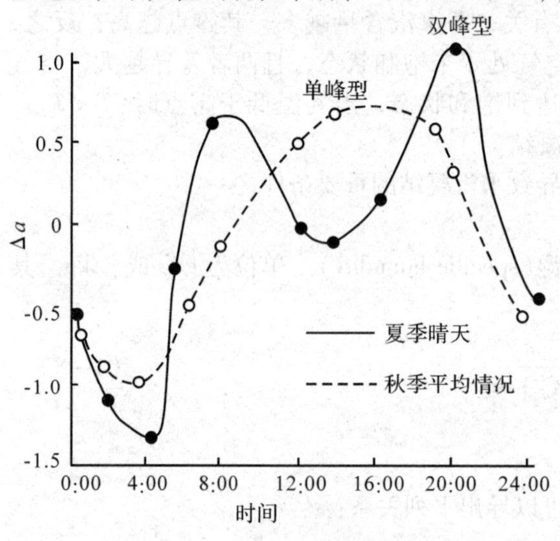

图4-1　绝对湿度的日变化

(2)双波型(双峰型)

在乱流、对流比较旺盛的季节或地区，当一天中的温度最高时，乱流与对流运动最强，低层空气中的水汽容易被带至高空，从而使低层大气中水汽含量减少。即高温时，绝对湿度反而较小。这样一天中绝对湿度就有2个最大值，分别出现在温度不断上升、对流尚未充分发展的8：00~9：00和对流、乱流已减弱，地面蒸发的水汽聚集在低层的20：00~21：00。2个最小值则出现在气温最低、蒸发最弱的日出之前和气温最高、乱流与对流最强的14：00~15：00。双波型一般出现在高温干燥的地区和季节。如内陆暖季及沙漠地区等(图4-1)。

4.1.2.2　绝对湿度的年变化

绝对湿度年变化一般与气温的年变化一致。在陆地上最大值出现在蒸发最旺盛的7月，最小值出现在蒸发最弱的1月；海洋上则最大值出现在8月，最小值出现在2月。绝对湿度的年变化还与降水的季节分布有关。

4.1.2.3　相对湿度的日变化

相对湿度的高低取决于温度和水汽压2个因素。在内陆地区，温度是主要的，白天温度升高使水汽压和饱和水汽压都增大，但饱和水汽压增大得更显著，使相对湿度减小，所以相对湿度的日变化与气温日变化相反。一般最大值出现在日出前后的气温最低时，最小值出现在14：00~15：00的气温最高时(图4-2)。但近海或湖畔地带，因受海陆(或水陆)风的影响，有时相对湿度日变化与气温日变化一致。

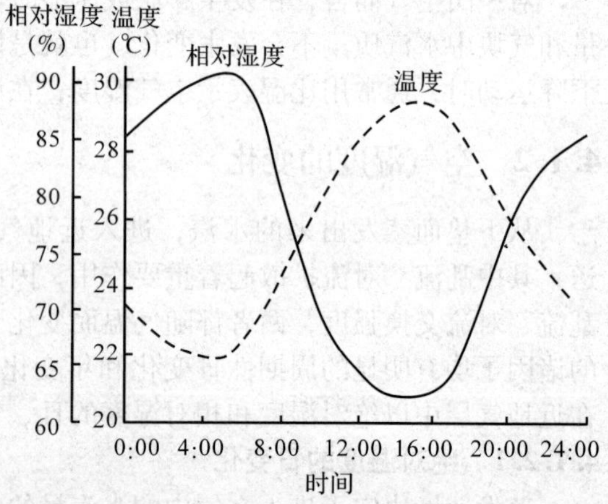

图4-2　相对湿度日变化

4.1.2.4 相对湿度的年变化

相对湿度的年变化主要取决于温度的年变化和降水的季节特征。一般来说，相对湿度年变化与气温年变化相反，即温暖季节相对湿度小，寒冷季节相对湿度大。但由于局地气候的影响，这种变化规律常受到破坏。如季风气候区域，夏季为主要降水季节，盛行来自海洋的暖湿气流，冬季降水稀少，盛行来自内陆的干冷空气，致使相对湿度年变化与气温年变化相一致。

4.1.2.5 空气湿度的垂直分布

大气中的水汽来源于下垫面的蒸发(蒸腾)。水汽进入大气后，随空气的垂直运动向上输送，高度越高，水汽越少。因此，在对流层中绝度湿度随高度的升高而减小。从地面上升到1.5~2.0km高度处，水汽含量减到近地面的1/2左右，5km处约为近地面的1/10。相对湿度随高度的分布比较复杂，难以用简单的规律说明。这是因为水汽压随高度增加而减少，气温随高度增加而降低，使饱和水汽压也随高度而减小，但饱和水汽压与水汽压的递减率不同，所以它们的比值(相对湿度)可能随高度递增，也可能递减。

4.2 蒸发、蒸腾与蒸散

蒸发过程是水汽进入大气的基本过程。当温度低于沸点时，水分子从液态或固态水的自由面逸出而变成气态的过程或现象称为蒸发(evaporation)。单位时间内单位面积上蒸发的水量称为蒸发速率(evaporation rate)，单位是g/($cm^2 \cdot s$)。在气象观测中，是以某一时间内(日、月、年)因蒸发而消耗掉的水层厚度mm来表示蒸发量。

4.2.1 水面蒸发

水面蒸发速率受气象条件及蒸发面性质的影响，而以气象条件的影响最为重要。

(1)水温越高，蒸发越快

水温越高，水分子运动越快，脱离水面进入空气中的可能性越大，跑入空气中的水分子也越多。反之，水温越低，蒸发越弱。

(2)水面上空气饱和差越大，蒸发越快

空气饱和差越大，说明空气远离饱和，所容纳的水汽量越多，因此蒸发越强。反之，饱和差越小，则蒸发越弱。

(3)水面上空的风速越大，蒸发越快

风能使蒸发到空气中的水汽迅速扩散开来，减小蒸发面附近的水汽密度，所以使蒸发加快。反之，风速小使蒸发速度减慢。

(4)水面上气压越小，蒸发越快

因为水分子从水面跑到空气中要反抗大气压力做功，气压越小，水分子越容易克服大气压力跑出水面。反之，水面上气压越大，蒸发速度越慢。

实验指出，水面蒸发速度与蒸发面温度下的饱和水汽压及蒸发面上方的水汽压差成正比，其表达式为：

$$W = C(E - e) \tag{4-11}$$

式中 W——水面蒸发速率[$g/(cm^2 \cdot s)$]；
E——蒸发面温度下的饱和水汽压(hPa)；
e——蒸发面上方的水汽压(hPa)；
C——比例系数，对于在实验条件下的静止空气，可以由空气中的水汽扩散系数决定，当温度为0℃时，$C=0.22cm^2/s$。

式(4－11)即为道尔顿(Dalton)公式。

由式(4－11)可知，空气越干燥，即 e 越小，蒸发速率越快，如果蒸发面温度升高，饱和水汽压 E 随之迅速增大，则蒸发速率增加。

气压还可影响蒸发速率，蒸发速率随气压升高而变小，若考虑气压的影响，于是式(4－11)可改写为：

$$W=k\frac{E-e}{P} \tag{4-12}$$

式中 k——与风速有关的比例系数；
P——大气压强(hPa)。

一般情况下，气压变化不大，故对蒸发速率影响不明显。

自然条件下，水面蒸发要比上述情况复杂得多，还必须对外界其他因子的影响予以考虑，如蒸发面的大小、形状、性质以及蒸发面上的气体交换情况等。温度相同时，冰面的蒸发比水面的蒸发要慢。蒸发面的曲率越大，蒸发越快，水平面比水滴蒸发慢，大水滴比小水滴蒸发慢。溶液浓度大的水面比溶液浓度小的水面蒸发要慢。在其他条件相同时，海水比淡水蒸发慢，是因为海水中含有盐分的缘故。

4.2.2 土壤蒸发

土壤蒸发(soil water evaporation)是指土壤中水分汽化并向大气中扩散的过程。因此，土壤蒸发速度的大小主要取决于两方面因素。一是辐射、气温、湿度和风速等气象因子，即蒸发的外界条件，称为大气蒸发能力。它既决定于水分蒸发过程中能量的供给，又影响到蒸发面水汽向大气中的扩散过程。二是土壤含水量的大小和分布及土壤性质、结构等因子，即土壤水分向上输送的条件，称为土壤的供水能力。

根据大气蒸发能力和土壤供水能力所起的作用，土壤蒸发所呈现的特点及规律，可将土壤水分蒸发过程分为3个阶段：第一阶段，当土壤经过降水、灌溉或下层土壤水分在毛管力的作用下不断升向土表，而使土壤表层的水分保持饱和状态。这时，土壤蒸发主要发生在土表，土壤蒸发在一定的气象条件下，保持稳定状态。蒸发速度与同温度水面的蒸发速度相似，有时甚至略大于水面蒸发。这是因为土表蒸发面积比光滑的水面大，这一阶段土壤蒸发主要受气象因子影响，式(4－12)仍然适用。第二阶段，当土壤含水量减小到田间持水量以下，土壤开始变干并出现一层干土层，土壤毛细管中的水分逐渐减小，蒸发面降低，蒸发速度减慢，受气象因子的影响逐渐减小。第三阶段，当土壤相当干燥时，土壤水分的毛细管运动停止，蒸发仅发生在较深层的土层中，土壤中的水分以气态形式通过土壤干涸层进入大气。显然这时的蒸发速度已很小，几乎取决于土壤因子，受气象因子的影响已不明显。

此外，土壤蒸发还与土壤的机械组成、有无植被覆盖以及土壤的坡度、坡向等有关。有植物覆盖的地表，因植物遮阴，白天地表温度低，土壤蒸发比裸露土壤小。但是，土壤水分为植物根系所吸收，通过植物的叶面而蒸发。因此，有植物覆盖的土壤，直接通过土壤表面的蒸发速度比无植物覆盖的裸地小，但整个土壤失去的水分却比无植物覆盖的裸地快而多。表土湿润时，粗糙的土壤表面蒸发强于平滑的土壤表面，表土变干后，粗糙土壤因毛细管被切断，蒸发量反而要小于光滑表土。深色土壤比浅色土壤蒸发强；高地比低地、谷地、凹地蒸发强；南坡比北坡蒸发强；土壤结构良好、耕作细致的蒸发量小。

在农业生产上究竟采取何种措施保持土壤水分，主要看土壤湿润情况。根据土壤水分蒸发所处的阶段，可采取不同的措施来抑制土壤水分蒸发。第一阶段，土壤毛管水上升到地表，土壤蒸发过程接近于水面蒸发，蒸发速度高而稳定，此时应松土以切断土壤毛细管，把水分保存在土壤表层以下达到保墒的目的。第二阶段，应进行镇压结合中耕松土，使土壤深层形成更多的毛细管以利于提水，表层很快形成干土层，以防止强烈蒸发。第三阶段，由于土壤相当干燥，必须考虑灌溉措施。此外，目前采用的抑制蒸腾剂效果也很好，在湿润土壤表面上喷洒抑制蒸腾剂后，能在表层形成一层均匀连续的高分子的覆盖膜，阻挡土壤中的水分进入大气，起到抑制土壤水分蒸发的作用。据中国科学院地理研究所观测，用抑制蒸腾剂的土壤比对照的蒸发量低30%～40%。

4.2.3 植物蒸腾

植物体内的水分通过体表以气态水的形式向外界大气输送的过程称为蒸腾(transpiration)。蒸腾既是物理过程，也是生理过程。植物一生从土壤中吸收大量水分，只有很少部分用于组成植物体本身，绝大部分通过叶面上的气孔或植物体表面散失到大气中。蒸腾作用除受气象条件、土壤湿度影响外，还受植物状态的影响。

在蒸腾过程中，当水分从气孔向外扩散时必须克服气孔所产生的阻力，通常以气孔阻抗表示。另外，在叶片周围，有一薄层"静止空气层"存在，称为片流副层(图4-3)，从气孔到达叶片表面的水汽分子，在通过静止空气层扩散到大气中去时，由于黏滞力的作用，还须克服空气阻力，以空气阻抗来表示。由此得出蒸腾的表达式：

$$E_u = k\frac{e_s - e_a}{r_s - r_a} \tag{4-13}$$

式中 E_u——蒸腾速率；

e_s，e_a——分别为蒸发面(叶片气孔内)与空气中的实际水汽压；

r_a，r_s——分别为片流副层空气与叶片的扩散阻抗(s/cm)；

k——主要与风速有关的系数。

叶片的扩散阻抗主要由气孔控制，其数值变化很大，与气孔大小、多少及开启程度有关。当气孔完全张开时，r_s为1～2s/cm；在夜间气孔关闭或白天因为水分或热量原因而使叶片萎蔫时阻力最大，可达50～100s/cm或更大。在通常情况下为10～20s/cm。

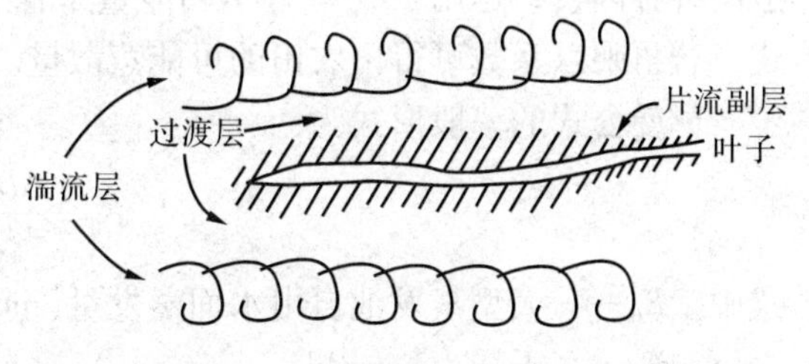

图4-3 叶面上下片流副层、过渡层与湍流层

在叶片两面都有气孔的情况下，叶片的阻抗由两面气孔阻抗共同确定。

空气阻抗主要决定于片流副层厚度，而片流副层厚度主要取决于风速，且随风速增大而变小。在完全静止空气中可达极大，而在流动的大气中一般为1~2s/cm。

研究蒸腾时除考虑气象条件及上述叶片本身的特性外，还应考虑土壤水分的供应和在植物体内的输送情况，以及叶量、叶片结构、根系发育情况等。总之，蒸腾速度主要取决于3个基本条件：小气候条件、植物的形态结构、植物的生理类型。蒸腾速度在一定的限度内，随温度的增大而增大，随饱和差的增大而增大，随风速的增大而增大。植物的地面覆盖密度、根密度和深度、气孔的大小及张开程度和干旱时根系的吸水能力等都会不同程度地影响到蒸腾速度。

4.2.4 蒸散

农田中，播种以前只有土壤蒸发，出苗后，蒸发、蒸腾同时存在。在作物苗期以土壤蒸发为主，作物旺盛生长期叶面积较大时，以植物蒸腾为主。在农田中，土壤蒸发和植物蒸腾是同时存在的，田间观测时难以将它们区分开，所以用蒸散(evapotranspiration)一词来描述农田水分输送到大气中的总过程，植物蒸腾耗水量和植被下土壤表面蒸发耗水量的总和为农田总蒸发量，亦称蒸散量。很明显，凡是影响土壤蒸发和植物蒸腾的一切因子都影响到农田蒸散。

为了研究农田蒸散量，美国气象学家桑斯威特(C. W. Thornthwaite)和英国气象学家彭曼(H. L. Penman)先后提出了“可能蒸散”(又称潜在蒸散)的概念。桑斯韦特认为蒸散量之大小与雨量成正比，但有一最大限度，过此限度后，雨量再增加，蒸散值也不变，此值即为可能蒸散量。彭曼则将可能蒸散量定义为：在一个平坦开阔的地表上，无平流热的干扰下，有旺盛且完全覆盖地面的矮草，在充分供水情况下的农田总蒸发。

可能蒸散表示一种蒸散能力，不受土壤水分的限制，只受可利用的能量限制。在绝大多数条件下，实际蒸散与可能蒸散有区别，这是因为实际条件与假定条件有区别，如可能蒸散条件忽略了平流热。实际蒸散可等于或小于可能蒸散。

可能蒸散比自由水面蒸发更接近农田条件，它排除一些植物与土壤的特殊性，故具有普遍比较的可能性，常用于鉴定不同地区农田蒸散的能力。

农田蒸散可以直接用仪器观测，但观测方法较复杂而且准确性不够。为此，科学家多年来谋求建立能接近实际蒸散的计算公式。

4.2.4.1 彭曼法(综合法)

20世纪40年代末，彭曼综合考虑了净辐射量、空气温度和水汽压以及风速等影响蒸散的各种因素，运用空气动力学和能量平衡概念，提出计算自由水面的可能蒸发量的公式，若再乘以系数可得出农田的可能蒸散量。

彭曼公式的一般形式为：

$$E_0 = \frac{\Delta H_0 + \gamma E_a}{\Delta + \gamma} \tag{4-14}$$

式中 E_0——大型蒸发池自由水面蒸发量(mm/d)；

E_a——干燥力(mm/d)；

Δ——温度—饱和水汽压曲线的斜率(mm/℃);

γ——干湿球常数(mm/℃);

H——地面净辐射，计算时换算为蒸发当量(mm/d)。

根据我国的一些具体情况，对式(4－14)中的各项因子修正如下：

(1)净辐射项

$$H_0 = R_s(1 - 2) - F \tag{4-15}$$

式中 R_s——太阳总辐射，$R_s = Q_A = \left(a + b\frac{n}{N}\right)$;

Q_A——天文辐射；

F——有效辐射，计算时换算成蒸发当量(mm/d);

$\frac{n}{N}$——日照百分率；

a，b——经验系数；

α——水面反射率，取0.05。

①a、b系数的修正：采用国内学者祝昌汉的研究，将全国分成4个区，分别给出a、b系数值(表4-3)。

表4-3 各地区a、b系数值

地　区	a值	b值
东　北　区	0.173	0.553
西　北　区	0.225	0.525
东部平原区	0.136	0.602
青藏高原区	0.183	0.681

②有效辐射F的修正：根据北京、拉萨等12个站的有效辐射实测资料及由辐射平衡的倒算资料，分别拟合出高原和平原两大区的有效辐射公式。

$$\text{平原区}\ F = \delta\sigma T^4(0.32 - 0.093\sqrt{\omega_\infty})\left(0.43 - 0.57\frac{n}{N}\right) \tag{4-16}$$

$$\text{高原区}\ F = \delta\sigma T^4(0.304 - 0.021\sqrt{\omega_\infty})\left(0.1 - 0.9\frac{n}{N}\right)e^{0.12z} \tag{4-17}$$

式中 ω_∞——大气含水量，可用下式计算，即：

$$\omega_\infty = (0.1054 + 0.1513e_d)e^{0.06z} \tag{4-18}$$

z——海拔高度(km);

δ——辐射表面的灰体辐射系数，取1;

σ——斯蒂芬波尔兹曼常数，其值为5.669×10^{-8} W/(m^2·K^4);

T——开氏温度(°K);

e_d——水汽压(hPa)。

(2)γ项

γ可用下式表示：

$$\gamma = \frac{C_p P}{0.622L} \quad (4-19)$$

式中　γ——与气压 P(hPa)有关的变量。

水气凝结潜热 L 为 2470J/g，空气定压比热 C_p 为 1.005J/℃·g，$\gamma = 6.5 \times 10^{-4} P$ (hPa/℃)。

(3)Δ 项

Δ 与气温变化有关，其间关系为：

$$\Delta = \frac{e_a}{273 + t_a}\left(\frac{6463}{273 + t_a} - 3.927\right) \quad (4-20)$$

式中　t_a——气温(℃)；

e_a——温度 t_a 下的饱和水气压(hPa)，可从气象常用表中查出。

(4)干燥力(E_a)项

根据我国蒸发池实测资料，将全国分为三大区，分别拟合经验公式。

东部平原区 $E_a = (0.200 + 0.66u_2)(e_a - e_d)$　(4-21)

西部干燥区 $E_a = (0.152 + 0.163u_2)(e_a - e_d)$　(4-22)

青藏高原区 $E_a = (0.128 + 0.172u_2)(e_a - e_d)$　(4-23)

式中　u_2——2m 高处风速(m/s)。

当使用 10m 高风速 u_{10}(m/s)资料时，用指数关系式换算得出：

$$u_2 = 0.72u_{10} \quad (4-24)$$

农田可能蒸散(ET_0)是将修正后的彭曼公式计算得出的蒸发力(E_0)乘一系数(f)所得的估算值，即 $ET_0 = f \cdot E_0$。在没有本地实验的 f 值数据情况下，参考联合国粮农组织的技术报告，我国东部季风气候区和青藏气候区采用 $f = 0.80$，西北干旱气候区酌取 $f = 0.85$。

具体作物的农田蒸散量(可粗略地视为需水量)由农田可能蒸散(ET_0)乘作物的作物系数得出。

Monteith(1963，1964)将输送阻抗概念引入彭曼公式中，使彭曼公式既能用于有充分灌溉条件下垫面的蒸散情况，也可用于供水有限下垫面的蒸散情况。其公式如下：

$$LE = \frac{S(R_n + G) + \rho_a C_p (e_s - e_a)/r_a}{S + \gamma[(\gamma_a + \gamma_c)/\gamma_a]} \quad (\text{W/m}^2) \quad (4-25)$$

式中　LE——蒸散潜热通量密度(W/m²)；

S——温度—饱和水汽压曲线切线斜率(Pa/℃)；

R_n——农田植被净辐射通量密度(W/m²)；

G——植被下土壤热通量密度(W/m²)；

γ——湿度常数(Pa/℃)；

ρ_a——空气密度(kg/m³)；

C_p——空气质量定压热容[J/(kg·℃)]；

e_s——当时空气温度下的饱和水汽压(Pa)；

e_a——空气实际水汽压(Pa)；

γ_a——空气阻抗(s/m)；

γ_c——植被阻抗(s/m)。

目前，由于自动测量仪器及计算机技术的迅速提高该公式正被广泛采用。

彭曼—蒙蒂斯(Penman-Monteith)公式是联合国粮农组织(FAO，1998)提出的最新修正彭曼公式，并已被广泛应用且已证实具有较高精度及可使用性。其公式如下：

$$ET_0 = \frac{0.408S(R_n - G) + \gamma \dfrac{900}{T + 273}U_2(e_s - e_a)}{S + \gamma(1 + 0.34U_2)} \quad (4-26)$$

式中 ET_0——参考作物蒸发蒸腾量(mm/d)；

S——温度—饱和水汽压关系曲线切线斜率(Pa/℃)；

R_n——农田植被净辐射通量密度(W/m²)；

G——植被下土壤热通量密度(W/m²)；

γ——湿度常数(Pa/℃)；

T——平均气温(℃)；

U_2——2m 高处风速(m/s)；

e_s——当时空气温度下的饱和水汽压(Pa)；

e_a——空气实际水汽压(Pa)。

4.2.4.2 桑斯威特法

桑斯威特(Thornthwaite)根据美国中西部半干旱地区多年田间试验的数据，建立用温度来表示可能蒸散的经验公式，其表达式为：

$$E_0 = 1.6\frac{L}{12}\frac{D}{30}\left(\frac{10\bar{t}}{I}\right)^a \quad (4-27)$$

式中 E_0——每月(或每旬)的可能蒸散量(mm)；

D——该月的天数；

L——该月的平均昼长(h)；

$\bar{t}$——月平均气温(℃)；

I——年热指数；

a——年热指数的函数，是因地区不同而变化的常数。

年热指数(I)是各月热指数(i)之和，若月平均气温为$\bar{t}$，月热指数(i)的计算公式为：

$$i = \left(\frac{\bar{t}}{5}\right)^{1.514} \quad (4-28)$$

a 值的计算方法为：

$$a = 6.75 \times 10^{-7}I^3 - 7.71 \times 10^{-5}I^2 + 1.79 \times 10^{-2}I + 0.41 \quad (4-29)$$

桑斯威特方法的优点是算法简单，资料易得，农业工作者常用此法。缺点是月平均气温与可能蒸散虽然相关性高，但没有直接的物理学理论依据。不适合月平均气温低于0℃的地区，因为按照公式，月平均温度为0℃时，蒸发蒸腾都停止，这与事实不符。用此法计算长时期可能蒸散比较准确，用于短时间(如1d、3d、6d等)则误差太大，很不可靠。在计算出可能蒸散后，再根据实际蒸散与可能蒸散的比例，算出实际蒸散。

由于桑斯威特方法只考虑了温度的影响，没有考虑太阳辐射、风速和饱和差等其他因素的影响，在其他因素发生较大变化时对蒸散的计算有较大误差。如目前随着全球气候变暖，按照桑斯威特方法计算，全球蒸散量应显著增长。但由于太阳辐射和风速的较弱，实际全球和我国绝大部分气象站和水文站蒸发皿实测的蒸发量都是减小的。如果运用 Penman－Monteith 公式计算，与实测结果能较好吻合。所以，现在很少有人再用桑斯威特方法计算蒸散。

4.3 凝结物

凝结(condensation)是与蒸发相反的物理过程，即由气态变为液态的过程。由气态直接变为固态的过程，称凝华(sublimation)。

4.3.1 水汽凝结的条件

大气中的水汽是在一定条件下才能凝结的。水汽凝结的条件有 2 个：一是大气中的水汽必须达到过饱和状态；二是大气中要有足够数量的凝结核。两者缺一不可。

(1)空气中的水汽达到过饱和状态

在大气中，只有当空气的实际水汽压超过饱和水汽压(即 $e>E$)的时候，水分才能由气态转变为液态或固态。

空气达到过饱和状态的途径有 2 种：增加空气中的水汽，使水汽压(e)超过当时温度下的饱和水汽压(E)；或者使含有一定量水汽的空气冷却，使饱和水汽压减小到小于当时实有水汽压，也可以是这两种过程共同作用的结果。

增加大气水汽含量，需要有蒸发源泉，而且蒸发面温度要高于气温，例如冷空气流到暖水面时，由于暖水面的温度比气温高，通过暖水面的蒸发可以使接近于水面的空气达到过饱和状态而产生凝结。秋冬季节，清晨水面上的蒸发雾就是这样形成的。

在自然界中，大部分凝结现象是产生在降温过程中。大气中常见的降温过程有以下几种：

①辐射冷却 在晴朗无风或微风的夜晚，地面因有效辐射而冷却降温，接近地面的空气也随之降温，加上空气本身的辐射冷却，气温将不断降低，当降低到露点或露点以下时，就会有凝结现象产生。

②绝热冷却 空气上升时，因绝热膨胀而冷却，上升到一定高度以后，空气就达到饱和，再继续上升就会有凝结现象产生，这个过程进行得快，水汽凝结量也多，而且空气的垂直运动在大气中极易发生。所以，绝热冷却是大气中最重要的冷却方式，大气中的很多凝结现象都是绝热冷却的产物。

③接触冷却 暖空气和冷的下垫面相接触时，暖空气将热量传给地面而降温，当温度降低到露点或露点以下时，就会有凝结现象产生。

④混合冷却 温度相差较大，而且接近饱和的两团空气相混合时，使得混合后气团的平均水汽压，可能比混合前气团平均温度下的饱和水汽压大，多余的水汽就会凝结出来。在实际大气中，由于混合冷却而发生的凝结现象不多见。

(2)空气中必须有足够数量的凝结核或凝华核

水汽凝结除满足水汽达到过饱和外，还必须有液体的、固体的或亲水的气体微粒作为水汽凝结的核心，这些水汽凝结的核心称为凝结核(或凝华核)。

实验表明，在纯净的空气中，即使相对湿度为400%~600%，也很难发生凝结，如果加入具有吸湿性的凝结核，相对湿度达到100%~120%便立即发生凝结。这一事实表明，水汽凝结除满足水汽达到过饱和状态外，还必须有凝结核。自由大气中的凝结核很多，按其性质可分为两类：一类是吸湿性很强且易溶于水的，称可溶性核。如海水浪花蒸发后遗留在空气中的盐粒；工厂排放出的二氧化硫、一氧化氮及燃烧进入大气中的烟粒等。它们吸附水分子能力大于水汽分子之间的并合力，水汽分子被吸附在凝结核周围，使水滴增大。同时，凝结核的存在增大了水滴半径，使水滴曲率减小，饱和水汽压减小，容易发生凝结。另一类是不易或不能溶于水但能吸湿水分，称非可溶性核。如悬浮于空气中的尘埃、岩石微粒、花粉、细菌等。它们能将水汽吸附在其表面而形成小水滴，但其效能较差。研究表明：纯水在0℃时一般还不会马上结冰，在耕地的温度和存在冰核物质时才会结冰。20世纪70年代，科学家发现大气中广泛存在多种冰核活性细菌，能诱导植物在零下较高的温度下凝霜结冰。喷洒杀菌剂后可使冰点下降2~3℃，显著减轻霜冻危害。

在凝结核数量多的地区，大气中的水汽只须达到饱和就会有凝结现象发生。所以，大工业区和城市上空出现雾的机会比一般地区要多。

4.3.2 地面上的水汽凝结物

近地气层的水汽、水滴或冰晶，直接在地面或地物上凝结或凝华而成，有露、霜、雾凇与雨凇。

4.3.2.1 露和霜

夜晚或清晨，由于地面、地物表面的辐射冷却，使贴近地面的气层温度下降到露点以下时，在地面或地物表面上形成水汽凝结物。如果凝结时的露点温度高于0℃，凝结为露(dew)；如果露点温度低于0℃，则凝华为霜(frost)。

形成露和霜的有利天气条件是晴朗微风的夜晚。因为碧空有利于辐射冷却，而微风又能把已经发生过凝结的空气带走，使新鲜的潮湿空气不断流来补充，可以形成较强的露或霜。如果风很大，则因加强了低层冷空气和高层暖空气的混合，使空气与地面及近地面物体接触的时间过短，气温来不及降到露点以下又流走，反而不利于露或霜的形成。夏末秋初，贴地气层湿度较大，晴朗微风的天气较多，夜晚时间增长，有利于辐射冷却，故常出现露。

一般来说，热导率小的疏松土壤表面，辐射能力强的黑色物体表面以及辐射面积大的粗糙地面，夜间冷却皆较强烈，易于形成露和霜。在植物枝叶上，夜间温度较低而且湿度大，露或霜较重；在洼地与山谷，容易积蓄冷空气，产生霜的频率最大；在水域岸边平地和森林地带，产生霜的频率较小。

露对于雨水缺少的干旱地区农作物的生长有重要意义，在干热天气里，露有利于植物的复苏。由于露会助长病菌的繁殖，故常用结露时间作为病害预测的重要指标。若水果表面沾有大量露珠儿不散，会使果面产生锈斑，品质下降。露和霜形成时要释放潜热，缓和植物体温的下降，因此有霜的霜冻比无霜的霜冻危害程度要轻一些。

4.3.2.2 雾凇和雨凇

雾凇(rime)是水汽在树枝、电线或物体突起表面上形成的凝华物。多附在物体的突出角上或细长物体的迎风面上。雾凇在我国的东北与华北地区称为“树挂”。其结构有时较松脆，受震易塌落。

根据形成的条件和结构的差别，雾凇分为粒状雾凇与晶状雾凇2种。当气温为-2~-7℃有雾且风速较大的天气条件下，风将过冷却雾滴吹到冷的地物表面上冻结而形成的粒状雾凇。气温约为-15℃且有雾、微风的天气条件下，空气中过饱和冷却水可在物体表面上直接凝华生成晶状雾凇。

雾凇和霜在形态上有时很相似，其区别在于霜一般在夜晚形成，而雾凇昼夜均可发生；霜形成于强烈辐射冷却的平面上，而雾凇主要形成在物体的迎风面上或细长物体上；霜多发生在晴朗天气，而雾凇多形成在有雾的阴沉天气。

雨凇(glaze)是过冷却液态降水(雨或毛毛雨)碰到地面物体后直接冻结而成的坚硬、光滑而透明的冰层，也称冻雨，多聚集在物体的迎风面。由于密度比雾凇大得多，雨凇更具有危害性，是一种气象灾害，常出现在无雾、风速较大的严寒天气中。雨凇严重时可压断电线，损坏树木，中断通讯，影响交通运输等，给工农林业生产带来危害。

4.3.3 近地气层中的凝结物

当近地气层的温度降到露点温度以下，空气中的水汽凝结成小水滴或凝华为小冰晶，弥漫于空气中，使水平能见距离小于1 000m的天气现象称为雾(fog)。

形成雾的基本条件是近地面空气中水汽充沛，有使水汽发生凝结的冷却过程以及凝结核的存在。在风力微弱、大气层结稳定并有充足的凝结核存在的条件下最易形成。根据近地气层降温的方式不同，可将雾分为辐射雾、平流雾、平流辐射雾、蒸发雾等。其中最常见的是辐射雾和平流雾。

4.3.3.1 辐射雾

辐射雾是由地面辐射冷却而形成的，日出后消失。多形成于晴朗微风、近地面层水汽充足的夜间或早晨。所谓的“雾兆晴天”、“十雾九晴”指的就是这种雾。辐射雾的出现有明显的季节性，多出现于冬半年，尤其是春、秋天。此外，辐射雾的出现也有明显的地方性，低洼的地方如谷地、川地、河岸洼地及盆地，雾的发生较频繁。我国的四川盆地是有名的辐射雾区，其中重庆冬季无云的夜晚或早晨，雾日几乎占80%，有时还可终日不散，甚至连续几天。

4.3.3.2 平流雾

平流雾是暖湿空气移动到冷的下垫面上形成的雾。例如：在寒冷的季节里，洋面上的暖湿空气流入大陆时，可生成平流雾。暖季，大陆上的暖空气流向较冷的洋面时，也能产生这种雾。平流雾在一天之内只要有暖湿空气源源流来，且空气与下垫面之间有较大的温差，都可形成，这种雾还可以持久不消散。所谓的“大雾不过三，过三阴雨天”指的就是这种雾。平流雾的范围广而深厚，常沿海岸分布，厚度可达几百米，甚至超过1 000m。

4.3.3.3 平流辐射雾

平流辐射雾是平流和辐射因子共同作用形成的雾，又称“混合雾”。

4.3.3.4 蒸发雾

当冷空气移到暖水面上时，暖水面向冷空气蒸发而形成的雾，又称水烟。常见于河面以及在锋面附近形成的锋面雾等。

4.3.4 大气中的凝结物

云(cloud)是大气中水汽凝结、凝华形成的水滴、过冷却水滴、冰晶或由它们混合形成的云滴组成的悬浮体。

云的生成必须具备水汽凝结条件外，它的存在和发展还必须有充足的水汽输送和补充。因此，空气的上升运动是云形成和发展的基本原因。因为，空气的垂直上升运动，使空气块绝热冷却降温，达到饱和或过饱和而有凝结现象产生；同时，空气的上升运动，还可不断地向云体输送水汽，以维持云的存在和发展。相反，空气的下沉运动，会使云消散。引起初始空气上升运动的原因很多，如温暖季节，由于近地层空气受地面强烈增热而产生的热对流上升；空气水平流动遇到山脉而沿山坡上升；暖空气沿着锋面上升以及运动速度不同的两层空气，在其界面上产生波动，在波峰上都会产生空气的上升运动，这些上升运动都可促使云的形成。

云的外形特征千变万化，云底的高度也不同。云的演变既能表明现在的天气状况，又可预示未来的天气变化。所以对云的识别在天气预报中具有重要的意义。按云底的高度把云分为低、中、高三族，各族云又按外部特征、结构和成因划分为10属，各属中再分为若干种(表4-4)。

表4-4 云的分类及形状特征

云种	云类		常见云底高度(km)	形状特征及预兆的天气
	中文名	国际简写		
低云	积云	Cu	<2.5	向上发展浓厚云块，顶突起，底平，边界分明。如不发展，是连晴的象征；如发展增厚，云内翻滚，可能有阵性风雨。
	积雨云	Cb		浓厚高耸，像山塔、花椰菜状，有强烈阵雨或雪、间有雹。
	层积云	Sc		薄层团块、或滚轴云条组成的云层，或分散，个体相当大，常成群、成行、成波，云块柔和，色灰白，部分阴暗，云缝常露青天。阴天或多云天常见，有时可下雨，一般无雨。
	层云	St		低而均匀的灰白云层，像雾幕状，多布全天，有时可降毛毛雨或冰粒。
	雨层云	Ns		暗灰色低而满无定性的云层，是常见下连续雨、雪的天气。
中云	高层云	As	2.5~6.0	有条纹或纤缕结构的淡灰色云幕，似毛玻璃遮住日、月，使日月轮廓不清，无晕。若云层增厚，有时可降雨雪。
	高积云	Ac		白色或灰白色薄云块或扁球形云块，个体边沿常出现彩虹，排列成群、成行或成波。“鲤鱼斑”和波状高积云是连晴的征兆，絮状和堡状出现是雨天的征兆。

（续）

云种	云类 中文名	国际简写	常见云底高度（km）	形状特征及预兆的天气
高云	卷云	Ci	>6.0	白色纤维状、絮状、钩状、丝缕状、羽毛状，常分离散处，带有柔丝光泽。大多在晴天出现，但钩卷云和密卷云常是雷雨的征兆。
	卷层云	Cs		薄如丝绢般乳白色云幕，似乱发，日、月轮廓分明，常有晕。在晴天出现是风雨的征兆。
	卷积云	Cc		白色鳞片状、薄球状的小云块，排列成群、成行、成波，有丝缕组织，看起来很像微风吹过水面时引起的小波纹。在晴天出现，常是风、雨的征兆。

低云多由水滴组成，云底高度一般在2.5km以下，但随季节、天气条件及地理纬度的不同而变化。大部分低云可产生降水。

中云多由水滴、过冷却水或冰晶组成，云底高度在2.5~6.0km。有时高积云也可由单一水滴组成。高层云常常产生降水，但薄的高积云一般无降水产生。

高云全部由细小的冰晶组成，云底高度在6.0km以上，高云一般不产生降水，北方的冬季，卷云偶有降水。

云和雾没有本质区别，不同的是雾的下层接地，是发生在低空的水汽凝结现象。而云的凝结高度较高，空气上升时绝热冷却，当上升到一定的高度时，空气因冷却而达到饱和，水汽凝结成小水滴或冰晶形成云，这个高度称为凝结高度(condensation level)。一般而言，云底高度与凝结高度一致。

4.4 降 水

地面从大气中获得的液态和固态的水分，总称为降水。它包括两部分：一是大气中水汽直接在地面或地物表面上以及低空产生的凝结物，如霜、露、雾等，称为水平降水；另一部分是指由空中降落到地面的液态或固态水，如雨、雪、霰、雹等，称为垂直降水。

国家气象局《地面气象观测规范》中规定，降水量仅指的是垂直降水，即从云中降落下来的水分，又称为大气降水(precipitation)，简称降水。

4.4.1 降水的形成

降水来自云中，但有云不一定都能产生降水。因为构成云体的云滴的体积很小，质量轻，能被空气的浮力和上升气流拖住而悬浮于空中，若使云产生降水必须使云滴增大，并使其下降速度大大超过上升气流的速度，而且在下降的过程中不因蒸发而将水滴耗尽，这样才能使水滴或冰晶从云中降落到地面成为降水。

云滴增大主要是通过两种过程完成的，一种是凝结(或凝华)增长过程；另一种是云滴的碰并增长过程。

当云层内部存在着冰晶、水滴共存，冷、暖云滴共存或大、小云滴共存的任何一种条件时，由于不同的云滴间存在饱和水汽压差，水汽从饱和水汽压大的云滴移到饱和水汽压小的云滴上，使云滴增大，这便是凝结(凝华)增长。

云滴的碰并增长是由于云内的云滴大小不一，相应地具有不同的运动速度。大云滴下降速度比小云滴快，因而大云滴下降过程中很快追上了小云滴，大小云滴相互碰撞而粘附起来，成为较大的云滴，在有上升气流时，当大、小云滴被上升气流向上带时，小云滴也会追上大云滴与之合并，成为更大的云滴。此外，由于云中空气的乱流混合，云滴带有正、负不同的电荷等原因，也可引起云滴的相互碰并。

云滴增大的这两种过程是同时进行的。但云滴形成的起始阶段，是以凝结增长为主，当云滴增大以后，便以碰并增大为主。而要形成较大的降水，除空气中水汽含量丰富外，还必须有较强的持久的上升气流。

4.4.2 降水的表示方法

4.4.2.1 降水量

从云中降落的液态或固态水，未经蒸发、渗透和流失，在水平面上所积聚的水层深度称为降水量(precipitation)。降水量的单位为 mm，雪、霰、雹等固体降水量为其溶化后的水层厚度。

4.4.2.2 降水强度

单位时间内的降水量，称为降水强度(precipitation intensity)，是表示降水急缓程度的物理量。单位是 mm/d 或 mm/h。按降水强度的大小，可将降水分为若干等级。

4.4.2.3 降水变率

降水变率(precipitation variability)是表示一个地方某个时期(全年、某季或某月)降水量年际变化情况的量。有绝对变率和相对变率 2 种。

绝对变率(absolute variability)是指某一地区某个时期的实际降水量与同期多年平均降水量之差数，又叫降水距平或降水离差。距平为正值时，表示比正常年(月)份的降水量多；距平为负值时，表示比正常年(月)份的降水量少。

绝对变率常用来反映一个地区的降水变动情况，它不能进行不同地区间降水情况的比较。为了便于不同地区间进行比较，常采用相对降水变率。

相对变率(relative variability)是绝对变率与该时期多年同期平均降水量的百分比。即

$$\text{相对变率} = \frac{\text{绝对变率}}{\text{多年同期平均降水量}} \times 100\% \tag{4-30}$$

相对变率大，表示降水量年际间变异大，则平均降水量的可靠程度就小，容易造成水涝或干旱。相对变率越小，说明该地降水量的变化比较稳定。所以，用变率指标可看出某地降水量的可靠程度。

4.4.2.4 降水保证率

某一界限降水量在某一段时间内出现的次数与该段时间内降水总次数的百分比，称为降水频率(precipitation frequency)。降水量高于(或低于)某一界限的频率的总和，称为降水保证率(guaranteed rate of precipitation)。它表示某一界限降水量出现的可靠程度的大小。在气候资料统计中，求频率与保证率至少要有 25~30 年以上的资料。

4.4.3 降水的种类

4.4.3.1 按降水的形态分类

(1)雨

雨(rain)是指从云中降落到地面的液态水。

(2)雪

雪(snow)是从云中降落到地面的各种类型冰晶的集合物。当云层温度很低时,云中有冰晶和过冷却水同时存在,水汽从水滴表面向冰晶表面移动,在冰晶的角上凝华,形成各种类型的六角形雪花。低层气温较低时,雪花降落到地面仍保持其形态;如果云的下面气温高于0℃时,则可能出现雨夹雪或湿雪。

(3)霰

白色不透明而疏松的小冰球,其直径1~5mm时,称为霰(sleet)。霰形成在冰晶、雪花、过冷却水并存的云中,是由下降的雪花与云中冰晶、过冷却水碰撞,迅速冻结而形成的。由于雪花中夹着的空气来不及排出,所以霰看起来呈乳白色,不透明而疏松。

(4)冰雹

冰雹(hail)是从云中降落的冰球或冰块,直径5~50mm,个别情况可以更大。一般的雹多为透明与不透明冰层相间组成,雹心由霰组成。降雹持续时间短,范围窄(一般为10~20km),并伴有大雨狂风,破坏力极强,常给农林业生产造成严重损失。

4.4.3.2 按降水的性质分类

(1)连续性降水

强度变化小,持续时间长,降水范围大,多降自雨层云和高层云中,经常与锋面有关。

(2)间歇性降水

时大时小,时降时止,即断断续续的降水,也多降自雨层云和高层云中。

(3)阵性降水

持续时间短,范围小,强度大(有时可达200~300mm/h)。阵性降水可能发生在不稳定的气团内部,也可能发生在锋面上(常见于冷锋上)所产生的积雨云中,如固态降水,则为大雪花、软雹,有时也可降冰雹。

(4)毛毛状降水

雨滴极小,似牛毛针尖、降水量和降水强度很小,但持续时间较长,多降自层云或层积云中。

4.4.3.3 按降水的强度分类

按日降水量的多少分为小雨、中雨、大雨、暴雨、大暴雨和特大暴雨、小雪、中雪和大雪等。划分标准见表4-5。

表 4-5 降水等级划分

降水强度等级	24h 降水量(mm)	降水强度等级	24h 降水量(mm)
小雨	0.1~10.0	特大暴雨	>200.0
中雨	10.1~25.0	小雪	≤2.4
大雨	25.1~50.0	中雪	2.5~5.0
暴雨	50.1~100.0	大雪	>5.0
大暴雨	100.1~200.0		

4.4.3.4 按降水成因分类

(1)地形雨

暖湿气流在前进过程中遇到地形的阻碍，被迫抬升，绝热冷却，水汽凝结成云，在一定条件下便形成降水，称为地形雨。因此，山脉的迎风坡常成为多雨的中心，而山的背风坡，气流下沉增温，加之水汽在迎风坡已凝结降落而变得十分干燥，所以降水很少。如喜马拉雅山南坡(迎风坡)的乞拉朋齐年降雨量可达 12 666mm，而北坡年降雨量只有 200~300mm；长白山的东坡，正对着海洋气团的来向，年降雨量可达 1 000mm，而背风坡的辽河平原却只有 700mm 左右；新疆天山北麓(迎风坡)年降雨量可达 200mm 以上，南坡却只有几十毫米；武夷山的东坡、广东云开大山及广西十万大山的东南坡、海南岛五指山的东部等都是暖湿气流的迎风坡，雨量都较背风坡多。

(2)对流雨

暖季白天，地面剧烈受热，引起强烈对流，使近地气层空气急剧绝热上升，若此时空气湿度较大，就会凝结形成积雨云而产生降水，称为对流雨。对流雨多以暴雨形式出现并伴有雷电现象，故又称热雷雨。在赤道地区全年以对流雨为主，我国内陆则在夏季午后常出现。

(3)气旋雨

气旋中心因有辐合上升气流，空气绝热冷却而凝结降水，称为气旋雨。气旋规模大，形成的降水范围广，降水时间也较长。气旋雨是我国最主要的一种降水，在各地区降水量中，气旋雨占的比重都比较大。

(4)锋面雨

当冷暖气团相接触，暖湿气流沿锋面抬升，暖空气在上升过程中绝热冷却到凝结高度后，便产生云雨，称为锋面雨。在中高纬度的大部分地区，锋面雨占有重要地位。在温带地区，大部分低压内都有锋面存在，故称锋面气旋。而热带低压内无锋面，则称热带气旋。这两种气旋都能产生大量降水。

(5)台风雨

台风是形成在热带洋面上的强大的气旋性涡旋。台风内部上升气流强烈，从而把大量水汽、热量输送到高空，形成高大的积雨云墙，产生大量降水，称为台风降水。在台风活动频繁的地区，台风雨在该地的降水量中也占有重要地位。

4.4.4 人工降水

人工降水是根据自然降水形成的原理，人为补充某些形成降水的必需条件，促进云滴迅速凝结并与其他云滴碰撞合并而增大形成降水。进行人工降水一般是在夏秋季节，选择空中具有浓厚的云层但是还没有下雨的天气条件。之所以不能形成降水，主要是因为云层结构比较一致，云中缺少大的水滴或大的冰晶共存，气流起伏不大，因而云滴不易增大成雨滴。对于不同的云，需采用不同的催化方法。

4.4.4.1 冷云的人工降水

云底低于0℃等温线以下，由过冷却水组成的冷云很稳定，是不能产生降水的。其原因是缺少冰晶，一旦出现过冷水滴与冰晶共存的状态，便产生冰晶效应，使水滴蒸发而减小，冰晶凝华而增大，增大到一定程度，冰晶开始下降，沿途凝华和碰撞合并，使冰晶不断增大而形成降水。所以，人工影响冷云降水的基本原理是使冷云中人为地产生冰晶，改变云微结构的稳定性。

目前，在冷云内人工产生冰晶的方法有2种：

一种方法是向冷云中撒播人工冰核，如碘化银、碘化铅等。碘化银等的晶体结构与冰晶相似，具有冰核作用，水汽可以在其表面上直接冻结或凝华而形成冰晶。

另一种方法是向冷云撒播制冷剂，如干冰等。干冰即固体 CO_2，是不透明的白色晶体，在一个大气压下汽化时，其表面温度为 -78.9℃，升华潜热为 5.73×10^5 J/kg。干冰撒入云中后，干冰升华，从周围云中吸取大量的热量，使周围空气急剧冷却而形成高度过饱和状态。实验指出，当温度低于 -40℃时，就有自生冰晶产生。

4.4.4.2 暖云的人工降水

整个云体位于0℃等温线以上的云系称为暖云。暖云中不易产生降水的原因是云滴大小均匀。因此，影响暖云人工降水的基本原理是改变云滴分布的均匀性，破坏其稳定状态，促使凝结及碰撞合并过程的进行，从而导致降水的形成。

使暖云产生人工降水主要有2种方法：

一种方法是人工提供大水滴，在暖云中撒播吸湿性物质的粉末，如氯化钠、氯化钾、氯化钙和氯化铵等。吸湿后形成溶液，加速凝结增长，很快形成具有碰并能力的大水滴，或直接向暖云喷洒大水滴，催化暖云降水。

另一种方法是人工振动法，主要用炮轰击云层，或用强大的声波，使云层激烈振动，使云滴发生频繁碰撞，合并增大成雨滴。

人工降水是一个多学科参与的复杂过程，目前虽然已经取得了初步成果，但在理论上和技术上还存在不少问题，有待今后进一步研究解决。

4.5 水分在农林业中的应用

在植物体的组成中，水是含量最多的成分。通常植物的含水量达60%~80%，有些植物含水量高达90%以上。植物的细胞和组织含有水分后，具有膨压，使植物挺拔，叶片舒展，有利于叶片接受阳光和通过气孔与外界环境进行气体交换。植物通过自身的根部吸水和叶片蒸腾失水组成了一套完整的运输传递系统，使溶解于水的各种矿质营养输送到植物体的各个部分。植物通过蒸腾降低体温，以维持正常的生命活动。由此可见，水在植物的生命活动中具有十分重要的意义。

4.5.1 湿度对农作物的影响

在光温等条件满足的条件下，水分便是农业发展和产量水平的限制因子。作物对水分的要求，可分为地上部分的空气湿度和地下部分的土壤水分。

4.5.1.1 空气湿度对作物的影响

空气湿度是作物地上部分要求的水分因子。空气湿度的大小是影响作物蒸腾和作物吸水的重要因子之一。空气湿度小时，作物蒸腾较旺盛，吸水较多，当土壤水分充足时，蒸腾旺盛可增加作物对水分和养分的吸收从而加快生长，但空气湿度太小，可能引起空气干旱，破坏作物的水分平衡，阻碍生长，造成减产。空气湿度过高，可使作物茎秆脆弱，容易倒伏，也影响开花授粉，延迟成熟和收获，降低产品质量。此外，还常因空气潮湿引起作物病虫害的发生发展。一般而言，适宜作物、林木生长的空气相对湿度为75%～80%。

空气湿度过大或过小对作物都不利。可以通过营造防护林，实行灌水，适当增加种植密度等，增加空气湿度，减轻或避免空气干旱，而实行稀植，整枝打叶，推株并垄等，使田间通风透光，则可以降低作物株间的空气湿度。

4.5.1.2 降水对作物的影响

降水是作物水分供应与土壤水分的主要来源，是水分平衡的主要收入项，降水量相同而强度不同，或者说是雨分散下还是集中下，对作物会产生不同的影响。强度大易形成渍涝，特别是低洼地更是如此。

连阴雨过多，雨日过多，除降水的直接影响外，还带来阳光不足，作物易倒伏与多病，且导致光合产物不足。春雨日多将降低春温而延迟作物出苗，产生不利影响；秋雨日多则降低秋温进而影响喜热作物的成熟与产量。

4.5.2 作物的水分临界期和关键期

作物在不同的生长发育阶段，对水分的敏感程度也不同。作物对水分供应要求最敏感的时期称作物水分临界期(water critical period of crop)。在这一时期中，水分不足或过多，对产量的影响最大。但水分临界期不一定是作物需水量最多的时期。临界期具体出现的时段，由生物学特性所决定(表4-6)。

表4-6 几种主要作物的水分临界期

作物	临界期	作物	临界期
冬小麦	孕穗到抽穗	大豆、花生	开花
春小麦	孕穗到抽穗	向日葵	花盘形成到开花
水稻	孕穗到开花(花粉母细胞形成)	高粱、谷子	孕穗到灌浆
玉米	“大喇叭口”期到乳熟	棉花	开花到成铃
马铃薯	开花到块茎形成	西红柿	结实到果实成熟
甜菜	抽薹到花始期	瓜类	开花到成熟

从表4-6中可以看出，作物的需水临界期基本上是孕穗到抽穗开花这段时期。因为这段时期，作物有机体的生长发育是最旺盛的，需水很多，加上新的生殖器官处于幼嫩阶段，对外界不良环境的抵抗能力很差。所以，如遇干旱，必然造成明显减产。作物需水临界期越长，遇到不良气候的机会就越多，越需要采取防御措施。

当作物在需水临界期发生干旱时，及时灌溉，增产效果十分明显。一般地说，可根据土壤水分状况和作物的形态特征来考虑干旱的程度。在形态特征方面，可根据植株的生长速度、叶片的颜色、卷曲程度、萎蔫的早晚和恢复的快慢等方面来判断缺水的程度，以决定灌溉期和灌水量。

有时会出现这样的情况，即在作物的水分临界期时，该地降水量适宜，作物生长发育良好，所以该时期并不是影响作物产量的关键时期。可是在另一时期，作物对水分的需要也敏感，但该时恰逢当地降水经常出现不适宜情况(过多或过少)。对该地来讲，这一时期的水分供应适宜与否对产量的影响至关重要，因此该时期被称为作物对水分要求的农业气候临界期或关键期。关键期是综合考虑了作物本身的生物学特性和当地气候条件而形成的概念，所以某作物的水分关键期与临界期可能一致，也可能不一致。如农作物发芽出苗的需水量很少，但北方旱地经常因春旱延误播种甚至绝收。

需要指出的是，临界期或关键期是一个相对的概念，不能因临界期的水分供应最重要就忽视其他时期的水分供应问题。我们应弄清楚作物不同时期的需水规律，同时弄清本地降水与土壤水分随季节变化的状况，并将苗情与水分逐段对应分析，以鉴定作物的水分供应状况，提出相应的农业措施。

4.5.3 提高水分利用率途径

4.5.3.1 需水量及其确定

作物正常生长发育对水分的需要量可用作物需水量表示。其定义为：在正常生育状况和最佳水肥条件下，作物整个生育期中，农田消耗于蒸散的水量。因此，作物需水量应包括以下4个部分：①作物同化过程耗水和体内含水量，一般占总需水量的0.15%~0.20%；②蒸腾耗水，在湿润的密闭农田中，农田耗水总量与植株的蒸腾总量十分接近；③农田植株表面蒸发，其量值很小；④植株下的土壤蒸发，在作物幼苗期和生长后期所占比例较大。

作物需水量一般用可能蒸散量表示，现在用得最多的是彭曼—蒙蒂斯(Penman-Monteith)公式计算。

4.5.3.2 作物水分利用效率及有效利用率

作物蒸腾消耗单位重量的水分所制造的干物质重量，称为水分利用效率或蒸腾效率(water use efficiency，WUE)，其倒数称蒸腾系数。水分利用效率用下式表示：

$$P_r = \frac{Y_d}{E_s} \tag{4-31}$$

式中 P_r——水分利用效率；

Y_d——单位土地面积上获得的干物质重量(kg/hm^2)；

E_s——单位土地面积上植物消耗于蒸腾作用的总水量(kg/hm^2)。

若以农田实际蒸散量(E_i)代替上式中的蒸腾量(E_s)，即农田实际蒸散消耗单位重量的水分所制造的干物质重量，称水分有效利用率。其表达式为：

$$P_w = \frac{Y_d}{E_i} \tag{4-32}$$

式中 P_w ——水分有效利用率；

E_i——单位土地面积上消耗于蒸散的总水量。

显然，P_w越大，表示蒸散一定量的水分，获得的干物质越多，用水经济，水分有效利用率大；反之，有效利用率小。

4.5.3.3 提高水分利用率的途径

我国是一个水资源较为贫乏的国家，干旱、半干旱、季节性干旱地域辽阔，降水分布不均且变率大，对作物的需水保证率低，因此，节约用水，提高水分的有效利用率十分重要。

提高水分的有效利用率，在农业生产上常采用灌溉、种植方式、风障、覆盖、作物种类选择等措施。

(1)灌溉

灌溉的时期与方式对水分有效利用率的影响很大，在水分临界期灌溉比其他时期灌溉收效更好。如果缺水尚不严重，当然在作物发育的各个时期都能得到很好地灌溉，是提高粮食产量的最好办法。但如果缺水严重，则不得不考虑灌溉的时期。因此，提倡在缺水的地区，能尽量多地蓄水，然后把水分利用到作物最需水的时期，以保证一定的粮食产量。

灌溉方式对水分的有效利用也有很大影响。常见的灌溉方式有畦灌、沟灌、淹灌(漫灌)、喷灌、管灌和滴灌等。实践证明：玉米每天少量喷灌与定期地面沟灌比较，前者多耗水1倍，而产量反而较低。显然，每天少量喷灌比定期地面沟灌水分有效利用率低，大量水分在空中和叶面直接蒸发损耗。当干热风来临时，每天进行少量的喷灌，对调节空气湿度，抗干热风有良好效果。喷灌用于起伏不平的坡地可减少水分的径流损失且相对均匀。所以研究灌溉与水分有效利用率的关系，必须因地制宜并注意气候背景。目前我国北方推广面积较大的节水灌溉方式是管灌和滴灌。大水漫灌由于浪费较大，除盐碱地需要大水压碱外都不宜采用。

(2)种植方式

种植方式是指种植密度、行距、行向和沟垄等。研究指出，土壤水分充足时，适当密植与缩小行距对水分的有效利用率较高；土壤水分有限时，适当稀植与宽行距对水分的有效利用率高。

至于行向，研究指出，在产量相同的情况下，东西向失水比南北向多。这是因为东西向收入的净辐射较多，导致更多的水分丧失，并且还有较多的辐射照到了行间地面，加快了土壤蒸发。可见，研究行向时，不能只看辐射的收入与分布，还必须重视水分利用率问题。

土壤水分不足时在沟内播种容易保苗，土壤较湿时起垄播种效果较好。

(3)风障和覆盖

在一般情况下，风障不改变作物的水分有效利用率，当大风时，风障可减少乱流交换，从而明显减少风障内的水分消耗，提高水分的有效利用率。

用地膜、麦草等覆盖可有效地减少土壤蒸发，保持一定的土壤湿度，这是目前缺水地区有效利用土壤水分的一项普遍措施。

(4)作物种类的选择

据研究，不论干湿条件，C_3植物比 C_4植物的蒸腾率大。高粱(C_4)的水分有效利用率比大豆(C_3)高约3倍。同一类中，不同作物的水分利用效率也有很大差异，如 C_4植物中的谷子水分利用效率要比玉米高，C_3植物中的小麦耗水也少于水稻。由此可见，针对不同的气候特点而选用适宜的作物种类，可以提高水分的有效利用率。此外，合理施肥、应用抗蒸腾化学剂、搞好农田基本建设等对提高水分有效利用率也非常重要。

思考题

1. 空气湿度的表示方法有哪些？如温度为20℃时，相对湿度达100%，此时露点温度、饱和差应为多少？
2. 大气中的水汽在什么条件下发生凝结？如何满足其凝结条件？
3. 土壤蒸发分为哪几阶段？采取哪些措施可抑制其水分蒸发？
4. 降水按成因分为哪几种？其主要发生在哪些地区？
5. 人工影响云雨的基本原理及具体措施是什么？
6. 根据水分循环特点应采取哪些措施可改善一地的干旱气候？
7. 水分临界期和关键期是否异同？
8. 根据某一地区(家乡所在地)农业生产上的特点，如何解决农业缺水问题？
9. 名词解释：露点温度，相对湿度，植物蒸腾，农田蒸散，降水量，水分临界期

参考文献

包云轩. 2007. 气象学[M]. 2版. 北京：中国农业出版社.
陈家豪. 1999. 农业气象学[M]. 北京：中国农业出版社.
程维新. 1994. 农田蒸发与作物耗水量研究[M]. 北京：气象出版社.
冯秀藻，陶炳炎. 1991. 农业气象学原理[M]. 北京：气象出版社.
黄寿波. 2000. 农业小气候学[M]. 杭州：浙江大学出版社.
李来胜，吴元勋. 1994. 农业气象学[M]. 成都：成都科技大学出版社.
刘南威. 2000. 自然地理学[M]. 北京：科学出版社.
马秀玲，刁瑛元，吴钟玲. 1996. 农业气象[M]. 2版. 北京：中国农业科技出版社.
穆彪，张邦琨. 1997. 农业气象学[M]. 贵阳：贵阳科技出版社.
温克刚，阮水根，周天军. 1999. 气象与可持续发展[M]. 北京：中国科学技术出版社.
肖金香，穆彪，胡飞. 2009. 农业气象学[M]. 2版. 北京：高等教育出版社.
易明晖. 1990. 气象学与农业气象学[M]. 北京：中国农业出版社.
朱乾根. 2000. 天气学原理与方法[M]. 3版. 北京：气象出版社.

第5章　气压与大气运动

风和乱流是大气运动的主要形式，是主要的气象要素。气压的时空变化会引起风速、风向的时空变化，气压梯度是引起大气运动的原始动力。气压系统也是引起天气变化的重要天气系统，气压变化在一定程度上反映了天气变化趋势。

本章主要介绍：①气压的基本概念，气压的时空变化和时空分布规律。②风的基本概念，作用于空气质点的力及各种形式的风。③大气环流模式，季风与地方性风。

5.1　气压及其变化

5.1.1　气压的概念及单位

地球大气受地球引力作用而具有重量。据计算，地球大气的总质量约为5.13×10^{15}t。单位地球表面所承受大气柱的总重量，称为大气压强，简称气压(atmospheric pressure)。一个地方气压的高低决定于大气柱的长短和大气柱中的空气密度。大气质量在铅直方向上的分布是极不均匀的，大气质量的一半集中在5.5km以下的气层中，3/4集中在10km以下的气层中，99%集中在30km以下的气层中。显然，海拔越高，大气柱越短，空气密度越小，气压就越低。

测定气压的仪器主要是水银气压表，其测定原理是大气压强与单位面积上水银柱重量相平衡，其表达式为：

$$P = W_{Hg}/s = m_{Hg}g/s = \rho_{Hg}Vg/s = \rho_{Hg}Shg/s = \rho_{Hg}gh \qquad (5-1)$$

式中　P——气压；

W——大气重量；

m——大气质量；

ρ_{Hg}——水银密度；

g——重力加速度；

h——水银柱高度；

V，S——分别为体积和面积。

在特定温度、纬度和海拔条件下，$\rho_{Hg}g$为常数，P与h呈正相关，h越高，P越大。

气压的单位有长度单位和压强单位2种。

5.1.1.1　长度单位

它是水银气压表上水银柱的高度，单位用mmHg。国际规定：温度为0℃，纬度为

45°，海拔为0km时，水银柱高度为760mmHg，即作为一个标准大气压(standard atmosphere pressure)。

5.1.1.2 压强单位

现国际通用单位为百帕(hPa)。过去用毫巴(mb)为单位，现已被废止。气象上规定 $1hPa = 100N/m^2 = 10^3 din/cm^2$(即1mb)，在标准大气压特定条件下($\rho_{Hg} = 13.596g/cm^3$，$g = 980cm/s^2$，$h = 76cm$)，一个标准大气压为：$P = \rho_{Hg}gh = 1\ 013\ 250din/cm^2 = 1013.25hPa$。

气压的2种单位之间的近似换算关系为：1mm = 4/3hPa 或 1hPa = 3/4mm。

气压是随时间和空间变化的物理量，不同时间气压不同，不同地点气压也不相同。

5.1.2 气压的时间变化

气压随时间的变化可分为周期性(日变和年变)变化和非周期性变化。

5.1.2.1 气压的日变化

气压日变化规律通常是在一天中出现一个最高值和一个次高值；一个最低值和一个次低值。早晨最高值出现在9：00~10：00，15：00~16：00出现最低值；21：00~22：00出现次高值，次日3：00~4：00出现次低值。

气压日变幅随纬度增高而减小，低纬度为3~5hPa，在纬度50°附近小于1hPa。在我国中纬度地区为1~2.5hPa，低纬度地区为2.5~4hPa，而在西藏高原东部边缘山谷中可达6.5hPa。

5.1.2.2 气压的年变化

由于海陆之间热力差异的原因，冬季，大陆较海洋冷却快而强烈，大气柱收缩较海洋大，故海洋上空空气流向大陆使大陆气压高；夏季，大陆较海洋增热快而强烈，大气柱膨胀较海洋大，故大陆上空空气流向海洋使大陆气压低。海洋上则冬季气压低，夏季气压高。

地面气压的年变幅，大陆大于海洋，高纬度大于低纬度，地势低的地方大于地势高的地方。

5.1.2.3 气压的非周期性变化

由于水平方向上温度、湿度分布不均匀，引起了气团运动，气团运动中必然导致气压的变化，这就是气压的非周期性变化。有时这种变化掩盖了周期性变化，如冷锋过境时，气压骤然升高，冷锋移过后气压又缓慢下降。高、低气压系统的移动和发展明显引起气压非周期变化，所以，气压非周期性变化是天气变化的征兆。

5.1.3 气压的水平分布

在铅直方向上，气压随高度增加而降低，由于各地热力和动力条件不同，使不同地点气压随高度增加而降低的速度不同。因此，同一水平面上气压往往不等。为了表示空间气压的分布情况，采用等压面(isobaric surface)和等压线(isobaric line)的概念。

5.1.3.1 等压面

等压面是空间气压相等的各点所构成的面。空间气压分布情况常用一组等压面来表示。由于气压随高度增加而降低，所以高值等压面在下，低值等压面在上。由于同一高度上，各地气压不等，因此等压面不是平面，而是一个曲面，等压面的起伏形势，是和水平面上气压的分布相对应的。气压高的地方等压面上凸，气压越高，等压面上凸的越明显(图 5-1 中 *A* 点)。气压低的地方等压面下凹，气压越低，等压面下凹的越深(图 5-1 中 *C* 点)。在等压面上取 *A*、*B*、*C* 三点，其气压相等但高度不等，*A* 点最高，*B* 点次之，*C* 点最低。再在等高面上取与 *A*、*B*、*C* 对应的 *A*′、*B*′、*C*′三点来观察，显然这三点高度相等但气压不等，*A*′点气压最高，*B*′点次之，*C*′点最低。将两者联系起来可见：等压面上高度高的地方，正是其附近等高面上气压高的地方；等压面上高度低的地方，正是其附近等高面上气压低的地方。根据这种对应关系，人们可采用类似绘制地形等高线的方法，以一组高度间隔相等的等高面和等压面相截，必然得到许多截线，将其投影到等压面上就是等压面上的等高线分布图(图 5-2)。由图 5-2 可见，与等压面凸起相对应的，是一组由中心向外递减的闭合等高线高值区；与等压面凹下相对应的，是一组由中心向外递增的闭合等高线低值区。所以，气象台绘制的高空天气图(weather chart)就是等压面图。但必须指出：等压面上绘制的等高线的单位是位势米(geopotential meter)(*H*)和位势什米，为能量单位，1 位势米是单位质量(1kg)的物质升高 1m 所做的功。它与几何米(*z*)的关系是：$H = gz/9.8$，g 为重力加速度，1 位势什米 =10 位势米。

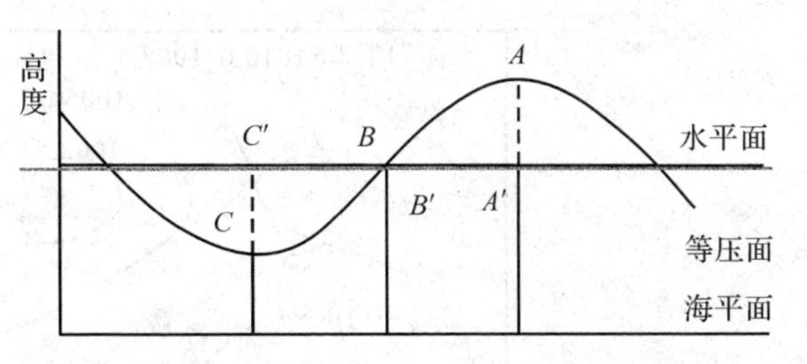

图 5-1 等压面和等高面关系

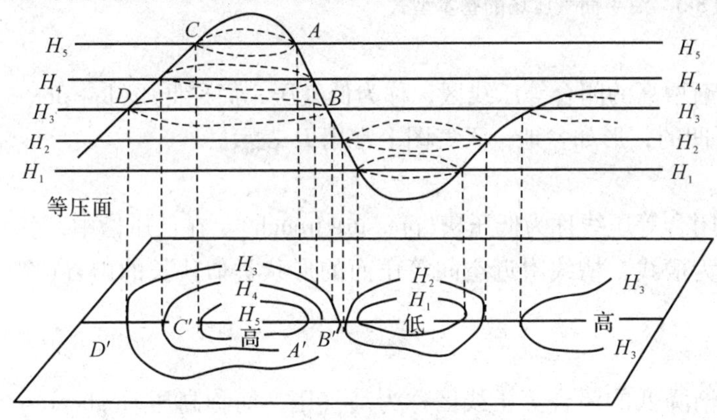

图 5-2 等压面在等高面上的投影

5.1.3.2 等压线

等压面与等高面的交线，称为等压线。也就是同一等高面上气压相等各点的连线，同一等高面与空间各等压面的交线，构成等高面图。从等高面图上，可以看出该等高面上气压的分布情况。目前，我国气象台绘制的地面天气图，就是高度为 0 的海平面气压分布图。它是把同一时刻各测站的海平面气压填在同一张空白地图上，并把气压数值相等的各点用平滑的曲线连结起来，就得该时刻的海平面气压分布图，也就是地面天气图。

5.1.3.3 气压系统

由于各地气压高低不一，且时刻在变化着，所以实际大气中，等压面的形状是多种多样的，等高面上等压线的形式也是多种多样的，基本形式可概括为下面 5 种，如图 5-3 所示。

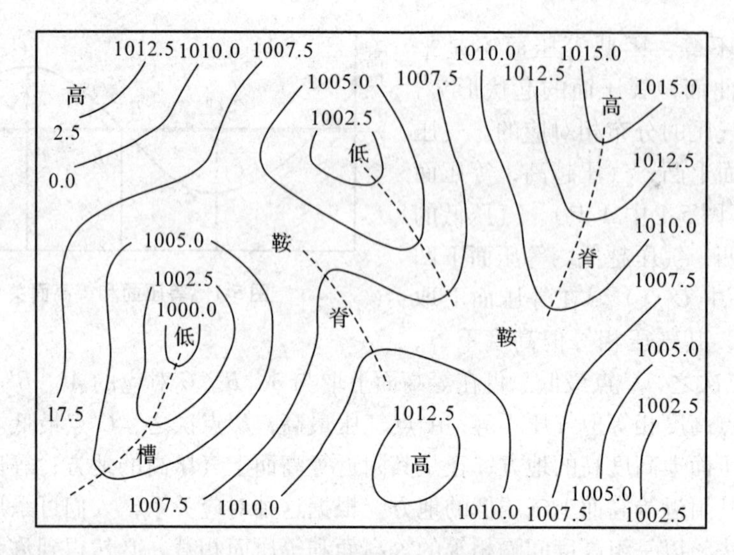

图5-3 海平面气压场的基本型式

(1)低压

中心气压低，向四周气压逐渐增高的闭合等压线区，称为低气压，简称低压(low pressure)。其对应的空间等压面是下凹的，形如盆地，天气图上常用D表示。

(2)低压槽

从低压向高压延伸的一组未闭合等压线称为低压槽(pressure trough)。在低压槽中，各条等压线曲率最大处的连线，称为槽线，槽线附近空间等压面的形状类似狭长的山谷(图5-4a)。

(3)高压

中心气压高，向四周气压逐渐降低的闭合等压线区称为高气压，简称高压(high pressure)。其对应的空间等压面是向上凸的，形如山丘，天气图上常用G表示。

(4)高压脊

从高压向低压延伸的一组未闭合的等压线称为高压脊(pressure ridge)。高压脊中，各条等压线曲率最大处的连线，称为脊线。脊线附近的空间等压面类似狭长的山脊(图5-4b)。

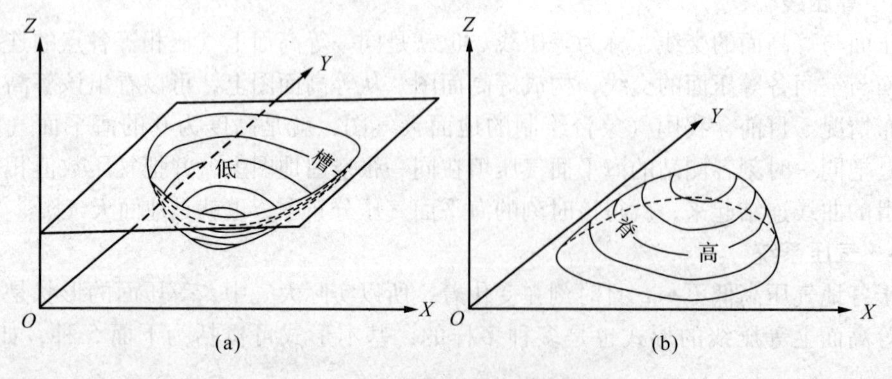

图5-4 气压系统的空间等压面图

(a)低压和低压槽 (b)高压和高压脊

(5)鞍形气压场

鞍形气压场是指相对的2个高压和2个低压之间的过渡区域。其空间等压面形如马鞍。

上述等压线的几种基本形式，统称为气压系统(pressure system)。在不同的气压系统中，天气情况是不同的，气压系统又是天气系统，预报气压系统的移动和演变，是天气预报的重要内容之一。

5.1.4 气压的垂直变化

由于地球引力的作用，越近地表，空气质点越多，密度越大，质量越重。大气是一种流体，其顶部犹如海洋面一样的平坦，但其大气底部则是凹凸不平的，海拔越高的地方，大气柱短且大气密度小，因而气压低。海拔越低的地方，大气柱长，且长的这一段是密度很大的大气柱。因而气压高。所以，气压随高度增高而降低(表5-1)。

表5-1 气压随高度的分布(气柱平均温度为0℃)

海拔高度(km)	0.0	1.5	3.0	5.5	11.0	16.0	30.0
气压值(hPa)	1 000	850	700	500	250	100	12

从表5-1中看出，在5.5km的高度上，气压减小为海平面的1/2；在11.0km高度上气压降低为海平面的1/4；而在16.0km的高度上，则减小为海平面的1/10。表5-1说明了随高度增加气压递减快慢的总趋势。

气压随高度增加而递减的规律可用拉普拉斯压高公式来表达。

5.1.4.1 拉普拉斯(Laplace)压高公式及其应用

$$Z_1 - Z_2 = 18\,400(1 + \alpha t_m)\lg(P_1/P_2) \tag{5-2}$$

式中 $\alpha = 1/273$；

P_1，t_1——较低海拔(Z_1)处的气压和气温；

P_2，t_2——较高海拔(Z_2)处的气压和气温；

$t_m = (t_1 + t_2)/2$。

P单位为hPa，t_m单位为℃，Z为两点的高差。

式(5-2)有下列3个方面的应用：

①测定相近两地同一时间气压和温度后可求算两地高度差。若其中Z_1或Z_2为已知时，即可求算另一地海拔，这就是气压测高法。此法在农、林业中规划及土壤调查等工作中应用较多，是海拔仪的制造原理。

②已知某地海拔和测定了当地气压(P_2)和气温t_2后，根据同一时刻相同纬度海平面($Z=0$)处的气温(t_1)或当地当时气温递减率可求海平面气压。

③已知两测站海拔时，测定其中一测站气压和

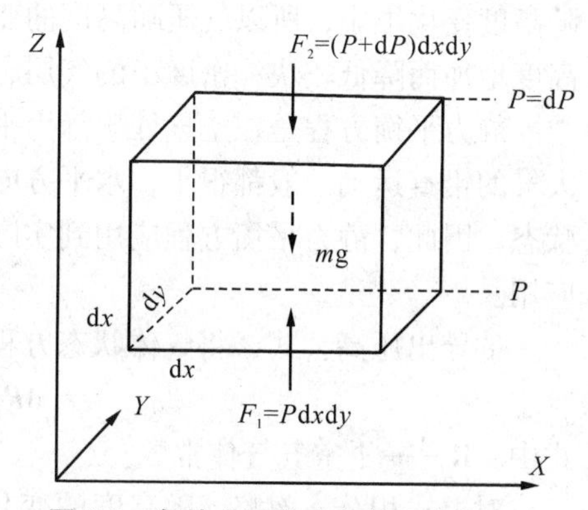

图5-5 气块在垂直方向的受力状况

温度，根据同一时刻另一测站的气温或当时气温递减率可求另一测站的气压。

压高公式应用举例：

【例1】测得海拔为103.0m的气象站的气压为1 008.7hPa，气温17.8℃；邻近高山气象站同时测得气压为872.7hPa，气温11.2℃。试求两站相对高度和高山站绝对高度。

解：已知 $P_1=1\ 008.7\text{hPa}$，$P_2=872.7\text{hPa}$，$t_1=17.8℃$，$t_2=11.2℃$，$Z_1=103.0\text{m}$，故，$t_m=(17.8+11.2)/2=14.5℃$，将各量代入式(5－2)有：两站相对高度 $Z_2-Z_1=1\ 219\text{m}$；高山站绝对高度 $Z_2=1\ 322\text{m}$。

【例2】测得海平面气压1 013.0hPa，气温为15.0℃，气温垂直梯度为0.8℃/100m，求1 500m处气压。

解：已知 $P_1=1\ 013.0\text{hPa}$，$t_1=15.0℃$，$Z_1=0$，$Z_2=1\ 500\text{m}$，$\gamma=0.8℃/100\text{m}$，由此可求：$t_2=15℃-1\ 500\text{m}\times0.8℃/100\text{m}=3℃$，$t_m=(15+3)/2=9℃$，将各量代入式(5－2)可解出：$P_2=844.7\text{hPa}$。

5.1.4.2 拉普拉斯压高公式的推导

拉普拉斯压高公式是由大气静力方程导出的，所以欲导压高公式，还得先推导大气静力平衡方程。

取大气任一微小气块，其体积元为 $dV=dxdydz$，假定该气块相对地面静止不动，即处于大气静力状态图5-5。该气块在水平方向上不受向左向右和向前向后的力作用。在垂直方向上则处于静力平衡状态。气块在垂直方向受到向下的重力 W，与之平衡的是垂直向上的垂直气压梯度力 $G_z=-dP/dz$。它是由于垂直方向经过dz距离后降低了dP的气压差引起的。当两力静态平衡时，单位体积空气($V=1$)的大气静力方程(equation of static equilibrium)为：

$$G_z=-dP/dz=W=mg=\rho Vg \text{ 或 } dP=-\rho g dz \qquad (5-3)$$

式中 ρ——大气密度；

g——重力加速度。

式(5－3)即是大气静力学方程。

负号表示气压随高度增加而降低或垂直气压梯度力方向是由地面指向高空的。

静力平衡方程说明气压随高度的变化取决于空气密度和重力加速度。由于重力加速度随高度变化很小，所以气压随高度的变化主要决定于空气密度，密度较大的气层，气压随高度增加而降低较快，密度小的气层，气压随高度增加而降低较慢。

静力平衡方程是在空气处于静力平衡条件下得到的。除了有强烈对流的地区外，实际大气的铅直运动一般都很小，水平方向气压差一般也很小，可以近似地看作处于静力平衡状态。因此，静力平衡方程应用到实际大气中具有一定的准确性，在气象学中得到广泛的应用。

欲导出压高公式，将气体状态方程 $\rho=P/RT$ 引入式(5－3)后改写式(5－3)为：

$$dP/P=-(g/RT)dz$$

式中 R——干空气气体常数。

对上式积分，忽略g随高度的变化，应用积分中值定律，以 t_m 表示气层dz间的平均温度，则

$$\int_{p_1}^{p_2} \mathrm{d}P/P = -\int_{z_1}^{z_2} (\mathrm{g}/\mathrm{R}T_m)\mathrm{d}z$$

得到：

$$\ln(P_2/P_1) = -(\mathrm{g}/\mathrm{R}T_m)(Z_2 - Z_1)$$

$$\text{或}\ Z_2 - Z_1 = -(\mathrm{R}T_m/\mathrm{g})\ln(P_2/P_1) = (\mathrm{R}T_m/\mathrm{g})\ln(P_1/P_2)$$

将 $\mathrm{R} = 0.287\mathrm{J}/(\mathrm{g}\cdot\mathrm{K}) = 287\mathrm{m}^2/(\mathrm{s}^2\cdot\mathrm{K})$，$\mathrm{g} = 9.806\,65\mathrm{m/s}^2$，$T_m = 273(1+\alpha t_m)$，其中 $\alpha = 1/273$ 代入上式，并将自然对数变为10为底的对数，则导出拉普拉斯压高公式(5－2)。

5.1.4.3 气压阶或单位气压高度差

单位气压高度差是气压降低1hPa时高度升高的距离，单位为m/hPa。单位气压高度差又叫气压阶(pressure step)，它是铅直气压梯度的负倒数，实际工作中，常用气压阶来表示气压随高度变化快慢程度。若气压阶用 h 表示，则由静力平衡方程可以得到：

$$h = -\mathrm{d}z/\mathrm{d}P = 1/\rho\mathrm{g} \tag{5-4}$$

式(5－4)说明，气压阶的大小随空气密度而变，在密度较大的气层中，气压阶较小。而在密度较小的气层中，气压阶较大。同一地点，高空的气压阶比低空大。温度高处气压阶比温度低处大。

由于空气密度不易测定，将气体状态方程 $\rho = P/\mathrm{R}T$，$T = T_0(1+\alpha t) = 273(1+\alpha t)$，$\mathrm{g} = 9.8\mathrm{m/s}^2$，$\mathrm{R} = 0.287\mathrm{J}/(\mathrm{g}\cdot\mathrm{K}) = 287\mathrm{m}^2/(\mathrm{s}^2\cdot\mathrm{K})$ 代入式(5－4)即得：

$$h = 1/\rho\mathrm{g} = \mathrm{R}T/P\mathrm{g} = (\mathrm{R}T_0/P\mathrm{g})(1+\alpha t) \approx (8\,000/P)(1+\alpha t) \tag{5-5}$$

式中单位：h 为m/hPa，P 为hPa，t 为℃，$\alpha = 1/273$。式中 P 和 t 为起始高度的气压和温度。在气层不太厚，精度要求不太高的情况下，可利用式(5－5)计算高度。为了精确起见，式中的气压和温度均取气层的平均值。

由式(5－5)可计算出各种不同温度和气压条件下的气压阶见表5-2。

表5-2 不同气压和温度条件下的气压阶 m

气压(hPa)	温度(℃)				
	-40	-20	0	20	40
1 000	6.7	7.4	8.0	8.6	9.3
750	8.9	9.9	10.7	11.5	12.4
500	13.4	14.7	16.0	17.3	18.6
375	17.9	19.7	21.3	22.9	24.8
100	67.2	73.6	80.0	86.4	92.5
75	89.3	98.7	106.0	114.7	124.0

由表5-2可以得出2条结论：

①温度一定时，气压越高，气压阶越小，气压随高度递减越快；气压越低，气压阶越大，气压随高度递减越慢。

②气压一定时，空气柱温度越高，ρ 越小，气压阶越大，气压随高度减小越慢。反之，空气柱温度越低时，ρ 越大，气压阶越小，气压随高度减小得越快。因此，同一气压条件

下，冷气团中气压随高度降低的速度要比暖气团快，降低同样的气压，冷气团中上升的高度小，而暖气团上升的高度大。

上述2条结论，应用于讨论气压系统的垂直结构很有帮助。

5.1.4.4 气压系统的垂直结构

由于气压随高度的变化与温度有密切关系，因此不同气压和温度配置的气压系统其垂直变化是不同的。常见的气压系统垂直结构分为以下三大类。

(1)深厚对称的冷低压和暖高压

水平面上低压中心与低温中心对称重合的气压系统是冷低压(图5-6a)。由于低压中心温度低，故低压中心气压随高度升高较四周降低快，因此，越到高空等压面越下凹，低压越强。所以，冷低压是地面到高空的深厚系统，如阿留申低压，东北冷涡等。水平面上高压中心与高温中心对称重合的气压系统是暖高压(图5-6b)。由于高压中心温度高，故高压中心气压随高度升高较四周降低慢，因此越到高空等压面越上凸，高压越强。所以，暖高压也是地面到高空的深厚系统，如太平洋副热带高压和南海高压等。

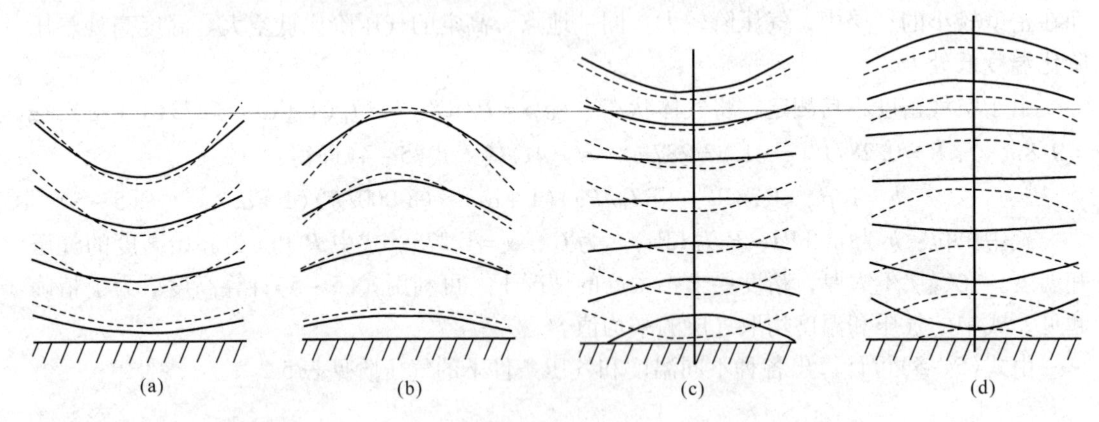

图5-6 温压场对称的气压系统垂直剖面示意图(实线为等压面，虚线为等温面)

(a)冷低压 (b)暖高压 (c)冷高压 (d)暖低压

(2)浅薄对称的冷高压和暖低压

水平面上高压中心与冷中心对称重合的气压系统是冷高压(图5-6c)。由于高压中心温度低，故高压中心气压随高度升高较四周降低快，到一定高度，等压面就由上凸变为下凹，高压不复存在而变为低压了。所以，冷高压为近地层是高压而高空是低压的浅薄高压系统，如蒙古高压。水平面上是低压中心与暖中心对称重合的气压系统是暖低压(图5-6d)。由于低压中心温度高，故低压中心气压随高度升高较四周降低慢，到一定高度，等压面就由下凹变为上凸了，低压不复存在而转变为高压了。所以，暖低压为近地层是低压而高空是高压的浅薄低压系统，如印度低压。

(3)温压场不对称系统

这是天气图上冷暖中心和高低压中心不对称重合的气压系统。在高压中，由于暖区一侧气压随高度降低比冷区一侧慢，所以高压中心越到高空越向暖中心靠近，即高压中心轴线(中心轴线是同一气压系统各高度上的系统中心的连线)向暖区倾斜。同理，低压中心轴线向冷区倾斜。因此，地面高压多处在高空槽后脊前，地面低压多处在高空槽前脊后。

500hPa图上的槽线在700hPa图上槽线的西侧，700hPa图上的槽线在850hPa图槽线的西侧，850hPa图上槽线在地面图上低压或锋线的西侧。这是天气图上的常见现象(图5-7)。了解和掌握气压系统垂直结构理论，对于收听天气形势预报，分析天气变化规律很有帮助。

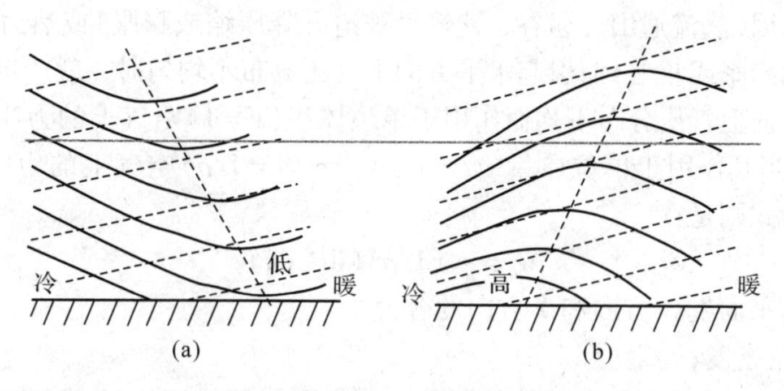

图5-7 温压场不对称的气压系统垂直剖面示意图(实线为等压面，虚线为等温面)
(a)低压 (b)高压

5.2 风及其变化

5.2.1 风的概念

空气时刻不停地运动着，它包括了水平运动和垂直运动。风是在水平方向上空气相对于运动着的地球的相对运动，是表示空气水平运动的物理量，是一种具有大小和方向的向量。风向(wind direction)指的是风的来向，如北风，来自观测点正北方，南风来自观测点正南方，其余类推。风向通常用16个方位表示。也有用方位角度表示的，以正北为0°起，顺时针旋转，正南180°，到正北360°。

风速(wind velocity)是单位时间内空气质点运动的水平距离。单位是m/s或km/h，也用风力等级表示。在天气图上用天气符号综合表示风向风速，圆圈表示测点，矢杆表示风向，矢羽表示风速，矢羽一长横代表4m/s，半横代表2m/s，空心三角旗代表20m/s(图5-8)。

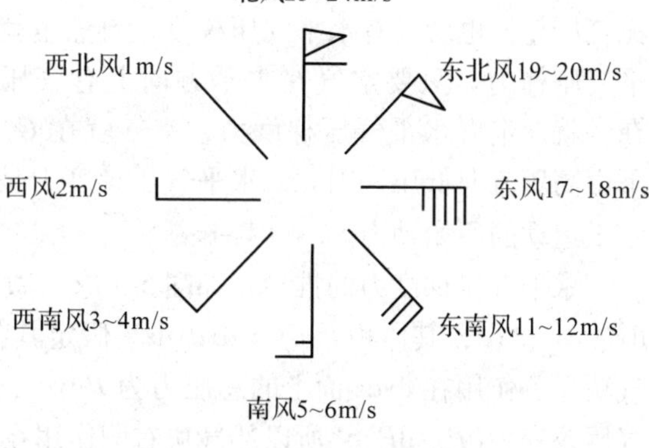

图5-8 风速风向符号

5.2.2 作用于空气的力

空气水平运动是空气微团在水平方向受力的结果。空气微团在水平方向受力有：由于水平方向上气压分布不均匀而产生的水平气压梯度力(horizontal pressure gradient force)，它是空气的原始动力；空气水平运动是在转动地球上的相对运动，因而要受地球自转产生的水平地转偏向力(horizontal coriolis force)；空气做曲线运动时要受惯性离心力(inertial centrifugal force)；空气与地表及空气层次间相对运动时要受摩擦力(friction force)；这些力相互联系又相互制约，综合影响着空气水平运动。

5.2.2.1 水平气压梯度力

由于动力原因(气流遇山、遇谷、遇锋面被迫升降压缩或膨胀)或热力原因(下垫面局部受热或冷却而膨胀或收缩)而引起水平方向上气压分布不均匀时，就产生了水平气压差。这种由于水平方向上气压分布不均而作用于单位体积($V=1$)空气上的力叫水平气压梯度，记作$-\mathrm{d}P/\mathrm{d}n$。当其作用于单位质量($m=1$，$V=m/\rho=1/\rho$)空气上的力叫水平气压梯度力，写成微分形式则是：

$$G_n = -(1/\rho)(\mathrm{d}P/\mathrm{d}n) \tag{5-6}$$

式中 G_n——水平面上X方向和Y方向的合力；

ρ——空气密度；

$\mathrm{d}P/\mathrm{d}n$——单位水平距离上的气压差，称水平气压梯度，$\mathrm{d}P/\mathrm{d}n=(\mathrm{d}P/\mathrm{d}x)+(\mathrm{d}P/\mathrm{d}y)$。

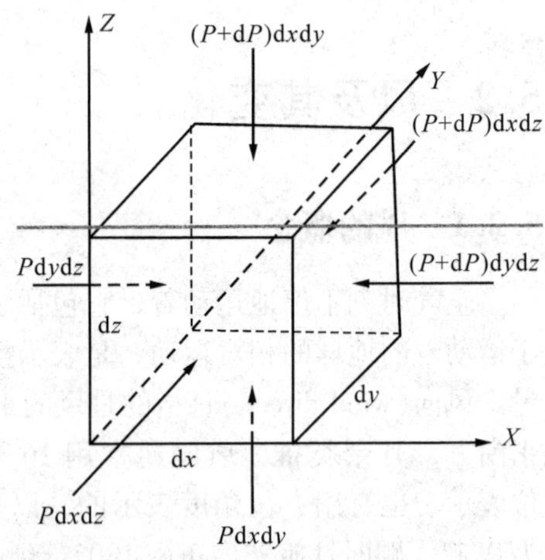

图5-9 空气微团所受的气压梯度力

G_n是矢量，方向由负号表达，负号表示G_n方向由高压指向低压，说明在G_n驱动下，空气由高压流向低压，故G_n是空气水平运动的原始动力。G_n的大小与空气密度负相关，与水平气压梯度正相关。在ρ大致相同情况下，G_n大小由$\mathrm{d}P/\mathrm{d}n$大小决定，$\mathrm{d}P/\mathrm{d}n$越大则G_n越大，反之，则越小。在天气图上，等压线密度大的地方，G_n越大，等压线密度小的地方，G_n越小。一般来说，G_n大的地方风速大，G_n小的地方风速小。若水平方向上无气压差，也就没有水平气压梯度，自然也就无水平气压梯力。只要空气在水平方向上有气压差存在，就一定有水平气压梯度力，空气就在G_n作用下由高压流向低压，因此，水平气压梯度力是空气水平运动的原始动力。

水平气压梯度力的推导：如图5-9取一微团气块，沿X、Y和Z方向的距离改变量为$\mathrm{d}x$、$\mathrm{d}y$和$\mathrm{d}z$，其体积元$\mathrm{d}V=\mathrm{d}x\mathrm{d}y\mathrm{d}z$。假定其各方向上气压都是不均匀的。沿$X$方向，从气块左侧作用在$\mathrm{d}y\mathrm{d}z$面上的总压力为$P\mathrm{d}y\mathrm{d}z$；由于气压空间分布不均而在距离改变$\mathrm{d}x$后气压改变为$(P+\mathrm{d}P)$，所以从气块右侧作用在$\mathrm{d}y\mathrm{d}z$面上的总压力为$(P+\mathrm{d}P)\mathrm{d}y\mathrm{d}z$；故气块在$X$方向上所受的合力为：

$$P\mathrm{d}y\mathrm{d}z-(P+\mathrm{d}P)\mathrm{d}y\mathrm{d}z=-\mathrm{d}P\mathrm{d}y\mathrm{d}z=-(\mathrm{d}P/\mathrm{d}x)\cdot(\mathrm{d}x\mathrm{d}y\mathrm{d}z) \tag{5-7}$$

若讨论单位体积空气($\mathrm{d}V=\mathrm{d}x\mathrm{d}y\mathrm{d}z=1$)，该式为$-\mathrm{d}P/\mathrm{d}x$，此即$X$方向的气压梯度；若讨论单位质量空气($\mathrm{d}V=\mathrm{d}m/\rho=1/\rho$)，该式为$-(1/\rho)\cdot(\mathrm{d}P/\mathrm{d}x)$，此即为$X$方向上的气压梯度力。

同理，可以导出Y方向气压梯度为$-\mathrm{d}P/\mathrm{d}y$和气压梯度力为$-(1/\rho)\cdot(\mathrm{d}P/\mathrm{d}y)$；$Z$

方向气压梯度为 $-\mathrm{d}P/\mathrm{d}z$ 和气压梯力为 $-1/\rho\cdot(\mathrm{d}P/\mathrm{d}z)$。将上述 3 个方向的气压梯度力合成后分解为水平分量和垂直分量，如下式：

$$G=-(1/\rho)\cdot(\mathrm{d}P/\mathrm{d}x+\mathrm{d}P/\mathrm{d}y+\mathrm{d}P/\mathrm{d}z)=-(1/\rho)\cdot(\mathrm{d}P/\mathrm{d}n+\mathrm{d}P/\mathrm{d}z)\quad(5-8)$$

式中气压梯度力的水平分量为：$G_n=-(1/\rho).\mathrm{d}P/\mathrm{d}n=-(1/\rho)\cdot(\mathrm{d}P/\mathrm{d}x+\mathrm{d}P/\mathrm{d}y)$，即是式(5－6)；其垂直分量为 $G_z=-(1/\rho)(\mathrm{d}P/\mathrm{d}z)$，就是垂直气压梯度力。垂直方向上气压梯度远远大于水平气压梯度，即 G_z 远远大于 G_n，但 G_z 往往与重力平衡而显得微弱。

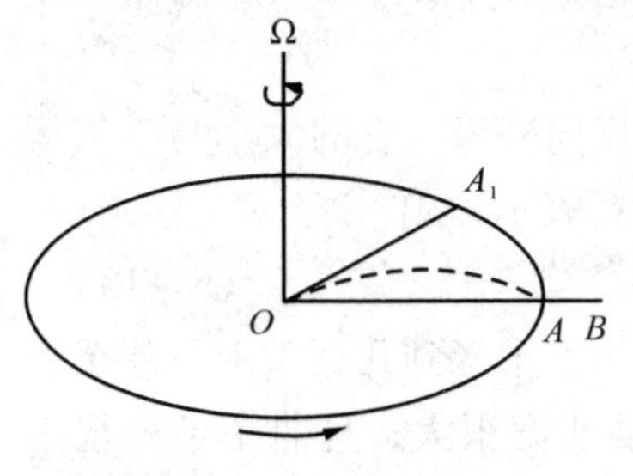

图 5-10 地转偏向力图

5.2.2.2 水平地转偏向力

如果空气只受水平气压梯度力的作用，则应按水平气压梯度力的方向由高压流向低压。但是在转动的地球上，由于地球不断地自西向东旋转，而空气为保持惯性仍按原来的速度和方向运动，这样在地球上的观察者看来，空气运动方向偏离了原来的运动方向。这种因地球自转而使空气运动方向发生改变的现象，假设是受力作用的结果，这个力称为地球自转偏向力(图 5-10)。

假设物体运动的速度是 v，从 O 点出发，经过 t 秒后，到达 A 点，则 $OA=vt$；同时，经过 t 秒后，地面以 Ω 的角速度转动了角度 $\angle AOA_1$，$\angle AOA_1=\Omega t$。物体在 t 秒内，由于地转偏向力的作用所偏离的距离为 S，则有

$$S=AA_1\times OA\times\angle AOA_1=vt\cdot\Omega t=v\,\Omega\,t^2\quad(5-9)$$

而单位质量($m=1$)空气受地转偏向力所产生的加速度为 a，则有：

$$S=AA_1=at^2/2\quad(5-10)$$

综合以上两式有：

$$at^2/2=v\,\Omega\,t^2\quad\text{或}\quad a=2\Omega\,v\quad(5-11)$$

式(5－11)即是北极地平面单位质量空气($m=1$)所受到的地转偏向力，其大小与空气运动速度和地球自转角速度成正比。

北极地平面绕其铅直轴转动的角速度就是地球自转角速度 Ω。但其他纬度上的地球自转角速度可分解为垂直分量 $\omega_z=\omega\sin\varphi$ 和水平分量 $\omega_n=\omega\cos\varphi$(如图 5-11 所示)。地平面绕其水平轴转动时，产生铅直地转偏向力；而地平面绕其垂直轴转动时，产生水平地转偏向力。所以，任意纬度上的水平地转偏向力为：

$$A_n=2v\omega_z=2\omega v\sin\varphi\quad(5-12)$$

由式(5－12)可见，水平地转偏向力有如下性质：

①北半球水平地转偏向力垂直于空气水平运动方向偏向其右方，南半球则偏向其左方。因为水平地转偏向力在运动方向上并无分量，因此它只能改变运动方向，不能改变运动速度。

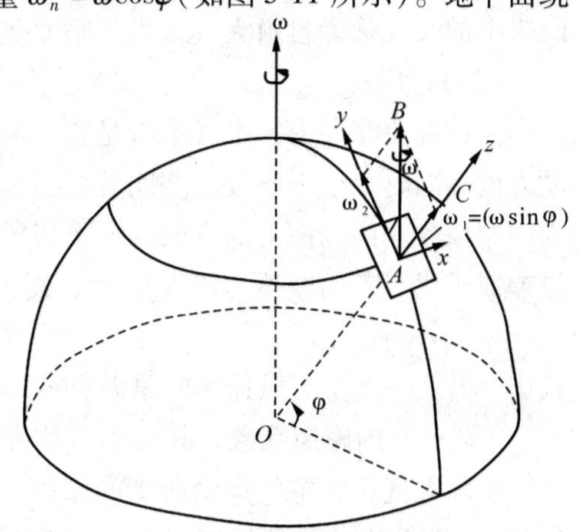

图 5-11 纬度 φ 处地面绕垂直轴的转动角速度

②水平地转偏向力的大小与风速成正比，

当风速为0时，空气不受地转偏向力的作用。

③水平地转偏向力的大小与纬度的正弦成正比，风速一定时，水平地转偏向力随纬度增高而增大。极地最大，赤道为0。

5.2.2.3　惯性离心力

当空气作曲线运动时，转动系统内的观察者看来，在曲线轨道上运动的空气质点，时刻受到一个离开曲率中心向外的力作用，这个力是空气质点为保持惯性方向运动而产生的，叫作惯性离心力。

惯性离心力的方向与空气运动方向相垂直，由曲率中心指向外缘。它的大小与空气运动速度的平方成正比，与曲率半径成反比。若惯性离心力用 C 表示，则

$$C = v^2/r \tag{5-13}$$

实际大气中，空气运动路径的曲率半径一般都很大，从几十千米到几百千米，甚至上千千米，因而受到的惯性离心力通常都很小。但当空气运动速度很大，且曲率半径很小时，惯性离心力也可达到很大的数值。当风速为0时，C 也为0。

5.2.2.4　摩擦力

空气运动时，因气层与地面之间，或气层与气层之间的相互摩擦而使空气运动减速，这种因摩擦作用而产生的阻力，称为摩擦力。摩擦力可分为外摩擦力与内摩擦力2种。

(1)外摩擦力

粗糙地面对空气运动的阻力，称为外摩擦力。外摩擦力的方向与空气运动的方向相反，力的大小与空气运动速度成正比，若外摩擦力用 R_1 表示，则

$$R_1 = -k_1 v \tag{5-14}$$

式中　v——风速；

k_1——外摩擦系数，其大小由地面粗糙程度决定，负号表示地面摩擦力方向与风向相反。

外摩擦力的作用以近地气层最为显著。外摩擦力随高度的增加其作用逐渐减弱，到距地面1~2km以上作用就很小，可忽略不计，此高度以下的气层即为摩擦层。离地面1.5km以上的大气称为自由大气，可忽略摩擦力。

(2)内摩擦力

又称湍流摩擦力。大气本身是有摩擦的黏滞流体，当空气内部运动速度不一致，或运动方向不同时，上下各气层之间就会引起互相牵制的作用。这种作用发生在大气内部，称为内摩擦力。内摩擦力的方向与上下层风速向量差的方向一致，其大小与上下层风速的向量差成正比。若内摩擦力用 R_2 表示，则

$$R_2 = -k_2 \mathrm{d}v \tag{5-15}$$

式中　$\mathrm{d}v$——上下层风速的向量差；

k_2——内摩擦系数，其大小与乱流交换强度有关。

实际大气中，空气运动所受的摩擦力是外摩擦力与内摩擦力的合力，称为总摩擦力(R)。总摩擦力的方向偏向于空气运动反方向的左方，所偏的角度在陆地上为30°左右，海上为15°左右。其大小为外摩擦力与内摩擦力的向量和。总摩擦力使低层空气运动速度

减小，方向向右偏转。

以上4种力是作用于空气水平运动的力。它们对空气水平运动的影响是不同的，一般来说，水平气压梯度力是最主要最基本的作用力，是空气产生水平运动的原始动力，没有水平气压梯度力，不仅不能产生水平运动，而且也不可能产生其他几个力。其他的力则要根据具体情况作具体分析，如讨论赤道附近的空气运动时，可以忽略地转偏向力；空气运动接近于直线时，可忽略不计惯性离心力。讨论自由大气中的空气运动时，一般不考虑摩擦力的影响。这些力之间的不同结合，构成了不同形式的水平运动。

5.2.3 自由大气中的风——地转风和梯度风

在自由大气中，摩擦力对空气运动的影响可忽略不计，即 $R=0$。当其在平直等压线组成的气压场中，空气作直线运动，空气运动不受惯性离心力，即 $C=0$，此种状态下 A_n 和 G_n 平衡时的风为地转风(geostrophic wind)。当其在高、低压系统中，空气作曲线运动，惯性离心力对空气运动的影响不可忽略，即 $C\neq0$，此种状态下 A_n、G_n 和 C 三力平衡时的风为梯度风(gradient wind)。

5.2.3.1 地转风(Vg)

高层大气平直等压线情况下，A_n 与 G_n 平衡时的风称地转风。在自由大气中，由平直等压线所组成的气压场中，假设处于静止状态的空气因受水平气压梯度力的作用，从高压向低压运动，空气一开始运动，就同时产生了水平地转偏向力，迫使空气运动方向不断向右(在北半球)偏转，运动着的空气在水平气压梯度力的作用下，速度不断增大，同时水平地转偏向力也随之不断增大，运动方向不断右偏，直到水平地转偏向力增大到与水平气压梯度力大小相等，方向相反时，空气在 G_n 和 A_n 平衡力的作用下，就沿等压线作惯性等速直线运动，这就形成了地转风(图5-12)。由 $G_n+A_n=0$ 的条件不难解出 Vg，此处 Vg 即是：

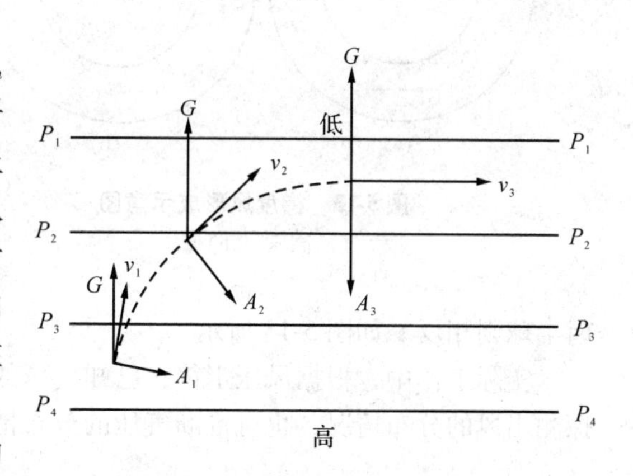

图5-12 地转风形成示意图

$$Vg=-(dP/dn)/2\rho\omega\sin\varphi \tag{5-16}$$

式中 ρ——空气密度；

$\omega\approx7.29\times10^5\cdot s^{-1}$，为地球自转角速度。

由式(5-16)可得出几点结论：

①当 dP/dn 和 ρ 一定时，Vg 与 $\sin\varphi$ 成反比，中纬度 Vg 大于高纬度。赤道附近 $\varphi=0$，所以 $A_n=0$，所以 Vg 也不存在。

②当 dP/dn 和 φ 一定时，Vg 与 ρ 成反比，所以，高空 Vg 远大于低空。温度梯度大的地方风速大。

③当 ρ 和 φ 一定时，Vg 与 dP/dn 成正比，即 dP/dn 大的地方 Vg 大，在天气图上等压

线密集的地方 Vg 大。

在北半球，Vg 方向平行于等压线，背风而立，高压在右，低压在左。南半球则相反。这就是白贝罗风压定律(Buys Ballot's law)。这个规律反映了风向和气压之间的相互关系，在天气分析和预报上应用很广。

5.2.3.2 梯度风

高层大气做曲线运动时，G_n、A_n 和 C 三力平衡时的风称为梯度风。高层大气($R=0$)高低压系统中的空气运动时，除水平气压梯度力和水平地转偏向力外，还要受到惯性离心力的作用。在北半球低压系统中，水平气压梯度力自外缘指向中心，惯性离心力自中心指向外缘，水平地转偏向力垂直于速度指向其右侧。当水平地转偏向力和惯性离心力的合力，与水平气压梯度力相平衡时，空气沿等压线作稳定的曲线运动。因为北半球水平地转偏向力总是偏向空气运动的右方，所以低压系统中，空气沿着等压线按逆时针方向运动。南半球则相反。在高压系统中，水平气压梯度力自中心指向外缘，和惯性离心力方向一致，水平地转偏向力自外缘指向中心。当水平气压梯度力和惯性离心力的合力，与水平地转偏向力相平衡时，北半球空气沿等压线作顺时针方向的稳定曲线运动，而南半球相反。梯度风的风向仍然遵循白贝罗风压定律，即在北半球风沿等压线吹，背风而立，高压在右，低压在左；南半球则相反。如图5-13所示。

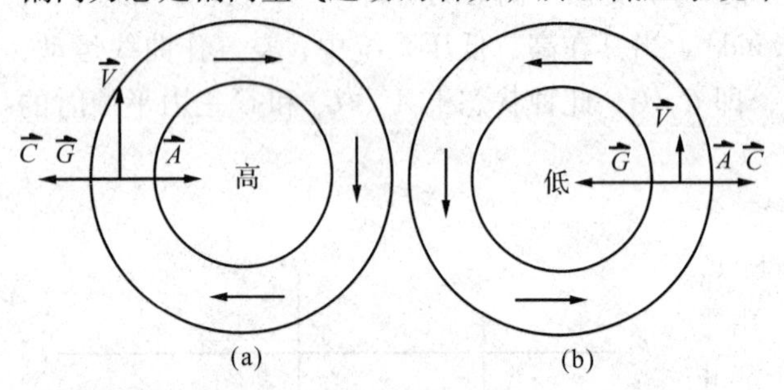

图5-13 梯度风形成示意图

(a)高压 (b)低压

实际工作中，根据风压定律，已知气压的分布情况，可推断风的分布情况。反之，若探测出风的分布情况，也可推断气压的分布情况。

5.2.4 近地气层的风——摩擦风

在1~2km以下的近地气层中，运动的空气除受到水平气压梯度力、水平地转偏向力和惯性离心力的作用外，还要受到摩擦力的作用。在平直等压线情况下，原来水平气压梯度力和水平地转偏向力二力的平衡，由于摩擦力的存在而遭到破坏。因为摩擦力使风速减小，地转偏向力也随之减小，当水平地转偏向力和摩擦力的合力与水平气压梯度力相平衡时，风不再沿等压线吹，而是斜穿过等压线，由高压一方吹向低压一方，如图5-14所示。风斜穿等压线的角度决定于摩擦力的大小，摩擦力越大，交角也越大。据统计，陆上为35°~45°，海上为15°~20°。

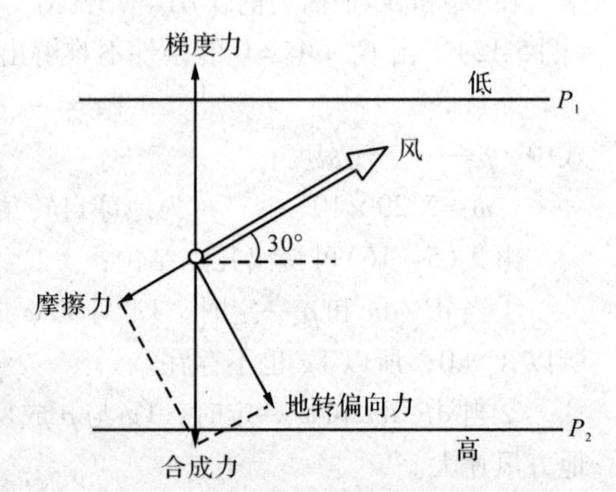

图5-14 平直等压线下的摩擦风

同理，在弯曲等压线的情况下，在低压系统

中，风沿逆时针方向斜穿等压线，由高压一方吹向低压一方，形成向内辐合的气流。在高压系统中，风沿顺时针方向斜穿等压线，由高压一方吹向低压一方，形成向外辐散的气流，如图 5-15 所示。

在近地气层，无论是平直等压线的情况，还是曲线等压线的情况，形成的风都称为摩擦风(antitroptic wind)。这时的风压定律变为：在北半球，背风而立，高压在右后方，低压在左前方；南半球则相反。

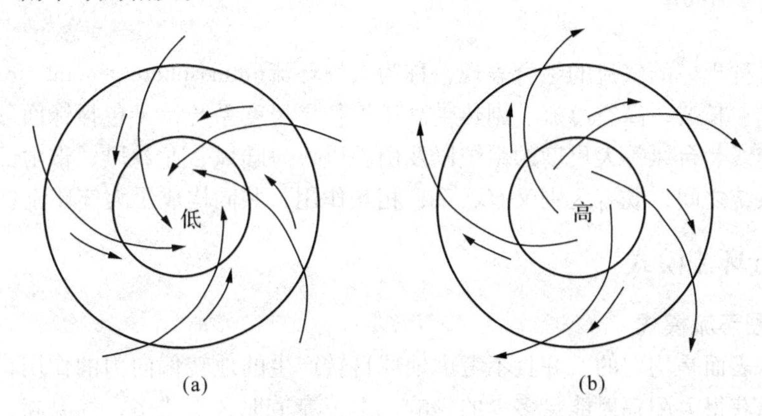

图 5-15 高压(b)和低压(a)系统中的摩擦风

5.2.5 风的变化

5.2.5.1 风速的日变化

在气压形势很少变化时，可以观测到风有明显的日变化。对低层大气来说，日出以后风速逐渐增大，午后风速达到最大，夜间风速减小，高层大气风的日变化情况与低层大气相反，最大值出现在夜间，最小值出现在白天。

风速的这种日变化特征和乱流混合的日变化有关。日出后，乱流交换作用逐渐发展，上下层空气的混合作用增强，使下层风速增大，而上层风速减小；到了午后对流和乱流作用达到最强，低层风速达到最大，而上层风速达到最小。此后，随着乱流作用的逐渐减弱，上下层空气间的乱流交换作用减小，因而低层风速也减小。夜间，乱流交换几乎停止，这时低层风速达到最小，甚至出现静风，高层风速达到最大。

风速的这种日变化特征，陆上大于海上，夏季大于冬季，晴天大于阴天。

5.2.5.2 风速的年变化

风速的年变化与气候条件和当地的地理条件有关。在北半球中纬度地区，一般风速的年最大值出现在冬季，最小值出现在夏季。我国大部分地区春季风速最大，因为春季是冷暖空气交替的时期。

5.2.5.3 风速随高度的变化

在摩擦层中，因为运动着的空气所受到的摩擦力随高度增加而减小，所以风速随高度增加而增大。到摩擦层顶时，由于摩擦力很小，可以忽略不计，风速接近于地转风的风速。在贴地层中，风速随高度增加很快，向上逐渐减慢。

5.2.5.4　风的阵性

近地气层中，由于空气的乱流作用，使得风具有阵性的特点。风的阵性是指风向变化不定，风速时大时小的现象。地面粗糙不平时，阵性也会增强，随着高度增加，阵性逐渐减弱。

5.3　大气环流

地球上各种规模的气流的综合表现，称为大气环流(atmosphere general circulation)。它既包括超长波、长波、高空急流、副热带高压等行星尺度系统，又包括锋面气旋、高空短波槽脊、切变线、台风等大尺度的系统以及山谷风、海陆风、龙卷风、雷雨云等中小尺度系统。这些系统之间，既有区别又有联系，相互作用，共同构成了大气环流总体。

5.3.1　大气环流模式

5.3.1.1　单圈环流模式

假定地球表面是均匀的，并且不考虑地球自转产生的地转偏向力的作用，那么，大气运动仅受地面获得太阳辐射能量多少的影响。由于赤道地区受热多，气温高，空气膨胀上升，赤道上空的气压就会高于极地上空同一高度上的气压。在水平气压梯度力的作用下，赤道上空的空气向极地流动。赤道上空由于空气流出，气柱质量减少，地面气压就会降低而形成低压区，称为赤道低压；极地上空因有空气流入，地面气压就会升高而形成高压区，称为极地高压。于是，在低层产生了自极地流向赤道的气流，这支气流在赤道地区受热上升，便补偿了赤道上空空气质量。这样，在赤道和极地之间构成了如图 5-16 所示的南北向闭合环流，称为单圈环流。单圈环流是 1735 年英国哈得莱(Hadley)提出来的一个设想，直到 19 世纪初，人们都还深信不疑这个理论。后来随着观测资料的增多，人们发现这个理论与实际很多不相符，但在赤道与 30°之间确实存在一个这样的环流圈。人们为了纪念他的开创性贡献，就把这个环流圈叫“哈得莱环流圈”。

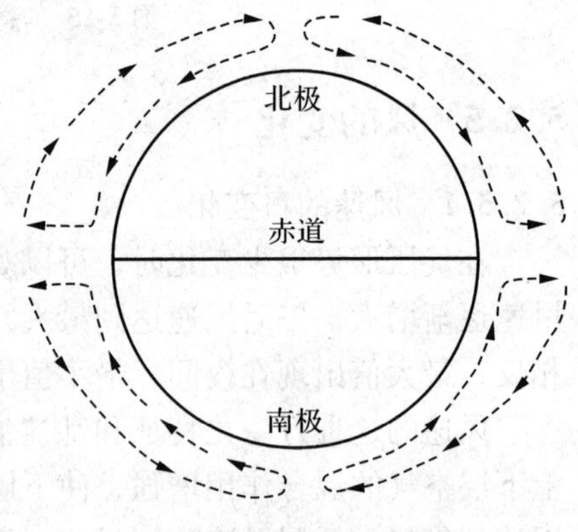

图 5-16　单圈环流模型

5.3.1.2　三圈环流模式

事实上，在自转的地球上，只要空气一有运动，地转偏向力随即发生。在北半球它将使气流向右偏转；在南半球，它将使气流向左偏转。在地转偏向力作用下，大气环流的情况就复杂多了。1941 年，美国气象学家罗斯贝(Rossby)综合各种方案，结合大量观测事实和研究结果，提出了三圈环流模式(图 5-17)。

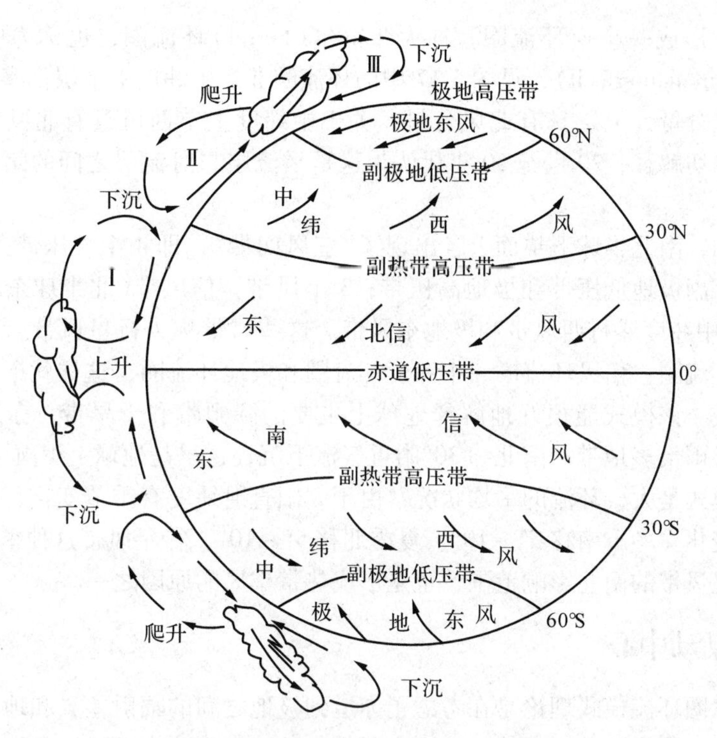

图 5-17　三圈环流模型(刘南威，2000)

当空气由赤道上空向极地流动时，起初因受地转偏向力的作用很小，空气基本上是顺着气压梯度力方向沿经圈运行的。以后随着纬度增高，地转偏向力逐渐增大，气流就逐渐向纬圈方向偏转，到纬度 20°~30°处，由于水平地转偏向力已经增大到和水平气压梯度力相等的程度，空气运行方向接近于和纬圈平行。

当气流在纬度 20°~30°处上空转成纬向流动以后，源源不断地从赤道上空流到这里来的空气在此受阻堆积下沉，使近地面气压升高而形成一个高压带，这个高压带就是副热带高压带。在副热带高压和极地高压带之间是一个相对的低压带，称为副极地低压带。

副热带高压出现以后，在副热带地区，近地面空气向赤道和极地两边流去。其中向赤道的一支气流，在地转偏向力作用下，在北半球成为东北风，在南半球成为东南风，分别称为东北信风和东南信风。这两支信风到了赤道附近辐合上升，补偿由赤道上空流出的空气质量，于是热带地区的上下层构成了一个环流圈，称为信风环流圈(trade circulation cell)，它很像哈得莱的单圈环流模式，故也称为哈得莱环流圈(Hadley circulation cell)，见图 5-17 上的环流圈Ⅰ。

由副热带向极地的一支气流，则在地转偏向力作用下，形成中纬度地区的偏西风。当它到达副极地低压带时，遇上由极地高压流来的冷空气，于是在这两支冷暖气流之间，形成一个锋面(称极锋)。从副热带地区来的暖空气沿锋面向极地滑升(在地转偏向力作用下，为偏西气流)，然后在极地上空冷却下降，补偿极地地面流走的空气质量，这样，极地的上下层气流也构成了一个环流圈，称为极地环流圈(polar circulation cell)，见图 5-17 中的环流圈Ⅲ。

在极锋上空向南流的一支气流在副热带高压地区上空与信风环流上空向北流的气流相

遇而辐合下沉，形成一个逆环流圈，称为弗雷尔(Ferrel)环流圈，也称为中纬度环流圈(mid－latitude circulation cell)，见图5-17中的环流圈Ⅱ。中纬度上下层都盛行西风，只是近地层具有南风分量，上层具有北风分量，关于中纬度上空西风具有北风分量的形成原因，目前尚无确切解释，20世纪50年代认为这是平流层与对流层之间的闭合环流圈，这里不详细讨论。

由上述可知，南北半球下垫面上各出现了“三风四带”，即4个气压带：赤道低压带、副热带高压带、副极地低压带和极地高压带；3个风带：信风带(北半球东北信风和南半球东南信风)、中纬度盛行西风带和极地东风带。这些风带称为行星风带。垂直方向上便构成3个经向环流圈：信风环流圈、中纬度环流圈和极地环流圈，这样就把大气环流归结为三圈环流模式。该模式能很好地解释地球上主要的降雨带和干旱带，赤道两侧气流上升，是地球上云雨最多地带；南北纬30°附近气流下沉，这里是地球上少雨干旱地带。

三圈环流模式是大气环流的平均状况，由于太阳直射纬度有季节变化，从而引起行星风带也有季节变化。冬季南移5°~10°，夏季北移5°~10°，行星风带这种季节性位移的结果，扩大了行星风带的南北影响范围，也是形成热带季风的原因之一。

5.3.2　大气活动中心

罗斯贝的三圈环流模式理论是在考虑了赤道到极地之间的辐射差异和地球自转而忽视了地球表面的热力差异的基础上建立的。实际上，地球表面热力差异不是均匀的，大气环流情况远不是上述那样简单。最大的影响因素是大陆和海洋的分布。例如，在北纬30°~35°地区，副热带高压就是不连续的。在海洋上，高压带表现得比较明显，终年存在，但夏季较强冬季较弱。而在大陆上，冬季由于陆地强烈降温，形成高气压；夏季由于陆地强烈增热，形成低气压。因而副热带高压带便被割裂成为单独的高压区，高压中心在大西洋的亚速尔(Azores)群岛附近和太平洋的夏威夷(Hawaii)群岛附近。副极地低压带也有同样情况，寒冷的季节，中高纬度大陆上冷却快而剧烈，西伯利亚和加拿大是中、高纬度范围广大的陆地，冬季形成强大的高压中心，即蒙古高压和北美高压。这样就把副极地低压带分割成为单独的低压区，低压中心在冰岛(Iceland)附近和阿留申(Aleutian)群岛附近，它们冬强夏弱。这种由于海陆分布割裂了气压带而形成的高低气压中心，对冬夏天气，气候有控制性的影响，被称为大气活动中心(atmospheric active center)。气压带和大气活动中心见表5-3。

表5-3　气压带和大气活动中心

	气压带	半永久性活动中心	季节性活动中心	
			7月	1月
北半球	副极地低压带	冰岛低压 阿留申低压	— —	北美高压 蒙古高压
	副热带高压带	夏威夷高压 亚速尔高压	印度低压 北美低压	— —
	赤道低压带		平均位置12°~15°N	平均位置5°S

（续）

气压带		半永久性活动中心	季节性活动中心	
			7月	1月
南半球	副热带高压带	南太平洋高压 南印度洋高压 南大西洋高压	澳洲高压 南非高压	澳洲低压 南美低压 南非低压

5.3.3 季风

大范围地区盛行风向随季节而改变且引起天气、气候变化的现象叫作季风(seasonal wind or monsoon)。根据季风的成因，可将季风分为2种，一种是由海陆热力差异产生的，另一种则是由行星风带随季节移动而引起的。

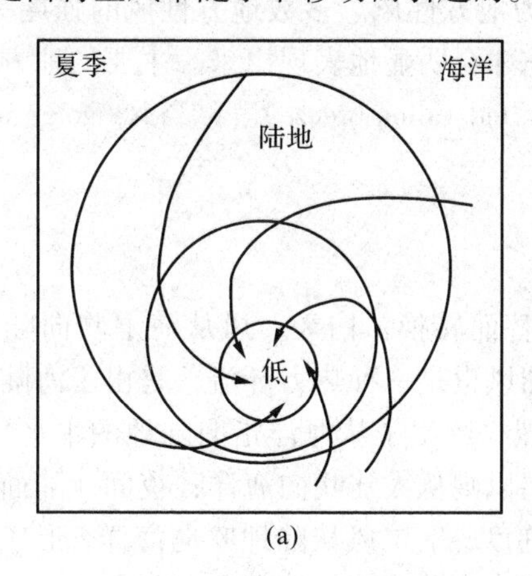

(a)

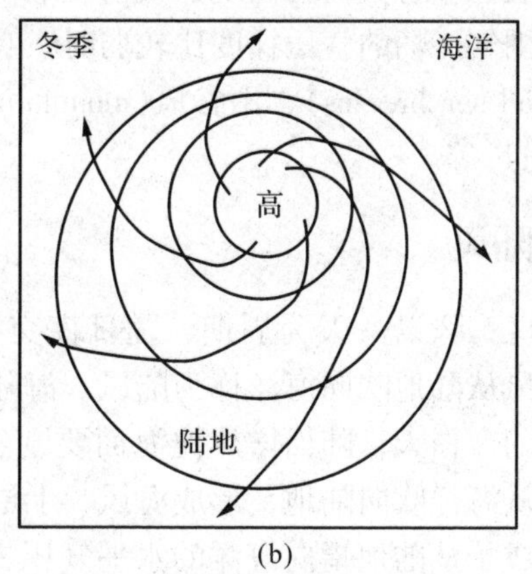

(b)

图5-18 海陆热力差异形成的季风示意图

(a)夏季风 (b)冬季风

由海陆热力差异产生季风，是由于夏季大陆增温比海洋快，大陆气压比海洋低，气压梯度由海洋指向大陆，所以气流分布如图5-18a所示，由海洋流向大陆；冬季相反，冬季大陆降温比海洋快，大陆气压比海洋气压高，气压梯度从大陆指向海洋，因此气流分布如图5-18b所示，由大陆流向海洋。

由海陆热力差异而产生的季风，大都是发生在海陆相接的地方，如亚洲东部、大洋洲和北美洲等地。由于温带、副热带地区海陆热力差异最大，这种季风最显著，所以常称为温带季风或副热带季风。我国是季风最显著的国家之一。正是由于季风气候特点，处在副热带地区的长江流域才幸免形成沙漠而成为鱼米之乡。

由行星风带随季节移动而引起的季风，和海陆热力差异而产生的季风不同。行星风带的分布很有规律，其位置随季节有显著的移动，因此，在2个行星风带相接的地区，便会发生显著的季节性改变现象。例如，在太平洋东部，冬季赤道低压停留在南半球，夏季移到北半球，因而在赤道至北纬10°之间的区域，冬季受北半球信风的控制，吹东北风；夏季却受南半球信风的控制，吹东南风。这种行星风带随季节移动而引起的季风，可以发生在沿海和陆地，也可以出现在大洋中央。就纬度来说，多见于赤道和热带地区，所以常称为赤道季风或热带季风。

必须指出，上述季风是从成因的主要方面来区分的。季风是大气环流的重要组成部分之一。某一地区的季风，实际上是所在地区的行星风带、海陆、地形等多种因素综合作用下所产生的现象。例如，温带或副热带地区季风的形成，往往会包含着行星风带随季节移动的作用，而赤道或热带地区季风的形成，也往往会包含着海陆力差异的作用，而地形又是改变季风强度和季风方向不可忽视的因素，这些都是必须全面考虑的。

5.4 地方性风

观测表明，即使大范围的水平气压场相同，不同地区的风也可以有很大的差异。因此，我们既要了解大范围的空气水平运动规律，也要研究特殊地区的空气水平运动规律。与地形或地表性质有关的局部地区的环流称为地方性风。多数地方性风的强度一般不大，只有当大范围气压场的气压梯度比较弱时，它才会明显地表现出来。主要的地方性风有海陆风(land and sea breezes)、山谷风(mountain and valley breeze)、峡谷风(gorge wind)和焚风(foehn wind)等。

5.4.1 海陆风

沿海地区，风以一天为周期，随日夜交替而转换：白天，风从海上吹向陆地称为海风；夜间，风从陆地吹向海洋称为陆风。海陆风也是一种热力环流，是由于海陆之间热力差异而产生的。白天，陆面增热比海面要剧烈，产生了从海洋指向陆地的水平气压梯度，因此下层风从海洋吹向陆地，形成海风，上层风则从大陆吹向海洋；夜间，陆面降温比海面剧烈，形成了从陆地指向海洋的水平气压梯度，下层风从陆地吹向海洋，形成陆风，上层风从海洋吹向陆地，如图5-19所示。

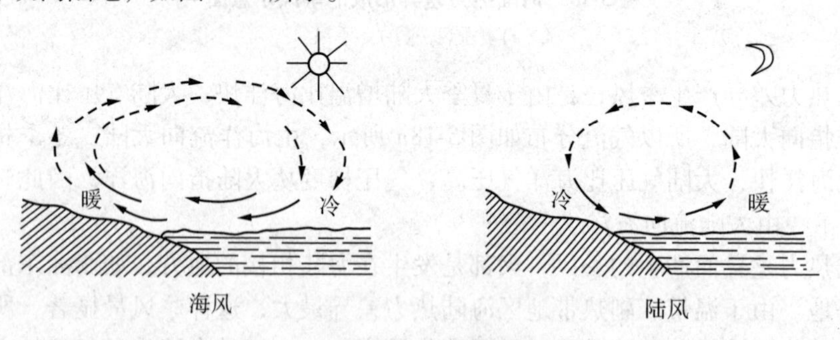

图5-19 海陆风示意图

在内陆地区，大的湖岸或河岸附近，也有类似海陆风的环流出现，只是强度要小很多。

海风和陆风转换的时间，随地区和天气条件而定，一般陆风在上午转为海风，13：00~15：00海风最强；日落以后海风逐渐减弱，并转为陆风。海风可以调节沿海地区的气候。海风登陆时，常从海上带来大量水汽，使陆上空气湿度增大，有时会形成低云和雾，甚至产生降水，温度也有明显降低。

5.4.2 山谷风

山地中，风随昼夜交替而转换方向。白天，风从山谷吹向山坡，称谷风；夜间，风从山坡吹向山谷，称山风。山风和谷风合称山谷风。山谷风是由于在接近山坡的空气与同高度谷底上空的空气间，因白天增热与夜间失热程度不同而产生的一种热力环流。

白天，山坡接受太阳辐射而很快增温，紧贴山坡的空气也随之增温，而同高度谷底上空的空气，因远离地面，增温缓慢，温度较低。这种热力差异，产生了由山坡坡面指向山谷上空的水平气压梯度。而在谷底，则产生了由山谷指向山坡的水平气压梯度。所以，白天风从山谷吹向山坡(上层相反，风从山坡吹向山谷上空)，形成了谷风。

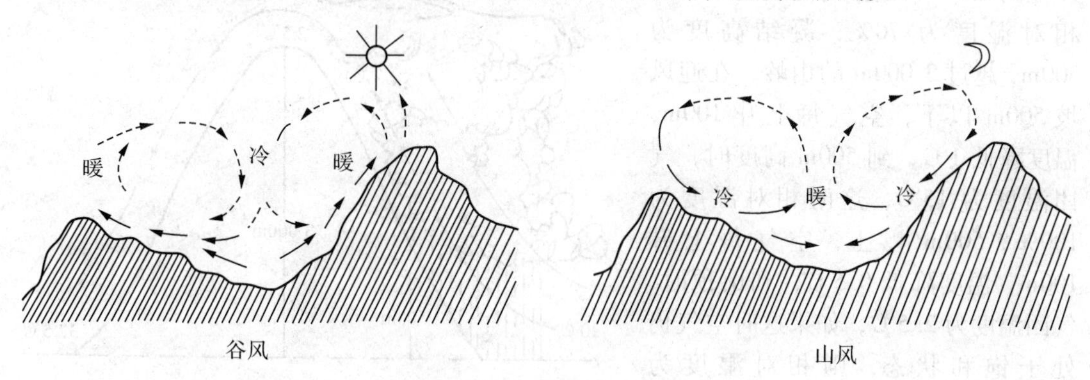

图 5-20　山谷风示意图

夜间，山坡由于辐射冷却而很快降温，紧贴山坡附近的空气也随之降温，而同高度谷底上空的空气冷却较慢。形成了和白天相反的热力环流，下层风由山坡吹向山谷(上层风由山谷吹向山坡)形成了山风(图 5-20)。

只有在同一气团控制下的天气，山谷风才会表现出来。当有强大气压系统控制时，山谷风常被系统性环流所掩盖。地形比较复杂，山谷风也不明显。一年中，山谷风以夏季最明显；一天中，白天的谷风比夜间的山风强大得多。山谷风的转换，一般由山风转为谷风是在 9：00~10：00，午后达最大。由谷风转为山风则在日落以后开始，在山谷风转换时刻可出现短时间的静风。山风是下沉气流，空气干燥；谷风是上升气流，易形成山坡雾和成云致雨。

晴朗无风或微风的夜晚，山坡贴地气层因辐射冷却强烈，密度大，质量重，沿山坡像雨水一样下流，称之冷径流，实际上就是山风。冷径流流入低凹山谷、盆地堆积时，就形成了冷空气湖(简称冷湖)。冷湖深度为山体相对高度的 1/5~1/4。谷地里原温暖空气被抬升到一定高度，在处于逆温层的山坡中、上部，温度较谷地和平地都高，称山坡暖带。山坡暖带高度为山体相对高度的 0.2~0.3 倍，随天气而变化。

5.4.3 峡谷风

当空气由开阔地区进入狭谷口时，气流的横截面积小，由于空气质量不可能在这里堆积，于是气流就必须加速前进，而形成强风，这种风称为峡谷风或穿堂风。在我国台湾海峡、松辽平原等地，两侧都有山岭、地形像个喇叭管，当空气直灌窄口时，经常出现大风，就是这个原因。

5.4.4 焚风

气流越过高大山体后绝热下沉，在山的背风坡脚产生的干热风，叫焚风。

当未饱和暖湿气流翻越高大山脉时，在山的迎风坡被迫抬升，按干绝热直减率降温，到一定高度，空气达到饱和，水汽凝结并产生云雨；气流再继续上升，则按湿绝热直减率降温。当气流越过山顶而沿坡下滑时，按干绝热直减率下沉增温，加上水汽在迎风坡已凝结降落，气流湿度减小，因而在山坡中部或山脚就出现了高温而干燥的焚风。

例如，一团空气温度为20℃，相对湿度为70%，凝结高度为500m，越过3 000m的山岭，在迎风坡500m以下，空气每上升100m，温度降低1℃，到500m高度时，气团温度为15℃，这时相对湿度为100%；500m以上，空气每上升100m，温度降低0.5℃，到山顶时，气团温度为2.5℃，如果这时空气仍处于饱和状态，则相对湿度为100%，水汽压为7.32hPa。气流越过山顶以后，每下降100m，温度升高1℃，到山脚时，气流温度就变为32.5℃，水汽压为49.1hPa，相对湿度变为15%，如图5-21所示。

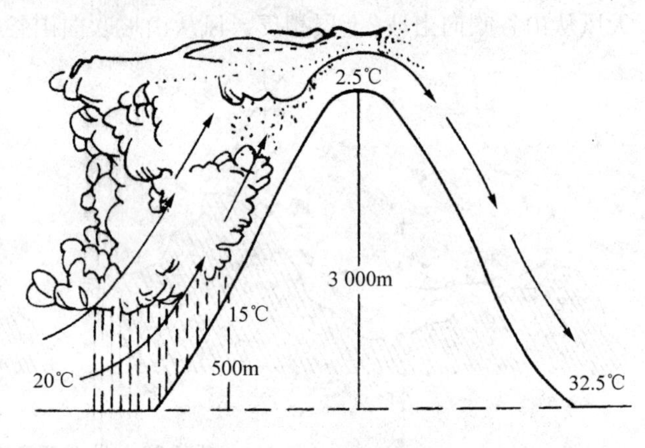

图5-21 焚风示意图

不论是冬季还是夏季，白天还是夜间，焚风在山区都可以出现。初春的焚风可使积雪融化，利于灌溉。夏末的焚风可使谷物和水果早熟。但强大的焚风会引起背风坡脚森林火灾和旱灾。

我国幅员辽阔，地形起伏，很多地方有焚风现象。如喜马拉雅山、横断山脉、秦岭、天山等高大山体的背风坡都有极为强烈的焚风效应。

5.5 风和乱流与生物生命活动

风和乱流是植物重要的生态因子之一，直接或间接影响植物生长发育。风和乱流在农林业生产中的意义很大，有有利影响和不利影响。

5.5.1 风和乱流对生物生命活动的有利影响

风速的增大使乱流加强，乱流使地面与气层之间以及上下气层间的热量、水汽、CO_2、微尘杂质、动量的扩散和输送，使之均匀化。风和乱流促进了水分蒸发和植物蒸腾，调节了植物层间的环境温度、湿度和CO_2含量，保证了正常光合作用和呼吸作用。有人估计，水稻叶片以0.02g/(m^2·min)的光合速率光合作用时，如无风和乱流输送供给CO_2，则在

1min 内叶片周围 CO_2 可被吸收耗尽而停止光合作用。风和乱流能传播植物花粉，帮助植物授粉，提高植物结实率。传播种实扩大繁殖，松、杉种实具有尾翼，能随风飘扬很远。人类也可利用风力来发电，风能是一种无污染的清洁能源，越来越受到人类的关注与重视。

5.5.2 风和乱流对生物生命活动的不利影响

风和乱流能传播病原体，造成植物病害蔓延，甚至造成病、虫长距离迁移。如小麦锈病孢子、稻飞虱、黏虫、稻纵卷叶螟等，春季随盛行西南风或东南风自南向北迁(移)飞、繁殖、为害、越夏；入秋，又随西北风或东北风自北向南迁(移)飞、繁殖、为害、越冬。大风会加速土表蒸发和植物蒸腾，造成土壤干旱和植物萎蔫；大风可造成植物叶片机械损伤或折断；作物倒伏；林木断枝断梢、翻根；果树落花落果；影响植物生长和产量。在发生森林火灾、草原火灾时，大风会明显助长火势，有时还将境外燃烧物刮来引发本地火灾。在干旱、半干旱地区，风蚀是造成土壤沙化的主要驱动力。大风还经常破坏甚至摧毁大棚和畜舍，使棚内作物和畜禽受害。在发生沙尘暴、暴风雪和寒潮等灾害时，风速越大，动植物受害也越严重。高山植物受风影响生长低矮，风可使林木偏冠。一般风速大于10m/s 即为害很大，形成风灾，至于热带风暴、强热带风暴、台风、龙卷风直接影响地区，对植物生长发育危害极大，是灾害风。

劳动人民为了防风灾，积累了大量丰富经验，除育种和栽培技术外，营造防风林带、设置风障、植树造林等，对减轻风灾均有显著效果。

5.6 1994年贵阳都溪风灾案例分析

1994 年 11 月 30 日凌晨 3：10，贵阳市北郊白云区都拉乡国营都溪林场及其附近地区遭受一场罕见的雷雨大风袭击，都溪林场及其周围地区的树木顷刻被毁，一部分树木被连根拔起，而更多的松树则被大风拦腰折断，风灾现场留下大片折断的树干和一根根齐刷刷的 1m 多高的树桩，灾情十分严重，特称为“都溪风灾”。这次风灾共波及都拉乡的都溪、尖坡、冷水、都拉、奔土、小河 6 个自然村，以及 1 个林场(都溪林场)，1 个大型车辆厂(铁道部贵阳车辆厂)，2 个乡镇工厂(白云化工厂、冷水砖瓦厂)。其中以都溪林场和贵阳车辆厂灾情最重，经济损失最大。此外，都拉乡大坡上的个人承包林场的幼龄树损失也不小。风灾路径为一全长约 10km、宽 300~500m 的狭长地带，风灾持续时间约 10min。大风发生时伴有阵雨、冰雹、雷击和球状闪电等天气现象。据目击者反映，11 月 29 日傍晚，在都溪林场上空曾出现过漏斗状云，凌晨球状闪电触地时，曾爆发出震耳欲聋的巨响，天空中闪电发出耀眼光芒。风灾使国营都溪林场和都拉乡的个人承包林地共约 $33hm^2$ 马尾松毁于一旦，在都溪林场所辖范围内，包括老鸦塘东侧东西宽 100m、南北长 54m 的松树几乎全部被折断或被扭断，羊奶坡北侧长 100 m、宽 43m 的一片松林内约有 50 棵高 20m 的成材树被折断，水堰坝两侧的一片狭长的山丘林地是都溪林场的主要林区，树木被折断最多，损失最重。在风凰哨，受灾面积长 150m、宽 60m 的狭长地带所有成材树木几乎全被吹倒、折断。贵阳市车辆厂是这次风灾的最大受害者，全厂有 6 000 m^2 的厂房受到严重损坏，该厂物资处库房旁边一棵直径 40cm 的大杨树被连根拔起，汽车磅房被大风吹塌，一节装有50t钢材的货车被强风吹离原地逾20m(沿铁轨滑行)，全厂被风吹毁的门窗、玻璃计1 200m^2，损失约60万元。

奇特的都溪林场风灾，是一场破坏性较大的气象灾害，这场灾害是罕见的陆龙卷风和下击暴流所致。

思考题

1. 何谓气压、等压面、等压线、高压、低压、低压槽、高压脊?
2. 何谓压高公式?压高公式有哪些应用?
3. 海拔10m的气象站测得气压1 000hPa，气温20℃，邻近一高山气象站同时测得气压800hPa，气温10℃。求高山站的海拔高度及两站间的相对高度?
4. 作用于运动空气的力有哪些?当水平气压梯度为0时，空气所受各种力的大小如何?
5. 何谓地转风、梯度风、摩擦风?在北半球，风与气压分布有什么关系?
6. 简述三圈环流模型中全球气压带和风带的分布。中纬度环流是怎样形成的?
7. 何谓大气活动中心，对我国气候影响较大的有哪些大气活动中心?
8. 季风形成的原因是什么?
9. 季风、海陆风、山谷风、焚风是怎样形成的?季风和海陆风有何异同?

参考文献

包云轩. 2007. 气象学[M]. 2版. 北京：中国农业出版社.

刘南威. 2000. 自然地理学[M]. 北京：科学出版社.

穆彪，张邦琨. 1997. 农业气象学[M]. 贵阳：贵州科技出版社.

肖金香，穆彪，胡飞. 2000. 农业气象学[M]. 南昌：江西高校出版社.

AGUADO E，BURT J E. 2001. Understanding weather and climate[M]. 2nd ed. Upper Saddle River, New Jersey：Prentice Hall，Inc.

Discovery Channel. 2000. 天气(Weather)[M]. 沈阳：辽宁教育出版社.

第6章　天气学基础知识

天气复杂多变，与人类活动和农林业生产息息相关。天气的变化（weather change）可概括为周期性变化和非周期性变化两类。由于地球的自转和公转所引起的气象要素的日变化和年变化属于周期性变化，其变化规律比较简单，也较容易预测。由于天气系统（如气团、锋面、气旋和反气旋等）的生成、消失、加强、减弱和移动所引起的变化属于非周期性变化，如寒潮、台风、暴雨、冰雹等气象灾害的出现。地形和下垫面因素还带来了某些地方性天气特征，使得天气的非周期性变化更加复杂，准确预测的难度较大。天气的变化对于人类的生产活动和人们的日常生活都有极大的影响，特别是寒潮、台风、暴雨、冰雹等灾害性天气，常常会给人们带来严重的危害。因此，掌握天气和天气预报的基本知识，以便能听懂天气和天气形势预报，从中了解未来天气变化十分重要，针对不同天气采取各种有效对策，减轻和避免不利的天气造成的经济损失。

6.1　天气系统和天气过程

6.1.1　天气和天气学

天气（weather）是指某一地区某一短时间内各种气象要素（气温、气压、湿度、云、降水、能见度和风等）的综合表现。不同的大气状况，表现为不同的天气现象（诸如冷暖、阴晴、干湿、风云、雨雪、雾霜等）。研究天气的形成、发展及其演变规律，并运用这些规律预报未来天气变化的科学，称为天气学（synoptic meteorology）。认识和掌握天气演变规律，推断未来天气演变情况，就是天气预报。

6.1.2　天气系统

天气是由天气系统造成的。能够显示大气中天气变化和天气分布特征的独立系统称为天气系统（weather system）。如低气压系统往往与云雨天气相联系，高气压系统往往与晴暖天气相联系，它们既是气压系统又是天气系统。本章将介绍的各种气团、锋面都是天气系统。天气是与不同天气尺度系统的生消和移动相联系的。因此，天气系统移动速度和生命周期决定了局地天气变化的时间尺度。一般来说，夏季天气系统的生消和移动比冬季快，因而夏天的天气变化也较快。尺度大的天气系统，生命史长；尺度小的天气系统，生命史短。常见的不同尺度天气系统见表6-1。

表6-1 常见的各种尺度天气系统

水平尺度(km)		$>2\times10^3$	$2\times10^2\sim2\times10^3$	$2\sim2\times10^2$	<2
尺度定义		大尺度	中间(天气)尺度	中尺度	小尺度
天气系统	温带	超长波、长波	气旋、锋面		雷暴
	副热带	副热带高压	副热带低压、切变线	飑线、暴雨	龙卷风
	热带	热带辐合带、季风	台风、云团	热带风暴、对流群、东风波	对流单体

6.1.3 天气过程

不同的天气系统有不同的天气表现。各种天气系统总是处在不断产生、发展、移动和消退的过程中。某种天气及其相应的天气系统发生发展的演变过程叫作天气过程(weather process)。了解各种天气过程的发展规律,揭露其发展的物理机制,对于做好天气预报有重要的意义。天气过程具有不同的空间和时间尺度,尺度较大的天气过程是尺度较小的天气过程的背景,它制约着尺度较小的天气过程的发展。但尺度较小的天气过程对于尺度较大的天气过程也具有反馈作用,能在一定程度上改变尺度较大的天气过程的具体进程和表现形式。一个大的天气过程还可以划分为若干阶段,如寒潮可划分为酝酿、发展和爆发3个阶段。研究天气过程的时空变化规律,分析和建立典型的天气过程模式,是天气学研究的一项重要内容。

6.2 气团

6.2.1 气团的概念

气团是指在水平方向上,温度、湿度和大气稳定度等物理性质比较均匀且垂直方向上变化较小的大块空气,水平范围很大,纵横可达几百到几千千米,有时可扩展到整个大陆或海洋,在垂直方向薄的气团只有几百米,厚的可达到几千米,最厚者可伸到对流层顶达十几千米。一般在气团内部温度变化比较小,水平温度梯度一般小于1~2℃/km。如在气团内部1 000km的距离内,温度不过相差5~7℃,但在2个气团交接的地带,在50~100km内,温度便可相差10~15℃。

6.2.2 气团的形成和变性

(1)气团形成

形成气团的条件,一是大范围性质较为均一的下垫面,二是有利于空气停滞或移动缓慢的环境条件。

当一大块空气长时期停留在广大性质比较均匀的下垫面时,空气和下垫面之间进行热量和水分的交换，于是大块空气取得下垫面的物理特征，即大块空气的温度、湿度与下垫面趋于一致，形成了气团。形成气团的下垫面的地理区域，称为气团的源地。由于下垫面的性质不同因而形成不同性质的气团，如大块空气运行到北极和极地大陆上空时，就形成了具有寒冷而水汽含量少的极地干冷气团。北极和极地大陆就是极地气团的源地。又如在热带上空，停留较长时间的大块空气，它具有与下垫面相同的暖而含水量丰富的特性，形成了热带气团。而热带就是热带气团的源地。

(2)气团的变性

当气团形成以后，由于环境条件发生改变，气团便会移出源地，在气团的运行过程中，在新的下垫面的影响下，气团原有特性随时间而不断变化，并获得新的物理特性，称为气团的变性。气团变性后的属性，一方面决定于气团原有的特性，另一方面还决定于气团所到达新地区的下垫面状况，如北方冷气团向南方移动，冷气团的下部空气受地面加热，温度逐渐增高，气层变得不稳定，易产生阵雨。相反，暖而湿的空气移到寒冷地面时，暖气团下层强烈冷却，大气稳定度增大，不易产生降水，但同时由于下层暖空气温度降到露点温度以下后易产生雾。

6.2.3 气团的分类

气团的分类有地理分类法和热力分类法。

(1)地理分类法

按气团形成源地的地理位置，可将气团分为4类，即冰洋(北极)气团、极地气团、热带气团和赤道气团。由于气团源地有海洋和大陆之分，除赤道气团(因赤道附近海面和陆地温度、湿度差异极小)外，其他三类均可再分为海洋性气团和大陆性气团2种。共计7类气团。

地理分类法的优点是可以直接从气团形成的源地了解气团具有的主要特点。但不足之处是它不易区分相邻两个气团的属性，更无法了解气团离开源地后物理属性的变化情况。

(2)热力分类法

按温度情况，将气团分为冷气团和暖气团。运动在一个地区的气团，如它的温度高于其相邻气团的温度，就是暖气团。但是冷与暖是相对的，只有两种气团相比较时，才具有冷气团和暖气团之别。

按湿度条件，可将气团分为干气团和湿气团。陆上的干气团移到海洋上空时，由于洋面上水汽多，因此，由陆地流向海洋的干气团，在洋面很快变为湿气团。海洋上的湿气团流向大陆，当空气中的水汽产生凝结、降水后，逐渐变成干气团。

按垂直稳定度分类，气团可分为稳定气团和不稳定气团两种。

6.2.4 气团天气

(1)冷气团天气

一般冷气团控制的地区，天气寒冷、干燥，气层稳定，上空有下沉气流，不易形成云和降水，天气晴朗少云。但在冷空气移动方向的前缘，即在冷空气与暖空气交界的地方，易形成大风、云和降水。

(2) 暖气团天气

受太平洋暖湿气团控制的地区，因高空有强烈的下沉气流，水汽虽多，仍不能形成云和降水。在低层大气中，空气对流会产生积云，但仅在气团的边缘，易产生积雨云，形成降水。

一般来讲，暖气团是稳定气团。当暖气团运行到冷的下垫面时，低层冷却，形成逆温，所以，气层更加稳定。冷气团是不稳定的气团，冷气团控制区域的边缘常有强烈的空气对流上升运动，易产生云和降水。但凡是单一气团(不论是暖气团还是冷气团)控制的地区内，温度、湿度较为均匀，所以，一般为晴好天气。强烈的天气变化，常常发生在冷暖气团的交界面上。

6.2.5 影响我国的气团

影响我国天气的气团有变性极地大陆气团、热带太平洋气团、热带大陆气团、热带南海气团和赤道气团，以变性极地大陆气团和热带太平洋气团为主。

(1)变性极地大陆气团

冬季，源于西伯利亚和蒙古一带的极地大陆气团，在高空偏北气流的引导下向南移动，使我国绝大部分地区处于该气团控制下，天气寒冷、干燥，气温急剧下降，温度日变化大。但在气团南下的过程中，逐渐变性，即温度、湿度随之增高，干燥与寒冷程度变小，称为变性极地大陆气团。冬季侵入四川盆地的冷空气就是变性的极地大陆气团。在单一的变性极地大陆气团控制区域内，上空有下沉气流，一般天气晴好。

(2) 热带太平洋气团

夏季，源于热带太平洋上的湿热气团影响我国。当热带太平洋气团在我国南部或东南部沿海地区登陆时，常为不稳定天气，早、晚晴朗，午后对流旺盛，产生积状云，间有雷雨，如在我国持久停留，并控制大片地区，则高温炎热，久晴无雨，常形成干旱。在其控制的西北部边缘地区，地面常有锋面、空中常有槽线、切变线配合，常有降水天气。

(3)热带大陆气团

热带大陆气团来自中亚。夏季，越过青藏高原，东进影响西南地区，在它控制的地区，气流下沉，不易成云致雨，常出现久晴无雨，高温酷暑的干旱天气。

(4)赤道海洋气团

盛夏时，来自赤道广大海洋面上的高温高湿的赤道气团，向北推进，影响华南、华东和华中地区，在它控制下，盛行西南季风，天气酷热，多热雷雨天气。

(5)热带南海气团

来自中南半岛和我国南海地区，冬季影响我国西南和华南地区，可导致晴日较多，温暖如春的天气。

6.3 锋面

6.3.1 锋的概念

锋面(frontal surface)即两种不同性质的气团(冷气团和暖气团)之间形成的过渡带，温度、湿度、风向和风速等有明显的变化。

冷暖气团之间过渡带的厚度不过几百米，与大范围的气团相比，可把它看成一个面，称为锋面，锋面就是冷暖空气的交界面。锋面与地面的交线称为锋线。锋线的宽度，在地面上约为50~60km，在高空可达200~400km(图6-1)。由于地球的自转，锋向在空间是倾斜的。冷空气重，暖空气轻，冷空气便下沉，像楔子似的斜插入暖空气的下方。所以，锋面是一个向冷空气一侧倾斜的坡面。锋面与地面所成的交角，以α表示，一般α值介于10′~1°之间。锋面坡度tan值一般变化于1/50~1/300之间。

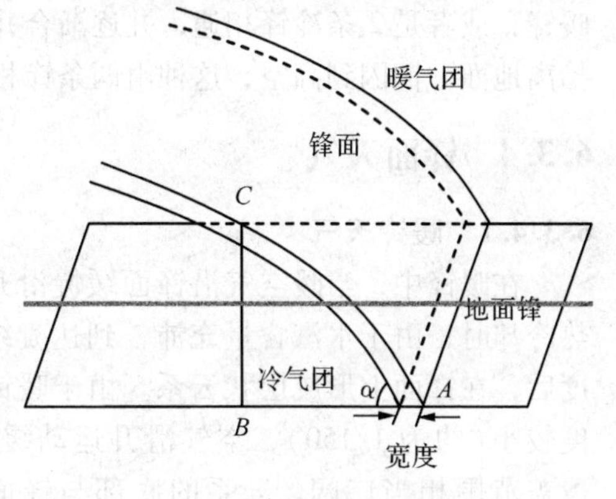

图6-1 锋面的空间结构

锋面是温度、湿度和风等变化剧烈的过渡带。当暖空气沿锋面上升时，形成一系列云系。锋面经过某一地区时，常产生大风、降雨等天气过程，这是由于锋的活动而产生的天气，故称锋面天气。锋面的移动是引起各地非周期性天气变化的重要因素之一。

6.3.2 锋的意义

(1)锋面是大气运动能量的供应场所

当冷暖空气相遇时，由于冷空气密度大，暖空气密度小，则冷空气下沉，倾斜插入暖空气的下方，而暖空气被迫沿倾斜的锋面抬升。冷空气下沉，将位能转化为动能，一部分能量供暖空气抬升所用，另一部分能量供给大气运动。所以，当锋面过境时，常见大风。

(2)锋面坡度的作用

由于锋面具有坡度，锋前的暖空气便可沿着锋面上升，绝热降温、冷却、水汽凝结，成云致雨，有时还可产生锋面雷暴天气。同时，由于锋面与地面的交角很小(10′~1°)，因此，锋面可以覆盖大范围的地面。所以，当锋面过境时，一般会出现范围较大的降水天气过程。

6.3.3 锋的分类

根据锋面的特征，一般有两种分类方法。

(1)根据锋面所分隔的气团分

①冰洋锋　冰洋气团和极地气团之间的锋面。

②极　锋　极地气团和热带气团之间的锋面。

③热带锋 热带气团和赤道气团之间的锋面。

(2)根据锋面两侧冷暖气团的移动方向及结构分

①冷锋(cold front) 当冷气团的势力较强时，冷气团推动锋面向暖气团一侧移动，锋面过境后，冷气团代替了暖气团，这种锋称为冷锋。

②暖锋(warm front) 当暖气团的势力较强时，暖气团推动锋面向冷气团一侧移动，锋面过境后，暖空气代替了冷空气，这种锋称为暖锋。

③准静止锋(stationary front) 当冷、暖气团势均力敌，短时间内不相上下，或由于地形阻滞，锋面很少移动，在一地区来回摆动，呈准静止状态，称为准静止锋。

④锢囚锋(occluded front) 当3种冷、暖性质不同的气团，如暖气团、冷气团、更冷气团相遇时，便产生2个锋面。前面是暖锋，后面是冷锋，当冷锋移动速度快，追上前方暖锋，或者是2条冷锋相遇，并逐渐合并起来，则地面完全被冷气团所占据，暖气团被迫抬离地面，锢囚到高空，这种由两条锋相遇合并所形成的锋，称为锢囚锋。

6.3.4 锋面天气

6.3.4.1 暖锋天气

在暖锋中，当暖空气沿锋面缓慢滑升绝热冷却时，由于水汽含量充沛，到达凝结高度后，在锋面上形成层状云系。由于暖锋坡度较小(约为1/150)，空气滑升运动缓慢，覆盖范围相当广阔。云系的底部与锋面相接，顶部则近于水平，越接近地面，云的厚度越大。据观测，在离地面暖锋约1 000km处上空出现卷云、卷层云，距锋约700km处上空出现高层云，距锋约300km处上空是雨层云(图6-2)。雨层云常产生连续性降水，降水时间较长，降水区一般出现在锋前，雨区的宽度从锋线到锋前300~400km的范围内。当暖气团中的雨滴落到冷气团中时，由于雨滴蒸发，使冷气团中的水汽含量增加，达到过饱和，产生碎层云、碎积云和层云等。

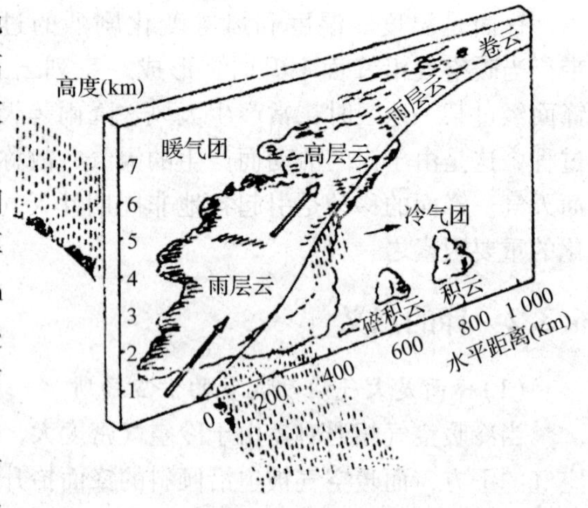

图6-2 暖锋天气

对锋前某地面观测站来讲，地面暖锋移来之前，本站受冷气团的控制，地面天气为冷气团控制的冷晴天气。当暖锋逼近时，其上空首先观测到卷云，气压开始下降，地面天气为多云。接着其上空依次观测到卷层云、高层云，地面天气为阴天。然后其上空依次出现雨层云、碎层云、碎雨云，地面天气为降雨，雨区出现在锋前，多为连续性降水。但在夏季可出现积雨云，形成雷阵雨天气。暖锋过境后，风力减小，北风转南风，气压缓慢上升，出现暖气团控制的暖晴天气。

我国暖锋多数出现在气旋内，冬半年或春秋季在东北地区和江淮流域出现较多，夏半年则多出现在黄河流域，长江流域少见。

6.3.4.2 冷锋天气

根据冷锋移动的速度和天气特征，冷锋又可分为2种类型：移动慢的称为第一型冷锋（或缓行冷锋），移动快的称为第二型冷锋（或急行冷锋）。

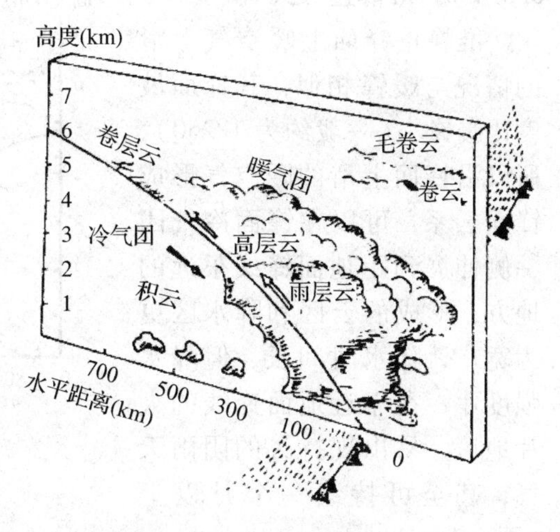

图 6-3 第一型冷锋天气

（1）第一型冷锋（缓行冷锋）

由于冷锋移动较慢，称为缓行冷锋。暖空气沿锋面滑升，锋面上出现的云系以层状云为主。云系和降水分布大致与暖锋相似，但排列次序相反，雨区出现在锋后，冷锋的锋面坡度较暖锋大（约为1/100）。所以，冷锋的雨区宽度相对较狭窄，一般为150~200km，有的可达300km（图6-3）。对锋前某地面观测站来讲，地面冷锋移来之前，本站受暖气团的控制，地面为暖晴天气。当冷锋移近时，气压升高，风速加快，南风转北风，地面锋线附近出现雨层云，产生连续性降水，多为稳定性连续性降水。如暖空气不稳定，且水汽含量充沛，对流上升作用旺盛，则地面锋附近会出现对流性的积雨云和雷阵雨天气。锋线过境后其上空依次出现高层云、卷层云，地面天气为阴天。接着其上空出现卷云，地面天气为多云。然后整个锋面移过，地面天气为冷气团控制的冷晴天气。

缓行冷锋在我国一年四季都有活动，但以冬季最为频繁。

（2）第二型冷锋（急行冷锋）

急行冷锋移动速度很快，锋面坡度较大（一般为1/70）。第二型冷锋最大的特点是冷空气前进的速度远远大于暖空气后退的速度，底层的暖空气被迫沿锋面急剧上升，而高层的暖空气却又沿锋面不断下滑。因此，在锋前产生浓积云和积雨云，在积雨云前还有卷积云和高积云，并伴有阵性降水，降雨在锋线附近，雨区狭窄，仅有几十千米（图6-4）。

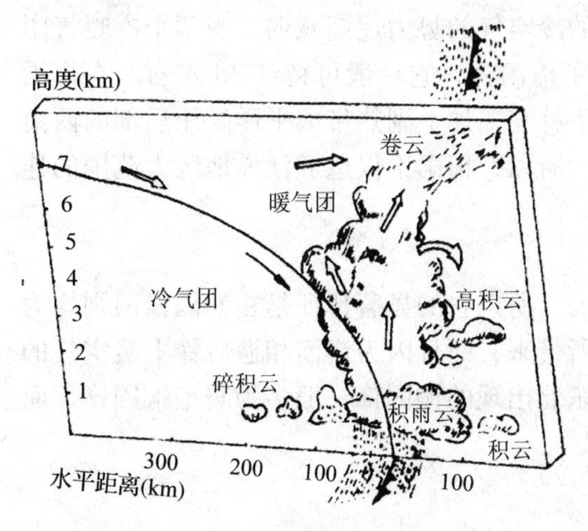

图 6-4 第二型冷锋天气

夏季，在急行冷锋来临时，首先看到卷积云，随后出现高积云、高层云，很快积雨云进入测站上空，往往出现狂风暴雨，雷电交加，甚至出现冰雹等不稳定天气。但时间短暂，冷锋过境后，气温下降，气压上升，天气转晴。

冬季，冷气团比较干燥。在我国西北、华北地区，冷锋过境时，多出现西北大风、降温，并伴有黄沙和浮尘，不一定出现对流云系和降水，称为干冷锋。冷锋移至华南，则会出现大风及连续性降水天气。

6.3.4.3 准静止锋天气

准静止锋面上暖空气上滑的情况与暖锋相似，其锋面坡度比暖锋小(一般约为1/250)，所以沿锋面上滑的暖空气形成锋面云系，可以在锋面冷气团一侧伸展到距地面锋线很远的地方，形成的云区和降水区更为宽广，降水时间长，但降水强度小，在靠近地面锋线的大片地区，易出现持久的阴雨天气，甚至可持续一个月以上(图6-5)。

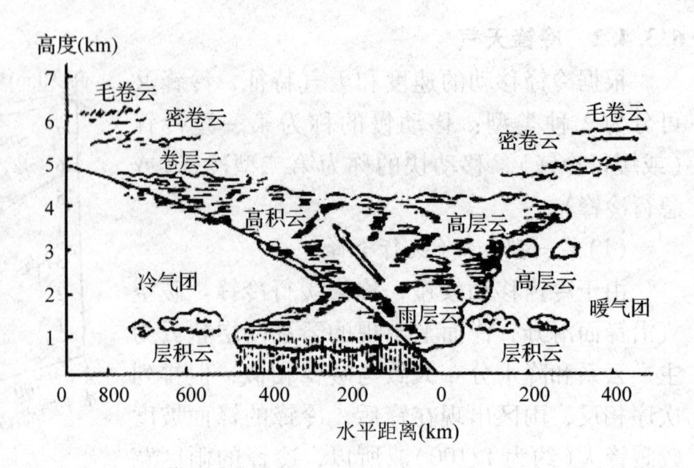

图6-5 准静止锋天气

我国著名的静止锋，有昆明静止锋、南岭静止锋、江淮流域梅雨锋、天山静止锋和秦岭静止锋等。

(1)昆明静止锋

冬季，当变性极地大陆气团(冷气团)南下时，受到云贵高原的阻拦，变性极地大陆气团和西南来的热带南海气团相持于云贵之间，形成昆明静止锋。地面锋线位于昆明以西地区，并且移动甚少，而云南在热带南海气团的控制下，天气晴好。川东、川南及贵州处在静止锋控制区域内，造成持久的连阴雨天气。

(2)南岭静止锋

当北方的冷空气南下时，受到南岭山脉的阻拦，使南下的冷锋在南岭附近停滞下来。形成静止锋。可持续10d或半月之久，造成江南地区大范围的低温连阴雨天气，影响春播。

(3)江淮流域梅雨锋

入夏，副热带太平洋高压北上，这时南下的冷空气的势力逐渐减弱，当两个冷暖气团的势力达到均衡时，便相持于江淮流域，形成了梅雨锋，它一般可持续7d左右。在梅雨锋持续时间里，如果北方不断有小股冷空气南下补充，加上副热带太平洋高压后部的西南暖流送来大量的水汽，在锋上常常产生小波动。所以，梅雨不仅造成江淮地区大范围的连阴雨天气，而且常出现暴雨区。

6.3.4.4 锢囚锋天气

由于锢囚锋是由两条移动的锋面相遇而成的，所以它的显著特征是在锢囚锋两则均为降水区。锢囚锋降水不仅是由原来的两条锋面所带来，而且因为锋面相遇后锋上暖空气的抬升作用进一步加强所造成。我国冬春两季在东北出现的锢囚锋一般多为暖型锢囚锋，而华北的迎面锢囚锋一般为冷型锢囚锋(图6-6)。

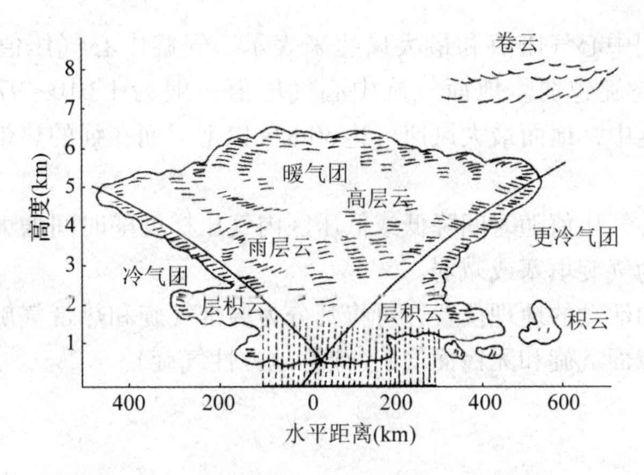

图 6-6 锢囚锋天气

6.4 气旋及其天气

6.4.1 气旋的概念

气旋(cyclone)是中心气压比四周低的水平空气涡旋。在北半球，气旋内地面的空气沿逆时针方向从四周向低压中心辐合，迫使低压中心空气产生上升运动，绝热冷却，水汽凝结，成云致雨。因此，气旋内多阴雨天气。

图 6-7 是地面天气图。图上西北方向有 1 个高压带，分裂 4 个高压中心，我国西北、内蒙古、苏联等地属于这种冷高压；高压的前部是低压带，分裂 3 个低压中心：1 个在大陆，2 个在海洋。东南方向为太平洋副热带高压。图中的低压和高压，就是气旋和反气旋。

气旋的大小以地面天气图上最外围一条闭合等压线的范围来度量。一般气旋的直径为 1 000km 左右，大的可达 2 500~3 000km，小的只有 200~300km。

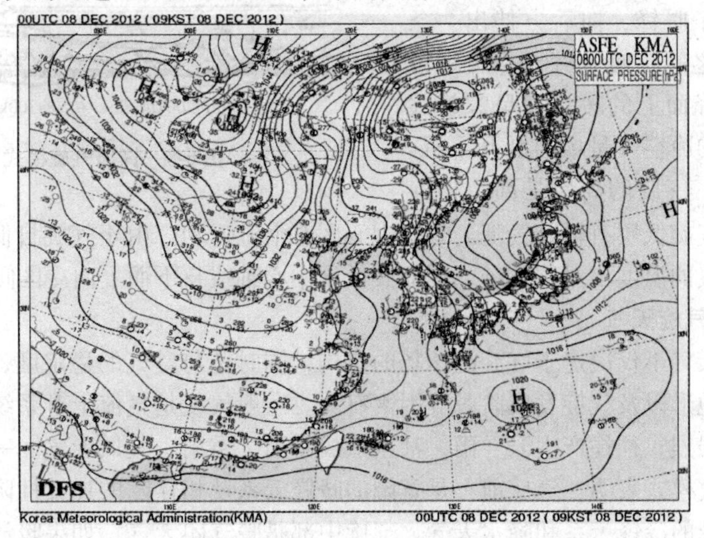

图 6-7 地面天气图

气旋强度通常用中心气压值和最大风速来表示。气旋中心气压值越低，表示气旋越强，反之，则表示气旋越弱。地面气旋中心气压值一般为 1 010～970hPa，最低的可达 887hPa。在强的气旋中，地面最大风速可达 30m/s 以上，而在强的热带气旋台风中，甚至可超过 60m/s。

通常把气旋中心气压值随时间降低或低压区内气压梯度随时间增大，称为气旋加深或发展；反之，则称为气旋填塞或减弱。

根据气旋形成和活动的地理位置，可将其分为温带气旋和热带气旋。温带气旋，按温压场的结构又分为锋面气旋和无锋面气旋(或称地方性气旋)。

6.4.2 锋面气旋

1922 年前后，J. Bjerknes 和 Solberg 发现在气旋中有冷暖锋，从而建立了如图 6-8 所示的锋面气旋模式。形成和活动在温带地区(30°～60°N)的气旋，称为温带气旋。由于温带是冷暖气团活动频繁的地区，所以温带气旋常有冷暖锋面配合，故称为锋面气旋。

气旋的发生和发展与锋面的位置及高空槽的活动有关。影响我国的气旋主要分布在2个区域(图 6-7)，一个在我国北方，活动于蒙古到我国东北一带，如东北低压、蒙古气旋、黄河气旋。另一个在南方，即长江流域一带，如江淮气旋、东海气旋。

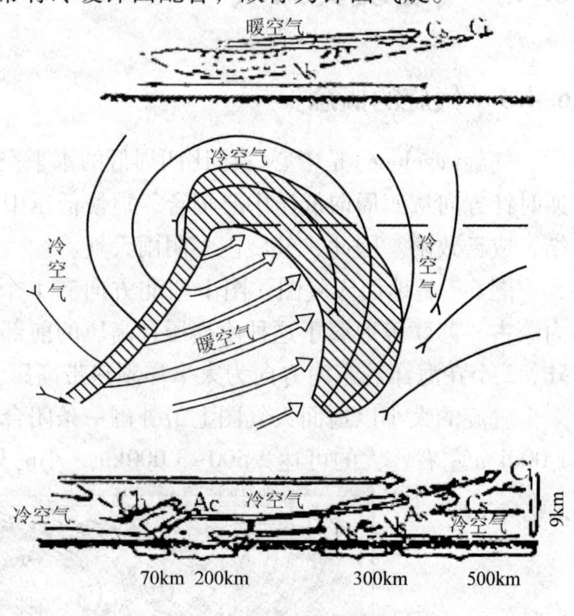

图 6-8 锋面气旋模式

6.4.2.1 锋面气旋结构

图 6-8 是发展成熟的锋面气旋模式。从平面看，锋面气旋是一个逆时针方向旋转的涡度，中心气压最低，自中心向前方伸展出一条暖锋，向后方伸出一条冷锋，冷暖锋之间是暖空气，冷暖锋以北是冷空气。锋面上的暖空气呈螺旋式上升，锋面下的冷空气呈扇形展开下沉。从垂直方向看，气旋的高层是高空槽前气流辐散区，气旋低层有辐合气流。气旋中心区有上升运动。由于气旋自低层到高层是个一半冷、一半暖的温度不对称系统，因而其低压中心轴线自下而上向冷区倾斜。

6.4.2.2 锋面气旋天气

锋面气旋天气不仅决定于气旋温压场的结构，同时还与空气的稳定度、水汽条件、高空环流形势、地形以及气旋发展阶段等因素有关。一般气旋是气流上升系统，尤其锋面上气流上升更为强烈，往往产生云、雨，甚至造成暴雨、雷雨、大风天气。一个发展成熟的锋面气旋的天气模式表明：气旋前方是宽阔的暖锋云系及相伴随的连续性降水天气，气旋后方是比较狭窄的冷锋云系和降水天气，气旋中部是暖气团天气，如果暖气团中水汽充足而又不稳定，可出现层云、层积云，并下毛毛雨，也有时出现露；如果气团干燥，只能生成一些薄云而没有降水。

由于锋面气旋处在西风带内，所以它有规律地自江淮流域向东北方向移动。当锋面气旋各部分经过某地时，就分别有相应的天气现象出现。

6.4.3 我国的锋面气旋

(1)蒙古气旋和东北低压

蒙古气旋发生和发展在蒙古中部和东部(包括贝加尔湖)，约在45°~50°N，100°~115°E之间，这里西北多高山，而蒙古中部和东部处于中纬度西风带的背风坡，有利于气旋的形成。每年春秋两季，由于冷暖空气运动频繁，因此气旋形成和活动的次数最多，冬季次之，夏季最少。

东北低压是活动在我国东北地区的低气压。是从其他地方移来的，一年四季都可出现，但以春秋季为最多，在它的影响下，造成大风沙尘天气，但降水一般较少。

(2)江淮气旋

江淮气旋主要发生在长江中下游，西起宜昌，东至长江入海口的沿江两岸1~2个纬度内是气旋发生最多的区域，淮河流域次之，江西和湖南两省最少，一般在春夏两季出现最多，但以5、6、7三个月活动最强。在它的影响下，造成江淮地区的暴雨天气，也就是长江流域梅雨天气系统。

(3)热带气旋

热带气旋是形成在热带或副热带洋面上的暖低压。势力强大时形成台风，我国规定底部中心附近最大平均风速≥32.6m/s的称为台风。热带气旋所伴随的天气主要有大风、暴雨及在海上引起的风暴潮，它们往往带来巨大的灾害。西行登陆地点随季节而变化，一般在11月至次年5月只有少数热带气旋登陆海南与广东；6月和10月，热带气旋可登陆海南、广东、台湾、福建和浙江一带；7~9月，我国沿海从广西到辽宁都可能有热带气旋登陆。

6.5 反气旋及其天气

6.5.1 反气旋的概念

反气旋(counter cyclone)是中心气压比四周高的水平空气涡旋。在北半球，反气旋内地面的空气作顺时针方向从中心向外流散，使地面高压中心对应的高空空气下沉，绝热增温，相对湿度减小，云消雾散。所以，在反气旋控制下的天气，一般是晴朗少云天气。

反气旋的水平范围很大，其直径常超过2 000km。反气旋中心气压值越高，表示反气旋越强；反之，则越弱。地面反气旋中心气压值一般为1 020~1 030hPa，发展强大的反气旋可达1 078.8hPa。在强的反气旋中，地面最大风速可达20~30m/s。

反气旋按生成和运动的地理位置，一般可分为温带反气旋、副热带反气旋和极地反气旋。温带反气旋按其温度结构，又可分为冷性反气旋和暖性反气旋2种。影响我国的反气旋主要有蒙古高压(冷性反气旋)和副高(暖性反气旋)。

6.5.2 影响我国的反气旋

6.5.2.1 蒙古高压

蒙古高压(mongolian high pressure)是一种冷性反气旋，即冷高压。蒙古地处欧亚大陆中心，气候寒冷，易形成冷高压。冬季冷高压在我国活动频繁，势力强大，常带来大量的冷空气，在冷高压的影响下，使广大地区出现降温、大风和降水的寒潮天气过程，有关寒潮天气内容将在气象灾害中介绍。

6.5.2.2 太平洋副热带高压

副热带高压简称副高(subtropical high pressure)，是指位于我国大陆以东广阔洋面上的太平洋副热带高压脊。在南、北半球副热带地区，经常维持着沿纬圈不连续分布的高压带，称为副热带高压带。

太平洋高压是副热带地区最重要的天气系统之一，它占据广大空间，常年存在，随季节移动(图6-9)。

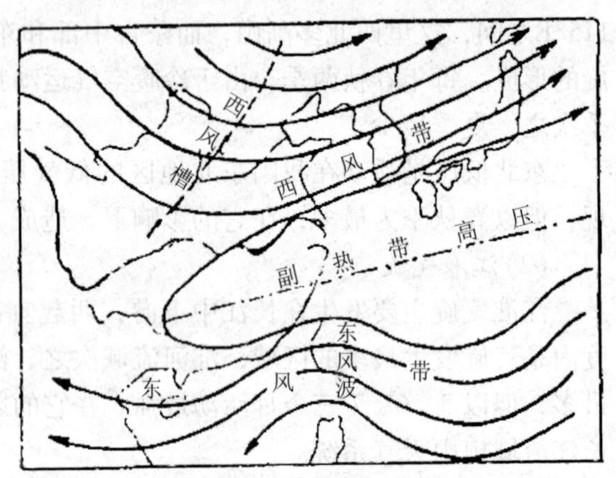

图6-9 西风槽、东风波和副热带高压

(—·—·—高压脊线)

表征副高强度、范围、位置和形态变化的方法，一般采用固定数值的特征等高线。例如，500hPa等压面上558位势什米等高线，700hPa等压面上312位势什米等高线，850hPa等压面上152位势什米等高线和地面图上1 010hPa等压线等。副高位置则以副高的脊线表示。副高脊线就是中纬度西风带和低纬度东风带之间的交界线(副高脊线可以代表副高所在的纬度)。

副高对我国天气的影响主要有2个方面。

(1) 副高控制下的天气

在太平洋副热带高压控制的地区，有很强的下沉气流，有时出现下沉逆温。所以，在副高控制区内，多为晴朗少云天气，风速小，天气炎热。副高的北侧为中纬度的西风带，冷暖空气常在此处相遇，形成锋面。由于气流辐合上升，常在副高的北侧形成云和连阴雨天气。雨区很宽，它是我国夏季降雨的主要雨带。副高的南侧，盛行东风气流，一般为晴朗少云天气，但常有台风、热带低压、东风波等天气系统的活动，造成移动性大风、暴雨和风暴等天气。副高西侧盛行西南气流，给大陆带来大量的暖湿空气。

副高的移动与我国夏季降水的关系最为密切。每年由冬到夏，太平洋副热带高压由南向北推进，势力逐渐增强，在副高控制的地区，如果持续的时间长，往往造成严重的干旱。四川盆地东部，初夏受副高边缘雨区的影响，雨水较多。盛夏时，川东地区在副热带高压的控制下，常出现高温伏旱天气，但川西地区处在副高的西部边缘，易形成大雨和暴雨天气。

(2) 副高活动的季节变化对我国天气的影响

副高的位置和强度是随季节而变化的(图6-10)。一般冬季副高的位置偏南，强度也

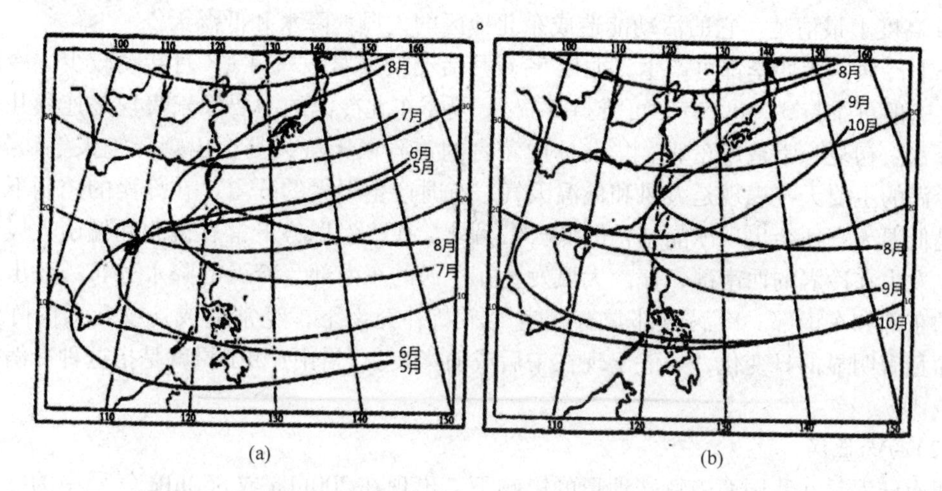

图6-10 西太平洋副高5~8月(a)和8~10月(b)500hPa平均位置

弱，对我国的影响较小。夏季副高的位置偏北，强度较大，对我国的影响也最大。从冬到夏，副高向北偏西方向移动，势力逐渐增强；而从夏到冬，副高则向南偏东方向移动，势力逐渐减弱。随着副高位置的南北进退，我国大陆雨带也随之南北移动。

冬季，副高脊线位于15°N附近，随着天气变暖，脊线的位置缓慢北移。4~6月，副高的势力逐渐增强，脊线的位置北移到20°N以南的地区，这时雨带位于华南地区。6月下旬，副高脊线第一次北跳，越过20°N，徘徊于20°~25°N之间，高压脊的西端可达到120°E，这时雨带北移到我国长江中下游一带，形成大范围的降水，此时正是江淮地区黄梅成熟的时候，所以人们常把它叫做梅雨，而将这段时间称为梅雨季节。7月上旬、中旬，副高再一次北跃，脊线越过25°N，并徘徊于25°~30°N，雨带移至黄河流域，而江淮地区的梅雨结束，进入盛夏伏旱时期，其天气特征为炎热少雨。7月底到8月初，副高脊线越过30°N，这时华北、东北雨季开始。9月上旬，副高脊线第一次南退到25°N，黄河流域秋雨开始，长江中下游地区进入秋高气爽的天气。到10月上旬，副高脊线再一次南退，脊线退到20°N以南的地区。至此，副高基本结束了一年中季节性的北进南退。这是副高移动的一般规律，但不同年份有差异。副高的这种南北移动是由一年中太阳直射点南北移动引起的。副高的北进南退时间迟早、稳定时间长短等，一旦发生异常，必然造成我国不同地区的干旱或洪涝灾害。

6.6 高空天气系统

6.6.1 高空冷涡

高空冷涡(upper cold vortex)系指位于高空且中心气压较四周低，并有冷中心相配合的涡旋系统，简称冷涡。对我国天气有较大影响的冷涡有东北冷涡(NE cold vortex)和西南低涡(SW cold vortex)。

(1)东北冷涡

东北冷涡是指在我国东北地区活动的高空冷涡。一般在700hPa以上才有明显表现，

300hPa 高度上最清楚。它的活动能造成东北地区的大风、降水和低温天气。

东北冷涡一年四季都可产生，尤以5~6月活动最频繁，3、4、8月活动较少。冷涡出现后，一般可维持3~4d，有时可维持6~7d。夏季东北冷涡的主要天气表现是连续几天的阵性降水。初夏，常造成东北、华北、内蒙古的雷阵雨天气，甚至出现降雹天气。冬季，东北冷涡的主要天气表现是大风和低温天气，有时产生很大的阵雪。在冷涡的控制下，东北区是低温天气还会出现冰晶结构的低云。另外，在冷涡形势下常有偏北和偏南大风。偏北大风发生在冷涡的西南部，偏南大风发生在冷涡的东南部。冷涡的降水分布一般出现在冷涡的东部和东南部。冷涡西部常有冷空气不断补充南下，经常造成连续几天的阵性降水，而且有明显的日变化，一般出现在午后或前半夜。"雷雨三更响"就是指这种冷涡的天气特点。

(2)西南低涡

西南低涡是在我国西南特殊地形的影响下，出现在700hPa或850hPa气层中的冷性低压天气系统。西南低涡形成的原因是在500hPa高度上，西风气流遇青藏高原后，被分为南支和北支两支气流，南支绕高原南边向东流去，当它绕过高原在东侧形成了气旋性弯曲，有利于低涡的生成。

西南低涡在四川盆地一年四季都可出现，但以5~6月最多，在它的影响下，一般为阴雨气流，当低涡发展东移时，造成雷阵雨和暴雨天气，它是长江流域的重要天气系统。

6.6.2 高空槽

高空槽(upper trough)是指活动在对流层中层西风带上的短波槽。在北半球中高纬度地区，盛行波动状的西风气流(西风带)，气流的波谷对应于低压槽，波峰对应于高压脊。西风带上的波动有两种，一是波长较长的长波，另一是迭加在长波上的波长较短的短波。而我们指的高空槽，即活动在西风带上的短波槽。其波长大约1 000km，一年四季都可出现，尤以春季最为频繁。高空槽自西向东移动，槽口向北，槽前盛行暖湿的西南气流，易成云致雨，槽后盛行干冷的西北气流，多形成晴冷天气。一次高空槽活动，反映了不同纬度间冷、暖空气的一次交换过程，给中高纬度地区造成阴雨和大风天气。高空槽是影响中高纬度广大地区重要的天气系统。

活动在我国的高空槽有西北槽、青藏槽和印缅槽，它们大多从上游移来，产生于我国的很少。在纬向环流比较平直时，高空槽接连不断地发展东移，造成连阴雨天气，如果东移中受高压所阻，将减速或停滞，可能造成持续性降水。有时高空槽同下游或两侧的低压槽或低涡相遇，进而打通或合并，则高空槽得到发展，槽区气流辐合量增大，水汽增多，降水过程增强。

6.6.3 高空阻塞高压和切断低压

西风带长波槽脊在发展过程中会形成阻塞高压和切断低压，两者往往同时出现。因此，人们常常把阻塞和切断系统出现后的大范围环流形势称为"阻塞形势"。阻塞形势是整个大气环流发展演变过程中的特殊阶段，它的建立和崩溃对其控制的地区以及下游广大地区，甚至半球的环流、天气过程和天气现象，会产生巨大的影响。乌拉尔山形成阻塞高压脊时对我国天气的影响很大。阻塞形势是一种稳定的形势，它可以维持相当长时间，并带来大范围的气候反常现象。

阻塞高压是高空深厚的暖高压系统，在它的两侧盛行南北向气流，其南侧有明显的偏东风，由于阻塞高压的建立和维持，阻塞或抑制了(西部)上游系统的向东移动，这样就破坏了西风带波动的正常活动。由于西风带被分为南北两支，西来的高空波动或地面气旋被阻止逐渐消失，或者波动重新加强、新生，沿两分支急流行进。根据这种特点可知，当阻塞高压控制时可形成长时间的单调天气，因为阻塞高压可维持0.5~1个月，甚至更长的时间。一般来说，在阻塞高压的东侧和低压西侧的地区天气晴朗，在阻塞高压的西侧和低压东侧的大部分地区是降水区。

阻塞形势的另一方面是切断低压，又称冷涡。它是指对流层中上层出现的一堆孤立的冷空气，气压场上表现为低压，与北方冷空气之间被暖空气切断，南北方的冷空气在低层连接起来，切断低压是发生、发展在高空的低压系统，一般在700hPa以上才有明显表现，300hPa上表现最清楚。在切断低压东南侧地面上可发生锋面气旋波动，因此，一般来说，云雨天气多出现在切断低压的东南方。

6.6.4 高空切变线

切变线(shear line)是指风向或风速的不连续线，实际上也是两种相互对立气流间的交界线。或者说，切变线是风向或风速发生急剧改变的狭长区域。切变线与锋不同，在切变线两侧温度差异不明显，但风的水平气旋式切变很大。切变线在地面和高空都可出现，但主要出现在700hPa或850hPa的高空。

根据切变线上风场及其移动方向的不同，一般可分为3种类型(图6-11)。

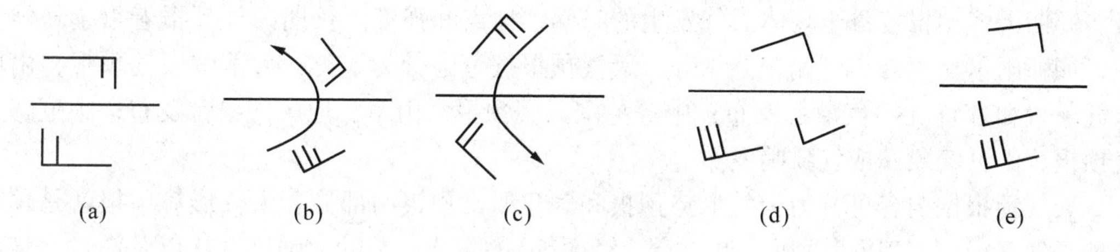

图6-11 高空切变线

(a)准静止锋式切变 (b)暖锋式切变 (c)冷锋式切变 (d)风速辐合 (e)风速气旋性切变

在图6-11中，(a)图是由东风与西风构成的准静止锋式切变。切变线两侧的气流较平直，辐合很弱，因而一般云层较薄，降水量不大，无明显的降水中心。(b)图是由东南风与西南风构成的暖锋式切变。这种切变线上一般气旋式环流较强，且由于偏南气流占主导地位，水汽较充沛，因而云层较厚，降水量较大，降水范围较广，持续时间也较长。如果偏南风风速大时，则天气就会更坏些。反之，如果偏南风风速小，雨量也可能不大，甚至无降水。(c)图是由东北风与西北风构成的冷锋式切变。这种切变线由于是偏北风占主导地位，水汽条件较差，一般切变线很快南移，所以降水量不大，维持时间也不长。但若切变线南面是较强的西南风，则辐合增强，云增厚，也有出现暴雨的可能。(d)图是风速辐合的例子，(e)图是风速气旋性切变的例子，这两种风场结构都会造成很坏的天气，发生强度很大的降水。

高空切变线在一年中的各个季节均可出现，但以冷暖空气频繁活动的晚春、初夏为多。切变线形成的天气，随季节而变化，冬季由于空气中水汽含量少，大气层结比较稳定，多出现连续性降水，降水区较宽，但降水量较少。夏季空气中水汽充沛，大气层结不稳定，则切变线上常出现雷阵雨，但降水区较窄。

影响我国高空切变线的位置与副热带太平洋高压的活动有密切关系。春季副热带太平洋高压脊线位于20°N以南，切变线形成于华南地区，称为华南切变线；6~7月，太平洋副热带高压北上，其脊线位于20°~25°N之间，切变线形成于江淮流域，称为江淮切变线。在它控制下，常产生暴雨和雷雨，是江淮地区梅雨期降水的重要天气系统；7月中旬~8月中旬，副高脊线位于25°~30°N之间，切变线形成于华北地区，称为华北切变线。冬季，高空西风急流遇青藏高原分成南、北两支气流，在高原以东汇合形成的切变线是影响西南广大地区的重要天气系统。

6.7 天气预报简介

天气预报是为国防建设和国民经济建设服务的，它与农林业生产的关系尤为密切。天气预报是根据过去的观测资料和现在的天气实况观测，进行分析与预报未来的天气。

天气预报按时效分为：即时(或临近)天气预报，时效几分钟到2h；短时(或超短期)天气预报，时效为几小时；短期天气预报，时效为1~3d；中期预报，时效为3~10d(或15d)；长期预报，10d或15d以上；月以上预报称短期气候预测；一年以上为超长期天气预报或称气候展望。即时天气预报着重于监测已出现的灾害性天气，发出即将来临的警报。短期天气预报着重于具体天气发生的时间、地点和强度。长期天气预报着重于气候偏差，如降雨量比正常年份偏多偏少等。天气预报按范围分为3类：大范围天气预报，由国家气象台和各省(区)气象台发布；中等范围天气预报，由市、地区气象台发布；小范围天气预报，由县气象站或气象哨发布。

天气预报按内容可分为天气形势预报和气象要素预报两部分。天气形势预报就是预报各种天气系统(如高压、低压、槽、脊、锋面等)的生成、移动、强度变化以及消亡。气象要素预报就是预报气温、风、云、降水以及其他各种天气现象。一个地区的气象要素变化和天气形势变化密切相关。因此，必须对未来的天气形势作出正确的判断，才能做好气象要素的预报工作。

6.7.1 天气图方法

以天气学方法为基础的天气图预报，是目前气象台站常用的一种天气预报方法。即使是在科学技术进一步发展，气象部门已普遍使用了多普勒雷达、气象卫星云图等有效工具的今天，仍然不能脱离建立在天气图基础上的天气学理论。各种新技术、新工具仅仅是天气图方法的辅助和补充手段。天气图是反映一定时刻广大地区的天气实况和天气形势的地图。1820年世界上第一张地面天气图诞生，标志着天气学从气象学逐步分支出来形成一门独立的学科，它的诞生是近代天气预报产生的重要标志。天气图是把同一时刻各地气象站观测到的天气实况以相应的数字或符号填在地图上，绘制出等压线、等温线，并标出各站点的重要气象要素值及天气现象。根据天气知识在图中定出天气系统、标出降水区、大风区和大雾区等。根据天气系统的移动和强弱变化情况判断未来天气。自从电报发明后，各地的观测资料可进行及时的传输，这就为二维天气图分析和天气预报提供了条件。英国从1861 年末引入天气图，接着各国先后开展了天气图的分析，形成了天气学发展的高潮。当时，观测站点的资料虽然很少，但大尺度天气系统运动的风场和气压场形势已经可以刻画。有了描述这些系统变化的天气图，天气现象就可以用外推法做预报了。如通过大约20~30 年的天气图分析，人们已经能够总结出气旋的天气图模式。

依靠国际气象情报的交换，可以及时取得各类天气预报。绘制和分析东亚、欧亚，北半球、南半球等不同地理尺度的天气图，用于天气预报的气象服务。

(1)观测

世界各地数以千计的气象台、气象站在统一规定的时间内进行地面观测和高空观测。地面观测在设置于地面的观测场内进行，它测定该地近地面的空气温度、湿度、气压、风向、风速、云量、云状、云高、能见度、降水量、蒸发量等气象要素值，并记载雨、雪、露、霜、雾天气现象(表 6-2)。地面观测站分为天气观测站和气候观测站两种。天气站每天 2：00、8：00、14：00、20：00 进行 4 次基本观测，5：00、11：00、13：00、17：00 做辅助天气观测，观测结果进入国内天气网供天气分析使用。气候站每天 2：00、8：00、14：00、20：00 进行 4 次基本观测，供本地气象服务和气候资料交换使用。

表 6-2 天气现象符号

现象名称	现象符号	摘要符号	现象名称	现象符号	摘要符号
雨	·	·	雾凇	V	V
阵雨	▽̇		吹雪	┼→	┼→
毛毛雨	·，		雪暴	✻ ┼→	✻ ┼→
雪	*	*	龙卷	)(	)(
阵雪	▽ (*)		积雪	☒ (*)	☒ (*)
霰	✻ (△)		结冻	⊔ (□)	⊔ (□)
米雪	△ (·)		沙尘暴	S→	S→
冰粒	△ (·)		扬沙	$	$
雨夹雪	✻ (·)	·✻	浮尘	S	S
阵性雨夹雪	▽ (·✻)		烟雾	∽	∽
冰雹	△	△	霾	∞	∞
冰针	←→	←→	尘卷风	⟅	⟅
雾	≡	≡	雷暴	ᖇ	ᖇ
轻雾	=	=	闪电	<	<
露	◠	◠	极光	♛	♛
霜	⊔	⊔	大风	⋲	⋲
雨凇	∽	∽	飑	∀	∀

高空观测是通过施放无线电探空仪和测风气球，测定高空各层的温度、湿度、气压、风向、风速等气象要素。高空观测每天8：00和20：00进行2次。现代利用气象卫星也可获取高空风、温度、气压和湿度等资料。

(2)通讯

各地将同一时间观测到的气象资料按统一规定的编码格式和标准，编成电码，通过电讯迅速传递到气象通讯中心，由气象通讯中心汇总后，再向国内外发报或通过电传机传送。在我国，由各大区的中心气象台收集本区各站资料后转送北京气象中心，北京气象中心将国内各区站和部分国外气象情报，通过电传下发国内各省和地区气象台，供绘制和分析天气图使用。

(3)填图

各地气象台收到国内外各地的气象资料后，用统一规定的数字和各种天气符号填在一张专用空白天气底图上。填上地面气象观测资料的称为地面天气图；填上高空气象观测资料的称为高空天气图；最基本的高空天气图有850hPa、700hPa、500hPa等。

(4)绘图分析

在填好的地面图和高空图上绘制气压、温度等气象要素等值线。在地面天气图上用黑色铅笔画等压线，用不同的颜色和符号标出高、低气压中心和地面锋线位置，勾出雨区、大风区等，这便是各地同一时刻的天气实况图。在高空天气图上用黑色铅笔绘等高线，用红色铅笔绘等温线，标出高压、低压、冷、暖中心，并标出槽线和切变线的位置。分析同一时间，不同高度天气图，了解天气系统的空间结构，弄清它们发生、发展的原因；分析先后不同时间的天气图，掌握天气系统的移动方向、速度和强度等的演变规律，在此基础上，推断未来的天气形势，做出天气预报。

随着现代计算机和网络技术的迅速发展，目前各气象台站不需要再收发电报、填图、绘图和手工绘制天气图了，而是由预报分析软件自动生成。目前使用的分析软件是由中国气象局开发的“气象信息综合分析处理系统(即MICAPS系统)”，制作预报的所有资料都能在计算机上查看分析。

预报流程：

① 每个预报员在MICAPS上查看前期天气实况；了解近期天气特点。

② 在MICAPS上查看分析常规高空图、地面图，分析低槽、切变、锋面等天气系统，并分析它们的演变趋势；分析各家数值预报产品，包括我国T213、欧洲、日本等数值预报资料；分析卫星云图、雷达回波、自动加密气象站等资料。

③ 在充分分析完各资料后，预报员根据天气学原理、预报经验等知识，得出个人的预报结论。

④ 天气会商：主班、副班、短时预报班、首席班等将各自的分析意见和结论在会商中阐述，最后由首席预报员归纳总结，得出最终的统一的预报结论；然后将此预报结论向外发布。

6.7.2 数值天气预报方法

随着计算机技术的发展，使得利用动力气象学中的偏微分方程组来定量预报大气要素与状况成为可能，同时也使天气学与动力气象学更加紧密地结合起来成为可能。自从1950年美国恰尼等人利用计算机制作第一张天气预报图获得成功，开创了天气预报客观、定量化的新时代。经过数十年的努力，数值天气预报的方法已成为日常天气预报的一种不可缺少的重要工具。随着大气科学和计算机技术的迅速发展，目前不仅能制作大尺度业务数值天气预报，而且还可以制作中小尺度的业务数值天气预报和城市环境数值预报了。另外，可以利用数值预报输出大量的物理量场进行诊断分析。

数值天气预报的方法是根据能量、动量和质量守恒等物理学定律，先得出一个描述大气运动状态的数学方程组，再将起始时刻的天气图资料输入大型快速电子计算机，解出方程组，做出定量的天气形势预报和温度、降水等气象要素值的预报。需要注意的是，数值预报的时间外推不能太长。因此，在做时效较长的预报时，必须一时段一时段地往前预报，经多次重复计算后，才能做出天气情况的预报。包括我国在内，目前世界上已有10多个国家能够进行数值天气预报，预报时效在7~10d以内。

6.7.3 统计预报方法

统汁预报方法是从大量历史资料中应用概率论和数理统计方法，找出前后期的天气形势之间、天气系统之间以及天气形势和天气演变之间的相关关系和规律性，并依据这种关系和规律，做出未来天气形势的变化和天气情况的预报。但是，大气物理过程十分复杂，截至目前，许多物理机制尚未弄清，大气的运动规律也没有充分认识和掌握，所以建立的大气运动方程组离实际的大气运动状态甚远，有待于不断改进和提高。由于天气图方法和数值预报方法的时效都较短，目前统计预报方法主要用于长期天气预报或短期气候预测，但预报的准确率还不高。

随着科学技术的不断发展，新型的大气探测工具，如气象雷达和气象卫星相继出现，雷达资料和卫星云图已在我国气象部门广泛推广应用。由于它们不停地监视着大气的运动和大气的变化，所以，从不同方面、不同程度上提高了天气预报的准确率。

6.7.4 先进技术的综合应用

从1960年美国首次发射第一颗气象卫星(Tiros)至今50多年来，世界各国先后发射了40余颗气象卫星，其中我国发射了多颗风云系列气象卫星。卫星探测大大弥补了海洋上和高原地区以及极地地区观测资料稀少的状况。通过卫星云图，冬春季节我们可以及早观测到沙尘暴的发生和移动，夏秋季节我们可以及早知道热带气旋和台风的发生发展。随着计算机容量的扩大，数值模式的改进与提高，大量的卫星观测、高密度自动气象站观测和雷达观测以及飞机和常规观测资料被同化分析，这种同化处理的资料被称为再分析资料。卫星和雷达探测资料不但可以反映大气的温度场特征，还可以反映大气水汽的分布特征。目前，天气预报有向两头发展的趋势，一是向长期天气预报发展，要求做出更准确的3~5d以上的中长期天气预报；另一是临近预报或称现时预报，就是利用先进的观测手段和通信工具，以及各种统计方法，做出及时的短期内(0：00~6：00)的局地灾害性天气预报，后者在航空和城市服务及高速公路安全上尤为重要。

思考题

1. 解释下列名词

天气系统 气团 低气压 气旋 高气压 反气旋 锋面 切变线

2. 气团是怎样分类的?

3. 低压(气旋)、低压槽的含义是什么?在这些天气系统内空气的水平运动和垂直运动各有什么特点?它们的天气表现如何?

4. 高压(反气旋)、高压脊的含义是什么?在这些天气系统内空气的水平运动和垂直运动各有什么特点?它们的天气表现如何?

5. 我国冬、夏两季各受什么气团影响?有何对应天气特点?

6. 何谓锋、冷锋、暖锋、静止锋?它们各自的天气表现如何?

7. 何谓副高?写出不同部位的天气特点。副高的季节变化和短期变化对我国天气有何影响?

8. 何谓蒙古高压?对我国的天气影响如何?

9. 何谓热低压?它的天气表现怎样?

10. 何谓切变线?其天气表现如何?

参考文献

姜会飞. 2008. 农业气象学[M]. 北京:科学出版社.

梁必骐. 1995. 天气学教程[M]. 北京:气象出版社.

钱维宏. 2004. 天气学[M]. 北京:北京大学出版社.

伍荣生. 1999. 现代天气学原理[M]. 北京:高等教育出版社.

肖金香,穆彪,胡飞. 2009. 农业气象学[M]. 北京:高等教育出版社.

朱乾根,林锦瑞,寿绍文,等. 2000. 天气学原理和方法[M]. 3版. 北京:气象出版社.

BROWNING K A. 1994. Developments in observational systems for weather forecasting[M]. Meteorol. Appl., 1: 3-22.

第7章　气象灾害及防御对策

7.1　温度异常造成的气象灾害

温度超出生物生长发育最适宜的温度范围，可使生物生长发育速率明显减慢，当超过其所能忍受的最低或最高临界温度时，则会导致生长发育停止，以至发生伤害或死亡。由温度异常造成的气象灾害包括低温灾害和高温热害两种类型。环境温度低于动植物生长发育的适宜温度下限产生的危害，称低温灾害。低温灾害可分为霜冻害、冻害、冷害和热带作物寒害4种类型。其中霜冻害和冻害是在零下温度时发生的低温灾害，属零下低温型；低温冷害和寒害是在零上温度时发生的低温灾害，属零上低温型。此外，高温对植物生长发育及产量形成也会造成很大的损害，高温热害一般是由于温度超过植物生长发育上限温度造成的，主要包括高温害和果树林木日灼两类。

7.1.1　霜冻

7.1.1.1　霜冻的概念

霜冻(frost)是指在春季或秋季，土壤表面或作物层中的气温在短时间内降到0℃或0℃以下，使作物受害或者死亡的现象。

霜冻与气象学中霜的概念不同。霜对植物没有直接影响，它是大气中的水汽凝结现象，取决于温度的高低和空气湿度的大小，而霜冻则是低温引起的植物冻害，发生霜冻可以有霜出现，也可以没有霜。有霜出现时的霜冻称为“白霜冻”；有时空气干燥，水汽含量少，即使温度降到零度以下也没有霜出现，称为“黑霜冻”。由于水汽凝华形成“白霜”时会放出热量，因此，在实际中出现“黑霜”的危害通常要比“白霜”更大。

7.1.1.2　霜冻形成的原因

霜冻的形成，简单来说主要有两方面的原因：一是外界环境因素，主要包括天气条件、地形和土壤等；二是植物体自身的因素，包括植物种类及所处的生育期等。

(1)天气条件是影响霜冻发生的首要因素

对辐射霜冻而言，在晴朗、无风、低温的条件下容易发生霜冻。这是因为晴空天气有利于地面辐射冷却，无风则减弱了空气的涡动混合，高层较暖空气难以传到下层。湿度低不易成霜，凝结潜热释放少，加强了空气的冷却程度。

(2)地形对霜冻的强度和持续时间有很大影响

地形越闭塞，霜冻危害程度越大，如盆地地形闭塞，较山顶和平原发生霜冻更严重，其中深的、并有明显“底”的“U”型谷地，霜冻危害性最大。另外，对于在水体附近的地形来说，由于水面蒸发等调节作用，夜间温度较高，一般霜冻较轻。当出现平流霜冻时，在迎风面上的作物遭受到的霜冻灾害要比背风面上的严重。

(3)土壤状况对霜冻的发生与强度也有影响

干燥而疏松的土壤霜冻发生较频繁，潮湿而紧实的土壤则相反，这与土壤的热容量和导热率有关。对于水分条件相近的砂、壤、黏等不同质地的土壤，一般是砂土地植物受霜冻危害重，黏土地轻。

(4)霜冻的发生与植物自身条件有关

在同样的低温条件下，由于不同种类植物发生霜冻害的指标不同，冻害发生的可能性和程度也不尽相同。此外，霜冻的发生还与植物自身的耐低温抗冻能力有关，同种植物的不同品种、不同生育阶段和不同部位对温度的敏感性也是有差别的。

7.1.1.3 霜冻的类型

霜冻可以根据其发生时间和天气条件不同分为不同的类型。

(1)按照霜冻发生的时间分类

主要有早霜冻(秋霜冻)和晚霜冻(春霜冻)两类。

①早霜冻　是指由温暖季节向寒冷季节过渡时期发生的霜冻，一般出现在秋季，因此也称为秋霜冻。它是秋季作物正趋于成熟时的霜冻，会使作物生长停止，导致产量和品质下降。秋季最早一次霜冻的到来，意味着随后降温现象将频繁出现，强度也不断加大，因此为人们所广泛关注，并称其为初霜冻。秋季初霜冻来临越早，对作物的危害也越大。

②晚霜冻　是指由寒冷季节向温暖季节过渡时发生的霜冻，在我国的中纬度地区主要发生在春季，因此也称为春霜冻。春季，冬小麦开始返青、拔节，喜温作物已播种出苗，北方大部分果树正值开花期，此时遭受霜冻会带来重大损失，特别是春季最晚一次霜冻害，危害更为严重，这次霜冻称为终霜冻。

从终霜冻日到初霜冻日的天数则称为无霜期。图7-1反映了我国多年平均年霜冻日数的分布。

(2)按霜冻形成的原因分类

根据不同的天气条件引起降温的原因不同，可以把霜冻分为平流型(风霜)、辐射型(晴霜、静霜)、平流辐射型和蒸发型霜冻。

①平流型霜冻　是由强烈的冷空气平流入侵而急剧降温引起的，由于平流霜冻爆发时风力强劲，也被称为“风霜”。发生平流霜冻的主要特征是：霜冻危害的范围较广；受害面积较大；持续受害时间较长，一般为3~4d；但受地形影响较小，不同地块间的霜冻灾害程度差别不大。

②辐射型霜冻　是在冷性高压控制下，由于地面的强烈辐射降温引起的。辐射霜冻通常发生在辐射很强的夜晚，因此又称为“静霜”或“晴霜”。由于各地的散热条件不相同，在不同地块及植株的不同部位受到的霜冻程度有明显差异，持续时间也各有差异，从0.5~1.0h到5~10h不等，也可以在几个夜晚连续出现。

③平流辐射型霜冻　是在强冷空气入侵降温后，夜间地面进一步辐射降温引起的，也称混合型霜冻。常见的霜冻多属于这种类型，影响范围广，危害较严重。

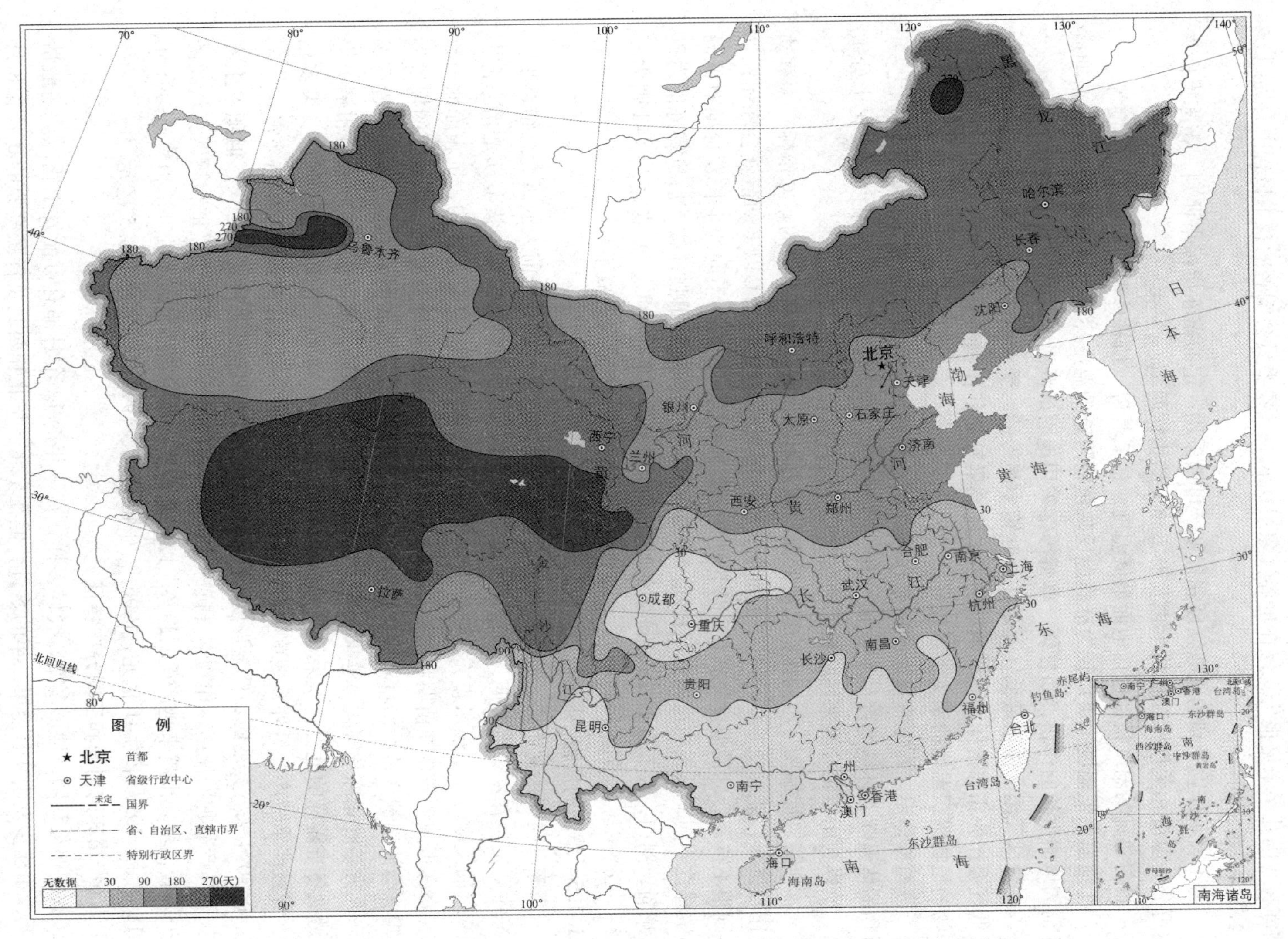

图 7-1 我国年霜冻日数(1961—2006 年)(引自《中国灾害性天气气候图集》)

④蒸发型霜冻 是在易发生霜冻的季节，夜间降雨后，温度明显下降，截留在叶面上的冷雨水迅速蒸发吸收大量热量，使叶面温度急剧下降至0℃以下而引起的。但此类型的霜冻在我国几乎未见报告，仅在世界气象组织农业气象委员会编著的技术报告中有提到。

7.1.1.4 霜冻的指标

为了表示作物受到的霜冻强度和程度，可以采用一定的霜冻指标来评判。霜冻指标大体可分为温度相关指标和作物生理及形态相关的指标两类。

目前常见的温度指标包括地面最低温度、最低气温、植株体温、作物冠层温度等。

①地面最低温度 可以较为准确地反映植物附近的温度环境，特别是对于作物苗期或者匍匐地面生长的作物，如甘薯、草莓等常采用地面最低温度≤0℃作为霜冻指标。

②最低气温 由于最低气温是在百叶箱中测得的，受土壤性质的影响较小，因此采用最低气温作为霜冻指标，与成熟期的玉米、高粱等高秆作物、果树、棉、麻和甘蔗等经济作物的植物组织温度的相关关系较好。

③植株体温 霜冻直接影响的是作物，因此植株体温也是表示霜冻的常用指标之一。植物的体温随着环境温度的变化而变化，特别是植物叶片温度对外界温度的变化十分敏感，所以利用植物叶温来判断霜冻的强度是更为直接和确切理想的。

④作物冠层温度 不同作物忍耐低温的能力不同，因此具有不同的霜冻指标。大豆幼苗比较抗寒，能忍受－4.0℃以下的低温；棉花抗寒能力较弱，0℃以下幼苗就会冻死；甘薯则很不抗寒，叶面温度降到0℃以下就要受害。而同一作物在不同的生长发育期对低温的敏感性不同，其霜冻指标也不相同。小麦拔节前抗霜冻能力很强，拔节后抗霜冻能力迅速减弱，例如，拔节后1~7d霜冻害的叶面温度指标为－7~－8℃，拔节后7~14d则为－4.5~－5.5℃，拔节后20d为－1~－2℃，开花期低于0℃就会造成不育。

7.1.1.5 霜冻的危害

霜冻对我国粮食作物、经济作物和果树、蔬菜的危害很大。经前人的研究总结，小麦霜冻主要发生在4个生育期，即苗期、拔节期、开花期和灌浆期，其中拔节期是霜冻害影响产量的关键时期。玉米霜冻主要发生在苗期和蜡熟期。棉花是喜温作物，抗霜冻能力较弱，霜冻害主要发生在苗期和棉桃充实期，棉苗出土时遇到霜冻会冻死，未吐絮的棉桃遇到霜冻会使棉绒变黄，产量和品质均会下降。果树的霜冻害在我国不论北方或南方皆有发生。北方是晚霜冻危害桃、苹果、梨、杏等果树的花期和幼果期，在南方主要是柑橘类果树遭受冬季霜冻的危害。瓜果豆类多为喜温蔬菜，不耐结冰，遭遇霜冻后叶片、果实枯死，导致严重减产。另外，烟草生育后期、茶树春芽萌发期及甘蔗都常发生霜冻害。

近20年来气候变暖，低温强度有所减弱，无霜期将随温度升高而延长，但随着生育期长的高产品种的使用，作物本身抗冻性降低，霜冻害的发生将趋于严重和频繁。从经济损失来看，呈现出越来越严重的趋势。以广东为例，冬季霜冻与寒害的经济损失，1991年为18亿元，1993年为41亿元，1996年为46亿元，1999年则高达108.5亿元。

7.1.1.6 霜冻的时间和空间分布特征

我国幅员辽阔，地形多变，气候多样，在一年的12个月都有可能发生霜冻。一般情况下，霜冻多发于9月至第二年的5月，但在东北、华北和西北及青藏高原的6月和8月也有可能发生霜冻，即便是7月，在内蒙古北部的根河市、新疆北部的青河县和四川省阿坝县都发生过霜冻。

我国霜冻灾害空间分布的总趋势是北方重于南方，山区重于平原，内陆重于沿海。虽然霜冻主要发生在我国北方和西部地区，但也经常波及南方和东部广大地区。由于受霜冻影响的植物种类较多，而各种作物耐霜冻的能力不同，因此，各种作物的霜冻灾害空间分布也不尽相同。如小麦，在内蒙古、山西北部高寒地区、河北北部山区经常遭到早霜的危害；在陕北、甘肃、宁夏、新疆与青海等地区的春小麦和河南、安徽等地区的冬小麦霜冻灾害也相当严重。再如玉米，在北方春播玉米区和西北灌溉玉米区的霜冻灾害十分频繁，危害较为严重，主要包括东北三省、内蒙古、宁夏、河北和陕西两省北部、山西和甘肃两省大部和新疆北部等地区。此外，当强冷空气爆发南下时，我国热带和南亚热带地区有时会出现数日的霜冻天气，使一些热带亚热带作物受害。

7.1.1.7 霜冻的防御措施

由于霜冻从本质上来说是由低温造成的，所以多数的防霜措施也是围绕改善作物自身与周围环境温度来实现的。目前防御霜冻的措施主要包括农业技术措施和物理化学防冻措施两大类。

(1)农业措施

①选用或培育一些对霜冻抵抗能力强的品种或者早熟、高产的品种；②促进抗寒锻炼，培育壮苗，提高植株抗寒能力；③根据地形小气候特点合理配置作物，避开易受霜冻危害的地区，设置屏障、防护林、防风墙等，用以控制平流霜冻的影响。④选择适宜的播种期和大田移栽期，使作物敏感期避开霜冻；⑤加强田间管理，采取一些暂时改善局部地区小气候的措施等。

(2)物理化学措施

①灌水、喷水法。因灌水可增大土壤的热容量，使降温减缓，并能改善近地层湿度条件，降温时水汽凝结释放热量，达到缓和降温的目的。②熏烟法或人工释放烟幕法。熏烟除了可以放出热量，减少降温外，农田上方形成的烟幕还可以加大大气的逆辐射，减少夜间辐射冷却，此外烟幕中的吸湿性颗粒还能够吸收水分，促进水汽凝结，释放热量，缓和降温。③用草帘、尼龙布、土覆盖，保存地面热量。

7.1.2 冻害

7.1.2.1 冻害的概念

冻害(freeze injury)是指越冬作物、林木果树及牲畜在越冬期间因遇到0℃以下的强烈低温或剧烈变温，或长期持续在0℃以下的温度，引起植株体冰冻甚至丧失生理活力，造成植株死亡或部分死亡，以及牲畜冻伤或死亡的农业气象灾害。广义的冻害是以低温为主导，伴随着结冰的一系列越冬灾害的总称，还包括土壤掀耸(根拔)、冰壳害和冻涝害等。

土壤掀耸是指在土壤反复融冻的情况下，表层土壤连同植株一起被抬出地面，使植株受害的现象，又称“冻拔”。冻拔有“根拔”和“凌截”两种类型：根拔是指被害苗的分蘖节或根系抬出地表后冻死或枯干，一般越冬前仅有2~3片叶的麦苗容易发生根拔；凌截是指被害苗在冻土层和非冻土层之间被抬断，多出现在幼芽鞘出土2~3cm，长出1~2片真叶时。

冰壳害是指越冬期间因冻壳覆盖而造成对作物的伤害，又称冰害。冰壳的形成一般是由于溶化的雪水在冬作物生长地段再次冻结所致。冰盖会伤害作物的分蘖节并扎断作物的根系。处于冰盖下的幼苗，生长状况恶化，植株的抗寒和抗病能力都显著下降，当冰壳厚度大于3cm，连续保持15d以上时，作物就会死亡。

冻涝害是作物越冬期间受内涝和冰冻形成的综合性灾害，主要是由于水淹使氧气不足，植物窒息而死，常发生在冬季积雪较多的地区、低洼地、过水地和质地黏重的土壤。

7.1.2.2 冻害的发生条件

有些冻害是突发性的，与冬季的寒潮活动相关，如大白菜砍菜期的冻害。此外，大部分冻害更与长时期的不利越冬条件相联系，具有累积型灾害的特征。冬季冷暖变化剧烈或旱冻交加，都会造成严重的冻害。有的暖冬年因入冬前急剧降温抗寒锻炼很差，也有可能发生冻害。如1993—1994年华北地区是一个暖冬，但因入冬剧烈降温作物未经抗寒锻炼，仍然发生了相当严重的冻害。在新疆北部，小麦仰赖稳定积雪越冬，有些暖冬年积雪来得晚或不稳定，仍可发生严重冻害。20世纪80年代以来我国北方冬季变暖，有的农民引进抗寒性差的品种或秋播过早，造成旺长，仍可发生冻害。

7.1.2.3 冻害的类型

冻害可按低温出现的时段及形成的天气特点不同划分为不同的类型。

(1)按冻害低温出现的时段分类

主要有初冬温度骤降型、冬季长寒型和早春融冻型3种类型。

①初冬温度骤降型　在初冬季节由于强冷空气入侵，气温骤然大幅度下降，此时刚进入越冬期还未经抗寒锻炼的麦苗在强冷空气的突然袭击下所造成的低温灾害。

②冬季长寒型　指冬季长期低温，超出越冬作物的耐低温极限，从而对越冬作物产生危害，尤其是在隆冬季节强寒潮过境后，温度持续大范围降低，并伴有大风，如遇冬季无积雪或积雪不稳定的年份，常发生大面积死苗。

③早春融冻型　早春回暖融冻，春苗提前开始萌动生长，耐低温能力减弱，而后天气复又转冷，这样融冻交替，忽暖忽冷对作物造成的危害。通常早春发生的融冻型冻害往往比隆冬季节威胁要大。

(2)按形成冻害的天气特点分类

①晴冷型　强冷空气过境使得气温骤降，冷锋过后，天气晴好，温度日较差大。特别是雨雪天气之后，降温更加剧烈，因此对作物造成冻害。

②阴冷型　强冷空气南下，遇南方暖湿气流后形成大范围持续雨雪或阴雨(雪)天气，光照减少、作物光合作用减弱、作物体内物质能量消耗过多而得不到充分补充，从而引发冻害。这类冻害温度不一定很低，但危害却很严重。

③混合型　由上述两种现象交替发生，引发的冻害称为混合型冻害。

7.1.2.4 冻害的发生时间及指标

从冻害发生的时期来看，可分为初冬冻害、严冬冻害和晚冬冻害(或初春冻害)。初冬冻害发生于越冬作物停止生长以前，一般以入冬降温幅度或抗寒锻炼减少天数作为冻害的参考指标。严冬冻害发生于越冬作物休眠期间，与严寒持续时间及程度相联系，主要以冬季负积温、有害积温和极端最低温度为冻害指标。晚冬冻害经常是在天气回暖，作物萌动或开始返青之后发生的，此时作物已部分丧失其抗寒性，常以稳定通过某一界限温度之后的极端最低温度为冻害指标。

不同作物、品种的冻害指标也各不相同，主要由其遗传特性决定，但也与抗寒锻炼程度、苗情强弱、养分状况有关。如小麦一般以分蘖节处最低温度作为冻害临界温度，油菜则以根茎上生长点温度为准。此外，不论何种作物都可用植株受冻死亡50%以上的低温的临界致死温度作为其冻害指标。如目前华北北部冬小麦抗寒性较强品种的冻害临界温度是－17～－19℃，抗寒性中等的品种是－15～－16℃，抗寒力较弱的品种只有－13～－14℃。成龄果树发生严重冻害的临界温度柑橘为－7～－9℃，葡萄为－16～－20℃。

7.1.2.5 冻害的空间分布特征

冻害在中、高纬度地区发生较多，威胁最大的是那些有大面积越冬作物的地区。我国主要越冬作物是冬小麦、冬油菜，受冻害影响最大的地区是北方冬小麦区北部，包括准噶尔盆地南缘的北疆冻害区，甘肃东部、陕西北部和山西中部的黄土高原冻害区，山西北部、燕山山区和辽宁南部一带的冻害区以及北京、天津、河北和山东北部的华北平原冻害区。由于高寒地区一般已无越冬作物，因此种植业受冻最严重的地区不在高寒地区，但牧区的冻害却以高寒地区比较严重。在长江流域和华南地区，冻害发生的次数虽少，但丘陵山地对南下冷空气具有阻滞作用，常使冷空气堆积，导致较长时间气温偏低，并伴有降雪、冻雨天气，使麦类、油菜、蚕豆、豌豆和柑橘等遭受严重冻害。蔬菜越冬冻害以长江流域最为严重。果树冻害主要有温带落叶果树冻害（如苹果、葡萄、梨、柿等）和亚热带果树冻害（如柑橘等），常发区分别位于中国温带较寒冷地区（包括辽宁、吉林、黑龙江、内蒙古和新疆北部地区）和长江中下游地区（如湖北、湖南、浙江、江西、安徽、江苏等地区）。

7.1.2.6 冻害的危害

低温冻害主要是植物组织因冰冻而受害，导致植株长势衰弱甚至死亡。此外，强烈的低温还会直接冻坏植株分蘖节，造成叶片枯萎，部分根系和分蘖死亡，使其失去恢复生长的能力。牲畜在冬季也经常发生受冻死亡，除牧区暴风雪时牲畜容易受害外，农区的猪仔对低温也十分敏感，易发生黄白痢致死。

越冬作物发生冻害的程度不仅与低温强度有关，还与作物的生长状况、发育阶段和抗寒性锻炼有关。壮苗抗寒力强，弱苗和过旺苗的抗寒力都较弱。苗期抗寒力较强，进入生殖生长后抗寒能力显著下降，尤其是在植株组织处于旺盛分裂增殖时期，即使气温短时期下降也会受害。相反，休眠时期的植物体则抗冻性强。各发育期的抗冻能力一般依下列顺序递减：对于小麦，越冬休眠期→返青期→起身期→拔节期→孕穗期；对于果树，花蕾着色期→开花期→坐果期。

7.1.2.7 冻害的防御措施

①为了防御冻害，宜根据当地温度条件选用、培育适度抗寒品种，提高植株的抗冻能力，合理布局作物的种植结构，确定不同作物的种植北界和海拔上限。

②加强冬前管理，以提高作物的抗冻能力。以冬小麦来说，主要是适时播种，掌握适宜的播种深度，北界附近实施沟播和适时浇灌冻水，施用有机肥、磷肥作种肥，以利冬前培育壮苗；对亚热带经济林果来说，深耕改土，合理施肥，狠抓疏果和防治病害，夏季适

时摘心、秋季控制灌水、冬前修剪等，可以提高树体抗冻能力，减轻冻害。

③采用应急的防冻措施。在低温来临前及降温期间，采用应急防寒抗冻措施，对易发生冻害的地区具有重要的生产意义。主要有：a. 露天增温法：如布设烟堆、加湿器，安装风机等，对近地层有显著的增温效果，但经济成本高，一般用于果园、蔬菜等小面积，大范围地区不适宜使用。b. 覆盖法：各种形式的覆盖，如葡萄埋土、果树主干包草、柑橘苗覆盖草帘和风障，以及经济作物覆盖塑料薄膜等，均具有良好的防冻效果。c. 喷施化学药剂：主要用于果树。如利用生长激素控制果树生长，增强其抗冻能力；用抑蒸保湿剂，在低温来临前，喷施后抑制植株蒸腾，减少耗热，提高树体温度等。

④增强人们的防冻意识。我国的越冬作物和亚热带经济林果，在生产中始终存在冻害的威胁。因此，农业生产者必须认识到防冻不只是局限于冬季的工作，调整品种布局、采用一系列栽培技术和科学管理等措施，都应该针对本地冻害气候规律，树立和增强防御冻害的意识。

7.1.3 冷害

7.1.3.1 冷害的概念

低温冷害(chilling injury)是指在作物生长发育期间，尽管日最低气温在0℃以上、天气比较温暖，但出现较长时间的持续性低温天气，或者在生殖生长期间出现短期的强低温天气过程，日平均气温低于作物生长发育适宜温度的下限指标，影响农作物的生长发育和结实而引起减产的农业自然灾害。由于不同作物或同一作物在不同生育期，生理上要求的适宜温度与耐受的临界低温大不相同，因此，当温度在0℃以上，甚至在20℃以上也能引发冷害。

低温冷害与冻害、寒害的区别在于，冷害一般发生在作物生长发育的温暖季节，受灾后一般不会发生类似霜冻或冻害的枯萎、死亡等明显症状，而冻害发生的时间主要是冬季，温度范围是在0℃以下，甚至零下20℃左右，作物受冻害后都有明显的症状。发生寒害时尽管气温也在0℃以上，但其特指热带、亚热带的作物在冬季受寒潮低温危害的现象，植株受害症状与霜冻或冻害相似，在受害时间和作物受害的症状上都与冷害有明显的区别，在概念上不应混淆。

7.1.3.2 冷害的类型

从农业生物学角度可以将冷害划分为4种类型，分别为延迟型冷害、障碍型冷害、混合型冷害和稻瘟病型冷害。

(1)延迟型冷害

延尺型冷害是指农作物营养生长期发生的冷害，使生育期延迟，有时也包括生殖生长期间的冷害。如东北地区玉米、高粱等遭受的主要是延迟型冷害。长江流域双季早稻在苗期、移栽返青期也常发生延迟型冷害。由于延迟型冷害对作物的影响是潜在和缓慢的过程，人们很难察觉，常常在秋季出现减产时才发现作物受害，因而也被称为“哑巴害”。

(2)障碍型冷害

障碍型冷害是指作物生殖生长时期(主要是生殖器官分化到抽穗开花阶段)，遭受短期(一般仅几天)异常低温，使生殖器官生理机能遭到破坏，以致颖花不育，籽粒空瘪的低温冷害。如我国华南地区寒露节气前后和长江中下游地区秋分节气前后的低温天气，常发生在作物对低温较敏感的孕穗期和抽穗开花期，对后季稻生殖生长和结实的危害很大，当地把这种低温冷害又称为“寒露风”。

(3)混合型冷害

混合型冷害是指在农作物同一生长季中，延迟型冷害与障碍型冷害相继出现，两种冷害交混发生的低温冷害，又称兼发型冷害。它比单一性的冷害危害更严重，作物往往在前期遇到延迟型冷害，延迟了生育和抽穗，到了孕穗开花期，又遇到障碍型冷害，引起了大量空壳，秕粒，对产量形成带来严重危害。

(4)稻瘟病型冷害

稻瘟病型冷害是指在水稻生长期内因低温阴雨而发生稻瘟病的农业气象灾害。稻瘟病是受真菌感染而引起的一种水稻病害，低温通常是引发稻瘟病发生的重要气象条件。对于正常温度年份不宜感染稻瘟病的地区，当出现低温时则容易染病，所以把这种现象也归为冷害的一种，又称间接冷害。

7.1.3.3　冷害的时空分布特征

冷害主要发生在温暖季节，危害喜温作物如玉米、棉花、水稻等。就目前低温出现的时间和地区来说，影响范围大、危害严重和经常出现的冷害，主要有出现在长江流域及华南地区的春季冷害和秋季冷害，而夏季冷害主要发生在东北地区。

(1)长江流域及华南地区春、秋季冷害

长江流域及华南地区是中国的水稻主要产区。每年双季早稻春播期间的低温阴雨，会引起大面积的烂秧和死苗，而在双季晚稻的抽穗扬花期，往往遇到秋季低温的危害，不能安全齐穗和正常授粉、受精，增加空秕率，导致严重减产。

①早稻播栽期冷害时空分布　春季冷害西部较东部轻，四川盆地比同纬度底部地区冷害减少30%~50%；平原较丘陵山地轻，南岭山地是冷害多发区。各地区冷害出现最晚日期年际变率大，如上海出现日期的早晚可以相差44d。日期变率大，是某些年出现倒春寒天气引起早稻移栽死苗的主要原因。

②双季晚稻抽穗开花期冷害时空分布　秋季冷害时空分布受纬度、海陆、地形影响很大。各地实际发生时间一般由高纬度向低纬度，高海拔向低海拔，以及内陆向沿海推迟。

(2)东北地区的夏季冷害

东北地区农作物以延迟型冷害为主，但高海拔高纬度地区水稻也可发生障碍型冷害。吉林省气象科学研究所将发生的冷害频率作为一级指标，以影响冷害减产率的降水因子为二级指标，把东北地区划为5个冷害区域，12个亚区。

①最轻冷害区　冷害频率在20%~25%以下，其中严重冷害频率在10%~15%以下，水稻花期冷害频率在20%左右，不发生孕穗冷害。包括辽宁全省、吉林的中西部和赤峰市、通辽市的东部地区。

②较轻冷害区　冷害频率在25%左右，严重冷害频率为15%~20%，水稻花期冷害频率在30%左右，孕穗期冷害频率小于20%。包括吉林的北部和黑龙江西南部及赤峰市、通辽市的低山区。

③较重冷害区　冷害频率在30%左右，严重冷害频率为25%左右，水稻孕穗期和花

期冷害频率为20%和40%，包括黑龙江的中东部和三江平原、延边地区等地。

④重冷害区 长白山区，冷害频率高，危害重。

⑤严重冷害区 冷害频率为30%~40%，严重冷害频率达25%~30%，水稻孕穗期、开花期冷害频率大于40%~60%。包括大小兴安岭山地、内蒙古东部及嫩江上游平原和低山区。

7.1.3.4 冷害的危害

低温冷害对作物的危害主要有3种情况：一是低温延缓发育速度，致使作物在秋霜来临时尚不能完全成熟；二是低温引起作物的生长量(株高、叶面积、分蘖数等)降低，降低群体生产力；三是低温使作物的生殖器官直接受害，影响正常结实造成不孕，空瘪粒增多。如延迟型冷害可使玉米、大豆、谷子、高粱等作物植株生长发育速度迟缓，导致抽穗开花延迟，以至于不能在初霜来临前成熟，造成籽粒含水量大，粒重降低而减产。对蔬菜的危害主要是生长速度慢，影响蔬菜的生长量和上市时间，对于一年生蔬菜，春季低温还可导致先期抽薹而影响产品的质量。对水稻而言，在春季遇到低温不但会降低秧苗质量，推迟插秧期，更重要的是会延迟返青分蘖和穗分化，对抽穗影响十分严重。障碍冷害危害较大的作物主要是水稻，在水稻生殖生长期遭受低温危害，成为不育空粒以致明显减产。水稻孕穗期对低温最敏感，容易引起不孕；抽穗开花期受到低温危害，颖壳不张开，花药不开裂，花粉不发育，因而形成不育粒。混合型冷害一般对作物的危害最大。低温冷害还可导致病虫害的发生，如水稻叶鞘腐败病、细菌性褐斑病和稻瘟病，大豆菌核病，玉米丝黑穗病和瘤黑粉病等。

7.1.3.5 冷害的防御措施

(1)选择适合本地的品种

要选用在低温早霜年份也能正常成熟的耐低温的早熟高产优质品种。

(2)合理耕作，增春墒

①适期早播，缩短播期，抢用早春积温。适期早播不但可以有效地利用早春返浆期的土壤水分，而且可以利用早春间歇积温。②推广苗期深松，压缩翻地面积。深松耕法既能疏松土壤又不翻动耕层，有利于蓄水保墒，苗期深松，可更多接纳雨水。③除草松土，加强管理。多锄、多中耕，疏松土壤，提高地温。④用早熟品种进行“早矮密”栽培。早熟矮秆品种前期生长快，最大叶面积高峰出现得早，光合效率高，对于利用春季和初夏积温，促进生育进程，避免低温冷害具有重要意义。

(3)增施有机肥料

有机肥料养分全，既能增加营养，又能增温保墒，是抗御低温冷害的重要措施之一。在作物生育后期根系吸收能力减弱的情况下，根外喷施磷肥、微量元素等，对于提高植株生活力，抗御低温冷害和促进早熟有一定的效果。

(4)采取综合农业措施促早熟

①加强后期田间管理。旱田作物采取放秋垄、拔大草、打底叶，水田拔除田间大草、割净田埂杂草等措施，可促进作物早熟高产。②以水增温。即在冷空气侵入时，水稻田可采用全天灌深水或日排夜灌的办法，提高土壤温度和株间温度。灌水深一些，增温效果会更好。③喷施水面增温剂。水面增温剂喷施稻田有增温作用，可提早抽穗，降低空瘪率。

④育苗移栽，培育壮秧。育苗移栽是一项开发利用光热资源、战胜低温冷害的有效增产措施。首先，早育苗，延长了作物生育期，增加积温200~300℃；其次，秧苗素质好，培育了壮秧，能做到苗齐、苗匀、苗壮。⑤地膜覆盖。地膜覆盖能提高地温，保持土壤水分，改善土壤养分状况与田间光照条件，从而能显著地促进作物的生长和发育。

7.1.4 寒害

7.1.4.1 寒害的概念

寒害(cold damage)是指热带、亚热带作物受0℃或0℃以上低温的侵袭引起生理机能障碍(组织未结冰)，因而遭受损伤的一种农业气象灾害，主要危害我国热带和亚热带地区的橡胶、可可、咖啡、香蕉、荔枝和椰子等作物。

7.1.4.2 寒害的类型

根据寒害天气成因的不同，可将其分为平流型寒害、辐射型寒害和混合型寒害3种类型。

(1)平流型寒害

由平流型寒潮天气引起的寒害称为平流型寒害。主要的天气特点是：寒潮初来时，气温下降、天气转阴，有时伴有小雨，降温初期风速较大，尤其在最初2~3d降温剧烈，往往可达10~15℃以上，持续日数可达5~15d，有时甚至更长。因此，平流型寒害还可分为2种类型：

①短期风寒型　阴冷期一般为10d到半个月，日平均气温10℃以下，有时可降到5℃左右。

②长期阴冷型　阴冷期可持续1个月甚至更长时间，但日平均气温不太低，通常为7~12℃，风速也不大，这种寒害比短期风寒型危害更重。

(2)辐射型寒害

在无风晴朗天气时，由于下垫面的强烈辐射冷却降温引起的寒害称为辐射型寒害，主要包括急发型寒害和累积型寒害2种类型。

①急发型寒害　日最低气温在2℃以下时(叶面及树皮表面温度常在0℃以下)，通常最多在2d之内就会出现寒害现象，导致橡胶树爆皮叶枯、爆皮流胶等。特别是没有遮蔽的橡胶树清晨受到日光照射，温度升高，气温日较差在12~15℃以上，骤冷骤热，会加剧寒害。

②累积型寒害　日最低温度在5℃以下(一般大于0℃)，白天最高温度不是太高(一般小于18℃)，气温日较差小于10℃，上午有辐射雾发生，日照少，升温缓慢，这种天气可持续10~15d，橡胶树就出现以“烂脚”为主要特征的寒害。

(3)混合型寒害

混合型寒害是冷平流与辐射冷却共同作用的结果，因此造成的危害往往更严重。

7.1.4.3 寒害的指标

以橡胶树越冬期寒害的指标为例，由于寒害的类型、发生的天气条件不同，其计量方法也有区别。辐射型寒害主要取决于短时间的极端低温值及早晨升温值；平流型寒害则取决于低温阴雨天气持续时间长短和风速、日照等因子。用降温幅度、最低气温可以较好地表示强冷空气入侵引起的平流型、辐射型寒害的剧烈程度，用低温持续日数、有害积寒可以较好地表示中弱冷空气多次补充造成的平流型寒害的累积作用。一般当温度低于5℃，橡胶树苗便可出现不同程度的寒害，如黑斑、爆皮刈胶、枝梢枯萎等症状，通常把最低气温5℃作为橡胶寒害发生的临界温度。当最低气温小于0℃时，橡胶幼树或幼苗均遭受严重寒害，甚至整株枯死，所以0℃是发生严重寒害的温度指标。

7.1.4.4 寒害的空间分布特征

我国橡胶寒害一般是北重南轻，大致可以划分为4个区域：

(1)福建广西植胶区

包括福建泉州以南和广西南宁以北、武鸣县以南地区，这一地区每年最低气温都要降至5℃以下，有的年份可达0℃，因此橡胶寒害频繁而严重。

(2)广东汕头和湛江北部地区

这一地区多年极端最低气温小于5℃，但很少出现0℃以下的低温，日平均气温小于10℃的低温虽常出现，但时间短，一般年份只有3d，所以寒害较轻。

(3)云南南部地区

多年极端最低气温为5℃，日平均气温小于10℃情况不常出现，寒害也较少，但有的年份强寒潮入侵时，大幅度降温有时造成严重寒害。

(4)海南岛地区

冬季降温缓慢，除中部山区多年极端最低气温小于5℃外，其余地区均大于5℃，所以除山区寒害严重一些外，其他地区基本无寒害。

7.1.4.5 寒害的防御措施

人类目前尚无法抗拒这种自然变异造成的灾害，唯一有效的减灾办法就是提前规划，制定减灾策略；合理安排，落实防灾措施。从农业气象上讲，选择有利的地形在橡胶等作物栽培上至关重要。通常凹地、山垅地的寒害严重，山脊、缓坡无寒害或较轻。地势对寒害重轻程度影响依次为：凹地>山垅边>山垅>山脊>缓坡。所以要选择适宜的朝向、最好靠近大水体建园。此外，在兼顾经济效益的前提下选用抗寒能力强的品种，合理配置抗寒的品系、营造防护林、冬前增施钾肥、苗圃搭建防寒棚、幼苗包扎塑料薄膜等也是防御寒害的有效农业技术措施。

7.1.5 高温热害

7.1.5.1 高温热害的概念

高温影响主要分两大类，一类是对人们生产、生活的直接影响，常称为高温热浪；另一类是生物生长发育上限温度，对植物(生物)生长发育和产量形成所造成的损害，称高温热害(high temperature damage)。主要包括农作物的高温害和果树林木日灼及畜、禽、水产鱼类热害等。

此外，干热风(dry-hot wind)是一种高温、低湿并伴有一定风力的复合性农业气象灾害，其主导因子是热，其次是干，因此也可归入热害之列。干热风在不同地区有热风、干旱风及热干风等不同称呼，如宁夏银川灌区称热风，山东济宁及徐淮地区称“西南火风”，甘肃河西走廊地区称干热风。

7.1.5.2 高温热害的指标

世界各国对高温热浪的研究很多，不同国家和地区依据不同的研究方法，分别对高温热浪进行了不同的描述。如世界气象组织建议日最高气温高于32℃且持续3d以上的天气过程为热浪；荷兰皇家气象研究所认为热浪为一段最高温度高于25℃且持续5d以上(其间至少有3d高于30℃)的天气过程；美国国家天气局、加拿大、以色列等国家气象部门综合考虑了气温和相对湿度对人体影响的热指数发布高温警报，当白天热指数预计连续2d有3h超过40.5℃或者热指数预计在任一时间超过46.5℃，发布高温警报。我国气象部门根据气候和环境特点，通常在公众气象服务中，将每日极端最高气温分为3个等级：高温≥35℃，危害性高温≥38℃，强危害性高温≥40℃。日最高气温≥35℃统计为一个高温日；日最高气温≥38℃统计为一个酷热日。每个站连续出现3d气温≥35℃高温，或连续2d出现气温≥35℃并1d气温≥38℃定义为一次高温过程，也称高温热浪；连续出现8d气温≥35℃或连续3d气温≥38℃高温定义为强高温过程。

7.1.5.3 高温及高温热害的时空分布特征

(1)高温的时空分布特征

据1961—2006年统计表明，我国多年平均高温日数分为南方区和西北区2个高温日数高值区，这些高温高值区全年高温日数在15~30d或30d以上(图7-2)。南方区高温日数以江南中南部、福建西北部、重庆市等地为高温高值中心，可达30d以上，其他南方大部分低海拔山区、丘陵、河谷、平原区高温日数也在15~30d。西北区的高温日数高值区主要是西北沙漠地带，分别以新疆塔里木盆地和内蒙古西部地区为高温日数高值区，其中新疆吐鲁番达99d，为全国高温日数之最。其他北方地区，陕西南部、山西南部、河南西北部和中部等高温日数较多，在15~20d之间。我国华北、中东部地区大部分高温日数在5~15d左右。西部地区、东北、中部较高海拔(800m左右或以上)山区及沿海地区高温日数都在5d以下，有些地区甚至没有出现过高温日。此外，全国酷热日数分布总体上与高温日数分布近似，酷热日数分布更趋于集中，主要分布在江南、新疆大部及重庆等地，酷热日数在3d以上。最大值出现在新疆吐鲁番，有62.5d。

(2)高温热害的时空分布特征

不同农业对象忍耐高温的能力不同，对热害的敏感时期各异，因此在农业气象中，热害的时空分布比较复杂。水稻热害主要发生在6~7月，此时正是水稻对热害的敏感期，发生危害的几率很高，主要影响华南和长江中下游地区；小麦热害主要发生在春末夏初，主要危害北方麦区，包括河南、河北、山西、山东、陕西、新疆、北京、天津、内蒙古、宁夏及苏北、皖北等地区；蔬菜热害发生的范围很广，华北平原以南7月平均气温都在26℃以上，使茄果类蔬菜难以越夏。在盆地或类似盆地的内陆地区易出现酷暑，如新疆吐鲁番地区、江西、湖南两省的平原地区、重庆、武汉和南岭以南地区，这些地区因高温热害造成的夏季蔬菜供应淡季都长达3个月或更长；畜禽热害主要发生在长江中下游及其以南地区的夏季。在华南地区，黑白花奶牛受热害的时间最长，长江中下游次之。华北地区虽然发生几率较低，但受害时也会造成严重减产。

7.1.5.4 高温热害的危害

在农业生产中，高温热害是高温对植物生长发育及产量形成所造成的损害，一般是由

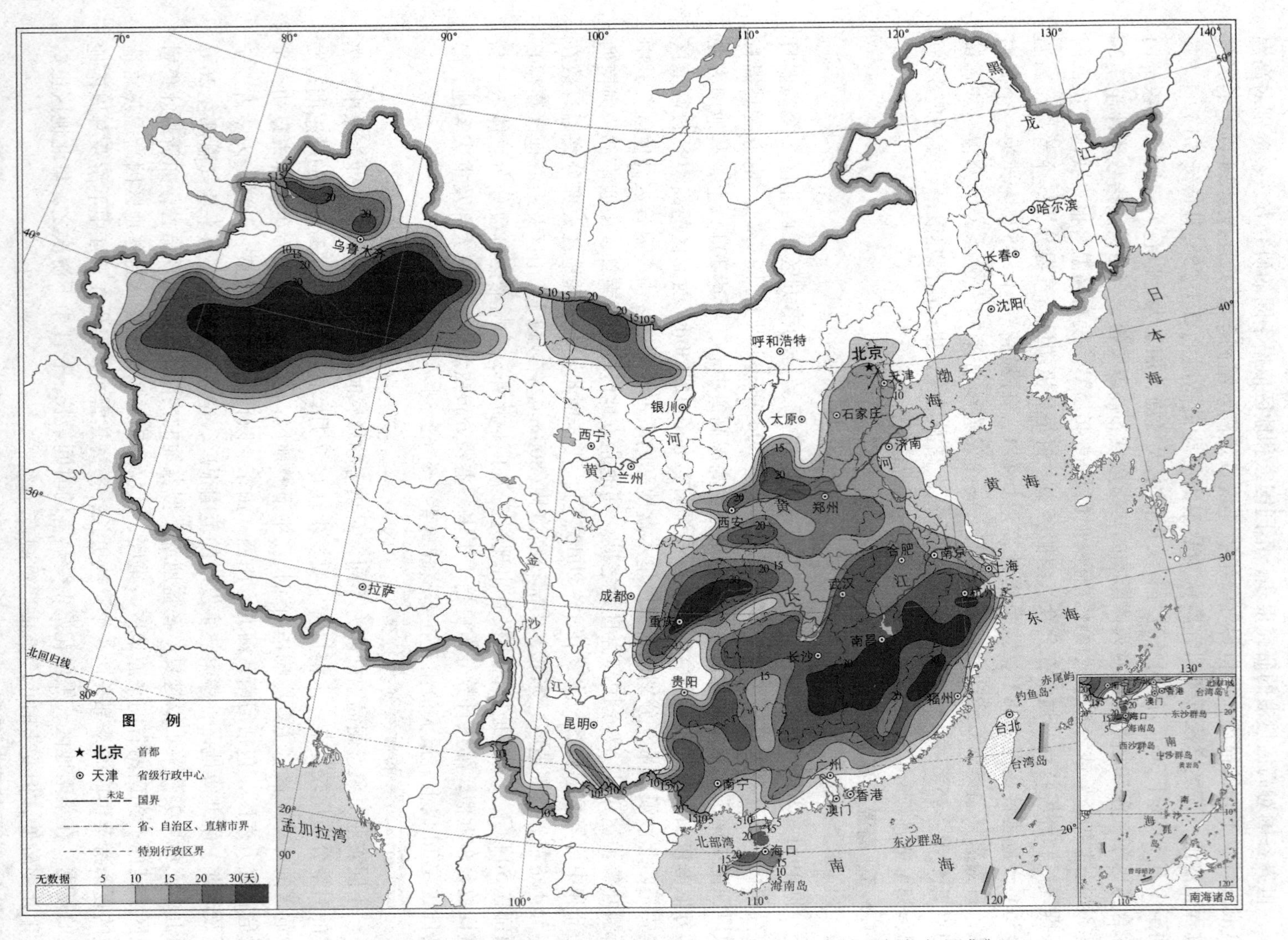

图 7-2 全国年高温日数分布图(1961—2006 年)(引自《中国灾害性天气气候图集》)

于高温超过植物生长发育上限温度造成的，主要包括高温害和果树林木日灼两类。

高温对不同作物危害的程度不一样。在作物上主要危害水稻，危害敏感期是水稻的盛花期，危害指标是连续3d最高气温≥35℃，使开花灌浆期水稻形成高温逼熟，在我国长江流域及其以南各省的早稻及中稻均有发生。另外，在小麦、棉花、蔬菜生产上也有高温热害的问题。小麦的干热风就是以高温热害为主的综合气象灾害。棉花在高温影响下会引起蕾铃脱落。瓜果类蔬菜在32℃以上高温会引起落花，使坐果率降低，对黄瓜、茄子、菜豆等生长发育均带来不利影响。

7.1.5.5 高温热害的防御措施

高温热害的防御措施要从改革耕作制度，调整播栽期等大的方面着手。但也要注意采取灌溉、遮阴等改善田间小气候的办法。果树防御高温热害措施要注意果园保墒、果园灌溉、树干涂白和洒药剂等。防御林木灼伤要注意阴性树种及阳性树种混交搭配种植，营造复层林，以及在造林时选择有利的地形和土壤等。防御畜禽热害要注意遮阴、通风和及时补给饮水。

7.2 水分异常造成的气象灾害

水是一切农业生物必需的生活因子，动植物的一切生命活动只有在一定的水分供应下才能进行，水分状况的异常，包括过多、过少、突发相变及水污染等均会影响农作物和牲畜的正常发育，形成各种灾害。这种由于降水异常造成的农业气象灾害，主要有旱灾、洪涝、雪灾、冰雹等。

7.2.1 干旱

7.2.1.1 干旱的概念

干旱(drought)通常是指因长期少雨而空气干燥、土壤缺水，从而不能满足作物正常生长所需水分，不足以满足人的生存和经济发展的一种气候现象。从气象学角度看，干旱具有2种含义：一是干旱气候。例如我国西北干旱牧区，年降水量不足250mm，光热资源丰富，蒸发量大，常年处于干旱状态，这些地区干旱是基本的气候特征。二是指气候异常。例如我国东部的湿润、半湿润地区，一般来说其水资源足以满足当地的需求，但在某些时期，降水量显著减少，若社会抗旱措施不力，则干旱将导致农业歉收，人民生活受到影响，酿成不同程度的灾害。

7.2.1.2 干旱的类型

按农作物受旱机制，可将干旱分为4类。

(1)土壤干旱

在长期无雨或少雨的情况下，没有灌溉条件，土壤中的水分长期得不到补充，土壤中可供植物利用的有效水分日趋亏缺，最后消耗殆尽，农作物因得不到正常的水分供应招致旱灾。

(2)大气干旱

空气干燥，大气蒸发力强使植物蒸腾过快，虽然土壤中具有一定的可供作物利用的有效水分，但根系吸水难以补偿，终导致水分收支失衡而造成危害。大气干旱通常是土壤干旱的先兆，这是因为大气干旱会加剧土壤水分的蒸发，当土壤水分得不到及时补充时，就会造成土壤干旱。在通常情况下，土壤干旱和大气干旱是相伴而生的。

(3)生理干旱

土壤环境不良使作物生理活动发生障碍，体内水分失去平衡而造成伤害。有时土壤并不缺水也能出现生理干旱，如作物被淹根系缺氧不能正常吸收水分而发生萎蔫；早春回暖果树蒸腾失水加剧，根系不能从未化冻土壤吸收水分，因而发生抽条；盐碱地常因幼苗根系渗透压低于土壤溶液而不能吸收水分。

(4)黑灾

草原冬季持续少雪使牲畜饥渴风寒致死，是牧区干旱的一种形式。

7.2.1.3 干旱指标

所谓干旱指标是指确定干旱是否发生以及发生严重程度的一种尺度。由于干旱的成因比较复杂，除了降水量持续偏少以外，还与作物对水分的要求、人类补充水分亏缺的能力以及土壤水分状况等因素有关，因此许多研究者根据不同的情况，提出了各种不同的干旱指标。据世界气象组织统计，各国应用的干旱指标有55种之多。现将近年来用得比较多的指标归纳如下：

(1)降水量指标

降水量指标是气象干旱指标中最为常见的指标。一般多采用降水距平百分率、降水标准差以及直接用降水量大小或连续无降水日数指标等。虽然其指标形式表达多样，其实质均是以某时段(年、季、月或作物某一生长阶段)的降水量(观测值或预报值)与该地区该时段内的多年平均降水量相比较而确定其干旱指标。

(2)土壤水分指标

土壤湿度的大小可以表示土壤给农作物供水能力的强弱，因此可以用它来表示干旱的程度。土壤湿度常用土壤含水量或土壤有效水分贮存量来表示。其中，土壤含水量通常用土壤相对湿度表示，指土壤含水量占田间持水量的百分比；土壤有效水分贮存量是指某一厚度的土层所含有效水分量的毫米数。无论是用哪种方法表示，其干旱指标具体数值均随作物类别、品种及生长阶段而变化，并根据当地土壤质地的具体状况，对等级划分范围做适当调整。

(3)干燥度指标

干燥度指标可以理解为某地在某时段内实际的蒸发量与降水量的比值，用以表征干燥的程度。不过在实际应用时，常根据具体情况，给干燥度以不同的定义。

(4)综合干旱指标

农业干旱的发生可同时受到气象、水文、土壤、作物、农业措施等多种因素的综合影响，综合干旱指标考虑了各种干旱因素和各种干旱指标，进行了合理加权综合。比较常用的3种综合类指标是：

①供需水关系指标　是以作物需水和供水方面乃至整个土壤—作物—大气连续体系统(SPAC)的水分平衡关系为基本依据。其中最有代表性的是作物水分亏缺指数，但由于不同季节、不同气候区域，作物种类不同，蒸散差别较大，需要对标准应用进行修正。

②帕尔默干旱指标　是1965年由Palmer提出的综合考虑降水、潜在蒸散、前期土壤湿度和径流的综合性干旱指标，被广泛用于旱情评估。该指标的表达式是：$E = dk$，式中d表示实际降水量与适宜降水量的差值；k值表示平均水分需要与平均水分供应的比值，称气候特征值，用以反映不同地区不同时期的气候差值。安顺清和余晓珍等人经过修正Palmer公式，提出了适合我国气候特征的干旱指标。

③多指标综合干旱指数　根据各地气象和土壤水分观测状况，以降水距平和连续无有效降水日数、土壤相对湿度或水田断水天数与作物水分亏缺指数组合而成的一种综合指数，如降水综合农业干旱指数等。

7.2.1.4　干旱的时空分布特征

干旱具有发生频率高、持续时间长、波及范围广的特点。近几十年来随着全球气候变暖的不断加剧，干旱事件也呈现明显的上升趋势。我国各地出现的干旱灾害情况大体有以下特征：

(1)干旱灾害面积广，但空间分布不均匀

我国每年农田受旱涝灾害的面积约占总播种面积的27%，而其中60%是旱灾，全国各大区都会有旱灾出现，但分布不均匀，其中黄淮海地区占了全国受旱灾面积的50%左右，长江中下游也是多旱灾的地区，这两个地区就占了全国受旱灾总面积的60%以上。

(2)干旱灾害出现频繁，有时持续时间较长

受季风气候影响，在全国境内，局部性或区域性的干旱灾害几乎每年都会出现(图7-3)。从干旱持续时间看，许多地区会出现春夏连旱或夏秋连旱，有时甚至春夏秋三季连旱。

(3)干旱常伴随着高温，致使旱情加重

这种情况在长江流域伏旱期更明显。受季风环流的影响，我国干旱发生频繁。东北的西南部、黄淮海地区、华南南部及云南、四川南部等地年干旱发生频率较高，其中华北中

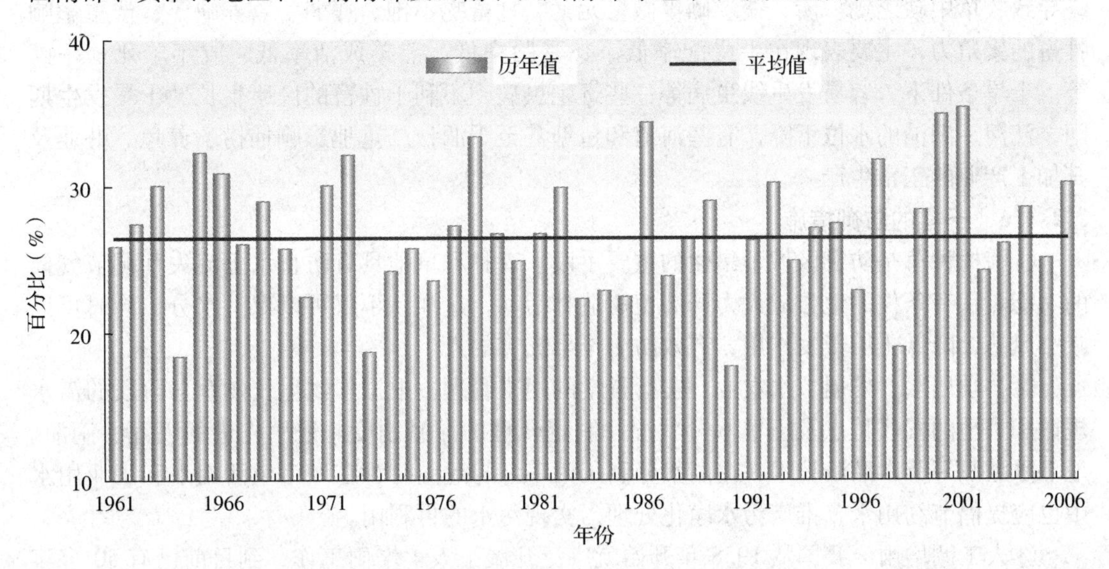

图7-3　1961—2006年中国年干旱面积百分比变化(引自《中国灾害性天气气候图集》)

南部、黄淮北部、云南北部等地达60%~80%；其余大部地区不足40%；东北中东部、江南东部等地年干旱发生频率较低，一般小于20%。

(4)各季节干旱的分布特征不同

春季：我国北方少雨雪，干旱最为常见；华北大部、东北西部干旱发生频率高，达50%~80%；海南、云南、四川南部也是春旱多发区，发生频率有50%~70%；长江中下游及其以南的大部地区发生频率不到20%，为春旱少发区。

夏季：我国干旱的多发区主要分布在东北西部、华北大部、西北东部及黄淮北部，发生频率达50%~60%；长江中下游地区、黄淮南部、东北中部和北部及四川东部等地发生频率也较高，有30%~50%；华南西部和南部、西南大部及东北地区东南部为夏旱少发区，发生频率在30%以下。

秋季：我国干旱多发区主要分布在东北西南部、华北、黄淮、长江中下游地区和华南等地，发生频率为40%~60%，其余大部地区不到40%。

冬季：北方农作物停止生长，对作物生长有影响的干旱主要出现在南方；华南、西南为冬旱主要发生区，华南南部及云南大部发生频率达50%~70%。

7.2.1.5 干旱的危害

干旱在我国发生频繁，是对农业生产影响最严重的气象灾害。我国有一半以上的耕地缺少灌溉设施，而在有灌溉设施的耕地中，有相当一部分由于灌溉设施老化失修，抗御旱灾的能力较差。我国在1951—2006年平均每年农作物受旱面积为$2\ 175.4\times10^4 hm^2$，其中以2000年农作物受旱面积最大，为$4\ 054\times10^4 hm^2$。20世纪80年代以后，受灾、成灾面积均趋于增加。农作物受旱后，生长速率下降，严重时叶片萎蔫，落花落果，轻则造成减产，重则致死，通常以孕穗或开花盛期受旱对产量的影响最大。此外，干旱对我国畜牧业和水产养殖业的影响也很大，这是因为天气干旱导致水分蒸发量过大，土壤板结严重，土壤中的矿物质不能分解成离子状态，植物根部难以吸收，使饲草中的含磷量减少一半，最终导致牧草中缺乏钙、磷、镁、硒等微量元素。牲畜吃不饱、瘦弱、营养缺乏，严重影响牲畜的繁殖力，主要表现在牛受配率低下、受胎率低，羔羊成活率低、成年羊死亡率高等。干旱条件下，容易发生线虫病等一些寄生虫病，不利于牲畜的健康生长。干旱发生期间，江河、湖泊的水位下降，有些河道和鱼塘甚至干涸，严重地影响捕捞、养鱼、虾业及其加工产业的正常生产。

7.2.1.6 干旱的防御措施

①植树种草是防御区域干旱化的重要手段。森林和草地具有防止水土流失和调节气候的功能。在有条件的地方应大力开展植树造林活动，这样，不仅可以保持水分，同时可以减小风速，降低土壤蒸发作用，有效防御干旱灾害的发生。

②科学用水，发展节水农业。实行科学的用水管理，根据作物生长发育各阶段的需水规律和当地的气候特点及土壤水分状况，制定合理的灌溉制度。采用先进的喷灌、滴灌、地下水灌溉等节水灌溉技术，提高水分利用效率。与此同时，在城市生活用水和工业用水中也应提倡节约用水，推广污水净化处理，实现污水的再利用。

③人工调增雨。我国从1958年开始就广泛开展了人工增雨工作，到目前已有50多年的历史。初步统计分析表明，我国人工增雨作业规模已与美国、俄罗斯等国同处于世界前

列。几十年来，通过外场试验、室内研究和数值模拟等多种途径已经取得了对层状云和对流云实施人工增雨的技术，在新型催化剂和催化工具的开发利用上已取得了长足的发展，通过人工增雨，可以缓解干旱程度。

④发展旱作农业，调整作物布局。在缺乏灌溉条件的地方应发展旱作农业，采用伏耕、秋耕等一系列抗旱耕作技术，减少蒸发，形成“土壤水库”。同时，调整作物布局，扩大耐旱作物及耐旱品种的种植面积。我国北方主要的抗旱品种有谷子、高粱、红薯、马铃薯等。如豌豆具有抗旱、早熟的特性，宜于春旱环境下种植；而在山地、丘陵等高燥地区，红薯则是一种理想的抗逆性强、高产稳定的适应性作物；此外，有“作物中的骆驼”之称的高粱及玉米也是地势高燥地带的不错选择。

⑤进一步加强抗旱服务组织建设，完善农业社会化抗旱服务体系。抗旱服务组织非常适应现阶段我国农村生产力发展现状，能够较好地满足当前家庭联产承包责任制经营体制的客观需要。要建立以县级抗旱服务组织为龙头，以乡镇服务片站为纽带，以村组服务分队为基础的抗旱服务网络，并通过各级抗旱服务组织牵头，成立农民抗旱服务协会，把闲置在部分农民手中的抗旱机具集中起来，实行统一管理，统一开展抗旱服务。

7.2.2 洪涝与湿害

7.2.2.1 洪涝与湿害的概念

洪涝和湿害(flood, waterlog and wet stress)是中国农业生产中仅次于旱灾的一种严重的自然灾害，这与我国显著的季风气候密切相关，冬夏季风使广大地区的水热条件在时空分布上既有长期的变动趋势，又有不同周期的波动变化。洪涝和湿害就是长时间降水过多或区域性暴雨及局地性短时强降水对农业生产造成危害。它的频繁程度与该地区降水量变率大小及不合理的农事活动有关，是自然与社会综合作用的结果。

7.2.2.2 洪涝与湿害的类型

按照水分过多的程度，以及农业受影响的特点，可分为洪害、涝害和湿害。

(1)洪害

洪害是指大雨、暴雨引起山洪暴发、河水泛滥、淹没农田、毁坏农业设施，沿海有些河流入海处，由于海啸、海潮、海水倒灌等也会引发洪水，是一种特别严重的自然灾害，对农业的危害主要是机械性的破坏，造成当季作物毁灭性灾害，冲走家畜等。

(2)涝害

涝害是指雨水过多或过于集中，或农田排水不畅，造成农田积水，使旱田作物受到损害。有时由于春季大量冰雪融化，土壤下层未化通，水难以渗透，也会发生涝害。

(3)湿害

湿害也称渍害或沥涝，是洪水、涝害过后排水不良，或长时期的阴雨使土壤水分长期处于饱和状态，造成作物根系或土壤耕作层缺氧，烂根死苗、或使花果霉烂、籽粒发芽，导致大幅度减产。

7.2.2.3 洪涝与湿害的指标

洪涝与湿害的指标可以分为气候指标和农业气象指标两大类。

(1)洪涝与湿害的气候指标

当某一时期的降水量远超过当地同时期的平均状况时，就易形成洪涝与湿害。因此，洪涝与湿害的气候指标常用年或某时段的降水异常来定量描述，反映了不同洪涝程度的天气气候条件。由于洪涝与农业生产有关，因此，这类指标只适用于鉴定大范围的一般洪涝程度，对于鉴别洪水和涝灾较为适宜，但不能指示作物受害程度，对湿害的判别也不适合。

(2)洪涝和湿害的农业气象指标

一般考虑了天气气候因素外，还加入了土壤、地形、作物、水利设施等因素对洪涝和湿害的危害程度的影响，根据地区、作物、生育阶段来制定，因此具有重要的农业生产意义。中国的农业水文气象工作者提出了水分平衡旱涝指标，即当供水量大大超过作物需水量时即发生涝灾或湿害，用以判别和诊断涝灾和湿害(特别是湿害)的发生及其受灾程度。

7.2.2.4 洪涝的时空分布特征

洪涝发生的空间分布广泛，具有明显的季节性、区域性和可重复性特征。我国大部分地区均遭受过雨涝灾害，尤其以长江、黄河、淮河、海河的中下游地区最为频繁，其中华南大部、江南大部及湖北北部、四川盆地西部、云南南部、辽宁东部等地发生频率达30%~50%，局部地区超过50%；淮河流域大部、长江三角洲一带及辽宁大部等地频率有20%~30%；西北大部及西藏、内蒙古等地大部雨涝发生频率低，在10%以下；其余地区雨涝频率则在10%~20%之间(图7-4)。

从季节来看，我国春涝及夏涝主要发生在南岭及长江中下游一带，多由连阴雨造成，雨涝发生频率为10%~30%；夏涝是我国的主要涝害，多为暴雨或连续大雨造成，在黄淮海平原、长江中下游、华南、西南、东北等地发生几率较高，雨涝发生频率有20%~50%，其中两广沿海、江西东北部、辽宁东部等地达50%以上；夏秋涝或秋涝多为台风雨造成，主要发生在海南、广东沿海、浙江沿海及四川盆地等地区，雨涝频率在10%~20%，海南东部超过30%。青藏高原以东的陕西关中、甘肃东部和四川盆地西部秋季也经常出现连阴雨。

7.2.2.5 洪涝与湿害的危害

自古以来，洪涝灾害一直是困扰人类社会发展的自然灾害之一，时至今日，洪涝依然是对人类影响最大的灾害。严重的洪涝灾害常常淹没房屋和人口，造成大量人员伤亡，破坏生态环境，并淹没农田，毁坏作物，导致粮食大幅度减产，从而造成饥荒。洪水还会破坏工厂厂房、通讯与交通设施，造成国民经济的损失。我国是世界上雨涝灾害频繁的国家之一，1951—2006年间，平均每年受雨涝灾害的农作物面积为$975\times10^4hm^2$，严重雨涝年份农作物受灾面积可达$1\ 500\times10^4hm^2$以上，其中1991年、1998年分别达到$2\ 460\times10^4hm^2$和$2\ 229\times10^4hm^2$。湿害是土壤过湿造成作物的危害。湿害可使小麦根系长期处在缺氧的环境中，根的吸收功能减弱，造成植株体内水分和养分的亏缺。严重时造成脱水凋萎或死亡，表现为一种生理性旱害。此外，湿害还会使蔬菜根系活动受到抑制导致衰亡，并造成土壤产生有毒物质，如硫化氢、甲烷等毒害菜苗。菜田渍湿板结，蔬菜长势减弱、发黄、腐烂，不仅使冬播叶菜提早衰老，缩短上市供应期，也影响春播瓜豆生长发育，推迟上市期。春季阴雨多，空气湿度大，菜田渍湿，往往诱发各类蔬菜病害盛发，从而影响蔬菜作物生长发育和产量形成。

7.2.2.6 洪涝与湿害的减灾技术

防御洪涝和湿害灾害是一项系统工程，故首先要强化全社会的防灾减灾意识，提高防

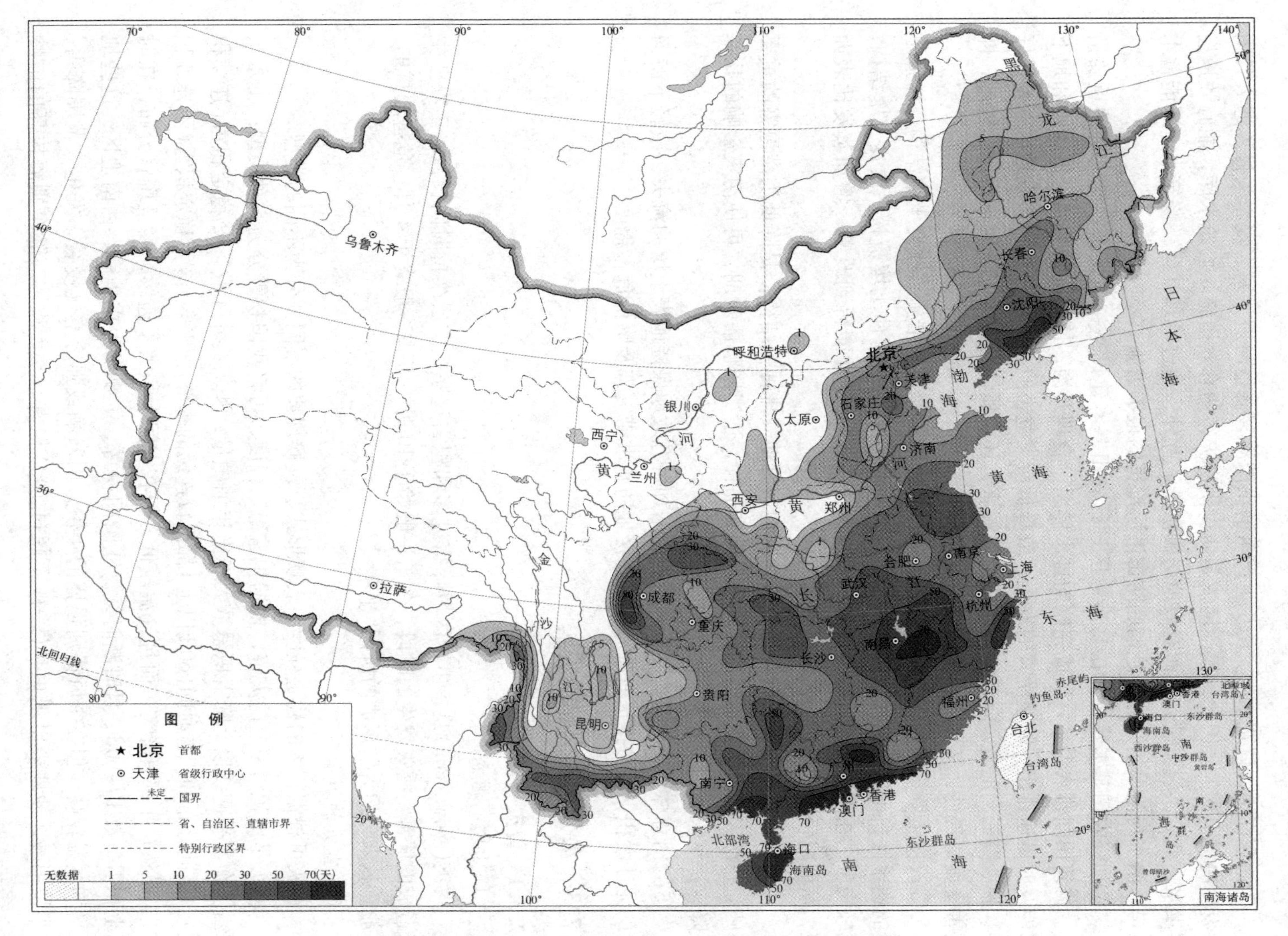

图 7-4 中国年雨涝频率(1961—2006 年)(引自《中国灾害性天气气候图集》)

灾减灾知识和技能，加强防灾减灾的组织管理。除此之外，还有如下防御灾害的农业技术措施：

①治理江河，修筑水库。历史上严重的洪涝湿害多是河道淤塞、堤岸失修，遇大暴雨时发生决堤引起的。因此，根治河流是防御洪涝灾害的有效措施。修筑水库，能有效地拦蓄洪水，减少洪峰流量，从而有效地防御洪涝。此外，通过治理江河，修筑水库还能蓄水防旱，治水与治旱相结合，是彻底防御洪涝湿害的根本措施。

②加强农田基本建设。在易涝地区进行农田基本建设是一项抗御洪涝灾害的重要措施。修筑田间排水渠系，形成完整的排水体系，合理开沟，使田间地表水、潜层水和地下水能及时迅速排出，防止涝害的发生，或降低涝灾危害的程度。在湿害多发地区，要搞好垄、腰、围三沟配套，降低地下水位；遇湿害，还要抓住有利天气及时进行田间管理，即改善土壤通气性，又可防止地表结皮及盐渍化。

③改良土壤结构，降低涝灾危害。通过合理的耕作栽培措施，改良土壤结构，增强土壤的透水性，可有效地减轻涝害程度。此外，增施有机肥可使土壤疏松，改良土壤结构，减轻涝害。在涝害发生后适时中耕，使土壤松软，通气性能得到改善，增加蒸发比表面积，从而减轻涝渍湿害的影响。

④调整种植结构，实行防涝栽培。因地制宜地安排种植结构，是降低洪涝湿害的重要措施。在涝灾多发区要选择抗涝作物种类和品种，适当调整播栽期，可使涝灾影响的几率下降，稳定农业生产水平。

⑤封山育林，增加植被覆盖。植被的增加可有效地保持地表土壤的流失，减轻下游河道的泥沙淤积，保护排水河道通畅，间接地防止洪涝灾害及降低危害程度。

7.2.3 水分相变引起的灾害

7.2.3.1 雪灾

(1)雪灾的概念

雪灾(snow storm)是指由于区域降雪过多和积雪过厚、雪层维持时间长，对工农业生产造成的危害。雪灾发生的时段，冬雪一般始于10月，春雪一般终于4月。危害较重的，一般是秋末冬初大雪形成的所谓“坐冬雪”。

(2)雪灾的类型

雪灾可根据积雪的稳定程度、表现形式、气候规律的不同划分为不同的类型。

雪灾是由积雪引起的灾害，根据积雪稳定程度，可将我国积雪分为5种类型：①永久积雪。在雪平衡线以上降雪积累量大于当年消融量，积雪终年不化。②稳定积雪(连续积雪)。空间分布和积雪时间(60d以上)都比较连续的季节性积雪。③不稳定积雪(不连续积雪)。虽然每年都有降雪，而且气温较低，但在空间上积雪不连续，多呈斑状分布，在时间上积雪日数10~60d，且时断时续。④瞬间积雪。主要发生在华南、西南地区，这些地区平均气温较高，但在季风特别强盛的年份，因寒潮或强冷空气侵袭，发生大范围降雪，但很快消融，使地表出现短时(一般不超过10d)积雪。⑤无积雪。除个别海拔高的山岭外，多年无降雪。

雪灾主要发生在稳定积雪地区和不稳定积雪地区，偶尔出现在瞬间积雪地区。根据我国雪灾的形成条件、分布范围和表现形式，将雪灾分为3种类型：雪崩、风吹雪灾害（风雪流）和牧区雪灾。

雪灾按其发生的气候规律可分为2类：猝发型和持续型。猝发型雪灾多见于深秋和气候多变的春季，发生在暴风雪天气过程中或以后，在几天内保持较厚的积雪，对牲畜构成一定的威胁。持续型雪灾可从秋末一直持续到第二年的春季，达到危害牲畜的积雪厚度随降雪天气逐渐加厚，密度逐渐增加，稳定积雪时间长。如青海省1974年10月至1975年3月的特大雪灾，持续积雪长达5个月之久，极端最低气温降至 -40℃。

（3）雪灾的指标

人们通常用草场的积雪深度作为雪灾的首要标志。但由于各地草场差异、牧草生长高度不等，形成雪灾的积雪深度也是不一样的，因此，雪灾的指标也可以用其他物理量来表示，诸如积雪深度、密度、温度等。

（4）雪灾的时空分布特征

我国降雪日数（图7-5）分布具有高山高原多、低地平原少、北方多、南方少的特点。青藏高原、东北北部和东部及内蒙古东部、新疆北部山区为降雪多发区，年降雪日数50~100d，其中青藏高原中东部及内蒙古大兴安岭地区、新疆天山山区在100d以上。东北西部和南部、华北北部和西部、西北东部等地为降雪次多发区，年降雪日数20~50d。华北平原至南岭以北广大地区及内蒙古西部、新疆南部、青海西北部年降雪日数为5~20d。华南及四川盆地、云南等地为降雪少发区，年降雪日数不足5d，其中华南南部及云南南部全年无降雪。

我国年最大积雪深度极大值有4个高峰区：一是新疆天山和阿尔泰山区，年最大积雪深度极大值有50~75cm，部分山地在75cm以上；二是内蒙古东北部、小兴安岭北部和长白山区，为50~75cm，最深可达100cm；三是西藏的喜马拉雅山区，为50~75cm，最深可达230cm；四是江淮地区，为30~75cm。

（5）雪灾的危害

雪灾严重影响甚至破坏交通、通讯、输电线路等生命线工程，还对草原畜牧业、冬作物、农业设施等造成危害。2008年1月10日，在我国湖南、贵州、湖北、江西、广西北部、广东北部、浙江西部、安徽南部和河南南部等南方地区爆发严重的雪灾。截至2008年2月12日，低温雨雪冰冻灾害已造成21个省（自治区、直辖市、兵团）不同程度受灾，因灾死亡107人，失踪8人，紧急转移安置151.2万人，累计救助铁路公路滞留人员192.7万人；农作物受灾面积 $0.118\times10^8 hm^2$，绝收168.67 hm^2；森林受损面积近 $0.173\times10^8 hm^2$；倒塌房屋35.4万间；造成的直接经济损失达1 111亿元人民币。

（6）雪灾的防御措施

为了防止雪灾天气对人们的生命安全和生活造成威胁，居民雪天尽量少外出，自驾车要注意减速慢行，在雪天最好停驶，改乘公交车或出租车。行人要严格遵守交通规则，应考虑到雪天刹车不灵的现实，主动避让车辆。此外，防御雪灾的农业措施主要有：

① 及早采取有效防冻措施，抵御强低温对越冬作物的侵袭，特别是要防止持续低温对旺苗、弱苗的危害。

② 加强对大棚蔬菜和在地越冬蔬菜的管理，防止连阴雨雪、低温天气的危害，雪后

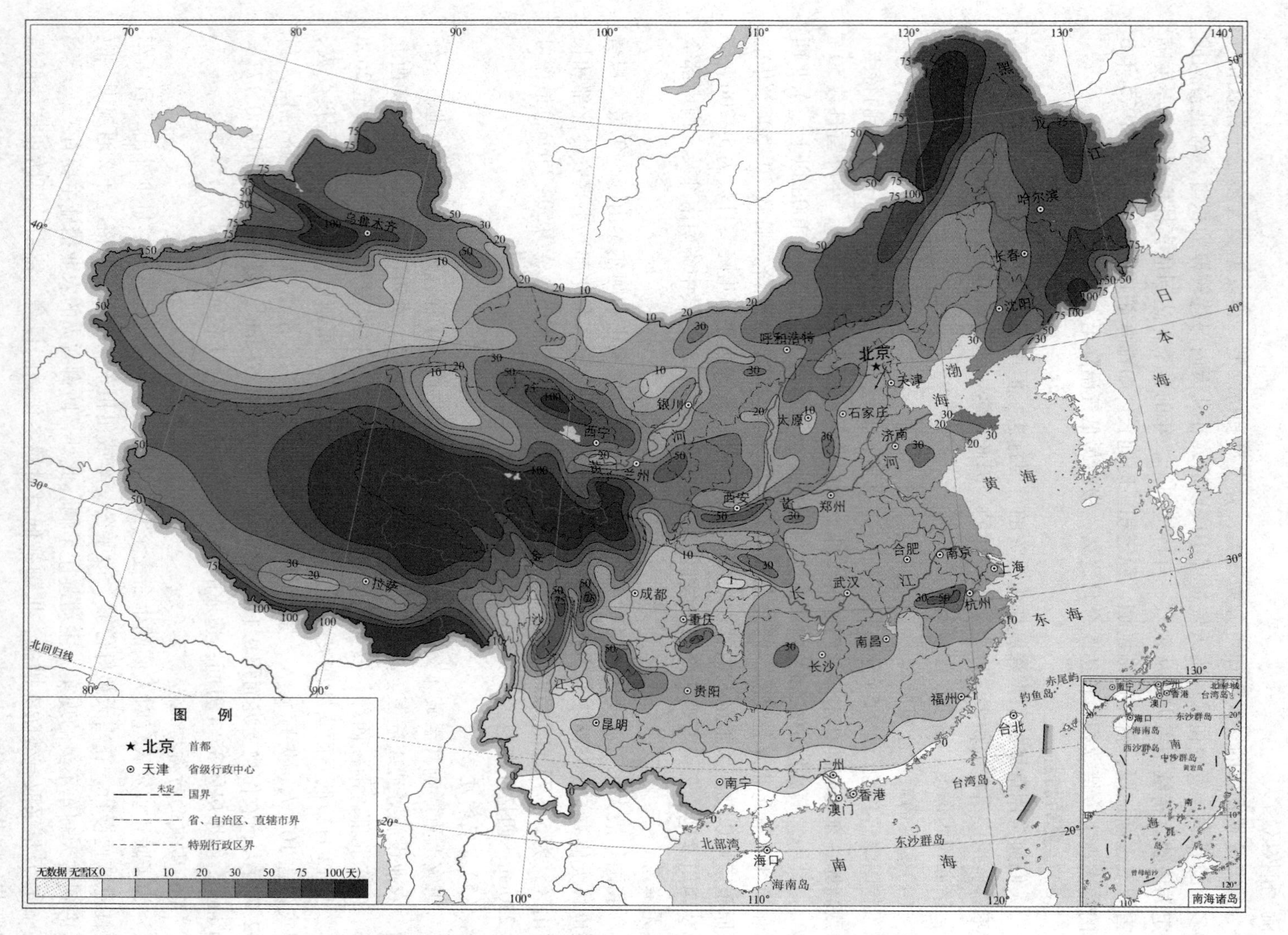

图 7-5 中国年降雪日数(1961—2005 年平均)(引自《中国灾害性天气气候图集》)

应及时清除大棚上的积雪，同时加强各类冬季蔬菜、瓜果的储存管理。

③ 南方趁雨雪间隙及时做好“三沟”的清理工作，降湿排涝；要加强田间管理，中耕松土，铲除杂草，提高作物抗寒能力；要做好病虫害的防治工作。

④ 北方在入冬前及时给越冬作物盖土，若能用猪牛粪等有机肥覆盖，保苗效果更好。

⑤ 做好大棚的防风加固，并注意棚内的保温、增温，减少蔬菜病害的发生，保障春节蔬菜的正常供应。

7.2.3.2　冰雹

(1)冰雹的概念

冰雹(hail)也叫“雹”，俗称“雹子”，有的地区叫“冷子”，是从发展强盛的积雨云中降落到地面的冰球或冰块。产生冰雹的云，称为冰雹云。冰雹天气发生时，除了从冰雹云中降落雹块以外，往往伴有短时的强风或暴雨。因此，虽然冰雹天气持续时间短，出现范围小，但危害往往较大。

(2)冰雹的时空分布特征

我国冰雹灾害的时间分布十分广泛，在全国各个地区都有一个相对集中的降雹时段。有关资料表明，我国大部分地区降雹时间70%集中在地方时间13：00~19：00，以14：00~16：00为最多。另外，我国各地降雹也有明显的月份变化，一般来说，福建、广东、广西、海南、台湾在3~4月，江西、浙江、江苏、上海在3~8月，湖南、贵州、云南一带、新疆的部分地区在4~5月，秦岭、淮河的大部分地区在4~8月，华北地区及西藏部分地区在5~9月，山西、陕西、宁夏等地区在6~8月，广大北方地区在6~7月，青藏高原和其他高山地区在6~9月。另外，由于降雹有非常强的局地性，所以各个地区以至全国年际变化都很大。

我国冰雹多发区主要分布在高原和大山脉地区，并按高原和大山脉走向呈带状分布；少雹区主要分布在平原、盆地和沙漠地区。且山地多于平原，内陆多于沿海，北方多于南方。青藏高原为冰雹高发区，年冰雹日数一般有3~15d；云贵高原、华北中北部至东北地区及新疆西部和北部山区为相对多雹区，有1~3d；秦岭至黄河下游及其以南大部地区、四川盆地、新疆南部为冰雹少发区，在1d以下(图7-6)。

(3)冰雹的危害

冰雹天气是我国的灾害性天气之一。冰雹对农作物的危害主要是雹块和大风对农作物和牲畜的机械杀伤，使农作物叶片破碎、茎秆折断、倒伏、花蕾果实掉落。冰雹的危害程度取决于雹块大小、持续时间、作物种类及其发育阶段。如冰雹大或下雹时间较长，农作物受害就重；豆类、棉花等双子叶作物较禾本科作物受害重；处在开花期或成熟期的作物较处在幼苗期受害重。猛烈的冰雹还会损坏房屋，人畜被砸伤甚至砸死，给农业、建筑、通讯、电力、交通以及人民生命财产带来巨大的损失。据有关资料统计，我国每年因冰雹所造成的经济损失达几亿元甚至几十亿元。

(4)冰雹的防御措施

① 加强冰雹云的监测。准确了解积云的发展消亡情况、移动路径，判断是否是冰雹云等，对防雹减灾作业的决策至关重要。可利用常规雷达和双线偏振雷达相结合，建立相应雷达识别冰雹云的指标，及时获取信息。还可利用闪电定位系统、卫星遥感监测和识别

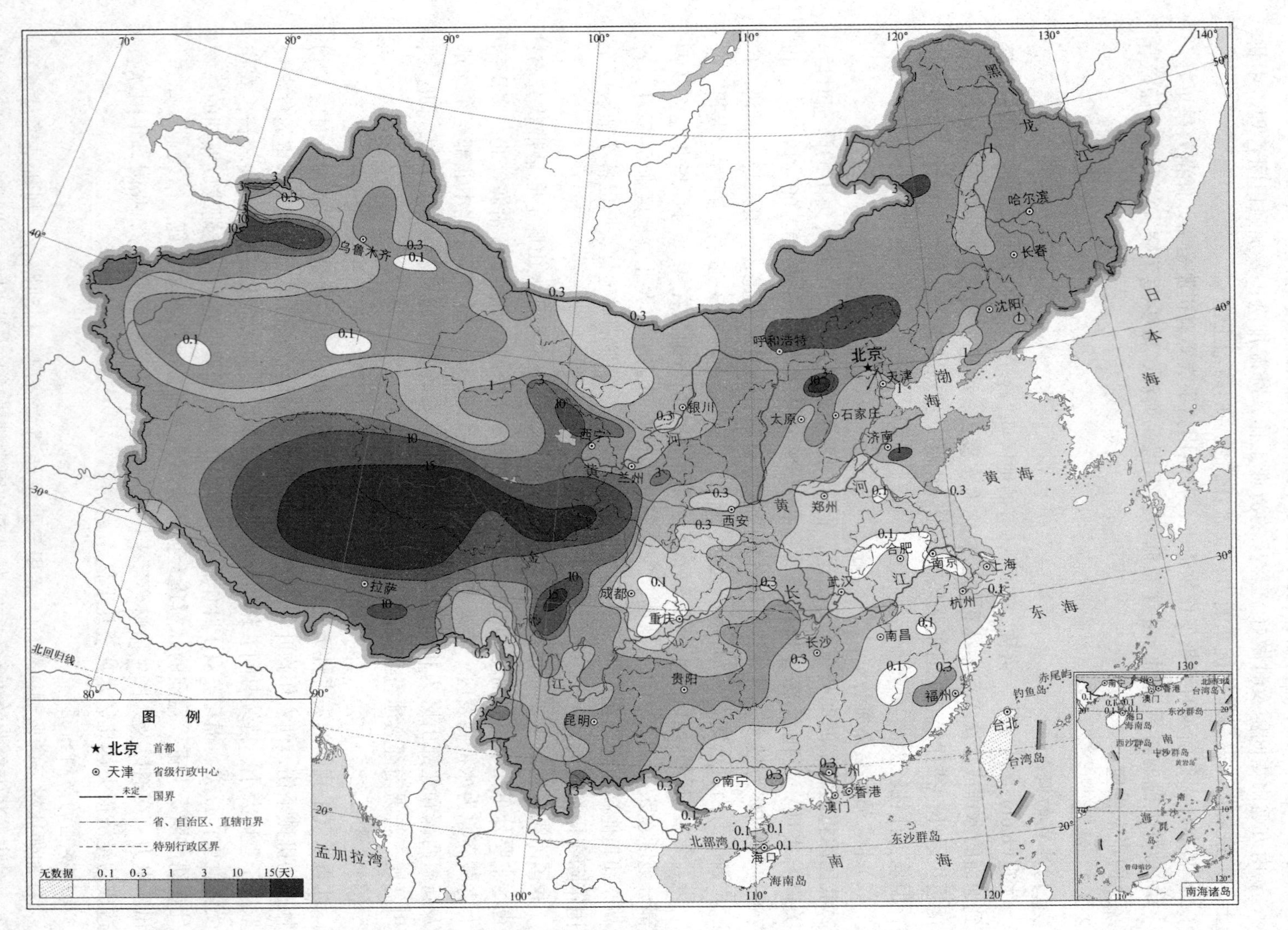

图 7-6 中国年冰雹日数(1961—2005 年平均)(引自《中国灾害性天气气候图集》)

冰雹云。

② 建立快速反应的冰雹预警系统。加强对冰雹活动的监测和预报，当地气象台(站)发现冰雹天气，立即向可能影响到的气象台(站)通报，及时采取紧急措施，并通过各地电台、电视台、电话、计算机服务终端和灾害性天气警报系统等媒体发布“警报”“紧急警报”，使社会各界和广大人民群众提前采取防御措施，最大限度地减轻灾害损失，避免人员伤亡。

③ 建立人工防雹系统。在冰雹形成的云内人为增加雹胚，如用火箭、高炮或飞机把碘化银、碘化铅、干冰等催化剂带入云中，雹胚数量增加会使每个雹胚平均得到的水汽减少，只能形成小雹粒，从而减弱破坏力。

④ 加强农业防雹措施。常用方法有：在多雹地带种植牧草和树木，增加森林面积，改善地貌环境，破坏雹云条件；增种抗雹和恢复能力强的农作物；成熟的作物及时抢收；多雹灾地区降雹季节农民下地随身携带防雹工具，如竹篮、柳条筐等，以减少人身伤亡。对受雹灾作物的损失和伤害进行调查，区别不同情况采取补救措施。植株大面积死亡的要及时清理和改种，存活株较多的要及时浇水追肥促进恢复。玉米苗期即使地面以上被砸光，只要仍未拔节，地面以下的生长点未受害，仍能迅速长出。拔节期小麦被砸光后，基部仍能萌发蘖芽恢复生长，只比正常生长点小麦推迟一个多月成熟。

7.3　气流异常造成的气象灾害

气流的异常主要是指局部地区空气对流过强或大范围地区风力过大，造成农作物机械损伤或生理危害，严重影响农牧业生产活动。这种由气流异常引起的农业气象灾害，主要有大风、台风、龙卷风和沙尘暴等。

7.3.1　大风

7.3.1.1　大风的概念

在气象上一般称瞬时风速达到或超过17.0m/s(或目测风力达到或超过8级)的风为大风(strong wind)，凡一日中出现过大风作为一个大风日。当风力达到足以危害人们的生产活动、经济建设和日常生活时，就称为大风灾害。影响我国的风灾主要源于与冬季风有关的气旋大风、寒潮大风和夏季的台风、龙卷风、雷暴大风等。

7.3.1.2　大风的时空分布特征

我国大部分地区8级以上大风天数在5~50d之间，总的趋势是北方多于南方，沿海多于内陆，高山隘口多于盆地河谷。全国大风天数最多的地区有3个：一是青藏高原大部，年大风日数多达75d以上，是我国范围最大的大风日数高值区；二是内蒙古中北部地区和新疆西北部地区，年大风日数在50d以上；三是东南沿海及其岛屿，年大风日数多达50d以上(图7-7)。

从大风日数的季节变化来看，我国的绝大多数地区春季大风多于冬季，夏季最少，秋季与冬季相近，唯沿海因台风影响夏季大风日数增加，具体来说：

①春季是我国大风出现最频繁、范围最广的季节。青藏高原和东北两地的大部及内蒙

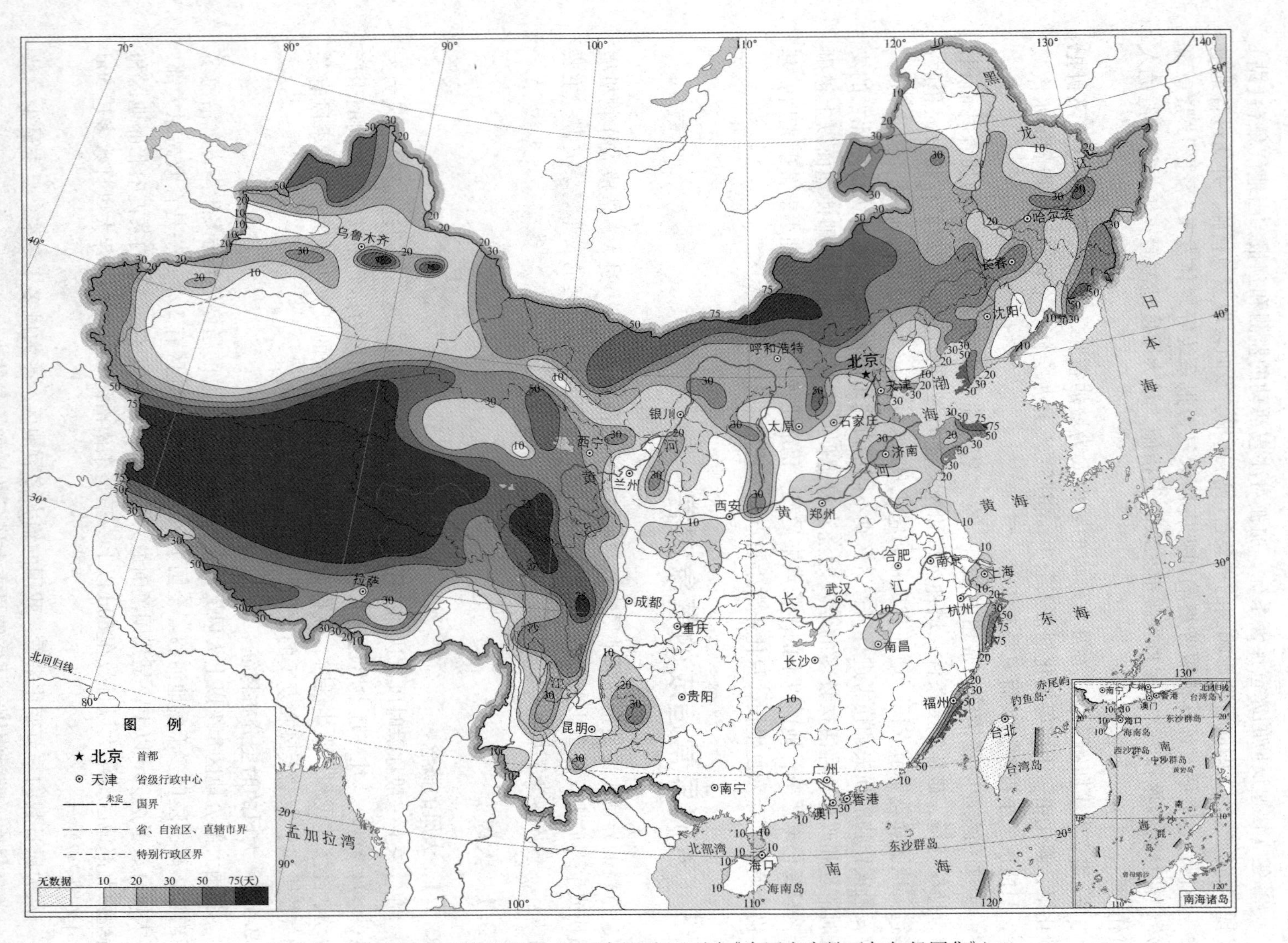

图 7-7 中国年大风日数(1961—2005 年平均)(引自《中国灾害性天气气候图集》)

古、新疆两区的部分地区季大风日数在10d以上，局部地区超过30d；淮河流域至关中及其以南大部和塔里木盆地、准噶尔盆地在5d以下。

②夏季，青藏高原大部、西北大部、华北中北部、东北西部及东南沿海一带夏季大风日数为3~10d，部分地区超过15d；其余大部地区一般为1~3d。

③秋季是我国大风出现日数最少、范围最小的季节。青藏高原、华北、东北西北大部和东南沿海地区季大风日数一般有1~7d；西藏西北部和内蒙古、青海、四川、新疆等省(自治区)的部分地区超过10d；其余地区不足1d。

④冬季，青藏高原大部及内蒙古、甘肃、新疆、黑龙江等省(自治区)的部分地区季大风日数一般有5~10d；西藏中西部、青海南部等地超过20d；其余大部地区在3d以下。

7.3.1.3 大风的危害

大风对农业生产的直接危害主要是造成土壤风蚀沙化，对作物的机械损伤和生理危害，同时也影响农事活动和破坏农业生产设施，如吹毁塑料大棚等。大风会引起风蚀沙化，我国北部和西北内陆地区近半个多世纪以来形成的沙漠化土地约$5\times10^4 km^2$。在作物的机械损伤方面，强风可造成农作物和林木折枝损叶、拔根、倒伏落粒、落花、落果和受粉不良等。在植物生理方面，风能加速植物的蒸腾作用，特别在干热条件下，使其耗水过多，根系吸水不足，可以导致农作物灌浆不足，瘪粒严重甚至枯死，还可造成林木枯顶或枯萎等现象。冬季的大风能加重作物的冻害。在东南沿海地区的海风，因含有较高的盐分，可造成盐蚀等，对植物授粉和花粉发芽也有影响。

此外，大风可引起巨浪和风暴潮，传播病虫害和扩散污染物，以及助长森林火灾和城市火灾的发生发展等。春季地表疏松，寒潮大风天气可引起沙尘天气，造成大气污染，给工农业生产和人民生活，尤其是给交通运输带来极大不便，甚至产生灾难性的后果。

7.3.1.4 大风的减灾技术

大风灾害主要是由强风引起，可采取以下防范措施：

①加强对大风的监测及预报。准确的预报是防风的前提，由于科学技术的不断发展，气象部门目前已能较准确地监测和预报热带气旋(台风)和寒潮大风等天气。这样，人们就可以在大风发生之前采取各种防风措施，有效避免或减轻大风带来的损失。

②获悉大风警报以后要做好预防工作。外出的人应尽快回家，船舶应及早驶入港湾，住在湖滨、海边等地区的居民，居于木屋、危房、草棚的住户，以及住所紧靠高压线的人家都应在大风到来之前迁移到安全的地方。另外，大风袭来可能会造成停电、断水及交通中断等情况，为有备无患，各家应适量储存一些米面、蔬菜、饮用水及蜡烛等。

③营造防风林，减轻风害。选择抗风性能强、根系强大的树种，种植成行、成网、成带、成片的防风林。扩大绿地面积，改善生态环境条件，削弱风沙危害。

④架设风障，可防御季节性大风，保护农田，保护蔬菜。我国华北等北方地区，冬春多寒潮大风，为避免作物和塑料大棚、温室等风害，需要在其北侧架设高1~2m的风障。风障的有效防风距离为风障高度的5~8倍。

⑤选择抗风性强的农作物品种和树种，如选择抗倒伏的品种，矮秆品种，不易掉粒的品种。对于果树类可通过修剪、整形、矮化、密植、化控等方法防止落花、落果。

⑥牧区要加强棚圈建设，加强保护草场的措施，如种植护草林、封沙育草等。

7.3.2 台风

7.3.2.1 台风的概念

台风(typhoon)是产生于热带洋面上的热带低压。它是热带强大而深厚的气旋性涡旋。根据WMO新规定，以及中国气象局“关于实施《热带气旋等级》国家标准(GB/T 19201—2006)的通知”，热带气旋按中心附近地面最大风速划分为6个等级：

①超强台风(Super TY)底层中心附近最大平均风速≥51.0 m/s，也即风力16级或以上；

②强台风(STY)底层中心附近最大平均风速41.5~50.9m/s，也即风力14~15级；

③台风(TY)底层中心附近最大平均风速32.7~41.4m/s，也即风力12~13级；

④强热带风暴(STS)底层中心附近最大平均风速24.5~32.6 m/s，也即风力10~11级；

⑤热带风暴(TS)底层中心附近最大平均风速17.2~24.4m/s，也即风力8~9级；

⑥热带低压(TD)底层中心附近最大平均风速10.8~17.1m/s，也即风力6~7级。

气象台发布台风预报时，常对出现在150°E以西、5°N以北的台风，每年按其出现的先后顺序编号。例如，9403号台风，表示1994年出现的第3号台风。国外则对每个台风进行命名。2000年1月1日起按世界气象组织国际台风委员会决定，西北太平洋和南海海域生成的热带气旋，将由来自中国、日本、韩国、朝鲜、中国香港、中国澳门等亚太地区14个国家和地区所提供的140个名字命名。我国提供的10个名字是：海葵、悟空、玉兔、海燕、风神、海神、杜鹃、电母、海马、海棠。

7.3.2.2 台风的结构

按台风各部位出现的天气现象的不同，可分为3个区域(图7-8)。

图7-8 台风结构

(1)外围大风区

由台风的外缘向内直到最大风速区的外缘，半径约为200~300km。该区风速向内逐渐增大，可达6~7级，并带有阵性特点，该区边缘主要有卷云、卷层云、向内云层逐渐加厚，出现高层云、高积云和积云，有时也出现积雨云。

(2)狂风暴雨区

它是围绕台风眼外面狭窄的最大风速区和最大的降雨区，宽度约为100km。进入该区，气压急剧下降，风力猛增，这里盛行强烈的辐合上升气流，形成台风的涡旋云区，由积雨云组成十几千米高的云墙，宽度为10~20km，在云墙下经常产生狂风暴雨，雷电交加，海浪滔天。一次降水可达300~400mm，最大降水量可达1 000mm，风速可达60~70m/s。狂风暴雨区，是台风中最易发生灾害的区域。

(3)台风眼区

台风眼为台风的中心，其范围很小，半径为5~30km，在卫星云图上看台风眼仅为1个小黑点。由于台风眼区有下沉气流，天气晴朗，静稳无风，温度较高，气压最低。

7.3.2.3　台风的形成

台风的形成必须具备以下条件：

① 要有广阔的洋面，温度在26.5℃以上，洋面蒸发大量水汽。高温高湿的低层大气层结很不稳定，蕴藏较大能量。

②低层存在热带扰动，可使空气上升释放潜热，形成热带气旋性旋涡。

③要有足够大的水平地转偏向力，可使热带扰动辐合气流形成气旋性涡旋，所以台风常离赤道5°~8°以外洋面形成。

④基本气流垂直切变要小，通风不好，凝结潜热始终在有限范围加热，很快形成暖心结构，保证初始扰动地面气压不断降低。

7.3.2.4　台风的移动路径和活动季节

影响我国天气的台风源地，主要集中在北太平洋西部的菲律宾以东洋面、关岛附近洋面，以及我国的西沙群岛和南沙群岛附近的洋面上。以上这些地区，每年都可以生成台风，平均每年可生成29个，主要集中在7~10月，尤以8月最多。在我国沿海地区登陆的台风，平均每年有6~8次，最多达10~11次，最少为1~3次，主要集中在7、8、9这3个月。

发生在西太平洋地区的台风，其移动路径大致可归纳为3条(图7-9)。

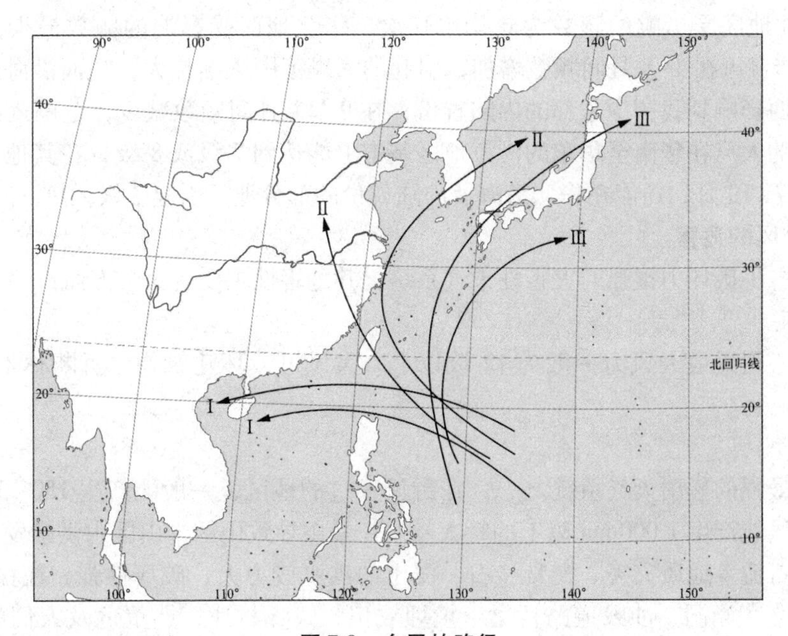

图7-9　台风的路径

(1)西移路径

台风从菲律宾以东洋面向西北偏西方向移动，经我国南海，在华南沿海、海南岛或越南一带登陆，对我国华南沿海地区影响最大。

(2)西北路径

台风从菲律宾以东洋面向西北方向移动，穿过琉球群岛，在我国浙江沿海登陆；或向西北偏西方向移动，横穿台湾海峡，在福建、浙江沿海一带登陆。台风登陆后，一般在我国大陆消失，西北路径的台风对我国华东地区影响很大。有的台风在深入内陆减弱成低气压后虽然风力已不大，但常发生特大暴雨，如1972年7月底台风深入京津，1975年8月上旬台风深入河南中部，1994年台风进入辽西，2004年深入华北的麦莎台风都造成了局地的特大洪涝。

(3) 转向路径

台风从菲律宾以东向西北方向移动，到达我国东部海面或在我国东部沿海地区登陆后，在25°N附近折向东北朝日本方向移去，路径呈抛物线状。转向路径的台风，对我国东部沿海地区及日本影响较大。

以上仅为典型路径，实际上，在不同季节里，由于环流形势的差异，其具体路径也较复杂。总体来说，6月以前和9月以后，台风主要走西路和转向路径，7~8月的台风则主要走西北路径。

7.3.2.5 台风的时空分布特征

台风登陆的地区几乎遍布中国沿海，据统计，我国平均每年有2.7个风速≥32.7m/s的台风登陆，最多年达9个(1961年)(图7-10)。台风的登陆地点大多集中在东南沿海、台湾和海南岛。其中，台风影响的主要地区是华南和华东地区，以华东地区受影响的频数最多，年均5.8次，华南地区受影响的频数为年均5.1次，华中地区受影响的频数为年均1.5次，东北地区受影响的频数为年均1.0次，华北地区受影响的频数最少，年均仅为0.4次。登陆台风在4~8月间频数增加，引起的大风范围逐渐扩大，一面沿海岸线向北推进，一面向西影响到我国中东部的内陆省份；在9~11月间频数减少，范围逐渐往南往东消退，引起的大风在华南至华东的沿海地区基本上能达到7级或8级，在其他地区大部分为6级；在7~10月，还能在华北沿海及内陆省份的部分地区引起7级大风。

7.3.2.6 台风的危害

台风是一种破坏力很强的灾害性天气系统，其危害性主要有3个方面：

(1)大风

台风中心附近最大风力一般为12级以上，大风可毁坏建筑物，折断林木及农作物，恶化环境等。

(2)暴雨

台风是最强的暴雨天气系统之一，在台风经过的地区，一般能产生150~300mm的降雨，少数台风能产生1 000mm以上的特大暴雨。暴雨导致山区半山区山洪暴发，可引发山体滑坡、泥石流等地质灾害。夹带沙石、泥土的洪水威力大、破坏性强，往往损坏防岸、漫堤决堤、堵塞涵洞、冲毁道路桥梁、填埋农田、毁坏村庄，严重危及人们的生命财产安全。

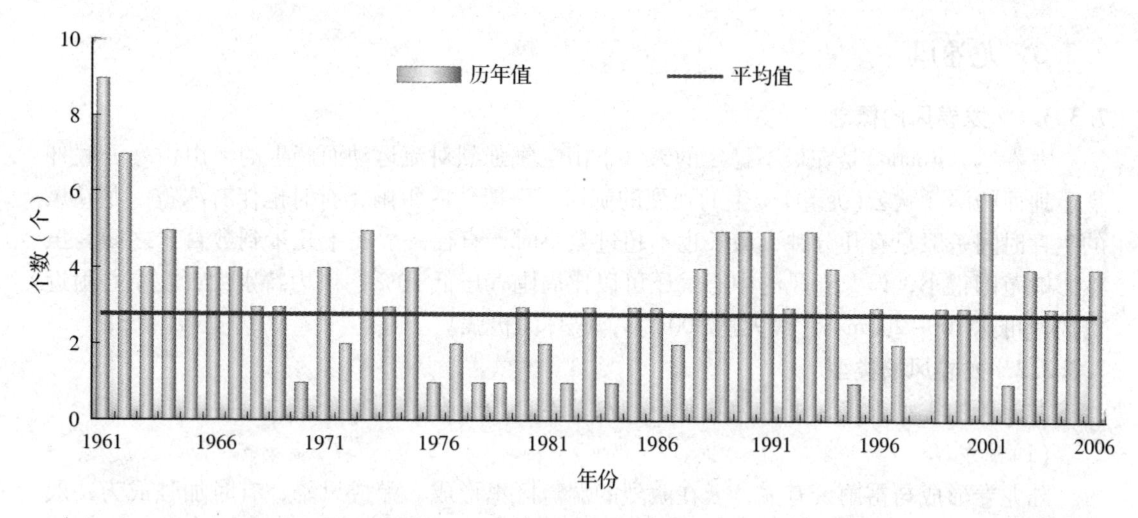

图 7-10 1961—2006 年登陆中国台风(风速≥32.7m/s)个数变化(引自《中国灾害性天气气候图集》)

(3)风暴潮

所谓风暴潮，就是当台风移向陆地时，由于台风的强风和低气压的作用，使海水向海岸方向强力堆积，潮位猛涨，水浪排山倒海般压向海岸。强台风的风暴潮能使沿海水位上升 5~6m。严重时风浪可能掀断缆绳，致使船只随波逐流，极易撞毁桥梁、码头、海堤、江堤、造成恶性事故。

台风很少深入我国北方，但一旦出现，所造成的损失不亚于南方。如 1994 年的第 3 号台风北上山东、河北、北京和辽宁，引发平原洪涝与山洪、泥石流，造成多处人员伤亡与严重财产损失。

7.3.2.7 台风的减灾技术

我国是世界上台风灾害较严重的国家之一，台风给我国东南沿海各省市的工农业生产、交通运输和人民生命财产安全造成严重威胁和极大损失。结合台风自身的规律和特征，提出以下台风防御对策：

①增强全社会的防灾意识。在台风造成的损失中，有很多源于防灾自救意识的薄弱或空白。因此，应进一步强化政府的防台抗台责任意识，并通过宣传、教育、培训等多种活动，普及自救互救知识，提高防台抗台的能力。

②营造农田防风林网，减弱风速。沿海地区营造防风林还可以防止海风侵袭，减少空气中的盐分，对防止土壤盐渍化、保护农田有良好的效果。

③在沿海地区每年台风季节来临前要加固海塘堤坡，并随时对堤基进行加围、提高，防止巨浪和海潮的冲击，海水倒灌等。

④在经常受台风侵袭的地区，改进种植制度，合理布局作物，使农业生产关键时期避过台风盛期。引进推广抗逆性强的作物，从品种结构上避灾。

⑤加强台风检测系统建设，提高预报准确率。在台风袭击前，可先排放农田和河塘水库的蓄水，降低水位，为暴雨腾出塘库容量。侵袭后，要及时排去农田积水，及时抢收，力争把损失减到最小。

⑥完善政策，增强抗灾救灾保障能力。加大财政投入力度，建立健全救灾物资储备制度并大力实施农业保险制度，使人们受灾后的损失降到最低。

7.3.3 龙卷风

7.3.3.1 龙卷风的概念

龙卷风(tornado)是在极不稳定的天气下由空气强烈对流运动而产生的，由雷暴云底伸展至地面的漏斗状云(龙卷)产生的强烈的旋风，一般伴有雷雨，有时也伴有冰雹。龙卷风的生存时间一般只有几分钟，最长也不超过数小时，直径一般在十几米到数百米之间。虽然影响范围很小，但龙卷风的中心气压可以比周围气压低10%，风力特别大，在中心附近的风速可达100~200m/s，最大达300m/s，破坏力极强。

7.3.3.2 龙卷风的类型

龙卷风的类型很多，可分为陆龙卷、水龙卷、尘龙卷、火龙卷等。

(1)陆龙卷

陆龙卷形成与雷雨云有关，云在激烈的湍流区里形成，酿成风暴，有时加强成为一股猛烈上旋的温暖气流。陆龙卷的低气压能使建筑物爆炸，其中心的部分真空和强力上升气流，可造成许多奇异景象，例如把火车车厢从铁轨卷起，抛落在附近地上等。

(2)水龙卷

水龙卷是一种偶尔出现在温暖水面上空的龙卷风，通常持续的时间比陆龙卷长，但威力较缓和。这也许是由于水面和空气的温差比陆地小，无法形成强烈上升气流的关系。在大西洋百慕大三角发生的许多神秘失踪事件里，有些人认为水龙卷可能是其中部分事件的起因。

(3)尘龙卷

尘龙卷是热空气柱由地面旋转而上形成的，其力量比陆龙卷小得多，常出现在沙漠地区，有时雪地及水面上也会形成尘龙卷。

(4)火龙卷

从火山爆发和大火灾产生的烟和水蒸气中，也可能产生龙卷风，称为火龙卷或烟龙卷。

7.3.3.3 龙卷风的时空分布特征

我国大部分地区都观测到过龙卷风，多集中在东部地区，南方多于北方，平原多于山区，发生季节以春夏为主，时间多在午后，其中15：00~16：00为发生的高峰时段。随着地域的不同，龙卷风发生最多的月份也有差异。在广东，龙卷风发生最多的月份是在4月和5月，在河北和山东为7月和8月。江苏省几乎每年都有龙卷风发生，但发生的地点没有明显规律，出现的时间一般在6~7月，有时也发生在8月上中旬。龙卷风发生的季节变化，与大气环流系统密切相关。江南地区龙卷风发生线的逐月北移大体上与梅雨峰的北上相一致；东北、华北龙卷风发生线的逐月南移与高空冷涡和飑线的活动有关；黄淮平原和长江下游的高发区则与气旋的活动有关。

7.3.3.4 龙卷风的危害

龙卷风是大气中最强烈的涡旋现象，影响范围虽小，但破坏力极大。在美国，龙卷风每年造成的死亡人数仅次于雷电。它对建筑的破坏也相当严重，经常是毁灭性的。龙卷风经过地面，常会发生拔起大树、掀翻车辆、摧毁建筑物，卷走土壤和地面物体等现象，使成片庄稼瞬间被毁，令交通中断，房屋倒塌，人畜生命遭受严重威胁。龙卷风经过地面，能把千百吨海水吸向空中，使一些地方莫名其妙地下起“鱼雨”“麦雨”“青蛙雨”和“银币雨”。1956年9月24日，上海浦东遭龙卷风袭击，强风过处，竟把一个11×10^4kg重、三四层楼高的储油罐，抛到15m高的空中，扔到了120m以外的地方，可见其破坏力之大。当龙卷风扫过建筑物顶部或车辆时，由于它的内部气压极低，造成建筑物或车辆内外强烈的气压差，顷刻间就会发生“爆炸”。如果龙卷风的爆炸作用和巨大风力共同施展威力，那么它们所产生的破坏和损失将是极端严重的。

7.3.3.5 龙卷风的防御措施

龙卷风的破坏力极大，目前还没有办法人为消弱它，但通过植树造林和治理山区，减少水土流失，可以减轻地面的强烈对流，减少龙卷风的危害。运用现代卫星遥感和雷达技术监测龙卷云的发生发展，可以预测其发展趋势和运动方向，提前躲避龙卷风。在野外遇龙卷风时，应寻找与龙卷风路径垂直的低洼区藏身，但要远离大树、电杆，以免被砸伤和触电。树木有一定的挡风作用，可跑进靠近大树的房屋内躲避。如果在建筑房屋时能加强房顶的稳固性，将有助于减少龙卷风过境时造成的巨大损失。

7.3.4 沙尘暴

7.3.4.1 沙尘暴的概念

广义的沙尘暴(sandstorm)是气象学中浮尘、扬沙和沙尘暴的合称。浮尘系指颗粒<0.001mm的尘埃，浮游于空中，能见度小于10km。扬沙则指风力较大，能将粉沙(颗粒0.001~0.05mm)吹扬于空中，能见度1~10km。沙尘暴则指风力强大，能将沙粒(颗粒>0.05mm)吹拂于低空，能见度<1km的天气现象。

狭义的沙尘暴则仅分为沙暴和尘暴。沙暴以细沙和粉沙的飞扬为特征，尘暴以尘埃的飞扬为特色。它们在发生机制和扩展方向上相同，但在运移形式和影响范围上又有差异，因而其危害方式、程度和防治对策亦有所不同。沙尘暴是土地沙漠化在不同土地利用方式中通常共有的最严重灾害，可使本来肥沃的土壤变为不毛之地。沙尘暴过程中土壤微粒的吹扬、搬运、丢失，是一种土地生产潜力的丧失。沙尘暴过后给人们留下的后果往往需要很长时间恢复，也有不能逆转的情况，即导致土地的荒漠化。

7.3.4.2 沙尘暴的时空分布特征

我国的沙暴主要发生在北方干旱、半干旱区，尘暴可波及半湿润、湿润区。从全国平均看，以春季沙尘暴分布范围最广，发生频数最高，达到全年的53%，分布特征也与全年最为相似。秋季分布范围最小，发生频数最低，仅占7%。夏季的沙尘暴位置偏北，发生频数约占22%。冬季整体上位置偏南，发生频数约占18%。我国风沙最强地区主要分布于100°E以西和长江以北的大部分地区，沙尘暴高发区的中心地带主要位于气候极端干旱的沙漠及周边地区，包括内蒙古中西部、新疆大部、甘肃、宁夏和青藏高原等地区；巴丹吉林沙漠、腾格里沙漠、毛乌素沙地及周边地区和塔克拉玛干沙漠及周边地区是两个十分显著的沙尘暴高发区；同时，在青藏高原的西南偏东和中部偏北还分布着两个次高值区；华北中北部和东北平原等地发生频数远较上述地区低，全国其余地区的沙尘暴比较稀少。

随着季节的转换，沙尘暴的空间分布和发生频数均出现明显的变化。冬季沙尘暴主要分布于青藏高原和西北地区东部，其中青藏高原的范围较大，频数较多，这种分布特点与冬季高原南支急流的加强有直接关系。春季不仅沙尘暴范围扩至全年最大，频数也达到最高。此时原位于青藏高原南部和东部的高值区被塔克拉玛干沙漠和青藏高原西北部边缘的高值区所取代，而西北地区东部也扩展为范围很大的高值区。夏季沙尘暴的范围缩小，主要出现在天山以南和内蒙古西部沙漠。秋季分布形势与夏季有一定的相似性，但东部范围明显缩小，等值线也更为稀疏；沙尘暴发生日数大幅度减少，即使在塔克拉玛干沙漠等中心地带也仅有1~2d。

7.3.4.3 沙尘暴的危害

沙尘暴的危害方式，大体可归纳为4种：沙埋、风蚀、大风袭击和污染大气环境。

(1)沙埋

沙尘暴以排山倒海的势头向前移动，下层的沙粒在狂风驱动下滚滚向前。遇到障碍物或风力减弱时，沙粒落下来，就会埋压农田、村庄、工矿、铁路、公路、水源等。这种危害一般出现在有风沙入侵绿洲和戈壁滩的地段，也可出现在沙漠、片状沙地相连接的狭长地带。

(2)风蚀

强大的风力对地表物质吹蚀，就像是用刀子刮东西似的。风蚀土壤不仅仅把土壤里的细腻的黏土矿物和宝贵的有机物质刮跑，而且还把带来的细沙堆积在土壤表层，使原来比较肥沃的土壤变贫瘠，加剧土壤风蚀和沙漠化发展，覆盖在植物叶面上厚厚的沙尘还影响正常的光合作用，造成作物减产。

(3)大风袭击

伴随着沙尘暴的大风，所到之处狂风怒吼，能把大树连根拔起，摧毁建筑物和公路桥梁，树木和房屋，诱发火灾、引起人畜伤亡，沙尘暴还能造成各种交通事故和飞机(火车)停飞(停运)。

(4)污染大气环境

沙尘暴所经过的城市空气质量会恶化2~5倍，有时瞬间空气质量可恶化到数十倍，这些尘埃中含有许多有毒矿物质，对人体、牲畜、农作物、林木等产生危害，浑浊的空气对人体健康构成严重威胁，诱发过敏性疾病、流行病及传染病。据研究，由于风沙作用，整个地球每年散发到空中的尘土达2~200t/km^2。

7.3.4.4 沙尘暴的防御措施

尽管沙尘暴不能消灭，但可以在一定程度上减少发生，减轻危害，减少损失。一方面要加强应急预警和防范；另一方面要加强地表覆盖，减少沙尘源，强化防沙治沙工作。要坚持因地制宜、因害设防、保护优先、综合治理的原则，坚持宜乔则乔、宜灌则灌、宜草则草，采取以林草植被建设为主的综合措施，加强地表覆盖，减少尘源。

在针对我国西北、华北北部和东北西部等风沙危害和水土流失非常严重的“三北”地区而建设的大型防护林体系——“三北”防护林，是一项规模大、范围广的国家重点建设工程。包括12个省、自治区、直辖市的396个县(旗、市)，东西绵延逾7 000km，有“绿色万里长城”之称。对于恢复“三北”地区的自然生态平衡，减缓风沙和水土流失严重威胁，缓解能源短缺，保障工农业生产和经济建设等都具有十分重要的作用。

7.4 防御气象灾害的案例分析

7.4.1 北京市密云县防御暴雨山洪灾害案例分析

7.4.1.1 灾害概况

密云县位于北京市东北部，总面积为 2 229km^2，其中山区面积 1 854km^2，占总面积的 83%，泥石流易发区有 449km^2，暴雨、山洪及泥石流灾害发生频繁而严重。如 1976 年发生的特大暴雨引发了严重的泥石流，共造成 104 人死亡；1989 年 7 月发生泥石流，造成 18 人死亡。2005 年 8 月 14 日，密云县柳棵峪自然村发生了百年一遇的特大暴雨，利用人工观测的简易雨量筒测到 80min 雨量达 220mm。但由于及时预警，提前将 35 户 105 人安全转移，没有造成人员伤亡。

7.4.1.2 灾害防御措施及启示

总结成功经验，密云县主要得益于近年来在暴雨山洪灾害防御方面扎扎实实地开展了以下几方面工作：

①建立了运转流畅有序的山洪灾害防御应急指挥体系。落实转移地点、转移路线、抢险队伍、报警人员、报警信号、避险窝棚、老弱病残等提前转移。尤其是降雨监测和预警任务分包到村民小组长身上，使监测和预警任务得到了很好的落实和保障。

②建设了防御山洪的监测预警系统。密云县向山区所有自然村配备了供村民防御山洪的雨量监测设备计 970 套，使石城镇监测点密度高达 2 km^{2}有 1 套监测设备。尤其是提供了用白铁皮自制的雨量筒，供监测人员随时施测。在通信预警设施方面，密云县为基层配备了手摇报警器，没有广播的行政村配备了无线调频发射机，没有任何通讯设施的自然村配备了移动手机和手持电台。

③因地制宜，将避灾转移地点与农家旅游设施建设有机结合。密云县有永久、半永久和临时性避雨棚和移动帐篷 230 余处。为了解决群众临时转移后的生活问题，密云县在旅游设施建设时予以农民资金扶持。这样既解决了旅游设施建设资金不足，又解决了群众转移地点和生活安排问题，效果很好。

④加强宣传，将防灾避灾常识形象化、生动化、大众化，有效提升了群众自防、自救和互救的意识和能力。北京市专门制作了《防汛知识简介》图册 4 万册和山区泥石流避险知识海报 3000 张，把山洪灾害防御的常识用简单明了、图文并茂的形式表现出来，免费发放给山区群众，便于携带和阅读，有效增强了人们的防御知识和自保自救能力。

7.4.2 2010 年初我国寒潮暴雪气象灾害案例分析

7.4.2.1 寒潮暴雪灾害概况

2010 年 1 月 2~8 日，寒潮天气影响我国大部地区。2~4 日，华北地区出现大范围降雪天气。内蒙古中部、河北中北部、北京、天津、山东北部及半岛等地降雪量普遍有 3~9mm，其中北京、天津及河北部分地区出现大到暴雪，降雪量达 6~18mm。降雪主要发生时段为 2 日夜间至 3 日夜间。华北大部平均降水量远超常年同期，较常年 1 月的降水总量还偏多1倍。雪后，4~6日华北大部气温持续偏低。

受强冷空气南下影响，4~7日，西南地区东部、江汉、江南、华南等地出现大范围低温、雨雪天气，安徽、浙江、湖北、湖南、江西等地部分地区出现强降雪，降雪量普遍有6~13mm，部分地区达14~18mm。湖北宜都、黄冈、大冶、黄石、蕲春等5个观测站的积雪深度创历史同期新纪录。湖南、江西还出现了较大范围冻雨天气。

7.4.2.2 灾害防御及启示

①气象部门及时启动气象灾害应急响应，严密监视天气变化，实时发布预报预警，加强服务信息报告，为决策服务、公众服务提供了保障。

②根据准确的预报，各部委和相关单位及时启动应急预案，采取有力措施，中东部地区灾害及影响得到较快缓解或解除，与2008年低温雨雪冰冻灾害相比，政府部门的应对更显从容。公安部、交通运输部、教育部、农业部先后启动应急工作或发出通知，要求全力做好防范寒潮暴雪的应急工作。首都机场会同国航、南航、东航、海航等主要航空公司启动了首都机场雪天运行协调管理委员会保障机制，以确保受影响的航班能够及时恢复正常。北京市政府启动燃气供热突发事件应急预案，压缩党政机关、公共建筑用气用热，保障居民用气和采暖。国家减灾委员会、民政部启动国家救灾预警响应，商务部紧急下发通知，组织各地商务主管部门进一步做好灾害性天气防范应对工作，保障蔬菜等重要生活必需品市场供应，维护市场稳定。

③根据民政部门的不完全统计，2009年11月9~12日，京津冀豫晋鲁等地出现严重的雪灾，造成42人死亡，直接经济损失达55.4亿元。而2010年初的此次雪灾仅导致京津冀蒙鄂湘赣闽等地2人死亡，直接经济损失达12.6亿元。两次雪灾相比，此次雪灾灾情相对较轻的原因主要有以下几个方面：一是农副作物和产品损失明显减小，2009年11月中旬，华北地区部分农副产品仍处于主要生产阶段，冷空气的突然爆发和强降雪导致部分农副产品被冻坏、掩埋，导致严重损失；二是蔬菜大棚、简易房屋等承受力较差的建筑得到修缮，与2009年11月中旬雪灾相比，本次灾害没有出现大范围的蔬菜大棚、简易房屋倒塌情况，其中的牲畜、大棚养殖业受损也较小；三是国家级气象灾害应急预案的通过与发布提高了各地各部门的防灾减灾能力，特别是交通运输没有出现2009年11月中旬的严重中断，生活用品及能源供应保障较好，社会服务效益初步体现。

思考题

1. 由温度异常引起的气象灾害主要有哪些？
2. 我国低温灾害有哪几种？它们之间有何区别？
3. 为什么在全球气候变暖的背景下，我国农业生产上的低温灾害仍然频繁发生？
4. 什么是霜冻？它与霜有什么不同？
5. 霜冻灾害有哪些类型？
6. 如何防御霜冻灾害？
7. 冬作物越冬冻害有哪几种主要类型？
8. 冷害有哪些类型？为什么又称冷害为“哑巴灾”？

9. 冷害的防御技术有哪些？
10. 试述我国橡胶寒害的地理分布状况，有哪些主要防御措施？
11. 什么是高温热害，对农业的危害主要有哪些？
12. 由水分异常造成的气象灾害主要有哪些？
13. 干旱有哪些类型？不同类型间有什么区别和联系？
14. 常见的干旱指标有哪些？为什么干旱指标具有地域性特点？
15. 试述我国干旱特点及对农业生产的危害。
16. 防御干旱有哪些农业技术措施？
17. 什么是洪涝和湿害？
18. 简述洪涝的特点及季风气候对我国洪涝发生的影响。
19. 简述雪灾的危害及其防御措施。
20. 什么是冰雹？对农作物的危害主要有哪些？如何防御？
21. 试述我国大风日数地理分布的特点及大风对农、牧业生产的危害。
22. 简述防御大风、风沙的主要措施。
23. 何谓台风？热带气旋、强热带风暴和台风的标准分别是什么？
24. 简述台风的发生规律及其特点。
25. 简述台风在我国登陆的主要季节和登陆的主要地区。
26. 什么是龙卷风？龙卷风有哪些不同的类型？
27. 龙卷风的危害有哪些？如何防御？
28. 什么是沙尘暴？其危害方式有哪些？
29. 举例说明你家乡所在地的主要气象灾害，针对这些气象灾害有哪些切实可行的防御措施？

参考文献

陈端生，龚绍先. 1990. 农业气象灾害学[M]. 北京：北京农业大学出版社.

陈广庭. 2000. 沙尘暴威胁着我们[M]// 陈复，郝吉明，唐俊华，等. 中国人口资源环境与可持续发展战略研究. 北京：中国环境科学出版社.

程延年. 2000. 农业抗灾减灾工程技术[M]. 郑州：河南科学技术出版社.

高懋芳，邱建军，刘三超，等. 2008. 我国低温冷冻害的发生规律分析[J]. 中国生态农业学报，16(5)：1167－1172.

高荣，王凌，高歌. 2008. 1956—2006年中国高温日数的变化趋势[J]. 气候变化研究进展，4(3)：177－181.

国家环境保护总局. 2001. 我国沙尘暴发生情况及防治对策[J]. 环境保护(4)：19－20.

李吉顺，王昂生，陈家田. 2000. 90年代局地气候变化与长江流域水旱灾害[J]. 中国减灾，10(3)：29－31.

李茂松，李森，李育蔽. 2004. 中国近50年洪涝灾害灾情分析[J]. 中国农业气象，25(1)：38－41.

李茂松，王道龙，钟秀丽，等. 2005. 冬小麦霜冻灾害研究现状与展望[J]. 自然灾害学报，14(4)：72－79.

栗东卿，刘海龙，达夫拉. 2007. 气候干旱对草原畜牧业的影响[J]. 畜牧与饲料科学(6)：90.

刘玲，沙奕卓，白月明. 2003. 中国主要农业气象灾害区域分布与减灾对策[J]. 自然灾害学报，12(2)：92－98.

刘引鸽. 2005. 气象气候减灾与对策[M]. 北京：中国环境科学出版社.

卢丽萍，程丛兰，刘伟东，等. 2009. 30年来我国农业气象灾害对农业生产的影响及其空间分布特征[J]. 生态环境学报，18(4)：1573-1578.

潘熙曙，胡定汉，李迎征，等. 2007. 水稻低温冷害和高温热害的发生特点及预防措施[J]. 中国稻米(6)：52-54.

史占忠，戴春红，薛文全，等. 2004. 玉米低温冷害综合防御高产栽培技术[J]. 中国农技推广(1)：35-35.

孙忠富. 2001. 霜冻灾害与防御技术[M]. 北京：中国农业科技出版社.

唐国利，巢清尘. 2005. 近48年中国沙尘暴的时空分布特征及其变化[J]. 应用气象学报，16(3)：128-132.

王劲松，郭江勇，周跃武，等. 2007. 干旱指标研究的进展与展望[J]. 干旱区地理，30(1)：60-65.

肖风劲，张海东，王春乙，等. 2006. 气候变化对我国农业的可能影响及适应性对策[J]. 自然灾害学报，15(6)：327-331.

杨德保，尚可政，王式功. 2003. 沙尘暴[M]. 北京：气象出版社.

张朋飞，董永辉. 2009. 根茎灼伤对苗木种植的危害及预防措施[J]. 现代农业科技(6)：94-96.

张强，潘学标. 2007. 气象灾害丛书——干旱分册[M]. 北京：气象出版社.

郑大玮，张波. 2000. 农业灾害学[M]. 北京：中国农业出版社.

郑大玮，郑大琼，刘虎城. 2005. 农业减灾实用技术手册[M]. 杭州：浙江科学技术出版社.

郑大玮. 2004. 农业减灾使用技术手册[M]. 杭州：浙江科学技术出版社.

中国科学院寒区旱区环境与工程研究所. 2001. 中国北方沙尘暴现状及对策[N]. 中国环境报，8-15(4).

中国气象局. 2007. 中国灾害性天气气候图集(1961—2006年)[M]. 北京：气象出版社.

钟秀丽. 2003. 近20年来霜冻害的发生与防御研究进展[J]. 中国农业气象，24(1)：4-7.

MOSTAGHIMNI S, YOUNG R A, WILTS A R, *et al*. 1988. Effects of frost action on soil aggregate stability[J]. Transactions of the ASAE, 31(2): 435-439.

SHARRATT B S, LINDSTROM M J, BENOIT G R. 2000. Runoff and soil erosion during spring thaw in the northern U. S. corn belt[J]. Journal of Soil and Water Conversation, 55(4): 487-494.

第8章　气　候

气候影响人类活动的各方面，它既是人类的生存条件，也是人类宝贵的资源；人类在与丰富的气候长期共处中，形成了丰富多彩的利用和适应的方式。气候条件是人类文明多样化的重要原因之一。气候与人类文明的盛衰相关，是文明发展的重要因素，甚至左右了人类文明的进程。了解、认识和把握气候的形成规律和变化特征，是人类充分开发气候资源、实现可持续利用、改善气候条件和防御气候灾害的基础。当代主要由人类活动引起的气候变化更是关乎人类生存与发展的重大问题，为了提高人类适应气候变化的能力，努力实现气候向有利于人类方向的发展，需要我们不仅对气候有深入的研究与正确认识，更要求我们准确把握气候变化趋势，不断探索保护气候、永续发展的新思路和新实践。

8.1　气候和气候系统

8.1.1　气候

地球上某一地区多年时段大气的一般状态，是该时段各种天气过程的综合表现。气象要素(温度、湿度、气压、降水、风等)的各种统计量(均值、极值、概率等)是表述气候的基本依据。气候(climate)一词源自古希腊文，意为倾斜，指各地气候的冷暖同太阳光线的倾斜程度有关。气候与人类社会有密切关系，在远古时代就有气候现象的记载。中国春秋时代用圭表测日影以确定季节，秦汉时期逐步形成了二十四节气的概念，至北魏又有了七十二候的完整记载。

从时段上看，在没有人类出现前的气候称为地质时期的气候(geological climate)，即根据物质成分、沉积岩结构特点和生物，按一定的理论和方法推断各地质时代的气候。地质时期的气候状况，只能通过它的物质记录保存下来，古气候学的研究与地质学、古生物学、地球化学、同位素化学、大气物理学和天文学等密切相关。而在人类产生后的气候则称为历史时期的气候(historical climate)，主要通过各种历史记述和文明变迁的过程来分析。近百年的气候称为近代气候，开始有了现代观测的记录，但分布不均，数量少。世界气象组织(World Meteorology Organization，WMO)将表现气候统计状态的基本时段规定为30年，大概反映的是现代气候(modern climate)。按地区的大小来划分，可分为全球气候、区域气候和国别气候等，国内又可根据自然和行政区划出不同等级的气候。

一般认为：天气和气候的时间尺度不同，天气是短时间内的大气状态，它的形成可以近似认为是大气内部的动力过程。而气候是较长时段内的大气统计状态。天气是气候背景上的脉动，气候是天气的综合表现。

8.1.2 气候系统

近20多年来科学的发展，使人们认识到要解释气候的形成，探讨气候变化的原因，进行气候预测，仅仅考虑大气是不够的，必须研究包括大气、海洋、冰雪、陆面及生物圈的整个系统，即气候系统(climatic system)。气候系统是一个高度复杂的系统，它有5个主要组成部分：大气圈、水圈、冰雪圈、陆面圈和生物圈，以及它们之间的相互作用。气候系统的演变进程受到其自身动力学规律的影响，也受到外部驱动力(如火山喷发、太阳变化)以及由人类引起的驱动(如对大气的组成及土地利用的改变)的影响。

太阳辐射是气候系统的能源。太阳辐射进入气候系统内部后产生一系列的复杂过程，各组成成分之间通过物质和能量的交换，紧密地结合成一个复杂的、有机联系的气候系统(图8-1)。

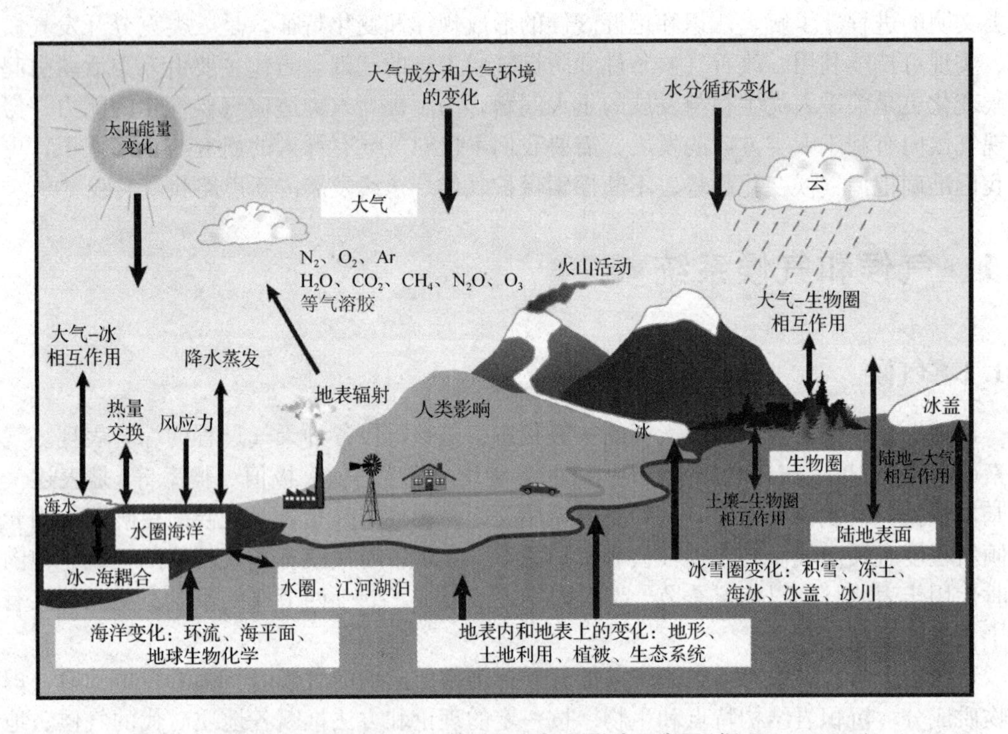

图8-1 气候系统各组成部分、其过程和相互影响示意图(据IPCC，2007)

8.2 气候形成的因素

气候学将能影响气候而本身不受气候影响的因子称为外部因子，如太阳辐射、地球轨道参数的变化、大陆漂移、火山活动等；而把气候系统各组成成分之间的互相作用称为内部因子。外部因子必须通过系统内部的相互作用，才能对气候产生影响。气候系统的属性在一定的外因条件下，通过系统内部的物理、化学和生物过程相互作用、相互关联，并在不同时间尺度内发生变化，以此形成不同时期的气候特征。

气候形成和变化可归纳为以下5个因素：①宇宙地球物理因素；②太阳辐射；③下垫面；④大气环流；⑤人类活动。现代气候的形成是宇宙环境背景基础上由后4个因子共同作用的结果。

8.2.1 宇宙地球物理因素

在地球演化的历史中，其所处的宇宙环境必然对地球环境的形成产生重大的影响。有研究认为太阳系在银河系中运动，银河系有4条物质格外稠密的悬臂，太阳系以250km/s的速度在悬臂中穿行，大约2.5亿年转一圈。平均6 000万年在悬臂中，8 000万年在悬臂外。地球发展史中的大冰期和间冰期环境与太阳系在银河系旋臂内外有密切的关系，甚至有人提出太阳系在银河系旋臂的位置与地球上曾发生的生物灭绝和人类的出现都有关系(图8-2)，恐龙是在悬臂外灭绝的，人类在悬臂中诞生。

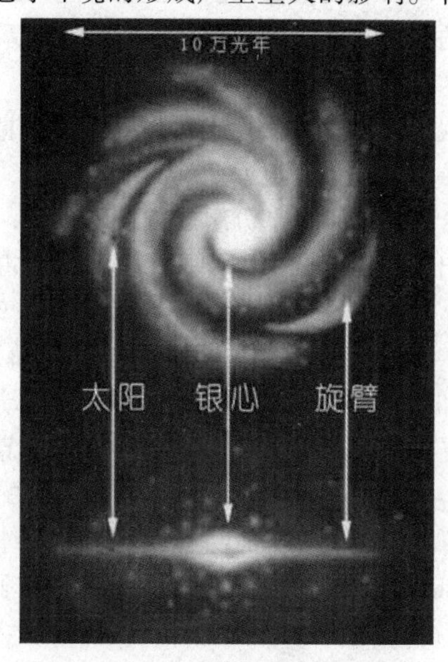

图8-2 太阳系在银河系中运动位置关系

有研究者分析了地球大冰期形成时间提出了如下假说：当地球背景磁场与银河旋臂磁场极性符号相同时，银河系磁场将加强地球磁场，激发地核热能，引起地壳和地幔强烈的垂直运动(强造山运动)，致使大气热机效率亦大为提高，高纬地区强降温，这是大冰期形成的根本原因(图8-3)。但这种关系目前能确定的是在时间上确有某种同步的现象，但充分的机理上的联系还需要更翔实的地质资料和进一步深入的研究。

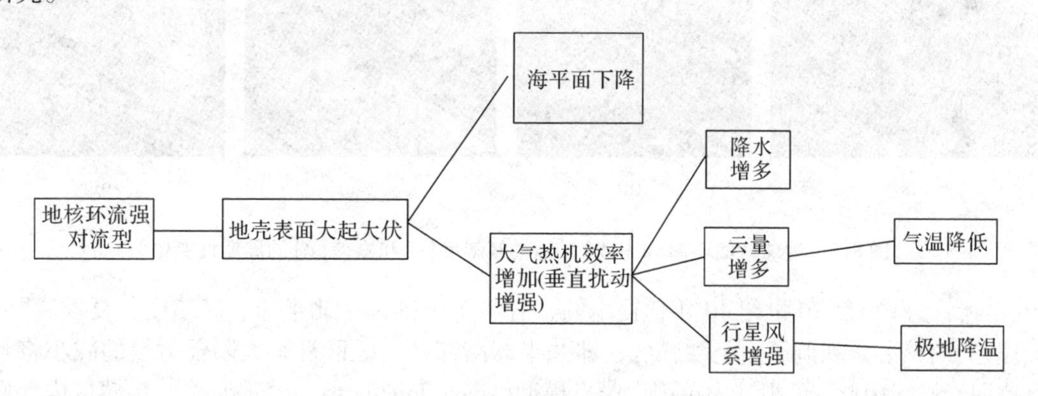

图8-3 银河系磁场与地球磁场对地球气候的影响可能机制

在地球气候演化的漫长地质历史进程中，不同时间尺度和时期的气候特征及其驱动力是很不相同的。但是，除了在地球演化的早期阶段，来自地球内部的热量和物质释放以及大陆板块运动等曾起过重要作用外，来自太阳的辐射强迫始终起着重要作用。冰芯、深海岩芯以及黄土沉积等古气候记录表明，在人类出现并发展的第四纪(过去240万年左右)，地球气候几乎总是处于变动的状态中。记录还表明，第四纪晚期(过去70万年)的气候，具有以2万~10万年为周期的一系列冰期—间冰期旋回变化特征，其周期与地球轨道偏心率(周期为10万年)、黄赤交角(周期为4.1万年)以及岁差(周期为1.9万~2.3万年)的周期相关。在这一时期，除了偶尔的火山(包括海底火山)爆发可以将地球内部的热量和物质输入大气之外，来自太阳的辐射能几乎成为驱动地—气系统这部热机的唯一能源。

人类在很早以前就已经知道，到达地气系统的太阳辐射能是受地球绕日公转轨道影响的。所以，将天文学与地球气候联系起来是很自然的。其中，塞尔维亚天文学家米卢廷·米兰科维奇(Milutin · Milankovitch)，在20世纪40年代提出的、被后人称为"米氏理论"的假说，是发展比较成熟并得到较普遍认同的气候变化天文理论。总体看来，"米氏理论"着重于解决第四纪冰期旋回动力机制，米氏理论由触发机制、放大机制、传输机制和全球耦合机制这4个部分组成。长期以来，古气候学家在解释古气候记录时，也往往从这个框架出发。因此，"米氏理论"事实上为古气候学家提供了一种研究范式。

"米氏理论"的起点是天文因素变化导致的地球轨道三要素(偏心率、地轴倾斜度、岁差)的周期性变化(图8-4)。地球轨道变化进一步引起地球大气圈顶部太阳辐射纬度配置和季节配置的周期性变化，从而驱动气候波动。但必须指出，如果将一年内大气圈顶部接受的太阳辐射沿不同纬度及不同季节累加总和，则不管轨道要素如何变化，其总量总是基本不变的，而变化的只是其纬度分配和季节分配。"米氏理论"认为当地轴倾斜度减小，这样的轨道要素配置将导致北半球高纬区夏季太阳辐射量的减小，北半球夏季地球处在远日点时有利于冰期气候的出现，65°N附近夏季太阳辐射变化是驱动第四纪冰期旋回的主因。

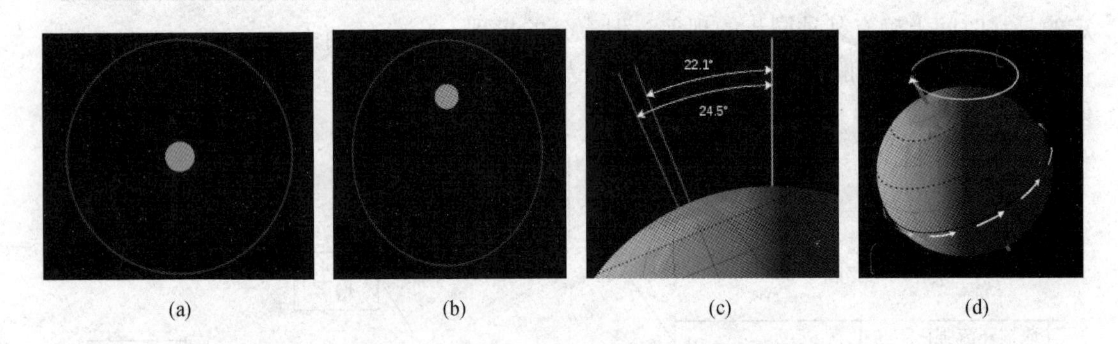

图8-4 地球轨偏心率(a和b)、地轴倾斜度(c)和岁差(d)的周期性变化

"米氏理论"是20世纪40年代提出的，有3个关键词：北半球、高纬度、夏季。"米氏理论"的核心是强调了一个敏感区，即北半球高纬区。此区夏季太阳辐射量的减小将触发冰期气候。因此，可视其为单因素触发模型(single forcing trigger model)。敏感区内气候变冷后，由于冰雪的高反照率，其信号被进一步放大、传输，进而影响其他地区。米兰科维奇在轨道参数变化、太阳辐射能量变化计算的基础上，着重强调了触发机制和冰盖的信号放大机制。

从20世纪80年代以来，科学家又进一步对北半球高纬度信号通过什么机制被传输(propagation)到其他地区以至实现全球耦合的工作进行了研究。一般认为大气CO_2浓度变化和温盐环流变化具有对北半球高纬信号的传输作用和两半球气候变化的耦合作用。

随着观察事实的增加，“米氏理论”也受到了巨大的挑战。主要集中在，单一敏感区触发驱动模型将逐渐淡出，而多驱动因子相互作用(multi forcing interaction)一类的模型将被研制。相信随着大量高分辨率、精确度高、具定量特征的气候变化记录获得以后，并且具备对比不同区域、气候系统不同组成部分变化的相位关系时，第四纪冰期旋回机制的理解才能更接近真实。

8.2.2 辐射因素

太阳是地球和大气的主要能源，是大气中一切物理过程和物理现象发生发展的基本动力，是气候形成的根本因素。地球上气候的纬度差异以及各地气候的变化主要是太阳辐射变化造成的。

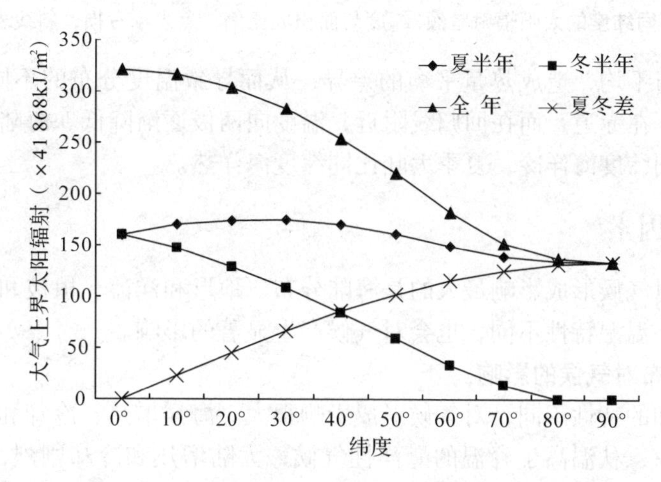

图 8-5　北半球大气上界太阳辐射总量随纬度的分布

图 8-5 表明：

①全年获得太阳辐射最多的地区是赤道，辐射量随纬度的升高逐渐减少，极小值出现在极地。这种能量分布的不均，必然导致地表各纬度带的气温产生差异，从而产生了地球上的热带、温带和寒带天文气候带。

②夏半年获得太阳辐射总量最多的地区在 20°~25°N 之间，随纬度的增高和降低，其值均减小，最小值在极地。由于纬度高，日照时间长，在北半球各纬度之间太阳辐射总量差异不大。表现在高低纬度之间气温和气压的水平梯度在夏季最小。

③冬半年赤道获得的太阳辐射量最多，随纬度的增高迅速递减，在极地为 0。表现在高低纬度之间气温和气压的水平梯度在冬季最大。

④夏半年与冬半年的太阳辐射量的差值，随纬度的增高而增大。表现在气温的年较差随纬度的增高而增大。

全球年辐射差额的分布特征是：等值线一般与纬圈平行，其值随纬度增加而减小。除长期冰雪覆盖的地区年辐射差额为负值外，其他地区均为正值。中纬度地区年辐射差额值变化最大(图 8-6)。

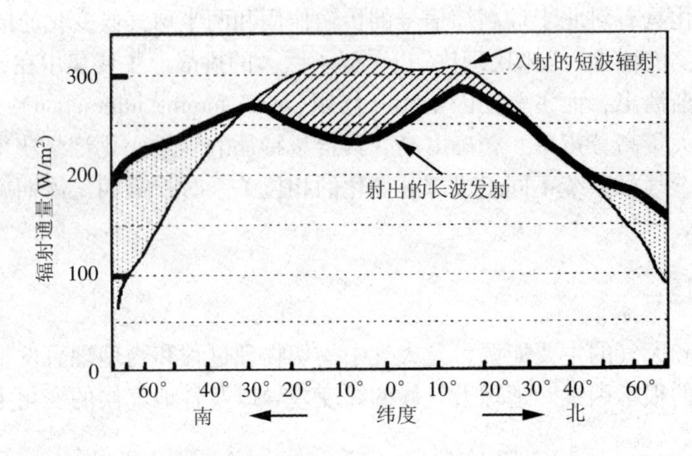

图 8-6 不同纬度的太阳辐射差额(纬度与面积成比例，点表示亏损，斜线表示盈余)

辐射差额分布不均，造成热量平衡的差异，从而导致温度分布的不同。就全球而言，一年中最热地带不在赤道，而在回归线附近，温度向两极逐渐降低。海陆间温度有明显差异，冬季大陆比同纬度海洋冷，夏季大陆比同纬度海洋热。

8.2.3 下垫面因素

下垫面因素对气候形成影响最大的是海陆分布、地形和洋流。植被和冰雪覆盖等因其自身的辐射收支、温湿特性不同，也会对气候产生显著的影响。

8.2.3.1 海陆分布对气候的影响

海陆增热冷却的特性不同，对气候形成影响很大。海洋增热、冷却和缓，在它的影响下，形成冬暖夏凉，秋温高于春温的海洋性气候；大陆增热和冷却剧烈，在它的影响下，形成夏季酷热，冬季严寒，春温高于秋温的大陆性气候。距海洋的远近，是气候差异的重要原因。由于海陆分布，破坏了行星风系，使得大气环流变得十分复杂，对气候也产生重大影响。例如：由于海陆分布形成季风环流，从而形成特殊的季风气候。一般而言，陆地上，距海越远，空气湿度越小，降水量就逐渐减少。海陆分布对气候地带性的影响在北半球表现得尤为显著。

8.2.3.2 海气相互作用和洋流对气候的影响

海洋与大气之间通过一定的物理过程发生相互作用，组成一个复杂的耦合系统。海洋对大气的主要作用在于供给大气热量和水汽；大气对海洋的作用主要在于通过向下的动量输送，产生风动洋流和海水的上下翻涌运动，两者在环流的形成、分布和变化上共同影响着全球的气候。

(1)洋流

洋流(ocean current)是大规模的海水在水平方向上的运动。从低纬度流向高纬度，所经过的海域温度升高，称为暖流；从高纬度流向低纬度，所经过的海域温度降低，称为寒流。在北半球低纬度洋面上，海水绕副热带高压做顺时针方向流动；高纬度洋面上，海水绕副极地低压做逆时针方向流动；南半球则相反。在赤道附近洋面上，信风推动海水自东向西流动(图 8-7)。因此，北半球低纬度大洋东边为寒流，西边为暖流。

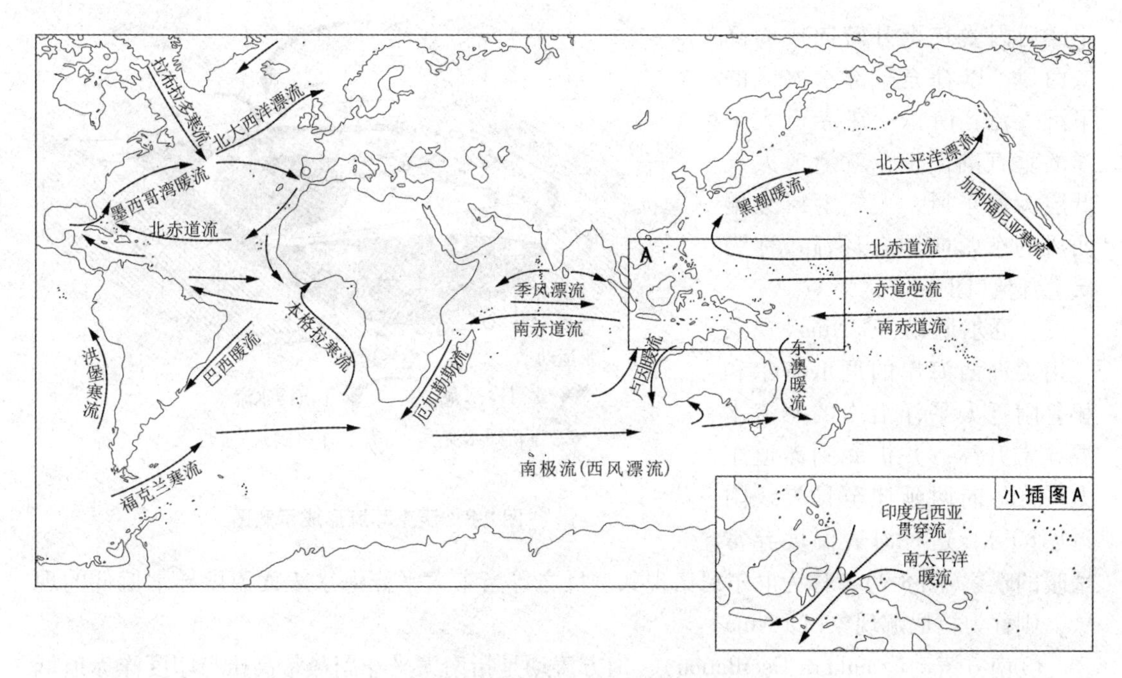

图8-7 世界大洋主要表面洋流示意图

高纬度大洋东边为暖洋流(warm currents)，西边为寒流(cool currents)。洋流会产生表层海水的辐合辐散，特别是在海岸附近，这种海水的辐合和辐散会引起海水上翻(upwelling currents)和下翻(downwelling currents)，使海面水温升高或下降，从而影响到大气层的气压变化，产生气流辐合辐散与上升下沉运动，导致纬向和经向的垂直环流。大气环流和洋流使海洋的水分、CO_2、盐分等进入大气，大气的CO_2、气溶胶等进入海洋，互相调节，达到海气之间的辐射和热量平衡，制约大气环流和洋流，影响大气温度、云和降水，形成各种各样的天气和气候。

暖洋流影响的地区，冬季较温暖，还使沿岸气层结构形成潮湿不稳定状态，有利于空气的上升运动，因而降水较多。而冷洋流影响的地区下层空气变冷，形成逆温，水汽不易向上输送，因而降水量较少。

中国近海的洋流有“黑潮”和“亲潮”，前者是暖洋流，后者是冷洋流。夏半年受到“黑潮”影响，中国东南沿海气候湿润，降水丰沛。“亲潮”来自高纬度，中国北方沿海在夏季受其影响，夏季十分凉爽。冬季，西北季风使“黑潮”远离中国海岸，导致中国冬季气候较同纬度其他地区偏冷。

(2)海气相互作用

海洋学与气象学联合研究表明，海气相互作用是气候年际间变动的重要因素，尤以热带地区海气相互作用的影响最为强烈。沃克(Walker)环流和厄尔尼诺/南方涛动(ENSO)是目前研究最为深入的两个例子。

①沃克(Walker)环流　由于南太平洋东风的影响，温暖的表层水被吹到西部，使得赤道太平洋海区东冷西热，因此在赤道太平洋上空形成一个纬向热力环流。南美洲西岸强烈的下沉气流在受冷海水的影响降温后流向低纬，再从低纬随偏东信风向西吹去，到达西太

平洋后因受热上升转向成为高空西风，以补充东部冷海区的下沉气流，所以，在赤道太平洋的垂直剖面上，就形成大气低层为偏东风，大气上层为偏西风的东西向闭合环流，称为沃克环流(图8-8)。

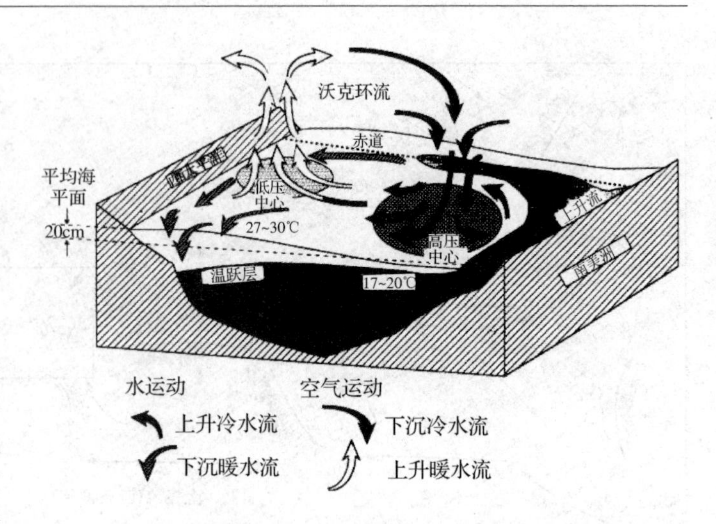

图8-8 沃克环流形成示意图

②厄尔尼诺(El Niño)现象 南美洲西海岸的厄瓜多尔和秘鲁附近太平洋沿岸的寒流水温异常升高，并扩展到赤道东太平洋，向西延伸至日界线附近(180°)，这种海表温度异常增暖的现象(图8-9)，称为厄尔尼诺现象。反之，当东太平洋海水表面温度异常偏低的现象，则称为拉尼娜现象(La Niña)。

③南方涛动(Southern Oscillation) 南方涛动是指南太平洋副热带高压与印度洋赤道低压这两个大气活动中心之间气压变化的负相关关系。当南太平洋副热带高压比常年增高(降低)时，印度洋赤道低压就比常年降低(增高)。通常用南太平洋的塔希堤岛和澳大利亚的达尔文岛的海平面气压差来表示南方涛动的振动和位相指数(SOI)。

④ENSO循环(ENSO circulation) 赤道太平洋海面水温的变化与全球大气环流尤其是热带大气环流紧密相关。其中最直接的联系就是日界线以东的东南太平洋与日界线以西的西太平洋—印度洋之间海平面气压的负相关关系，即南方涛动现象(SO)。在拉尼娜期间，东南太平洋气压明显升高，印度尼西亚和澳大利亚的气压减弱。厄尔尼诺期间的情况正好相反。鉴于厄尔尼诺与南方涛动之间的密切关系，气象上把两者合称为ENSO。这种全球尺度的气候振荡被称为ENSO循环。厄尔尼诺和拉尼娜则是ENSO循环过程中冷暖两种不同位相的异常状态。因此，厄尔尼诺也称ENSO暖事件，拉尼娜也称ENSO冷事件。

8.2.3.3 地形对气候的影响

地形对气候的影响主要表现在2个方面：①地形本身所形成的独特的气候；②地形对邻近地区气候的影响。

地形本身的气候类型是多种多样的，如盆地气温年变幅大，高山气温年变幅小，山地迎风坡降水多，背风坡则少雨。在山地，气温随高度的增加而降低，形成山地垂直气候自然景观与低纬到高纬相似的自然带。地形通过其形态、性质、尺度影响太阳辐射，进而对温度、湿度、降水、风等产生作用，使气候在水平方向和垂直方向上发生变化，形成局地环流，如山谷风、峡谷风、焚风等，对地方性气候特征有很大的影响。

(1)高大的纬向山脉在水平方向上是气候的分界线

山脉的走向对气团的运行有阻碍作用，如东西向山脉，使北方冷空气不易南下，南方暖空气难以北上，即使一山之隔，气候差异也是十分明显的。如我国秦岭山脉，山南、山北的温度、降水相差很大。秦岭山脉是暖温带与北亚热带的分界线。位于新疆中部的天山

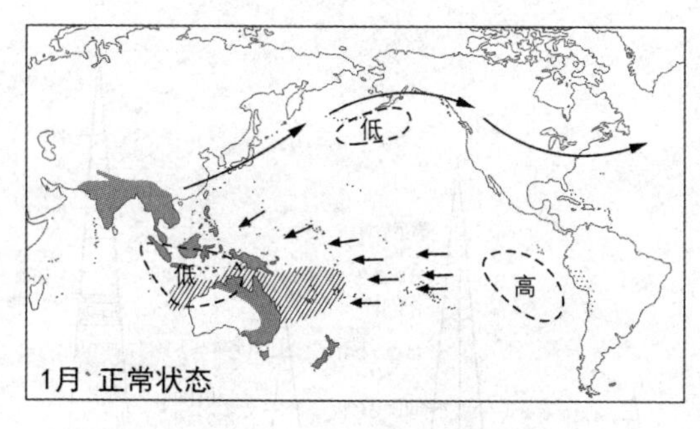

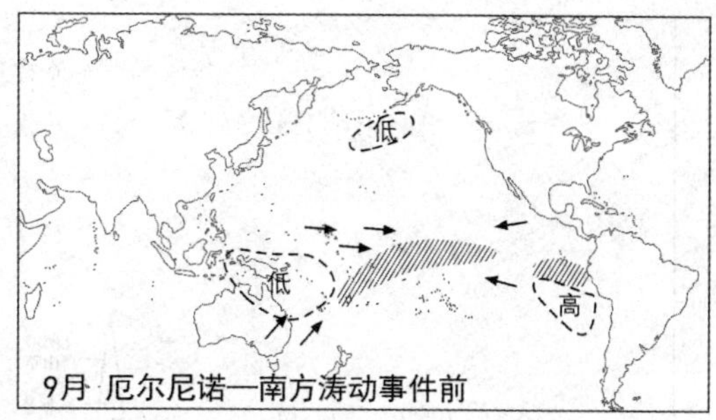

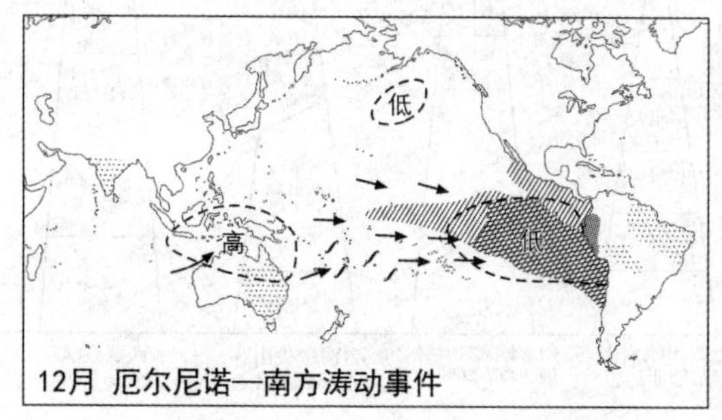

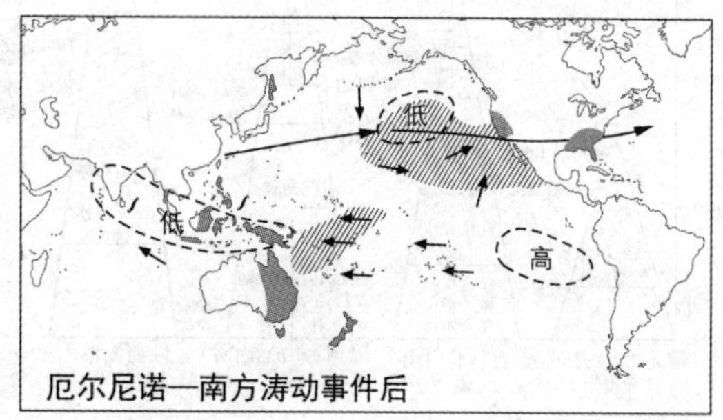

图 8-9 厄尔尼诺现象发生发展示意图

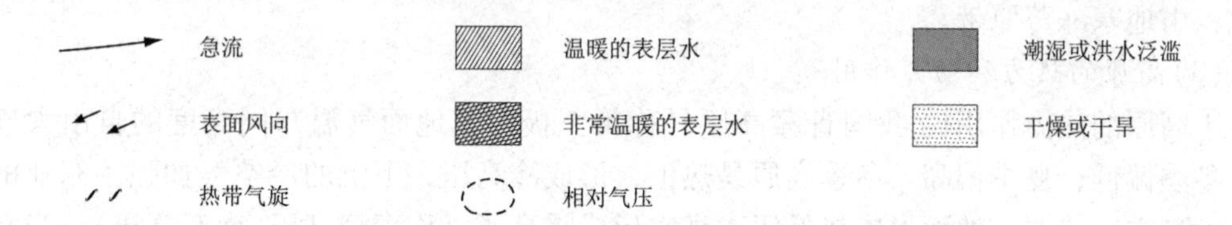

山脉平均海拔 3 000m 以上，是南疆暖温带与北疆中温带的分界线。

(2)高大的山脉在垂直方向形成不同的气候带

随海拔高度增高形成垂直气候带(图 8-10)。山地自然环境比低平地区复杂，所以山地垂直气候带比水平气候带复杂。任何一个山地垂直气候带，都是在相应的水平气候带基础上形成和发展起来的。与水平气候带相一致的山麓自然气候带，称为垂直气候基带。一般来说，山地所处地理纬度越低、相对高度越大，垂直气候带表现越完整。例如：非洲赤道附近坦桑尼亚境内乞力马扎罗山的气候带：1 000m 以下基带：热带雨林带；1 000~2 000m：山地亚热带常绿阔叶林带；2 000~3 000m：山地温带森林带；3 000~4 000m：高山草甸带；4 000~5 200m：高山寒漠带；5 700m 以上：高山永久积雪冰川带。图 8-10 反映了我国不同纬度山地气候的垂直分布，例如：台湾南部山地(热带)500m 以下基带：热带雨林、季雨林带；500~1 500m：山地亚热带常绿阔叶林带；1 500~3 000m：山地温带落叶阔叶林带；3 000~3 500m：山地寒温带针叶林带；3 500m 以上：高山草甸带。武夷黄岗山(亚热带)1 000m以下基带：亚热带常绿阔叶林带；1 000~1 400m：山地暖温带常绿与落叶阔叶混交林带；1 400~1 800m：山地温带针叶与落叶阔叶混交林带；1 800~2 158m：山地温带灌丛草甸带。长白山(温带)600~1 600m 基带：温带针叶与落叶阔叶混交林带；1 600~1 800m：山地寒温针叶林带；1 800~2 000m：山地寒冷矮曲(岳桦)林带；2 000m

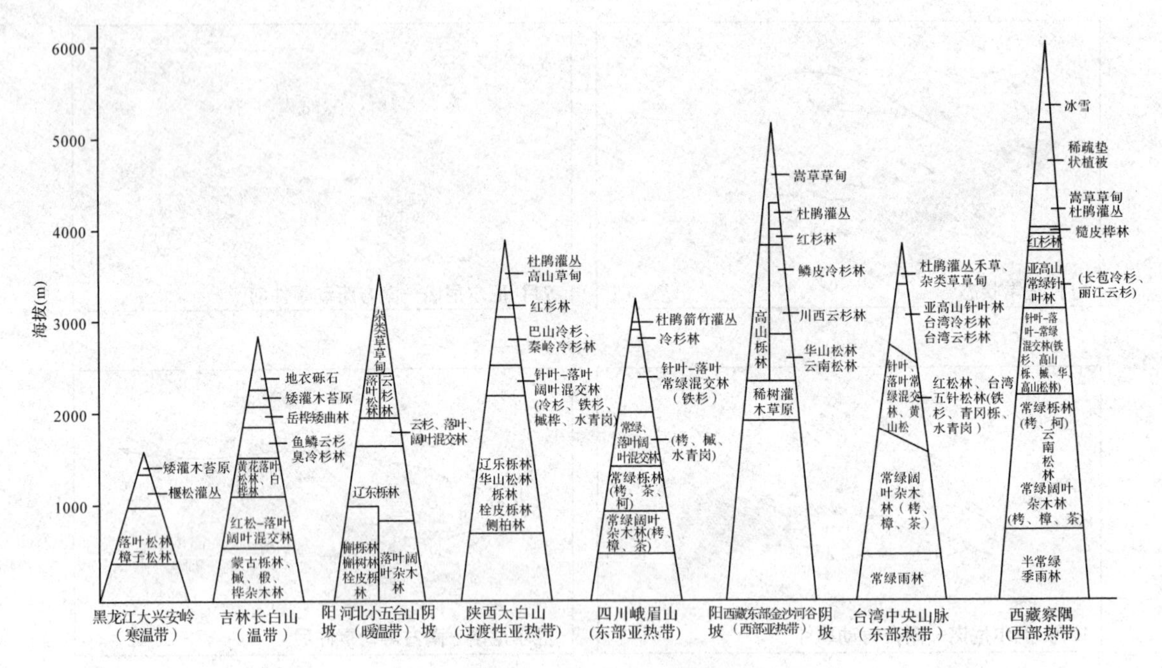

图8-10 我国不同纬度山地气候的垂直分布

以上：山地寒冻苔原带。

(3)高原的热力和动力作用

①高原的热力作用 我国青藏高原号称第三极，其地面气温与同高度的自由大气相比，冬季偏低，夏季偏高。冬季高原是热汇，形成冷高压，下沉的冷空气加强了东亚的冬季风；夏季是热源，地面形成热低压，高空形成暖高压，称青藏高压(南亚高压)。当它向西伸展到非洲西北部，又被称为亚非季风高压。高压的辐散气流在赤道附近下沉，然后随西南季风北上返回高原，形成一个经圈环流，方向与哈得莱环流(Hadley)相反，称高原经圈环流。它对西南季风有加强作用，并吸引南半球的越赤道气流，促进两个半球的热能、动能和水汽的交换。冬季则相反，形成与哈得莱环流相似的环流。青藏高原的热状况一方面加强了高原的垂直运动，在夏季形成季风经圈环流，春季可加速南支西风的崩溃，秋季延迟南支西风的建立。另一方面，如果冬季高原气温偏低，地面积雪多，则初夏热低压弱，南支西风撤退迟，副高北跳迟，中国夏季风始现期迟，青藏高压也弱。因此，青藏高原的热源汇作用对东亚大气环流影响显著。

②高原的动力作用 a. 屏障作用。如冬季从西伯利亚西部入侵中国的寒潮，一般都是通过准噶尔盆地经河西走廊、黄土高原从东部平原南下，导致中国热带、亚热带地区的冬季气温远比青藏高原西侧的印度半岛北部低。夏季阻挡西南暖湿气流北上，使位于高原以北的中国新疆、青海气候干燥，而喜马拉雅山南坡的印度河流域湿润多雨。b. 对气流产生分支作用。如冬季，西风气流受到青藏高原阻挡被迫分支，分别沿高原绕行，在高原西北侧为暖平流，西南侧为冷平流；绕过高原后，高原东北侧为冷平流，东南侧为暖平流，并在高原东侧会合。南支西风槽的强弱和进退变化，决定于高原的热力和动力的综合作用。它对东亚和南亚夏季风的强弱、迟早、进退有直接的影响，从而影响大范围的天气和

气候。c. 对气流的动力抬升作用。高原的存在加强了气流对流的发展、释放凝结潜热，使高原气温比同高度的周围大气更高，更有利于高压的发展。

8.2.3.4 地表覆盖对气候的影响

地表覆盖主要有植被、冰盖和沙漠等，地表覆盖主要影响对太阳辐射的反射率和水热交换而对区域气候产生影响。

(1)降低了地面和大气的温度

冰雪覆盖有致冷作用。冰雪表面对太阳辐射的透射率很小，反射率极大。所以地面对太阳辐射吸收少，有效辐射比同温度的其他下垫面大。冰雪面的导热率小，与大气之间热交换微弱，在冰雪表面常出现逆温，而且冰雪融化还要消耗热量，使地面供给大气的热量减少，使气温降低。

(2)减少了冰雪面上空气中的水汽含量

在冰雪表面，水汽蒸发难，空气向冰雪表面输送热量和水分，水汽凝华在冰面，使空气变干。这样，冰雪面上的空气缺少水汽，大气逆辐射弱，加剧了地面降温，使冰雪表面形成的气团干而冷。

(3)冰雪面积的变化导致气候异常

由于冰雪的致冷作用，导致地面气压升高，地面冷高压强大、持续，高空形成冷涡。冰雪覆盖面积变化，则气压场发生相应的变化，环流改变，从而导致气温异常、降水异常。

8.2.4 环流因素

空气的大规模运动，使各地的热量和水分得到交换，特别是经向环流使太阳辐射的纬度差异所形成的气候特点大为减色。大气运动形成的各种天气系统，使其控制下的地区气候具有强烈的个性。例如，在低压经常控制的区域，云雨较多，日照少；在高压常常控制的地区则较干燥，云雨少，日照多。因此，许多地方虽然纬度相当，由于环流不同造成的气候差异却很大。例如，我国长江流域和非洲的撒哈拉沙漠都在副热带纬度，都邻近海洋，但由于长江流域夏季有太平洋和印度洋吹来的海洋季风，雨量较多，而撒哈拉大沙漠终年在副热带高压控制下，所以干燥少雨。

当环流形势趋于长期的平均状态时，各地的天气都是正常的，当环流形势出现异常时，便引起天气异常。例如，在大气环流中讲过副热带高压活动的正常与否与我国东半部旱涝有极大的关系。

大气环流对气候形成的作用以下 2 个方面也很重要：

①大气环流的特性影响进入某一地区的气团性质，从而决定着气团影响下的气候。如：中国冬季受大陆性气团的影响和控制，气候寒冷干燥；而夏季受海洋性气团的影响和控制，气候温暖而潮湿。

②大气环流维持着气候系统的稳定。地表年辐射差额低纬度为正值，高纬度为负值，但低纬度温度不是不断地升高，高纬度温度也不是不断降低。同样，也未发现某地的降水量在持续上升或减少。各地的温度和降水总是在一定的水平上变化，保持着相对的稳定性，这些都是大气环流对热量和水汽输送的结果。大气活动中心的存在，使地表温度和降

水的分布维持一定的平衡态。

8.2.5 人类活动对气候的影响

随着社会的发展，人类活动日益加剧，范围也不断扩大，对气候的影响也越来越大。主要集中体现在：①改变了下垫面的性质。如植树造林、种植草皮、开荒毁林、城市化的发展等；②改变了大气成分。如化石燃料燃烧后释放 CO_2、战争引起气溶胶浓度增加、汽车排放出尾气；③人工释放热量。如制冷采暖设备的大量使用等。

人类活动对气候可带来有利或有害的影响，因此，应积极开展环境保护，合理开发和利用大自然。防止气候向不利于人类生存的方向演变是人类当代的重大课题，需要全世界的政府和人民共同努力。

8.3 气候带与气候型

气候是各种各样的，没有两个气候完全一样的地方。但从形成气候的主要因素和气候的基本特点来分析，全球气候仍可划分成若干气候带和气候型。气候分类的目的就是为了研究比较各地气候的形成规律和主要特点，以便充分利用和保护气候资源。气候分类一般是根据多种气候要素特征(温度、降水等)结合自然景观特点进行分类。

8.3.1 气候带

气候带(climatic belt)与气候型的划分原则和方法是随气候学的发展而不断深入的。最早古希腊的亚里士多德(Aristotle)以南北回归线和南北极圈把全球分成5个气候带，即通常所称的天文气候带。随气候资料和人类活动的增加，知识的丰富，到19世纪绘出了全球等温线图，苏潘(Supan)于1876年提出用等温线来划分气候带。等温线受太阳辐射影响外，还受到下垫面和环流因子的影响，不完全与纬线平行。但这种气候带的划分比天文气候带划分又进了一大步。柯本(Koppen)在1884年用20℃和10℃的持续时间划分出5个温度带，其后在1918年结合植被等修正了5个温度带，并在每个气候带中结合降水划分出一些类型。经其学生盖格尔(Geiger)和波(Pohl)不断收集资料和修正完善，对照世界自然植被分布，于1953年发表了柯本-盖格尔-波气候分类法，简称柯本气候分类法，此法分类系统十分详细，在自然地理学中广泛的应用。

气候带是最大的气候分类单位，它大致与纬线平行，环绕地球呈带状。在气候带内，气候某些方面具有相似和差异，据此又划分出相应的气候型(图8-11)。一般全球气候可以分成六大气候带，各气候带及其特征如下。

8.3.1.1 赤道气候带

赤道气候带(equatorial climate belt)位于10°S~10°N之间的赤道无风带，包括南美的亚马孙河流域、非洲刚果盆地、几内亚海岸、东印度群岛和我国位于10°N以南的南海诸岛。

本气候带内终年高温多雨，年平均温度25~30℃，最冷月平均温度在18℃以上，温度在春、秋分之后各有一高值点，冬、夏至之后各有一低值点。温度年较差很小，一般在5℃以下。但晴夜的温度可低至14℃，故晴夜有“赤道之冬”之称。

本气候带全年皆在赤道气团控制下，风力微弱，气流以辐合上升为主，多雷阵雨，最大雨量多出现在午后到子夜，因此全年多雨，无明显干季，为全球年降水量最丰沛的地带，年降水量一般为 1 000 ~ 2 000mm 或更多。地形雨发达的地方，年降水量可达 10 000mm以上。

8.3.1.2 热带气候带

热带气候带(tropic climate belt)位于10°~23.5°N(S)之间，在中国，从台湾省的台中到汕头、广州、南宁一线以南地区，至赤道气候带北界属本气候带。该气候带太阳高度角终年很高，气温年较差较大。晴朗干燥期内，最热月温度高于赤道气候带，冷季可有霜。一年可分热、雨、凉三季，雨季之前为热季，雨季之后为凉季。该气候带年降水量在 1 000~1 500mm之间，具有明显干季，离赤道越远，干季越长。雨量年际变化超过赤道气候带，故易出现旱涝。

8.3.1.3 副热带气候带

副热带气候带(sub-tropical belt)位于南北回归线至纬度33°N(S)之间。因地处副热带高压带和信风带，故高温少雨，少植被，多沙漠。世界最大的沙漠都位于该带内，如北非的撒哈拉沙漠、西南亚的阿拉伯沙漠、南非的卡拉哈里沙漠、南美的阿塔卡马沙漠等。

该气候带的气温年较差和日较差均较赤道气候带和热带气候带大。冬季温度虽然不低，但夏季温度很高，极端最高温度可达50℃，冬季可见霜。

副热带气候带中空气十分干燥，沙漠地区的年降水量大多在100mm 以下，沙漠边缘可达到250mm 以上，蒸发量远远大于降水量，空气干热。

8.3.1.4 暖温带气候带

暖温带(temperate belt)一般指纬度33°~45°N(S)地带，介于副热带和冷温带之间。随着行星风带季节性地南北移动，夏季在副热带高压的控制下，具有副热带气候的特点；冬季在盛行西风的控制下，具有冷温带气候的特点。

本气候带的大陆西岸，夏干冬湿，以地中海周围表现最为典型，称为地中海气候(Mediterranean climate)。北美洲的加利福尼亚、南美的智利中部、南非的西南角、澳大利亚的东南海岸和西南海岸，都属这种气候。在大陆东岸，气候具有季风性，夏季炎热多雨，冬季寒冷干燥。如北美洲东岸、中国东部、朝鲜半岛、日本南部及澳大利亚东部沿海等。

8.3.1.5 冷温带气候带

冷温带(cool temperate belt)是指纬度45°N(S)到北(南)极圈的盛行西风带。本气候带的大陆西岸常年盛行向岸西风和暖洋流的影响，具有海洋性的特点；东岸，冬季盛行干冷的离岸风，大陆性显著。

本带的大陆西岸海洋性气候的特点为：夏不热，冬温和，年较差小。由于气旋过境频繁，日际温度变化大。全年湿润，各季降水均匀，日照少。如加拿大的西海岸、智利南部的西海岸、斯堪的纳维亚半岛和西欧等地区。

本带的大陆东岸大陆性气候强，年较差和日较差都大。夏季最热月平均气温可达25℃，冬季最冷月平均气温可低于0℃，降水稀少，为干燥的大陆性气候，如俄罗斯的远东地区和中国的蒙新地区、北美洲西部、南美洲的巴达哥尼亚等。

8.3.1.6 极地气候带

极地气候带(polar climate belt)位于北半球欧亚大陆和北美大陆的北极圈以北地带，以最热月10℃等值线为其南界，在大陆上偏北，海洋上偏南。在南半球因大陆面积小，故北界在45°~50°S之间。苔原植物可以生长，称苔原气候；在0℃以下的，则称冻原气候。

(1)苔原气候

苔原气候(tundra belt)在北半球分布在北美洲和欧亚大陆的北部边缘、格陵兰沿海的一部分和北冰洋中的若干岛屿中。在南半球仅分布在南极半岛及北段的几个小岛。如马尔维纳斯群岛(福克兰群岛)、南设得兰群岛和南奥克尼群岛等。

年可能蒸散量小于350mm。全年皆冬，一年中只有1~4个月的月平均气温在0~10℃左右。其纬度位置已接近或位于极圈以内，所以极昼、极夜现象很明显。在极夜期间，气温很低，但邻近海洋比副极地大陆性气候稍高。最冷月平均气温在-20~-40℃之间。最热月平均气温在1~5℃。在7、8月份(指北半球)，夜间气温仍可降到0℃以下。

在冰洋锋上有一定的降水，一般年降水量在200~300mm左右。在内陆地区尚不足200mm，大多为干雪，暖季为雨或湿雪。由于风速大，常形成雪雾，能见度不佳，地面积雪面积不大。自然植被只有苔藓、地衣及小灌木等，构成了苔原的景观。

(2)冻原气候

冻原(cold desert)气候分布在格陵兰、南极大陆和北冰洋的若干岛屿上。这里是冰洋气团和南极气团的源地，全年严寒，各月平均气温皆在0℃以下，具有全球最低的年平均气温。一年中有长时期的极昼、极夜现象。全年降水量小于250mm，皆为干雪，不会融化，长期累积形成很厚的冰原。长年大风，寒风夹雪，能见度极低。

总之，由于极夜的存在以及夏季太阳高度角低，辐射既易被冰雪所反射，又消耗于冰雪的融解，所以冰原气候的年平均气温是地球上最低的。正由于冷空气下沉，降水稀少，降下的冰雪全年不融，植被稀少。

8.3.2 气候型

气候型(climatological pattern)是根据气候特征所划分的类型。在同一气候带里，常由于地理环境的不同，出现不同的气候型；相反，在不同的气候带里，由于地理环境近似，也可以出现同类的气候型。同一气候型中有比较一致的气候要素特征。例如，按照下垫面性质的差异，可将世界气候划分出大陆性气候、海洋性气候、季风性气候、地中海性气候、草原气候、荒漠气候、山地气候、高原气候等不同的气候型(图8-11)。气候型是第二级的气候区域单位。

8.3.2.1 大陆性气候和海洋性气候

大陆性气候(continental climate)夏季炎热，冬季寒冷，春温高于秋温。1月最冷，7月最热，年、日温较差大。日照丰富，相对湿度小，云雾少。降水集中在夏季，变率大，非周期性变化明显。而海洋性气候(marine climate)与大陆性气候相反，夏季凉爽，冬季温和，秋温高于春温。最冷月和最热月均落后大陆性气候1个月，年、日气温较差小。相对湿度大，云雾多，日照少，太阳辐射弱。降水丰富，季节分配均匀，变率小。

气候的大陆性和海洋性，主要取决于距海的远近和盛行气团。通常远离海洋者大陆性

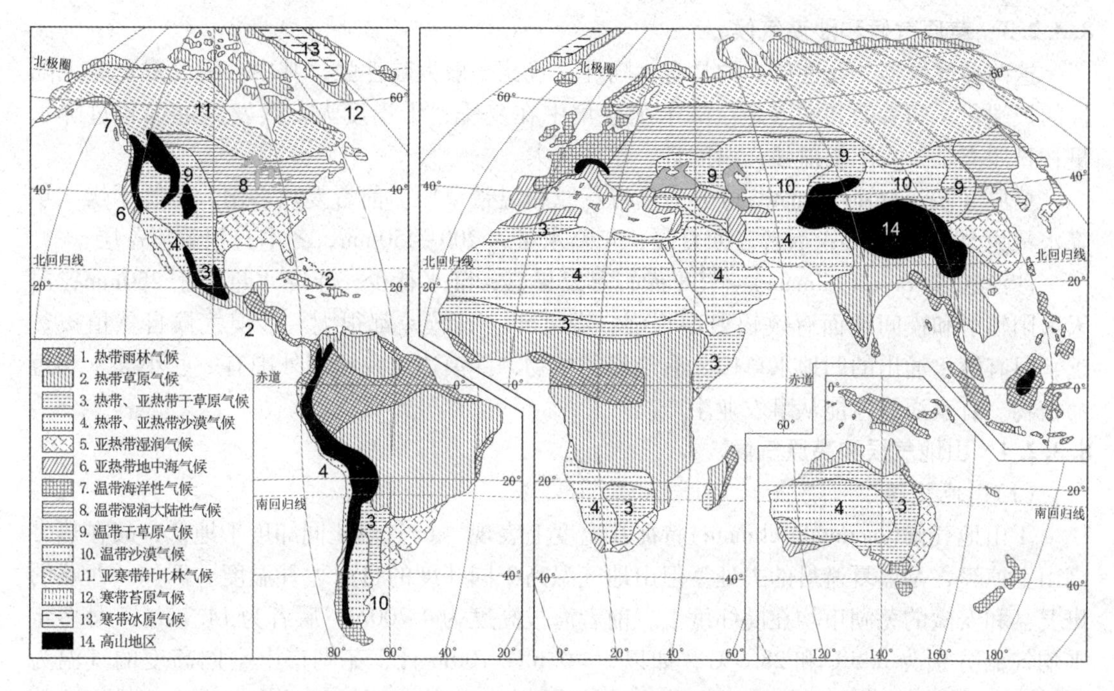

图 8-11 世界气候类型分布图

强，越近海洋者海洋性越强；海洋气团盛行的地区海洋性强，大陆性气团盛行的地区大陆性强。

气候受大陆影响的程度可用大陆度指数表示。1888 年，波兰 W·戈尔琴斯基首先提出以气温相对变幅为基础表示大陆度。其后，许多学者提出了各自表示大陆度的方法，主要有温度法、气团法等。最常见的大陆度是以气温年较差为基础的。此外，还有以降水和太阳辐射所对应的温度效应表示的大陆度，或综合几种气象要素表示的大陆度。主要以戈尔琴斯基提出的大陆度公式最为多用。

$$K = \frac{1.7A}{\sin\varphi} - 20.4$$

式中 K——大陆度；

A——气温年较差(℃)；

φ——纬度。

8.3.2.2 季风气候和地中海气候

季风气候(monsoon climate)的特点是：风向具有明显的季节变化，夏季高温多雨，富有海洋性；冬季寒冷干燥，具有大陆性。典型的季风气候区在副热带和暖温带的大陆东岸，尤以亚洲东南部最为显著。

地中海气候(Mediterranean climate)夏季高温干燥，冬季温暖多雨。典型的地中海气候区在副热带和暖温带的大陆西岸，以欧亚非三洲之间的地中海周围地区最为鲜明。地中海气候的形成，主要取决于副热带高压和西风带在一年中的交替控制。夏季受副热带高压影响，盛行大陆气团，上层有下沉逆温，阻碍上升气流的发展和云雨的形成，致使夏季干燥炎热；冬季盛行西风，海洋气团活跃，气旋活动频繁，降水充沛，故冬季温和湿润。

8.3.2.3 草原气候和沙漠气候

这两种气候型，在性质上均具有大陆性，且比一般大陆性强，其中沙漠气候更是大陆性的极端化。两者的共同点是：降水少且集中在夏季；干燥度大，蒸发量远远超过降水量；日照充足，太阳辐射强；温度日、年变化大。

草原气候(prairie climate)可分为热带草原和温带草原。前者夏热多雨，冬暖干燥，年降水量为500~750mm；后者冬寒夏暖，年降水量为200~450mm，冬季有积雪覆盖层。

沙漠气候(desert climate)空气干燥，蒸发极盛，降水稀少，年降水量小于250mm；白天太阳辐射和夜间地面有效辐射都很强；温度年、日较差都很大。沙漠气候自然植被贫乏，只有潜水涌出的凹地水草田才有茂盛的植物，沙漠边缘和绿洲外围有一些小灌木和短命植物。有水灌溉才能从事农业生产。

8.3.2.4 山地气候和高原气候

(1)山地气候

①山地气候(mountain climate)特征在温度上表现 a. 气温比同纬度平地低，故在热带高山上凉爽，是盛夏避暑的去处。但山地气温高于同纬度的自由大气温度。例如，西藏的班戈县和安徽的芜湖市均在同纬度上，前者海拔高度为4 700m，后者为14.7m，7月多年平均气温分别为8.5℃和28.9℃，如以 $r=0.6$℃/100m 计，芜湖市上空同高度的气温为0.8℃。b. 气温日较差和年较差均比同纬度平地小，极值出现时间随高度升高而推迟。就纬度而言，热带高山年较差小，温带高山年较差大。c. 同一山地还因坡向、坡度及地形起伏、凹凸、显隐等局地条件不同，气候具有差异。如：冬季山坡上具有逆温存在；向阳坡气温较高。

②山地气候特征在降水上表现 a. 在一定高度下，山地云雾和降水多于附近的平地，水汽压随高度上升、气温下降而减少，相对湿度因气温降低而增大，在夏季表现得尤为明显。b. 迎风坡气流被迫抬升，多雨，为湿坡；背风坡因焚风效应，少雨，为干坡。此外，山地常可出现以日为周期的山谷风。

③山地气候垂直地带性特征表现 a. 山地垂直气候带的分异因所在地的纬度和山地本身的高差而异。在低纬山地，山麓为赤道或热带气候，随着海拔的增加，地表热量和水分条件逐渐变化，垂直气候带依次发生。这种变化类似于低海拔地区随纬度增加而发生的变化。如果山地的高差较小，气候垂直带的分异较小。如果山地的纬度较高，气候垂直带的分异则不显著。b. 山地垂直气候带具有所在地大气候类型的“烙印”。例如，赤道山地从山麓到山顶都具有全年季节变化不明显的特征。又如珠穆朗玛峰和长白山都具有季风气候特色。c. 湿润气候区山地垂直气候的分异主要以热量条件的垂直差异为决定因素；而干旱、半干旱气候区的山地垂直气候的分异与热量和湿润状况都有密切关系。这种地区的干燥度都是山麓大，随着海拔的增高，干燥度逐渐减小。图8-11反映了我国不同纬度地区山地垂直气候分布的特征。

(2)高原气候

高原气候(plateau climate)的特征是：因高原整个地形被抬高，地面与空气接触面比山地大，白天或夏季获得太阳辐射量比同纬度的山地多，成为巨大的热源，土温和气温比同高度的山地要高。高原上水汽少，辐射面积大，故夜间或冬季有效辐射强，为巨大的热汇，降温剧烈。所以，高原辐射强，温度变化趋于极端，其日较差和年较差均较大，降水少，属典型的大陆性气候。

8.4　世界主要气候带内的农林业

气候、土壤及影响气候和土壤的地形具有地域性，从而决定了世界农林业具有地域性，集中表现在地球上自然地带的多样性和它们的地理分布。显然，这些自然地带都是在纬度地带性和非地带性的共同作用下形成的，不同的自然地带内，有不同的农林业类型和特点。以下主要分析世界主要气候带（自然地带）与农林业的关系。

8.4.1　热带雨林带与农林业

热带雨林（tropical rain forest）的气候条件，为生物生存和发展提供了极为有利的环境，因而发育着热带雨林植被。雨林内植物种类极为丰富，附生、寄生植物甚多，还有多种藤本植物及老茎生花现象。因林内阴暗潮湿，叶尖滴水，故称为“雨林”。典型的植物为龙脑香科植物，代表性藤本有过江龙等，寄生植物有鸟巢蕨等。在这种生物气候条件下发育了典型的砖红壤。由于雨林内植物繁多，果实等食物丰富，因而动物种类也很多，有大象、野牛等巨型动物，还有各种猿猴和飞鸟。

过分湿热的雨林环境不利于人类的健康生活，原始雨林中易于感染种种疾病和瘟疫，受到交通运输条件的影响，交通不便的地区，居住的主要是原始土著，农林业生产工具简陋，生产效率低下。而在某些交通便利、开发程度较高的雨林地带，当地居民则栽培了适应于热带雨林特点的多种作物，如可可、橡胶、油棕、椰子、咖啡，以及香蕉、甘蔗、木薯、胡椒、山药、玉米、水稻等。一些地区发展了多年生作物栽培的种植园，成为世界市场上许多抢手产品如橡胶、油棕、咖啡、可可、香料等的生产基地。这说明热带雨林带具有很大的开发利用潜力。

亚马孙平原是世界上最大的热带雨林区，占地球上热带雨林总面积的50%，达 $650\times10^4km^2$，其中有 $480\times10^4km^2$ 在巴西境内。这里自然资源丰富，物种繁多，生态环境纷繁复杂，生物多样性保存完好，被称为“生物科学家的天堂”。

然而，热带雨林却因为它的富有正受到人类不合理的利用。1970年，巴西为了解决东北部的贫困问题而开发亚马孙地区。这一决策使该地区每年约有 $8\times10^4km^2$ 的原始森林遭到破坏，1969—1975年，巴西中西部和亚马孙地区的森林被毁掉了逾 $11\times10^4km^2$，巴西的森林面积同400年前相比，整整减少了1/2。

热带雨林的减少主要是由于烧荒耕作、过度采伐、过度放牧和森林火灾等，其中烧荒耕作是首要原因，占整个热带森林减少面积的45%。在垦荒过程中，人们把重型拖拉机开进亚马孙森林，把树木砍倒，再放火焚烧。热带雨林的减少不仅意味着森林资源的减少，而且意味着全球范围内的环境恶化。因为森林具有涵养水源、调节气候、消减污染及保持生物多样性的功能。

热带雨林每年吸收全球排放的大量的 CO_2，制造大量的氧气，热带雨林由此被誉为

“地球之肺”。热带雨林从土壤中吸取大量的水分，再通过蒸腾作用，把水分散发到空气中。另外，森林土壤有良好的渗透性，能吸收和滞留大量的降水。例如，亚马孙热带雨林储蓄的淡水占地表淡水总量的23%。森林的过度砍伐会使土壤侵蚀、土质沙化，引起水土流失。巴西东北部的一些地区就因为毁掉了大片的森林而变成了巴西最干旱、最贫穷的地方。

8.4.2 热带稀树草原气候带与农林业

热带稀树草原(savanna climate)“savanna”的意思就是“树木很少而草很高”。适宜于饲养反刍动物，疫病相对较少。通常人们把热带雨林带和热带稀树草原边界，称为畜牧经济的湿润限界。在这里主要栽培作物除了优质茶树、柑橘、香蕉外，还有玉米、水稻、菜豆、花生、谷子和山药等。其中有些是需要在干季成熟的新品种，菜豆、花生即属此类。次要的栽培作物除上述油棕、椰子、木薯、可可、橡胶、咖啡外，还有向日葵等。

8.4.3 热带、亚热带的半荒漠、荒漠气候带与农林业

这一气候带由于气候十分干旱，水分条件很差，植物贫乏。仅有稀疏的旱生灌木和少数草本植物，以及一些雨后生长的短生植物。有大片赤地裸露的无植被地区，一般不能农耕。在某些比较湿润的地带可以发展固定的放牧业，其余地区偶尔可进行游牧、狩猎和食物采集。错落分布的绿洲农业，是荒漠带中的特殊景观。

8.4.4 热带草原带、温带草原带与农林业

这两个地带从占优势的农业经营类型看，主要有：草地系统的牧场放牧制(欧亚大陆内部和北非)，大农场经营制(北美洲中西部、南美洲巴塔哥尼亚)和耕作业系统的谷物业经营制(北美洲中部地区)，个别地区属耕作业系统的块根作物栽培制(马达加斯加西部)。应该指出，在畜牧业经营方面，必须注意草原的保护和承受能力，防止并避免过牧现象，以免草原退化。

8.4.5 亚热带森林气候带与农林业

亚热带森林(sub-tropic forest)气候带占优势的农业经营类型，在地中海地区、美国加利福尼亚州的西部沿海和非洲西南端，属多年生作物栽培系统中的栽培园地类型，在澳大利亚西南部为耕作业系统中的草田轮作制，而在南美洲智利中部为草地系统的大农场经营制。

大陆东岸的亚热带森林带，在北半球主要分布在中国的长江流域，日本南部和美国东南部；在南半球主要分布在澳大利亚东南部、非洲东南部及南美洲东南部。亚热带大陆东岸的气候属于亚热带季风湿润气候。这类气候条件下，主要形成常绿阔叶林，发育亚热带的黄壤和红壤。

该地带年降水量较多，相对集中于夏季，夏季气温比较高，故可种植水稻、花生、大豆、棉花、甘薯和某些蔬菜。由于冬季较温和，因而可全年耕作，实行一年二熟制或一年

三熟制。冬季通常种植油菜、冬麦或饲料等较耐寒的作物。

在农业经营类型上，中国长江流域、日本南部、澳大利亚东南部及南美洲东南部部分地区属耕作业系统的谷物业经营制。美国东南部属多年生作物栽培系统的园地类型，南美洲东南部有相当大面积属草地系统的大农场经营制类型。

8.4.6 温带阔叶林气候带与农林业

温带阔叶林（temperate broadleaved forest）气候带的土壤主要为棕色森林土、灰棕壤和褐色土。动物区系种类少于亚热带森林带，但其个体数量较多，主要以有蹄类、鸟类、啮齿类和一些食肉动物最为活跃。

这一气候带中的中国华北、东北、朝鲜北部和日本北部广大地区，人们利用季风的特殊优惠，在高温多雨的夏季，把高产的水稻农作物推向高纬，同时又根据各地水利条件的不同，发展玉米、高粱、小麦、大豆等作物，构成以谷物经营制和块根作物栽培制为主的耕作业系统。至于北美洲北部地区，则与东亚情况有明显差别。

欧洲西部的温带阔叶林带，冬季温和，夏季凉爽，对牧草的生长有利，一年中，大部分时间甚至全年可以放牧，因而畜牧业较发达。秋季漫长既对谷类种植有利，也适宜于根菜作物的栽培，种植的作物以甜菜和马铃薯等块根块茎作物和谷类作物为主。因而从占优势农业经营类型来看，本地区属耕作业系统的谷物经营制、块根作物栽培制和草田轮作制。

8.4.7 亚寒带针叶林气候带与农林业

亚寒带针叶林气候带（sub-frigid conifer forest）由于冬季漫长，夏季温暖，降水量主要集中于夏季，因而农业以种植夏谷和饲料为主。部分地区饲料生产采取多年种植形式，如美国东北部、加拿大东南部、瑞典中部以及波罗的海的奶牛业地带等。本地带气候严寒，人烟稀少，农业经营不占重要地位，仅在偏南部地区有属耕作业系统的谷物经营制。

亚寒带针叶林以北的高纬地带，冬季风雪弥漫，夏季极为短促，土壤冻结，沼泽化严重，植被属于以苔藓、地衣为主的苔原带，以驯鹿放牧为主外，无种植农业。

8.5 中国的气候特征

中国位于欧亚大陆的东部和太平洋的西岸，自南向北跨赤道带、热带、亚热带和温带，拥有世界最高大的青藏高原，并与中部山地、盆地及东部的平原、丘陵构成三大地理台阶，上述地理特征使得中国的气候具有季风显著、大陆性强和区域差异突出等特点，并形成东部季风区、西北干旱区和青藏高原区等三大一级气候区。

8.5.1 季风显著

中国大部分地区的气候具有季风性显著的特征，主要表现如下：

(1)风向季节变化明显

冬季盛行西北或东北季风，夏季盛行东南或西南季风。夏季风3月初开始影响华南，4月扩展到长江沿岸，5月波及淮河流域，6月到达华北和东北，同时华中为盛行期，7月为夏季风极盛期，已达55°N附近。8月中旬夏季风减弱南退，9月东北、华北已为冬季风控制，东部沿海及长江流域此时已受到冬季风的影响，10月中旬以后，全国皆为冬季风所控制。

大体在河套以西终年在极地大陆气团控制下，无明显的季风；河套以东至沿海，北至黑龙江，南至长江流域，冬季为偏北风，夏季为东南风；长江以南至南海中部，冬季为东北偏东风，夏季为东南风和西南风，是全国季风最显著的地区；南海南部海面冬、夏季分别为东北信风和西南季风；西藏南部冬季盛行西风，夏季盛行东风，亦具有季风性。

(2)季风区温度与降水特点

中国季风按属性分为热带季风和东亚季风。热带季风主要分布在两广和云南南部。其特点是冬、夏温度变化缓和，形成明显的雨季和旱季。夏季为西南季风，冬季为东北偏东风。东亚季风按地理纬度分为副热带季风和温带季风。大致34°N以南为副热带季风区，最冷月平均温度在0~8℃之间，雨季主要在夏季和秋季，年降水量在800mm以上；34°N以北为温带季风区，最冷月平均温度在0℃以下，雨季主要在盛夏，年降水量小于800mm。雨季起讫日期与季风进退日期一致。降水量的多少与夏季风影响的程度密切。夏季风影响的强度及持续时间均为东南甚于西北，因此降水量地区分布总趋势也为自东南向西北递减。

每当冬夏季风出现一次明显的进退时，气温便有一次明显的下降或上升。各地夏季风开始，雨季亦开始；夏季风撤退，雨季即结束。中国季风与北美洲东部相比，后者虽亦显示季风性，但不如中国风向随着季节变化明显，同时在季节性温度、降水的变化上不如东亚悬殊。

8.5.2 大陆性强

中国气候的大陆性主要表现为：气温的年、日较差大；冬季寒冷，南北温差悬殊，夏季炎热，全国气温普遍较高。最冷月多出现在1月，最热月多出现在7月；南、北温差冬季远大于夏季；春温高于秋温。

中国冬季风势力强盛，北方的强劲冷空气南下常侵入南方和沿海岛屿，气温也较低。全国绝大部分地区最冷月都出现在1月，南海诸岛中的西沙群岛以1月气温为最低，最热月几乎都出现在7月，反映了大陆性气候的特征。最冷月平均气温远低于同纬圈的平均值。年极端最低气温的多年平均值从南向北逐渐降低，最北的大兴安岭北部平均极端最低气温低于-45℃，海南岛则在10℃以上，南北相差50~60℃。据分析，除青藏高原外，纬度每往南1°，极端最低气温多年平均值增高1℃。

中国的夏季在世界同纬度地区中除沙漠干旱地区以外为最热，仅华南沿海和同纬圈平均值相近，其他地区均比同纬圈平均值高。由于中国的夏季风北伸很远，最热月平均气温南北相差不大。如广州和哈尔滨，最热月平均气温分别为28.4℃和22.7℃，仅相差

5.7℃；最南的南沙群岛和最北的黑龙江漠河的最热月平均气温也只相差10℃左右，远比最冷月平均气温的南北差值小。

中国与世界同纬度地区相比，冬冷而夏热(青藏高原除外)，所以气温年较差比世界同纬度地区平均值大。在20°~50°N范围内，每隔10个纬度左右各纬圈平均气温年较差与中国相应地点相比较，差值基本上随纬度降低而减小(图8-12)。但西南地区受地形的影响，提高了冬季气温，而降低了夏季温度，年较差大为减小。如云南景洪(21°52′N)年较差仅10.1℃，接近同纬度的平均值8.0℃。

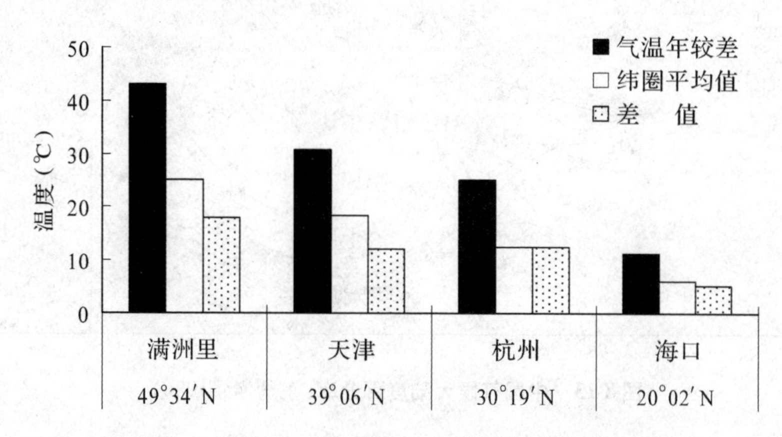

图8-12　我国从北到南气温年较差与同纬圈平均值的比较

平均气温日较差也和年较差一样，越向西北内陆越大。大体上在秦岭—淮河一线以南小于10℃；自此线往北，至华北平原增大到10~12℃；黄土高原和东北大部为12~14℃；蒙新、青藏可达14~16℃以上，较东部平原地区大1~2倍。各月气温日较差随各地云雨状况不同，其最大、最小值出现月份上也各有差异。

比较同一地点的10月(代表秋季)和4月(代表春季)平均气温，中国除东南半壁秋温高于春温外，北方、西南和青藏高原的广大地区，都是春温高于秋温，其差值自东向西而增大；高原的广大地区，都是春温高于秋温，其差值自东向西而增大；至新疆东部和南部达到最大，吐鲁番盆地春温高出秋温达6℃以上，也反映中国西北部气候的强烈大陆性。

通常用大陆度表示大陆对气候影响的程度，早期我国学者进行过较多的分析。图8-13反映了我国大陆度百分率的分布。可见我国东部和南部沿海大陆度等值线走向与海岸基本平行，浙、闽和两广大陆度等值线较密集。台湾南端的恒春和西沙永兴岛是我国大陆度最低区，最高值出现在黑龙江省漠河，北疆准噶尔盆地也是高值区，山东半岛东部、江苏和浙江东部以及福建、台湾、两广等区大陆度都在50%，西部高原由于纬度不高而海拔很高，是一个大陆度低值区，其数值甚至比东南沿海还要低。

大陆度虽然不能完全反映大陆对气候的影响，但基本上反映了我国气温的年内分布特征。

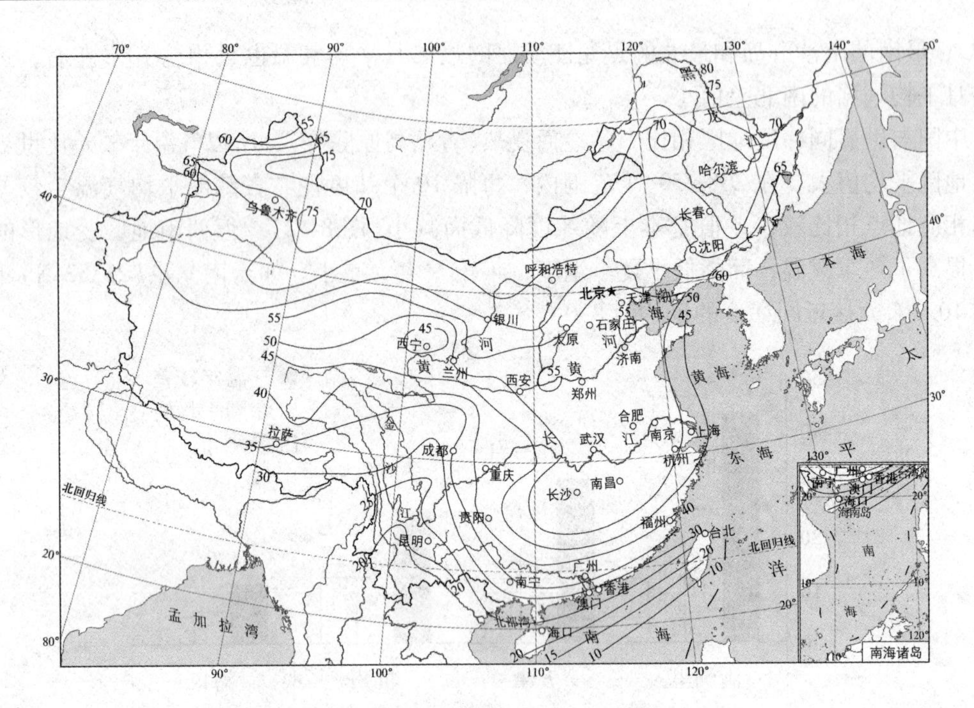

图 8-13 中国气候大陆度百分率(王德澥, 1986)

8.5.3 温度差异大

8.5.3.1 温度的空间分布

中国温度的空间分布有以下特征(图 8-14 至图 8-16):

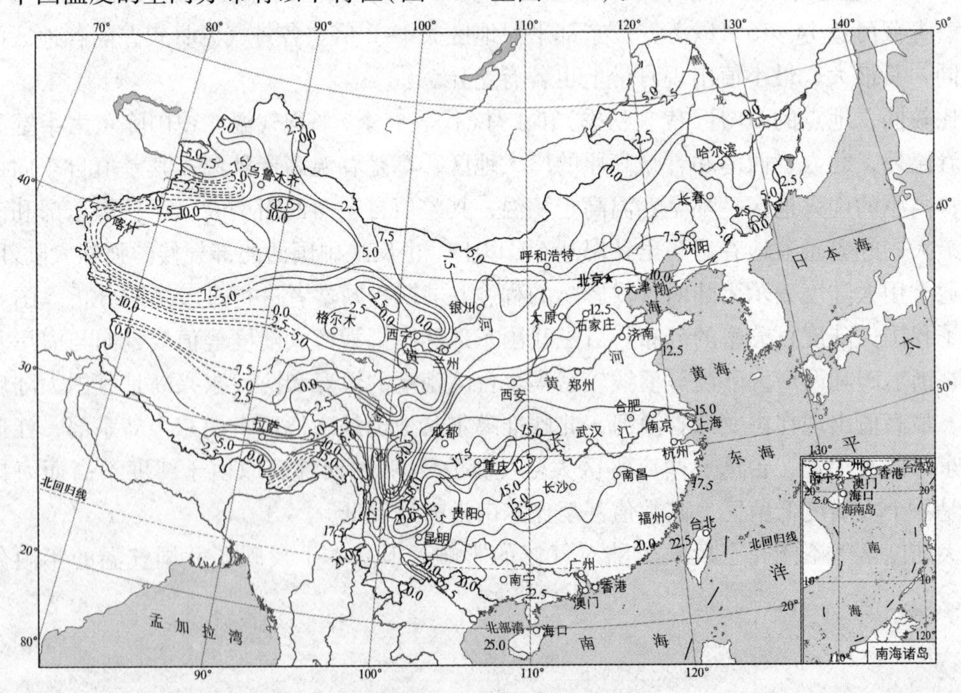

图 8-14 中国年平均气温分布图(肖金香等, 2009)

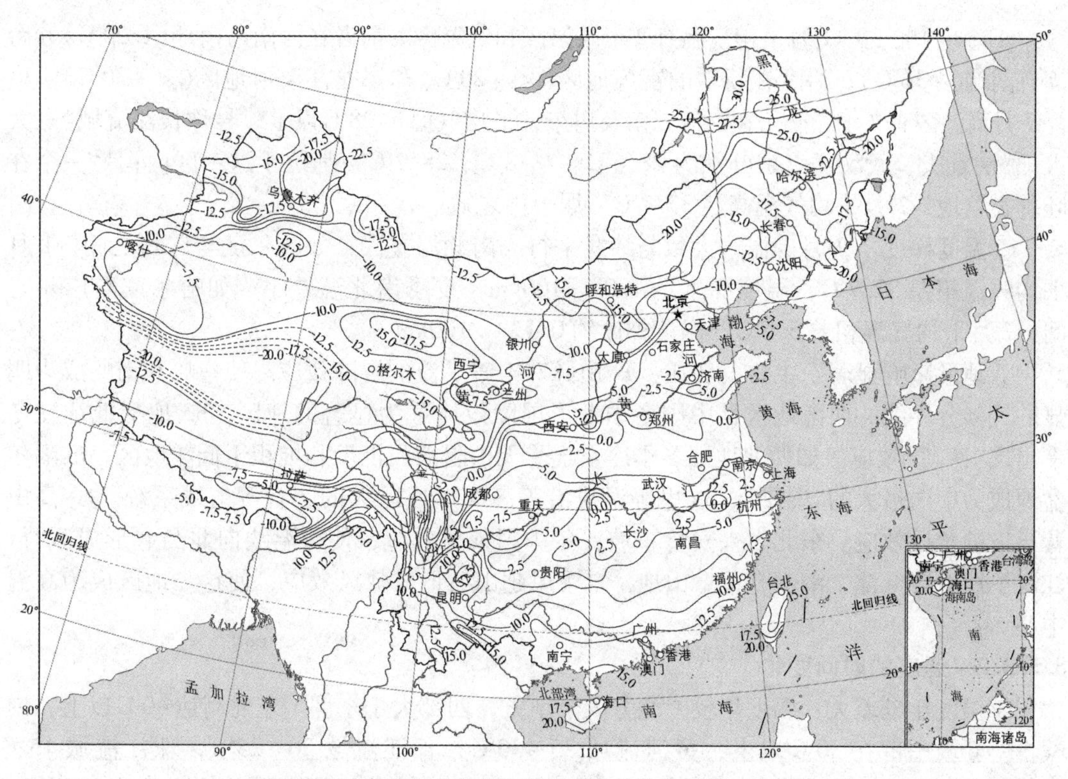

图 8-15 中国 1 月平均气温分布图(肖金香等，2009)

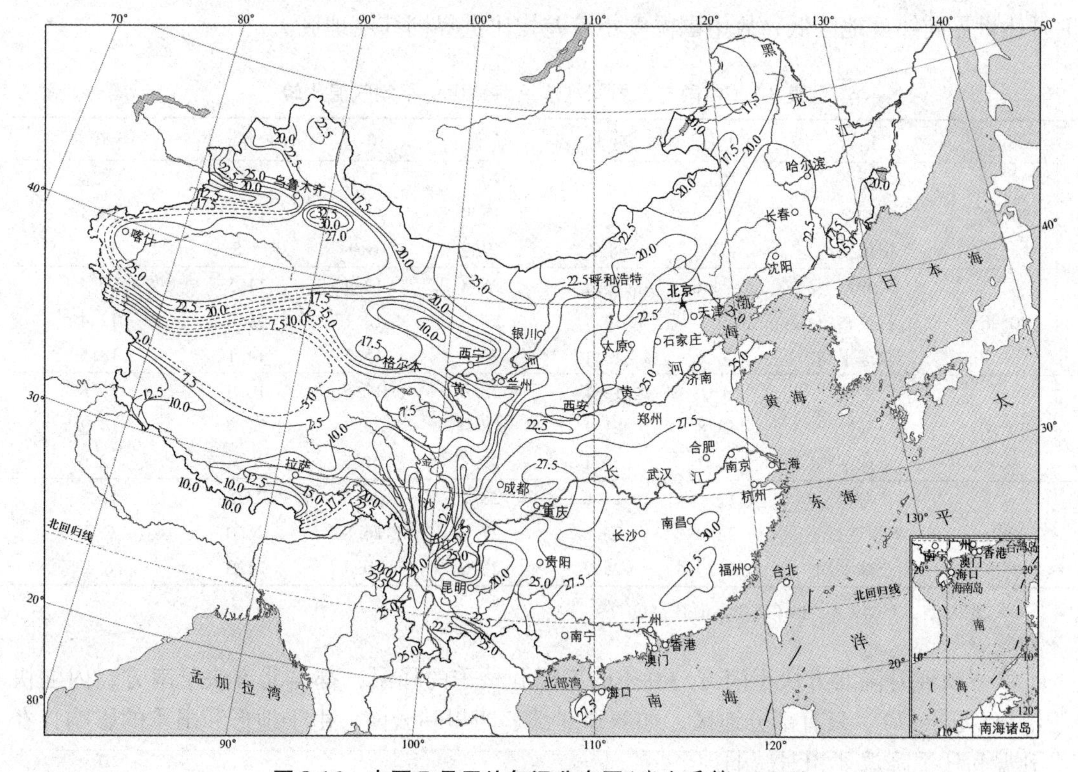

图 8-16 中国 7 月平均气温分布图(肖金香等，2009)

①冷热中心区　1月平均气温有2个高温区和低温区。前者在海南岛南部(≥20℃)和台湾省南端(≥16℃)；后者在新疆的富蕴地区(＜－20℃)和黑龙江漠河地区(＜－30℃)。盛夏7月高温区有2个：一个在淮河以南及川东，平均气温达28℃以上，号称长江流域“三大火炉”的重庆、武汉、南京分别为28.6℃、28.8℃、28.2℃，都位于这一区内；另一个在吐鲁番盆地，7月平均气温高达32.7℃，居全国之冠。

②温度梯度　1月等温线大致与纬线平行。南北温差大，如哈尔滨与广州之间，1月平均气温相差32.7℃，温度梯度约1.0℃/100km。夏季南北温差小，如哈尔滨与广州之间，7月平均气温相差5.6℃，温度梯度约0.17℃/100km。

③地形影响显著　主要表现在：a. 山脉对冷暖平流的屏障效应。使秦岭和南岭成为明显的气候分界线，西南地区是中国冬季地形屏障效应最为显著的地区。b. 地形低洼在冬季出现“冷湖”效应。如西北地区冬季冷空气受天山阻滞而汇聚和堆积于低洼地区，准噶尔盆地成为中国最大的“冷湖”，这里等温线沿等高线形成巨大的闭合等值线系统。c. 高山背风坡的焚风效应。东北大兴安岭东坡，冬季因焚风效应，使等温线向北凸起形成暖脊。江汉平原地势低洼，南面有幕阜山地，夏季风越山后形成焚风效应，使这一地区成为高温中心。

8.5.3.2　温度的时间变化

①温度年较差大　温度年较差北方大于南方，西部大于东部。东北高达40℃以上，内蒙古、新疆一带在30℃以上，黄河流域25～30℃，长江流域20～25℃，珠江流域15～20℃。表8-1是中国四季气温与世界同纬度地区的比较值。7月比世界同纬度地区高；1月比世界同纬度地区低，故中国温度年较差均比世界同纬度地区大。

表8-1　中国与世界同纬度沿海地区的平均气温比较　℃

纬度	地方	1月	4月	7月	10月	年	年较差
50°N	爱辉	−23.9	2.6	20.5	2.1	−0.5	44.4
	普利茅斯	−6.2	9.2	15.9	11.9	10.8	10.4
	全球平均	−7.2	8.2	17.9	6.9	5.8	25.1
40°N	北京	−4.6	13.1	25.8	12.4	11.5	30.4
	科英布拉	10.5	14.1	21.8	18.1	15.8	12.4
	全球平均	5.5	13.1	24.0	15.7	14.1	18.5
30°N	武汉	3.0	16.1	28.8	17.5	16.3	25.8
	开罗	13.8	21.1	28.0	23.7	21.6	14.2
	全球平均	14.7	20.1	27.3	21.5	20.4	12.6
20°N	海口	17.1	24.8	28.4	24.8	23.8	11.3
	圣地亚哥*	24.0	25.8	27.7	26.8	26.0	3.7
	全球平均	21.9	25.2	28.0	26.4	25.3	6.1

*　20°03′N，75°49′W，3m(观测点海拔高度)。

②春秋温升降北方快于南方　春季的增温和秋季的降温，都是北方快于南方，内陆快于沿海(图8-17)。只有部分地区，如新疆北部、四川和云南，由于地形和雨季的影响，春季升温和秋季降温才相对减弱。

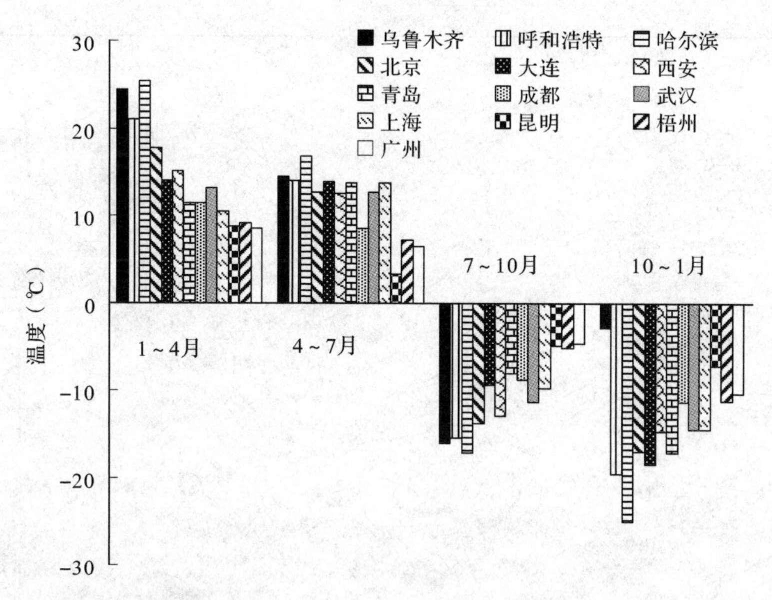

图 8-17　中国四季（1、4、7、10 月）平均气温升降比较（1951—1980）

③四季气温日较差各地参差不一　全国冬夏日较差均较小；北方春季最大，沙漠附近地区可达 30℃以上；长江流域春秋相近约 8~9℃；华南沿海秋大于春，秋季超过 8℃，春季仅有 6℃左右。中国气温日较差和年较差都是越向北方和内陆越大。华南地区日较差为 7~8℃；长江流域为 8℃左右；秦岭、淮河以北 10℃以上；东北大多在 12~13℃；西北和青藏高原达 15~16℃以上。

8.5.4　降水复杂化

中国降水与气候的季风性、大陆性紧密相关，尤以季风性为甚。

8.5.4.1　降水的空间分布

①季风的影响　中国年降水量与世界同纬度地区相比，在 33°N 纬线以北地区，降水量偏少，多数地区在 100~600mm 之间；而世界同纬度地区除荒漠地区外，一般都在 1 000mm以上。33°N 纬线以南地区，降水量偏多，年雨量多数地区在 500~1 800mm 之间。

全国平均年降水量约 629mm，但地区分布很不均匀，一般是自东南向西北递减（图 8-18）。两广地区年降水量在 1 500mm 以上，1 000mm 的年降水量线位于长江北岸，华北平原约 500mm，西北内陆少于 250mm。

400mm 等年雨量线，大致与夏季风在盛夏季节影响的北界和西界基本一致。等值线东起大兴安岭，经呼和浩特、兰州，止于雅鲁藏布江河谷，把中国分成东南半壁的湿润区和西北半壁干旱区。400mm 等年雨量线以北、以西地区，受地形和远离海洋的影响，除天山北坡和祁连山年降水量可达 600mm 以上，其他地区均不足 200mm，柴达木盆地、塔里木盆地、吐鲁番盆地年降水量均在 25mm 以下。托克逊是中国年降水量最少的地方，平均只有 5. 9mm。

800mm 等年雨量线，东起青岛，向西经淮北、秦岭、川西，止于西藏高原东南角。这

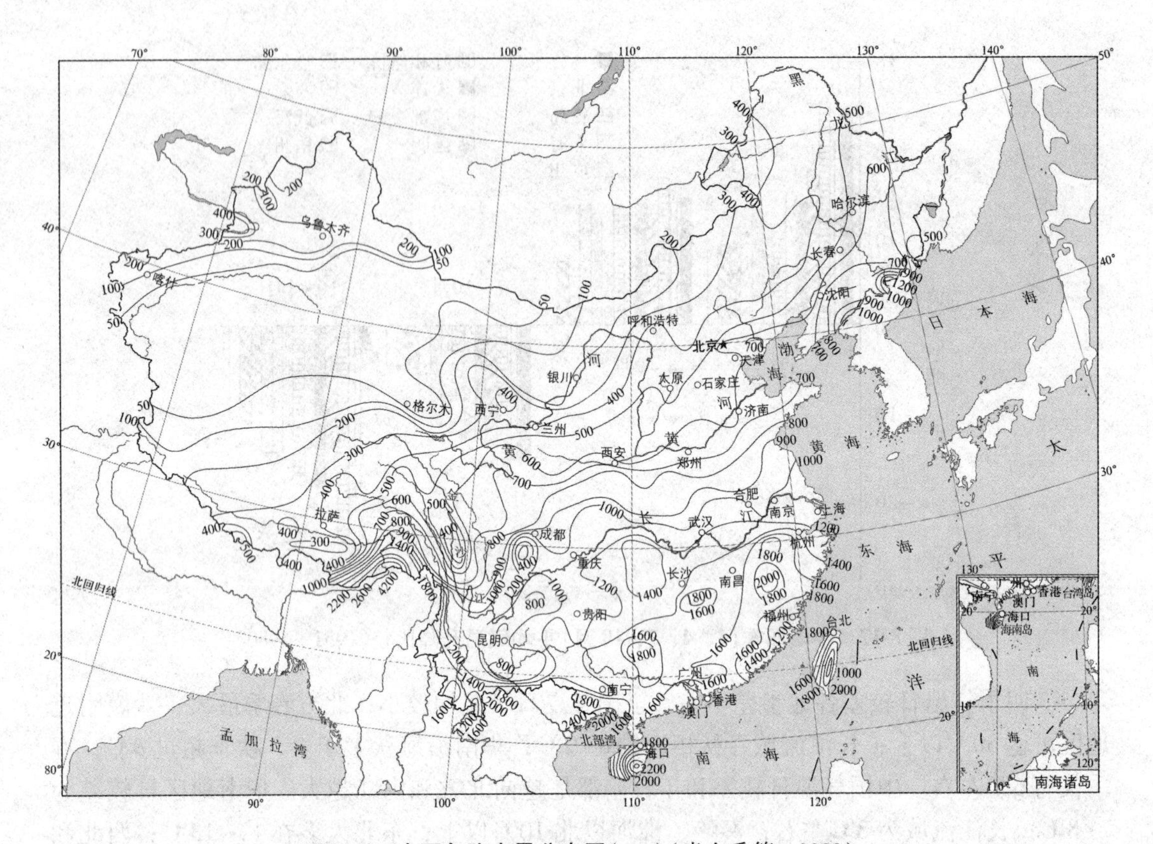

图 8-18　中国年降水量分布图(mm)(肖金香等，2009)

条等值线与400mm等值线之间，为夏季风影响时间较短的地带，一般为7、8两个月，但该地带的东部和迎夏季风的山坡，年降水量可达600~1 000mm。

②地形的影响　山系走向和海拔高度对降水量的影响表现在向风坡和背风坡雨量差异很大。由于山系坡地随季节而有向风和背风的交换，使得不同坡向雨量季节的变化加大，如长白山山脉夏季迎风坡的丹东7~8月雨量为533.9mm，全年达1 019.1mm；而背风坡的营口，7~8月仅有334.9mm，全年为667.4mm。

降水量在一定的海拔高度以下随高度的增加而增加。如秦岭北坡最大降水高度在1 400m，年降水量为1 084mm，比山麓要多400mm。在1 000m以下高度降水递增率为71mm/100m；在1 000~1 400m之间递增率为17mm/100m。1 400m以上降水量随高度增加反而递减，在1 400~2 000m之间的递减率为26mm/100m。

8.5.4.2　降水的时间分配

①降水集中在夏季　中国降水状况主要决定于夏季风的进退，故降水集中在夏季。秦岭—淮河以北夏季降水量占全年的60%以上，秦岭—淮河以南约占40%。这种雨热同季的气候特征对农业生产总体上是有利的。

华南、南岭以南最多雨月是6月，次多为5月；秋季多台风雨，形成第二个雨季，最多为9月，次多为8月或10月，称为华南双雨季型。

台湾东北端基隆附近地区，是中国著名的冬雨区。这是由于该地区冬季盛行东北季风及地形抬升的结果，但多雨区范围很小。

②降水变率冬季大于夏季　就全国而言，中国各地四季平均降水变率冬季最大，特别是降水量最少的1月，达50%~150%；春秋为40%~80%，最小是夏季7月，一般在25%~50%。上海4月变率最小，7月较大，这正反映了长江中下游地区春雨伏旱的基本特点。成都则以10月变率最小，反映了川黔秋雨的特点。7月变率最小的是云南的临沧(17%)、澜沧(18%)和东北哈尔滨(27%)。吐鲁番降水变率全年都大，代表西北干旱地区的一般情况。

8.6 中国的气候资源

气候资源(climatic resources)指人类生产和生活中可利用的气候条件以及大气中可被利用的物质和能量，是自然资源的组成部分，主要包括光能资源、热量资源、水分资源、风能资源等。农业气候资源(agroclimatic resources)是指对农业生产有利的气候条件和大气中可被农业利用的物质与能量，是农业自然资源的重要组成部分。

与其他自然资源相比，气候资源具有地理分布的普遍性与不均衡性、动态变化与循环再生性、气候资源要素的整体性与不可替代性、功能的非线性、聚集性和潜在性、可影响或调控性、共享性与有限性等特点。

季风显著、大陆性强和地形复杂多样决定了中国气候资源的基本特征：太阳辐射资源丰富，光合生产潜力较高；大部地区热量资源丰富，但季节变化大；山区面积大，地形复杂，气候类型多样，为生物多样性和特色农业提供了气候资源保障；雨热基本同季，农业的气候生产潜力较大；水分资源空间不均衡，气候要素的年际波动大，气候灾害频繁。

8.6.1 光能资源

光、热、水是农业气候资源中3个最重要的因素。一般而言，光、热、水等资源配合得好，农作物生长发育就良好，而在作物生长期内出现不利的气候条件，则会引起减产甚至失收。我国各地的农业气候资源分布不平衡，因此，对农业气候资源的分析，有利于因地制宜地进行农业活动。太阳能还是一种可再生的清洁能源，目前太阳能发电、太阳能热水器和日光温室等太阳能利用方式已在各地普遍推广。

光能资源的指标包括太阳辐射年总量、光合有效辐射(生理辐射)、日照时数或日照百分率。我国的年总辐射分布情况在第一节已经分析了，光合有效辐射的分布与年总辐射的分布基本一致。通常情况下，只有在生长季内，即气温≥5℃时，太阳辐射才会被绿色植物所利用。但有些耐寒植物在气温0℃以上就能够进行光合作用，而有些热带作物却要求气温在15℃以上。因此，作物可利用的生理有效辐射要比年生理有效辐射总量少，少多少则因作物种类和各地的生长季长短而不同(图8-19)。

中国各地的日照时数分布的差异是相当大的(图8-20)。全国年日照时数在1 200~3 400h之间，日照百分率在30%~80%之间。日照最少的是四川盆地和云贵高原，年平均日照时数在1 200h左右，日照百分率30%左右。次少区是东南丘陵地区，即浙江、福建、江西、广东、湖南、广西等地的丘陵地区和台湾北部，因地形雨较多，日照时数在1 600~

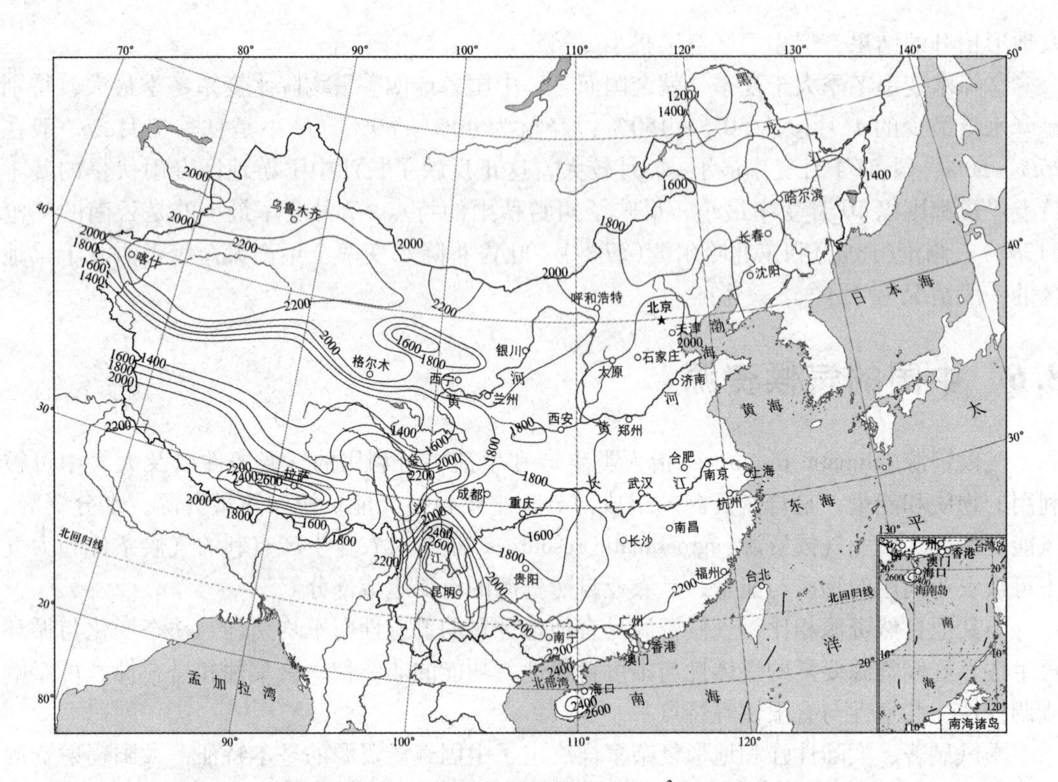

图 8-19 中国(≥5℃)光合有效辐射分布(MJ/m²)(肖金香等，2009)

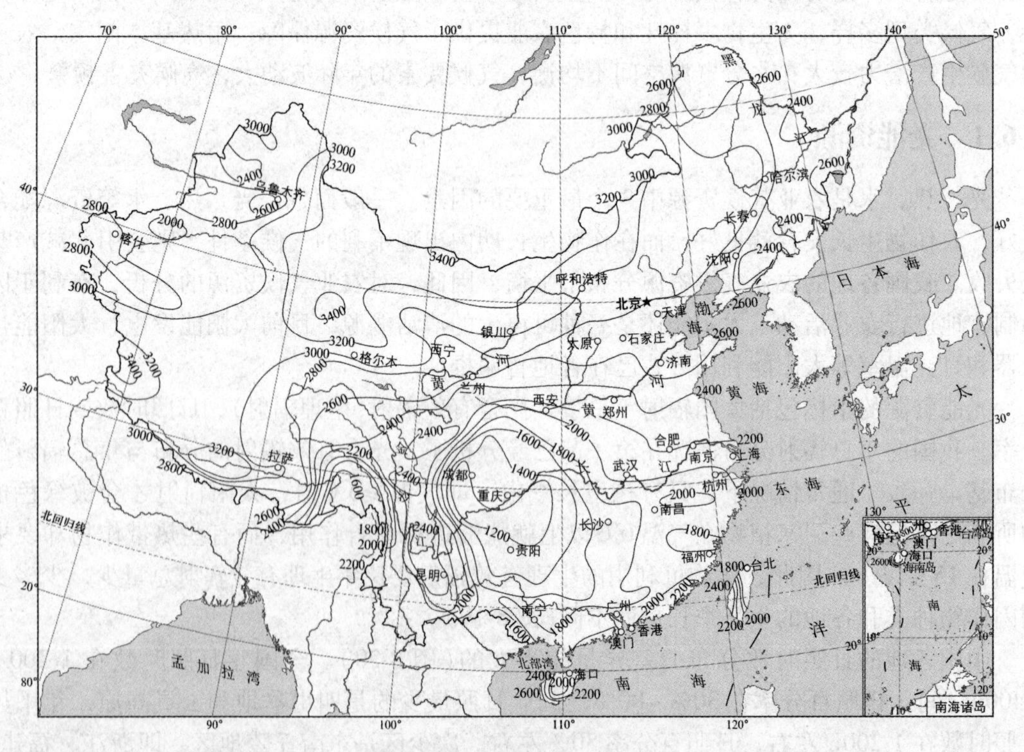

图 8-20 中国日照时数分布图(h)(肖金香等，2009)

1 800h 之间，日照百分率为35%～40%。东南沿海日照时数为2 000～2 200h 之间，日照百分率为45%～50%。华北平原和东北地区日照时数为2 400～3 800h 之间，日照百分率为55%～60%。内蒙古、新疆、北京日照时数为3 000h 左右，日照百分率为70%左右。新疆南部、西藏北部日照最多，日照时数>3 000h，日照百分率>70%。

日平均气温≥10℃的时期是作物生长活跃期，这一时期的光照条件对作物产量形成具有特别重要的意义。中国东部地区日平均气温≥10℃时期的总辐射为 250×10^2～340×10^2 MJ/m^2以上，长江中下游为 350×10^2MJ/m^2左右，华南最高，约为 370×10^2～500×10^2MJ/m^2，青藏高原由于地势高、气温低，日平均气温≥10℃的总辐射也少，一般小于 300×10^2 MJ/m^2，中国最低中心出现在巴颜喀拉山地区，总量不足 80×10^2MJ/m^2(图 8-21)。

日平均气温≥10℃的日照时数的地区分布与日平均气温≥10℃的总辐射的情况基本一致。华南仍为高值区，日照时数为1 600～1 800h，新疆也为一高值区，塔里木盆地日照时数约为1 800h，低值仍出现在巴颜喀拉山地区。

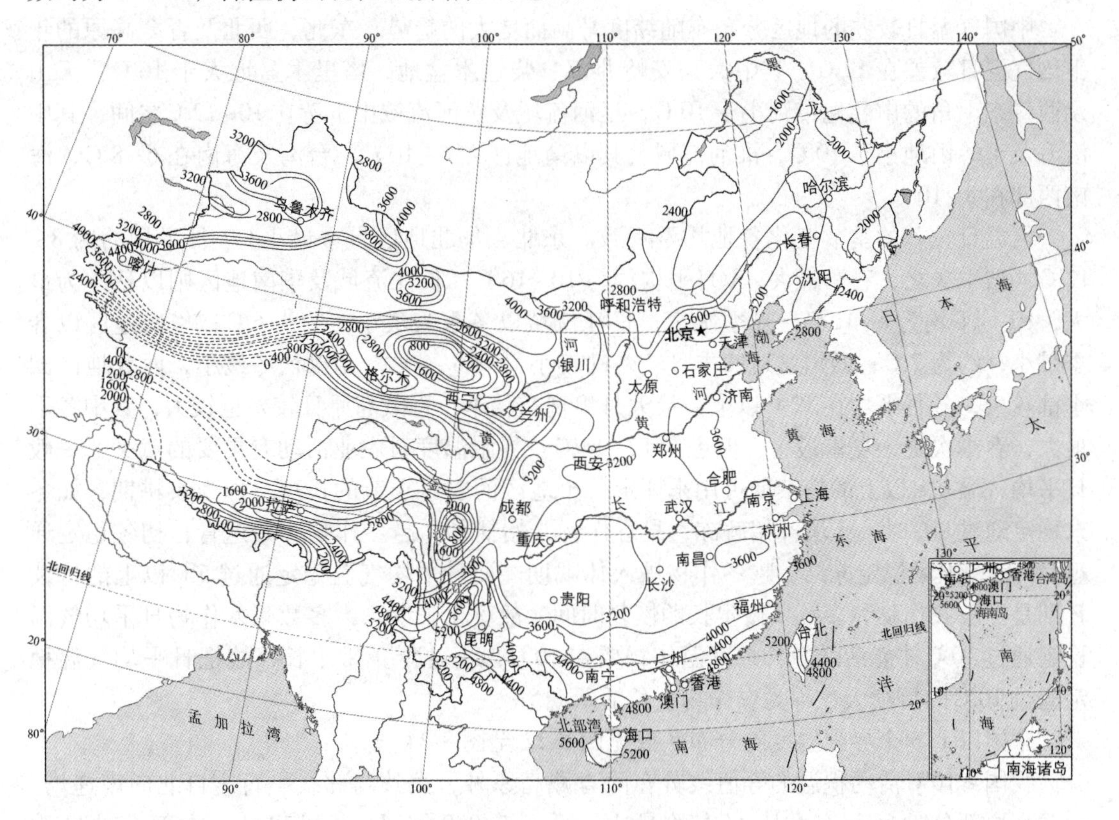

图 8-21 日平均气温≥10℃时期总辐射分布图(MJ/m^2)(肖金香等，2009)

8.6.2 热量资源

热量资源的指标包括年平均温度、最热月平均温度、最冷月平均温度、年极端最低温度，以及农业界限温度的通过日期和持续日数，此外还有活动积温、有效积温和无霜期等。

中国的年平均温度、最热月平均温度和最冷月平均温度在前面已经分析了。极端温度与气温日较差是重要的农业气候指标，中国的极端最高气温的分布与纬度关系不大，主要决定于地形、下垫面性质、距海远近和天气状况。中国各地都可出现35℃以上的高温，而40℃以上的高温仅出现在西北干旱区和东部地势低平的地区。极端高温以吐鲁番盆地为最(47.6℃)；其次为祁连山北端的河西走廊、汉中平原以及四川盆地，均在42~45℃；山东济南以北到华北平原东部的京津地区、东北平原西南部，以及长江中下游平原地区，在42~43℃；华南极端最高气温一般在40℃以下，仅个别地区如广东的韶关才达到42℃。

冬季中国极端最低温度的分布主要受纬度、地形、海拔高度和海陆分布的影响。极端最低温度在0℃以上的地区，由台湾中南部、福建泉州起到华南沿海、雷州半岛、海南岛以及云南南部等地区。长江流域在-5~-10℃之间，秦岭—淮河以南大体上在-20℃以上，华北在-30℃以上；青藏高原西部和北部、甘肃北部、新疆北部、宁夏北部、内蒙古和东北在-40℃以下，其中漠河的极端最低气温是-52.3℃，为全国之最。

中国气温日较差的地区分布有随纬度升高而增大的趋势。东北、西北及青藏高原的年平均气温日较差在12℃，其中大兴安岭北部、柴达木盆地、塔里木盆地大于16℃，天山及西藏东南角的山麓地带则小于10℃，辽河流域及黄河流域中下游在10~12℃之间，其中沿海及秦岭山地小于10℃，淮河流域及其以南地区在6~10℃，台湾及海南在6~8℃，海南西部在8~10℃。

气温日较差的季节变化各地均不一致。东北、华北地区夏季最小，7月平均约为8~12℃，秋季次之，春季最大，4月平均约为10~16℃；长江流域及华南地区则以秋季为最大，10月平均为6~12℃，夏季次之；长江流域以冬季为最小，约为6℃；华南地区以春季最小，约为7℃；四川盆地四季日较差都较小，为6~8℃，尤以秋冬最小；西北地区四季都较大，各月平均在12℃以上，最大月出现在秋季；青藏高原日较差也较大，其中冬季最大，春季次之，夏季最小，但也在12~14℃。界限温度对农业活动有重要的意义，一般日平均气温0℃以上的持续期可用来评定一个地区的农事季节的长短，称为农耕期，如冬末稳定通过0℃时，土壤开始解冻，早春作物开始播种，越冬作物开始返青；初冬稳定通过0℃后，土壤稳定冻结，越冬作物进入休眠期。而日平均气温稳定通过5℃以上的持续日期是一般农作物和多数果树生长的恢复时间，故称生长期。大多数耐寒作物日平均气温稳定通过10℃才能活跃生长，喜温作物要在10℃以上才能正常生长，故把日平均气温稳定通过10℃的持续天数称为农作物生长活跃期。

中国以上3个界限温度的分布状况见图8-22至图8-24。

我国≥10℃活动积温的等值线分布除青藏高原外，大致与纬线平行，自北向南递增。青藏高原部分地区和东北大兴安岭最少，低于2 000 ℃·d；长城以北，大部分地区为2 000~3 500 ℃·d，各种春作物均能良好生长，灌溉条件好的地方可以种植水稻。长城以南在3 500 ℃·d以上，秦岭—淮河一线至南岭为4 500~7 000 ℃·d，南岭以南在7 000 ℃·d以上。新疆大部分地区在4 000 ℃·d以上，吐鲁番盆地还高于5 000 ℃·d(图8-25)。

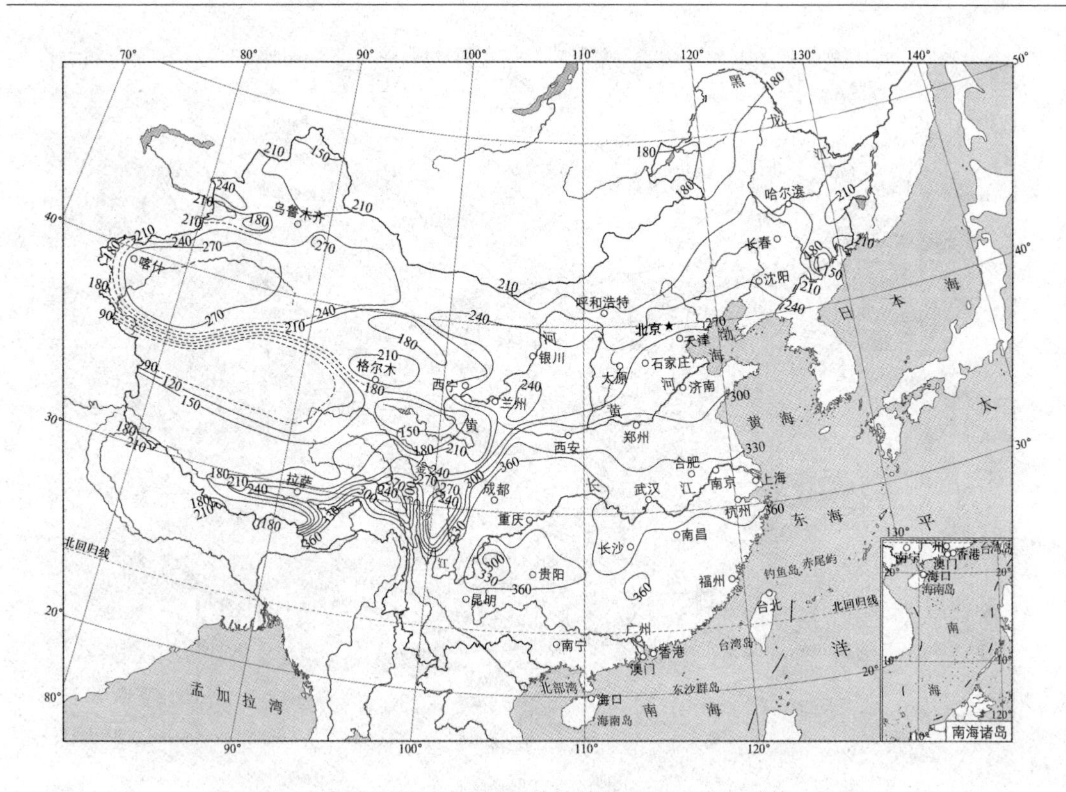

图 8-22 中国稳定通过大于0℃的持续期(d/a)(肖金香等, 2009)

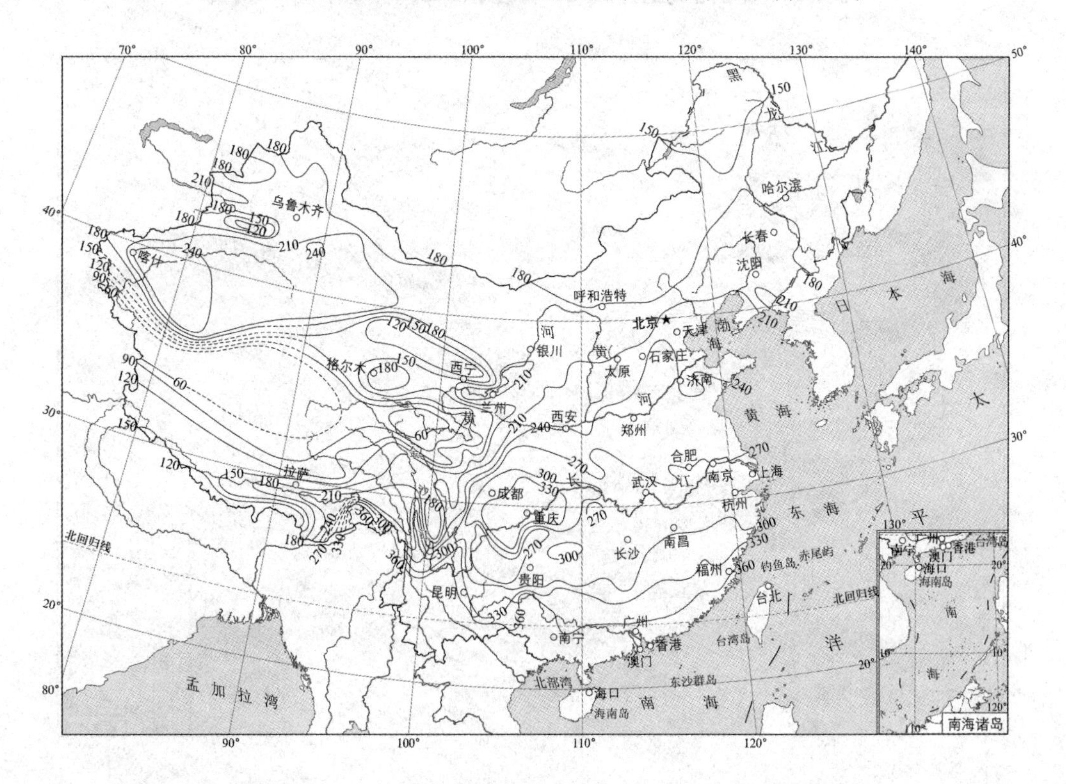

图 8-23 中国稳定通过5℃的持续期(d/a)(肖金香等, 2009)

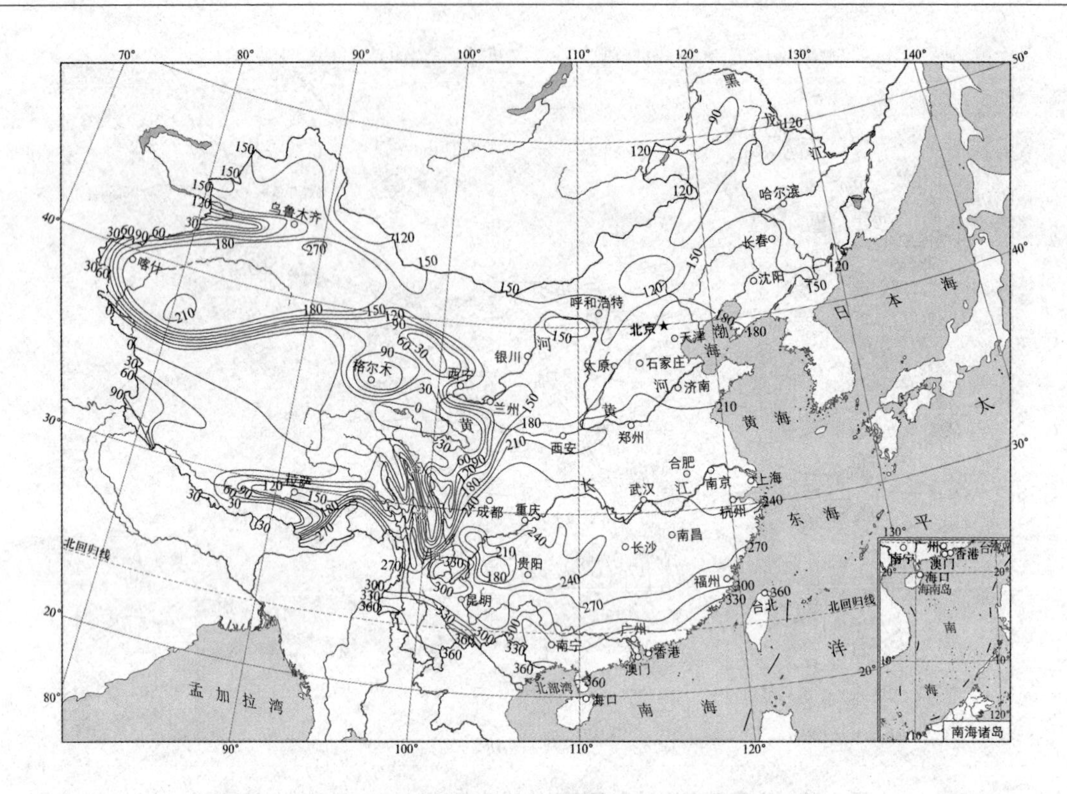

图 8-24 中国稳定通过10℃的持续期(d/a)(肖金香等, 2009)

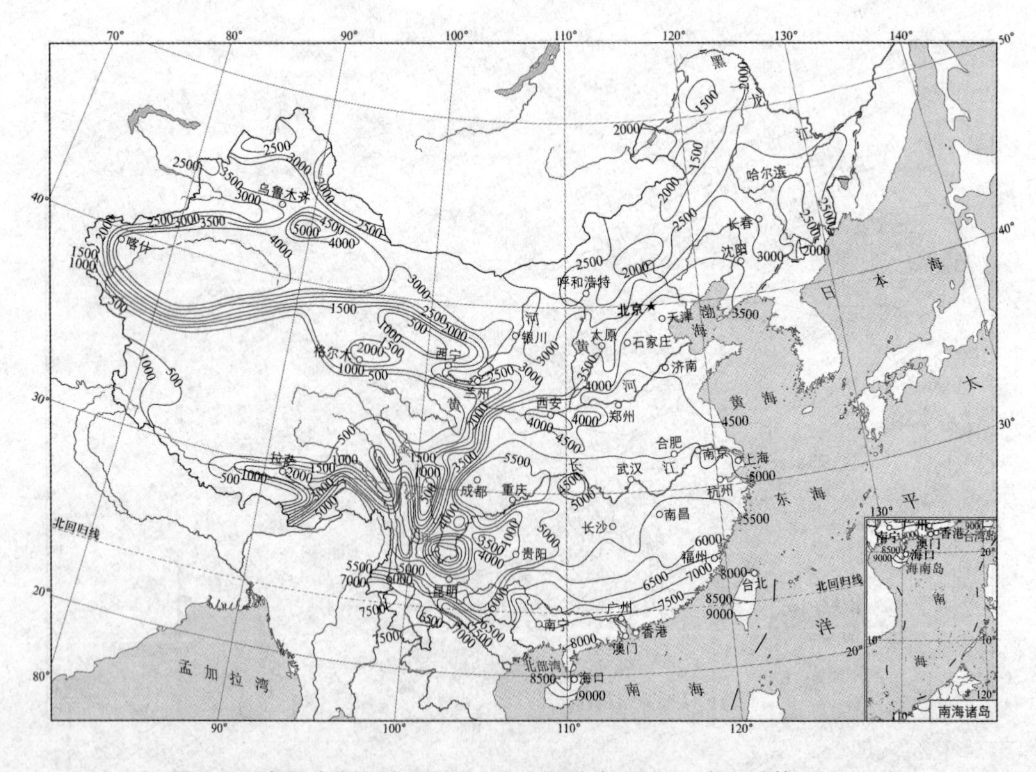

图 8-25 中国稳定通过10℃以上和积温分布(℃·d)(肖金香等, 2009)

热量资源一季有余两季不足的地区可以种植生育期更长的品种或实行间作套种以获得更高的产量。热量资源十分丰富的地区可实行一年两熟制，在我国的江南和华南甚至可实行一年三熟。但是对于不同类型的作物，热量资源的有效性是相对的。像马铃薯这样的喜凉作物，在南方的高温条件下反而生长不良，在喜温作物不适宜种植的东北北部、内蒙古和西北一些地区却生长良好。

8.6.3 水分资源

水分资源的指标主要包括年降水量和干燥度。中国降水的分布特征在第五节已详细分析了，这里分析一下中国生长季的降水特征。稳定通过0℃的降水分布与年降水量的差异很小。中国气候对农业最为有利的条件就是雨热同季。绝大多数地区年降水量的90%都发生在生长季节内。但中国降水量自山东半岛东部经淮河、秦岭到西藏的雅鲁藏布江上游一线的以西以北地区小于蒸发量，是我国降水不足区，且这些地区降水集中，年际变化也大。而以南地区则为我国降水盈余区，年内降水较均匀，年际变化也较北方地区小。

降水充足的地区适宜种植水稻和发展淡水养殖业；半湿润气候区以小麦、玉米等作物为主，在旱季还需要进行补充灌溉；在半干旱气候区以旱作农业为主；在干旱气候区，只有在有灌溉水源的绿洲才能进行农业生产，大面积的荒漠人类甚至无法生存。

由于我国水分资源的分布极不均衡，有条件的地方可实施跨流域调水工程。在缺水的半湿润和半干旱地区要推广先进的旱作节水农业技术，山区和高原可推广集雨补灌技术。

表征气候干燥程度的指数(aridity index)，称干燥指数，又称干燥度。它是可能蒸发量与降水量的比值，反映了某地、某时段水分的收入和支出状况。显然，它比仅仅使用降水量或蒸发量反映一地水分的干湿状况更加确切。由于可能蒸发量的计算方法不同，干燥度的表示方式也有多种。有以年平均气温或高于10℃积温的0.1倍表示可能蒸发的，有以辐射差额反映可能蒸发的，但目前国内外大多采用Penman－Monteith公式计算。干燥度的倒数称湿润度或湿润指数。

$$干燥度\quad D=\frac{B_0}{r},\qquad 湿润度\ N=\frac{r}{B_0}$$

式中 r——该地的年降水量；

B_0——该地的蒸发力(即最大可能蒸发量)。

当某地降水量大于蒸发力时，$N>1$，$D<1$，表示该地降水量满足蒸发之外还有余，气候湿润；反之则为气候干燥(表8-2)。世界气象组织将干燥度大于10的地区定义为严重干旱或沙漠区，我国干旱地区($D>1$)的面积占全国总面积的一半，严重干旱和沙漠、戈壁地区($D>10$)超过百万平方千米。

表8-2 干湿状况与干燥度

干湿状况	年降水量(mm)	干燥度 D
湿润	>800	<1.00
半湿润	500~800	1.00~1.49
半干燥	250~500	1.50~3.49
干燥	<250	≥3.50

8.6.4 风能资源

风能是指风所负载的能量。它作为气候资源家族中的重要一员，是自然资源的重要组成部分，相对于石油、煤炭等传统化石能源具有可再生性、清洁性、利用的便捷性和总量巨大的能源，具有良好的经济价值。随着全球气候变暖和能源危机，各国都在加紧对风力的开发和利用，尽量减少 CO_2 等温室气体的排放，保护我们赖以生存的地球。风能的利用主要是以风能作动力和风力发电两种形式，其中又以风力发电为主。合理地开发利用风能对我国社会经济发展具有重要的战略意义。

风能是人类利用最早的能源之一，早在 1 000 多年前人类就用风车来利用风能。风能资源具有如下特点：①风能是一种清洁的可再生能源，是一种永久性的能源。它是太阳能的一种转化形式，不会因人类的开发而枯竭。②风能的能量密度低。其能量密度大约是水能的 1/816，但风能资源分布广泛，地球上可利用的风能资源约为可利用的水力发电量的 10 倍。③风向的随机性很大，风速随空气中的温度、气压不同而变化，还受季节变化影响。④风受海洋和地形影响显著。山隘和海峡能改变气流的运动方向，使风速增大，在丘陵、山地由于摩擦力大，会使风速减少。⑤风能可就地取材，不需要燃料和运输费用。对沿海岛屿、交通不便的边远山区，地广人稀的草原牧场，以及远离电网和近期内电网还很难到达的农村、边疆，风能是人们解决生活能源的一种可靠途径。

我国幅员辽阔，风能资源十分丰富，可开发利用的风能储量仅次于俄罗斯和美国，在世界排名第三，拥有可供大规模开发利用的风能资源。全国风能平均密度为 100W/m^2，风能总储量为 32.26×10^8kW，实际可开发利用的风能储量为 2.53×10^8kW，加上近海的风能资源，全国可开发的风能资源估计在 10×10^8kW 以上。风能是我国目前开发技术最成熟的一种新能源，可开发利用的风能资源主要分布在东南沿海及附近岛屿、内蒙古、甘肃与青藏高原北部、黑龙江、吉林东部及辽东半岛和山东半岛的沿海地区以及东南沿海的 50~100km 处(图 8-26、图 8-27)。

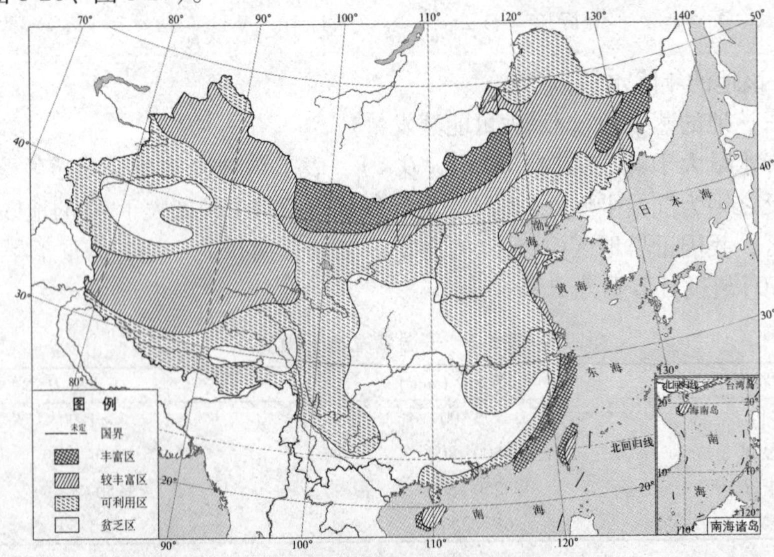

图 8-26 中国风能分布(引自中国风电产业网)

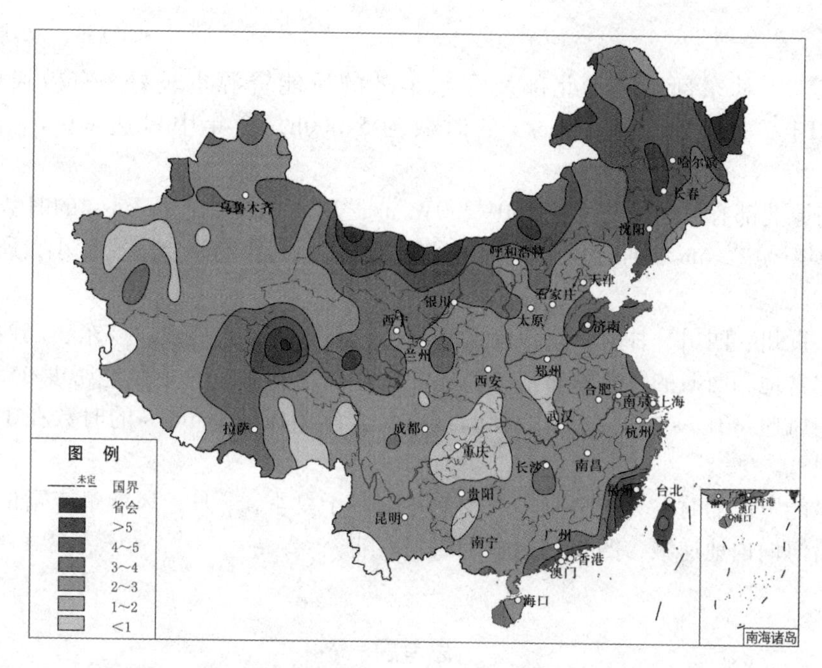

图 8-27 全国平均风速(s/m)(引自中国风电产业网)

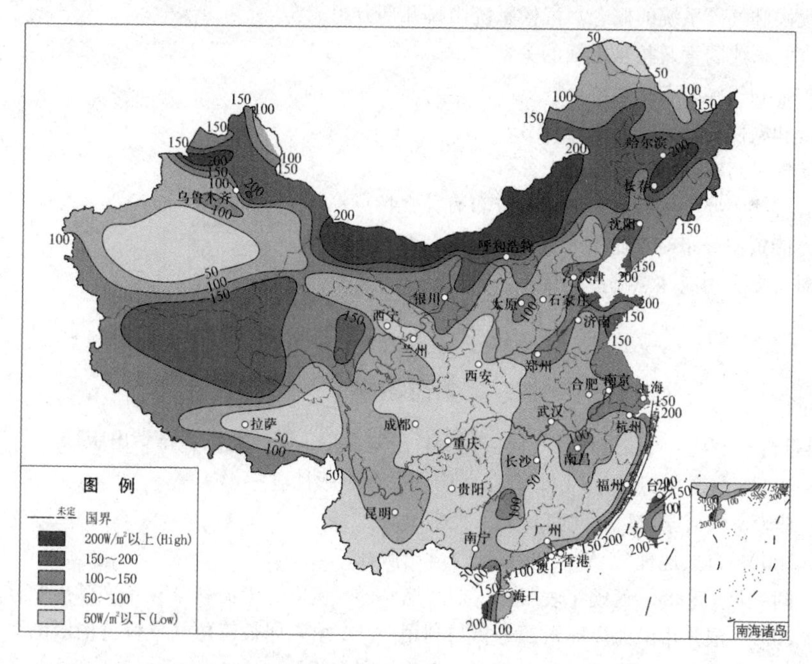

图 8-28 中国有效风功率密度分布图(W/m^2)(引自中国风电产业网)

东南沿海及其附近岛屿是风能资源丰富地区，有效风能密度≥200W/m^2的等值线平行于海岸线；沿海岛屿有效风能密度在 300W/m^2 以上，全年中风速≥3m/s 的时数约为 7 000~8 000h，≥6m/s 的时数为 4 000h。

新疆北部、内蒙古、甘肃北部也是中国风能资源丰富的地区，有效风能密度为 200~300 W/m^2，全年中风速≥33m/s 的时数为 5 000h 以上，全年中风速≥6m/s 的时数为3 000h

以上。

黑龙江、吉林东部、河北北部及辽东半岛的风能资源也较好，有效风能密度在200 W/m^{2}以上，全年中风速≥3m/s 的时数为 5 000h，全年中风速≥6m/s 的时数为3 000h。

青藏高原北部有效风能密度在150~200W/m^{2}之间，全年风速≥3m/s 的时数为4 000~5 000h，全年风速≥6m/s 的时数为3 000h；但青藏高原海拔高、空气密度小，所以有效风能密度也较低。

云南、贵州、四川、甘肃、陕西南部、河南、湖南西部、福建、广东、广西的山区及新疆塔里木盆地和西藏的雅鲁藏布江，为风能资源贫乏地区，有效风能密度在50W/m^{2}以下，全年中风速≥3m/s 的时数在 2 000h 以下，全年中风速≥6m/s 的时数在 150h 以下，风能潜力很低。

我国风能资源的时空分布是东多西少，冬季多于夏季，1 月，风能最丰富的地区为海南岛，由沿海向内地递减，四川盆地多于西北内陆。

思考题

1. 简述气候和气候系统的概念。气候系统由哪几部分组成？
2. 简述气候形成因素及相互之间的关系。
3. 各气候带和气候型有哪些特点？
4. 气候带和气候型的划分原则是什么？
5. 世界气候带与农业的关系如何？
6. 中国有哪些主要气候特征？气温的分布有什么特点？
7. 中国光能资源分布对农业生产有什么影响？
8. 人类对气候利用应注意哪些问题？

参考文献

E. 布赖恩特. 2004. 气候过程和气候变化[M]. 刘东生，译. 北京：科学出版社.

包云轩. 2007. 气象学[M]. 2 版. 北京：中国农业出版社.

刘继韩. 1995. 气候学[M]. 北京：北京大学出版社

刘南威. 2000. 自然地理学[M]. 北京：科学出版社.

迈克乐·阿拉贝. 2006. 气候年表[M]. 刘红焰，译. 上海：上海科学技术文献出版社.

王红蕾. 2009. 温州市沿海风能资源分析与利用[A]//第六届长三角气象科技论坛论文集.

王建. 2001. 现代自然地理学[M]. 北京：高等教育出版社.

肖金香，穆彪，胡飞. 2009. 农业气象学[M]. 北京：高等教育出版社.

周淑贞. 1997. 气象学与气候学 [M]. 3 版. 北京：高等教育出版社.

AHRENS C D. 1994. Meteorology Today：an introduction to weather，climate and environment[M]. Texas：WEST Publishing Company.

第9章　气候变化及其应对

9.1　气候变化的原因与研究方法

9.1.1　气候变化的原因

在人类没有出现前，气候变化纯属自然事件。在工业革命前人类社会改变自然的能力有限，人类活动对气候的影响也不大，但工业革命后人类活动的能力大大提高，对自然干预的规模空前扩大，气候变化从此深深地打上了人类活动的烙印(图9-1)。

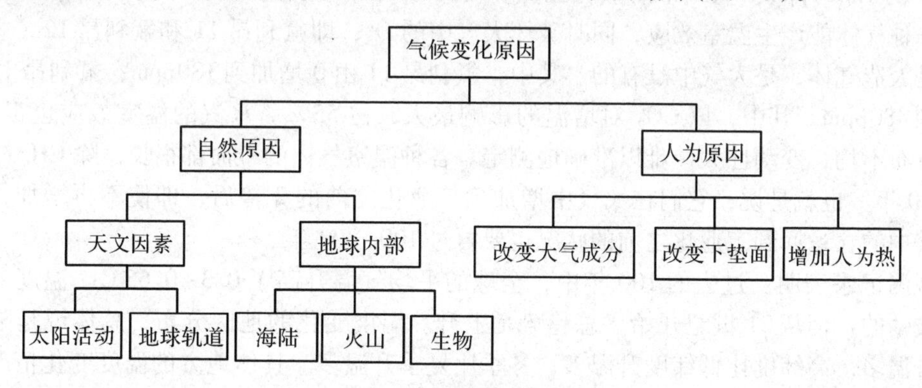

图9-1　气候变化的原因

全球变暖(globe warming)自20世纪80年代起成为全球普遍关注的问题，因为它直接关系到人类的生存和发展。经过30多年深入的研究和争论，目前国际主流观点认为，气候变暖的主要原因是人类活动消耗大量化石燃料，而使大气中以CO_2为代表的温室气体浓度增加。当前减少碳排放不仅是各国的能源政策，且日益成为人们的生活态度和生活方式，气候变化已深刻影响到人类社会的各个方面。

全球变暖主要是地球大气的温室效应增强引起的，大气中能产生温室效应的气体主要是CO_2、CH_4、O_3、氯氟烃、氧化亚氮和水汽等。除水汽外，人类工业化之后的100多年来这些气体都有明显增加。大气中CO_2的含量在工业化之前的近千年时间里稳定维持在280ppm* 左右(图9-2)，2013年已达400ppm，超过了过去12万年的最高值(300ppm)。

---

* $1ppm = 10^{-6}$

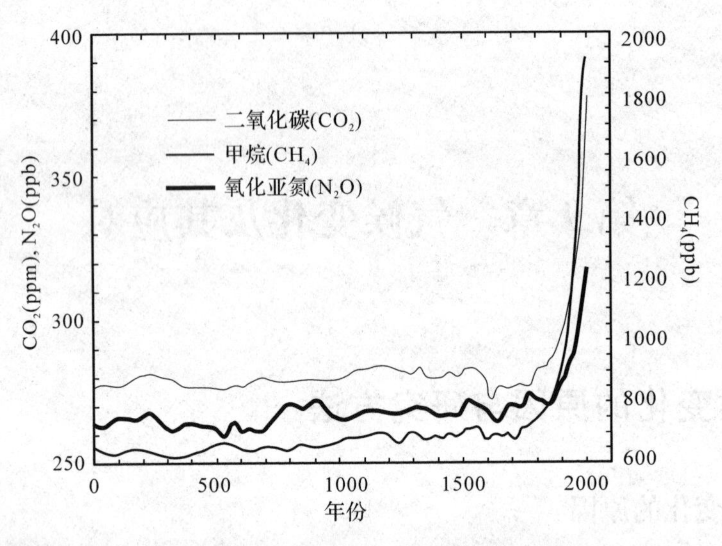

图9-2 0—2005年重要的长寿命的温室气体在大气中的浓度(据IPCC，2007)

CH_4主要来自于农业、畜牧、林业和天然气的利用，已由工业化之前的0.80ppm增加到了2005年的1.808ppm。大气中的氧化亚氮，由280ppb* 增加到2010年的323ppb。氯氟烃中有2种气体能产生温室效应，同时破坏大气中的O_3，即氟利昂11和氟利昂12，这两种气体是人造气体，是大气中没有的。其中，氟利昂11由0增加到180ppm；氟利昂12由0增加到480ppm。其中，以CO_2对增温的影响最大，占55%。水汽的温室效应也很重要，但它分布不均，变动性大，难以准确地测定。各种温室气体的寿命都很长，除CH_4外，大都有10年。也就是说，它们在大气中增加到工业化之前的2倍后，即使不再增加，它们在大气中的含量回到工业化之前的状况也要再过100~200年。

观测记录表明：过去的100年中，全球的平均气温升高了0.3~0.65℃。温度变化本身是波动的，但从21世纪开始，总趋势是上升。温度变化的地区分布，总体说是陆地比海洋升温多，高纬度比低纬度升温多，冬季比夏季升温多。具体地方的温度变化情况，各有特点，需详细地研究后才能有准确的结果。

目前，已经研究出一些模式，按照温室效应气体增加的情况来计算未来温度变化，结果是：全球平均温度每10年平均升高0.2~0.5℃，100年之后比现在升高3~6℃，如不积极采取措施，后果十分严重。IPCC第4次评估报告预估：若没有成功减排，同1980—1999水平相比，到2095年的升温幅度将达到1.1~6.4℃。

人类活动对大气成分的影响与温室效应之间的关系比较复杂。比如：①人类使用的煤、石油释放的硫，在大气中形成气溶胶，每年达700×10^4t，对大气有冷却作用，减少太阳辐射到地面的能量，北半球平均为$1W/m^2$，这相对于CO_2的增温效应($2~3W/m^2$)来说，是很重要的抵消因子；SO_2是大气中引起酸雨的主要因素；全球变暖和酸雨，是大气污染的2个重要问题。②氯氟烃可以引起平流层O_3减少，O_3减少又减轻了它的温室效应。③大气污染、沙漠化会造成低层O_3增加，又加重温室效应。虽然近年的研究有许多

* $1ppb=10^{-9}$

共识，但气候变化及各种因素的影响是错综复杂的，今后还需要做许多工作。IPCC 第一工作组第4次评估报告，认为自1750年以来，人类活动的全球平均净影响是变暖因素之一，其辐射强迫为 +1.6(0.6~2.4) W/m^2。目前从全球平均气温和海温升高、大范围积雪和冰的融化、以及海平面上升的观测中得到的证据都支持气候系统变暖的结论。近50年来气候变化是人类活动引起的，信度达90%。

对气候变化现象的认知，以IPCC为代表的主流认识是：气候变暖和反常气候活动增加是气候变化的两个基本趋势，变暖是一个全球范围的总趋势，它在空域的分布上并不均衡，在时域的变化上也并不单调，而是波动式上升的。这个认识是以科学观测得到的大量科学数据为依据的。导致气候变化的原因既有自然的因素又有人类活动的因素，主流的观点认为近代(特别是近百年来)气候变化的主因是人类活动的温室气体排放增加导致温室效应增强所致。对气候变化后果的认识，变暖对农业和生物生存环境的影响有利有弊，但持续变暖特别是在短期内变暖过快可能导致弊多利少。而反常气候导致灾害增多已经是各大洲都以幸免的客观事实。防止走向导致灾变的临界点，是人类共同关注的重大问题，也是人类共同利益的所在。

应该指出的是，对于以变暖为特征的气候变化，温室气体起了关键的作用，但人类活动对气候系统的影响是多方面的，效果也并非全是变暖。人类活动造成的大气中各种粒径的微粒增加，会形成阳伞效应，使到达地面的太阳辐射减少，引起气温下降。人类对下垫面的改造的气候效应也是多方面的。人为热在人类活动集中的城市对气温的影响也是十分显著的。

9.1.2　气候变化的事实

9.1.2.1　史前气候变化

气候变迁本身很复杂，而要了解的时代又是那样的遥远，所以，认识气候变迁是一个极其困难的问题。海面、湖面、江面的长期变化，都会在岸边留下一些标记，因此可以测定出年代。决定全球大洋海面升降的因素有2个：一是两极陆地存储冰雪、雨水的多少，如果极冰增厚，冰川增多，海面就要降低；二是海水温度的升降，整个海洋温度升高1℃，由于热胀冷缩，海面就升高60cm。此外，地壳变化、火山、地震、风暴潮等，也会造成局部、短时间的海面升高。

地球已反复经历过几次大冰期气候，最近的3次都具有全球性意义，即约6亿年前的震旦纪大冰期、2亿~3亿年前的石炭—二叠纪大冰期和约400万年前开始的第四纪大冰期，其间为相对温暖的大间冰期。目前处在第四纪大冰期的结束期。

人类出现以来的第四纪中，近200多万年里出现过好几次冰期和间冰期，每一时期海面高度都有大幅度的升降，科学家们对其极值作了测定，结果是：

多瑙冰期	海面比现在高130~200m
群智冰期	海面比现在高55m
西西里间冰期	海面比现在高80~100m
民德冰期	海面比现在低约5m
荷尔斯太因间冰期	海面比现在高30~55m

里斯冰期　　　　　　　　海面比现在低约55m
埃米间冰期　　　　　　　海面比现在高3~8m
武木冰期　　　　　　　　海面比现在低100~130m

第四纪以来的200多万年里，海面最高时比现在高200m，也就是说现在世界上的大城市所在地当时几乎都在水底。海面最低时比现在低130m，也就是说现在世界上的许多内海、海峡都露出海面很高。较早的多瑙、民德等冰期，水位估算值没有后几次准确。根据最新估计，如果不计海水升温的影响，只是现在陆上的冰融化就可以使海面升高60~80m。

9.1.2.2　现代气候变化

(1)温度变化

英国气象局和东英吉利大学气候组，计算了19世纪以来全球的气温变化，确认20世纪80年代是有气候记录以来温度最高的10年，超过了40年代，1990年是最暖的一年。150年来，全球10个最暖年发生在1980—1990年间就有7个，按温度高低排列依次是：1990、1988、1987、1983、1981、1989、1980年。进入90年代，1991年又是最暖的年份，1992年全球平均气温比1991年下降了0.12℃，但到90年代中期又连年高温。1995年又是近百年来的最暖年，1996和1998年也是高温年。1998年和2005年是近1 000年来温度最高的2年。自1850年以来，全球最热的12年中的11年是在1995—2006年间。

近100多年来气候变化的总趋势是：自19世纪后期以来，全球地面盛行温度带着小波动上升，在1940年前后上升到最高点，以后又带着小波动下降(图9-3)。北半球是陆半球，南半球是水半球，温度变化的趋势有些不同：主要是偏高这一段时间里，北半球温度明显高于南半球；南半球温度变化要平缓些，波动振幅也较小，有2个峰值分别出现在1930年前和1940年后，而北半球只有1个明显的峰值。

近100多年的温度变化，不同海陆环境、不同纬度、不同季节，都会有一些特点，是全球变化总趋势所不能包含的。比如20世纪80年代全球变暖，我国升温明显并与全球一致的地方，主要是东北、华北、内蒙古和新疆。2011年第2次气候变化国家评估报告指出，长江流域也是升温的。近百余年冬季温度变化，总体情况是：19世纪后期寒冷，20世纪初转为稍暖，20年代前后稍冷，30~60年代偏暖，70年代稍冷，80~90年代偏暖，进入21世纪我国北方连续出现暖冬。近几年北方连续出现冷冬甚至极寒天气。

(2)降水变化

罗布泊是我国流域面积最大的咸水湖，湖水面积也很大，1942年测量在3 000km^2以上，湖面海拔768m。罗布泊的消失与孔雀河的断流有关。虽然罗布泊的干涸有人为因素，但新疆东部乃至西北地区的气候在明显变旱是主要原因之一。孔雀河注入它的北部，20世纪20年代，有地理学家考察，河边尚有渔民生活，从河里可以捕到1m长的大鱼。这个面积与太湖相仿的大湖，20世纪50年代还能见到湖水波光粼粼，但是以后便迅速干枯。现在湖区已经是一片黄沙与盐碱。

白洋淀也于20世纪80年代之后一度干涸。古代的雍奴巨泽，在今天的徐水、保定以东直到天津、渤海，水域辽阔，湖淀众多，是古黄河下游九流百川汇成。经过万年变迁形成现在的白洋淀，环周有安新、雄县、任丘、高阳等县，接纳大清河上的唐河、潴龙河等

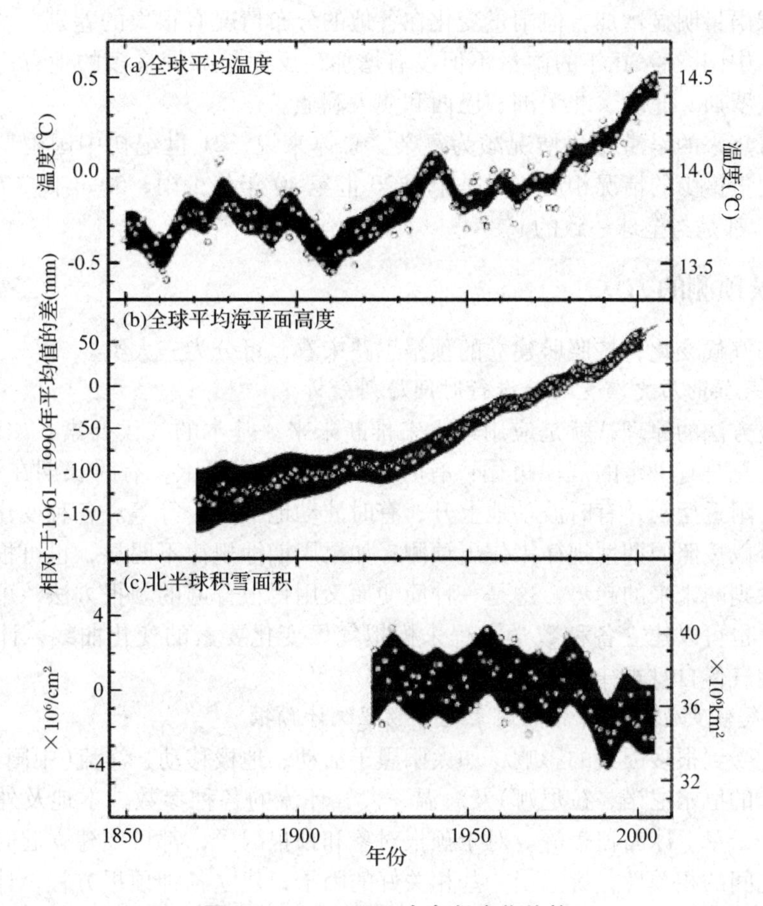

图 9-3 1850—2000 年气候变化趋势

(a)全球平均地表温度 (b)从验潮站(浅色)和卫星(深色)资料得到的全球平均海平面上升 (c)3~4月北半球积雪变化的观测结果

所有变化均相对于 1961—1990 年的相应均值。平滑曲线表示 10 年均值，圆圈表示年值。阴影区为不确定性区间，由已知不确定性(a)和(b)及时间序列(c)的综合分析估算得出(IPCC，2007)

水流汇入，是海河平原上最大的湖泊群，有大小堤岸泊 92 个。20 世纪三四十年代多旱年，但白洋淀仍保持着它的水乡风韵。而到了 20 世纪 80 年代后期至 90 年代初期，白洋淀大大小小的淀泊先后干涸，到 20 世纪 90 年代中期，由于人工引水才得到一定的恢复。

罗布泊、白洋淀的变化，实际上反映了全球的旱涝变化。

1880 年以来，全球雨量变化情况为：从 1895—1915 年的 20 年间，全球雨量偏少；1915—1950 年的 35 年间全球雨量虽然有几次波动起伏，但偏离平均值很远；1950—1980 年的 30 年间明显偏涝，其中 50 年代到 60 年代中期，70 年代到 80 年代初期，先后为近百年的多雨期。近百年总的趋势是：雨量在增多，气候在变湿。

降水受地理因素影响很大，全球雨量变化难以说明每个地方的雨量变化。大致地说从 19 世纪末到 20 世纪 80 年代，北半球温带、寒带(35°~70°N)年雨量增加了 10%；而热带和亚热带(5°~35°N)年雨量却减少了 10%。

如果把全球 1961—1990 年这 30 年的雨量，与前 30 年即 1931—1960 年雨量进行比较，可以看出全球雨量明显增加。但雨量变化在各地的分布情况有很大的差别。从北非、中东到东亚，包括中国，后30年的雨量不但没有增加，反而是减少最多的地方；雨量增加最多的地方是俄罗斯、北欧、北美洲、巴西和澳大利亚。

中国近百年来的旱涝变化情况颇为复杂。总体来说，21世纪初中国雨量略偏多，这与当时全球雨量偏少的情况相反；但是中国20世纪40年代少雨，50年代、70年代多雨，80年代干旱，都是与全球一致的。

9.1.3　气候预测的方法

预测未来气候变化，按照所建立的预报思路来看，可分为三大类。

(1)依据气候的历史演变规律进行时间序列分析

这类预报方法的原理，就是应用过去来推断未来。基本的气候要素，如温度、雨量，随时间的变化总是有一定的规律可循：有时长期在平均线以上，有时长期在平均线以下，有时在平均线附近摆动，有时波动地上升，有时波动地下降，等等。各种变化，如果周期性明显，就可以按照周期性规律来作出预测；如果周期性规律不明显，也可根据某种规律持续的时间来判断未来的趋势。这是一种简便而又用得很普遍的预报方法，可以直观地进行定性分析，也可以建立各种数学方程来模拟气候变化要素的变化曲线，计算未来的变化。这是运用气候自身规律的方法。

(2)根据气候变化的各种影响因素进行数理统计预报

气候变化受到很多因素的影响，如太阳黑子活动、地极移动、洋流(中国近海的黑潮、亲潮，太平洋的厄尔尼诺、拉尼娜)及海温、大气环流的各种参数、本地及外地的各种天气气候要素、云量、冰雪覆盖等。对于预报对象和预报因子，都可以建立起时间序列。通过计算它们之间的相关性，挑选出一些相关好的因子，建立各种预报方程，计算未来气候的变化。这是抽样选择影响气候的因子作预测的方法。

(3)根据大气环流及各种物理化学因子对气候的影响进行动力气候预报

动力预报就是数值预报，不再是抽样选择因子作个别的描述性的预报，而是尽量考虑各种因素，建立起大气环流系统的动力模式来计算未来变化。关键是建立各种模式，不仅要考虑大气本身的变化，如CO_2、水汽等温室气体的增减，各种能量、物理参数的变化，运动状态的改变等等，还要考虑太阳的变化、日地关系和其他天文因素，地球大气的上、下边界层变化，冰川，雪覆，海洋状况等。做好这些，要依赖于3种科学技术和条件：超大型快速电子计算机、气象卫星探测技术、大气物理学和动力气象学的理论发展。我国在20世纪70年代后期，就有长期数值预报研究小组开始了这方面的研究工作，现在已有不少成果，可用于预报实践作参考。

9.1.4　气候变化研究方法

自然界的一切变化，都处于一定的物理、化学过程之中。地球上的生物、水体、土壤、岩层的许多变化，都与气候有关，因而，通过观察研究，可以推断出古代的气候变化。

(1)孢粉底层方法

低等植物和一些原生动物，如细菌、真菌、藻类、苔藓等，通过孢子进行繁殖，有些孢子的寿命可达数千年之久，失去活性也不腐烂。有花植物的花粉粒，内含精子，有两层壁，外壁较厚，用高温、强酸、强碱进行处理也难使其解体，经过动物的消化系统也不会破坏。这样孢粉就成为良好的示踪物质，把远古的生物气候信息保存下来。对岩层中的孢子、花粉化石和地层中的孢子、花粉进行分析，能够了解各时代生物的种类、数量、生活状况，进而分析气候变迁、生物演化的情况。现今发现最早的三射线孢子存活于4亿年前的志留纪，最早的花粉存活于3亿年前的石炭纪。从距今6500万年前开始，植物渐渐地进化到接近现代的面貌。从距今1万年前开始，人类学会了驯服动物和栽培植物，开始了农业生产，出现了有别于天然植物的农作物花粉。研究动物粪化石里的花粉，还可以了解史前人类的饮食情况和农牧业生产状况，以及他们所处的气候环境和文化生活情况。

(2)深海中的沙粒和灰尘的比例推断湿度方法

在远离陆地的海底沉积物中，大于60 000nm的粒子，差不多全是有孔虫类的甲壳、甲壳碎片、颗石藻等。较小的石子有的由河水送来，如淤泥、黏土、火山物质等；有的由风送来，如砂子、黄土、植物花粉、孢子等，还有冰碛沙粒。分析这些物质历年各层在岩石中的比例，就可以判断出气候变化情况。森林气候、潮湿气候花粉多，但植物品种不同；干旱气候、沙漠气候风送沉积物也有差别，以黄土和沙粒为多；中新世到现在的冰碛沙粒沉积物，则显示南极大陆有持续的冰川活动。

(3)水面高度推断气候方法

内陆湖面及内海的水面高度变化，明显地反映出当地气候的旱涝。北美洲的许多湖泊，在第四纪冰期里水面升高，间冰期里水面降低。最高水面出现在2.5万~1.5万年前，正是最近、最大的武木冰期的盛期。非洲乍得湖，也是距今2万年前冰期最盛时代出现的最高水位，间冰期出现最低水位。对里海，以及亚洲、非洲、欧洲、南北美洲一些湖泊水位的研究结果，1600—1950年期间，温带湖泊在19世纪全都有最高水位，20世纪水位一直下降。在中国，湖泊水位变化也很明显。长江流域的古云梦泽，当时是不小的湖，自距今3000年前的周代开始，仅几百年间就近乎消失。新疆的罗布泊面积3 000km^2，也在20世纪中期干涸。

大江大河的水位变化，也反映气候变迁。自公元前3100年古埃及第一王朝以来，法老的编年史就记载尼罗河的水位，可惜的是残缺不全。自公元622年以来才有中断较少的记录。从中可以分析洪水和干旱发生的规律。中国水旱灾害的记载从公元前22世纪的尧舜时代就开始了，开始只记有大洪水和大旱灾，以后就越来越细致。重庆市涪陵县境的长江上，在乌江汇入口上游1km的江心里，有一块巨大的岩石白鹤梁，上面雕刻有14尾石鱼，有3尾石鱼是用来记载水位的(现保存于三峡博物馆)。自唐朝(618—986)以来，历经五代、宋、元、明、清各朝代，记录了1 300多年来的长江枯水位资料。

(4)用河、湖、海水冰情推断气候方法

我国有几千年文字史料，记载了历史上渤海、淮河、汉水、长江、太湖结冰的时间。竺可桢20世纪70年代运用这些数据和其他文献资料对我国历史气候进行了详细的研究。北方的水体结冰是常见的，但每年有初日、终日、冻结期的变化；南方的水体结冰是罕见的现象。这一切都可以作为判断气候变化的依据。北美洲、北欧对河、湖及北冰洋的冰情做了许多研究，科学家们还特别重视南极大陆上的冰川活动。

(5)用冰原冰雪层次推断气候方法

在辽阔的冰原上，任一冰点钻取的冰柱中，每平方厘米每年累积冰层积冰量不同。每年的冰雪厚度，与降雪量、温度有关。降雪量多，冰层就厚；降同样多的雪，温度高冰层就薄；越深的冰层还受到越大的压力，也影响厚度。分析去除其他因素，气候变化就显示出来了。分析不同年代积雪层中气泡的气体成分，特别是 CO_2 的浓度，可用作推断当时气候状况的一个依据。

(6)用冰川变化推断气候方法

冰川的进退能反映气候变化。那些能够测定年代的冰碛层可以为气候变化提供可靠的时间序列，从中分析气候变化的规律。极地、高纬度冰川是冷型冰川，当其在温度升高(虽然仍在0℃以下)时，冰的可塑性增大，流动速度也增大，尤其是在降水量和温度都增加的时期，冰川大量推进。其他纬度的山地冰川是暖型冰川，这些冰川的推进是由于气候寒冷。所有冰川对气候变化的反应都有滞后性，冰川本身情况不同，地理条件千差万别，对气候的反应也不同。根据冰川进退来说明个别年份的天气是不可能的，它是综合地反映一段时期的气候变迁。北美、北欧的研究者们把1650—1850年冰川大规模的推进达到顶点视为2500年尺度的小冰期重现的证据，因为前6500—前5500年，前3500—前3000年，前1300—前400年都曾发生类似的冰川推进。苏联曾经测定斯匹次卑尔根的冰川，在200—1200年间缩小到现在的规模，其后冰川又增长。覆盖了整个群岛，最近几百年又再后退。意大利的阿尔卑斯山冰川，对于20世纪的冷暖变化有相当灵敏的反应。

(7)用永冻地层推断气候方法

大量永冻层是在地球的两极，在其他纬度地区或高山平均地面气温低于-3~-2℃的地方，都能发现终年冻结的地面。北冰洋周围的永冻地层从西伯利亚可向南伸到45°N，北美可达50°N附近，但在受北大西洋暖流影响的北欧只能到55°N。在近3 000~5 000年里，在寒冷期永冻层就扩大，在温暖期永冻层就缩小。21世纪以来永冻层也在减退中。

(8)用雪线高度推断气候方法

许多高山上都有一个终年积雪的山顶。积雪的下限即温度为0℃的地方，冬季低些，夏季高些，这就是雪线。雪线高度，热带地区在5 000m左右，到极地降低到海平面。雪线除了季节变化，还有年际变化，据此可以推断出气候的变迁。

(9)用土壤性质推断气候方法

土壤的形成，要经过长久的岩石风化及生物、环境影响。完全成熟的土壤，需要2 000~4 000年以上的时间才能形成，且与所经历的气候有密切的关系。红色土壤形成于年平均温度高于16℃、年雨量>600mm的碳酸盐地区，以及年雨量>1 000mm的硅酸盐岩地区，是典型的亚热带草原气候的产物。在更热、更潮湿的热带气候条件下，土壤中的腐殖质消除了铁，土壤就失去了红色。在多风、干燥的气候下，形成沙漠和黄土。灰土形成于冷气候下，是针叶林和副极地石南丛生的荒原的土壤。泥炭生成于灰壤上部的沼泽、泥塘。棕壤是干暖气候造成的温带落叶林中的土壤。黑钙土、栗钙土形成于温暖而夏季有强烈蒸发的大陆性气候下。测出土壤形成的年代，即可推断当时的气候。

(10)用生物活动推断气候方法

自第三世纪以来，贻贝就存在于世界各大海洋中。成贝的大小与水温有关。当冬季水温为3℃时，贝壳平均尺寸为15mm；当水温为-1℃时，平均尺寸为40~50mm。因此，沉积物中这种贝壳的平均尺寸，就是指示冷月水温的最好指标。

海洋里，按照海中的气候，即水温、盐度、含氧量、污染物和太阳辐射在水中的通量，也可像陆地一样划出动物区系和植物区系。获取海底沉积岩芯，就可以推演出海洋气候的变迁。

此外，有些树木年龄很长，不同的气候年景会形成相应的年轮，运用树木年轮推断气候变迁也是常用的方法之一。

现代气候变化的研究主要运用全球气象观测网络和卫星观测等手段收集资料，运用计算机模型对当代的气候波动和未来气候发展做出分析。

9.2 气候变化的影响

9.2.1 气候变化对自然和社会影响的主要表现

近期的区域气候变化特别是温度升高已经对自然和人类社会产生的影响有：①冰川的退缩、冻土的融化、河湖冰的迟冻和早融、中高纬生长季节的延长、动植物范围向极区和高海拔区延伸、某些动植物数量的减少以及开花期、昆虫出现和鸟类产卵的提前等。②目前缺乏足够长降雨变化的数据序列，还无法分析确定降水变化的影响。③一般来说将气候和社会经济因子的相对影响定量区分是困难的。例如：土地利用变化与污染等因素也对生物物理系统产生影响，但在特定个例中很难区分出各个因子影响的程度。一些地区的社会和经济系统已经受到了近期频繁发生的洪涝和干旱的影响，这些系统也同时受到社会经济因子如人口增长的影响。自然系统由于其有限的适应能力而对气候变化表现出特别脆弱的特征，其中一些系统可能遭受严重的、甚至不可恢复的破坏。正在面临这种危险的系统包括：冰川、珊瑚礁岛、红树林、北半球北部山区、热带林、极地和高山生态系统、草原湿地、残余天然草地。随着气候变化频率和幅度的增加，受影响系统的数目及遭受破坏的地理范围也将增加。

许多人类社会系统对气候变化反应敏感，其中一些比较脆弱。对气候变化反应敏感的人类社会系统主要有：水资源，农业(特别是粮食保障系统)和林业，海岸带和海洋系统(渔业)，人类居住、能源和工业保险与其他金融系统以及人类健康。这些系统的脆弱性随其地理位置、时间以及社会经济和环境条件而变化。

气候变化对自然和人类社会系统的不利影响包括：①对于多数的温度升高预测结果，全球大部分地区存在着普遍的作物减产可能。②对许多缺水地区的居民来说，水的有效利用降低，特别是亚热带区。③受到传染性疾病影响的人口数量增加，因热死亡人数也将增加。④大暴雨事件和海平面升高引起的洪涝对许多居住区的危险性普遍增加。⑤由于夏季高温而人工降温将导致能源需求的增加。

气候变化对自然和人类社会系统的有利影响包括：①温度升高几度的情况，中高纬度的一些地区存在着作物增产的可能。②全球木材供应可能会增加。③对某些缺水地区的居民来讲，可用水量可能增加，如南亚的部分地区。④中高纬度地区居民的冬季死亡率降低。⑤由于冬季增温，取暖所需能源减少。

未来极端气候事件的变化可能会带来一些影响：人类社会和自然系统对气候极端事件的脆弱性表现为干旱、洪水、热浪、雪崩和风暴常常造成破坏、困境和死亡。尽管目前还存在着对这些极端事件变化估计的不确定性，但与全球变暖关系密切的一些极端事件的频率和强度预计21世纪会增加，而由此引起的严重后果也会增加。相反，极端低温事件的频率和强度预计会减少，这同时会带来积极的影响和消极的影响。

21世纪的气候变化具有导致地球系统大范围的、可能是不可恢复的变化的可能性，从而引起大陆尺度甚至全球尺度的影响。这种可能性将依赖于气候变化的方案，而对所有可能方案产生的影响尚需深入研究。

人类和自然系统在某种程度上具有对气候变化的自适应能力，适应气候变化是所有社会层次必须实施的战略之一。适应虽然需要较多花费而且不易阻止所有破坏的发生，但对于减轻气候变化的不利影响、增强其有利影响仍具有重要作用。人类社会系统适应气候变化的能力与财富、技术、教育、信息、技能、基础设施、获取资源的途径以及管理的能力等因素有关。通常拥有资源越少，越缺乏适应能力，因而也最脆弱。因此，发展中国家，特别是最不发达国家适应气候变化的能力不足，因而也更脆弱。

适应、可持续发展和要求公平可能会相互加强。许多对气候变化脆弱的群落和区域也面临人口增长、资源耗减和贫穷的压力。将气候变化的危险性列入国家和国际发展计划的制订和实施之中，可能会促进和平与发展。

9.2.2 自然和人类社会系统的脆弱性及气候变化的影响

农业与粮食保障系统：①根据试验研究，作物产量对气候变化的响应随诸多因子而变化，包括：作物品种及培育，土壤性质，害虫和病菌，CO_2对植物的直接影响，以及CO_2、空气温度、水分、矿物质、空气质量和适应能力间彼此的相互作用。一般认为CO_2浓度的增加能促使作物增产，尤其是C_3作物；但这种受益在某些地区可能抵消不了因过度干热造成的不利影响。②当考虑农业自适应时，作物模式模拟结果显示，气候变化引起中纬度地区作物产量的变化在增暖率小于几度时是正的结果，而大于几度时则引起作物产量下降。气候变暖有利于农作物种植向高纬度地区扩展，在中低纬度地区则有利于增加复种指数。但病虫害的发生也会向高纬度地区扩展，发生期提前，发生时代增加。气温升高还会加速土壤有机质的分解。气候波动加剧会加大农业的灾害损失。

陆地和淡水生态系统：①植被模拟研究显示，生态系统在气候变化时具有明显扰动的可能。生态系统或生物群系作为固定的单元可能不会发生变化，但生物物种构成及其优势物种将会变化。这种变化的结果滞后于气候变化几年到几十年甚至几百年。②野生生物的分布、数量、密度及行为已经并将继续受到全球或区域气候变化的直接影响，或通过植被变化受到间接的影响。③为了减少物种面临绝境的危险，可能采取的适应方法有：建立避难所和公园等供野生生物迁徙；采用人工喂养的方法保护野生物种。

海岸带和海洋生态系统：气候变化对海洋的大尺度影响包括：海面温度升高、全球海平面升高、海冰面积减少以及盐度、酸度、波浪和海洋环流的变化。由于气候变化，许多海岸区将遭受洪水泛滥、侵蚀、湿地和红树林的丧失、海水侵入淡水源地等事件，同时风暴影响的程度和严重性将增加。气候变化对珊瑚礁、珊瑚岛、礁岛、盐沼以及红树林等海岸生态系统的影响将依赖于海平面升高相对于这些生态系统增长的比率、沉积供给、水平移动的空间和障碍以及气候海洋环境的变化等一系列因素。

对人类健康的影响：许多媒传疾病(如通过昆虫、食物和水传播的传染性疾病)对气候变化非常敏感。大多数研究结果表明，疟疾和登革热的传播范围将增加，这两种通过昆虫传播的疾病将殃及世界人口的40%~50%。未来的气候变化将伴随热浪的增加，常常因增大的湿度和城市空气污染而加剧，而这将引起与热有关的疾病和死亡。洪涝的增加将增加溺水的危险、腹泻和呼吸道疾病蔓延的可能，在发展中国家引起饥饿和营养不良。气候变化对人类健康造成的不利影响对贫穷地区，主要是分布在热带和亚热带国家的人口来说将是最大的。

对人类居住、能源和工业的影响：大量研究表明，由于资源生产的变化或商品及服务市场需求的变化而使支持居住的经济条件受到了影响；物质基础(包括能源传送系统)、建筑物、城市设施以及特殊产业(如工农业、旅游业、建筑业)的一些方面受到气候变化的直接影响；居住人口可能因极端天气事件、健康状况而迁移。人类居住受气候变化最普遍的直接危险是洪涝和滑坡。人类居住目前正遭遇包括水和能源短缺、垃圾处理和交通等显著的环境问题，这些问题可能因高温多雨而加剧。低海拔海岸区(既有发展中国家也有发达国家)的城镇化快速发展正在较快地增加人口居住密度。而这些人为财富(城市)处于海岸气候的极端事件危险之中，随时会遭受破坏。面临气候变化时，经济单一的居住区(居民收入的大部分来源于受气候支配的初级资源产业如农业、林业和渔业)比经济多样化的居住区更脆弱。

对保险和其他金融业的影响：全球经济因灾难损失从20世纪50年代的每年39亿美元增加到90年代每年400亿美元，损失增加了10倍。尽管在加强基础设施和灾害防治方面做了大量的工作，但天气气候灾害事件的经济损失依然快速上升。过去50年灾害损失结果，一部分由社会经济因子引起，如人口增长等，另一部分则由气候因子如降雨和洪涝事件的增加引起。气候变化将增加风险评估的不确定性，而这将会对金融业施加大的压力从而导致风险评估的失误，促使保险赔付的增加，减慢金融服务向发展中国家的扩展。

9.2.3 脆弱性随区域差异而不同

人类居住区和自然系统对气候变化的脆弱性因区域的差异而不同。不同区域的自然和社会系统具有不同的内在特征、资源和法规体系，因而具有不同的敏感性和适应能力。因为有了这些差异，就构成了全球每个主要区域所关注的问题的不同。然而，即便同一区域，气候变化造成的影响、各自的适应能力以及表现出来的脆弱性也不同。

所有区域都可能遭受气候变化的一些不利影响。一些区域由于其置于气候变化灾害之中或其适应能力有限而极其脆弱。大多数欠发达区域由于其经济对气候敏感以及其居民、金融和自然资源均处于较低水平并缺乏法规体系和技术能力而表现出较低的适应能力。即便是适应能力强的区域，如北美洲、澳大利亚和新西兰，仍有脆弱的群落存在如土著居民区，其生态系统的适应能力非常有限。欧洲南部和北极区的脆弱性比该洲的其他地区要大得多。从气候变化的直接影响看，沿海低地和小岛屿国家，以及气候明显干旱化和受到荒漠化威胁的非洲内陆国家是最为脆弱的。

9.3 应对气候变化的行动

9.3.1 气候变化问题的国际行动

1979年第一次世界气候大会在日内瓦召开时，气候变化问题基本上还是专家们的事。80年代以后就不同了，这个学术问题转移到社会上，并引起许多国家政府、国际组织的关注，几乎每年都有几次全球性不同级别的气候变化会议，不同发展程度国家的领导人也纷纷对气候变化发表不同言论。1987年第42届联合国大会把20世纪最后10年定为国际减灾十年，1988年第43届联大通过《为人类现在和将来保护全球气候》的43号决议更是史无前例。这一年，世界气象组织(WMO，World Meteorology Organization)和联合国环境署联合建立了政府间气候变化专业委员会(IPCC，Intergovernment Panel of Climate Change)。这个研究气候变化的权威机构由30多个国家的高级官员担任委员，下设科学评价组、影响评价组和对策评价组，组织各国科学家开展研究工作。IPCC大约每五年出版一次评估报告，总结气候变化的"现有知识"。报告本身不直接评估政策问题，但所评估的科学问题均与政策相关，因此该报告成为气候变化国际谈判的科学基础，对气候变化国际谈判产生了重要影响。至2007年2月已发布了4次全球气候评估报告，召开了10次全会。目前第五次评估报告的起草工作即将完成。

1990年的第二次世界气候大会，有137个国家部长参加，一些国家的政府首脑、国家元首在大会上做了演讲。1992年在巴西召开的联合国环境与发展大会，是一次全球首脑会议。首脑们签署了气候变化框架公约和21世纪议程，会议上讨论了物种多样性、热带雨林及控制温室效应气体排放等问题。在科学史上还没有一个学术问题像气候环境问题那样受到国际社会的高度关心和重视。

自1995年3月28日首次《气候变化框架公约》缔约方大会在柏林举行以来，缔约方每年都召开会议。第2次至第6次缔约方大会分别在日内瓦(1996)、京都(1997)、布宜诺斯艾利斯(1998)、波恩(1999)和海牙(2000)举行。

其中1997年12月11日，第3次缔约方大会在日本京都召开。149个国家和地区的代表通过了《京都议定书》，它规定从2008—2012年期间，主要工业发达国家的温室气体排放量要在1990年的基础上平均减少5.2%，其中欧盟将6种温室气体的排放削减8%，美国削减7%，日本削减6%。但是2000年11月在海牙召开的第6次缔约方大会期间，世界上最大的温室气体排放国美国坚持要大幅度折扣它的减排指标，因而使会议陷入僵局，大会主办者不得不宣布休会，将会议延期到2001年7月在波恩继续举行。

2001年10月，第7次缔约方大会在摩洛哥马拉喀什举行。

2002年10月，第8次缔约方大会在印度新德里举行。会议通过的《德里宣言》，强调应对气候变化必须在可持续发展的框架内进行。

2003年12月，第9次缔约方大会在意大利米兰举行。

2004年12月，第10次缔约方大会在阿根廷布宜诺斯艾利斯举行。

2005年2月16日，《京都议定书》正式生效。目前，已有156个国家和地区批准了该项协议。2005年11月，第11次缔约方大会在加拿大蒙特利尔市举行。

2006年11月，第12次缔约方大会在肯尼亚首都内罗毕举行。

2007年12月，第13次缔约方大会在印度尼西亚巴厘岛举行，会议着重讨论“后京都”问题，即《京都议定书》第一承诺期在2012年到期后如何进一步降低温室气体的排放。15日，联合国气候变化大会通过了“巴厘岛路线图”，启动了加强《公约》和《京都议定书》全面实施的谈判进程，致力于在2009年年底前完成《京都议定书》第一承诺期2012年到期后全球应对气候变化新安排的谈判并签署有关协议。

2008年12月，第14次缔约方大会在波兰波兹南市举行。2008年7月8日，八国集团领导人在八国集团首脑会议上就温室气体长期减排目标达成一致。八国集团领导人在一份声明中说，八国寻求与《联合国气候变化框架公约》其他缔约国共同实现到2050年将全球温室气体排放量减少至少一半的长期目标，并在公约相关谈判中与这些国家讨论并通过这一目标。

2009年12月7~18日哥本哈根世界气候大会全称是《联合国气候变化框架公约》，第15次缔约方会议暨《京都议定书》第5次缔约方会议，这一会议也被称为哥本哈根联合国气候变化大会。12月7日起，192个国家的环境部长和其他官员们在哥本哈根召开联合国气候会议，商讨《京都议定书》一期承诺到期后的后续方案，就未来应对气候变化的全球行动签署新的协议。尽管在会前被喻为“拯救人类的最后一次机会”的会议，这是继《京都议定书》后又一具有划时代意义的全球气候协议书，对地球今后的气候变化走向产生决定性的影响，但这次大会仍然将“最后一次机会”留给了以后的大会。

这次大会的积极影响有：①从大会理念来看，哥本哈根会议大力提倡各国发展绿色经济和低碳经济，通过调整能源结构和产业结构来减少温室气体排放，这种宣扬和传播将会在全球范围内形成一种发展的新潮流，对各国的产业政策调整产生比较大的影响，为各国经济转型提供契机，绿色和低碳理念有利于形成改变国际经济的运行生态和贸易生态，促进各国的可持续发展。②从参会国家来看，哥本哈根大会共吸引了192个国家和地区的缔约方和观察员，930个国际机构和1 000多家新闻媒体的大约40 000名代表前来参加，说明气候变化问题已经成为国际社会一致关注的议题，这种共识为全球共同解决气候变化营造了良好的环境和氛围。③从最终协议来看，哥本哈根会议坚守了联合国气候变化框架公约及京都议定书确立的框架和原则，再次强调了共同但有区别的责任原则，并在发达国家设定减排目标、实行强制减排和发展中国家主动参与并采取自主减缓行动方面迈出了重要的步伐。而且，发达国家与发展中国家在资金和技术支持、透明度、建立国际体制以顺利推进支援和执行相关财政等方面也基本达成共识。④从谈判格局来看，发达国家主导会议主动权的局面已开始改变，发展中国家的权力意识和谈判地位大大强化，谈判筹码不断加重。在哥本哈根大会上，发展中国家在涉及国家核心利益的问题上表现出前所未有的强硬立场，其诉求在国际事务的决策过程已越来越不容忽视。

这次大会的消极影响有：①哥本哈根协议不仅是一项不具备法律约束力的协议，而且在内容上既没有规定发达国家到底减排多少，减排是否执行一个标准，也没有涉及发达国家如何落实对发展中国家的减排帮扶等具体操作性问题，遭到了部分国家的坚决反对，大会未能完成本次气候变化大会期望承担的使命，未来的气候变化谈判困难重重。②会议期间，曾出现过一份由少数几国磋商的气候文本，这份文本最大的特点就是背离京都议定书规定的共同但有区别的责任原则，给予发达国家更多权利，对发展中国家相当不公平。在大会即将结束的最后几天，大会组织者以身份须对等为理由，替换了较亲发展中国家路线的主席。这两个事件说明，发达国家在主动减排和资金援助方面缺乏诚意和实际行动，在气候问题的国际谈判领域，发达国家依然掌握着更多的话语权，这些消极面将继续制约着未来的谈判进程。③由于彼此利益的差异，发展中国家也并非铁板一块，早在1998年布宜诺斯艾利斯气候大会上，发展中国家阵营就开始分化成小岛国家集团、期待获得发达国家援助的国家、中国和印度等不承诺减排任务的国家。在本次会议后期，美国以发展中国家必须有某种透明度上的承诺为要求，宣布将和其他发达国家一起，在2020年前每年为发展中国家应对气候变化提供1000亿美元，这种物质诱惑再次加剧了77国集团的内部分裂，削弱了发展中国家的整体力量，为未来的气候谈判设置了障碍。

2010年年底，在墨西哥坎昆举行的第16次气候大会，气候宜人的坎昆仅仅迎来了各国部长层面的官员，国际社会推动气候变化谈判的热度也从2009年的沸点持续降温。激情是难以成为持久推动力的，各国重回理性和现实。坎昆联合国气候变化大会于2010年12月11日凌晨疲惫落幕，会议通过的《公约》和《议定书》发出了积极的信号，维护了《京都议定书》所确定的“双轨制”谈判原则。

2011年11月28日至12月11日在南非德班举行了气候大会(大会原定12月9日结束)。此次会议通过了“德班一揽子决定”，同意《京都议定书》第二承诺期在2013年生效。但由于发达国家缺乏政治诚意，“巴厘路线图”谈判仍未完成。

中国认为会议取得了五大成果，一是坚持了《联合国气候变化框架公约》、《京都议定书》和“巴厘路线图”授权，坚持了双轨谈判机制，坚持了“共同但有区别的责任”原则；二是就发展中国家最为关心的《京都议定书》第二承诺期问题做出了安排；三是在资金问题上取得了重要进展，启动了绿色气候基金；四是在坎昆协议基础上进一步明确和细化了适应、技术、能力建设和透明度的机制安排；五是深入讨论了2020年后进一步加强公约实施的安排，并明确了相关进程，向国际社会发出积极信号。

《京都议定书》第二承诺期是德班会议的核心议题之一。规定了发达国家量化减排指标的《京都议定书》第一承诺期将于2012年底到期。由于加拿大、日本等发达国家坚决抵制，会前各界对第二承诺期预期悲观，甚至有评论认为德班将是《京都议定书》的“葬身之地”。不过，在中国、印度等为代表的发展中国家的坚持下，德班会议让《京都议定书》延续了生命。会议决定，《京都议定书》第二承诺期要在2012年卡塔尔举行的联合国气候变化大会上正式被批准，并于2013年开始实施。

由于气候变化涉及全人类的未来，虽然对如何保护气候科学界和政府间仍存不同的意见，但各国政府和人民也都积极地参与保护气候的活动。因此，气候变化已不单纯是一个自然科学问题，而是涉及经济发展、政治和外交活动的综合问题，是需要全人类的合作、参与才能解决的有关人类生存的问题。在国际社会，中国政府就气候变化问题的主张和建议可以概括为：本着对人类、对未来高度负责的态度，尊重历史，立足当前，着眼长远，务实合作，统筹经济发展和环境保护。

9.3.2 应对气候变化的中国行动

中国作为一个负责任的发展中国家，对气候变化问题给予了高度重视，成立了国家气候变化对策协调机构，并根据国家可持续发展战略的要求，采取了一系列与应对气候变化相关的政策和措施，为减缓和适应气候变化做出了积极的贡献。

时任总理的李鹏1992年出席里约热内卢举行的联合国环境与发展大会，代表中国政府签署了公约，标志着中国踏上了气候谈判的征程。1994年3月，国务院批准我国第一个国家级可持续发展战略——《中国21世纪议程》，成为世界上首个制定和实施21世纪议程的国家。1996年3月，全国人大八届四次会议进一步将"可持续发展"正式确定为中国经济和社会发展的基本战略之一。1999年3月后陆续出台21世纪议程农业行动计划、林业行动计划、海洋21世纪议程等文件。

在2002年可持续发展世界首脑会议之前，我国公布了《中国可持续发展国家报告》。中国共产党的十六大依据"科教兴国"和"可持续发展"两大战略，明确提出要以循环经济为载体，着力推进科技含量高、经济效益好、资源充分利用、环境污染少、人力资源优势充分发挥的新型工业化道路，实现人与自然协调的可持续发展之路。2003年7月，中国制定《中国21世纪初可持续发展行动纲要》，推进可持续发展。2004年"中国循环经济发展论坛"通过《上海宣言》，将循环经济试点与示范范围扩展到生产消费各个领域。在党的十六届三中全会针对当前我国所面临的严峻的资源环境态势，全面总结我国与世界其他国家和地区人与自然发展的经验、教训的基础上，明确提出了"坚持以人为本，树立全面、协调、可持续的发展观，促进经济社会和人的全面发展"的科学发展观，强调"五个统筹"，全面促进人与自然和谐发展。2005年6月，温家宝主持召开国务院常务会议，专题研究了建设节约型社会和发展循环经济问题，并印发《国务院关于做好建设节约型社会近期重点工作的通知》《国务院关于加快发展循环经济的若干意见》等一系列文件。党的十六届四中、五中全会决议中明确提出要大力发展循环经济，把发展循环经济作为调整经济结构和布局，实现经济增长方式转变的重大举措。"十一五"规划把大力发展循环经济，建设资源节约型和环境友好型社会列为基本方略。

2007年十七大提出建设生态文明，要求循环经济"要形成较大规模"。早在2005年，时任中国气象局局长秦大河院士联名其他8名院士，向中央建议成立中国"气候变化智囊团"。2007年年初，中国国家气候变化专家委员会成立。2007年6月，中国成立了由温家宝担任组长的国家应对气候变化领导小组，作为国家应对气候变化工作的议事协调机构，国家发展和改革委员会具体承担领导小组的日常工作。作为履行《气候公约》的一项重要义务，2007年6月，中国颁布《中国应对气候变化国家方案》，是发展中国家在这一领域的第一部国家方案。2008年6月中国正式启动省级应对气候变化方案项目，以推动《中国应对气候变化国家方案》的贯彻落实，提高省级政府应对气候变化的能力。到2008年7月20日，中国在联合国已经成功注册的清洁发展机制合作项目达到244个，预期年减排量为1.13×10^8t CO_2当量。煤炭在中国一次能源消费中的比重由1980年的72.2%下降到2007年的69.4%，水电、风电和核电的比重由4%提高到7.2%。经过全社会共同努力，2006年和2007年中国单位GDP能耗分别下降1.79%和3.66%，累计节能1.47×10^8t标准煤。

2006年和2011年先后发表了2次《气候变化国家评估报告》。2008年10月国务院新闻办公室发表《中国应对气候变化的政策与行动》白皮书，介绍了气候变化对中国的影响、中国减缓和适应气候变化的政策与行动，以及中国对此进行的体制机制建设。

2009年9月22日，胡锦涛主席在联合国气候变化峰会上发表题为《携手应对气候变化挑战》重要讲话，倡导四点主张即履行各自责任是核心，实现互利共赢是目标，促进共同发展是基础，确保资金技术是关键。2009年11月26日，中国宣布2020年将把单位GDP CO_2 排放比2005年削减40%~45%，作为约束性指标纳入国民经济和社会发展中长期规划，并制定相应的国内统计、监测、考核办法，到2020年我国非化石能源占一次能源消费的比重达到15%左右。

与此同时，中国积极参与国际社会应对气候变化的努力，认真履行《联合国气候变化框架公约》和《京都议定书》，在国际合作中发挥着积极的建设性作用。中国已加入联合国《气候变化框架公约》和修正后的《关于消耗臭氧层物质的蒙特利尔议定书》，并已制定履行这些国际公约和议定书的国家行动方案。2009年11月30日，第十二次中欧领导人在南京会晤，就应对气候变化达成广泛共识，认为气候变化是当今国际社会面临的最重大挑战之一，需立即采取合作行动加以应对，进一步加强该领域的务实合作，向低碳经济转型。同意通过加强协调与合作进一步落实《中欧气候变化联合宣言》，并同意提升气候变化伙伴关系。同时，中国、印度、巴西和南非"基础四国"与77国集团主席国苏丹代表在北京举行磋商，联合起来为应对哥本哈根气候峰会，呼吁发达国家承担具有法律约束力的减排义务，而发展中国家将负责采取与国家实力相适应的减排行动。2009年12月16~18日，温家宝出席哥本哈根气候变化会议，为大会最终以《联合国气候变化框架公约》及其《京都议定书》缔约方大会决定的形式通过《哥本哈根协议》做出了贡献。

中国作为一个负责任的发展中国家，对气候变化问题给予了高度重视，并根据国家可持续发展战略的要求，采取了一系列与应对气候变化相关的政策和措施，为减缓和适应气候变化做出了积极的贡献。

我国应对气候变化的措施，实质上是经济—环境双赢、绿色—低碳双赢的行动，同时也为今后更大强度地减排和适应进一步的气候变化做好技术和发展方式的准备。这些措施被表述为以下两个方向。

(1)减缓

减缓是指以节能减排为主的，包括增加非化石能源比例、增加森林土地碳汇等措施的减缓气候变化的行动。在化石能源仍占据重要地位的阶段，节能行动直接带来3个方面的效果：①对不可再生的煤炭和石油等资源的节约；②减少化石能源开发和利用过程中的环境影响和污染物排放，包括 SO_2、可吸入颗粒物等危害人体健康的污染气体的排放；③减少以 CO_2 为主的温室气体的排放。这个"一石三鸟"的效果是同时产生的，它很好地表明了绿色环保和低碳发展在方向上的一致性。减缓行动还包括保护和增加碳汇，培育森林、草地等绿色植被。这一行动也同时产生双重效果：保护生态与水资源、绿化环境、净化空气的作用和吸收 CO_2 的碳汇作用，它从另一侧面印证了绿色和低碳的同向性。发展非化石能源不仅会缓解能源供应的压力，并且会改善能源结构。因此，尽管对气候变暖的趋势与温室气体的作用存在歧见，节能减排(及护育森林等)应该是一个确定无疑的国家战略。极而言之，即使把气候变化完全归因于自然因素，节能减排等也仍然是国家健康发展的实际要求，是一个不可撼动的国家战略，这是一种战略上的确定性。

(2)适应

适应是指以建设防灾减灾的基础设施和提高人类及生物适应气候变化的生存能力为主要内容的行动。IPCC 给出的定义是指通过调整自然和人类系统以应对实际发生的或预估的气候变化或影响。我国是一个水旱等自然灾害频发的国家，人均水资源和土地资源十分有限，改善防洪抗旱的基础设施，从技术和管理上强化水安全战略，已成为迫切的实际需求。同时，在有限的土地上为我国提供充分的粮食和其他农林产品也面临着不断改进品种、土壤和栽种技术，适应气候变化的长期任务。生物进化的历史告诉我们，人类和动植物具有不同程度的自我塑造以适应渐变的生存环境的能力，对此如果能有更深入的规律性认识，则人们就可以更自觉地去提高这种适应能力，改进保护生命健康的社会体系，更有意识地保护生物多样性，创新适应气候变化的农业。再者，适应气候变化必然要求人与自然的关系更加和谐。为此，需创新城市化的模式，把优化(至少不恶化)生态环境作为城市化的优先考虑，体现以人为本，以人的可持续发展为本；通过优化产业结构和发展循环经济，遏制大气、水和土壤受到污染的态势，使天人友好。这些原本就要持续努力的事业和适应气候变化的措施完全一致。适应气候变化，从本质上说，就是增强人类在不断变化的气候条件下的可持续生存和发展的能力。显然，对气候变化认知上的不确定性并不影响“适应战略”的确定性。为加强对适应气候变化的指导，科技部组织编写出版了《适应气候变化国家战略研究》(科学出版社，2011)，由国家发改委、财政部、农业部、气象局、林业局等9部门历时两年多联合编制的《国家适应气候变化战略》于2013年11月18日正式对外发布。

节能减排、改善和建设防灾减灾的基础设施是国家科学发展的内在需求，是国家可持续发展战略的有机组成部分。客观上顺应了应对气候变化的需要。2007年发布的《应对气候变化国家方案》提出的应对气候变化的总体目标是“减缓”与“适应”并重的。这一目标也体现了国家可持续发展的需求和应对气候变化要求的一致性。

气候变化是一个长时间尺度的全球性问题。应对气候变化的“减缓”和“适应”战略，在我国发展的现阶段，对推动国家走绿色、低碳发展道路起着现实的作用，它限制落后产能，助推技术进步；限制粗放发展，促进科学发展；限制环境污染，推进生态文明。不仅如此，应对气候变化对国家乃至人类的长远发展将有着十分深远的影响。应对气候变化为发展和进步提供了新的视角和战略要素。对气候变化认识上的某些质疑，有益于研究的深入和认识的深化。绿色低碳已是“世界潮流，浩浩荡荡”，成为历史的必然。应对气候变化战略的坚定实施，不但有益于当代人生存环境的改善，也将惠及子孙后代的根本利益。

9.4 应对气候变化的案例

气候变化对社会生产和生活产生了深远的影响，基于对气候变化原因和结果的认识，人类社会为应对气候变化采取了许多行之有效的方法，积累了很多成功的经验。本节选取3个案例说明人类社会应对气候变化所采取的具体方法和成果。

9.4.1 宁夏农业适应气候变化案例分析

(1)农业现状

宁夏地处中国西北内陆干旱地区，黄河上游中段，农业生产在区域经济中占有重要比重。宁夏由北向南分为引黄灌区、中部干旱带及南部山区。宁夏区域地形是南高北低，而气温则南低北高，对气候变化十分敏感。宁夏全区生态环境脆弱，农业生产受气候变化影响明显。此外，宁夏农业涵盖了我国主要的农业生产类型，如北部的灌溉农业、中部的农牧交错农业、南部的雨养农业，是研究不同农业生产类型适应行动的理想区域。

宁夏三类农业生产区自然生态条件差距很大，北部川区是引黄灌区，农业主要依靠黄河水灌溉。中部干旱带是半干旱半荒漠化草原，十年九旱，主要以畜牧业为主，部分区域引黄灌溉。南部是黄土高原沟壑区和丘陵区，以雨养农业为主，是宁夏主要贫困地区。北部灌溉农业区主要发展粮食种植业，作物包括玉米、春小麦、水稻和蔬菜等，农民主要经济来源是农业生产收入、家庭经营非农产业收入等。中部以农牧交错为主，牧业主要是饲养奶牛和羊，由于部分扬黄灌溉，农业基本是灌区农业特色，农民收入来源主要是农牧生产和外出务工。南部雨养农业区主要作物是春小麦和冬小麦、薯类、胡麻、玉米和小杂粮等，农民收入主要来源于农业种植和外出务工。

(2)适应气候变化措施选择

宁夏农业领域的适应技术可以分为几个类别：农业种植制度调整；农业节水灌溉和管理制度；水利工程设施建设；农村气候风险能力提升项目；农户综合技能建设；气象预警系统以及防灾、减灾和补救技术；环境友好技术体系和措施。

根据气候资源特点和实际生产水平，宁夏不同地区的适应行动不同。北部引黄灌区的目标是提高农作物生产能力，保证农产品的稳定持续发展。适应核心是充分利用热量资源，开发高产高效农业生产模式。主要推荐技术有种植结构调整技术、节水农业技术以及水利工程建设等。中部干旱带的适应目标是发展畜牧业和生态环境建设。适应技术主要有农业结构优化和调整技术，气候、环境友好技术和风险抵御能力提高技术等，具体内容包括畜牧业生产技术的集成和优化、饲草料作物优化种植技术开发、农林草畜生态环境综合建设。南部雨养区的适应目标是发展特色农业，提高农民气候风险抵御能力和提高农民收入。适应措施有农业结构调整、节水技术集成、水利设施建设和农民技能培训等。具体内容包括发展优势小杂粮、蔬菜和枸杞等特色农业，提高农业的综合生产水平；开发集雨、蓄水保墒技术，水肥优化高效用水技术，集成雨水资源化高效利用技术系统；通过专业技能培训和劳务输出，增加务工收入。

(3)适应技术的实施示范

根据宁夏未来的气候变化趋势，适应主要针对气候变暖和极端气候事件，如持久干旱、水资源短缺等。种植结构调整、发展节水农业和特色农业，是宁夏应对气候变化的有效农技措施。

随着气候变暖以及夏旱趋势增强，冬麦北移成为北部引黄灌区的一种有效适应技术，种植冬麦可以避开夏季干热天气，又适应冬季变暖的气候变化趋势。从20世纪90年代开始，宁夏就尝试冬麦北移的种植模式，冬麦可比春麦增产20%~30%，而且可提早成熟20

天左右，从而实现了宁夏"一年两熟"或"一年多熟"制。目前宁夏的冬小麦种植区域已从35°N扩至39°N，从南部山区北移到北部的引黄灌区，2009年北部引黄灌区冬小麦播种面积已达$3.3\times10^4hm^2$。根据气候变暖的程度，宁夏还进一步提高了复种指数，采取了水稻休闲田和秋闲田复种禾草等措施，不仅提高了农业收益，同时也促进了畜牧业的发展。目前，宁夏的复种面积年平均达到$8.0\times10^4hm^2$。

水资源短缺一直是宁夏农业发展的主要制约因素，未来气候变化水资源短缺将更加突出。在这种情况下，引黄灌区一直致力于节水灌溉种植技术的开发工作，目前单方水的生产效率提高了15%~20%。针对中部干旱带和南部山区特定的生态和气候条件，宁夏还开展了设施农业示范项目建设，建成8县区4 000hm^2的县级科技园区，辐射和带动了中部和南部近$3.4\times10^4hm^2$设施农业的发展。

9.4.2　我国发展林业应对气候变化的经验

林业在应对气候变化中具有特殊地位，因此发展林业是我国应对气候变化的战略选择。在应对气候变化中，大力发展现代林业至少有以下几个重要功能：①促进碳吸收和固碳，增加森林碳汇；②保护和控制森林火灾和病虫害，减少林地征占用，减少碳排放；③大力发展经济林，特别是木本粮油经济林，其生物质能源生产过程就是吸收CO_2的低碳过程；④使用木质林产品，通过延长其使用寿命延长储碳期；⑤保护湿地和林地土壤，减少碳排放。

(1)林业建设的成就为我国在国际气候谈判中赢得了主动

在利益纷争、形势复杂的国际气候谈判中，林业建设的成效为展示我国积极应对气候变化的良好国际形象奠定了坚实基础，为争取维护我国经济社会稳定发展的国际环境提供了战略支持，为我国在气候变化外交领域拥有更多的话语权发挥了积极作用，为坚持国际气候谈判中"共同但有区别的责任"原则、维护发展中国家切身利益产生了直接影响。

据联合国粮食及农业组织对全球森林资源的评估，在全球年均减少森林面积约$0.067\times10^8hm^2$的背景下，我国年均增加森林面积逾$400\times10^4hm^2$，年均增量占世界的53.2%，为全球应对气候变化做出了重大贡献。到2008年，我国森林面积达到$1.95\times10^8hm^2$，森林覆盖率达到20.36%。林业建设取得的显著成就，为我国在国际气候谈判中赢得了主动，成为我国积极应对气候变化的一个亮点。1999—2009的10年间中央政府投入700多亿美元，大力开展植树造林、植被恢复活动，推进森林可持续经营，增加森林固碳量；合理控制采伐，减少毁林，防控森林火灾与病虫害，减少源自森林的碳排放；发展生物质能源，部分替代化石能源，降低碳排放；延长木质林产品使用寿命及其储碳期，扩大其碳储量；利用木质林产品部分替代化石能源，减少化石能源的碳排放；强化应对气候变化的科技支撑，加大陆地生态系统定位研究网络建设力度；发布了《应对气候变化林业行动计划》。

2007年，胡锦涛主席在第15次APEC会议上提出了"建立亚太森林恢复与可持续管理网络"的重要倡议，并承诺到2010年中国森林覆盖率要达到20%，被国际社会誉为应对气候变化的"森林方案"。在2009年9月举行的联合国气候变化峰会上，胡锦涛主席又提出要大力增加森林碳汇，并承诺到2020年中国森林面积要比2005年增加$4\ 000\times10^4hm^2$，森林蓄积量增加$13\times10^8m^3$，赢得高度评价。2009年12月，温家宝总理在哥本哈根国际气候变化大会上再次指出："中国是世界人工造林面积最大的国家。我们持续大规模开展退耕还林和植树造林，大力增加森林碳汇。2003—2008 年，森林面积净增 2 054 $\times 10^4 hm^2$，森林蓄积量净增 11.23 $\times 10^8 m^3$。"目前我国人工林保存面积达 6 168.84 $\times 10^4 hm^2$，居世界第一，再次表明我国参与国际社会应对全球气候变化的坚定决心和实际行动。

(2)积极发展林业是应对气候变化的战略途径

目前应对气候变化最根本的措施就是降低大气中 CO_2 等温室气体的含量。降低 CO_2 有 2 条主要途径：一是工业直接减排，二是充分发挥自然生态，特别是森林的固碳功能，通过森林碳汇间接减排。

森林是陆地上最大的"储碳库"和最经济的"吸碳器"，是维持大气中碳平衡的重要杠杆。森林通过光合作用，吸收 CO_2，放出氧气，把大气中的 CO_2 转化为碳水化合物而固定下来，这个过程称之为"碳汇"。科学研究表明：森林每生长 $1m^3$ 的蓄积量，平均能吸收 1.83t CO_2。而破坏和减少森林就会增加碳排放，林地转化为农地 10 年后，土壤有机碳平均下降 30.3%。据联合国政府间气候变化专门委员会估算，全球陆地生态系统中约储存了 24 800 $\times 10^8$t 碳，其中 11 500 $\times 10^8$t 碳储存在森林生态系统中。森林对减缓气候变化的特殊作用，以及森林固碳所具有的投资少、代价低、综合效益好等特点，得到了国际社会的广泛关注和高度重视。我国正处于快速工业化过程中，通过增加森林资源积极减排温室气体，是一项极其重要的战略选择。

林业还是我国发展低碳经济的潜力所在。林业是一种典型的低碳产业。第一，木材是绿色、环保、可降解的原材料，用木材代替钢材和水泥，可大幅度降低建筑能耗，减少 CO_2 排放。第二，林业生物质能源是仅次于煤炭、石油、天然气的第四大战略性能源，具有可再生、可降解的特点。我国林业生物质能源资源丰富，种子含油量在 40% 以上的木本油料树种有 154 种，典型的如麻疯树、黄连木等。此外，每年还有可利用的枝丫剩余物约 3 $\times 10^8$t，发展森林生物质能源前景十分广阔。第三，我国木本粮油树种多、品质好，适宜种植的山地面积达 1 066.67 $\times 10^4 hm^2$。

9.4.3 广东林业应对气候变化的分析

广东林业在应对气候变化过程中取得了较好的成效，并且在未来发展中具有很大的潜力。

(1)广东林业在应对气候变化中的成果分析

根据 2009 年度广东省森林资源与生态状况综合监测报告，截至 2009 年底，全省森林吸收 CO_2 总量(累计值) 8.798 $\times 10^8$t，固碳总量 2.398 $\times 10^8$t，森林释放 O_2 总量(累计值) 6.397 $\times 10^8$t，森林植物储能量总量(累计值) 106 280.88 $\times 10^8$MJ，森林调水蓄水量(累计值)为 177.61 $\times 10^8$t，森林保育土壤量(累计值)为 5 072.05 $\times 10^4$t。取得这样结果主要原因为：

①大力培育森林资源，增加森林碳吸收　a. 植树造林，增加森林固碳量。从 2000—2009 年，全省共完成造林更新 215.62 $\times 10^4 hm^2$，1985—2009 年，全省有林地面积由 466.7 $\times 10^4 hm^2$ 增加至 986.7 $\times 10^4 hm^2$，森林覆盖率由 27.7% 提高至 56.7%，林木蓄积量由 1.7 $\times 10^8 m^3$ 增加至 4.18 $\times 10^8 m^3$。30 年来，全省累计参加全民义务植树的人数达 5.85 $\times 10^8$ 人

次，植树 29.7 $\times 10^8$ 株。森林资源得到显著提高，森林储碳能力大幅增强。b. 加快林业重点工程建设，提高森林质量。近 10 年来，省财政投入专项资金先后启动实施了流域水源涵养林、沿海防护林(红树林)、林分改造等林业重点工程，带动了广东林业的快速发展和整体管理水平的提高。至 2009 年，省财政已投入 3.7 亿元，建设水源涵养林 6.49 $\times 10^4$hm^2，完成抚育 4.83 $\times 10^4$hm^2；投入 9 625 万元，完成建设沿海防护林 2.06 $\times 10^4$hm^2；投入 16 250 万元，完成林分改造 3.46 $\times 10^4$hm^2。在省级林业重点工程的带动下，各市相继启动实施了各自的林业重点工程，逐步形成了以国家、省级重点工程为主，地方重点工程相互配合，共同推进生态建设的新格局，从而大大提高全省森林质量。

②着力保护森林湿地，减少森林碳排放　a. 有效控制林火灾害。森林火灾是一种破坏性极大的自然灾害，不仅破坏造林绿化成果，影响生态建设大局，还向大气释放大量 CO_2。1999—2008 年，总投资 27 540 万元，营造生物防火林带 7.7 $\times 10^4$km，面积 9.9 $\times 10^4$hm^2；高起点建设省森林防火指挥中心；建立了省与 21 个地级市的卫星监测林火远程传输终端网络；组建了 41 支森林消防专业队和 113 支民兵森林消防队伍。2000—2009 年，全省森林火灾年均受害率 0.17，火灾发生率每 10 $\times 10^4$hm^2 为 2.9 次，火灾控制率为 6.0hm^2/次，与 1999 年相比，年均受害率下降约 50%，山火次数减少 31.5%，过火面积减少了 46.5%，受害森林面积减少 57%。b. 有效控制林业有害生物。全球气候变暖，有利于森林病虫害的繁殖，全省各地认真落实森林病虫害防治目标责任制，大力推进林业有害生物监测预警、检疫御灾、防治减灾体系建设。2006—2009 年，全省林业有害生物成灾率控制在 5 以下，灾害测报准确率达 85% 以上，无公害防治率达 80%，全省年均林木消耗量为 950 $\times 10^4$m^3，是国家批准的年森林采伐限额 1 500 $\times 10^4$m^3 的 63.3%。c. 严格实行林地定额管理和用途管制制度，加强征占用林地审核审批管理，全面开展林地林权登记工作，林地使用权发证面积 780 $\times 10^4$hm^2，发证率 71.2%。d. 全面完成新一轮森林资源二类调查，编制林地保护利用总体规划，建立全省森林资源林政管理信息系统和森林生态宏观监测系统，加强林业站和木材检查站标准化、规范化建设，建立健全木材行业协调机构，完善管理机制，强化了森林资源管理，使森林资源得到有效保护。e. 有效转变森林经营方式，在满足造林种植的前提下，尽可能少破坏原有的森林植被，使全省森林经营方式发生根本性的转变。

③积极发展林产工业，增加林产品碳储存　经过 30 多年的改革开放，广东木材加工业已具备较强的实力，初步形成家具、造纸、人造板、木质地板和木制品等以木材为原料的木材加工体系，生产企业从业人员达到 300 多万人，木材加工业总产值达 2 500 亿元以上。广东木材加工业消费的木材中，68.58% 是废旧林产品和边角料、枝丫材，实际使用原木和锯材只有 31.42%，广东已成为世界废旧林产品的处理厂。通过增加木质林产品使用，延长木材使用寿命，延长木质林产品储碳期，扩大木质林产品碳储量。

④稳妥发展生物质能源林，促进林产品碳替代　至 2009 年，全省已建油料能源林 0.3 $\times 10^4$hm^2，其中小桐子 0.2 $\times 10^4$hm^2，油桐 0.1 $\times 10^4$hm^2。已建油茶面积 18.2 $\times 10^4$hm^2，2000 年以来，全省新建油茶林基地 2.0 $\times 10^4$hm^2，年油茶籽产量约 3.0 $\times 10^4$t。全省各种抚育剩余物可利用资源量约 857 $\times 10^4$t。通过利用木质林产品，特别是森林采伐和加工剩余物转化成能源以部分替代化石能源，减少化石能源利用量，减少碳排放。

(2)广东林业在应对气候变化中的潜力分析

广东林业在应对气候变化中的潜力大，主要表现为以下3个主要方面：

①提升森林资源总量空间大 a. 森林面积扩大空间大。根据2009年度广东省森林资源通报，全省人均森林面积为0.12hm^2，相当于世界人均森林面积的20%，也低于0.13hm^2的全国人均水平。全省林业用地中，现有疏林地、宜林荒山荒地、宜林沙荒、采伐迹地、火烧迹地约$27.1\times10^4hm^2$，而且还有相当数量的25°以上的陡坡耕地和未利用地都可用于植树造林。同时，通过提高现有林地使用率，发展绿色通道、万村绿、农田林网等途径，扩大广东森林面积尚有较大空间。b. 森林蓄积提升空间大。全省林业用地中未成林地$36.6\times10^4hm^2$，灌木林地$68.1\times10^4hm^2$，只要进行科学造林或补植，加强经营管理，一部分可成为生产力较高的林地。全省活立木蓄积量平均46.5m^3/hm^2，是世界平均水平的39%、全国平均水平的46%；森林蓄积占有量人均5m^3，仅相当于世界人均森林蓄积64.5m^3的7.8%，也只有全国人均水平的55.3%；现有平均单位面积活立木蓄积量仅为46.3m^3/hm^2。按照期望森林生产力计算，在现有林地面积不变的情况下，全省活立木蓄积最大值为$9.49\times10^8m^3$，有$5.68\times10^8m^3$的提升空间。因此，搞好低产林改造和实行集约经营，将大幅度提高林地单位蓄积量，如果能达到全国的平均水平84.0m^3/hm^2，现有森林资源蓄积将大幅提高，能够大大增加现有森林植被的碳汇能力。

②减少森林碳排放潜力大 a. 通过加强森林保护，可减少森林碳排放，通过严格控制乱征乱占林地等毁林活动，减少源自森林的碳排放。通过采取低强度、低影响的采伐作业措施，保护林地植被和土壤，可减少因采伐对地被物和森林土壤的破坏而导致的碳排放。通过强化对森林中可燃物的有效管理，建立森林火灾和林业有害生物监测预警、灾害防控体系，实施有害生物工程治理等措施，有效控制森林火灾和林业生物灾害发生频率和影响范围，将会减少森林碳排放。b. 通过控制林地水土流失，可减少碳排放。广东林业用地面积为$1\,099.06\times10^4hm^2$，占国土面积61.2%，受不同程度侵蚀的总面积为$117.68\times10^4hm^2$。其中，轻度侵蚀占林地总面积9.8%，中度侵蚀占0.8%，强度侵蚀占0.1%，可通过加大生物措施，控制林地水土流失，有助于保护林地土壤，促进和加速森林土壤发育，促使非森林土壤转化为森林土壤，提高森林土壤固碳能力。c. 通过发展林木生物质能源替代化石能源，可减少碳排放。森林是一种仅次于煤炭、石油、天然气的第四大战略性能源。利用林木的枝丫发电和林木的果实炼油不仅潜力巨大，而且再生力强。在化石能源日益枯竭的情况下，发展森林生物质能源已成为世界各国能源替代的重大战略，也是我国开发替代能源的战略选择。林木生物质原料可以部分替代化石能源，减少温室气体排放。同时，利用现有林业用地和矿山复垦地等暂难利用地，还可定向培育一部分能源林，扩大林木生物质替代化石能源的比例，有利于减少广东温室气体排放总量。d. 通过开发木质林产品，可减少碳排放。木材在建筑用材、家具用材等领域具有广泛的应用前景，但因人工林木材材质疏松、密度较低、易腐朽、蓝变、虫蛀而受限制。根据国内外大量试验材料的统计结果，防腐处理后的木材使用寿命是未经处理的5~6倍，从防腐材所占木材总消耗量的百分比看，新西兰占43%，英国占20%，美国占15.6%，我国小于1%，广东省通过加强木材防腐技术研发和推广应用，拓宽木材使用范围，延长木材使用寿命，提高木材利用效率，可延长木材储碳期，减少碳排放。

③发展林业碳汇动力足　a. 应对气候变化给广东林业带来发展机遇。在气候变化的大背景下，特别是随着气候变暖、能源危机、粮食安全等问题的日益突出，宣传林业减缓气候变化的作用，有助于促进社会重新认识森林价值和林业工作的重要性。推进林业建设不仅仅是改善生态的问题，也是改善投资环境的重要问题，已形成全社会重视林业、发展林业的良好氛围。在我国积极参与实施清洁发展机制下造林、再造林项目的机遇下，不仅为广东引入了一定数量的造林基金，也为熟悉相关国际规则，开展碳汇计量、监测、核实、交易等提供了经验，有助于增强参与实施碳汇项目的能力，为借助市场机制进一步完善森林生态价值补偿制度，扩大造林绿化资金渠道，加快广东造林绿化步伐提供借鉴。b. 广东雄厚稳健的经济基础，为林业建设奠定了雄厚的物质基础。人们消费要求由单一的经济向生态、经济全面需求转变，为林业发展提出了更高的要求。充裕的民间资本、灵活的市场机制有利于非公有制林业的发展。集体林权制度改革、林业管理机制创新将为推动林业发展提供强大的动力。c. 广东林业有坚实的发展基础，大力培植和拓展林业增量，森林资源快速增长，林业产业迅速壮大，林业产业总产值、生产规模、技术水平、出口创汇、品牌培育、经济效益等各项指标均居全国前列，其中总产值连续5年居全国首位，2009年达2 200多亿元，约占全国的9.8%。

思考题

1. 气候变化的原因有哪些?
2. 有哪些方法研究气候变化?
3. 全球变暖对人类有何影响?
4. 人类应对气候变化采取了哪些措施? 你认为这些措施的成效如何?
5. 我国应对气候变化做出了什么样的贡献?
6. 应对气候变化与我们个人的生活工作有什么关系?

参考文献

程纯枢. 1991. 中国的气候与农业[M]. 北京：气象出版社.

候光良，李继由，张宜光. 1993. 中国农业气候资源[M]. 北京：中国人民大学出版社.

贾治邦. 2010. 发展林业：应对气候变化的战略选择[J]. 求是(7)：54－56.

居辉，陈晓光，王涛明，等. 2011. 气候变化适应行动实施框架——宁夏农业案例实践[J]. 气象与环境学报，27(1)：58－64.

刘周全，吴焕忠，黎荣彬. 2011. 广东林业在应对气候变化中的贡献与潜力分析[J]. 防护林科技(1)：60－63.

王绍武. 2001. 现代气候学研究进展[M]. 北京：气象出版社.

张家诚. 1991. 中国气候总论[M]. 北京：气象出版社.

中国农业科学院. 1999. 中国农业气象学[M]. 北京：中国农业出版社.

第10章　林业气候

林业是指为保护生态环境和保持生态平衡，培育和保护森林以取得木材和其他林产品、利用林木的自然特性以发挥防护作用的生产部门，是国民经济的重要组成部分之一。林木具有植物对气候要求的遗传特性，但是与农作物和草原植物相比，林木无论以自然或人工林的形式存在，都是适应气候的产物，且对气候和土壤产生的反馈影响比草本植物强烈。森林不仅能为人类提供丰富的林果产品，而且它改善人类生存环境所发挥的间接效益远大于产品的直接经济价值，这是认识林业气候及林业经营所必须具备的观点。因而强调发展林业不仅仅是为了获得更多的林产品，还包括加强对森林的保护。

近年来，我国林业有了较大的发展。第七次全国森林资源清查(2004—2008 年)结果显示，全国森林面积 19 545.22 $\times 10^4 hm^2$，森林覆盖率 20.36%。我国森林面积居俄罗斯、巴西、加拿大、美国之后，列世界第五位。我国人工林保存面积 6 168.84 $\times 10^4 hm^2$，列世界第一位。但是，我国的森林资源仍存在总量不足、质量不高、分布不均衡的问题。我国的森林覆盖率只有世界平均水平 30.3% 的 2/3，人均占有森林面积不到世界人均占有量 0.62hm^2的 1/4。造林良种使用率仅为 51%，与林业发达国家的 80% 相比，还有很大差距。

10.1　林业与气候的关系

树木的形态，生理特点与森林群落的复杂结构对气候条件有许多特殊要求与反应，栽培抚育对树木生长发育的调控能力又远弱于对农作物的作用，所以，林木生长对大气候有更大的依赖性。

10.1.1　森林分布与气候

10.1.1.1　气候对林木分布的影响

地球大陆上各种植被类型的形成与分布无一不是气候影响的产物，因此自然植物群落系又可称为气候群系，而温度和水分条件是决定植被气候生态类型的首要因子。Brookman-Jernsch 曾于广泛研究后将大陆假设为一片无地形差异与山脉河流切割的平原，于是随着热量资源从赤道向极地的递减和距海远近大陆性气候的发展，各种森林必有与之相适应的规律分布。由低纬到高纬，森林呈热带雨林、季雨林—常绿阔叶林—落叶阔叶林—针叶林过渡。

从表 10-1 看出，森林分布的温度条件主要受冬季长短与寒冷强度的制约。同时，森林的存在必须具备一定的降水量与水分平衡基础。大致年降水量 400mm 等值线是森林与草原形成的分界线。在中国，从大兴安岭向云南西部的东北—西南走向的年降水量400mm等值线以东，约49%的国土面积雨量较多，拥有全国森林的90%；该线以西的另一半国土生长的森林不足10%。所以说，森林是得到一定温度保证的湿润气候的产物。不同树种生长的临界温度不同，以萌发为准，大致耐寒树种为0℃；温带、亚热带树种为5℃；热带树种为10℃。吉良(1967，1977)曾用月平均气温(t)>5℃的总和作为林木生长季的总热量状况或林木的热量需求，称为温量指数(WI，单位为℃·月)；又以冬季月平均气温<5℃的总和表示寒冷程度，称寒量指数(CI，单位同前)。$WI=\sum(t-5)$，$CI=-\sum(5-t)$。上述两指数被广泛用于研究林木分布与热量的关系。例如，苏铁、樟树和黑松的WI阈值分别为140~180、125~180和87~180，表明对温度的地理适应性黑松>樟树>苏铁，黑松虽能在亚热带生长，但以暖温带长势最好。再如我国一些常见树种的WI分别为杉木80~140，扁柏85~140，毛白杨70~120，山毛榉45~70，白桦44~70，落叶松15~70；将此与各地气候的温量指数比较，可以判别它们的适生分布应为：杉木、扁柏在南方温暖地区，毛白杨以华北为主，山毛榉在寒温带，落叶松是我国最北的主要树种。气候温量指数等值线亦可用于确定果树栽培的分布。气候条件对树种水分要求的满足程度对其分布也有影响，例如红松，在东北西部与北京一带因降水量偏少，大气偏干燥而生长不良，但在长白山与山东省崂山却因降水较多和大气偏湿而生长甚佳。表征树木的水分气候指标，对果树有用雨量系数R_Q的，其定义为树木生长季中各月份降水总量与同期月平均气温累加值之比：

$$R_Q=\sum\frac{r}{\sum T} \tag{10-1}$$

R_Q大，则潮湿度大。

表10-1 森林自然分布的气候背景(刘乃壮整理，1991)

森林气候生态型	平均气温(℃)			>0℃气温		降水(mm)		年日照量	
	全年	7月	1月	天数(d)	积温(℃·d)	年量	湿润(月数)	总辐射(MJ/m²)	时数(h)
热带雨林、季雨林	19~26	24~29	12~21	365	7 200~9 300	1 200~2 400	6~8	4 600~5 600	1 600~2 300
南亚热带季风带常绿阔叶林	18~22	21~29	10~15	365	6 800~8 100	800~2 200	4~7	4 200~5 700	1 400~2 300
中亚热带常绿阔叶林	14~20	20~30	4~9	350~365	5 400~7 100	900~1 700	5~9	3 500~6 200	1 200~2 400
北亚热带常绿落叶阔叶林	14~17	24~29	1~5	320~360	5 100~6 300	500~1 500	4~9	4 000~4 900	1 400~2 200
南温带落叶阔叶林	9.5~14	23~28	12.5~0	210~320	3 900~5 300	450~850	1~4	4 600~5 500	2 000~2 800

（续）

森林气候生态型	平均气温(℃)			>0℃气温		降水(mm)		年日照量	
	全年	7月	1月	天数(d)	积温(℃·d)	年量	湿润(月数)	总辐射(MJ/m²)	时数(h)
中温带针叶落叶阔叶林	-2.5~9	19~25	-27~-7	170~270	2 300~3 900	250~750	0~8	4 500~6 200	2 300~3 300
北温带针叶林	-5.5~-2.5	16~19	-31~-26	160~180	1 700~2 200	350~550	6~8	4 200~4 800	2 400~2 700

* 湿润月指水分收支有余月。

10.1.1.2 森林对气候的反馈

(1)森林影响气候的特征参数

森林作为“土壤—植物—大气”系统的一环，大片成林以特有的生物学特性和物理特征势必对就近的大气与土壤有持久的影响，表现为树木纵深根系与众多枝叶巨大表面积形成的：一是“深水泵”作用；二是太阳辐射通过林冠叶丛与多重反射产生的“强消光器”作用；三是森林数十米高对近地气流的阻滞作用等。从大气下垫面方面分析，森林有如下特征：

①林高　林高对近地层气流有强烈的分流与抬升作用，可改变风的强度、方向与空间分布，进而影响其他小气候条件。

②森林覆盖率　覆盖率越大，林冠对地面的遮蔽度越大，则森林对上下层辐射分布与气体交换的影响越强。

③植被粗糙度　植被顶面的粗糙度 Z_0 与株高 H 之间有如下关系：$Z_0=0.047H^{1.22}$。Sutton(1953)估测，10m高的针叶林粗糙度为100~300cm，8m高的阔叶林为80~250cm，而抽穗后的稻田仅为13cm，0.5m高草地为5~9cm，草坪为0.1~2.3cm，森林粗糙度比草本植物大10倍以上。所以，森林对上界风的摩擦与滞流作用不容忽视。

④植被反射率　尽管树叶与草叶单叶的表面反射相差无几，但是在群落的反射率上两者却大相径庭。通常森林的反射率比农田低。例如，密植的直立叶作物麦、稻等的反射率为0.22~0.26，稀植的平展叶作物玉米、花生、甘蔗等为0.15~0.18，而落叶林为0.18，针叶林0.16，柑橘园0.16，热带雨林0.12~0.13。森林反射率低，可提高光合有效辐射的利用率，而且低反射率可加强森林上面垂直气流的稳定运动，从而有利于局部地区中低云量的增多。

(2)森林对近地层气候的影响

森林比草本或荒漠型地被物的净辐射、潜热与潜在蒸散大(表10-2)，然而没有成千上万平方米的大片森林的增减，欲对大气层的能量平衡、水分输送和气压场分布等施加影响是困难的。虽说较小范围森林覆盖率的高低不足以改变当地的大气候条件，但却能对林地附近的小气候发生影响，主要表现为：

表 10-2 不同地被类型的能量平衡(Baumgarthner, 1979)

地被类型	净辐射 Q	显热 H	潜热 L	H/L	潜在蒸散(mm)	反射率(%)
热带雨林	110	25	85	0.3	1 400	10
针叶林	80	25	55	0.5	1 000	10
落叶林	65	20	45	0.4	900	15
草原	65	20	45	0.4	750	20
农田	60	25	35	0.7	800	25
城市	45	30	15	2	600	30
半荒漠	45	35	10	3.5	600	30

①动力效应 近地层的气流遇到森林阻挡时，部分被迫抬升加速越过林顶，动能受林冠的摩擦、涡旋运动和克服重力的做功有所消耗；另一部分气流可进入森林，动能受众多林木的分割、摩擦和阻滞而急剧消衰。林地附近迎风面与背风面在一定距离内形成风减速区，尤以林后明显，在相当于林高的20~30倍处恢复原风速。

②对空气湿度、温度变化的稳定作用 森林降低风速使地面蒸散的水汽在近地气层中停滞时间拖长，森林巨大蒸腾表面又向附近空气输送丰富的水汽，因此林地及附近空气相对湿度比非林地大而变幅小，它们反过来减轻了林地蒸发。例如，林内的日蒸发量只为林外的20%~60%，夏季相差大，冬季相差小。森林对气温的影响与林冠对辐射的影响有关，林冠对辐射有荫蔽作用和障碍作用2个方面，前者使林内透入的太阳辐射减少，后者阻挡了林内外长波辐射的交换。林内湿度高还使热容量增大，故日最高气温林内低于林外，而最低气温林内高于林外，气温日较差与年较差均为林内小于林外。

③荫蔽效应 林冠对阳光的透过、吸收和反射的分配，因树种、林冠叶密度和叶片排列而异，并与太阳高度角有关。林内光由散射光与穿过林冠叶丛空隙的直射光组成，散射光可视为均匀分布，穿过空隙的直射光在林地上形成无数大小不等、停留短暂的光片和光斑，其光强与时间、空间分布特性对下层植物的生长有积极影响，是林地内小气候开发值得注意的因素。由于投射到林冠的生理辐射约80%被林冠吸收(主要是红橙光与蓝光)，林下光质中绿波比重增大。不同森林的光谱选择性吸收、反射特性与季节变化，成为森林遥感的生物学基础。

(3)森林的截水保土功能

森林对土壤水文的影响是其对气候反馈的重要方面。由于林冠对降水的大量截留，明显缓解了大雨对地面的冲击。林冠的降水截留率与大气降雨量呈反双曲线关系，小雨时截留率大，大雨时截留量增加到一定程度后趋于平缓，截留率减小。针叶林截留率常大于阔叶林。林地土壤因表面丰厚的枯枝落叶覆盖层和由树木根系穿插形成的稳定分布的较多大孔隙，使土壤有较强于农田与草地的渗水和持水力，大大减少了地表径流，而增加了地下蓄水，减少了汛期河川的洪峰，同时持久不断的地下径流缓缓逸出又使河川水位比较稳定，提高了枯水期水位。据苏联南部的测定，径流率(河水流量/降水量)与林冠密度呈显著的负相关(表10-3)。森林地表径流小，对土壤的冲蚀力极弱，使地表水的泥沙悬浮也甚低，水质良好。

表10-3 林冠密度对地表径流率的影响(Mopqhob，1996)

林冠密度(%)	0	10	20	30	40	60	100
地表径流率	0.42	0.36	0.33	0.3	0.26	0.24	0.18

10.1.2 树木的气候适应性原理

10.1.2.1 树木的物候与气候诱导

树木一生历时数十至数百年以上，包括幼树、成年和衰老三大发育期。种子萌芽到幼苗阶段的生长速度缓慢，抗逆能力弱，需选择背风向阳、土层深厚的苗圃地栽培，并给予良好的水分管理和适当的遮阴。幼树通常不超过8年，只有营养生长。第一次开花是进入成年树的开始年，长达数十年，营养生长与生殖生长并旺，从结果初期渐入盛期。树衰老期无明显标志，以林果产量明显减少为准，延续年代甚久。树木每年的生长发育有明显的季节相应规律，物候进程大致如图10-1所示。

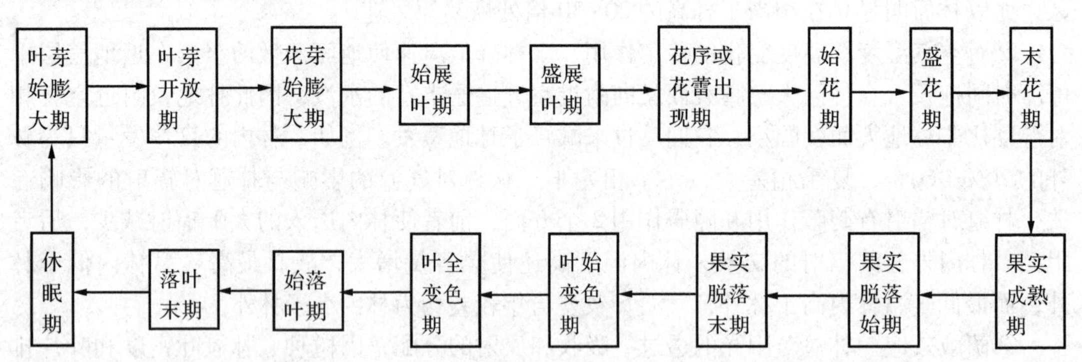

图10-1 成年树木的物候期

树木一年的各物候期迟早首先取决于冬季休眠结束的早迟。冬眠包括预休眠、真休眠和后休眠3个阶段。预休眠阶段，又称深休眠，实际上是休眠的生理准备阶段，于落叶前早已开始，主要与临界日长和低温有关，延长日照或升温可以使预休眠减速；落叶后的树木进入真休眠(自然休眠)阶段，此时树木具有不再因升温或光期延长而苏醒萌动的抗性反应。通过真休眠树体完成了次年新生长的生理准备。然而如果外界条件不适宜，树木将推迟萌发。这一具有可伸缩性的推迟阶段，称后休眠(被迫休眠)阶段。它与真休眠外观无明显差异，唯体内状况有变化，如细胞液的pH值增大、脂肪酸分解、酶活化、氨基酸和糖增加、生长抑制物消失等，因而树液流动开始，直到温度达到临界点而萌发。一般原产温带冬暖地区的树种早春发芽早迟与真休眠的长短有关。许多树种真休眠对寒冷有定量要求，或者说树木为解除叶芽、花芽的冬眠，必须经历低于某临界温度低温一定累积时间的作用以完成上述的生理转化，这种特性称为需寒量。通常温带果树以≤7.2℃(或45℉)为临界温度。Chider(1976)认为，破除冬眠的需寒量(累积时数)，苹果树、梨树为1 200~

1 500h，樱桃树 1 100~300h，李树、核桃树 700~1 200h，杏树 200~1 000h，桃树 50~1 200h，品种类型之间相差甚大。然而，严格地说，树木不同器官进入休眠的早迟并不同步。由于根茎是一棵树入眠最迟与出眠最早的部位，皮层与木质部又比形成层休眠早，所以初冬遇严寒，树的基部或形成层最易受冻。幼年树因此比成年树入眠迟和出眠早，易受冻害。

早春的气温高低对春夏两季的花期有决定性影响。气温对树木花期早迟的制约作用表现为：①解除花芽休眠需要一定的临界温度。②花芽萌动至性器官发育完成需要一定的积温，果树开花期3~5旬平均气温(或平均最高气温)的积温 x 与开花期 y 有较好的线性关系，$\bar{y}=a-bx$，a、b 为2个经验常数，依果树及品种、栽培地而异，可能与除温度外的其他环境因子有关，甚至有人指出，苹果树与李树的花期还受前一年后半年积温的影响；x 的统计时段多为开花前40d左右，梨、杏、桃等树偏短，苹果树偏长。③有些树的开花还对适宜湿度较敏感(表10-4)。我国果树花期大致需日平均气温稳定至如下情况：核桃树15~17℃；枣树24~25℃，低于23℃不利；温州蜜柑开花以20℃左右为宜，比日本品种要求温度高，低于10℃或高于25℃时无效花显著增多。

表 10-4　果树开花结实适温(日本主产区)(曲泽洲，1968)　　℃

果　树	桃	梨	苹果	樱桃	枇杷	温州蜜柑	柿
开花期	10.3	11.4	11.8	11.8	13.3	17.6	18.1
果实成熟期	24.5	20.2	20.4	17.8	19.4	13.4	20.7

10.1.2.2　树木引种与气候驯化

树木引种驯化是利用优良树种和有利其生长的气候区扩大种植，加速林业发展的重要手段。各地树种资源量依气候条件而异。例如中国，在不包括近年引种的现有4 580多种树中，树种资源量分别为：热带28.6%(中国的热带面积小)，亚热带52.6%，暖温带5.7%，温带2.9%，寒温带0.7%，高寒气候区2.1%。随着从热带向寒带的演变，树种资源量减少。这种急剧的递减与温度、水分条件和自然界历史的演化都有关系。树木引种与驯化的成功应包含2条可能的途径：①渐进性气候驯化，指在新气候条件下产生了遗传性变异，该树种重新获得对新条件的适应；②潜在性气候驯化，指对新气候的适应只是它们祖先曾具备的潜在遗传性在新条件下的重新表现，如桉树、合欢树、悬铃木等在地质第三纪曾广泛分布于北半球，后因受第四纪冰川的破坏，仅存少数幸存者“南移”，所以即使它们现今分布不广，但遗传上存在着潜在的广泛适应能力。

指导树木引种应遵循两条原则：①农业气候相似原则。该原则是树木引种成功的基本依据，特别应注意年平均温度、最冷月平均温度、最低平均温度和雨量与季节分配特征。中国东部、日本中部、高加索黑海沿岸、澳大利亚东南部与美国佛罗里达州北部农业气候相似。所以，以松、柏、樟、栎、槭等乔木树种著称于世的北美洲，是中国东部与日本树木引种的关键地区，如近年大面积推广的湿地松与火炬松。地中海地区属于夏旱冬湿气候，仅以月桂、油橄榄、无花果等小乔木或灌木为主，引种到中国的适种范围小，成功率低。②生态历史分析原则。该原则是有些树木引种不完全受农业气候相似理论支配的另一依据，残存我国的水杉、银杏引种到北美洲、英国和落羽杉、地杉等由美国引入我国江南的成功，尤其是某些干旱地区的旱生树木引种到潮湿地区，或者外来树种表现出比当地传统树木有更大的生长适应性，就需引用生态历史法予以分析。

新引进树种的生长节律与当地气候节律的协调性是引种驯化成功的关键。该协调性主要表现于营养生长物候期的变异度和繁殖器官物候期的适应度。南京中山植物园(1990)对不同引种地树木长叶始期与落叶末期时间分布进行了分析，划分出早萌发型(6~8℃)、中萌发型(8~11℃)和迟萌发型(11~13℃)。从表10-5可见，本地树种多属中萌发型；南方树种萌发期相对偏迟，最适平均温度较本地种高4~7℃；北方树种萌发最早，半数以上萌发温度不到6~8℃。对落叶末期而言，本地种与南方种均集中于11月中下旬(8~10℃)，北方树种半数推迟在12月上中旬，大量落叶温度为4℃左右。因此在南京，温带树木的特征是萌发早、落叶迟、绿色生长期长、耐寒性强。引种成功与气候驯化的标志除营养生长正常外，还需要能良好地开花结实，而后者需更长的气候适应过程。开花结实表现常与种源地、引种地的日长差异有关。对于南京，北方树种的花期较早而短，南方树种开花偏迟而持续期长。自然条件下树种的繁殖对环境的要求更严格而敏感。例如，美国温地松引入南京、江西、华南的结实率只有26%、70%和50%，南京自然繁殖率很低是因为3月的8℃以下低温使湿地松花粉母细胞四分体期发育受阻。

表10-5 南京引种树木的物候期分布(刘克辉等，1990) %

物候期变异度(日/月)			本地种	南方种(中亚热带)	北方种(温带)
芽萌发始期	早	20/2~10/3	14.5	6.1	40.4
	中	11/3~31/3	68.8	50.8	31.9
	迟	1/4~20/4	16.7	43.1	27.7
落叶末期	最早	1/10~20/10	4.1	5.1	0
	早	10/21~10/11	24.3	12.8	15.0
	中	11/11~30/11	43.2	61.5	35.0
	迟	1/12~20/12	28.4	20.5	50.0
生长期平均天数			247	239	252

10.2 林木的气候生产力

林木生产力是人们对各地树种与环境资源在林业生产潜力上的定量评估，它遵循植物生产量形成的一般原则，所以气候生产力也是林木生产力的基础，但是林木生产比农作物更多地受各地条件(气候、土壤、地形、水文)与树龄、种群结构等的综合影响。研究林木生产力对认识各地现有森林的保护或改造、速生丰产林的合理营造以及果园的科学规划管理有重要指导意义。

10.2.1 产量与气候

10.2.1.1 木材气候生产力

(1)气候生产力估算方法

①独立因子法 根据林木生产力有一般植物净生长量的属性，单位土地面积上的林木或草类生产潜力均可由 Lieth(1974)给出的两组模式计算。

Miami 模式：令 TSP_t 和 TSP_n 分别表示用温度和降水量算得的植物干物质产量[g/(m^2·a)]，或称温度生产力和水分生产力，公式为：

$$TSP_t = \frac{3\ 000}{1 + e^{1.315-0.119t}} \tag{10-2}$$

$$TSP_n = 3\ 000(1 - e^{0.000664n}) \tag{10-3}$$

式中 t——年平均气温(℃)；

e——自然对数底；

n——年平均降水量(mm)。

由于该式只考虑单一气候因子，未能消除其他气候因子的干扰，计算的可靠性约60%~75%。

Thornthwaite Memorial 模式：根据蒸散作用能综合反映植物的水热平衡与光合强度，由此计算的植物生产量可削弱 Miami 式的误差，提高计算精度。令 TSP_v 为用实际蒸散量算得的气候生产力[g/(m^2·a)]。

$$TSP_V = 3\ 000[1 - e^{-0.0009695}(V-20)] \tag{10-4}$$

式中 常数 3 000——Lieth 给出的地球上每平方米年最高干物质生产量；

V——年平均实际蒸散量，由 Turc 公式计算：

$$V = \frac{1.05n}{\sqrt{1 + \left(\frac{1.05n}{L}\right)^2}} \tag{10-5}$$

式中 L——年最大蒸散量，与年平均气温 t 的关系为 $L = 300 + 25t + 0.05t^3$。

此式适用于年平均降水量 $n > 0.316L$ 条件下，若 $n < 0.316L$，则应令 $n = V$。

该公式没有考虑太阳辐射和风速对蒸散的影响。由于全球气候变化导致多数地区的太阳辐射和风速减弱，在应用该模式估算气候生产历时需要进行适当的订正。

与草本植物不同，林木的表现光合产量(P_g)中约有1/4~1/3被呼吸消耗(R_f)，余下的净生物产量(P_N)中尚有部分被草食性动物消耗(G_N)，另一部分成为枯枝落叶而离体(L_N)，其余部分才是森林逐年累计的存留生物产量(B_N)，所以林木干材积蓄量 S_p 为：

$$S_p = B_N \cdot E_P = [P_R - G_N - L_N - R_f] \cdot E_p \tag{10-6}$$

式中 E_p——成材的转换经济系数，一般在0.3~0.7之间，温带林与成熟林较热带雨林和幼龄林的经济系数高。

对中国各主要树种经济系数平均可取0.60，算出材积生产力(重量)。如果欲求材积量的体积 H[m^3/(hm^2·a)]，再经如下换算：

$$H = \frac{1}{W_g}[0.6 \cdot TSP_v(1 + M_g)] \tag{10-7}$$

式中 M_g——木材含水量(%)，大致与同体积木材的干重相等；

W_g——湿材容重(kg/m^3)，中国主要树种的经验值为1 000。

②多因子逐级订正法 该法与作物生产力的生态区域法思路相仿，但是林木的许多参数不可能像农作物那样周密与精确。首先算出在理想条件下以林木光合特性为转移的光合生产力，然后根据林木生长发育分别与温度、水分的函数关系分析当地的水热气候资源，对光合生产力先进行温度订正，得光温生产力，再进行水分订正，获得含有光(Q)、温(T)、水(W)三大气候因子作用的气候生产力y，即$y=f(Q)\cdot f(T)\cdot f(W)$。

林木光合生产力$f(Q)$的算式为：

$$f(Q)=k\cdot\sum_{i=1}^{n}Q_i\cdot A_L \tag{10-8}$$

式中 Q_i——有效生长期间的总辐射值，可由理论推算；

A_L——林木的辐射吸收系数，它与叶面积指数L的关系为：

$$A_L=0.986\cdot e^{-\frac{0.963}{L}}$$

n为一年中林木光合有效的时段数，以月为单位时常绿树的$n=12$，落叶树<12，亦可按某树种光合率明显差别划分为几个时段；K为林木类型有关的比例常数；$f(T)$为对光合生产力的温度订正函数，阈值0~1，可从该树种的温度生长方程或相关曲线中查得；$f(W)$来自对降水、蒸散、渗漏、径流的水量分配与林木生长关系的综合平衡，阈值也在0~1之间，由于森林分布在地形复杂的山地中，水分订正函数还应考虑坡度、坡向、海拔高度的影响。

③气候—植被—生产力(CVP)指数法 Paterson(1956)曾经提出一种通过气候因子估算森林总生产潜力的简易方法，即CVP指数，其计算式为：

$$CVP\text{指数}=\frac{T_v\cdot P\cdot G\cdot E}{T_a\cdot 200} \tag{10-9}$$

式中 T_v——最热月平均气温(℃)；

T_a——平均年温差(最热月与最冷月的温差)(℃)；

P——平均年降水量(mm)；

G——生长季长度(月)；

E——蒸散系数，根据纬度而定，代表全年接受辐射量与赤道所受辐射量之比。

该式后经改进为：

$$CVP\text{指数}=\frac{T_v\cdot P\cdot G'\cdot E}{T_a\cdot 360\cdot 100} \tag{10-10}$$

式中 G'——≥7℃的持续天数。

CVP指数反映的是林木生产力水平的相对值。

(2)林木光能利用特点

准确地认识光合生产特性是提高林木气候生产力可靠性的气候生态基础。尽管林木有许多与草本植物相似的光合特性，但也有些重要的差别，成为精确估算林木光合生产力的新影响因素。

①树种特性 树木耐阴性的不同对光强的要求相差甚大，喜光树种如落叶松、马尾

松、白桦、柞树、刺槐、杨树和泡桐等，只能在强光照条件下生长良好；耐阴树种如云杉、山毛榉、椴树、槭树、甜槠、白楠等适宜或只在较弱光照下生长良好。主要的果树没有典型耐阴树种，但也有喜光性强弱之别。落叶果树的喜光性，桃、杏、枣大于苹果、梨、葡萄、柿、李，板栗大于核桃、山楂、猕猴桃；常绿果树，椰子、香蕉大于荔枝；龙眼大于柑橘、杨梅、枇杷。源于高山的树种常比低海拔的树种光饱和点偏高、生长适温偏低，对 CO_2 的同化能力偏强。如少花桉的光合适温在900m、1 200m 和1 650m 海拔高度分别为24.2℃、21.5℃和20.0℃。高纬度地区生长的树木光合适温低、光合作用的季节差异与日变化较大。树木的光合能力还和其速生丰产性能有关，据山东农学院对几个速生树种测定，其平均净光合强度[CO_2 mg/(dm^2·h)]分别为：泡桐6.10，柳树4.59，毛白杨3.56，加杨2.39，臭椿2.37。年生产量亦因树龄而有别，油松、马尾松、杉木、白杨、柳树等的速生期有15年左右，以后显著减慢；云杉、红松等年生长量较低，但相对速生期可维持50年或更长。

②群丛特征　森林庞大树冠和茂密群落的植被几何特征决定了它们比草本植被对光能有更强的分层立体吸收能力。同一树冠丛不同部位的叶片具有对光照差异的不同适应性反应，树冠上部与外缘叶属阳生叶，叶片厚小，角质层较厚，气孔较密，而叶绿素含量较小；树冠下部与冠内为阴生叶，叶片薄大，角质层较薄，气孔较稀而叶绿素含量较大，利用低光强的能力较强。据报道，在一棵油松树冠上、中、下三处测得的光照强度分别为85klx、57klx和22klx，叶片光合相对速率分别为219%、193%和100%，光照度相差3.7倍而光合能力仅差2.2倍，阴生叶仍保持了2.27的较高效率。表10-6的资料表明，树木在生理上通常比草本植物具有较低的光饱和点和光补偿点，再加以庞大叶丛对透入光的多重反射和多重吸收，具有较大光能利用率。

表10-6　最适温度与 CO_2 条件下各类植物的光补偿点与光饱和点(Larcher，1973)

植物类型			光补偿点(klx)	光饱和点(klx)
草本	C_4		1~3	>80
	C_3		1~2	30~80
	阳性		1~2	50~80
	阴性		0.2~0.5	5~10
木本	落叶树的乔灌木	阳生叶	1~1.5	25~50
		阴生叶	0.3~0.6	10~15
	常绿树的针叶树	阳生叶	0.5~1.5	20~50
		阴生叶	0.1~0.3	5~10
苔藓、地衣			0.4~2	10~20

③森林发育特征　按照生态学观点，任一森林群落内的种群动态均随着发育过程而消长。已定居的树种在一定地段内随着个体的增长、繁殖或不同植物种的侵入，必然导致植株之间对环境因子的激烈竞争，导致林木的分化、部分老龄树的自然稀疏和新树的萌生。

因此，一地森林的生产力又随种群主成分的兴衰、更替而改变。

10.2.1.2 果实气候生产力计算方法

(1)光能利用换算法

由果树利用的有效辐射能可以计算理论的生物产量，再经过一系列果树生产的生物学订正，可获得商品产量。现将黄寿波(1986)的柑橘光合生产潜力计算程序整理后简化为下述四式：

$$V = Q(1 + b)/(1 - a) \tag{10-11}$$

$$Q = c(1\,000 \times 10^4)K/d \tag{10-12}$$

$$K = (1 - e)/fH \tag{10-13}$$

$$H = (1 - g)0.45B \tag{10-14}$$

式中 V——含水分的果实商品产量(kg/hm^2)；

Q——果实光合产量(kg/hm^2)；

K——果实减去呼吸消耗后有效利用的光合有效辐射能量(kJ/cm^2)，≥12.5℃；

H——减去投射、反射和非光合器官受光后的有效辐射(kJ/cm^2)；

B——柑橘生长期间的太阳总辐射(kJ/cm^2)；

a——果皮与果肉的平均含水率(%)；

b——果实中无机养分率(相当于经济光合产量)(%)；

c——果实占树体光合生物量的经济系数；

d——1kg 干物质燃烧应释放的能量(kJ/kg)；

e——果树的呼吸消耗量占光合总量的比例(%)；

f——光合作用的能量转换率(%)；

g——漏光、反射与非光合器官所受辐射的总值比例(%)。

黄寿波根据果树的特点，给出的各参数分别为：$a = 0.8$，$b = 0.08$，$c = 0.35$，$d = 17.79$，$e = 42\%$，$f = 21.77\%$，$g = (5 + 6.5 + 10)\% = 21.5\%$，$B = (B10 + B15)/2$，即≥10℃期间总辐射与≥15℃期间的总辐射之和的1/2，算得柑橘的最大光能利用率为4.459%，光合有效辐射最大利用率为9.911%。鲜柑橘的商品产量上限于重庆、黄岩、台中，分别为137.2t/hm^2、156.2t/hm^2和244.7t/hm^2。

(2)回归分析法

在系统分析某果树产量形成各阶段气候生态要求与当地气候资源关系的基础上，通过回归分析筛选关键气候因子，并建立综合气候模式。如唐守顺(1985)对黄河故道的果树气候产量系数模式：气候产量系数 $\hat{y}_w$ 为实际产量 y 与趋势产量 y_t的比值，$y > 1$ 为增产，$y < 1$ 为减产。

$$\hat{y}_w = 1.951 - 3.91 \times 10^{-4}x_1 - 5.67 \times 10^{-2}x_2$$

式中 x_1——上一年6~8月雨量(mm)；

x_2——当年1~2月平均气温(℃)，其中又以1月平均气温影响最大。

若当年8月日照时数 $S_8 < 240h$，需加订正值 $\Delta\hat{y}_w = -0.7599 + 3.55 \times 10^3 S_8$，故果树产量模式为：

$$\hat{y}=\begin{cases}\hat{y}_t\cdot\hat{y}_w & \text{当 } S_8\geqslant 240\text{h}\\ \hat{y}_t\cdot(\hat{y}_w+\Delta\hat{y}_w) & \text{当 } S_8<240\text{h}\end{cases}\qquad(10-15)$$

进行果树的花期预报可以定性判别当年产量的丰歉走势。

(3)经济系数法

在计算林木气候生产力的基础上，乘以果产品的经济系数。

10.2.2 品质与气候

气候条件影响林木产品质量，特别对果品的商业品质，包括果实外观的果形、果色、果皮厚薄、可食率、果实中糖分、可溶性固形物与决定该果品独特风味的柠檬酸(柑橘)、酒石酸(葡萄)、苹果酸(苹果)等的含量。例如，柑橘是亚热带的喜暖常绿树种，从表10-7中可见，它在南亚热带品质最好。果汁、可溶性固形物、糖分和可食部分随纬度增加而递减，柠檬酸与维生素C却稍有增加，酸味加重；由于温州蜜柑生长的适温偏低，进入北热带受高温影响，品质下降。夏橙是柑橘中适温较高的类型，它在潮湿的热带表现为果大、皮薄、多汁、含酸量低。

表10-7 温州蜜柑('尾张')品质与气候带的关系(沈兆敏等，1982)

气候带	果汁含量(%)	可食部分(%)	可溶性固形物(%)	果汁含量(%)			糖酸比	固酸比
				全糖	柠檬酸	V_c		
北亚热带(30°~32°N)	54.8	68.6	8.8	6.5	1.2	30.9	5.4∶1	703∶1
中亚热带(25°~29°N)	56.5	69.3	11.2	8.9	0.8	31.0	11.1∶1	14.0∶1
南亚热带(23°N)	68.0	80.4	11.5	9.9	0.7	24.6	14.1∶1	16.4∶1
北热带(19°N)	52.8	69.8	8.0	6.3	0.7	21.3	9.0∶1	11.4∶1

夏橙商品成熟度水平以固酸比9∶1为准，这时水果的食用品质开始令人惬意。由图10-2可见，纬度越低，成熟速度越快、含酸量越低。但是热带缺乏低温，从而加速果皮内叶绿素和类胡萝卜素的合成，即使果实已达到商品成熟度，果皮却仍为淡绿或浅黄色，致使纬度过低的产品在世界市场上并不受欢迎。一般来说，中国柑橘在积温4 000~8 000 ℃·d范围内积温量与品质成正相关；>8 000 ℃·d则色浅，风味差；>9 000 ℃·d则不宜栽植。

果实成熟期的日照量对温带果实的糖、酸含量与着色有着重要影响。日照充足可促进果皮内花色素苷的形成。苹果、梨、桃、葡萄等在较充足日照下，若含糖量未达到应有浓度，固然难以表现果实的熟色，含糖量达到成熟水平而果实照不到足够阳光仍然颜色偏青，当苹果含糖量达到14%以上，葡萄达到18%以上时着色好。周青等(1991)的测定证实，砀山酥梨果实形成期间的日照量与适温(日均温26℃左右)范围内的昼夜温差两因子和糖分的累积呈正相关。苹果成熟的日温差大于10℃时，色、香、味均佳。

品质对茶叶的商品价值意义极大，在优良气候环境下生长的茶树是生产优质名茶的重要物质基础。中国的高山名茶有氨基酸浓度高与多酚含量低的特点，是与优越的山地小气

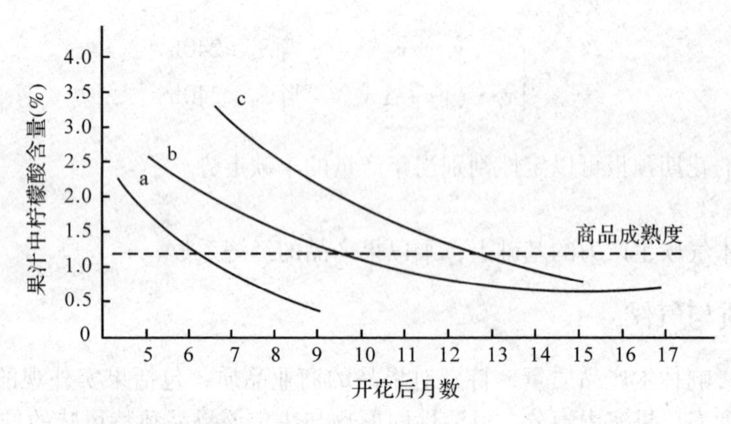

图10-2 夏橙果汁含酸量与气候的关系(Reuther, 1973)

候有利于减轻多酚类的合成与氮化物的代谢速率相关的。在一定的高度范围以内，茶叶中的氨基酸含量随海拔的升高而增加，例如在庐山上，海拔300m茶园中茶叶的氨基酸和茶多酚含量分别是0.73%和32.73%；而在海拔740m处提高为1.70%和31.03%。但是品质有高度上限(浙、皖、赣约为850m)，超过上限则品质降低。红茶的品质要求有较高的多酚类与单宁可溶含量，它们在温暖的南方比长江流域更易形成。气温升降速度对茶叶品质的影响表现在升降速度快则茶叶生育快，新茶易纤维化。

10.3 森林气象灾害

森林气象灾害是指各种灾害性天气对林木生长发育造成的损害，包括低温、高温、干旱、洪涝、风灾、雪灾、雨淞、雹灾等。树种生长发育与气象因子的关系可表现为最适、最高和最低极限。当气象因子在最适区间变化时，林木生长发育最好；如接近或超过最高或最低极限，则受到抑制，甚至死亡。不同的树种，甚至相同树种在不同年龄阶段，其最适和忍耐极限不同。森林气象灾害按为害的方式可分为如下几类。

10.3.1 低温灾害

在林木生长期内，由于空气温度和土壤温度的降低导致林木体表温度的下降，使林木遭受到伤害或者死亡的现象称为低温灾害。低温灾害可分下列类型：

(1)冻害

冻害是指林木在0℃以下低温丧失生理活力而受害或死亡，包括越冬休眠期的冻害和季节转换期间的霜冻。树木遭受冻害的程度取决于温度变化的特点、树木所处的位置、树种对冻害的敏感程度及所处的生长发育阶段。晚秋突降的早霜对生长期尚未结束的树木危害最重；初春树木刚开始萌动，易受晚霜危害；如温度缓缓下降则危害较轻，低温过后急剧升温也会加重冻害。霜冻尤易在冷空气容易堆积的山谷洼地发生。对霜冻比较敏感的树种有白蜡树、栎树、刺槐等；杨树、桦树等则对霜冻抵抗力较强。

(2)冷害

冷害是指0℃以上低温对林木(尤其是热带林木)生长发育造成的危害，其中华南地区对于热带、亚热带经济林木在冬季遭受的0℃以上低温危害称为寒害。低于树木进行正常生理活动所能忍耐的最低温度的低温可造成树木酶系统的紊乱，影响光合作用暗反应的进行，还可因饱和脂肪酸的凝固而形成生理障碍。树种不同，所耐低温也不同。如橡胶树、轻木等在温度低于5℃时即可出现不同程度的寒害。防护措施是选择在阳坡和冷空气难进易出的地形造林，或在易受寒害的林木周围营造防护林等。

(3)冻拔

又称冻举。因土层结冰抬起树木致害。危害对象多是苗木和幼林。形成的原因是土壤水分过多，昼夜温差较大，当夜间温度在0℃以下，上层土壤连同根系冻结在一起，使其体积增大而被抬高。冻结层以下因有冻柱形成，不断将冻结层上抬，使树木根系与下层土壤脱离；解冻时土壤下陷，根系因悬空吸收不到水分而致树木枯死。通常洼地上的冻拔害甚于山坡，阳坡、半阳坡的甚于阴坡、半阴坡，黏重湿润土尤易发生。预防方法有覆草、覆草皮土、筑高床或种植健壮的大苗等。

(4)冻裂

由于树木是热的不良导体，温度骤降时树干表皮比内部收缩快而造成。树皮薄而光滑、木材弹性较大的树种一般不易冻裂；树的阳面比阴面容易发生冻裂；林缘木、孤立木在冬季的早晨，阳面受到阳光直射迅速升温解冻，阴面仍然处于低温冻结状态，如此多日反复可造成较重的冻裂现象，称为“日烧病”。冻裂虽不会造成树木死亡，但可使树木生长衰弱，易罹病虫害，降低木材的工艺品质。为防止冻裂发生，通常在主要树种周围种植保护树或保持林冠一定的郁闭度；单株珍贵树种也可采取树干包草或刷白的办法。

(5)土壤结冻造成的生理干旱

因树木根系不能吸收冻结的土壤水分而导致失水干枯甚至死亡，在北方称为“抽条”，对幼林和幼嫩枝条的危害大。冬季气温低，枝叶蒸腾量小，生理干旱危害较轻；初春气温回暖快，地上部分萌动后蒸腾作用增强，而土壤尚未解冻，往往危害较重。防止生理干旱可采用早春造林、初春及时疏松冻土、适当修剪枝条等方法。在集约经营的人工林地区，通过对苗木或幼林的合理灌溉以及生长后期增施磷、钾肥等措施，可增强林木的抗寒性。冬末早春向苗圃幼树涂抹凡士林或喷洒抑制蒸发剂也有一定效果。

10.3.2 高温灾害

外界温度高于树木生长所能忍受的高温极限时，可造成酶功能失调，使核酸和蛋白质的代谢受干扰，可溶性含氮化合物在细胞内大量积累，并形成有毒的分解产物，最终导致细胞死亡。其中皮烧主要发生于树皮光滑的成年树(如冷杉、云杉等)上。一般林缘木向阳面(常为西南方向)树干由于太阳辐射强烈，局部温度过高而较易发生。树木受害后，形成层和树皮组织局部死亡，树皮呈现斑点状或片状脱落，树木因而易罹病害。根茎灼烧又称干切，是指土壤表面温度过高，灼烧幼苗根茎的危害。盛夏中午前后强烈的太阳辐射可使地表温度达40℃以上，幼苗皮层组织嫩弱容易受害。受害的根茎有一个几毫米宽的环带，里面的输导组织和形成层因高温灼烧致死，灼烧部位分布在土表下2mm至土表上2~3mm之间。一般认为，松科和柏科幼苗在土表温度超过40℃时即可受害，但若苗圃有80%的庇荫度，则可免受害。夏季在苗圃搭设荫棚和适时灌溉是防止根茎灼烧的有效方法。

10.3.3 干旱

土壤含水量严重不足对树木生长发育造成的危害。多发生于降水量较少的夏季，可导致树木体内原生质脱水，气孔关闭，叶形变小，叶子老化，光合作用能力降低。因干旱引起的其他生理生化变化，如淀粉的水解以及呼吸作用和原生质透性、黏滞性的增强等，对树木都可产生不利影响，最后导致生长减退，甚至死亡。为害程度因树种而异，较耐旱的树种如松树、侧柏、骆驼刺、木麻黄等即使在土壤极端干旱的情况下也能生长；而枫杨、水杉等耐旱能力较差的树种则易受害。林业上常采用中耕除草，抚育间伐，适时灌溉等措施防止干旱危害。干燥多风气候还容易引发森林火灾。

10.3.4 洪涝

因降水或其他原因(融冰、融雪、泄洪等)造成地表水过剩而引起的灾害。其发生与降水的时间、强度、范围有直接关系。降水多集中在春、夏两季。洪水在平原地区可使树木长期处于水淹状态而窒息死亡；在山区则引起水土流失，导致树木根系裸露，树干倾倒、甚至死亡。

10.3.5 雪灾

降雪时因树冠积雪重量超过树枝承载量而造成的雪压、雪折危害。受害程度因纬度、地形、降雪量和降雪特性，以及树种、林龄、林分密度而有不同。一般高纬度大于低纬度，湿雪大于干雪，针叶树大于落叶阔叶树，人工林大于天然林，单层林大于复层林。

10.3.6 风灾

风对树木造成的机械或生理危害。一般性风害系指内陆地区因大风(指风速大于10m/s)造成的风倒和风折，其为害程度因树种和土壤条件而异。浅根树种一般较深根树种易发生风倒。但云杉虽是浅根，如生长在地下水位低、质地疏松的土壤时，根系变深，抗风力随之增强；而长在黏重、通气性不良的土壤时，根系分布较浅，就易风倒。森林的抗风力取决于林分密度和林况：密林中的树木抗风力弱，当林分在皆伐、渐伐后骤然稀疏，易致风倒；采伐后新露出的林缘木风倒可能性最大。老龄树木、感染病虫害的树木、皆伐迹地上保留的单株母树都易风倒和风折。防止或减弱风倒和风折为害的措施有：用抗风力强的树种造林，或用以营造防风林缘；避免进行强度较大的间伐；对幼林经常进行弱度抚育；正确地确定主伐方式和合理地规划伐区等。

盐风害是指沿海常年受海风影响的地区(特别是有台风登陆时)因来自海洋的含盐量较高的空气长期侵蚀树木枝叶而致害。为害范围可深入内陆数十千米。针叶树受轻度为害时表现为迎风面的叶子首先变为红色，较严重时可变为灰白色脱落。阔叶树受害时也发生叶子枯萎脱落、枝条干焦现象，但是阔叶树对于盐风的抵抗力高于针叶树。与台风相伴随的强烈盐风及暴雨、海浪，更是危害沿海防护林的主要灾害。故沿海一带造林宜选择比较耐盐碱的树种，如木麻黄等。对于一般耐盐能力较弱的树种，宜在迎风部位营造防护林，以防盐风侵袭。

10.3.7 雨凇

又称冻雨。是过冷却雨滴在温度低于0℃的物体上冻结而成的坚硬冰层，多形成于树木的迎风面上。由于冰层不断地冻结加厚，常压断树枝，对林木造成严重破坏。2008 年 1 月至 2 月上旬，南方各省的山地和云贵高原发生严重冻雨，大量林木受冻，枝干折断，损失惨重。采取人工敲打落冰的方法可部分减轻雨凇危害。

10.3.8 雹灾

冰雹是严重的灾害性天气，常使林木枝叶、干皮、种实遭受伤害，尤其对苗圃、种子园危害严重。发生区域多为一狭长地带，其宽度一般为10~15km。降雹季节以春末夏初最多，盛夏及秋季也有发生。降雹时间多发生在一日内上升气流最旺盛的中午到午后15：00之间。

10.4 森林小气候

由于森林林冠及林中植被的影响所形成的一种小气候，称森林小气候(forest microclimate)。它的变化特征决定于森林的组成、结构、树龄以及森林的疏密度和郁闭度。不同类型的森林，小气候特征有显著差异。

10.4.1 森林的活动面和活动层

森林的活动面一般有两个，一个是林冠，另一个是林地，在某些复层林中，可能出现多个活动面，如第一层林冠、第二层林冠、下木树冠和林地等。但上述各个活动面在吸收和放射辐射能，进行热量、水分交换，调节邻近空气层和土壤层的水、热状况等方面所起的作用并不完全相同。其中往往有一个活动面是主要的，称主要活动面，其余称次要活动面。

主要活动面的位置取决于森林的郁闭度。郁闭度在0.3 以上的森林，主要活动面在林冠；在0.3 以下者，主要活动面在林地。此外，不同季节、不同生长阶段主要活动面的位置不同。例如，在落叶阔叶林中，在长叶以前，主要活动面在林地；长叶后，主要活动面抬升到林冠。

实际上，森林中辐射能的吸收和放射，热量和水分的交换，发生在林冠到林地土壤上层之间，所以又把这一层称为森林活动层，把林冠层称为林冠活动层，把林地土壤上层称为林地活动层。

10.4.2 森林内的辐射和光照

10.4.2.1 森林的辐射特征及光照分布

森林中，林冠对太阳辐射起着吸收、反射和过滤的作用，从而使林内的太阳辐射状况发生显著改变，使林内的太阳光照强度、光质、光照时间都与空旷地不同。

森林具有庞大的林冠层，太阳辐射投射到林冠层后被林冠吸收、反射和透射。一般林

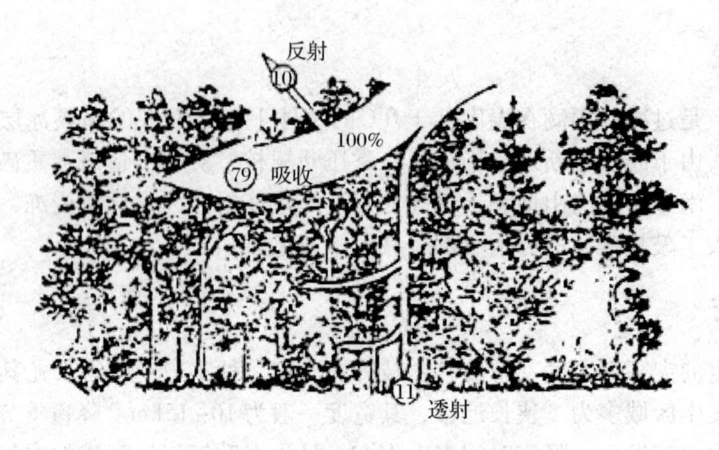

图 10-3 光在针阔混交林中的分配

冠吸收率为35%~75%，反射率为5%~20%，透射率为5%~40%。例如，针阔混交林群落，上层林冠的吸收率为79%，反射率为10%，透射率为11%(图10-3)。

到达林内的太阳辐射，一部分是经过林冠枝叶间空隙射到林内的直接辐射，另一部分是透过林冠树叶的散射辐射，而林内得到的太阳辐射大多为散射辐射。这样就大大地削弱了林内的光照强度。因此，森林林冠对太阳辐射的减弱主要取决于林冠的茂密程度。据测定，在松林中，林内的太阳辐射强度随着林冠郁闭度的增加而迅速减弱(表10-8)。

表 10-8 林冠郁闭度与林内自然光相对强度

林种	郁闭度	为自然光强的%
落叶松林	0.5	31.5
红松林	0.71	22.6
臭松林	0.87	5.6

森林林冠的存在不仅影响林内的光强，而且使林内的光照时数大为减少。据观测，林内的太阳直接照射时数仅为空旷地的10%~50%，尤其是早晨和傍晚，林冠遮蔽性增大，林内几乎得不到太阳直接照射。据苏联伊万诺夫观测，林内直射光照时数与林冠郁闭度有关。林冠郁闭度越大，林内直射光照时数越短(表10-9)。

表 10-9 林内直射光照时数与林冠郁闭度

郁闭度	一天中林内直射光照时间	为全光照的%
1.0	1h 20min	9.0
0.9	1h 24min	9.0
0.8	1h 46min	13.7
0.6	3h 8min	22.8
0.5	5h 14min	43.1

森林内的光照不仅在光强、光照时数上显著减弱，而且在光质上也与空旷地有所不同，最为明显的是林内光照中生理辐射显著减少。这是因为林冠反射和透过的太阳辐射为绿光和红外线，而被林冠吸收的主要是含生理辐射较多的红橙光和蓝紫光以及紫外线的缘故。

森林内散射辐射的强度一般为空旷地的50%～70%，光质也以绿光为多。在空旷地散射辐射中，生理辐射约含60%，而林内由于林冠的多次反射和吸收，往往只含生理辐射30%左右，在密林中甚至减少到10%左右。由于散射辐射来自整个天空，比直接辐射更容易透过林冠到达林内，使林内的散射辐射多于直接辐射。

森林内光照条件的改变，影响林木本身的生长和品质，也影响林下灌丛和植被的生长。充分郁闭的林冠，林内光照不足，往往引起林木的天然整枝，林分分化的自然稀疏。为了改善林内的光照状况，应当适时进行间伐。

10.4.2.2 森林中的有效辐射

林冠活动面的有效辐射，是林冠辐射(包括向上、向下辐射)减去被林冠吸收的大气辐射和林地辐射(图10-4)。

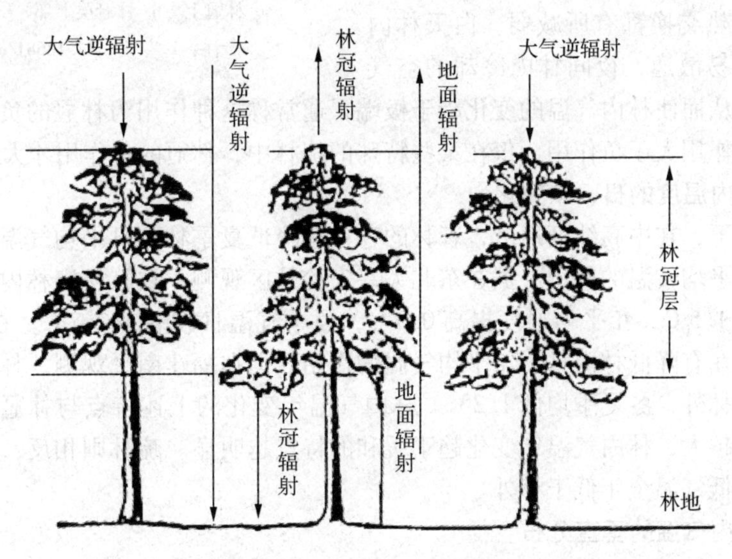

图10-4 森林有效辐射组成

林地活动面的有效辐射，是林地辐射减去被林地吸收的大气逆辐射和被林地吸收的林冠的向下的长波辐射。

整个森林活动层的有效辐射是林冠向上的长波辐射和林地辐射透过林冠部分二者之和，减去大气逆辐射被森林活动层吸收的部分。可见，由于林冠层的存在，阻挡了林内一部分长波辐射逸出林外，从而使林内散失的辐射热少于空旷地。

10.4.2.3 森林中的净辐射

森林吸收的太阳辐射和森林有效辐射的差额，称森林辐射平衡(净辐射)。辐射平衡是森林小气候形成的物理基础。由于林冠对于辐射是半透明体，因此在树顶高度以下，在林冠闭合高度处，白天净辐射最大，夜间最小。图10-5是夏季晴天云杉林内和林冠上不同高度处净辐射的典型日变化图，由图可见，净辐射小于0的时间长度在林地上为约3h，而到林冠上有约10h。

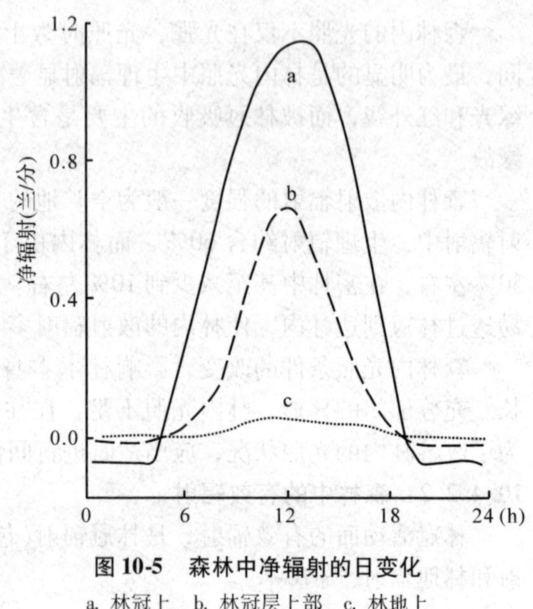

图10-5 森林中净辐射的日变化

a. 林冠上 b. 林冠层上部 c. 林地上

注：1兰/分 =4.1868J/cm²

10.4.3 森林内的温度

10.4.3.1 林冠对林内温度的作用

林冠对林内温度的影响较为复杂，一方面林冠层阻挡了太阳辐射入林内，又阻挡了林内长波辐射的热散失，从而使林内白天和夏季的气温低于林外，夜间和冬季的气温又高于林外，因而林内气温的日、年较差均比林外小，也就是说林冠层起着缓和林内气温日、年变化的作用，通常称这种作用为林冠的正作用。另一方面，林冠层的存在使林内的湍流或平流热交换都有所减弱，白天林内增热的空气不易散逸，夜间林内冷却的空气又不易散走，从而使林内气温的变化趋于极端，通常称这种作用为林冠的负作用。一般来说，林冠的正作用大于负作用，仅在某些特殊的疏林中，林冠的负作用才大于正作用。

10.4.3.2 林内温度的日、年变化

一般情况下，在中高纬度地区，森林的存在有降低夏季林内日平均气温，提高冬季日平均气温及年平均气温的作用。据在东北大兴安岭林区观测，在红松密林内，气温年较差比皆伐迹地小1.5℃，年平均温度提高0.9℃，夏季气温日较差小2.7℃。在低纬度地区，一般森林的存在有降低林内日、年平均气温的作用。据在福建南平观测，林内全年各月平均气温都低于林外，冬夏季均低1.2℃。林内气温年变化的上述特点与林冠层郁闭程度有关，郁闭程度越大，林内气温年变化趋于缓和的特点越明显。疏林则相反，最高气温全年高于林外，最低气温全年低于林外。

10.4.3.3 林内气温的垂直分布

在一天中，林内气温的垂直分布与林外气温的垂直分布相反，白天，无林地区气温的垂直分布呈现由地面向上递减的规律；夜间则相反，在一定范围内呈现由地面向上递增的规律。所以，无林地区一天中的最高温度和最低温度都出现在地表。在林内，白天由于林冠对太阳辐射的阻留作用，致使林冠表面向上或向下温度呈现递减的变化；夜间，林冠强烈地向大气中释放热量，林冠面的温度急剧降低，由此向上或向下温度的分布逐渐增高。所以林区的最高温度和最低温度出现在林冠表面。

林内气温的垂直分布与森林结构和郁闭度有着密切的关系。在密林中，白天最高温度出现在林冠表面，由林冠到林地温度逐渐降低；夜间则相反，林冠表面温度最低，由林冠到林地温度逐渐升高，气温的日较差也是由林冠向林地逐渐减小。

在中等密度的森林中，白天林冠层气温最高，地面温度次高；夜间最低气温出现在林冠附近，但由于林冠附近冷却的空气下沉，致使林内各高度气温变化不大，呈现不明显的

逆温或等温分布。

在疏林中，白天由于林冠对太阳辐射和乱流交换的减弱作用均较小，因而最高温度出现在地表，林冠附近温度次高；夜间由于林冠对地面长波辐射阻挡作用较小，加上林冠层附近的冷空气下沉，因而最低温度出现在林地地表，林冠层附近有一次低值。

10.4.3.4　林中空地的温度变化

林中空地上的气温日变化决定于林中空地的范围大小，一般用范围指数来表示。范围指数是指林中空地的直径(D)与森林高度(H)的比值(D/H)。显然范围指数越大，林中空地受森林的影响越小。根据研究，当范围指数小于1.5h，林中空地的气温日、年变化趋于缓和，似林内一样。当范围指数大于3.4h，林中空地的气温日、年变化与空旷地一致；当范围指数在1.5~3.4h，林中空地的气温变化犹如凹地一般，气温变化趋于极端。白天因风速小，不易散热，增温强烈；夜间林冠冷空气下沉并集聚于此，成为霜穴。因此，在生产上建立苗圃或采伐时，苗圃的直径或采伐的宽度不要在1.5~3.4倍林高的范围内。

10.4.4　森林内的湿度

10.4.4.1　林冠对林内空气湿度的影响

林冠对林内空气湿度的影响也有正、负两方面的作用。一方面由于林内风小，与林外湍流交换弱，加上林冠的阻挡，使林内潮湿不易散失，从而使林内空气湿度增大，这是林冠的正作用。另一方面，由于林冠阻挡，使林内获得的降水量减少，且由于林冠挡光作用，林地土壤表面温度低，土壤水分蒸发速度慢，从而使林内空气湿度减小，这是林冠的负作用。通常林冠对湿度的正作用大于负作用，所以林内的相对湿度和绝对湿度都比林外高，而且疏林或密林都有同样的效应。

一般情况下，林内的水汽压可比林外高出1~2hPa。相对湿度与林内温度有关，当林内外温差大时，相对湿度差别也大，平均每相差1℃，相对湿度差2%~9%。林内气温白天比林外低1.0~3.0℃，相对湿度比林外高2%~11%，晴天可达22%，个别干燥晴天可达34%。冬季因林内外温差小，所以相对湿度差别也小；夏季林内外相对湿度差值大。

10.4.4.2　林内湿度的日、年变化

在潮湿地区郁闭度较大的森林内，绝对湿度日变化为单波型，水汽压最大值出现在午后的14：00~15：00，最小值出现在日出前。在干旱地区森林内，绝对湿度的日变化为双波型。根据在甘肃天水的刺槐林内测得的林内绝对湿度日变化表明，日出前绝对湿度达最低值，傍晚前出现一个次低值，最高值在午后16：00左右，次高值在午前10：00左右(图10-6)。

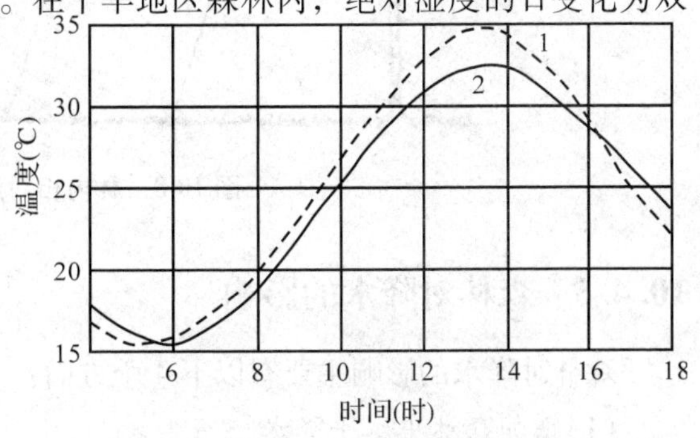

图10-6　林内外气温日变化

1. 空旷地　2. 林内

林内相对湿度的日变化，与林内温度日变化相反。图10-7中的右图是夏季晴天云杉林的林冠之上和之下的相对湿度日变化曲线。以上林内的绝对湿度和相对湿度的日变化与空旷地是一致的。

10.4.4.3 林内湿度的垂直分布

(1)绝对湿度的垂直分布

不论白天或夜间，都以林冠和林地两个活动面附近的绝对湿度最大。一般空气湿度由地面向上递减，但到林冠下部又转为向上递增，到林冠表面达到第二个最大值，然后向上又逐渐降低，见图10-7。

(2)相对湿度的垂直分布

日出前林内各高度上的相对湿度都很高。尤以林地及林冠附近更为明显。日出后，林冠表面升温，相对湿度的最大值出现的位置由林冠表面移向林冠层内，林地附近仍维持最大值，形成晨型分布(图10-8，f_1)。随着太阳升高，乱流交换增强。林内空气逐渐变干，相对湿度最大值移向林冠下部，形成午型分布(图10-8，f_2)。午后，林内降温，空气湿度上升，相对湿度最大值出现在林地附近，形成晚型分布(图10-8，f_3)。

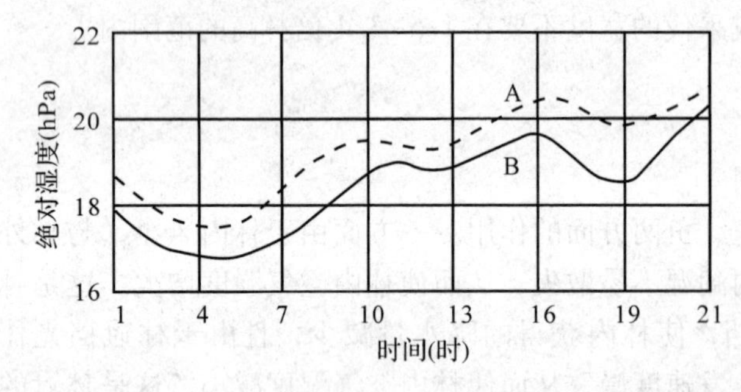

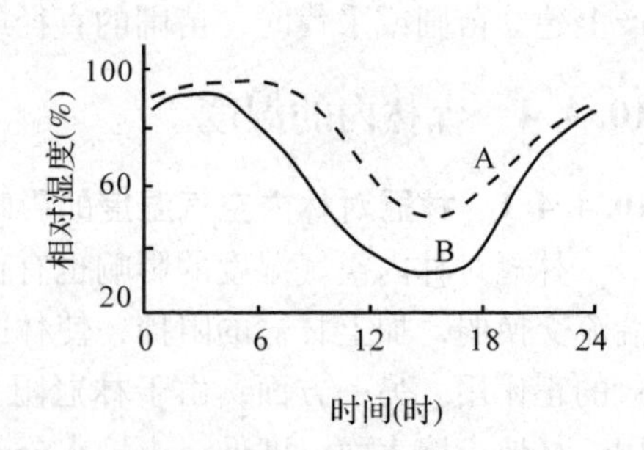

图10-7 林内绝对湿度(左)和相对湿度(右)的变化

A. 林内 B. 林外

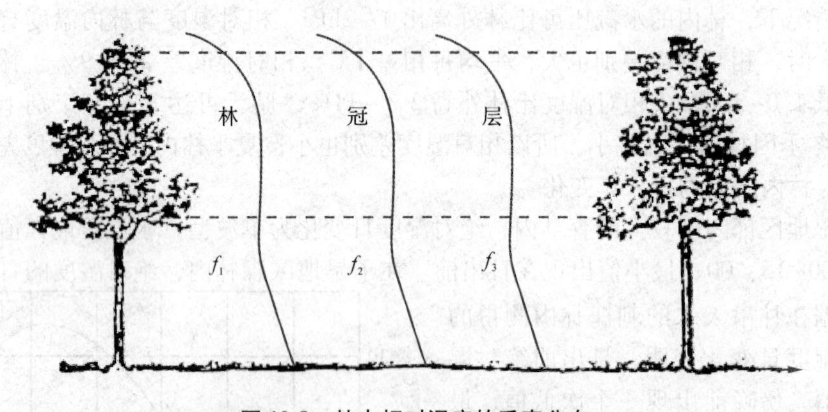

图10-8 林内相对湿度的垂直分布

10.4.5 森林对降水的影响

森林对降水的影响主要有以下4个方面：

(1)增加森林中水平降水

水平降水是指森林中地面附近和低空产生的水汽凝结物，如露、霜、雾、雾凇等，由于林内湿度大，上述水汽凝结物易于形成。据估计，森林中水平降水约占年总降水量的

5%~7%，比空旷地多1~2倍。

(2)形成“森林夜雨”

“森林夜雨”是由于夜间林冠强烈辐射冷却，使水汽凝结，形成细小水滴附着于树木枝叶上，然后水滴不断增大而下落形成。日出后，气温升高，树木枝叶上水滴蒸发，“夜雨”结束。因此，常常在晴朗夏夜，前半夜满天星斗，午夜后即起霏霏小雨；在晴朗冬夜，前半夜碧空无云，后半夜林内却飘着细微的雪花。

(3)森林对垂直降水的影响

垂直降水是指从云中降落的雨、雪等自然降水。关于森林对自然降水的影响，历来争论很大，有人确实观测到林区降水量比无林区大，认为森林犹如绿色的海洋、内陆的水库，增加了大气中的水汽来源。森林附近气温低，湿度大，易于水汽凝结。森林可加强空气的上升运动，从而增加自然降水。但也有人认为，森林能增加垂直降水的说法是缺乏充分依据的。

(4)林冠对降水的截留

大气中的自然降水落到林冠上，一部分通过林冠层落入林内，另一部分则留在林冠枝叶上，然后蒸发掉。林冠对降水的截留，随着森林树种、郁闭度、森林结构和降水强度的不同而有差异。一般来说，落叶松的截留量占裸地降水量的15%，松树占20%~25%，云杉占40%~60%，冷杉占40%~80%。热带森林的截留量占65%以上。森林郁闭度越大，截留量也就越大。雨量较小时，林冠的截留作用比较明显；雨量大和降雨时间长时，林冠的截留作用减弱。

10.4.6 森林对风的影响

10.4.6.1 森林内风速的铅直分布

林冠内和林冠上风速的铅直分布，受树冠结构、林分密度、郁闭度和天气类型等影响。在中性稳定条件下，林冠内和林冠上理想化的风速铅直廓线如图10-9所示。图中u为平均风速，z为高度，d为零平面位移，在此高度以上开始有湍流交换，z_0为粗糙度长度或粗糙度参数。

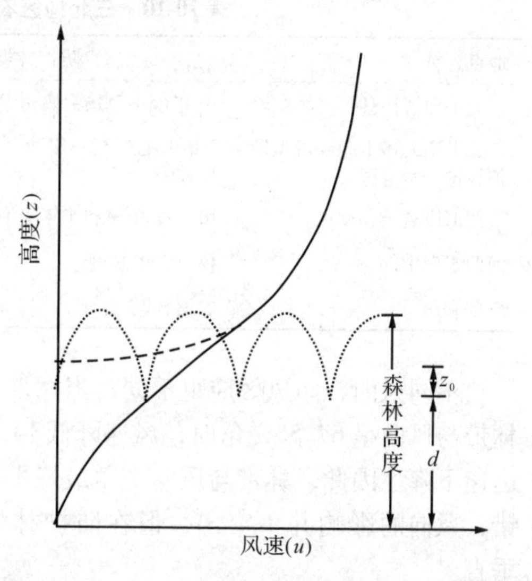

图10-9 林冠内和林冠上理想化的风速铅直廓线

10.4.6.2 减弱邻近旷地风速

当风吹向森林时，大约在森林向风面5倍林高的地方，风速开始减弱。其中一部分气流穿过森林间隙进入林内，由于树干和枝叶的阻挡、摩擦、碰撞、摇摆等作用，迫使气流分散、动能消耗而使风速减弱。

10.4.6.3 减小林内风速

根据观测，林内风速减弱的程度与林分密度和郁闭度有关。例如，稀疏的阔叶林内，冬季林内风速为空旷地的40%~60%，夏季为30%~40%；而稠密阔叶林，冬季为20%~

30%，夏季仅10%~20%。林内风速的大小还与测风点与林缘的距离有关，距林缘越远，风速越小。

10.5 林业上气象应用案例分析

林业生产与当地的气候资源有着密切的关系。林木的生长发育和树种的分布受气象条件的影响和制约，光、热、水、气(CO_2)、风等气象因子对森林的组成和分布有重要的影响：热带植被主要是热带雨林，寒温带植被主要是落叶松；在我国，年降水量大于400mm的地区才有森林的分布；风力直接制约着森林的蒸腾。反之，森林对大气也具有多重影响，它能调节气温、涵养水源、净化空气、改善局地小气候等。

10.5.1 农田防护林的应用分析

农田防护林是防护林体系的主要林种之一，是指将一定宽度、结构、走向、间距的林带栽植在农田田块四周，通过林带对气流、温度、水分、土壤等环境因子的影响，来改善农田小气候，减轻和防御各种农业自然灾害，创造有利于农作物生长发育的环境，以保证农业生产稳产、高产，并能对人民生活提供多种效益的一种人工林。

防风效应或风速减弱效应是农田防护林最显著的生态效应之一，人类营造农田防护林最初目的就是借助林网、林带减弱风力，减少风害。农田防护林是农田生态系统的屏障，是防止农田土壤风害的主要措施。农田防护林减弱风力的重要原因有：林带对风起一种阻挡作用，改变风的流动方向，使林带背风面的风力减弱；林带对风的阻力，会降低风的动量，使其在地面逸散，风因失去动量而减弱；减弱后的风在下风方向短时间内即可逐渐恢复风速。在风沙危害严重的三北地区，农田防护林防风效应较我国其他区域更为显著，见表10-10。

表10-10 三北地区农田防护林防风效应资料统计

地点	防护林类型	防风效应(%)	资料来源
东北平原富裕县	10年生小黑杨—榆树混交农田林网	21.0	胡海波 等(2001)
华北平原大兴生态经济型防护林试验示范区	7年生毛白杨—银杏生态经济型农田防护林带	18.9	张劲松 等(2002)
陕西渭南黄土高原区	10年生杨树和4年生泡桐组成的林网	21.2	罗伟祥 等(2001)
河西走廊中部	杨树农田林网	21.8	刘建勋 等(1997)
新疆和田	农田林网	30.4~52.8	刘钰华 等(1994)

不同风向，防风效应也不同。当林带与风向垂直时，风速降低17.40%~27.48%；当林带与风向呈67.5°交角时，风速降低14.06%~22.00%；若交角小于45°时，则防风效果迅速下降。因此，林带与风向交角最好不小于45°。实际上，农田林网内主副林带纵横交错，风向的影响并不突出，但在防护林规划设计时，主林带方向尽可能与主害风风向垂直。

农田林网能够减小近地层气温和土壤温度的变化幅度，对水资源状况如蒸发、湿度、水平降水等产生重要影响，调节林网内部的温度、湿度条件，为农作物提供良好的生长环境。首先，林带可通过改变林带附近热量收支各分量，引起近地层气温的变化，在不同季节和时间具有调控温度的作用，为农作物的正常生理活动以及生长发育创造了良好的条件。

通常情况下，在晴朗的白昼，林带附近的地面和空气温度较旷野高；在夜间，林带内温度比旷野的相应值高。在气候温和的夏秋晴天，林网内日平均气温略低于林外，但影响不大，阴天或多云天气影响更小。高温的夏季，林网一般能降低日平均气温0.1~0.3℃，对日最高气温影响有限(下降0.2~1.0℃)，但对最低气温则影响明显，一般增温1.0~3.0℃，结果使林网内气温日较差减少2.5℃左右。春、秋、冬三季，林网内日平均气温可增加0.1~1.0℃。据对宁夏引黄灌区5~9月农田防护林旱柳林带周围空气温度的观测，春季由于林带的影响，可使林网内气温提高0.2℃；夏季林网具有降温作用，5~7月内1m高处的气温比空旷地带低0.4℃，20cm高处比空旷地带低1.8℃左右，8月和夏季相似，9月与春季相似。在林带作用范围内，由于风速减弱，使得林网内作物蒸腾和土壤蒸发的水分在近地层大气中的含量增加，林网中近地层空气的绝对湿度高于周围旷野，土壤含水量也随之增加。据观测，夏季在新疆和田地区，与空旷区对比，农田林网内温度可降低0.6℃，土壤蒸发量可降低42.5%。

大片的防护林或生态林对降水有较强的截留作用，林冠对降水的截留是影响森林群落水分分配格局的主要因素之一，通常林冠截留了大部分降水，并影响着森林生态系统的蒸发和排水，林冠截留量也在局部尺度上影响地表径流量和径流发生次数。据肖洋等(2007)对北京密云水库油松人工林对降水分配的研究表明，如表10-11所示，单次降水的油松林冠平均截留率为31.67%，平均透流率为67.65%，平均干流率为0.68%。在低雨量时，

表10-11 北京密云油松人工林月降水再分配

年份	月份	大气降水 (mm)	穿透降水		林内降水树干径流		总计		林冠截留	
			(mm)	(%)	(mm)	(%)	(mm)	(%)	(mm)	(%)
2004	7	150.80	110.39	73.20	1.25	0.83	111.64	74.03	39.16	25.97
	8	280.00	210.69	75.25	3.66	1.31	214.35	76.56	65.65	23.44
	9	83.70	57.21	68.35	0.12	0.14	57.33	68.49	26.37	31.51
2005	5	22.30	11.50	51.57	0.03	0.13	11.53	51.70	10.77	48.30
	6	142.20	109.04	76.68	1.33	0.94	110.37	77.62	31.83	22.38
	7	170.00	131.00	77.06	1.82	1.07	132.82	78.13	37.18	21.87
	8	221.10	153.82	69.57	2.50	1.13	156.32	70.70	64.78	29.30
2006	7	143.63	109.28	76.08	1.02	0.71	110.30	76.79	33.33	23.21
	8	184.36	156.02	84.63	2.14	1.16	158.16	85.79	26.20	14.21
	9	13.27	5.52	41.60	0.01	0.05	5.53	41.65	7.74	58.35
	10	9.24	5.1	55.19	0.04	0.43	5.14	55.62	4.10	44.38

随着降水量的增加，截留率迅速降低，而透流率和干流率快速增加，但当降水量增加到一定程度时，均渐趋平缓。在降水量多、降水强度小和降水频率高的月份，林冠和树干较为湿润，透流率和干流率相对较高，但截留率则相反。而降水量少和两次降水间隔长的月份，冠层和树干较为干燥，可以截留较多的降水，透流率和干流率相对较低，而截留率较大。

在人工防护林的建设过程中，由于树种和造林密度不同，各林分间林内环境因子均有明显的差异，导致了林木的生长状况各不相同，不是林分密度越高，林木生长就越好。刘晨峰等(2004)对黄土高原半干旱区几种人工林的土壤水分、光照变化进行了研究。在对17年生常规营造的刺槐林、油松林和白榆林的观测中，由于造林密度不同，使得林下土壤含水量和光照强度等小环境条件相差很大，导致各林分间林木的生长状况以及林下植物的种类、数量、生长发育状况，均有较大差异。在低密度(1.5m×8m)条件下，林分内土壤平均含水量比高密度条件下(1.5m×2m)的林分高35%，低密度林分平均辐射强度是高密度林分的3.06倍。高密度林分的林内水分供应不足，造成了土壤干化现象，使得林木群体生长衰弱，出现整片"小老树"，使得林木树高和胸径都较小，细小的林木不利于防护林功能的发挥，有些甚至起不到防护的作用。

因此，在水分亏缺，水分容量极有限的地区，水分是影响植被生长的第一因素，满足水量平衡的造林密度和后期适宜的林分密度调控及切实选择好适于当地具体环境条件的最适树种，是保持防护林林分生长稳定的关键。

10.5.2　城市生态林的应用分析

城市生态林是生态林的一种，是由生态林业和城市园林两个概念演化而来，是最近几年提出来并被社会各界广泛认可接受的林学概念。城市生态林可以定义为：生长在城市和城市郊区的乔木和其他木本植物为主体的生物群落，构成这个群落的成分除乔木、灌木外，还包括其他植物及其生存环境。

城市生态林是城市生态系统的重要组成部分，在城市生态平衡中起着重要的作用。广义上讲，城市林业不具备森林的条件，不属于森林，只能算作林木，但由于受城市特定的环境条件制约，可以把城市中的行道树、公园和游园内的树木、新建公共绿地、内城河两侧的护岸林、单位和厂区以及居民小区内的绿地树木等纳入城市生态林的范围，包括城市郊区的林木、林地和绿地等，共同连接在一起，构成狭义上的城市生态林。

城市生态林可以保护和改善人类生存环境、维持自然生态平衡。据张凤翔等(2011)研究，辽宁省凤城市现有生态公益林面积$23.81\times10^4hm^2$，林区与无林区相比，夏季的白天温度低0.2~0.5℃，夜间则高0.1~0.4℃；夏季湿度白天高2.2%，夜间高4.8%；而且无霜期长5~15d。每公顷林地每年可向大气排放O_2 0.75t，滞尘36t。片林改善小气候的作用明显，据赵宗山等(1992)对黄河三角洲孤岛林场刺槐林的观测，林内与林外500m相比，气温年均值除地面最低温度略高外(0.3℃)，其余均低于林外，夏季平均气温、地温分别低3.3℃、2.0℃，地面最高温度低7.6℃；相对湿度高3.4%，地表水面蒸发量降低17.5%；影响最大的是风速，可降低70%。

相对于乡村环境，城市中因为人类的活动造成空气中CO_2浓度较高，而大面积的绿色植物能够营造一个空气质量相对较好的小环境。据潘剑彬等(2008)研究，北京奥林匹克森林公园内与园外相比，空气的CO_2浓度较低，而且林木的生长季节比非生长季节的空气CO_2浓度要低。赵明等(2009)研究，见表10-12，在城市绿地中，不同的绿地配置模式对空气中CO_2的吸收能力不同。

表10-12 绿地配置模式的CO_2吸收值 μmol/mol

植物配置	群落模式	CO_2吸收值						CO_2吸收率(%)
		7：00	9：00	11：00	13：00	15：00	17：00	
枸橼×(夹竹桃+金钟花)	乔灌	412.45	413.84	401.80	395.25	381.94	387.32	1.47
金钟花×草坪	灌草	413.70	412.84	403.48	395.05	382.47	389.67	1.28
水杉×草坪	乔草	412.65	408.79	401.15	395.10	383.34	389.04	1.56
枇杷×(蜡梅+迎春)×草坪	乔灌草	412.68	408.21	401.11	393.90	382.74	389.41	1.65
硬质园路	铺装	426.36	416.81	410.94	395.43	382.87	396.55	

城市生态林中，不同类型的森林绿地配置，对环境中的负离子、温度、湿度和光照都有不同的影响。蒋文伟等(2008)对杭州市8种类型森林绿地空气负离子及气候因子水平进行的研究表明，见表10-13。城郊林地与城区各种类型森林绿地相比，其负离子浓度高出约1.7倍；城区绿地中空气负离子浓度为植物园>城中公园>街心公园>道路>街头绿地>居住小区；在森林植物旺盛生长期间，空气负离子水平呈增加趋势；由林缘向林内观测表明，绿地空气负离子浓度也呈增加趋势；以高大乔木为主的近自然林，空气负离子浓度高，生态效应明显，而灌草绿地生态效应相对较弱。

表10-13 不同类型森林绿地空气负离子浓度及气候因子比较

绿地类型	植被组成	绿化率/郁闭度(%)	负离子(个/cm^3)	风速(m/s)	相对湿度(%)	温度(℃)	光照强度(lx)
城中公园	银杏、紫楠、柳树、无患子	65	600	0.7	62.0	33.4	4 550
植物园	江南油杉、枫香、无患子	85	900	0.4	83.7	31.5	4 362
街心公园	香樟、枫香	75	509	2.5	64.0	34.6	17 400
街头绿地	香樟、雪松	50	276	0.4	53.9	34.7	12 600
道路绿地	枫香、香樟、浙江楠、紫楠	78	392	1.3	77.7	32.9	5 270
居住小区	桂花、黄杨、红花继木	45	189	2.3	54.6	37.2	21 000
城郊林1	麻栎、樟叶槭、豹皮樟	90	1 020	0.8	86.5	31.1	2 340
城郊林2	香樟、鹅掌楸、乌桕	95	1 230	0.4	84.8	32.7	2 490

在城市生态林的建设中，气象灾害是造成损失的主要因素之一，特别是对于绿化率较高的南方城市来说，冻害和雪灾是主要气象灾害之一。2008年1~2月，南方19个省连续20余天遭遇罕见的低温雨雪冰冻的异常天气，冰雪覆盖范围、日平均气温≤0℃的持续天数、连续雨雪天数和积冰雪厚度等均创下50年来之最，罕见的持续低温、雨雪冰冻天气，使林木较长时间持续处于冰冻、雪压和0℃以下的低温条件下，林木损失严重。据李东升等(2008)分析，主要造林树种遭受冰雪灾害程度大致表现为：竹类>常绿树种>落叶树

种；针叶树种＞阔叶树种；乔木树种＞灌木树种；外来树种＞本土树种。但林木低温雨雪冰冻灾害的成因较为复杂，由极端低温、持续时间、降温速度、降温季节、海拔、地形、坡向、坡位、立地、苗木规格、造林时间、栽培措施等各种因素相互作用共同影响。不同树种和品种对极端冰雪天气的敏感程度有很大差异，表现也不一致。在受灾的林分当中，主要是日本落叶松、柳杉、马尾松、黄山松、湿地松、杉木、柑橘、油茶、樟树和竹类受灾比较严重。另外，树种冻害程度与树龄相关，树龄较小的尤其是2007年冬新造林地受灾严重。调查还表明，纯林比混交林严重，尤其是人工纯林要比天然混交林严重；稀疏林分比相对密的林分要严重。在规划建设城市生态林时，要以预防为主，科学规划，提高生态林体系的抗灾害水平，减轻灾后恢复重建工作的压力，提高城市生态林的经济效益和社会效益。

10.5.3 海防林的应用分析

沿海防护林，简称“海防林”，是指沿海以防护作用为主的森林、林木和灌木林。目前我国的海防林以人工营造为主，是以防灾抗灾、护岸固沙、维护生态、美化景观为目的的防护林。其主要作用是降低风速、防止风蚀、固定沙地、保护沿岸农田和居民免受风沙侵袭、防止土地沙化，具有抵御台风和海啸的功能。其中，沿海基干林带为国家特殊保护林带，具体划定为：沙岸地段，从适宜植树的地方起向岸上延伸200m；泥岸地段，从红树林或者适宜植树的地方起向陆地延伸使林带宽度不少于100m；岩岸地区，为临海第一座山山脊的临海坡面。

浙江省沿海地区的海防林的建设不仅有第一道抵御风暴潮的海岸基干林带，而且还建设了第二道保护农田和城镇的防护林网和第三道向内陆延伸的山地丘陵防护林。三道防线形成风蚀、水蚀防护结合，林种、树种合理配置，林网、林带、片林、红树林和山体绿化有机结合的综合防护林体系，很好地发挥了整体效益。

胡海波等(2001)研究，防护林的存在改变了气流结构，消耗了空气动能，使林内外风速显著降低，一般在20H(H为林带平均高度，下同)范围内，林网内平均风速降低30%~55%，见表10-14。风速不同(经对照为准)，林网的防风效应和弱风区出现的位置也不一样。风速越大防风效果越好，若对照风速小于3.5m/s，林网内平均风速降低27.6%；而在风速大于3.5m/s时，平均降低风速36.8%，相差9.2%。风速对弱风区出现的位置也有影响，风速小于3.5m/s时，弱风区出现在林网两侧，降低风速30%~40%，林网中心风速偏大，降低风速仅10%~20%；当风速大于3.5m/s时，弱风区出现在林网中心，降低风速40%~50%，林带两侧风速较大，一般只降低风速25%~35%。

表10-14 防护林网防风效应

地点	辽宁省绥中县		浙江省余杭县		广东省惠安县	
林网范围	20H范围内	20H处	5H范围内	25H处	5H处	20H处
降低风速(%)	44.0	30.0~40.0	50.0	25.0	44.0~73.2	26.4~52.5
林网内平均降低风速	44		30~40		37.5~56.4	

注：H为林带平均高度。

林带附近由于风速和太阳辐射减弱，水面蒸发相对减少。辽宁省绥远县年平均蒸发量，在海边对照点为1 371.2mm，而林网内为1 170.3mm，仅为对照点的85.3%。在江苏沿海，6~8月林网内中心蒸发量平均降低2.39%~10.30%。浙江温岭县沿海，在倒春寒天气下，林网内蒸发量可减少20%左右。总之，防护林可使林网内(20*H*范围内)蒸发量减少5%~15%，有时可达20%。据何晓玲(2005)统计，通过对沿海地区林种树种结构的改造，增加了阔叶林比例，使沿海山地的水源涵养和水土保持能力大大增强，地表径流量的消减率比平均对照点降低9.05%，侵蚀模数比对照点平均消减39.29%，"窄林带、小网格"结构平均防风效能达70.3%，园内平均增加湿度4.9%，减少水分蒸发38.5%。

据张纪林(1997)研究，在强热带风暴条件下，沿海农田林网的有效保护范围为：南北方向距北林带0.42*H*~23.0*H*，东西方向距东林带0.36*H*~23.0*H*。苍南县龙港东塘段有13km长约5万株海岸基干林带，2005年在第五号台风"海棠"来袭时，约有7 000株被吹倒，但基干林后面价值上亿元的鮸鳙海水养殖场却安然无恙，保护篱笆完好无损，龙港白沙海域段基干林带后面大片蔬菜基地也得到保护。2004年第14号台风"云娜"登陆温岭石塘，这是1956年以来登陆我国大陆强度最大的一次台风，台州农垦林场网内的柑橘平均落果率为3.4%、断枝率为1.3%，而没有林带保护的则为32.3%和12%。从历次台风灾害的情况看，防护林体系完整的地区受害程度相对较轻，而防护林体系不完整的，即使是相邻地区也损失严重。

在林网的保护下，一般年份谷类产量增加5%~20%，灾害年份可达30%甚至更高，生态、经济和社会效益明显。在辽宁新金县，防护林可使平坦耕地粮食增产5%~18.2%，坡耕地增产48.6%~119.0%。浙江余杭受大风危害，水稻倒伏率在林网内、外分别为16%和73%；同年秋降温阴雨，在林网保护下水稻增产15.6%。受到寒露风侵袭后，广东斗门县水稻在林网保护下减产14.8%~20.1%，无林网区则减产30.2%~40.5%。相比之下，林网起到了增产作用，增幅为10.1%~25.7%，见表10-15。

海岸由于长期受盐风、台风暴雨的袭击，土壤贫瘠，水土流失严重。沿海防护林的建设对于保护农田、保持水土、减小海水对土壤侵蚀有重要作用。

表10-15 我国沿海防护林的增产效应

地点		防护林形式	树种	防护对象	平均增产幅度(%)	备注
辽宁	大洼县	林网	樟子松	水稻	2.75	
	新金县	林网	杨树、刺槐、油松、樟子松	谷类	5.0~18.2(平地) 48.6~119.0(坡地)	坡地增幅大
江苏	大丰县	林带	国槐、苦楝、紫穗槐	棉花	20.9	
浙江	余杭县	林网	水杉	水稻	4.0~10.0	一般年份
	温岭县	林网	木麻黄	柑橘	15.6 11.7 18.8~30.6	秋季降温 一般年份 高温干旱
上海	长兴岛	林网	水杉、珊瑚树	柑橘	25.0	
广东	斗门县	林网	木麻黄	水稻	10.1~25.7	寒露风危害

思考题

1. 森林分布同纬度有何关系?
2. 树木引种要遵循哪些原则?
3. 林木光能利用率有哪些特点?
4. 写出林木光合生产力的计算公式和各项含义。
5. 什么是森林气象灾害?森林的气象灾害主要有哪些?
6. 温度过高或过低对树木和果实有哪些危害?
7. 什么是农田防护林?农田防护林的主要作用是什么?
8. 什么是城市生态林?有哪些特点?
9. 什么是海防林?与农田防护林有哪些区别和联系?

参考文献

陈国荣,刘健,余坤勇,等. 2010. 沿海防护林防风固沙效益动态监测技术研究[J]. 福建林学院学报,30(3):231-236.

韩湘玲. 1999. 农业气候学[M]. 太原:山西科学技术出版社.

郝清玉,刘强,刘旷勋. 2010. 海南省沿海防护林防护效能综合评价研究[J]. 浙江林业科技,30(1):20-27.

贺庆棠. 2001. 中国森林气象学[M]. 北京:中国林业出版社.

胡海波,张金池,鲁小珍. 2001. 我国沿海防护林体系环境效应的研究[J]. 世界林业研究,14(5):37-43.

黄寿波. 1986. 我国柑橘光合生产潜力的探讨[J]. 浙江农业大学学报(3):62-70.

黄寿波. 2001. 农业小气候学[M]. 杭州:浙江大学出版社.

李春平,关文彬,范志平,等. 2003. 农田防护林生态系统结构研究进展[J]. 应用生态学报,14(11):2037-2043.

李东升,裴东,杨振寅,等. 2008. 低温雨雪冰冻灾害对湖北森林资源的影响与思考[J]. 林业经济(4):15-17.

李永平,冯永忠,杨改河,等. 2009. 北方旱区农田防护林防风效应研究[J]. 西北农林科技大学学报(自然科学版),37(6):92-98.

刘晨峰,王正宁,贺康宁,等. 2004. 黄土高原半干旱区几种人工林的土壤水分、光照变化及其对林分的影响[J]. 西部林业科学,33(3):34-41.

刘乃壮,刘长民,宋兆民. 1989. 农田防护林系统的小尺度气候效应[J]. 林业科学(3):193-200.

刘引鸽. 2005. 气象气候灾害与对策[M]. 中国环境科学出版社.

潘剑彬,董丽. 2008. 北京奥林匹克森林公园内二氧化碳浓度特征研究[J]. 园林科技(3):18-23.

王名金. 1990. 树木引种驯化概论[M]. 南京:江苏农业技术出版社.

肖金香,穆彪,胡飞. 2009. 农业气象学[M]. 2版. 北京:高等教育出版社.

肖洋,陈丽华,余新晓,等. 2007. 北京密云水库油松人工林对降水分配的影响[J]. 水土保持学报,21(3):154-157.

杨晓光. 2010. 农业气象灾害及其减灾技术[M]. 化学工业出版社.

张凤翔，纪鹰翔. 2011. 凤城市生态公益林工程综合效益分析[J]. 吉林农业(5)：249－250.

赵明，孙桂平，何小弟，等. 2009. 城市绿地群落环境效应研究——以扬州古运河风光带生态林为例[J]. 上海交通大学学报(农业科学版)，27(2)：167－170.

中国林学会林业气象专业委员会. 1989. 中国林业气象文集[M]. 北京，气象出版社.

中国农林气候区划协作组. 1987. 中国农林作物气候区划[M]. 北京：气象出版社.

中国树木志编委会. 1981. 中国主要树种造林技术[M]. 北京：中国林业出版社.

附录　气象学实验指导

实验一　太阳辐射、日照时数和照度的观测

一、目的要求

通过实验，掌握太阳辐射仪器的原理、构造和使用方法；学会在小组同学的配合下进行直接辐射、散射辐射和反射辐射的测定；利用测定结果计算垂直于太阳光线面上的太阳直接辐射通量密度、总辐射和散射辐射通量密度、地面反射辐射通量密度、水平面上的直接辐射通量密度、地面反射率、大气透明系数；掌握真太阳时的换算。通过日照时数的测定，了解日照时数的测定方法。

二、实验内容

(一)太阳辐射观测

太阳辐射是地面热量的主要来源，是绿色植物光合作用合成有机物质的能量来源。太阳辐射一方面以平行光的形式直接投射到地面，这部分太阳辐射称直接辐射；另外，通过质点散射形式投射到地面，这部分太阳辐射称为散射辐射。这两部分太阳辐射之和称为太阳总辐射。但投射到地面的太阳辐射并不能完成被地面或地被物吸收，有一部分被地面反射，这部分太阳辐射称为反射辐射，或称为地面辐射。这三者对植物的生长发育都有重要的影响。目前，地面气象站的辐射观测项主要包括总辐射、净辐射、太阳直接辐射、散射辐射、反射辐射等。

1. 辐射观测的物理量

(1)辐射能

太阳辐射属电磁辐射的一种，是由许多具有一定质量、能量和动量的微粒组成，这些微粒称为量子或光量子。目前尚没有直接测量辐射能的仪器。只有把这种光量子转换为其他容易度量的物理量(如电量)进行测定。且由于太阳辐射是一个相对无限量，所以对太阳辐射能的测定必须得限定时间和空间范围，如辐照度。

(2)辐射通量密度

辐射通量密度，也称辐照度，是指单位时间、单位面积发射或吸收的太阳辐射能。

(3)光照度

单位时间、单位面积上接受的光能，称为光照度。

2. 太阳辐射观测仪器构造及测定原理

目前，地面气象站常用的测定太阳辐射的仪器，有直接辐射表(测定太阳直接辐射)、天空辐射表(测定天空散射辐射、下垫面反射辐射)、净辐射表、照度计。如前所述，目前主要通过能量的转换来测定太阳辐射，将光能转换为容易度量的电能。转换的主要装置是温差热电堆，将太阳能转换为热能，通过热电堆的作用，由温度差而产生电流，利用灵敏度较高的辐射电流表测定电流量。

(1) DFM－1 型辐射电流表

仪器构造：DFM－1 型辐射电流表构造如图 1.1。辐射电流表包括指示部分和测量部分。指示部分由指针 3、刻度盘 7 和反光镜组成；测量部分由永久性磁铁 1 和线圈 2 组成，放置于一个封闭的扇形盒内。盒的顶端有一个零点调节螺丝 6 用于测量前的调零(必须在断路时进行)；盒的下部有 3 个接线柱，分别是电流表的正极(＋)、负极(“1”、“2”，测量时根据辐射量的大小进行选择)；盒子的后侧有一电源开关 5，测定完毕必须关闭电源，拧紧开关旋钮以固定指针。

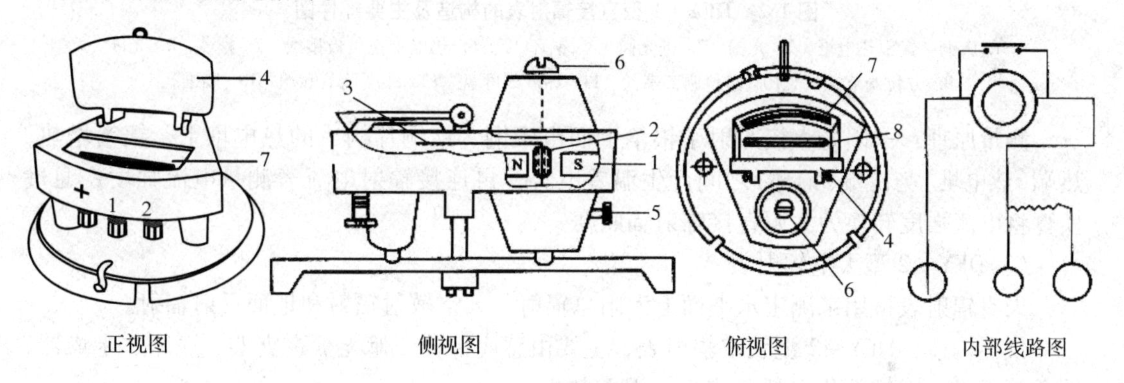

图 1.1　辐射电流表

1. 永久性磁铁　2. 线圈　3. 电流指针　4. 活动盖板　5. 开关旋钮
6. 零点调节螺丝　7. 刻度盘　8. 附属温度表

测量原理：辐射电流表是用来测定直接辐射表或天空辐射表产生的电流量，与普通的电流表工作原理是一样的，辐射表上的指针刻度就是温差电流，将这个电流量乘以热电系数获得太阳辐射能(太阳辐射通量密度)$1\text{cal}/(\text{cm}^2 \cdot \text{min}) = 697.8\ \text{W}/\text{m}^2$。

(2) 直接辐射表

仪器构造：DFY－1 型直接辐射表，主要由感应部分、进光筒、支架和底座构成。感应部分由银箔、热电堆、铜环 3 个部分组成。银箔厚 2μm，直接接受太阳入射光面涂有吸收率很高的黑色涂料，反面焊有星盘状的 36 对康铜－锰铜薄片串联组成热电堆，作为温差热电堆的热端，置于进光筒的底部，冷端焊在底座的铜环与进光筒的外壳相连，便于与气温平衡。

进光筒是铜质圆筒构造，如图 1.2。为了消除风及筒内光线反射的影响，进光筒内设置 5 个直径逐渐变小的环形光栅，光栅内侧涂黑，外侧镀镍。进光筒安装在支架和底座上，通过调节纬度调节螺丝 12、方位调节螺丝 9、仰角调节螺丝 10 使感应面(银箔)与太阳入射光线垂直，测定完毕用帽盖 7 将进光筒盖住。

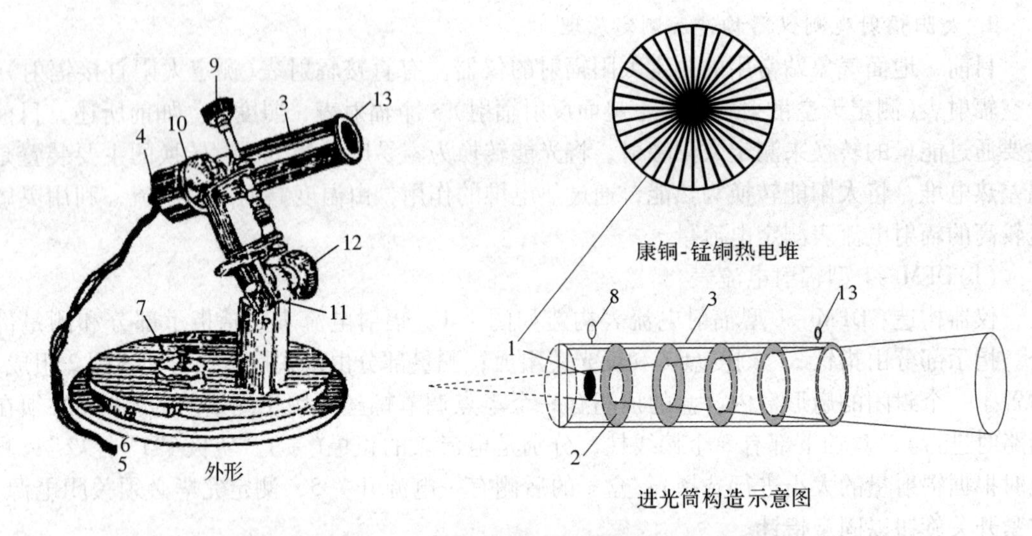

图 1.2 DFY-1 型直接辐射表的构造及主要部件图

1. 康铜-锰铜热电堆 2. 光栅 3. 进光筒 4. 铜环 5、6. 热电堆正负极接线 7. 帽盖 8. 光屏 9. 方位调节螺丝 10. 仰角调节螺丝 11. 纬度刻度盘 12. 纬度调节螺丝 13. 瞄准孔

测量原理：太阳光直接照射于银箔上面由康铜、锰铜片构成的热电堆上，银箔增热，热端(热电堆)与冷端(铜环)之间产生温差电势，再连接辐射电流表测量电流强度，通过换算将电流强度转换为太阳直接辐射辐照度。

(3)DFY-2 型天空辐射表

天空辐射表可用来测定水平面上太阳总辐射、天空散射辐射和地面反射辐射。

仪器构造：DFY-2 型天空辐射表，主要由感应部分、遮光板、支架、底座、干燥器、帽盖等组成。感应部分包括感应面、温差热电堆、玻璃罩，其中感应面是由黑(涂无光的炭黑)白(涂氧化镁)的薄片组成，其背面由康铜和锰铜片紧密焊接串联组成的一组热电堆，黑色的背面串联成热电堆的热端，白色背面串联成冷端。感应面安置在一个玻璃罩 1 的下面，玻璃罩的主要作用是滤去感应面上的大气及地面长波辐射，同时防止气流带走感应面上的热量。玻璃罩的下面安装有一干燥器 2，以吸收罩内的水分，避免影响感应面吸收太阳辐射的能力。在干燥器的另一侧有一遮光板 5，在测定天空散射辐射时，挡去感应面上的太阳直接辐射。测量水平面上的太阳总辐射和天空散射辐射时，需要将仪器底座 9 放置水平，通过支架上的 3 个螺丝 4 调整水平，让水平仪 3 上的水泡置于中间。测定完毕，必须盖上帽盖 8

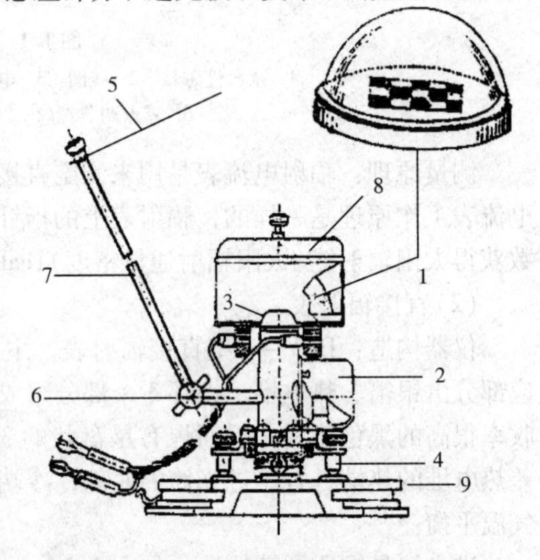

图 1.3 DFY-2 型天空辐射表的构造图

1. 玻璃罩 2. 干燥器 3. 水平仪 4. 调节水平螺丝 5. 遮光板 6. 螺丝 7. 遮光板支杆 8. 帽盖 9. 底座

(图 1.3)。

测量原理：感应部分的黑色部分强烈吸收太阳辐射、散射辐射或地面反射辐射，温度升高，而白色部分几乎全部反射掉或少量吸收这些能量，造成黑白部分温差，由热电堆产生温差电流，其大小与太阳辐射、散射辐射或地面反射辐射通量密度成正比。水平面上的太阳总辐射测量时，取下遮光板；测量散射辐射时，需安装遮光板；测量地面反射辐射时，将感应部分朝下，玻璃罩滤去地面的长波辐射，感应面上接收的即为地面对太阳辐射的反射辐射。

(4)净全辐射表

仪器构造：净辐射表由感应元件、聚乙烯防风膜罩和附件组成(图 1.4)。感应部分是由 2 块表面涂有能够吸收所有波段辐射的黑色物质、特性完全相同的薄片构成上下 2 个感应面，感应面的背面焊接有串联在一起的热电堆。上下感应面的外面加盖了聚乙烯防风膜罩，其主要作用是使上下感应面不受自然风速的影响。感应部分接水平仪 3、表杆 4、表杆内部装有干燥器，表杆的尾端接橡皮球 2。橡皮球主要用于给聚乙烯防风膜罩 1 充气，使其成半球状。

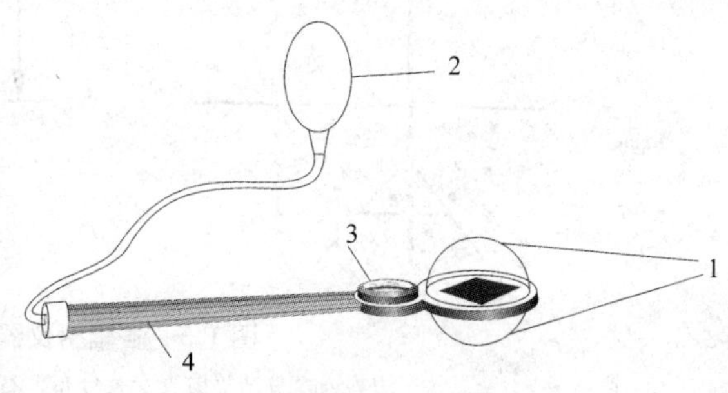

图 1.4　净辐射表的构造示意图

1. 聚乙烯防风膜罩　2. 橡皮球　3. 水平仪　4. 表杆

测量原理：净辐射表测量从 4π 立体角分别投射到一个平面上下两边的辐射总量之差。由于上下感应面所接受的辐射量不一致，两端产生温差，温差的大小由串联在上下感应面背面的热电堆测定。

3. 辐射仪器的安装

辐射仪器应安装在观测场中部固定木板平台上，平台离地 1.5m 高。各仪器间应离开一定距离，一般高的仪器安装在北面，低的在南边，各种辐射表的观测视野，不要受到相互影响，同时便于接近仪器。安装辐射电流表除要求水平外，附近不应钉铁质物件、磁铁或其他电流表等。辐射电流表距离这类物体至少 30cm 以外。安装直接辐射表和大中辐射表要求水平，以及仪器东、南、西三面离开障碍物的距离应为障碍物高度的 10 倍或以上，这样终年由日出到日落仪表都能受到太阳照射。直接辐射表安装时要求底座上箭头指北，并把纬度刻度调整到测站纬度。另外，安装辐射表的台架，不要太靠近观测场的围栏，避免意外事故损坏仪器。各辐射表在台架上的分布如图 1.5 所示。

4. 辐射观测方法及记录整理

(1)观测时间及次数

每日观测次数根据研究目的而定。如果需要计算辐射日总量，又无辐射自记计，应在日出到日落之间，每小时观测 1 次。观测时间以当地的地方平均太阳时 5^{30}、6^{30}、7^{30}、…、17^{30}、18^{30}进行。如有辐射自记计，一日定时观测 5 次，即 6^{30}、9^{30}、12^{30}、15^{30}和 18^{30}。如果冬季，6^{30}和 18^{30}两个观测时间处在日出以前和日落以后，可不必进行日射观测。

(2)观测前准备工作

每次观测前 10min 做准备，清理仪器的玻璃面，检查仪器是否水平。如果不水平，需

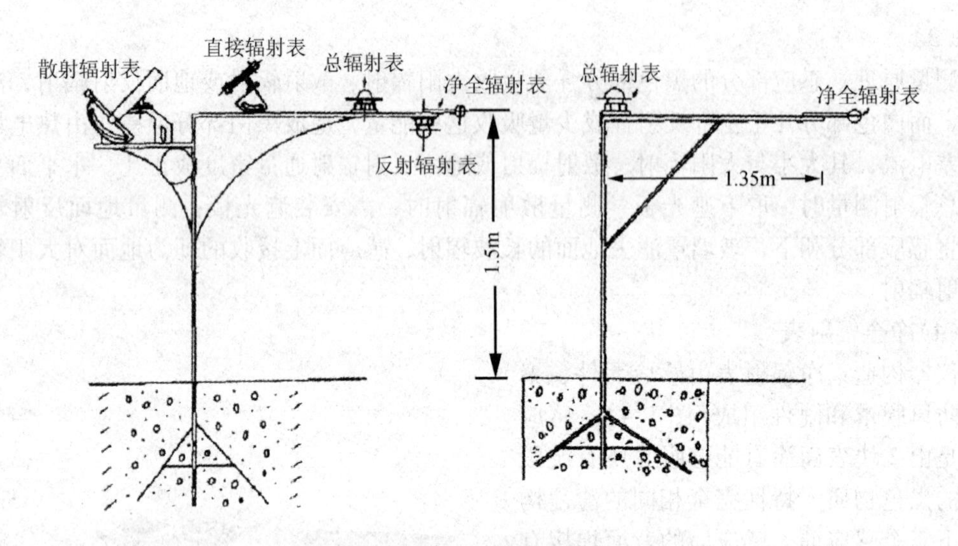

图 1.5 各辐射仪器的安装示意图

（左边为一级台站辐射表安装分布，右边为二级台站辐射表安装分布）

进行调整；连接导线，把直接辐射表(或天空辐射表上的正、负极分别接在电流表上的“+”和“1”或“2”上(辐射弱时接1，辐射强时接2)。拧松开关旋钮，看电流指针是否在刻度5上，如果超过±2，需用零点调节螺丝做调整。

观测前5min记录日光状况，即云遮蔽日光的程度，可用下列符号记录：$\odot^2$——太阳面上未见云迹；$\odot^1$——日光可透过薄云，地物影子明显；$\odot^0$——日光微弱地透过较厚的云层，地物影子模糊不清；Π——日光被厚云遮住，不见太阳轮廓。

(3)太阳直接辐射通量密度的观测

① 使用几个微调螺丝调整直接辐射表进光筒对准太阳，使透过进光筒上方小孔的光点正好落在白色光屏上。然后盖上进光筒帽盖，读出电流表指针的指示读数，记作第1次零点读数 N_{01}，读数需精确到0.1小格。

② 打开进光筒帽盖并检查光点位置是否位于光屏中心，待电流表指针稳定后，每隔5~10s读数1次，连续读数3次，记作 N_{d1}、N_{d2}、N_{d3}。

③ 盖上进光筒帽盖，待电流表指针稳定后，再读出第2次零点读数，记作 N_{02}。

④ 直接辐射观测完毕，转动进光筒，使筒口朝下，盖上筒盖。记下观测时间。

(4)太阳总辐射、散射辐射、地面反射辐射通量密度的观测

① 把天空辐射表的玻璃罩用软布擦净，检查水平仪，确定仪器是否水平。

② 盖上天空辐射表的帽盖，待电流表指针稳定后，记录第1次零点读数 N_{01}，读数精确到0.1小格。

③ 打开天空辐射表的盖子，待电流表指针稳定后，每隔5~10s读数1次，连续读数3次，记作 N_{t1}、N_{t2}和 N_{t3}，为太阳总辐射读数。

④ 架上遮光板，使遮光板的阴影正好落在天空辐射表的感应面上，待电流表指针稳定后，每隔5~10s读数1次，连续读数3次，记作 N_{s1}、N_{s2}和 N_{s3}，为散射辐射读数。

⑤ 取下遮光板，翻转天空辐射表，使感应面朝下，待电流表指针稳定后，每隔5~10s

读数1次，连续读数3次，记作N_{r1}、N_{r2}和N_{r3}，为地面反射辐射读数。

⑥翻转天空辐射表，使感应面朝上，盖上帽盖，待电流表指针稳定后，记录第2次零点读数N_{02}，读数精确到0.1小格。

⑦拧紧辐射电流表的开关旋钮，辐射观测完毕。记下观测时间。

(5)太阳辐射的观测记录整理

① 辐射电流表零点计数订正 $\bar{N}_0 = \frac{N_{01} + N_{02}}{2}$，用内插法从辐射电流表的刻度订正表中查取订正值$\Delta N_0$。订正后的零点读数为：$N_0' = \bar{N}_0 + \Delta N_0$。

② 辐射观测读数订正 将辐射电流表的3次读数进行平均$N = \frac{N_1 + N_2 + N_3}{3}$，查出订正值$\Delta N$，得到订正后的辐射观测读数为：

$$N' = \frac{N_1 + N_2 + N_3}{3} + \Delta N$$

③ 订正后的辐射观测读数为：$N = N' - N'_0$

④ 计算辐射通量密度

直接辐射通量密度：$S_d = \alpha_i \cdot N_d$（垂直太阳光表面上的直接辐射通量计算）

$S_d = \alpha_i \cdot N_d \cdot \sin h$（水平表面上的直接辐射通量计算）

散射辐射通量密度：$S_d = \alpha_i \cdot N_s$

反射辐射通量密度：$S_r = \alpha_i \cdot N_r$

太阳总辐射通量密度：$S_t = \alpha_i \cdot F_h(N_t - N_d) + \alpha_i \cdot N_d$

式中 h——太阳高度角；

α_i——换算因子；

F_h——总辐射表与太阳高度角h有关的订正系数，仪器检定表上可查。

(二)日照时数的观测

1. 日照的描述

可照时数，为天文学上的概念，是指从日出到日落太阳可能照射的时间长度，它是随纬度和季节发生变化的，可用公式直接计算出来；实照时数，是指一日中太阳直接照射地面的实际时数，它考虑了云雾等天气现象及地形等对日照时间的影响，可用日照计观测；日照百分率，是实照时数与可照时数的百分比，反映某地光照资源的多寡。

2. 观测仪器构造及工作原理

仪器构造：暗筒式(乔唐式)日照计(图1.6)，主要由金属圆筒1、隔光板3、纬度刻度盘5和支架底座6、7构成。金属圆筒的底端密闭，筒口带盖，两侧各有一个进光小孔4，两孔前后位置错开，与圆心的夹角为120°，筒的上面有一隔光板，由于隔光板的边缘与小孔在同一个垂直面上，它使太阳光线除了在正午有1~2min的时间可以同时射入两孔，其余时间光线只能从一孔射入，筒内附有压纸夹。

测量原理：暗筒式日照计是利用太阳光通过圆筒两侧的小孔射入筒内，在涂有感光药剂的日照纸上留下感光迹线(图1.7)，通过计算迹线的长度确定一日内的日照时数。

图 1.6 暗筒式日照计的构造

1. 金属圆筒 2. 筒盖 3. 隔光板 4. 进光孔
5. 纬度刻度盘 6. 纬度记号线 7. 底座

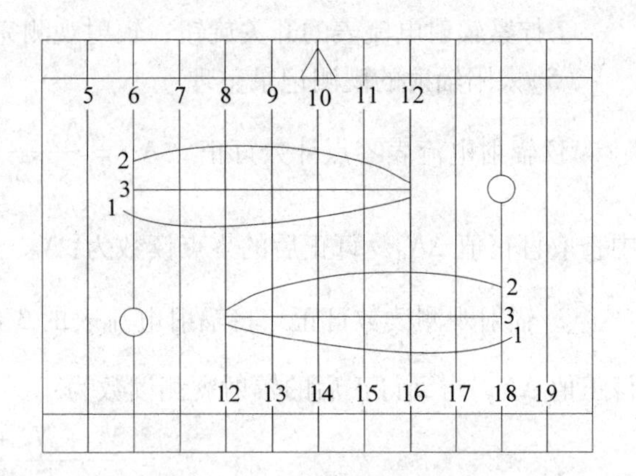

图 1.7 日照纸及感光迹线

1. 夏半年感光迹线 2. 冬半年感光迹线
3. 春秋分感光迹线

3. 仪器的安装

日照计安装要求：①安装在开阔、终年从日出到日落都能受到太阳光照射的地方；②安装在观测场的子午线上，即筒口对准正北；③安装在木柱或铁架上，高度以方便观测和换纸为宜(一般为 80cm)；④如观测场内无适宜地点，可安置在平台或附近较高建筑物上。

4. 观测方法

(1)药剂的配制

日照观测所用的药剂分为显影药剂和感光药剂。显影药剂主要成分为赤血盐，分子式为 $K_3Fe(CN_6)$，按赤血盐与水的比例 1∶10 进行配制；感光药剂主要成分为柠檬酸铁铵，分子式为 $Fe_2(NH_4)_4(C_6H_5O_7)_3$，按柠檬酸铁铵与水的比例 3∶10 进行配制。由于赤血盐有毒，柠檬酸铁铵吸湿好，因此将配好的药剂分别存放在 2 个容器中，存放在安全、干燥的暗处。每次配制的药剂量不宜过多，以能涂刷 10 张日照纸的用量为宜，避免涂了药的日照纸久存失效。

(2)涂药方法

在暗处或红光下进行，涂药前先用脱脂棉把需涂药的日照纸表面擦干净。涂药方法有 2 种：一种是将已经配制好的两种药剂等量混合在一起，均匀地涂刷到日照纸上；另一种是先将配制好的感光药剂(柠檬酸铁铵药液)均匀地涂刷到日照纸上，阴干后逐日使用，每天换下日照纸后，在感光迹线处用脱脂棉涂上显影药剂(赤血盐药液)，便可显出蓝色迹线。

(3)日照纸的更换与记录

每天在日落以后更换日照纸，即使是全天阴雨，无日照记录，也应照常换下，以备日后查考。换纸时，将涂有药剂的一面朝内圈成筒状，放入筒内，使纸上的 10：00 线(有 1 个倒三角形)对准圆筒口的白线，14：00 线对准圆筒底的白线，纸上的 2 个圆孔对准 2 个进光孔，捏紧压纸夹，使压纸夹的交叉处朝上，轻轻放入筒内，松开压纸夹，将纸压紧，盖好筒盖。

当天换下的纸，及时进行记录，用铅笔在感光线的下方分别描画一根与感光迹线长度一样的直线，随后将日照纸放入足量的清水中进行浸漂3~5min，取出日照纸，阴干，检查铅笔线是否与感光迹线一致。根据铅笔线的长度记录日照时数，精确到1位小数。若全天无日照，则记日照时数为0.0。

(三)光照度的观测

1. 照度计的构造及工作原理

照度计是测量光照强度的仪器。照度计的型号很多，但构成和测光强原理基本上一致。下面以ST－80C型照度计为例(图1.8)，说明照度计的构造及原理。

仪器构造：ST－80C型照度计，主要由测光探头1和数字读数仪组成，两部分通过电缆2进行连接。测光探头感光元件是硅光电池，由两种滤光片和硅光电池组成；数字读数仪的左侧包括4个功能键(依次为电源键、保持键、照度键和扩展键)和4个量程键(×1、×10、×100、×1 000)。

测量原理：ST－80C型照度计的硅光电池的感光范围和人眼的视觉敏感范围接近，在0.38~0.71μm之间。当一定强度的可见光照射到硅光电池上，便产生一定强度的电流，其电流值的大小与光照强度的大小成正比。观测使用的照度计，均已将电流值换算成光照度，单位是勒克斯(lx)，所以，显示屏上的读数即为光照强度。

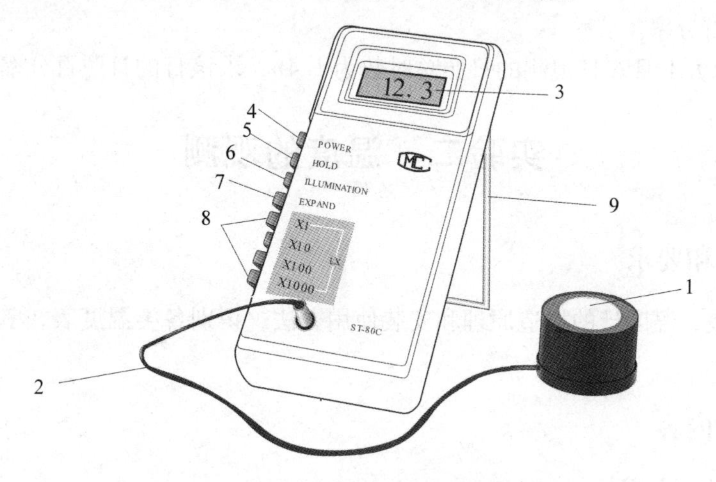

图1.8　ST－80C照度计示意图

1. 测光探头　2. 电缆　3. 液晶显示板　4. 电源键　5. 保持键　6. 照度键　7. 扩展键　8. 4个量程键　9. 支架

2. 照度计的使用和维护

4个功能键介绍：“电源键”，按下此键为电源接通状态，抬起此键为电源断开状态；“保持键”，按下此键为数据保持状态，抬起此键为数据采样状态，测量时应抬起此键；“照度键”，进行照度测量时按下此键(同时注意将“扩展键”抬起)；“扩展键”，根据用户要求选配件后进行功能扩展，进行扩展功能测量时按下此键(同时注意将“照度键”抬起)。

使用时，先按下“电源”“照度”和任一量程键(其余键抬起)，然后将探头的插头插入读数仪的插孔内；完全遮盖探头光敏面，检查读数单元是否为0，然后将探头置于待测位置，根据光的强弱选择适宜的量程按键，在显示窗口上显示的数字与量程因子的乘积即为照度值(单位：lx)(注意："照度键"和"扩展键"切勿同时按下)。如欲将测量数据保持，可按下"保持键"(注意：不能在未按下量程键前按"保持键")。读完数后应将"保持键"抬起恢复到采样状态。测量完毕将电源键抬起(关)。如果显示窗口的左端只显示"1"表明照度过载(应按下更大因子量程的键测量)，或表明在按下量程键前已误将"保持键"先按下了。

仪器维护：当液晶显示板左上方出现"LOBAT"字样或"←"时，应更换机内电池；仪器长期存放应在湿度<80%、温度在20℃±10℃的洁净环境中。避免仪器受强力振动或摔打引起的损坏。

三、实验报告

(一)实验目的要求

(二)实验内容

(三)实验作业

1. 测定太阳直接辐射、散射辐射，计算总辐射。

2. 测定室外不同方向光照强度，并对比说明原因。

3. 30°N 地方1979年1月和7月观测的日照总时数分别为31.7h和200.8h，分别求出1、7两月日照百分率。

4. 30°N 地方1月6日观测的日照总时数为1.4h，求该日的日照百分率。

实验二　温度的观测

一、目的和要求

了解温度表、温度计的构造原理和安装使用方法，识别各类温度表，掌握温度的观测方法。

二、实验内容

(一)测温原理及温标

对于任何物质，当温度变化时，都会引起其物理特性和几何特性的变化，如体积大小、弹性强弱、热导率大小的变化等。只要确定物质的物理特性和几何特性随温度而变化的数量关系，就可以用它作为感温物质，制成各种各样的测温仪器。气象上常用的温度表是把水银或酒精装在玻璃容器中，利用水银或酒精的体积随温度的变化而发生热胀冷缩的现象，制成玻璃液体温度表。为了能定量地表示温度，就必须选定一个衡量温度的标准尺度，简称温标。我国气象工作中采用的是摄氏温标。

(二)常用测温仪器的构造原理

1. 玻璃液体温度表的构造原理

气象上常用的玻璃液体温度表，从构造上来讲主要有以下几部分(图2.1)：

①球部　温度表的感应部分，由很薄的玻璃做成，内装水银或酒精，形状有球形、圆柱形或叉形等。

②毛细管　是一端与球部相连，另一端封闭的、粗细均匀的细玻璃管。管中充有中性气体(氮)，内径常 <0.3~0.5mm，当球部温度变化的时候，水银或酒精液体在毛细管里上升或下降。

③刻度　温度表的刻度是表示温度高低的尺度，有的是刻在玻璃管表身外面(如棒状温度表)，有的在毛细管后面另加一白瓷板，其上刻有刻度，称为刻度板(如套管式温度表)。套管温度表的读数要比棒状温度表精确。气象上一般都用套管温度表测温，读数精确到0.1℃。

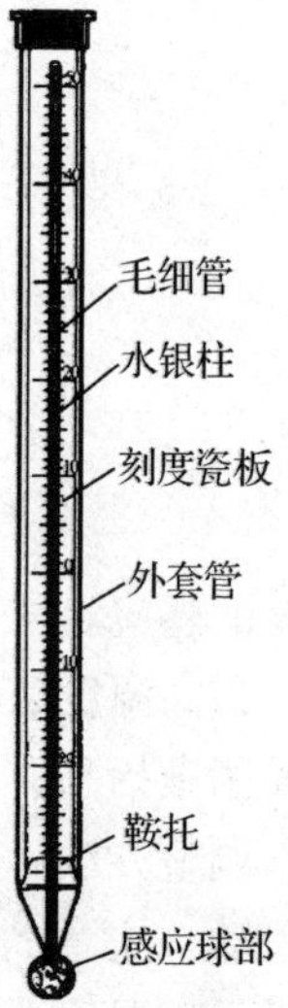

图2.1　普通温度表图

通常所用的测温液有水银和酒精，水银的比热小、热导率大，易于提纯，又不浸润玻璃，可以制出精度很高的水银温度表。但是水银的冰点高(-38.9℃)，用来测定低温就不太适宜。酒精的冰点较低(-117.3℃)，测定低温的效果较好，但其沸点低(78℃)，不宜在高温下使用，而且其纯度较差，与玻璃起浸润作用，故酒精温度表的精度不如水银温度表。

2. 玻璃液体温度表的分类

气象上常用的玻璃液体温度表有如下种类：

(1)普通温度表

普通温度表一般都是水银温度表，用来测定空气或土壤的瞬时温度。普通温度表的构造特点是：与球部相通的毛细管内水银柱的高度随着被测物温度的变化而变化，因而可测出任意时刻被测物的温度。

测定气温的普通温度表刻度范围一般为-26~+55℃，最小刻度为0.2℃，测定地面温度的普通温度表刻度范围为-36~+81℃，最小刻度0.5℃。

(2)最高温度表

最高温度表是一种特殊的水银温度表，用来测定一定时间间隔内的最高温度。其构造与普通温度表基本相同，所不同的是将其靠近球部的细管制成更细小的窄口。方法是，在球底部固定一根玻璃针，针尖伸入细管内，使球部与毛细管间形成一窄道(图2.2)，或者将毛细管在接近球部处，使毛细管的一侧向内凹陷，造成一个狭管。

当温度上升时，球部水银体积膨胀，压力增大，迫使水银挤过“窄道”进入毛细管。当温度下降时，由于水银本身收缩的内聚力小于狭管的摩擦力，所以水银柱就在狭管处中断，使“窄口”以上的水银柱停留在原处，即停留在温度表曾感受到的最高温度的示度上。因此，水银柱顶端的示度就是过去一段时间内出现过的最高温度。

最高温度表毛细管的上部，不像一般温度表那样充有干燥气体，而是真空的。这是为了避免气体分子的压力作用在水银柱顶部，从而增加水银回到球部的作用力，影响对最高

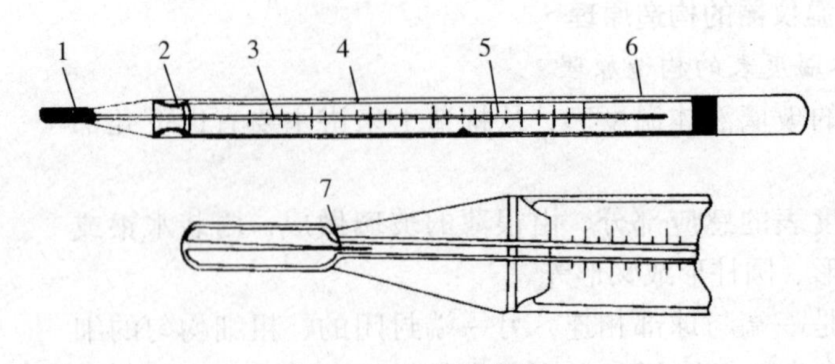

图 2.2　最高温度表

1. 感应部分　2. 鞍托　3. 细管　4. 水银柱　5. 刻度磁板　6. 外套管　7. 玻璃针

温度的感应。

最高温度表应水平放置，因为水银柱在狭管处是断开的，为防止水银柱"上滑"，其头部要稍微抬高，观测完后，应进行调整。

调整方法：右手握住表身中上部，球部朝下，把手伸出与身体成30°左右的角度，用力甩动。注意，刻度板的纵面应与甩动方向一致。使水银挤进球部，直到水银柱示度接近当时干球温度为止(允许误差0.2℃)。然后球部朝下，放回原处。注意：手不能接触球部，应先放球部，后放表身。

最高温度表的最小刻度为0.5℃，测定空气最高温度的温度表的刻度范围一般为-36~+61℃，测定地面最高温度的温度表刻度范围一般为-16~+81℃。

(3)最低温度表

最低温度表是酒精温度表，用来测定一定时间间隔内的最低温度。其构造特点是：毛细管较粗，它的测温液体是透明无色的酒精，毛细管的酒精柱内有一可移动的哑铃形深蓝色指示标，指示标质量很轻，长约10mm（图2.3）。

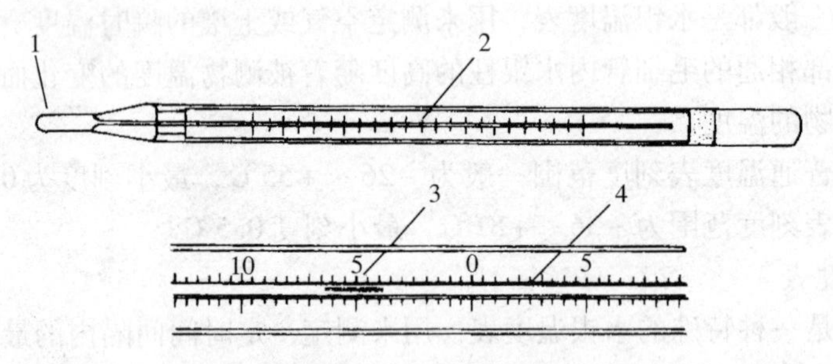

图 2.3　最低温度表

1. 感应部分　2. 指示标　3. 指示标　4. 酒精柱

当温度下降时，毛细管内的酒精收缩，酒精柱凹面的表面张力大于深蓝色指示标与管壁间的摩擦力，深蓝色指示标被拖向低温的一端，即温度下降时，指示标随着酒精柱向低温一端移动；而当温度上升时酒精可沿着指示标周围慢慢流过，因为这时酒精流动对指示标的作用力小于指示标与管壁间的摩擦力，指示标留在原处不动。所以指示标远离球部一端所示的温度，即为过去一段时间的最低温度。最低温度表也是水平放置，为防止指示标下滑，球部稍微抬高，观测最低温度后，应进行调整。

调整方法：将球部向上抬起，使指示标滑到酒精柱的顶端为止。放置时，先放头部，后放球部。

最低温度表的最小刻度为0.5℃，一般刻度范围为－52～＋41℃，测量地面最低的温度表刻度范围为－62～＋31℃，所以地面最低温度表在8：00观测后，要取回放置在室内。

(4)地温表

地温表有曲管地温表和直管地温表，它们也都是普通温度表。曲管地温表测定浅层地温，表身较长，靠近球部处弯曲成135°的折角，以便埋入土中后，刻度板与地面呈45°的交角，使读数更方便。为防止玻璃管内空气对流，在套管内自标尺以下的下部塞有棉花或石棉灰(图2.4)。曲管地温表用来测定浅层土壤温度。一套曲管地温表包括有5cm、10cm、15cm、20cm深度的温度表，共4支。

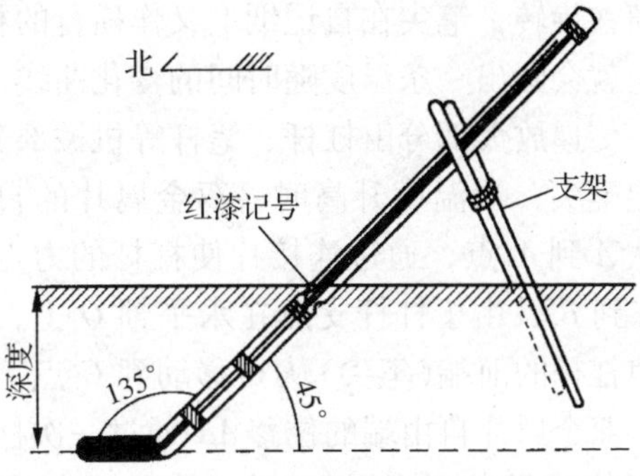

图2.4　曲管地温表

直管地温表测定深层土壤温度，它是把一支与普通温度表相类似的温度表紧密地嵌入底部带有金属铜帽的特制保护框内，并用螺丝与木棒连接，长度视所测深度而定。感应部分(球部)用装有铜屑的铜帽裹着，其目的在于使土壤温度能很快地通过铜帽和铜屑感应到球部，使之灵敏地反映出土壤温度的变化；另外，在取出读数时，不至于因环境温度的改变而引起温度表的示度改变，以便准确地测定某一深度的土壤温度。

3. 自记温度计

(1)温度计的构造

温度计是根据双金属片随气温变化而发生变形的原理制成的，它可以自动记录气温随时间的连续变化，从记录纸上可以获得任何时间的气温、极端值(最高和最低)及其出现的时间(图2.5)。其缺点是：器差较大且不稳定，需要用干球温度表的读数对其订正。温度计由感应、传递放大和记录三部分构成。

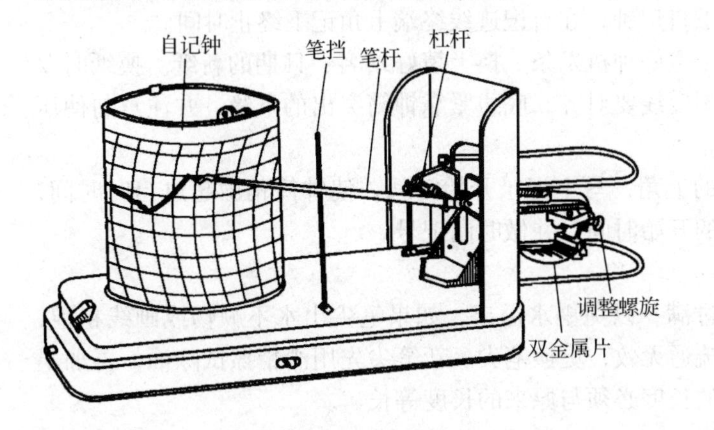

图2.5　双金属片自记温度计

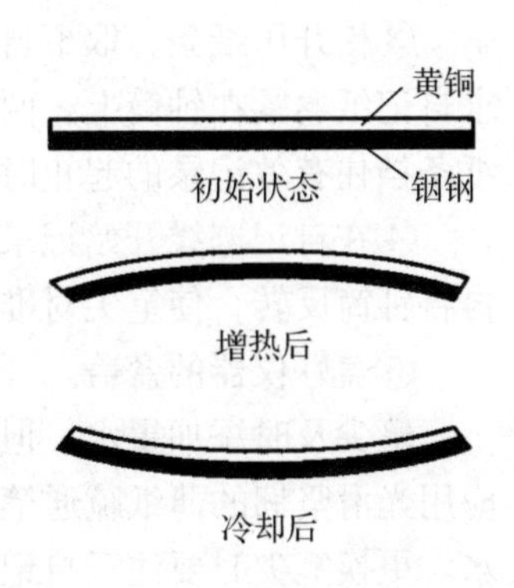

图2.6　双金属片变化示意图

感应部分由两块膨胀系数相差很大的双金属片热压而成，一般金属片上层是膨胀系数较大的黄铜，下层为膨胀系数较小的铟钢(图 2.6)，双金属片一端固定在仪器支架上，另一端可以自由伸展并且与杠杆装置连接。当温度变化时，由于黄铜和铟钢的膨胀量不同而使双金属片发生弯曲，导致其自由端发生位移，通过杠杆带动笔尖上升或下降，同时自记钟筒在旋转，笔尖在自记纸上又作横行的相对运动，笔尖的这两种运动结合起来，在自记纸上就会画出一条温度随时间的变化曲线。

传递放大部分由杠杆、笔杆等机械部分组成，它的一端与双金属片连接，另一端装有自记笔尖；当温度升高时，双金属片的自由端从 A 到 A 点，通过连接片使杠杆的力点从 B 移到 B'，由于杠杆支点在水平轴 O 上，从而使杠杆的前端(笔尖)从 C 移动到 C'点。显然，双金属片自由端的位移 AA'通过一次杠杆作用使这种位移传递到了笔尖上，放大了 OC/OB 倍(图 2.7)。

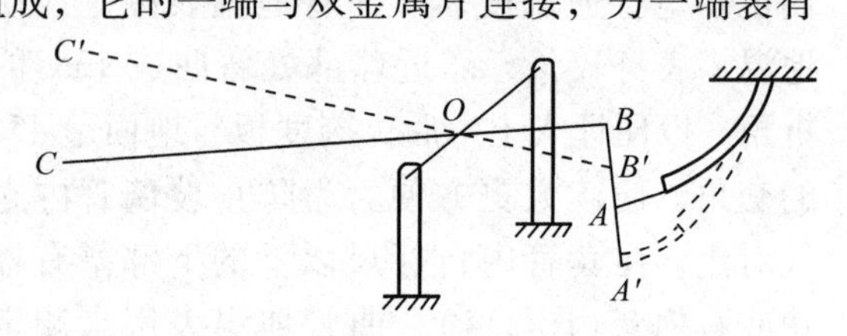

图 2.7　温度计传递放大部分

记录部分由自记钟筒，自记纸和自记笔尖组成，自记钟内装有类似普通钟表的钟机，钟筒套在仪器的主轴上，主轴底部有一固定齿轮，与钟底的小齿轮相衔接。当钟机走动时，小齿轮就绕着固定齿轮均匀旋转，从而带动整个钟筒转动。自记钟分日转(一日转一圈)和周转(一周转一圈)两种。自记纸卷在钟筒上随之转动，自记纸上的纵坐标表示温度，通常一格表示 1℃；由于自记笔杆一端是固定的，笔尖升降轨迹为一弧线，所以自记纸的时间线也是弧线，两者的曲率完全一致。自记笔尖内装有挥发性很小的特制墨水。由于自记钟在不停地运转，温度在不断地变化，这样，笔尖在自记纸上就能连续画出温度随时间变化的曲线。在自记纸上，可以找出某一段时间内的极端温度及出现的时间。

(2)温度计的观测

自记纸的更换：自记钟在旋转一日(对于日转钟)或一周(对于周转钟)后就应该更换自记纸。换纸步骤如下：

①震动笔杆，使笔尖画出一条竖直的短线，作为自记终止的符号。

②掀开盒盖，拨开笔挡，取下自记钟，在自记迹线终端上角记下终止时间。

③松开压纸条，取下自记纸，上好钟机发条。换上填好站名、日期的新纸。换纸时要求自记纸卷紧在钟筒上，两端的刻度线要对齐，底边紧靠钟筒突出的下缘，并注意勿使压纸条挡住有效记录的起止时间线。

④在自记迹线开始记录一端的上角，写上记录开始时间，使钟筒稍微超过当时时间，再将钟筒反转，使笔尖对准记录的开始时间，并做时间记号。

⑤盖好仪器的盒盖。

笔尖及时添加墨水，但不要过满，以免墨水溢出。如果笔尖出水不顺畅或画线粗涩，应用光滑坚韧的薄纸疏通笔缝。疏通无效，更换笔尖。新笔尖先用酒精擦拭除油，再加墨水。更换笔尖时要注意自记笔杆的长度必须与原来的长度等长。

如果周转型自记钟 1 周快慢超过 30min，或日转型自记钟 1d 快慢超过 10min，要调整自记钟的快慢针。自记钟使用到一定期限(1 年左右)后要清洗加油。

(3)温度计读数的订正

温度计的误差比较大，只有进行了记录订正后的数据才是可用的。

记录订正是以定时观测的实测温度值(经过器差订正后的干球温度值)作为订正的依据，先读出2次正点之间各时间记号对应的温度自记读数，再求出本次观测与上次观测的器差(器差=干球读数-自记读数，自记读数已经经过时间订正)，即可求出任一时刻的器差。具体方法如下：

设本次观测时间t_n的器差为δ_n，上次观测时间t_0的器差为δ_0，则这一时段内任意正点时刻t的器差δ可由下式求得：

$$\delta = \delta_0 + \frac{\delta_n - \delta_0}{t_n - t_0}(t - t_0)$$

然后将各时的器差叠加到各时的自记读数上就得到订正值。

例：某日14：00实测气温为15.8℃，自记温度为15.0℃，器差为+0.8℃；20：00实测温度为13.4℃，自记温度为13.0℃，器差为+0.4℃；15：00~19：00的自记记录为15.5℃、14.8℃、14.2℃、13.9℃、13.5℃；求15：00~18：00的仪器差与订正值，计算结果见表2.1。

表2.1　温度计记录订正

时间	14：00	15：00	16：00	17：00	18：00	19：00	20：00
实测值	15.8						13.4
自记值	15.0	15.5	14.8	14.2	13.9	13.5	13.0
器差	+0.8	+0.7	+0.7	+0.6	+0.5	+0.5	+0.4
订正后	15.8	16.2	15.5	14.8	14.4	14.0	13.4

4. 其他测温仪器

其他测温仪器有热电偶温度表，铜电阻温度表(如遥测土壤温度表)，热敏电阻温度表(如半导体温度表)，红外线测温仪等。这些测温仪器都是在感应部分把温度转换为电讯号(如电压或电流)，通过测量电讯号强弱来确定温度数值。这类仪器结构轻巧，便于遥测和自记，还可以与计算机联用。自动气象站常使用铜电阻温度表，热敏电阻温度表等探头。

(三)温度的观测方法

气象观测中，需要测定空气温度和土壤表面(0cm)及地中不同深度的温度(简称地温)。

1. 气温观测

(1)百叶箱

测量气温的仪器均置于百叶箱内。百叶箱四壁由两排薄的木板条平行排列组成，板条向内、外倾斜，与水平方向成45°角；箱底由三块等宽木板组成，中间一块比两边的稍高一些；箱盖也是两层。这样的结构能保证百叶箱四周以及箱底和箱盖都能与外界进行空气自由流通，以便箱内仪器能更好地感应空气温度。百叶箱内外均涂白色，具有良好的反射能力，以消除太阳辐射对温度的影响。百叶箱不仅可以减少日照、降水、强风等气象要素的影响，而且能精确地感应气温和湿度的变化。

气象观测场的百叶箱是安装在一个高出地面 1.25m 的特制架上，箱门朝正北。目前，我国气象台站使用的百叶箱一套 2 个：大百叶箱高 612 mm、宽 460 mm、深 460 mm，用于安放温度计、湿度计；小百叶箱高 537 mm、宽 460 mm、深 290 mm，用于安放干湿球温度表以及毛发湿度表(图 2.8)。干湿球温度表应垂直固定在铁架横梁的两端，干球在东，湿球在西，球部离地面 1.5m，湿球下方有一带盖的水杯，固定在铁架上，湿球纱布通过杯盖上的狭缝引入杯内，浸入水中。最高、最低温度表均放置在铁架下面的横梁钩上，最高温度表在上面，要求球部稍低些。

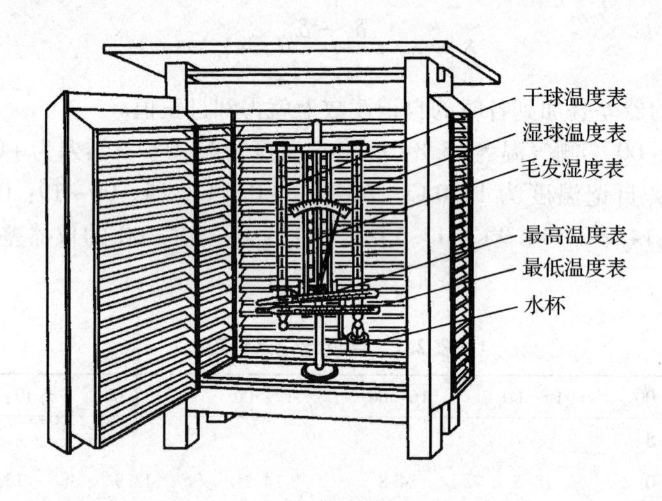

图 2.8 小百叶箱内温度表的安置

(2)温度观测

气温定时观测的时间为北京时间 2：00、8：00、14：00 和 20：00，1d 4 次观测。每天只在 20：00 进行最高、最低温度的调整。

①观测方法　在进行温度表读数时，视线要与温度表的刻度板垂直，先读小数后读整数。观测得到的读数要按仪器所附的检定证进行器差订正。温度在 0℃以下时，记录须加“-”号。

②观测程序　先读干球，后读湿球，记录后复读一遍，再读毛发湿度表，然后读最高、最低温度表，复读后进行调整(20：00)。然后再观测大百叶箱中的温度计、湿度计，并做时间记号。

③观测注意事项　要熟悉仪器刻度，避免视差，观测时动作要迅速，注意勿将头、手或灯接近球部，读数后要进行复读，防止出现误差。

2. 地温观测

地温观测包括土壤表面和土中不同深度温度的观测。

(1)地温表的安置

地面温度表和曲管地温表安置在观测场内南面平整的裸地上，裸地的面积为 2m × 4m，地表疏松、平整、无草，并与观测场整个地面齐平。地面 0cm、地面最低、地面最高 3 支温度表由北至南依次水平放置，球部朝东，且一半埋在土中(图 2.9)。曲管地温表安置在

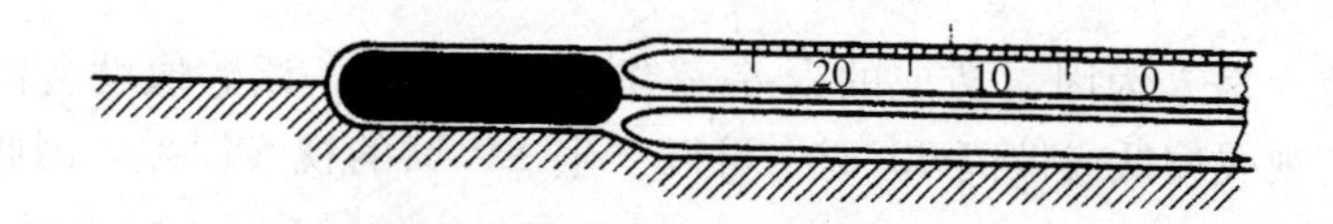

图 2.9　地面温度表安装示意图

地面最低温度表的西边约 20cm 处，按 5cm、10cm、15cm、20cm 深度顺序由东向西排列成一行，感应部分向北，表间相隔约 10cm。曲管地温表的安置见图 2.4。

直管地温表安置在观测场的东南部、有自然覆盖物、面积为 3m×4m 的地段上。观测地段应保持平坦，草层应与整个观测场上的草层同高。从东向西、由浅至深(40cm、80cm、160cm、320cm)排列，各表相距 50cm。安置地温表时，先用地钻打好不同深度的铅直孔，然后装入外管，外管与土层间的孔隙用土填牢，露出部分要固定好，同时要保护周围的自然环境。

(2)地温表的观测

观测程序：按每日 2：00、8：00、14：00、20：00 定时观测。直管地温表只在 14：00 观测一次，地面最高、最低温度表只在每日 20：00 观测一次并调整。

观测次序：地面0cm、地面最低温度表、地面最高温度表、曲管地温表(由浅至深)、直管地温表(由浅至深)。

观测注意事项：

①观测曲管地温表时，注意视线要与刻度板垂直。

②不得将地面温度表取离地面读数。

③地面温度表被雪覆盖时，巡视时将温度表放在雪面上，改测雪面温度。

④冬季当地面温度降到 < -36℃时，地面 0cm 和地面最高温度表停止观测，将经器差订正后的最低温度表酒精柱示度作为地面温度。

⑤在高温季节里，地面最低温度表改为 8：00 观测，然后收回，放置于阴凉处，以防地面最低温度表失效，20：00 观测前 15min 将其放回原处，但应注意防止午后有突然降温的小尺度天气现象(如夏季的暴雨)，造成地面温度的迅速降低，如有此种情况发生，应尽快将最低温度表放回原处。

(四)温度表的误差

温度表的误差主要有仪器差、非常定误差和惯性误差。

1. 仪器差

温度表的仪器差，也称为系统误差，主要是由生产技术水平的限制、所用材料本身的物理特性的影响导致的。例如，温度表玻璃日久收缩、酒精液体分化、毛细管制作不均匀等均能产生仪器差。一般仪器在出厂前，先与标准温度表进行比较，求出一定温度范围内的仪器差，编成检定表，每次观测读数后，都要在该温度表的检定表中查取该读数值的订正值，求取读数值与订正值的代数和，即为所测温度值。另外，仪器在使用一段时间以后，还需进行重新检定。

2. 非常定误差

非常定误差，也称为偶然误差，主要包括视线误差、球部压力差、球部与管部温度不一致造成的误差。

①视线误差　是人为因素造成的误差。当视线偏高时，读数值就会偏低，反之则偏高。经测定，若视线偏低或偏高20°时，可以产生±0.3°的视线误差。因此，读数时应尽量避免视线误差。

②温度表的球部压力差　温度表的检定是在一个标准大气压的条件下进行的。当温度表拿到高山上使用时，由于气压低，使球部容积变大，液柱下降，所测温度偏低。经测定，气压为500 hPa的地区温度读数偏低0.1~0.2℃。

③温度表球部和管部温度不一致造成的误差　在夏季，曲管地温表的球部与管部的温差较大，管部温度比球部高得多，其水银体积膨胀得多，使读数偏高，温差越大，误差越大。

3. 惯性误差

测量温度时，温度表需要同空气进行热量交换并达到平衡，才能正确地指示出温度，这种热量交换达到平衡的过程需要一定的时间，这就使得温度表的反映要落在实际气温变化的后面，这种落后现象称为温度表的惯性。当温度表的示度还未反映出被测物体的温度以前就读数，便会产生这种惯性误差。另外，观测时的通风状况、气温变化快慢都会影响惯性误差的大小。

(五)操作步骤

1. 识别常用的测温仪器

①对照实物，识别不同玻璃液体温度表的构造特征、最小刻度和刻度范围。将结果记下来。

②对照实物认识温度计的结构，认识温度自记记录纸。

2. 观测最高、最低温度表的性能

①观察最高温度表的性能　取一支最高温度表，按规定方法加以调整。调整后水平放置在实验台上(将头部稍微抬起)，用热毛巾敷(或用手捂)温度表球部，让水银柱上升到一定程度，停止给球部加热，观察温度表示度有无变化。

取地面温度表和最高温度表各一支，比较它们的外部特征。然后将它们倒立(球部朝上)，观察水银柱滑动的情况。

②观察最低温度表的性能　取一支最低温度表，先倒立后顺立，观察小指标在酒精柱内滑动情况。

按规定方法调整好最低温度表，将其水平放置在实验台上。用热毛巾敷(或用手捂)着球部，观察酒精柱顶端和小指标移动情况。当酒精柱示度高于室温5~10℃时，迅速将温度表倒立，待指标移至酒精柱顶端，然后将温度表平放在实验台上，不再给球部加热。观察随着温度下降时小指标如何移动。

3. 在地面气象观测场内，按前述规定程序进行气温和地温观测，并做好记录。

三、实验报告

(一)实验目的要求

(二)实验内容

(三)实验作业

1. 如何区分最高温度表和地面普通温度表?

2. 最低温度表的游标哪一端读数表示最低温度?

3. 最高、最低温度表为什么要进行调整?怎样调整?

4. 为什么测定气温的温度表球部需防辐射,而测定地面温度的温度表球部则不需防辐射?

5. 在地面气象观测场内进行气温和地温观测,将结果填入《地面气象观测记录表》相应的表格内。

实验三　空气湿度的观测

一、目的要求

了解干湿球温度表、通风干湿表、毛发湿度表、毛发湿度计测量湿度的基本原理,掌握空气湿度的测定、计算与查算方法。

二、实验内容

(一)测定空气湿度的仪器

1. 干湿球温度表测湿原理

利用两支球部大小、形状等相同的温度表,放在同一环境中(如百叶箱),其中一支用来测定空气温度,称为干球;另一支球部包上湿润的纱布,称为湿球。当空气中的水汽含量未达到饱和时,湿球表面的水分不断蒸发,消耗湿球的热量而降温;同时又从流经湿球的空气中不断取得热量补给。当湿球因蒸发而消耗的热量和从周围空气中获得的热量相平衡时,湿球温度就不再继续下降。从而维持了一个相对稳定的干湿球温度差。

干湿球温度差的大小,主要与当时的空气湿度有关。空气湿度越小,湿球表面的水分蒸发越快,湿球温度降得越多,干湿球温度差就越大;反之,湿度大,湿球水分蒸发慢,湿球温度降低得少,干湿球温度差就小。当然,干湿球温度差值的大小还与其他一些因素如湿球附近的风速、气压、湿球大小、是否结冰等有关。我们可以根据干湿球温度值以及其他因素,从理论上推算出当时的空气湿度,其计算见(四)空气湿度的测算。

所有的干湿球温度表的测湿原理基本相同,后面介绍的通风干湿表也使用这一原理。

2. 毛发湿度表

毛发湿度表是一种常用的测定空气相对湿度的仪器,但是它的测量误差较大。毛发容易污损,污损后会造成更大的误差,但在低温时它的误差比干湿球测湿法小,所以在冬季和北方使用的较多。

(1)毛发湿度表测湿原理

毛发湿度表是利用脱脂毛发吸湿后其长度增加，干燥时长度缩短的原理制造的。它能直接地测定空气的相对湿度。实验证明：相对湿度由0%变到100%时，毛发将伸长其本身长度的2.5%。

(2)毛发湿度表的构造

毛发湿度表的构造如图3.1所示。感应元件是一根脱脂毛发，它的上端固定在调整螺丝上，下端固定在一个可以绕轴旋转的摇臂上，摇臂上固定有指针，指针尖端可在刻度尺上移动。当毛发伸长时，摇臂受重锤作用而向下偏转，因而指针向右偏转，表示相对湿度值增大；当相对湿度变小时，毛发缩短，摇臂向上偏转，带动指针向左偏转，表示相对湿度值减少。

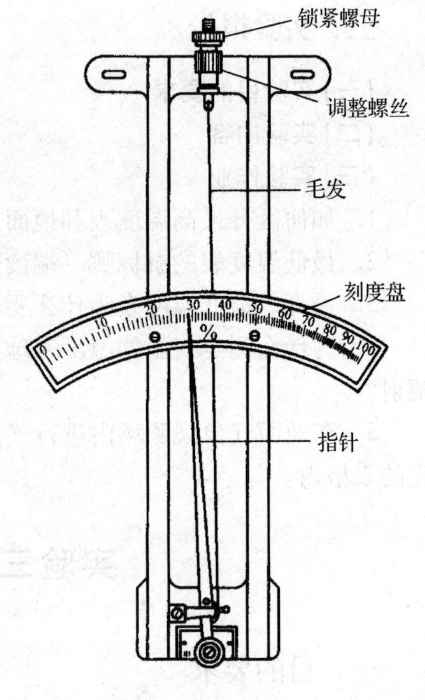

图3.1 毛发湿度表

刻度盘上自左向右刻出相对湿度0%～100%，且刻度盘上的刻度是不均匀的。这是因为毛发长度随相对湿度的变化量不是线性的。相对湿度大时，伸长量相对减少。所以，毛发湿度表的刻度盘在相对湿度低的一侧刻度较疏，在相对湿度高的一侧刻度较密集。

(3)观测方法

观测时视线要通过指针与刻度盘垂直，读出指针所在刻度线，取整数并记录。如怀疑由于轴的摩擦或针端碰到刻度尺而被卡住，可在读数后轻轻地敲一下毛发表支架，或小心地把指针向右边轻拨一下，如发现它停在新的位置上，则说明有摩擦现象，应重新读数，更改记录。

在空气湿度很高时，毛发湿度表的指针经常超出刻度范围，则应调整示度。方法是：转动调整螺丝，将指针往小的刻度方向调，调整的幅度按超出刻度的最大范围加上3%而定，例如超出刻度最大值为7%，可调小10%。因毛发表的精确度不高，所以在日平均气温高于-10℃时，它的读数只用作参考；当气温低于-10℃时，它的读数经订正后，作正式记录使用。

(4)毛发湿度表的读数订正

毛发感应湿度具有滞后性，且滞后性随着温度的降低、湿度的减少而增大，尤其在空气湿度发生迅速变化的环境中，用毛发湿度表观测湿度往往会引起更大的误差。因此，毛发表的读数需要根据干湿球法所测湿度进行订正。由于气象台站只有在寒冷的冬季使用毛发湿度表测湿，所以台站规定在气温降到-10℃以前的1.5个月内，每天定时观测干湿球温度表和毛发湿度表，观测100次以上，把干湿球法查得的湿度与毛发湿度表读数一一对应地点在计算纸上(图3.2)，通过点绘出相关线，该线即毛发湿度表的订正线。用它可以订正毛发湿度表的读数，求出当时的相对湿度值。

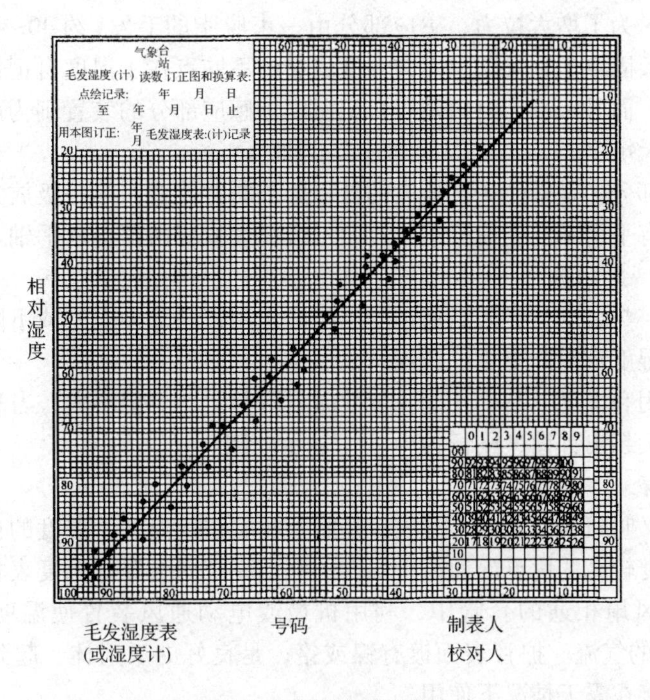

图 3.2　毛发湿度表订正

在订正图上，纵坐标表示由干湿球温度表读数查出的相对湿度，横坐标表示毛发湿度表的读数。订正时，首先在横坐标上找出毛发湿度表读数的点，由此垂直向上与订正线相交，再水平往纵坐标轴相交的一点所对应的数值，即为经过订正后的毛发湿度表测得的相对湿度。

3. 自记湿度计

自记湿度计是自动记录相对湿度连续变化的仪器，如图 3.3 所示。它由感应部分、传递放大部分(曲臂杠杆)和自记部分组成。

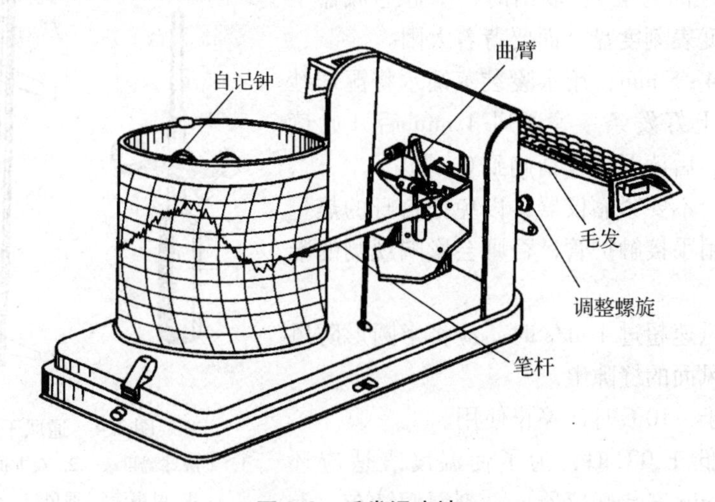

图 3.3　毛发湿度计

①感应部分　为了增大拉力，感应部分由一束脱脂的毛发(约 40~42 根)组成，发束的两端是用毛发板固定于毛发架上。与温度仪器的不同点在于温度自记仪器的感应部分的装置是一端固定，而另一端为自由端；自记湿度计感应部分的装置则为两端固定，其目的在于增大仪器的灵敏度。

②传递放大部分　是采用2次放大的杠杆即双曲臂装置，第一级放大杠杆由第一水平轴上的小钩和带有平衡锤的上曲臂组成；第二级放大杠杆由第二水平轴上的下曲臂和笔杆组成。

③自记部分　与温度计相同。通过两级杠杆作用带动笔尖上升或下降，于是在自记纸上画出一条相对湿度随时间变化的曲线。

湿度计的使用和温度计基本相同，读数时只取整数，不记小数；当笔尖超过100%时，估计读数。若笔尖超出钟筒，则记为“—”，表示缺测。

4. 通风干湿表

通风干湿表又叫阿斯曼通风干湿表，是野外测定空气温度、湿度的良好仪器。它具有携带方便、精确度较高的优点。通风干湿表的测湿原理同干湿球温度表相一致，所不同的就是球部装在与风扇相通的套管中，利用机械或电动通风装置使温度表球部周围造成2.5m/s 恒定速度的气流。护管表面镀有镍或铬，是良好的反射体，起到百叶箱的防辐射作用，因此可直接在露天情况下使用。

(1)构造

通风干湿表由通风器、护板、温度表、通风管、双重护管等部分构成，它的主体是2支形状、大小完全一样的普通套管温度表。温度表固
部分开的护管和护板构成，护管分别套在两支温度表

(2)观测方法与注意事项

①观测前，先把仪器挂在特制的金属挂钩上，将温度表球部放置在观测高度上(高度是以温度表球部至地面的距离为准)；取出时，手握通风器下面的颈部，温度表刻度盘一面要背着太阳。

②读数前4~5 min，用水囊装蒸馏水将湿球纱布充分湿润，上好发条。等通风 4 min 后开始读数，先读干球，后读湿球，精确到0.1℃。

③观测时，不要紧靠仪器，以免把自身的热量带上去，切勿用手接触护管，否则会影响观测的准确度。

④当外界风速超过4 m/s 时，应将半圆形防风罩套在风扇向风面的缝隙上。

⑤气温低于 -10℃时，停止使用。

⑥当温度低于0℃时，为了使温度表适应环境，需提前30min 安装好仪器，立刻湿润纱布，上好风扇发条，在读数前4min 再通风一次，等通风

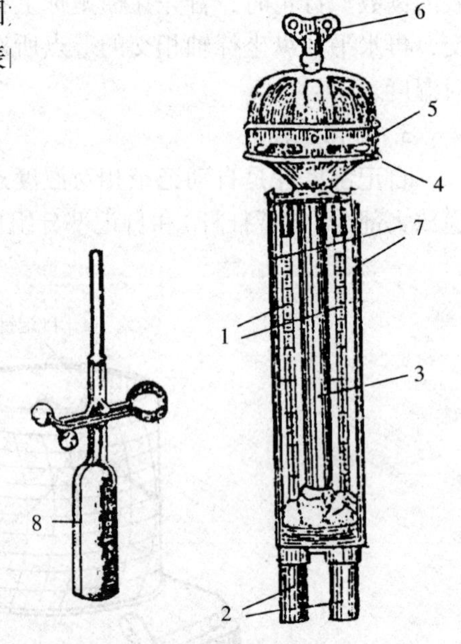

图 3.4　通风干湿表

1. 干湿球温度表　2. 双重护管　3. 通风管
4. 风扇　5. 通风口　6. 发条钮
7. 护板　8. 水囊

4 min后开始读数，此时要注意湿球纱布是否结冰，如果结冰，则在湿球记录栏的右上角记上符号“B”。

根据观测到的干湿球温度读数，可以计算相应的湿度值，也可使用仪器附带的湿度查算表或湿度查算表(甲种本)查出湿度值。

(二)湿球纱布的包扎

湿球包扎纱布时，要把湿球温度表从百叶箱内拿出，先把手洗干净后，再用清洁的水将温度表的感应部分洗净，然后将长约10cm的新纱布在蒸馏水中浸湿，使上端服贴无皱褶地包卷在水银球上(包卷纱布的重叠部分不要超过球部圆周的1/4)；包好后，用纱线把高出球部上面的纱布扎紧，再把球部下面的纱布贴着球部扎好(不要扎得过紧)，并剪掉多余的纱线(图3.5)。通风干湿表湿球纱布的包扎，参照该包扎效果操作，注意纱布要在球部下2~3mm处剪断。

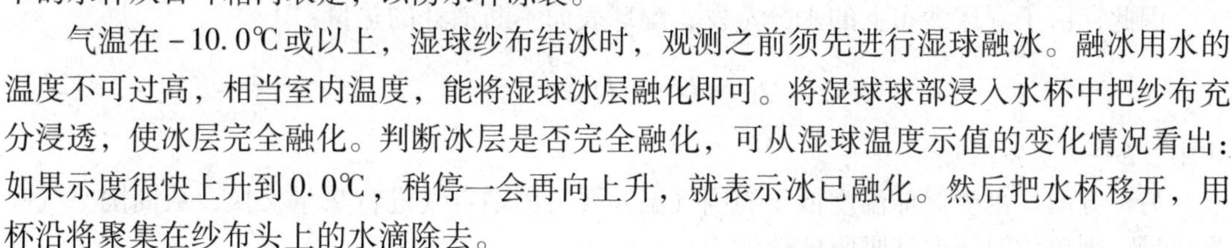

图3.5　纱布包扎示意图

(三)干湿球温度表测湿时的注意事项

① 湿球的融冰和观测

当湿球纱布开始冻结时，应立即从室内带一杯蒸馏水对湿球纱布进行融冰，待纱布变软后，在球部下2~3mm处剪断(图3.5)，然后把湿球温度表下的水杯从百叶箱内取走，以防水杯冻裂。

气温在-10.0℃或以上，湿球纱布结冰时，观测之前须先进行湿球融冰。融冰用水的温度不可过高，相当室内温度，能将湿球冰层融化即可。将湿球球部浸入水杯中把纱布充分浸透，使冰层完全融化。判断冰层是否完全融化，可从湿球温度示值的变化情况看出：如果示度很快上升到0.0℃，稍停一会再向上升，就表示冰已融化。然后把水杯移开，用杯沿将聚集在纱布头上的水滴除去。

掌握好融冰时间是很重要的一步，可参照下述情况灵活掌握：

当风速、湿度正常时，在观测前30min左右进行；湿度很小，风速很大时，在观测前20min以内进行；湿度很大，风速很小时，要在观测前50min左右进行。

读干湿球温度表的示值时，须先看湿球示度是否稳定，要稳定不变才进行读数和记录。在读数后，再用铅笔侧棱试试纱布软硬，了解湿球纱布是否冻结。如已冻结，应在湿球读数右上角记一个“B”字；如未冻结则不记。若湿球示度不稳定，不论是从零下上升到0℃，还是从0℃继续下降，说明是融冰不恰当，湿球不能读数，只记录干球温度。湿度改用毛发湿度表或湿度计来测定。如无毛发湿度表(计)或按规定冬季不需要编制订正图的台站，应在数分钟后再进行一次干湿球读数，记在观测簿该时栏上面空白处，只作计算湿度用，这次湿球温度不抄入表(该栏记“—”)；而温度的正式记录仍用第一次干球读数。

气温在-10.0℃以下时，停止观测湿球温度，改用毛发湿度表或湿度计测定湿度。但在冬季偶有几次气温低于-10.0℃的地区，这时仍可用干湿球温度表进行观测。

② 必须注意保持干湿球温度表的正常状态。如发现温度表内刻度磁板破损，毛细管内有水银滴、黑色沉淀的氧化物或水银柱中断等情况，应立刻换用备份温度表。

③ 干球温度表应经常保持清洁、干燥。观测前巡视设备和仪器时，如发现干球上有

灰尘或水，须立即用干净的软布轻轻拭去。

④ 湿球纱布必须经常保持清洁、柔软和湿润，一般应每周换一次。遇有沙尘暴等天气，湿球纱布上明显沾有灰尘时，应立即更换。在海岛、矿区或烟尘多的地方，湿球纱布容易被盐、油、烟尘等污染，应缩短更换纱布的期限。纱布清洁是湿度测值准确的重要保证，必须重视。

⑤ 水杯中的蒸馏水要时常添满，保持洁净，一般每周更换一次。

⑥ 使用干湿球温度表时，必须按购买时的 2 支表同时使用，撤换时也应将 2 支表同时更换。

（四）空气湿度的测算

1. 干湿球温度表的测湿公式

在单位时间内，通过单位湿球面积蒸发水分的质量 E 可以表示为：

$$E = CS\frac{E_{tw} - e}{P} \tag{1}$$

式中 S——湿球球部的表面积；

E_{tw}——湿球温度下的饱和水汽压；

e——当时空气中的水汽压；

P——当时的气压；

C——随风速而变的系数。

因此，由于湿球纱布上的水分蒸发，湿球表面不断消耗的热量：

$$Q_1 = LE = LCS\frac{E_{tw} - e}{P} \tag{2}$$

式中 L——蒸发潜热。

另一方面，由于湿球温度低于周围气温，要与周围空气进行热量交换，从周围空气吸收热量。则单位时间湿球吸收的热量：

$$Q_2 = KS(t - t_w) \tag{3}$$

式中 K——热扩散系数；

t，t_w——干球温度表和湿球温度表的读数。

当湿球球部因蒸发所消耗的热量和吸收周围空气的热量相平衡时，湿球温度就不再下降而稳定在某一个数值上，此时有：

$$Q_1 = Q_2$$

即：

$$LCS\frac{E_{tw} - e}{p} = KS(t - t_w)$$

根据上式可以计算出空气中的水汽压：

$$e = E_{tw} - \frac{K}{LC}P(t - t_w) = E_{tw} - AP(t - t_w) \tag{4}$$

式中 $A = \frac{K}{LC}$——干湿表系数（℃$^{-1}$）。

公式(4)被称为测湿公式。

风速大小、结冰与否以及温度表的形状等都影响 A 的数值，几种情况下的 A 的数值见表 3.1。

表 3.1　几种情况下的 *A* 值　　$\times 10^{-3}$℃$^{-1}$

干湿表型号	湿球未结冰	湿球结冰
通风干湿表(通风速度 2.5m/s)	0.662	0.584
球状干湿表(自然通风 0.4m/s)	0.857	0.756
柱状干湿表(自然通风 0.4m/s)	0.815	0.719
球状干湿表(自然通风 0.8m/s)	0.7947	0.7947
百叶箱通风干湿(柱状)表(通风速度 3.5m/s)	0.667	0.588

2. 空气湿度的计算

随着计算机的普及，依据测试公式(4)，通过计算得出空气的水汽压 e、相对湿度 U、饱和差 d、露点温度 t_d 等表达空气湿度的各种物理量，已经相当的便捷。以下只介绍湿球未结冰时的计算方法。

通过仪器可以测出 P、t 和 t_w，A 的数值可以根据干湿表类型，从表 3.1 中查出。E_{tw} 的求算可采用 1980 年中央气象局推荐的纯水面的饱和水汽压计算公式，戈夫 - 格雷奇(Goff-Gratch)公式：

$$\begin{aligned}\log E_{tw} &= 10.79574\left(1-\frac{T_1}{T}\right)-5.02800\log\left(\frac{T}{T_1}\right)+\\ &1.50475\times 10^{-4}\left[1-10^{-8.2969\left(\frac{T}{T_1}-1\right)}\right]+\\ &0.42873\times 10^{-3}\left[10^{4.76955\left(1-\frac{T_1}{T}\right)}-1\right]+0.78614\end{aligned} \tag{5}$$

式中　T_1——水的三相点温度，$T_1 = 273.16$K；

T——绝对温度(K)，$T = 273.15 + t_w$。

根据测得的 P、t 和 t_w 以及计算出的 E_{tw} 代入测试公式(4)，即可求算出空气的水汽压 e，进而可根据下式：

$$U = \frac{e}{E}\times 100\% \tag{6}$$

$$d = E - e \tag{7}$$

计算出相对湿度 U 和饱和差 d。式(6)和式(7)中 E 为干球温度下的饱和水汽压，是把干球温度 t 代入式(5)求算出的。

露点温度 t_d 也可用式(5)试算出来，计算时将求出的水汽压 e 代入 E_{tw}，因为露点时水汽压 e 等于饱和水汽压 E_{tw}，此时的 t_w 就是 t_d。

(五)空气湿度的查算(甲种本的使用)

1. 湿度查算表的组成

1980 年由中央气象局编制的《湿度查算表》(甲种本)(气象出版社，1980 年 12 月)主要由表 1 湿球结冰部分、表 2 湿球未结冰部分及表 3 湿球温度订正值组成。表 1 和表 2 用来查绝对湿度(即水汽压 e)、相对湿度(U)、露点温度(t_d)和湿球温度的气压订正参数(n)；表 3 是用气压(P)和订正参数(n)查取湿球温度的气压订正值(Δt_w)的；表 4 是当气温低于 -20℃时，以干球温度(t)和订正后的毛发湿度表值(U)反查水汽压(e)和露点温度

(t_d)的；表5是气压较低、湿度较小时查算湿球温度的气压订正参数(n)值的附加表；附表1是饱和水汽压表，附表2至附表5是不同型号干湿表的湿球温度订正值。

湿度查算表是根据标准情况(气压1 000 hPa，通风为3.5m/s、2.5m/s、0.4m/s和0.8m/s)计算制作的，应用时根据使用仪器类型、通风状况及气压值进行订正和查算。

2. 查算方法

①根据干湿球温度值和湿球是否结冰决定查哪一栏表。

②由干湿球温度值在《湿度查算表》中的表1或表2中查取n值。

③根据n值和本站气压值P，由《湿度查算表》中的表3或附表2~附表5查取湿球温度的气压订正值Δt_w。

④计算订正后的湿球温度($t_w+\Delta t_w$)。

⑤以干球温度和订正后的湿球温度在表1或表2中查取e、U、t_d值。

3. 查算举例

例如：用通风干湿表观测得$t=15.0$，$t_w=9.3$，$P=910$ hPa，则：

①由t和t_w值从表2中查得对应的n值为13。

②以P和n值从附表2查得湿球温度订正值Δt_w为0.3。

③根据t和订正后的湿球温度t_w($t_w=9.3+0.3=9.6$)在表2中查得$e=8.3$，$U=49$，$t_d=4.4$。

(六)实验步骤

1. 认识气象上常用的测湿仪器

对照实物熟悉各仪器的构造和原理，尤其对各类干湿表的构造、原理和观测方法及维护要有较全面的了解。

2. 用干湿表测定空气湿度

①在百叶箱内用自然通风干湿表测湿　在正点前30min巡视仪器。打开百叶箱门，检查仪器的安装是否正确(干球在东，湿球在西，球部中心线离地面1.5m)。检查纱布的包扎、清洁和湿润状况。冬季要注意湿球结冰与否(若结冰要进行融冰)。然后关上百叶箱箱门，待到正点前2~5min，打开百叶箱进行湿球加水。然后按温度观测程序进行观测读数、记录，进行器差订正。

②在百叶箱外用通风干湿表测湿　在百叶箱附近插一测杆，在一定位置装上挂钩，使仪器的感应部分离地面1.5m、0.5m等。准备工作就绪后，让仪器暴露一段时间；然后按照通风干湿表观测步骤，湿润纱布，上发条，待4min湿球示数稳定后，读数，记录，器差订正。若外界风速大于4m/s时，要加挡风罩。

③观测本站气压

3. 计算

将上面测得的干、湿球温度值和本站气压代入测湿公式，计算出空气湿度(水汽压e、相对湿度U、饱和差d、露点温度t_d)值，记录在表格内。注意A值的选取。

三、实验报告

(一)实验目的要求

(二)实验内容

(三)实验作业

1. 简述干湿球温度表的测湿原理。
2. 利用观测数据，计算或查算空气湿度，将结果附在实验报告上。
3. 根据下列数据，查算各空气湿度值。

表 3.2　用百叶箱干湿表测湿(自然通风 0.8 m/s)

t	t_w	P	n	Δt_w	$t_w+\Delta t_w$	e	U	t_d
−4.5	−5.6[B]	1 020						
20.4	19.5	999.5						
1.5	−1.3	1 015						

表 3.3　用通风干湿表测湿(通风速度 2.5 m/s)

t	t_w	P	n	Δt_w	$t_w+\Delta t_w$	e	U	t_d
17.6	13.3	1 000						
14.9	8.2	1 023						
0.8	−2.1	992						

实验四　气压和风的观测

一、目的要求

通过实验，了解测定气压仪器的构造和原理，掌握仪器的使用方法，独立完成读数、记录和订正；了解各种测风仪器的一般构造和原理，掌握仪器的正确使用方法，并能独立完成风向、风速的观测和求算。

本次实验要求学生完成水银气压表的读数、订正、本站气压的求算和海平面气压的订正；完成空盒气压表的读数、订正和本站气压的求算；完成风速频率玫瑰图的绘制。

二、实验内容

(一)气压的观测

气压是作用在单位面积上的大气压力，即等于单位面积上向上延伸到大气上界的垂直空气柱的重量。气压以百帕(hPa)为单位，取1位小数。

人工观测时，定时观测要计算本站气压、编发天气报告的时次，还须计算海平面气压。测定气压主要用动槽式和定槽式水银气压表。配有气压计的应做气压连续记录，并挑选气压的日极值(最高、最低)。

自动观测时，测定气压的仪器用电测气压传感器，自动测定本站气压、挑选本站气压的日极值(最高、最低)、计算海平面气压。测量气压的仪器主要有水银气压表、空盒气压表、自记气压计。通常用水银气压表测量气压，用自记气压计连续记录气压的变化，进行野外观测时则常用空盒气压表。

1. 水银气压表

(1)水银气压表的构造及工作原理

水银气压表的测量原理：水银气压表是性能稳定、精度较高的气压测定仪器。它是用一根一端封闭的玻璃管装满水银，开口一端倒插入水银槽中，利用作用在水银面上的大气压力，与以之相通、顶端封闭且抽成真空的玻璃管中的水银柱对水银面产生的压力相平衡的原理而制成的。

气象站常用的仪器有动槽式水银气压表和定槽式水银气压表2种。

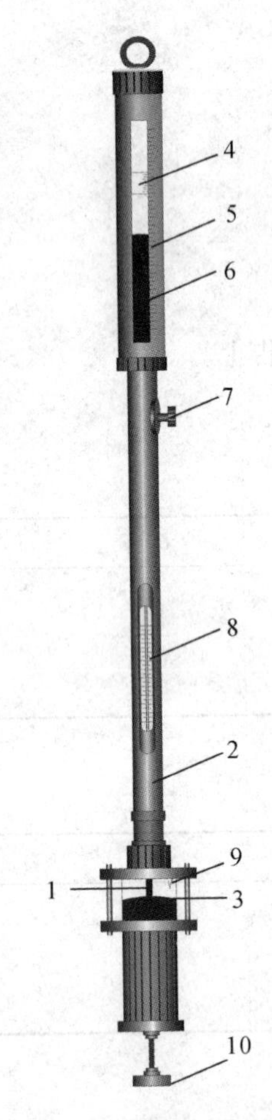

图4.1 动槽式水银气压表

1. 内管 2. 外套管 3. 水银面 4. 游尺 5. 刻度标尺 6. 水银柱 7. 游尺调整螺丝 8. 附属温度表 9. 象牙针 10. 水银面调节螺丝

① DYM－1型动槽式水银气压表 仪器构造：动槽式(又名福丁式)水银气压表主要由内管、外套管与水银槽三部分组成(图4.1)，其主要特点是有一个"固定的零点"。在水银槽的上部有一象牙针9，针尖位置即为刻度标尺的零点。每次观测必须按要求将槽内水银面调至这个零点象牙针尖的位置上。内管1是一根直径约8mm、长度约90cm的玻璃管，顶端封闭，底端开口，灌满十分纯净的水银，装在气压表的套管中，用数个软木圈支住，开口的一端插入水银槽里。外套管2系用黄铜制成。它具有保护内管的作用。同时刻有标尺5。套管顶端有悬环，上半部前后都开有长方形窗孔，用来观测内管中水银柱的高低，转动游尺手轮，可用标尺和游尺4来测定气压的整数和小数的示度。铜套管下部装有一支附属温度表，其球部在内管和套管之间，可用来测定水银及铜套管的温度，套管下端与水银槽相连接。水银槽的上部主要是一个皮囊，系用很软的羊皮制成。其特性是能通气而不漏水银。指示零点刻度的是尖端朝下的象牙针9。槽的下部是一个圆袋状皮囊，囊外有一铜套管，铜套管底盘中央有一个用以调节水银面3的调节螺丝10。

② 定槽式水银气压表 定槽式水银气压表构造与动槽式水银气压表大体相同，也分内管、外套管和水银槽三部分(图4.2)。内管和套管构造大体与动槽式相同。槽部用铸铁或铜制成，内盛定量水银。槽顶有一气孔螺丝。空气通过此螺丝的空隙与槽内水银面接触，它与动槽式水银气压表不同处，是刻度尺零点位置不固定，槽部无水银面调整装置。因此，采用补偿标尺刻度的办法，以解决零点位置的变动。

(2)水银气压表的安装

①动槽式水银气压表的安装 动槽式水银气压表应安装在温度少变、光线充足、既通

风又无太大空气流动的气压室内。气压表应牢固、垂直地悬挂在墙壁、水泥柱或坚固的木柱上，切勿安装在热源(暖气管、火炉)和门窗、空调器旁边，以及阳光直接照射的地方。气压室内不得堆放杂物。为保护水银气压表，保证气压表周围温度稳定，水银气压表应安置在特制的三角保护箱内，保护箱应牢固安装在墙壁或柱子上。气压表的悬挂高度以便于读数为准。

安装前，应将挂板牢固地固定在准备悬挂气压表的地方。小心地从木盒(皮套)中取出气压表，槽部向上，稍稍拧紧槽底调整螺旋1~2圈，慢慢地将气压表倒转过来，使表直立，槽部在下。然后先将槽的下端插入挂板的固定环里，再把表顶悬环套入挂钩中，使气压表自然下垂后，慢慢旋紧固定环上的3个螺丝(注意不能改变气压表的自然垂直状态)，将气压表固定。最后旋转槽底调整螺旋，使槽内水银面下降到象牙针尖稍下的位置为止。安装后要稳定4h，方能观测使用。

②定槽式水银气压表的安装　安装要求同动槽式水银气压表，安装步骤也基本相同。不同点是当气压表倒转挂好后，要拧松水银槽上的气孔螺丝，表身应处在自然垂直状态，槽部不需固定。

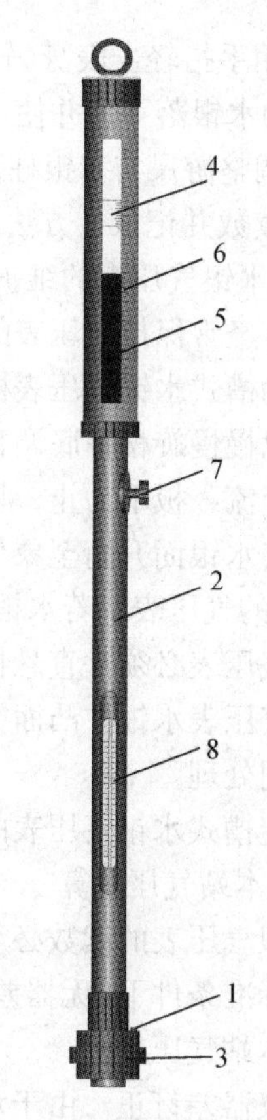

图4.2　定槽式水银气压表

1. 气孔螺丝　2. 外套管　3. 水银槽　4. 游尺　5. 刻度标尺　6. 水银柱　7. 游尺调整螺丝　8. 附属温度表

(3)水银气压表的观测和记录

①动槽式水银气压表的观测步骤

a. 观测附属温度表(简称“附温表”)，读数精确到0.1℃。当温度低于附温表最低刻度时，应在紧贴气压表外套管壁旁，另挂一支有更低刻度的温度表作为附温表，进行读数。

b. 调整水银槽内水银面，使之与象牙针尖恰恰相接。调整时，旋动槽底调整螺旋，使槽内水银面自下而上地升高，动作要轻而慢，直到象牙针尖与水银面恰好相接(水银面上既无小涡，也无空隙)为止。如果出现了小涡，则须重新进行调整，直至达到要求为止。

c. 调整游尺与读数。先使游尺稍高于水银柱顶，并使视线与游尺环的前后下缘在同一水平线上，再慢慢下降游尺，直到游尺环的前后下缘与水银柱凸面顶点刚刚相切。此时，通常游尺下缘零线所对标尺的刻度即可读出整数。再从游尺刻度线上找出一根与标尺上某一刻度相吻合的刻度线，则游尺上这根刻度线的数字就是小数读数。

d. 读数复验后，降下水银面。旋转槽底调整螺旋，使水银面离开象牙针尖2~3mm。

观测时如光线不足，可用手电筒或加遮光罩的电灯(15~40W)照明。采光时，灯光要从气压表侧后方照亮气压表挂板上的白瓷板，而不能直接照在水银柱顶或象牙针上，以免影响调整的正确性。

②定槽式水银气压表的观测步骤

a. 观测附属温度表。

b. 用手指轻击表身(轻击部位以刻度标尺下部与附温表上部之间为宜)，使附着在内管壁上的水银落下，并使水银柱顶保持正常的弯月面。

c. 调整游尺与水银柱顶相切，方法与动槽式水银气压表相同。

d. 读数并记录，方法与动槽式水银气压表相同。

(4)水银气压表的维护

①应经常保持气压表的清洁。

②动槽式水银气压表槽内水银面产生氧化物时，应及时清除。对有过滤板装置的气压表，可以慢慢旋松槽底调整螺旋，使水银面缓缓下降到“过滤板”之下(动作要轻缓，使水银面刚好流入板下为止，切忌再向下降，以免内管逸入空气)，然后再逐渐旋紧槽底调整螺旋，使水银面升高至象牙针附近。用此方法重复几次，直到水银面洁净为止。无“过滤板”装置的气压表，若水银面严重氧化时，应报请上级业务主管部门处理。

③气压表必须垂直悬挂，应定期用铅垂线在相互成直角的两个位置上检查校正。

④气压表水银柱凸面突然变平并不再恢复，或其示值显著不正常时，应报请上级业务主管部门处理。

⑤定槽式水银气压表的水银是定量的，因此要特别防止漏失水银。

(5)本站气压求算

水银气压表的读数必须按照仪器差订正、温度差订正、重力差订正的顺序进行，将其订正为标准条件下(无器差、温度为0℃，纬度为45°，重力场高度为平均海平面)的气压值，即本站气压。

①仪器差订正　由于水银气压表本身的误差而造成的偏差称为仪器差。根据观测读数值，在该气压表的检定证中查出相应的器差订正值，与气压读数求代数和，即为经过仪器差订正后的气压值。

②温度差订正　水银气压表的标尺刻度是以0℃时为准。即使气压保持不变，当温度变化时，水银的密度也随之改变，同时测量水银柱高度的黄铜标尺的长度亦会发生胀缩，并且水银和黄铜标尺的膨胀系数是不同的，由此而引起的误差称为气压温度器差。由于水银的膨胀系数大于黄铜，因此当温度高于0℃时，订正值为负；温度低于0℃时，订正值为正。订正时，用经过仪器差订正后的气压值和附属温度值(附温)，从《气象常用表》(第二号)第一表中查取温度差订正值。温度差订正值与经过仪器差订正后的气压值相加，得出经过温度差订正后的气压值。

③重力差订正　水银气压表是以纬度为45°的海平面上的重力为标准的，不同纬度、不同海拔高度的重力加速度不同，这种因重力不同而引起的偏差，称为重力差。重力差订正包括纬度重力差订正和高度重力差订正2个方面。

a. 纬度重力差订正　由于地球的极半径小于赤道半径，重力加速度随纬度的增加而增大，因此当纬度大于45°时，订正值为正；小于45°时，订正值为负。订正时，用经过温度差订正后的气压值与本站纬度，从《气象常用表》(第三号)第一表中查取纬度重力差订正值。

b. 高度重力差订正　由于重力加速度随海拔高度的增加而减小，因此当海拔高度高于海平面时，订正值为负；低于海平面时，订正值为正。订正时，用经过温度差订正后的气压值与本站水银槽海拔高度值，从《气象常用表》(第三号)第二表中查取重力差订正值。

c. 重力差订正值　纬度重力差订正值和高度重力差订正值之和，即为重力差订正值。用经过温度差订正后的气压值和重力差订正值相加，即得到经过重力差订正后的气压值(本站气压值)。

④举例　假定某台站纬度 $\varphi = 32°03'$，海拔高度 $h = 67.9$m。经过仪器差订正后的气压读数为763.55mm，附属温度 $t = 4.7$℃。

a. 根据经过仪器差订正后的气压读数763.55mm查气象常用表第二号第一表，气压读数763.55mm四舍五入为764mm，在横行查764及纵行4，交叉处的温度订正数为0.5，再查第一表下端温度0.7°订正数0.09，得温度差订正数为 -0.59，温度大于0℃订正值为负，温度小于0℃订正值为正，所以经温度差订正后的气压值为762.96mm。

b. 经仪器差和温度差订正后的气压值762.96mm查气象常用表第三号第一表，762.96mm四舍五入为763mm，用靠近办法查，在第一表横行查765与纵行32°00′(靠近办法查)交叉处的纬度重力差订正数为 -0.89，经纬度差订正后的气压值为761.4mm。

c. 查第三号第二表，横行761.4mm查760，纵行高度67.9m查68m，交叉处订正值为 -0.01，所以经高度重力订正后的本站气压为761.39mm。

(6)海平面气压求算

本站气压只表示当地海拔高度上的大气压强。气象上为了比较各地气压的大小，分析水平气压场，必须将各地的本站气压统一订正到海平面上，这种订正称为海平面气压订正(高度差订正)，订正后的气压称为海平面气压。

$$海平面气压(P) = 本站气压值(P_h) + 高度差订正值(C)$$

①海拔高度低于15.0 m时，高度差订正值：

$$C = 34.68\frac{h}{t + 273}\text{hPa}$$

式中　h——当地海拔高度；

t——年平均气温。

②当海拔高度达到或超过15.0m时，高度差订正值的计算方法：

a. 计算空气平均温度：

$$t_m = \frac{t + t_{12}}{2} + \frac{h}{400}$$

式中　t_m——空气平均温度；

t——观测时的气温；

t_{12}——观测前12h的气温；

h——当地海拔高度。

b. 用 t_m 和 h，由《气象常用表》(第三号)第四表查算出 M 值。

c. 用本站气压 P_h 和 M 值计算出高度差订正值，计算公式：

$$C = \frac{P_h \cdot M}{1\,000}\text{hPa}$$

③举例 本站气压为1 010.0hPa，海拔高度70m，$t_0 = 6.2℃$，$t_{12} = -2.6℃$，求海平面气压。

a. 先求 $t_m = \frac{t_0 + t_{12}}{2} + \frac{h}{400} = \frac{6.2 + (-2.6)}{2} + \frac{70}{400} = 2.0$

b. 查取 $M = 8.73$

c. 求出 $C = \frac{P_h \cdot M}{1\,000} = \frac{1\,010 \times 8.73}{1\,000} = 8.8$

d. 海平面气压 $P_0 = P_h + C = 1\,010.0 + 8.8 = 1\,018.8$hPa

为了提高工作效率，避免差错，在台站实际工作中，可事先做好气压订正简表。每次气压读数后，直接从简表上查取本站气压或海平面气压。

2. 空盒气压表

(1)空盒气压表的构造与原理

空盒气压表又称固体金属气压表、变形气压表或弹性压力表，是利用空盒弹力与大气压力相平衡的原理制成的。空盒气压表不如水银气压表准确，而且订正值容易发生变化，但具有携带和使用方便的优点，常用于野外小气候观测。空盒气压表由感应部分、传递放大部分和指示部分构成。

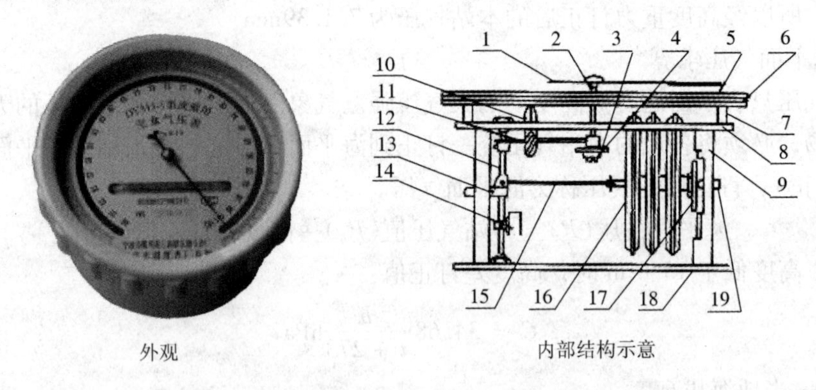

图4.3 DYM3－1型空盒气压表构造

1. 指针 2. 指针轴 3. 游丝 4. 指针轴托板 5. 刻度盘 6. 反光镜 7. 表盘固定柱 8. 上托板 9. 托板固定柱 10. 附温表 11. 扇形齿轮 12. 中间轴 13. 调节螺钉 14. 配重块 15. 连接杆 16. 空盒组 17. 调节器 18. 下托板 19. 安装螺钉

① 感应部分 是一个或一组有弹性的密闭形金属空盒（图4.3）。盒内近似真空，它的两面都有圆形波纹，用以增大空盒的弹性。气压增大时，盒面内凹；气压减小时，盒面外凸。空盒的一端与传动放大部分相连，另一端固定在金属板上。

②传动放大部分 由连接杆15、中间轴12、扇形齿轮11、游丝3和指针轴2、指针1等一套杠杆传动装置组成。气压的微小变化，经过这一套装置进行2次放大后，显示出明显的指针变化。

③读数部分 由指针1、刻度盘5和附温表10组成。根据指针在刻度盘上位置，即可读得当时的气压值。

(2)空盒气压表的观测步骤

①打开盒盖，先读附属温度，精确到0.1℃；

②轻击盒面(克服机械摩擦)，待指针静止后，再读数；

③读数时视线应垂直于刻度面，读取指针尖端所指刻度示数，精确到0.1mm；

④读数后立即复读，并关好盒盖。

(3)空盒气压表的度数订正

①刻度订正　刻度误差是由于仪器制造或装配不够精确造成的，可由检定证上查出。

②温度订正　温度订正值可由公式$\Delta P = \alpha \cdot t$求得。

式中　α——温度系数，即温度改变1℃时，空盒气压表的示度改变值，可在检定证中查得；

t——附温读数。

③补充订正　是订正出由空盒的残余变形所引起的误差。可从检定证上查出。空盒气压表必须定期(每隔3~6月)与标准水银气压表进行比较，求出空盒气压表的补充订正值。

空盒气压表的读数经过上述3项订正后，才是准确的本站气压值。

④举例　某空盒气压表附温20.8℃，气压读数为755.6mm，求本站气压。

a. 刻度订正值由检定证查得为-0.2mm；

b. 温度订正值$= \alpha \cdot t = -0.07 \times 20.8 = -1.5$mm($\alpha$由检定证查得为$-0.07$)；

c. 补充订正值由检定证查得为1.3mm。

则3项订正值$= -0.2 + (-1.5) + 1.3 = -0.4$mm。

因此，本站气压$= 755.6 - 0.4 = 755.2$mm$= 1\,006.9$hPa。

3. 自记气压计

(1)自记气压计的构造及工作原理

自记气压计(空盒气压计)是自动、连续记录气压变化的仪器(图4.4)，其准确度不如水银气压表。它由感应部分(金属弹性膜盒组1)、传递放大部分(两组杠杆2)和自记部分(自记钟3、纸、笔)组成。自记气压计的感应部分通常由5~7个空盒串接而成，其感应原理与空盒气压表相同。空盒的底轴是固定在双金属片上，双金属片用以补偿温度变化对空盒变形的影响。

由于准确度所限，其记录必须与水银气压表测得的本站气压值比较，进行差值订正，方可使用。

(2)自记气压计的安装

气压计应稳固地安放在水银气压表附近的室内台架上。仪器底座要求水平，距地高度以便于观测为宜。

(3)观测、记录及更换自记纸

观测记录及更换自记纸方法和订正方法等与温度计相同。

2：00、8：00、14：00、20：00每天4次(一般站8：00、14：00、20：00每天3次)定时观测时，在水银气压表观测后，便读气压计，将读数记入观测簿相应栏中，并记录观测时间。

(4)仪器的维护

①经常保持仪器清洁。感应部分有灰尘时，应用干洁毛笔清扫。

②当发现记录迹线出现“间断”或“阶梯”现象时，应及时检查自记笔尖对自记纸的压

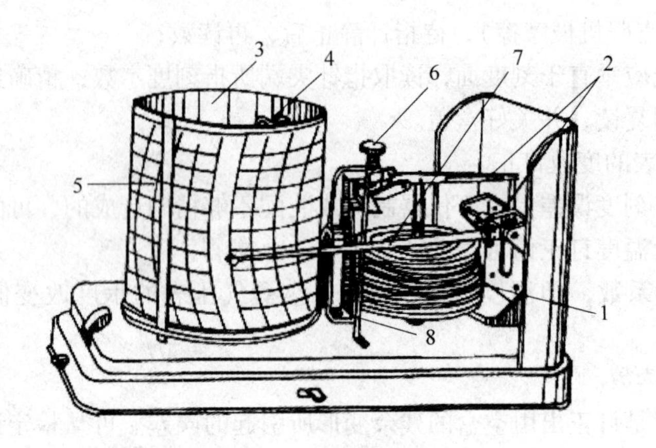

图 4.4 自记气压计

1. 空盒 2. 标杆 3. 自记钟 4. 钥匙 5. 压纸条
6. 调整螺丝 7. 自记笔直杆 8. 笔挡

力是否适当。检查方法同温度计。

③注意自记值同实测值的比较，系统误差超过 1.5hPa 时，应调整仪器笔位。如果自记纸上标定的坐标示值不恰当，应按本站出现的气压范围适当修改坐标示值。

④笔尖须及时添加墨水，但不要过满，以免墨水溢出。如果笔尖出水不顺畅或画线粗涩，应用光滑坚韧的薄纸疏通笔缝；疏通无效，应更换笔尖。新笔尖应先用酒精擦拭除油，再上墨水。更换笔尖时应注意自记笔杆(包括笔尖)的长度必须与原来的等长。

⑤周转型自记钟一周快慢超过 30min，日转型自记钟 1d 快慢超过 10 min，应调整自记钟的快慢针。自记钟使用到一定期限(1 年左右)，应清洗加油。

(5)自记纸的整理保存

①每月应将气压自记纸(其他仪器的自记纸相同)，按日序排列，装订成册(一律装订在左端)，外加封面。

②在封面上写明气象站名称、地点、记录项目和记录起止的年、月、日、时。

③每年按月序排列，用纸包扎并注明气象站名称、地点、记录项目及起止年、月、日、时。

④妥为保管，勿使潮湿、虫蛀、污损。

(二)风的观测

1. 风的表示方法

(1)风速

风速是指单位时间内空气移动的水平距离。最大风速是指在某个时段内出现的最大 10min 平均风速值。极大风速(阵风)是指某个时段内出现的最大瞬时风速值。瞬时风速是指 3s 的平均风速。风的平均量是指在规定时间段的平均值，有 3s、2min 和 10min 的平均值。

通常风速用 m/s(米/秒)(取 1 位小数)或 km/h(千米/小时)或风力等级来表示。其换算关系如下：

1m/s = 3.6km/h；1km/h = 0.28m/s。

(2)风向

风向是指风的来向，最多风向是指在规定时间段内出现频数最多的风向。

风向用十六方位(图 4.5)，表示与方位角度的对应关系。

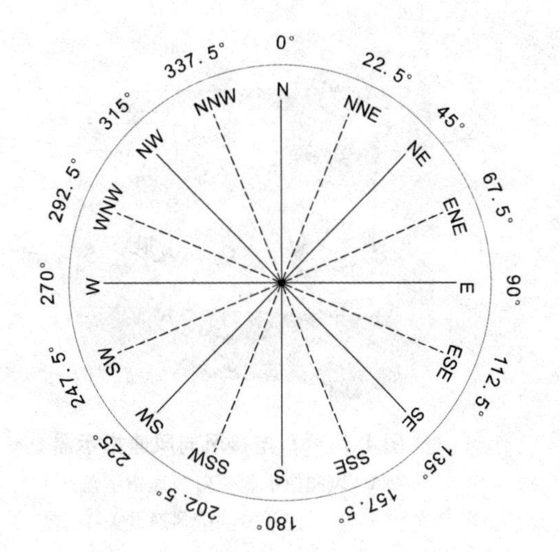

图 4.5　风向十六方位及方位角

2. 风的观测

人工观测时，测量平均风速和最多风向时应配有自记仪器，要做风向风速的连续记录并进行整理，风向用十六方位法(图 4.5)。自动观测时，测量平均风速、平均风向、最大风速、极大风速，风速单位为 m/s，风向单位(°)。

测量风的仪器主要有 EL 型电接风向风速计和三杯轻便风向风速表。

3. EL 型电接风向风速计

(1)EL 型电接风向风速计构造

EL 型电接风向风速计是由感应器、指示器、记录器组成的有线遥测仪器。感应器安装在室外的塔架上，指示器和记录器置于室内，指示器与感应器用长电缆相连，记录器与指示器之间用短电缆连接。

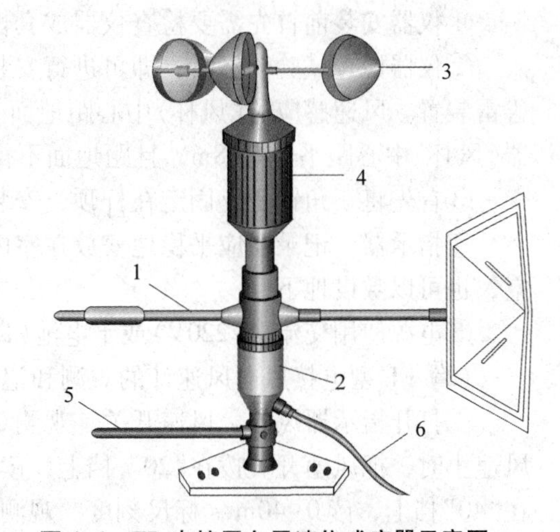

图 4.6　EL 电接风向风速仪感应器示意图

1. 风向标　2. 风向方位块、导电环、接触簧片
3. 风杯　4. 风速发电机、涡轮
5. 指南杆　6. 电缆

①感应器　感应器上部为风速部分，下部为风向部分。风向部分由风向标 1、风向方位块、导电环、接触簧片 2 等组成；随着风向标的转动，带动接触簧片，在导电环和方位块上滑动，接通相应电路。风速部分由风杯 3、交流发电机与涡轮 4 等组成(图 4.6)。当风带动风杯转动时，发电机就有交流电输出，电流的大小可反映出风速的大小。

②指示器　指示器由电源、瞬时风向指示盘 1、瞬时风速指示盘 2 等组成(图 4.7)。风向指示器以八灯盘来指示瞬时风向。风速指示器是一个电流表，表上有 2 个量程，分别为 0 ~20m/s 和 0~40m/s，用以观测瞬时风速。

③记录器　由 8 个风向电磁铁 1，1 个风速电磁铁 2，自记钟 3，自记笔 4、5，笔挡 6，充放电线路等部分组成(图 4.8)。

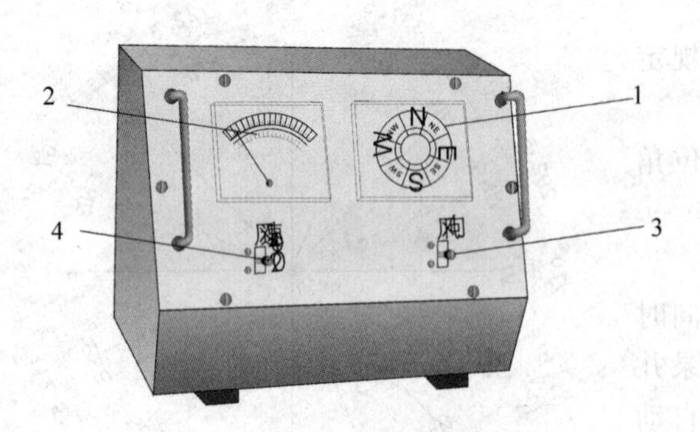

图 4.7 EL 电接风向风速指示器

1. 风向指示盘 2. 风速指示盘
3. 风向开关 4. 风速开关

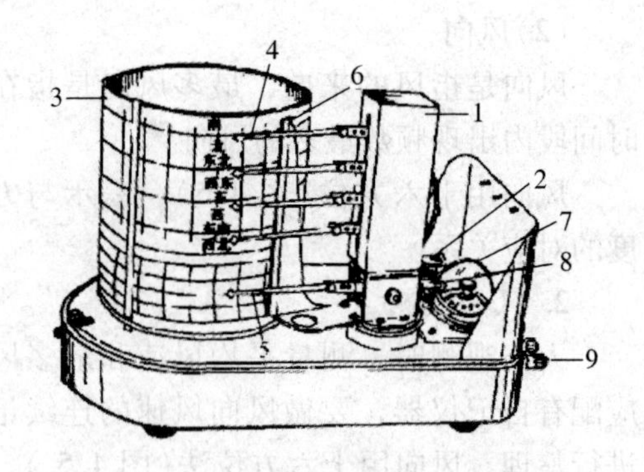

图 4.8 EL 电接风向风速记录器

1. 风向电磁铁 2. 风速电磁铁 3. 自记钟
4. 风向自记笔 5. 风速自记笔 6. 笔挡
7. 凸轮 8. 滚轮 9. 干电池接头

(2)EL 型电接风向风速计安装

①仪器安装前首先需要检查仪器成套性，然后进行装配和运转试验。

②仪器检查试验合格后，即可进行安装。感应器应安装在牢固的高杆或塔架上，附设避雷装置。风速感应器(风杯)中心距地面 10~12m 高；若安装在楼顶平台上，则风速感应器(风杯)中心距平台 6~8m，且距地面不得低于 10m。

③首先将三角铁底座固定在杆顶，安装时感应器中心轴应垂直，指南杆指向正南方。

④指示器、记录器应平稳地安放在室内桌面上，用电缆与感应器相连接；电缆可以架空，也可以敷设地下。

⑤电源使用交流电(220V)或干电池(12V)。若用干电池，注意正负极不要接错。

(3) EL 型电接风向风速计的观测和记录

①打开指示器风向、风速开关，观测 2min 风速指针摆动的平均位置，读取整数记录。风速小时，把风速开关拨在“20” 档上，读 0~20m/s 标尺刻度；风速大时应把风速开关拨在“40”档上，读 0~40m/s 标尺刻度。观测风向指示灯，读 2min 的最多风向，用十六方位缩写字母记录。静风时风速记 0.0，风向记 C；平均风速超过 40.0m/s，则记为 >40.0，因电接风向风速计故障，或冻结现象严重而不能正常工作时，可用轻便风向风速表进行观测，并在备注栏注明。

②自记纸更换的方法、步骤基本与温度计相同。其不同点是：笔尖在自记纸上做时间记号，是采用压自记笔杆的方法；换纸后不必用逆时针法对时；对准时间后，必须将钟筒上的压紧螺帽拧紧。

③自记纸整理，时间差订正，以实际时间为准，根据换下自记纸上的时间记号，求出自记钟在 24h 的计时误差，按变差分配每个小时，再用铅笔在自记迹线上做出各正点的时间记号。

注意：自记钟在 24h 内的计时误差≤20min 时，不必进行时间订正，但应注意调节消除。

各时风速：计算正点前 10min 内的风速，按迹线通过自记纸上水平分格线的格数(1

格相当于1.0m/s)来计算。例如通过5格，记5.0；$3\frac{1}{3}$格，记3.3；$2\frac{2}{3}$格，记为2.7；风速画平线时记0.0，同时风向记C。

风速自记部分是按空气行程200m电接一次，风速自记笔相应跳动一次来记录的。如10min内笔尖跳动一次，风速便是0.3m/s(即200m/600s)；如10min内笔尖跳动2次，风速便是0.7m/s（即400m/600s)。因此，风速的小数值只能是0、3、7。

在风速记录机构失调时，应根据风速笔尖在10min内跳动的实际次数(不是格数)来计算风速。例如：某正点前10min内风速笔尖跳动4次，通过的水平分格线是4格，该时风速应为13，而不能计算为4.0。

各时风向：从各正点前10min内的5次风向记录中挑选出现次数最多的，作为该时风向。如最多风向有2个出现次数相同，应舍去最左边1次画线，而在其余4次画线中挑取。若仍有2个风向相同，再舍去左面1次画线，按右面的3次画线来挑取。如5次画线均为不同方向，则以最后面的1次画线的方向做该时记录。在读取风向时，应注意若10 m平均风速为0时，则不论风向画线如何，风向均应记C。

正点前10min内，风向记录中断或不正常，如属下列情况，可视为对正点记录无影响：风向漏跳2次，在未漏跳的3次画线中方向是相同的；风向漏跳1次，在其余4次或其余3次画线为同一方向的；风向漏跳1次，在其余4次画线中，前面2次的方向相同，后面2次方向相反；部分风向笔尖迹线虽有中断，但从实有5次画线中挑取的最多风向为NNE、ENE、ESE、SSE、SSW、WSW、WNW、NNW之一的；风向记录有中断、连跳等情况发生时，但从实有记录中，参照上述方法可以判定正点，记录无影响的。

日最大风速，从每日(20：00~20：00)风速记录中迹线较陡的几处线段上，分别截取10min线段的风速进行比较，选出最大值作为该日10min最大风速，并挑选相应的风向，注明该时段的终止时间。

4. 三杯轻便风向风速表

三杯轻便风向风速表是测量风向和1min内平均风速的仪器，适用于野外流动观测，也可作台站备份仪器。启动风速为2.5m/s。

(1)三杯轻便风向风速表构造

仪器由风向部分(包括风向标1、方位盘2、制动小套3)、风速部分(包括十字护架6、风杯5、风速表主机体)和手柄三部分组成(图4.9)。

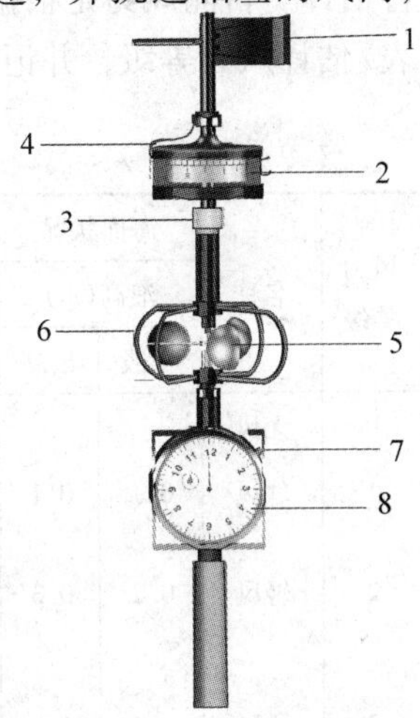

图4.9　三杯轻便风向风速表

1. 风向标　2. 方位盘　3. 制动小套　4. 风向指针　5. 风杯　6. 十字护架　7. 风速按钮　8. 风速表刻度

当按下风速按钮启动风速表后，风杯随风转动即带动风速表主机体内的齿轮组，指针即在刻度盘上指示出风速。同时，时间控制系统也开始工作，待1min后自动停止计时，风速指针也停止转动。

指示风向的方位盘，是1个磁罗盘。当制动小套管打开后，罗盘按地磁子午线的方向稳定下来。风向标随风向摆动，其指针即指出当时风向。

(2)三杯轻便风向风速表的观测和记录

① 观测时由观测者手持仪器，高出头部或安装在小气候观测架上，主轴保持垂直，风速刻度盘与当时风向平行，观测者应站在仪器的下风方。然后将方位盘的制动小套管向下拉并向右转一角度，启动方位盘，注视风向指针约2min，记录其最多风向。

② 观测风向时，待风杯旋转约0.5min后，按下风速按钮，启动仪器。待1min后读出指针示度值(指示风速)，用此值从风速表检定曲线图中查出实际风速，取1位小数，即为所测的平均风速。

③ 观测完毕，将方位盘制动小套管左转一小角度，借助弹簧的弹力，小套管弹回上方，固定好方位盘。不要再按风速按钮，将仪器放回盒内。

(3)三杯轻便风向风速表的维护

①保持仪器清洁、干燥。若被雨雪打湿，使用后必须用软布擦拭干净。

②避免碰撞和震动，非观测时间，仪器要放在盒内。切勿用手摸风杯，亦不得用口对风杯猛烈吹气。

③平时不要随便按动风速按钮。计时机构开始工作(即小红分针开始转动)后，不得再按风速按钮。

④各轴承和紧固螺母不得随意拧动。风向部分、风速部分和手柄这三部分连接和卸下时不可猛拧，动作要慢且轻；松紧适度，不可拧得过紧。

⑤仪器使用120h后须重新检定。

5. 目测风向风力

当没有测定风向风速的仪器，或虽有仪器但因故障而不能使用时，可目测风向风力。目测风向一般是根据炊烟、旌旗和布条展开的方向以及人体的感觉等方法，按8个方位进行估计。目测风力是根据风对地面或海面物体的影响而引起的各种征象，按照《风力等级表》估计风力等级，并记录其相应风速的中数值。

风力等级表

风力等级	名称	海面状况 浪高(m)		海面和渔船征象	陆地地面物特征	相当风速 m/s			
		一般	最高			范围	中数	km/h	mile/h
0	无风			海面平静	静，烟直上	0.0~0.2	0.1	<1	<1
1	软风	0.1	0.1	寻常渔船略觉摇动	烟能表示风向	0.3~1.5	0.9	1~5	1~3
2	轻风	0.2	0.3	渔船张帆时，每小时可随风移行2~3km	人面感觉有风	1.6~3.3	2.5	6~11	4~6
3	微风	0.6	1.0	渔船渐觉簸动，每小时可随风移行5~6km	树枝及微枝摇动不息，旌旗展开	3.4~5.4	4.4	12~19	7~10
4	和风	1.0	1.5	渔船满帆时可使船身倾于一方	能吹动地面灰尘和纸，树的小枝摇动	5.5~7.9	6.7	20~28	11~16

（续）

风力等级	名称	海面状况		海面和渔船征象	陆地地面物特征	相当风速			
		浪高(m)				m/s		km/h	mile/h
		一般	最高			范围	中数		
5	清风	2.0	2.5	渔船需缩帆	有叶的小树摇摆，内陆的水面有小波	8.0~10.7	9.4	29~38	17~21
6	强风	3.0	4.0	渔船加倍缩帆，捕鱼需注意风险	大树枝摇动，电线呼呼有声，举伞困难	10.8~13.8	12.3	39~49	22~27
7	劲风	4.0	5.5	渔船停息港中，在海面下锚	全树摇动，大树枝弯下来，迎风步行感觉不便	13.9~17.1	15.5	50~61	28~33
8	大风	5.5	7.5	近港的渔船皆停泊不出	可折毁树枝，人前行阻力大	17.2~20.7	19.0	62~74	34~40
9	烈风	7.0	10.0	汽船航行困难	烟筒及平房屋顶受到损害	20.8~24.4	22.6	75~88	41~47
10	狂风	9.0	12.5	汽船航行危险	陆上少见，可使树木拔起或将建筑物吹毁	24.5~28.4	26.5	89~102	48~55
11	暴风	11.5	16.0	汽船易翻船	陆上少见，可使建筑物毁坏	28.5~32.6	30.6	10.0~117	56~63
12	台风	14.0	—	海浪滔天	陆上绝少，摧毁力极强	32.7~36.9	35	118~	63~

（1）估计风力

根据风对地面或海面物体的影响而引起的各种现象，按风力等级表估计风力共分12级，并记录其相应风速的中数值。

（2）目测风向

目测风向风力时，观测者应站在空旷处，多选几个物体，认真地观测，以尽量减少估计误差。观测时应连续观看2min，以平均情况作为记录。

（3）器测风力

测风设备实测到 >12 级以上的风力，故将风力等级扩充至18级。

三、实验报告

（一）实验目的要求

（二）实验内容

（三）实验作业

1. 观测记录水银气压表和空盒气压表的读数，并分别订正到本站气压。

2. 简述水银气压表仪器差、温度差、重力差订正的物理意义，确定下列三站温度差、重力差、高度差的正负。

台站	附温(℃)	纬度(N)	海拔高度(m)	C_t	C_φ	C_h
甲						
乙						
丙						

3. 利用某地某年风向资料，计算风向频率并绘制风向频率玫瑰图。

提示：

①风向频率(%) = $\dfrac{\text{某风向全年出现次数}}{\text{各风向全年出现总次数}} \times 100\%$

②玫瑰图即为各风向频率在同一极坐标纸上的表示图。先做一个表示十六方位的极坐标，然后按3mm = 1%的比例将各个风向的频率点在相应方向的一定线段上，再将方位的点及折线连接起来，并将静风次数写在图的中心，即得出风向频率玫瑰图。

作业资料：某地某年各风向出现次数

风向	N	NNE	NE	ENE	E	ESE	SE	SSE	S
次数	24	96	162	48	15	14	24	45	83
频率									
风向	SSW	SW	WSW	W	WNW	NW	NNW	C	总次数
次数	84	57	33	10	17	20	22	368	1122
频率									

4. 用轻便风向风速表进行风向风速的观测，并记录。

实验五 降水和蒸发的观测

一、目的要求

了解雨量器和蒸发皿的构造和原理，及使用方法。进行降水量和蒸发量的测定。

二、实验内容

(一)降水量的测定

降水量的测定包括量和强度，及记录降雨的起止时间、降雨时数。降水量通常用雨量器来测定，降雨强度及时间则用自记雨量计来测定。

1. 雨量器

(1)雨量器的构造

雨量器为一金属圆筒，目前我国所用的是器口直径为20cm，器口面积为314cm²的雨量器。

雨量器的构造如图5.1所示，由承水器(漏斗口)、储水筒(外套筒)、储水瓶3个部分组成。另配有1个与雨量器口径成比例的专用量杯。漏斗口内直外斜，呈刀刃形，以防止雨水溅入。雨量杯为特制的(图5.1)。

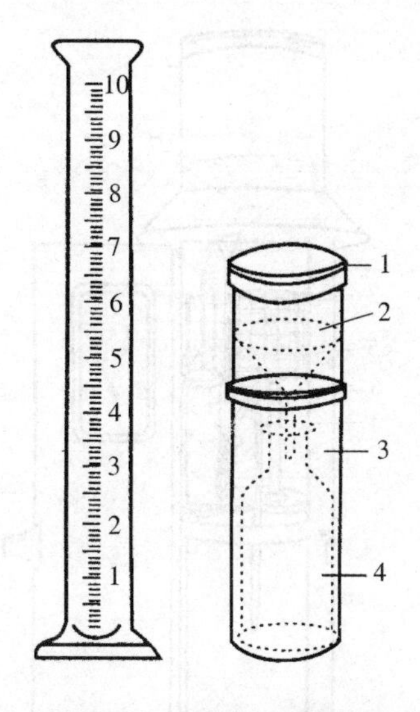

图5.1　雨量器与雨量杯

1. 承水器　2. 漏斗　3. 储水箱　4. 储水瓶

杯上的刻度从0~10.5mm，每一大格为1mm，每小格代表0.1mm(即降水量能测到0.1 mm的精确度)。雨量筒口的面积为S，筒内水深为H，则筒内水的体积为：

$$V = S \cdot H$$

将储水瓶中的水倒入量杯内，设量杯口的面积为S'，杯内水深为h，则杯中水的体积为：

$$V' = S' \cdot h$$

因为：

$$S' \cdot h = S \cdot H$$

所以：

$$h = \frac{S}{S'} H$$

因此，雨量筒内深度(H)为1mm的水倒入雨量杯后，杯内水深(h)为$\frac{S}{S'}$mm，这就是量杯上的高度，即为每单位刻度(mm)的长度。

以口径20cm的雨量器为例，量杯的口径为4cm，若雨量筒内所聚水深为1mm，则倒入杯中的高度为：

$$h = \frac{S}{S'} H = \frac{\pi \times 10^2}{\pi \times 2^2} \times 0.1\text{cm} = 2.5\text{cm} = 25\text{mm}$$

这就说明，量杯上的每格25mm，刻成一大格，作为1mm降水量。所以，量杯的放大倍数为$\frac{S}{S'}$。由此可见，一定口径的雨量杯，或专用杯要配套才能使用。若无专用量杯，或专用量杯被打破，也可用普通量杯代替，但必须进行换算。其方法是，用普通量杯测得降水量体积，然后除以观测的雨量器漏斗口的圆面积，即得降水量。

(2)雨量器的安置

雨量器应安置在平坦空旷、四周无障碍物影响的地方，雨量器的口缘距地高度为70cm，承水器应保持水平。

(3)观测时间和记录

每天8：00、20：00观测前12h降水量，降水量以mm为单位，取1位小数。读数时如不到半小格(不足0.05mm)，应记0.0，恰好半小格或半小格以上(即≥0.05mm)，应记为0.1 mm。在炎热干燥时段，降水停止时要及时进行补充观测，以免迅速的蒸发，影响记录。下暴雨时，注意巡视，当储水瓶容纳不了降水时，应及时更换储水瓶，以防雨水溢出。

(4)降水量的观测记载

①液体降水量的观测记录　将储水瓶中的水倒入雨量杯中，一定要把水倒完，然后从雨量杯的刻度，注意视线与量杯内的水面平齐，从弯月面最低点切线所指的刻度，读取降水量。

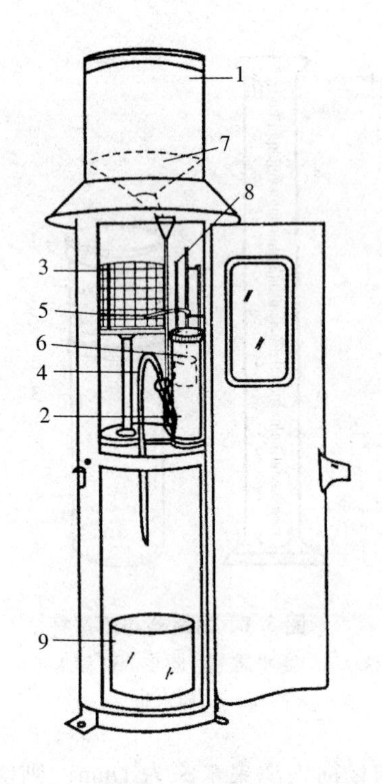

图 5.2 虹吸式雨量计

1. 承水器 2. 小漏斗 3. 钟筒 4. 自记笔 5. 浮子 6. 浮子室 7. 虹吸管 8. 接水桶 9. 盛水器

②固体降水量的观测记录 如雪和冰雹，先用量杯取适量的温水加入雨量器中，使固态降水完全融化为液态之后，再用雨量杯量出降水量，注意扣除加入的温水水量。

2. 虹吸式雨量计

虹吸式雨量计是用来连续记录液体降水量、降水的起止时间、降水的时数和降水强度的自记仪器。一般台站所用的虹吸式雨量计，筒口直径为 20cm，面积为 314cm^2，另外还有承水器口面积为 200 cm^2 和 500 cm^{2}的雨量计。

(1)构造原理

虹吸式雨量计主要由承水器、小漏斗、浮子室、虹吸管、接水筒和自记部分等组成，如图 5.2 所示。当有降水时，雨水通过承水器经小漏斗流入浮子室后，浮子室内的水面逐渐升高，浮子室的浮子随之上升，这时与浮子相连的笔杆也随着上升。由于降水性质的差异，使浮子室(容器)内雨水集聚有时快，有时慢，故笔尖在自记纸上连续记出相应的曲线，从而表示出降水量及降水强度。当笔尖上升到自记纸上限时(相当于 10mm 或 20mm 的降水量)，则浮子室内的水就由虹吸管迅速地排出，流入管下的盛水瓶(或接水筒)中，笔尖快速下降到 0 线上。若仍有降水，笔尖又重新上升。由于笔尖总是做上下运动，所以雨量自记纸上的时间线是直线。

由于虹吸式雨量计承水器口的面积比浮子室的面积大，因而自记笔记出的降水量是经过放大的。

(2)安置和校正

虹吸式雨量计应安置在观测场内雨量器附近。承水器口离地面的高度，应以仪器本身的高度为准，器口应保持水平。

虹吸式雨量计安置完毕后，应按下列顺序进行检查校正。

①校正笔尖的零点位置 其方法是：往承水器里倒水，检查虹吸作用终止时，笔尖的位置是否恰在自记纸的零线上，如有误差，应松开直杆上的螺丝加以调整。

②仪器作用情况的检查 用专用雨量杯取 10mm 或 20mm 清水，缓缓地注入承水器中，如笔尖移动不灵活，说明浮筒直杆与各洞孔的摩擦太大，应及时清除。

③虹吸管的位置检查 取 10mm 清水，注入承水器中，当雨量杯中的水未倒完时，即笔尖位置低于 10mm，虹吸管就开始排水，则应将虹吸管的位置适当升高一点；如果 10mm 的水完全倒完，尚未开始虹吸，则应将虹吸的位置降低一点。只有将 10mm 的清水加完，而自记笔尖停留在自记 10mm 刻度时，说明虹吸管的位置正确。

④虹吸作用的检查 在虹吸时，管内不应出现气泡，如有气泡出现，说明虹吸管中有

空气进入，就会造成虹吸管中的水柱中断，水未排完，虹吸停止，使笔尖回不到“零线”位置上。发生这种情况，都是因为虹吸管与容器接点处有空隙，应更换橡皮圈，或用白蜡和凡士林混合填塞。

⑤校正钟筒　当虹吸时，如果笔尖下降所画的线与自记纸上的时间线不吻合，说明钟轴不垂直，应垫金属片，使钟轴完全垂直。

(3)观测和换纸

每日8：00进行观测并换自记纸。换纸前应在自记纸上写上台站名称、年、月、日等。换纸的方法与其他自记仪器一样，但是由于虹吸雨量计的钟筒不易取下来，所以可在上面直接换纸。

无降水时，自记纸可连续使用8~10d，每天往容器注入1mm清水，使笔尖的位置抬高，以免每天迹线重叠，另外还要注意转动钟筒重新对好时间。有降水时(自记迹线上≥0.1mm)时必须换纸，自记记录开始和终止的两端须做时间记号。其方法是，轻抬固定的浮子直杆上的自记笔根部，使笔尖在自记纸上画一短垂线。当记录开始或终止有降水时，则应用铅笔做时间记号。

若自记纸上有降水记录，但在换纸上无降水，在换纸时应做人工虹吸(往承水器中注入水，产生虹吸)，使笔尖回落到“零线”位置。自记纸上每一小格代表0.1mm或0.2mm，根据自记纸上记录曲线所占的格数，可读出每小时的降水量，注意自记纸上的自记曲线不是从刻度零开始，而是从其他刻度开始时，则应从记录的刻度中减去这个数字。

(二)蒸发的观测

一定口径容器内的水，经过一段时间，因蒸发而消耗的水层深度，称为蒸发量，以mm为单位，精确到0.1mm。目前，我国气象台站采用小型蒸发器来测定蒸发量。

1. 小型蒸发器的构造

小型蒸发器均采用深100mm、口径为200mm的铜制圆盆(图5.3)。器壁的边上有一倒水的小嘴，呈内直外斜的刀刃形，在口缘上有一个喇叭状的蒸发罩，以防鸟兽饮水。注意在有降水时，应取下蒸发罩，以免雨水溅入，使雨水量增多，影响观测准确性。

2. 仪器的安置

小型蒸发器应安置在雨量器附近的空旷、终日被阳光照射到的地方，器口应保持水平，口缘距地面高度约700mm，可砌一砖墩，将蒸发器安置在其上。

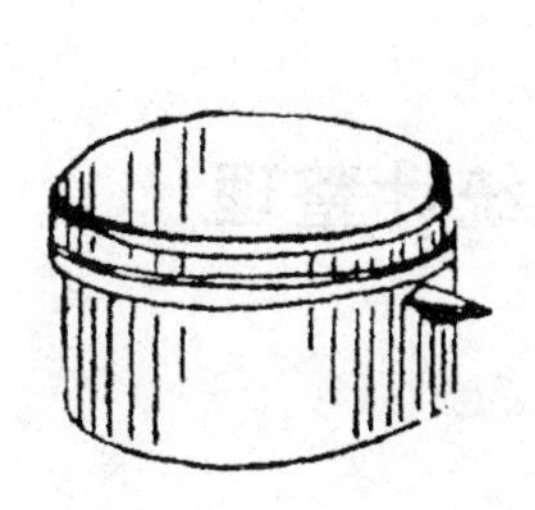
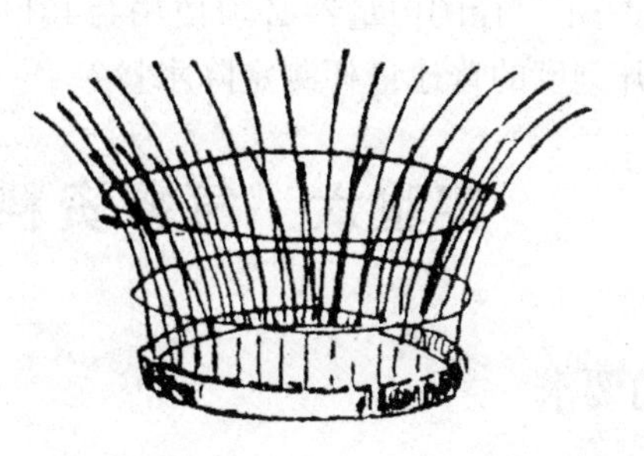

图5.3　小型蒸发器与蒸发罩

3. 观测和记录

每日在20：00观测一次，测量前一天20：00在蒸发器内注入20mm清水(即当日原量)，经过24h蒸发后，再量器内剩余的水量(余量)，其差值为蒸发量。计算式如下：

$$蒸发量=原量-余量$$

若前一天20：00到当日20：00之间有降水，由于蒸发器的口径与雨量筒口径相同，所以蒸发器内也承受了与雨量筒内相同的降水量，这样，在蒸发量观测时，量取的蒸发器内的水余量包括了同期的降水量，因此，应将蒸发器内水的余量减去雨量筒中测得的降水量，计算式为：

$$蒸发量=原量+降水量-余量$$

若没有专用特制的量杯时，可用普通量杯测蒸发量，量杯注入628mL(相当于20mm深的水层，因小型蒸发器的面积为314cm^2)，如果次日的余量为471mL，则蒸发量为：

$$20.0-(471\div314)\times10=20.0-15.0=5.0mm$$

注意每天观测后，应立即换水，用特制的玻璃量杯，盛20mm清水于小型蒸发器中。在干燥地区，夏季的蒸发量大，应注入30mm清水为宜。

在冬季，注入20mm清水到蒸发器内，称其总重量，并做记录。然后置于观测地点，次日20：00观测时再称其重量，所失去的重量为失水量，称重后再注入清水，使其达到相当于20mm水柱高时的重量。由于1g水相当于1cm^3的水，蒸发器所失水重的克数，即为水的立方厘米数。将水的体积立方厘米数换成蒸发器内水高度毫米数即可。

例如，注入器内20mm水后，称其重为1 223.3g，24h后称其重为1 071.2g，则失水量为157.1g，即相当于157.1 cm^3的水。蒸发器直径20cm，皿口总面积为314.2cm^2(πr^2)，则蒸发量为：

$$157.1\div314.2=0.5cm$$

三、实验报告

(一)实验目的要求

(二)实验内容

(三)实验作业

1. 掌握降水量和蒸发量的观测方法，并进行观测记录训练。

2. 为什么一定口径的雨量器必须使用与其口径相匹配的专用雨量杯？若无专用雨量杯，能否用毫升刻度的普通量杯测定降水量？

实验六 气象资料的统计整理

一、目的要求

掌握气象资料统计原理及月报表的填写和统计方法。

二、实验内容

（一）常用气候指标的统计方法

1. 总量

某一气象要素在某一段时间内出现的总数，称总量。用公式表示为：

$$X = X_1 + X_2 + X_3 + \cdots + X_n = \sum_{i=1}^{n} x_1 \qquad (i = 1,\ 2,\ \cdots,\ n)$$

式中　X_i——某气象要素观测数列中的第 i 个变量。

统计总量的气象要素有：太阳辐射；生理辐射；日照时数的日、候、旬、月、年总量；某一时段的积温；日、候、旬、月、年的降水量和蒸发量；各种天气现象出现日数等。

2. 平均值

某气象要素的观测数列中各变量之和除以变量个数所得的商，其计算公式为：

$$\bar{x} = \frac{1}{n}(x_1 + x_2 + \cdots + x_n) = \frac{1}{n}\sum_{i=1}^{n} x_1 \qquad (i = 1,\ 2,\ \cdots,\ n)$$

3. 极值

极值（极端值）有极端最大值和极端最小值。极值能反映某气象要素在记录年代中的变化幅度。在农业生产上，必须了解气象要素的极端值，例如，某地区发展热带、亚热带作物，必须了解当地的极端最低温度，以保证热带、亚热带作物的安全越冬。

挑选极值时，应注明极值出现的时间。例如，昆明市在1951—1970年20年内，极端最高温度是31.5℃（1958年5月31日），极端最低温度为-5.4℃（1952年1月14日）。

4. 较差

较差又称振幅，是一定时间内气象要素的最大值和最小值之差，表示该时段内气象要素变化量的大小。如一日中最高气温和最低气温之差称为气温日较差；最热月的月平均气温与最冷月的月平均气温之差，称为气温年较差。

5. 变率

变率是指气象要素变化情况的一种指标，分绝对变率和相对变率。

（1）绝对变率

绝对变率又称距平或离差。某要素的距平是指某年某月的某要素值（x_i）与该要素的多年平均值 $\bar{x}$ 之差，用公式表示为：

$$d_i = X_i - \bar{x}$$

如果（$X_i - \bar{x}$）>0是正值，为正距平；（$X_i - \bar{x}$）<0是负值，为负距平。正距平说明该要素的实测值比平均值大，负距平说明该要素的实测值比平均值小。

将各年（月）距平值的绝对值相加，再除以记录的年（月）数，就得到平均距平值（$\bar{d}$），即：

$$\bar{d} = \frac{d_1}{n} + \frac{d_2}{n} + \cdots + \frac{d_n}{n} = \frac{1}{n}\sum_{i-1}^{n} |d_i|$$

式中　$\bar{d}$——平均绝对变率。

(2)相对变率

某年、月的绝对变率(d_i)与平均值($\bar{x}$)的百分比，称相对变率(D)，其表达式为：

$$D = \frac{d_i}{\bar{x}} \times 100\%$$

距平反映了某气象要素偏离平均的程度；变率反映了要素的稳定性，变率越小，要素越稳定；变率越大，要素越不稳定。

在分析降水量历年变动情况时，一般用平均相对变率，这样，对不同地区进行比较时，就可了解哪些地区降水量较稳定，哪些地区降水量变动较大。

6. 频率

某气象要素在一定时段内重复出现某一数值的次数与同一时段的总次数的百分比称为频率。用公式表示为：

$$频率 = \frac{频数}{总次数} \times 100\%$$

表6.1右下角的降水日数栏，即为统计各种强度降水在一旬中出现的日数与频率，应注意，≥1.0mm的日数，也一定是≥0.1mm的日数。其余类推。

(二)气象观测月报表、年报表介绍

气象资料的应用是十分广泛的，根据各行业的需要，对气象资料进行统计和分析，可以得到很多对各行业有意义的数值。气象观测记录有很多种类，这里主要介绍用途广泛的地面气象记录月报表(气表-1)，和地面气象记录年报表(气表-21)。

月报表是在地面气象观测簿、自记记录纸和有关材料的基础上编制而成的。该表内容包括定时记录、自记记录和日平均、日总量值。还有经过初步整理的候、旬、月平均值、总量值、极值、频率和百分率值，以及本月天气、气候概况等。

年报表是在月报表的基础上编制而成的。该表内容包括气温、气压、水汽压、相对湿度等要素的候、旬、月平均值；降水量、日照时数的候、旬、月总量值；某些气象要素的月极值及出现日期(或起讫日期)。表中还有霜、雪、积雪、结冰和最低气温≤0℃、地面最低温度≤0℃的起讫日期；雷暴的初终日期以及本年天气气候概况等。

下面着重介绍地面气象观测月报表中主要项目统计方法。

1. 日平均值

每天进行4次观测的台站，日平均值按4次平均求得。以气温为例：

$$日平均值 = \frac{1}{4}(t_2 + t_8 + t_{14} + t_{20})$$

$t_2 + t_8 + t_{14} + t_{20}$分别为2：00、8：00、14：00和20：00观测的数据。

若只进行8：00、14：00和20：00每天3次观测的台站，如有自记仪器，2：00的记录用订正后的自记值代替，然后按4次观测值统计。无自记仪器，2：00的值用前天晚上20：00的观测值加上第二天早上8：00的最低值除2得出，然后再4次相加除以4，得出日平均值。

2. 候、旬、月平均值

每月1~5日为第一候，6~10日为第二候，……26日至月末为第六候，全年72候。每月分上、中、下三旬。其统计表示式为：

候平均数值 = 该候各日平均值之和 ÷ 候日数

旬平均值 = 该旬各日平均值之和 ÷ 旬日数

月平均值 = 该月各日平均值之和 ÷ 月日数

年平均值 = 该年各月平均值之和 ÷ 12

多年平均值 = 各年平均值之和 ÷ 年数

3. 极值及其起讫日期

(1)温度

①日极值　从当日各定时气温(地温)最高、最低值中挑选。

②月极值　分别从逐日最高、最低气温(地温)中挑一最高、最低填入，并记出现日期。

(2)缺压极值和最小相对湿度

①日极值　配有自记仪器的，从当日自记纸上抄写，否则逐日各栏空白。

②月极值　分别从逐日自记日极值中挑取，无自记记录的，则从逐日定时记录中挑取，并在极值右上角加"#"号，并填上其出现日期。

(3)一日最大降水量

从降水量合计栏中挑选最大值及出现时间，全月无降水，一日最大降水量及日期均空白，微量降水记0.0。

(4)月最长连续降水日数及其降水量、起讫日期

从定时降水量日合计栏中，挑取一个月内降水量≥0.1mm 的最长的连续日期，并统计其相应的降水量累计值和相应的起讫日期。最长连续降水日数可跨月、跨年挑取，但只能上跨，不能下跨。跨月时开始日期应注明月份，跨年时，开始日期的年份不必注明。若全月无降水量或仅有微量降水 0.0 时，最长连续降水日数及降水量、起讫日期栏均空白。

(5)月最长连续无降水日数

从定时降水量日合计栏中，挑取一个月内无降水(包括微量降水 0.0)的最长连续日，并记其相应的起讫日期。

三、实验报告

(一)实验目的要求

(二)实验内容

(三)实验作业

1. 统计表 6.1 中气温、相对湿度、5cm 地温的下旬合计、日平均和下旬平均。

2. 计算下旬总降水量、下旬平均最高、最低气温。

3. 从表中挑出日平均最高和最低气温、绝对最高和最低气温，并记录相应的出现日期。

4. 统计不同降水量出现日数及频率。

表 6.1 某地气象站某年某月气象资料

日	气温(℃)								相对湿度(%)						降水量(mm)			5cm 地温(℃)					
	2	8	14	20	合计	平均	最高	最低	2	8	14	20	合计	平均	20~8	8~20	合计	2	8	14	20	合计	平均
21	20.7	21.3	30.8	26.9			31.7	19.7	94	90	52	69						20.3	26.5	54.0	25.7		
22	21.7	20.8	34.0	27.6			34.4	19.5	91	91	14	54						20.2	27.4	55.5	24.0		
23	19.2	19.7	32.3	27.6			33.6	17.6	80	76	28	58			0.0			17.0	25.5	58.7	24.9		
24	19.6	20.1	30.9	27.4			31.4	17.5	87	77	45	75						18.5	27.9	42.7	26.8		
25	23.1	21.3	25.2	21.0			27.3	21.0	95	97	80	98			36.6	55.1		23.4	22.2	26.0	21.9		
26	19.8	19.9	24.5	23.5			26.0	19.7	97	99	78	89			24.3	5.7		20.5	20.7	32.3	23.5		
27	20.8	21.1	28.2	25.3			29.4	20.6	98	98	57	78						21.3	23.1	37.2	23.4		
28	21.8	22.0	25.7	24.2			26.1	21.1	94	94	79	86				0.0		21.0	24.7	25.5	23.4		
29	22.4	21.9	25.0	23.2			25.5	21.8	96	95	82	94			0.0	0.8		22.2	23.2	26.4	23.0		
30	21.0	20.4	22.0	22.2			23.5	20.2	98	98	94	96			10.1	12.7		21.6	21.6	27.0	23.1		
31	21.6	22.1	23.6	24.0			24.5	21.6	99	97	98	97			5.9	33.1		22.4	23.2	25.6	24.0		
下旬计																							
下旬平均																							

<table>
<tr><td colspan="8">温度</td><td colspan="4">相对湿度</td><td colspan="7">降水日数</td></tr>
<tr><td colspan="4">日均温</td><td colspan="4">绝对</td><td>旬最小</td><td colspan="3">次数</td><td rowspan="2">各级
降水量</td><td>≥0.1
mm</td><td>≥1.0
mm</td><td>≥5.0
mm</td><td>≥10.0
mm</td><td>≥20.0
mm</td><td>≥50.0
mm</td></tr>
<tr><td>最高</td><td>日期</td><td>最低</td><td>日期</td><td>最高</td><td>日期</td><td>最低</td><td>日期</td><td></td><td colspan="2">定时观测</td><td>14:00</td><td></td><td></td><td></td><td></td><td></td><td></td></tr>
<tr><td></td><td></td><td></td><td></td><td></td><td></td><td></td><td></td><td>日期</td><td>≤30%</td><td>≤50%</td><td>≥80%</td><td>日数</td><td></td><td></td><td></td><td></td><td></td><td></td></tr>
<tr><td></td><td></td><td></td><td></td><td></td><td></td><td></td><td></td><td></td><td></td><td></td><td></td><td>频率</td><td></td><td></td><td></td><td></td><td></td><td></td></tr>
</table>

实验七　界限温度日期的确定和积温的求算方法

一、目的要求

掌握五日滑动平均法和直方图法确定界限温度起止日期，持续天数和积温的计算。

二、实验内容

(一)界限温度日期的确定和积温的求算

1. *五日滑动平均法*

本方法是用逐日平均气温资料来确定逐年日平均气温稳定通过某界限温度的日期、持续日数、活动积温和有效积温。现以10.0℃为例说明该统计方法，其他界限温度类推。

(1)起始日期的确定

从春季第一次出现日平均温度高于10.0℃之日起，向前推4d，按日序依次计算出连续5d的平均气温，从中选出平均气温大于10.0℃，并在其后不再出现平均气温低于10.0℃的连续5d，在这连续5d的时段中，挑出第一个日平均气温≥10.0℃的日期，此日即为≥10.0℃的起始日。

表7.1为某地某年的气温资料，可以看出，3月17日的日平均气温是10.0℃，是连续5d日平均气温<10.0℃结束后，第一次≥10.0℃的日期，从3月17日起向前推4d，从

表7.1　气温资料统计表(春季)

日期	日平均气温(℃)	时　段	五日滑动平均气温(℃)
3.13	4.7	3.13~3.17	7.4
3.14	6.1	3.14~3.18	8.5
3.15	6.9	3.15~3.19	9.4
3.16	9.0	3.16~2.20	9.4
3.17	10.1	3.17~3.21	9.0
3.18	10.6	3.18~3.22	9.1
3.19	10.4	3.19~3.23	9.3
3.20	6.8	3.20~3.24	9.2
3.21	7.2	3.21~3.25	10.7
3.22	10.3	3.22~3.26	11.7
3.23	11.9	3.23~3.27	11.9
3.24	9.8	3.24~3.28	12.3
3.25	14.2	3.25~3.29	12.7
3.26	12.2	3.26~3.30	12.4
3.27	11.3	3.27~3.31	12.4
3.28	14.2		
3.29	11.8		
3.30	12.5		
3.31	12.2		

3 月 13 日起计算五日滑动平均气温。从表中看出，3 月 21~25 日 5d 平均气温值为 10.7℃，而且在这以后各 5d 平均气温值均 >10.0℃。在这 5d 的时段中(3 月 21~25 日)，挑选第一个日平均气温 ≥10.0℃ 的日期，即 3 月 22 日，日平均气温为 10.3℃，故 3 月 22 日为 ≥10.0℃ 的起始日期。

(2)终止日期的确定

在秋季第一次出现 <10.0℃之日起向前推 4d，按日序依次计算出连续 5d 的平均气温，并从其中选出第一个出现 ≤10.0℃ 的连续 5d，在此连续 5d 中挑出最后一个日平均 ≥10.0℃的日期，此日即为终止日期。

表 7.2 气温资料统计表(秋季)

日期	日平均气温(℃)	时 段	五日滑动平均气温(℃)
10.20	15.7	10.20~10.24	13.0
10.21	14.6	10.21~10.25	11.7
10.22	15.3	10.22~10.26	10.7
10.23	10.6	10.23~10.27	9.7
10.24	8.9	10.24~10.28	9.7
10.25	9.0	10.25~10.29	9.5
10.26	9.5	10.26~10.30	
10.27	10.3	10.27~10.31	
10.28	10.8		
10.29	7.7		
10.30	7.0		
10.31	9.1		

表 7.2 为某地某年的气温资料，可以看出，10 月 24 日为本年秋季第一次出现 <10.0℃的日期，从 24 日开始，向前推 4d，是 20 日，按日序依次计算五日滑动平均气温值，结果为 22~26 日这一时段以后，连续 5 日的平均气温 <10.0℃，则在 22~26 日这一时段内，挑出最后一个月平均气温 ≥10.0℃ 的结束日期为 10 月 23 日。可知 10 月 23 日为 ≥10.0℃的终止日期。

(3)持续天数和积温的统计

起止日期之间的持续日数(应包括起始日和终止日)为 216d，即从 3 月 22 日到 10 月 23 日之间的天数。

起止日期之间的活动积温就是把起止日期之间各天数的日平均温度累加求和即得。

2. 温度直方图法

温度直方图法是利用某地各月平均气温的多年平均值制图，然后确定界限温度的起止日期的多年平均值、平均持续日数、平均积温，还可以近似地确定任意一天、一候、一旬的多年平均气温值。但此法尚有不足之处，如果绘图标准掌握不好，或温度年变化曲线绘制得不平滑，所求积温值就会与实际有一定误差。

绘制温度直方图要求具有 35 年以上的日平均温度资料，这样绘制的温度变化曲线才平滑，更为重要的是，它具有资料延长的意义，相当于 100 年左右的资料所统计的结果。

(1)直方图的绘制步骤

①在坐标纸上定坐标　纵坐标表示月平均气温，以1cm代表1.0℃，横坐标表示月份，以1mm代表1d。横坐标一般不是从1月开始标起，而是11月开始，最后11、12月重复一次，以便探讨最低温度的分布特征(图7.1)。

②将各月平均温度值填入坐标图中，并做空心直方柱　各直方柱底宽为各月的天数，高为各月的月平均温度值。

③绘制温度年变化曲线　通过各月中点(直方柱顶部中点：大月为16日，小月为15日，2月为14日)绘制平滑的温度年变化曲线。则曲线与横坐标之间的面积大约等于直方柱面积。

实际绘图中，在保证每个直方柱被切去的面积与被划入的面积相等和曲线平滑的前提下，曲线可以不一定通过每个直方柱的中点，最冷月为正值时，被切去的是一个弧形面积，而被划入的是2个近乎三角形的面积；最冷月为负值时，则被切去的是2个近乎三角形的面积，而被划入的是一个弧形面积。曲线的顶点未必居于最热月的中间，最低点也未必居于最冷月的中间。当最热月相邻的两个月份温度不相等时，曲线的最高点应偏于相邻月份平均气温较高的一侧，同样，曲线最低点应偏于相邻月份平均气温较低的一侧(图7.1)。

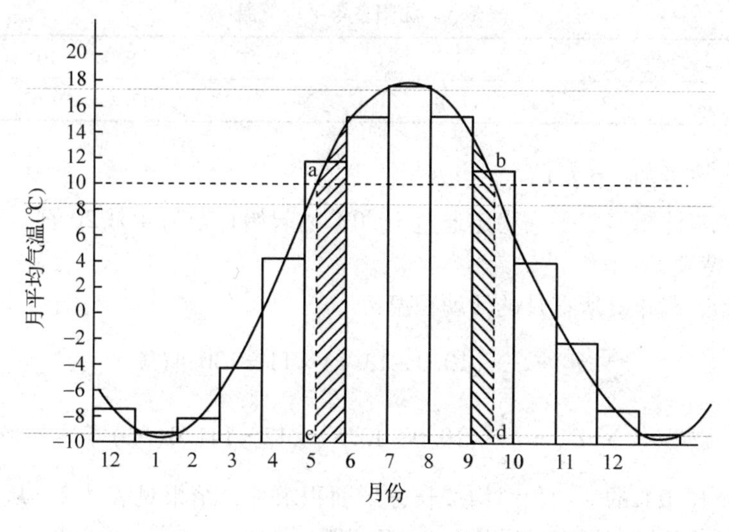

图7.1　温度直方图

(2)求界限温度的起止日期

以求沈阳界限温度10.0℃起止日期为例，在图7.1中，在纵坐标上找到所求界限温度10.0℃的点，从此点引平行于横坐标的直线，该直线与温度年变化曲线相交于a、b两点，再由a、b两点分别引直线垂直于横坐标，相交于c、d两点，则c、d两点分别为界限温度的起止日期。

(3)求算界限温度起止范围内的活动积温

界限温度起止日期所在月份的活动积温，可按求算梯形面积(图7.1阴影部分的面积)的方法求算：

$$\sum T_{始,终月} = \frac{1}{2}[上底(界限温度)+下底(温度值)]\times 高(天数)$$

其他各月的活动积温，可按求梯形面积的方法求算：

$$\sum T_{整月} = 长(月平均温度)\times(天数)$$

将始月至终月的积温累加起来，其总和便是全年某界限温度内的活动积温。

(4)有效积温

对植物生长作用的只是日平均温度高于生物学最低温度的那一部分温度，这一部分温度称为有效温度。有效温度的累积，即为有效积温。计算式是：

$$A=(T-B)n$$

式中 A——有效积温；

B——生物学最低温度；

T——该时期内的平均温度；

n——该时期持续天数。

[例]求算沈阳多年平均稳定通过10.0℃的起止日期及≥10.0℃的活动积温和有效积温。资料见表7.3。

表7.3 沈阳多年平均气温

月份	1	2	3	4	5	6	7	8	9	10	11	12
$T_月$	-12.7	-8.6	-0.3	9.1	17.0	21.4	24.6	23.7	17.2	9.6	-0.3	-8.7

①绘制气温直方图(图7.1)。

②从图中查得沈阳多年平均稳定通过10.0℃的起始日期为4月20日，终止日期为10月12日，其间持续176d。

③计算起始、终止日所在月的活动积温：

4月：$$\sum T_4 = \frac{1}{2}(10.0+13.7)\times 11 = 130.4(℃)$$

10月：$$\sum T_{10} = \frac{1}{2}(10.0+13.5)\times 12 = 141.0(℃)$$

其余各月≥10.0℃的活动积温均按长方形面积求算，结果见表7.4。从表中看出，沈阳全年≥10.0℃的活动积温多年平均为3 453.7℃。

④有效积温多年平均为：

A=活动积温-界限温度×持续天数=3 453.7-10×176=1 693.7(℃)

表 7.4　沈阳≥10.0℃的活动积温计算表

月份	积温(℃)	积温累积值(℃)
4	$\frac{1}{2}(10.0+13.7)\times 11=130.4$	130.4
5	$17.0\times 31=527.0$	657.4
6	$21.4\times 30=642.0$	1 299.4
7	$24.6\times 31=762.6$	2 062.0
8	$23.7\times 31=734.7$	2 796.7
9	$17.2\times 30=516.0$	3 312.7
10	$\frac{1}{2}(10.0+13.5)\times 12=141.0$	3 453.7

三、实验报告

(一)实验目的要求

(二)实验内容

(三)实验作业

1. 用南昌 1951—1976 年 26 年的月平均温度资料(表 7.5)，绘制温度直方图和温度年变化曲线(用具：铅笔、直尺、橡皮擦、坐标纸)。

表 7.5　南昌历年逐月平均气温(1951—1976)

月份	1	2	3	4	5	6	7	8	9	10	11	12
平均气温(℃)	5.0	6.3	11.0	17.1	21.9	25.7	29.5	29.3	24.9	18.9	13.0	7.2

2. 查算各候各旬多年平均气温。
3. 查算四季的起止日期和持续日数。
4. 确定 15℃、20℃界限温度的起止日期和持续日数。
5. 求算≥15℃的活动积温和有效积温。

提示：

①候温　5d 为一候，每月六候。第六候：大月 6d，小月 5d，2 月 3(或 4)d。候温是读中间那一天所对应的温度。

②旬温　旬温为旬中那天对应温度，上、中旬各 10d，分别读 5d、15d 所对应温度，下旬为 8d、9d、10d、11d 者，分别读 24d、25d、25d、26d 所对应的温度。

③四季的划分　根据中国气候学家张宝堃先生划分四季的标准以候平均温度 <10.0℃为冬季，10.0~22.0℃为春季，22.0~10.0℃为秋季，>22.0℃为夏季。

实验八 农田小气候观测

一、目的要求

掌握小气候测点的选择、观测程序和观测方法，以及小气候资料的整理和分析。

二、实验内容

（一）测点的选择和观测方法

1. 观测地段和测点的选择

农田小气候除受自然条件影响外，在很大程度上还要受作物的密度、高度、长相长势以及农业技术措施差异的影响。因此，在小气候观测时，必须考虑所选地段和测点具有代表性和比较性。

代表性是指对所研究的问题选定的观测地区的自然条件、耕作措施以及作物生育状况必须是典型的，能代表一般大田状况，这样获取的资料才有使用意义。

比较性是指为了研究某一问题的独特性，进行不同处理，而力求其他条件相同的情况下进行对照比较。因此选定的对照地段必须具有比较性，相距不宜太远，以避免其他因子的影响。仪器安置、观测方法以及观测时间也力求一致，这样获得的资料才能有比较性。

2. 布点

观测地段选定后，要布测点。布点的具体位置、数量要根据试验的目的、任务、条件、地段的大小，以及人力、物力、仪器设备而定。

测点一般分基本测点和辅助测点两种，即在地段中应有基本测点，而必要时增设辅助测点。基本测点是试验观测的主要测点，观测项目比较齐全，观测时间固定，通过基本测点获得反映小气候特征的主要资料。辅助测点是根据特殊需要而设的，它是帮助基本测点更广泛地收集特征性小气候资料。设置数量可多可少；设置位置可固定，也可流动；观测项目可和基本测点相同，也可以不同，有时也可以是单项的。观测时间可以长期，也可以临时性突击测定几天。仪器装置高度、深度和基本测点一致。

测点布好后，对周围环境、地形、地势、地貌、土壤状况、作物品种、栽培管理、技术措施等一一记载入册。

3. 观测项目、高度、深度及时次的确定

（1）观测项目

观测项目因各种科研内容所需资料而不同，一般常用的基本项目有光照、空气温度（包括最高、最低）、空气湿度、土壤温度、风向、风速等。在选定观测项目时，突出重点项目，并选择1~2项为辅助，条件许可时可进行全面观测。

（2）观测高度、深度的确定

确定观测高度时，首先要根据试验目的要求出发，其次考虑作物生育期外部形态的主要器官所在的位置，因此在设置仪器时不能等距离设置。一般大田作物选取离地20cm和150cm及株高2/3等3个高度为宜。因20cm高度既代表贴地层一般状况，又是气象要素垂直变化的转折点，作物长高后这个高度又可代表株间小气候；150cm 处所得的资料可代表大气候状况，以便和气象站资料进行比较；植株 2/3 高处是一般作物(如禾本科作物)株叶茂密处，既是气象要素剧烈变化的作用层，又是作物代谢作用最旺盛部位，因而此高度的气象要素对分析作物的生长发育和干物质的积累具有密切的关系。

土壤观测深度的确定，主要考虑根系深浅分布特征，同时结合气象要素的垂直变化。通常大田作物区采取 0cm、5cm、10cm、15cm、20cm 5 个层次，有时深根植物可加测 40cm 和 50cm 2 个深度。

(3)观测次数和时间

一般田间试验并不进行逐日连续观测，而是根据试验项目结合关键性的生育期以及农艺技术措施进行定期、定时观测，或者选择典型的天气类型进行观测以便分析比较。

在一天中观测次数和时间，可按观测目的和人力条件确定。确定的一般原则是：

①在所选定观测时间内的几次记录之平均值，能接近实际的日平均值。

②能表示出农田的气象要素垂直分布类型，例如日射型、辐射型。

③可以反映出气象要素的日变化特点，其中包括最高值和最低值。

④可根据特殊研究需要而选定合适时间，如配合昆虫活动时间等。

具体地说，在主要发育期可选用典型天气，做每隔 1~2h 的昼夜观测。白天气象要素变化剧烈，观测次数应多些，而夜间变化缓和观测次数可少些。通常观测力求选取与气象台站一致的 2：00、8：00、14：00、20：00 每天 4 次，也可选 1：00、7：00、13：00、19：00 每天 4 次，还有仅测定 6：00、14：00 每天 2 次的。至于全日观测开始和终止时间应选择在日落后或日出前，则应考虑使记录保持一昼夜为宜。

4. 观测程序

农田小气候观测的观测点多，为了消除和减少由于各测点不是在同时观测所引起的误差，可以采取往返读数的方法，例如有 3 个测点，可以先观测第一个测点，再观测第二个测点、第三个测点，再回过头来观测第二个、第一个测点，即第一个和第二个测点各测 2 次，取其平均值。这种情况，最好将第三个测点安排在正点时间内，则第一、第二测点在正点前，另一次在正点后观测。

观测员在观测时以不遮阳光、不挡住风为原则，先读干球温度，后读湿球温度、最高温度、最低温度；然后是地面温度、地面最高温度和地面最低温度；最后由浅入深地观测曲管地温表温度。风向风速、光照可放在温度、湿度观测之前或之后。读干湿球温度应从下面一个高度开始读数，由下而上，读到最上面一个高度后，再由上而下重复读一遍，相邻两高度的读数时间间隔约 2min。各个高度前后 2 次读数的平均，分别代表这次观测的各个高度上的要素值。轻便风向风速表的记录以 10min 的平均风速为宜。

(二)常用小气候的观测仪器和方法

农田小气候观测是在农田植株间进行，要求仪器轻巧、灵敏、误差小、分辨率高、方便等特点。常使用的有通风干湿表、轻便风向风速仪、照度计等。

1. 通风干湿表观测方法

观测前先把仪器悬挂好，仪器感应部位要置于应测的高度上，仪器横挂竖挂无统一规定，一般是球部高于 1m 时竖挂；低于 1m 时横挂。在读数前 4~5min 用滴管湿润湿球纱布，然后上好风扇发条，切忌上得过紧。观测时应注意不要让风扇把观测者身上的热量带入通风管中去。

当气温<0℃时，为使球部充分感应外界情况，应在观测前30min湿润纱布，并上好发条，然后在观测前4min再通风一次，但不再湿润纱布。观测时应注意湿球是否结冰，示度是否稳定，如果湿球结冰，记录的右上角应写上记号“B”。

当风速大于4m/s时，应将防风罩套在风扇迎风面的弧缝隙上，使罩的开口部分与风扇的旋转方向一致，这样就不会影响风扇的正常运转。

换纱布时，应将双金属管取下，其他与“空气湿度的观测”相同。

仪器维护：每次观测完毕，用纱布擦净仪器，放回盒里，取出时要手拿通风器帽下颈部，不能捏在降护管处，以免损坏温度表。

注意定期检查风扇旋转是否正常，可以从风扇中央上发条后的旋转速度来判断。在发条排刻有直线或箭头，通过圆顶小孔能看到，即上发条后每转一周的时间，如果与检定证上所载转一周的时间相差不到5min，风扇转速是正常的。如果转速降低，应进行检修。

如果使用普通干湿表在田间观测，应使用温度表木制护罩(图8.1)，防止阳光直射球部。护罩大小的设计尚无统一规格，但必须符合既防止太阳直射球部，又保持通风的要求。

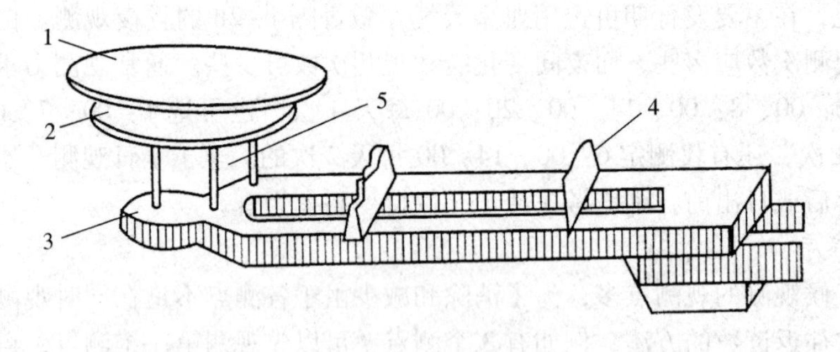

图8.1 干湿表护罩

1. 上挡板 2. 中挡板 3. 下挡板 4. 搁架 5. 小支架

2. 轻便风向风速表观测方法

观测时将仪器感应部位放在测点高度持平，观测者站在下风向，将罗盘仪制动小套轻轻下拉右转一小角度，此时方向盘即按子午线方向稳定下来，注视2min，记取风向指针在方位上摆动范围内的中间值，即得2min内的平均风向。

风速测定时，待风杯转动约0.5min后，按下风速按钮，此时红色小指针和风速指针都开始转动，经1min后，风速指针即停止转动，随后时间指针回到零位，风速指针所示数值称为指示风速。再将此值从风速订正曲线上查出实际风速。观测完毕，将风向盘制动套左转一小角度，恢复原位，固定方向盘，放入盒内。

仪器维护：保持仪器清洁干燥；避免震动，切忌手摸风杯；不得随便按动按钮；不得随意松动轴承螺帽。

3. 照度计观测方法

观测开始，先检查电流表的指针是否指在零位上。如有偏差，通过调零螺丝加以调整。然后将光电池导线插入微电表插孔内。估计光照强弱，如一开始不能肯定光照强度时，先将滤光器罩在电池上（避免强光损坏光电池），将光电池置平，不得倾斜，然后打开电流开关，接通导线。先将开关调在高量程上，电流指针如无感应，逐步调整低量程上，如仍无感应则把开关再拨到高量程上，去掉滤光器，逐步调整到合适的量程上，电流指针所指即为相应挡程的光照强度。如加盖滤光器，则将相应读数乘上减光器相应倍数后即为实际照度数。多数仪器减光倍数为100，故将指示度×100即得测定值。

仪器维护：光电池不能长久置于强光下，否则电池容易老化，电流表易损伤。注意仪器免受潮湿和震动。每次观测后，保持清洁，关上开关，把光电池放入盒内，关闭收藏。

（三）小气候资料整理与分析

小气候资料整理分析方法，由研究目的、任务不同，以及测点数量、测定部位、观测项目等不同，整理分析也各有侧重，下面介绍2种常用的整理分析程序和方法。

1. 资料整理

在整理资料之前，先对一切原始资料进行各种误差订正、审核，对重复观测数据计算其平均值，确保资料的可靠性，才能从中找出小气候特征及变化规律，得出各种措施的小气候效应。

2. 编制图表

将处理后的要素归纳整理、制图列表，当平行观测的资料不多或时间连续性不长的时候，以列表法比较合适；而对观测时间长、资料又有连续性的，则用图示法反映变化特征较为简要明了。

①列表法　将初步整理的资料列成表格，以便分析比较，并加以文字说明，如80cm（2/3株高）较20 cm处日平均气温高，昼夜间温差大小……一一分析阐明。

表8.1　某植物某月某日不同高度比较　℃

高度(cm)	日平均气温	最高气温	最低气温	日较差
20	28.8	32.0	24.3	7.7
80	29.4	32.4	24.0	8.4

②图示法　用图形表达小气候要素随时间的变化和空间分布。所取坐标有如图8.2几种，将要素点在坐标图上，既可单点绘制，又可将对照点绘在同一张图上，对照比较，找出异同，用文字简要说明。

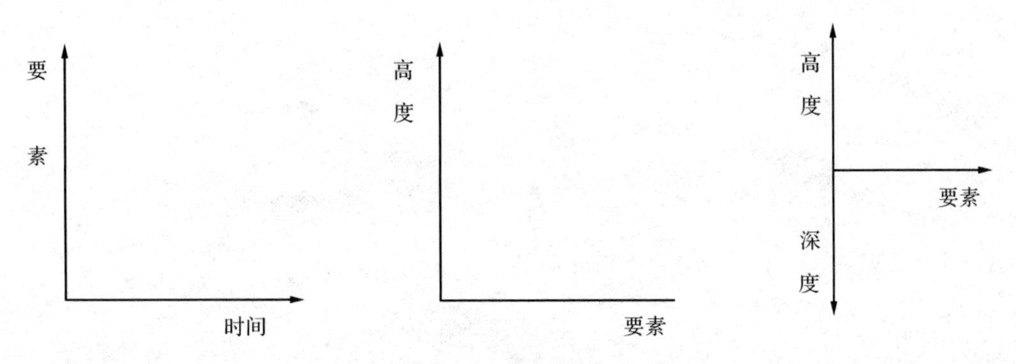

图8.2　坐标示意图

3. 分析项目和内容

分析项目和内容要根据试验的目的、任务来确定，一般分析项目内容有:

①小气候变化特征规律的分析。

②作物生育与小气候条件变化相互影响、相互作用的分析，进一步揭示农田小气候的规律，并找出与作物生育期有关的农业气象指标。农田小气候特点主要是在作物生长过程中形成的，所以应首先分析不同生长状况对小气候的影响，其次分析小气候条件变化对作物生育的影响。

③分析小气候与大气候的关系。小气候是在一定的天气条件影响下形成的，研究小气候必须结合大气候背景条件进行分析，这对利用和改造小气候条件具有重要意义。一般从如下两方面进行分析，小气候观测资料和大气候观测资料对照分析；按不同天气类型或气候条件比较小气候变化的特征。

小气候资料整量分析方法多样，以上几点仅是整理资料的某一侧面。

4. 总结

当比较分析工作完成后，可进行书面总结，对所研究问题的有关要素进行定性、定量分析描述，对所产生的现象和特征根据气象学原理，阐明其物理本质，用表格和图解来揭示各现象之间的联系，得出确切的结论，指出存在的问题，以便做进一步的深入研究。

三、实验报告

(一) 实验目的要求

(二) 实验内容

(三) 实验作业

小气候观测记录(表 8.2)的填写与整理分析。

1. 用阿斯曼通风干湿表观测裸地(或其他下垫面)20cm、50cm、150cm 的温度和湿度，记入表中，查算湿度，并将气温点在图上，绘制气温垂直分布曲线，并说明气温垂直分布特点。

2. 观测东、南、西、北 4 个坡向 0cm、5cm、10cm、15cm、20cm 的土壤温度，并点在图上，依次连接各点绘出曲线，比较各坡向温度分布特点。

3. 用三杯轻便风向风速表观测风向风速。

4. 写一份书面总结报告。

表 8.2　小气候观测记录表

观测时间：开始　　时　　分

年　　月　　日　　　　　　　　　　　　　终止　　时　　分

观测项目	高度	读数						绝对湿度	相对湿度	饱和差	土温／坡向	0cm			5cm			10cm		
		干湿球	从上而下	四次平均	器差	订正后	从下而上					第一次	第二次	平均	第一次	第二次	平均	第一次	第二次	平均
空气温度、湿度	20 cm	干球									东									
		湿球									南									
	50 cm	干球									西									
		湿球									北									
	150 cm	干球									日光情况									
		湿球									活动面状况									
											天气现象									

风　　　　　　　　　　　　仪器号数

高度（cm）	读数顺序	风向	分划			分划（m/s）	风速（m/s）		
			起始	终止	差		实际	总和	平均
20	1								
	2								
50	1								
	2								
100	1								
	2								
150	1								
	2								